高校核心课程学习指导丛书

物理化学思考题 1100例

WULI HUAXUE SIKAOTI 1100 LI

第2版

张德生 郭 畅 / 编

中国科学技术大学出版社

内容简介

本书按照主流物理化学教材的章节顺序编制了1 200多道思考题及其解答说明，对教材各章节中的基本概念、基本理论、基本定理的理解、应用等问题，教师和学生经常争论的问题，教学研究中探讨的问题，以思考题(问答题)的方式提出并给出解答说明，其内容几乎涵盖了国内各类物理化学教材与教辅资料中出现的思考题和问答题.

这种提出问题、解答问题的方式，可以帮助教师、学生更好地理解物理化学概念，掌握定律，正确应用理论解决问题，增强学生学习物理化学的兴趣，提高教师物理化学的教学质量.

本书适合从事物理化学教学的教师，特别是年轻教师使用，也适合化学化工专业及医药、生命、环境等专业的本专科学生使用.

图书在版编目(CIP)数据

物理化学思考题1100例/张德生，郭畅编.—2版.—合肥：中国科学技术大学出版社，2018.4(2024.7重印)

ISBN 978-7-312-04388-8

Ⅰ.物…　Ⅱ.①张…　②郭…　Ⅲ.物理化学—高等学校—习题集　Ⅳ. O64-44

中国版本图书馆CIP数据核字(2017)第326784号

出版　中国科学技术大学出版社
安徽省合肥市金寨路96号，230026
http://press.ustc.edu.cn
https://zgkxjsdxcbs.tmall.com

印刷　安徽省瑞隆印务有限公司

发行　中国科学技术大学出版社

经销　全国新华书店

开本　710 mm×1000 mm　1/16

印张　22

字数　508千

版次　2012年8月第1版　2018年4月第2版

印次　2024年7月第6次印刷

定价　48.00元

序　言

物理化学是根据物质的物理运动和化学运动之间的互相关联和转化，来研究物质结构及化学变化基本规律的科学.

物理化学注重理想条件下对物质一般规律性的认识，往往把具体物质抽象为理想气体、液体或固体加以研究，首先做出基本假设，然后建立物理模型，通过严密的数理逻辑(常用归纳和演绎方法)来表达或推导出关系式，最后经实验检验并进行修正，得到一个普遍规律，在实践中进一步修正，不断深化对物质及其变化规律的认识. 由此可见，学习物理化学一定要注意基本概念的严格定义、重要公式的适用条件、主要结论的实际应用.

大量的教学实践表明，对于初学物理化学者，仅凭认真听讲、课后复习和思考，是难以很好地掌握物理化学知识的，还要认真解答一定数量习题，从中体会问题是怎样提出和怎样解决的，使自己处于一种积极的学习状态，才能培养创新思维能力，提高分析问题、解决问题的实际能力. 经常听到学生反映，即使听课效果、课后复习都很好，但解题时还是不知从何下手，往往一筹莫展，感到很困惑. 为了解决困惑，不少物理化学教材上都会给出一定数量的思考题、习题，一些教学参考书也会给出习题解答，但对于思考题，由于种种原因，很多参考书都没有给出解答. 为了克服这个困难，安庆师范学院张德生副教授，根据长期的教学实践，迎难而上，编写了这本《物理化学思考题 1100 例》. 书中几乎涵盖了国内主要物理化学教材中的思考题，还有教学中学生常提出的问题，全国高师物理化学历届教学研讨会上讨论、争论的问题，例如自由能判据的使用条件、总熵判据能不能判断自发过程的方向、C_p 与 C_V 值大小比较等等，作者对这些问题都提出了自己的见解. 有些题目看似雷同，却是从不同视角提出的问题，既反映问题共性的一面，又符合学生思维的个性，足见作者在教与学两方面进行了认真探索与总结. 作者倾注了大量心血，对物理化学各章节中重点、难点、概念辨析、公式应用、理论探讨和常发生的错误等，都能以思考题形式提出并解答，具有敢于提出问题、大胆回答问题的明显特色. 我不认为本书的问题只有唯一的答案，希望读者能够带着疑问学习，没有疑问,一看就懂,也就谈不上学习、心得、收获和创新.这对学习物理化学来说同样也是不可想象的.爱因斯坦曾说:"提出一个问题往往比解决一个问题更为重要,因为解决一个问题也许是一个数学上或实验上的技巧.而提出新的问题、新的可能性,从新的角度看旧问题,都需要创新性的想象力,而且标志着科学的真正进步."

本书对学生学好物理化学、教师教好物理化学都很有帮助,是一本很好的参考书,定会在物理化学教学中产生积极的影响.我对本书的出版表示祝贺.

朱传征

于华东师范大学丽娃河畔

2017年8月

第 2 版前言

《物理化学思考题 1100 例》第 1 版于 2012 年 8 月出版发行，读者主要是物理化学教师，化学、化工、材料、环境、生物、医药等专业本科生、专科生. 从反馈的信息中得知，读者对本书基本是肯定的，称之为"一本好书"，不少物理化学教师把它作为教学的重要参考书，不少本科生把它作为学习物理化学、备考研究生考试的参考书. 但同时也有一些读者对书中一些问题进行了讨论，提出了不同见解，还有一些读者指出了书中的不足之处和错误所在. 我校 2014 级赵春蕾同学在学习中，看阅本书特别仔细，一发现错误就立即告诉我们，在此表示诚挚的谢意.

这次再版主要是修改已发现的错误与不足之处，特别是热力学第二定律中，把热力学中遇到的过程（即讨论范畴）由过去的两种类型（自然界过程、热力学过程）改分成三种类型，即自然界过程、实际过程和热力学过程，这样对于"自发过程乃是热力学的不可逆过程""无非体积功条件下，不可逆过程才是自发过程""实际过程一定是自发过程"等说法的对错，就很容易做出判断，在热力学讨论范畴中这些都是错误的. 随着物理化学教学的深入，又发现一些新问题、新认识、新理解，借此次再版之机加入了相关的内容. 同时这次再版还增加了一些新的思考题，目前思考题有 1200 多道，为了保持延续性，书名仍叫《物理化学思考题 1100 例》. 本书第 1 版的作者之一刘光祥同志已经调离我校，没有参加第 2 版的编写工作.

物理化学是一门逻辑性、系统性、概念性及理论性很强的学科，所涉及的基本概念多且比较抽象，公式多，推导复杂，应用条件严格. 学习过物理化学的人都知道，物理化学中比较难学的是热力学部分，而热力学部分中一些基本概念、基本理论、基本定律、基本公式难于理解和掌握. 教与学两方面实践证明，多看、多做思考题和选择题，对于理解、掌握基本概念大有益处. 我们编写的《物理化学试题库（安庆版）》（中国科学技术大学音像出版社，2002）以及《物理化学分章练习题》（安徽大学出版社，2002）中都有大量的选择题，可供读者参考.

本书收录了国内大部分物理化学教材、教辅中列出的思考题、问答题以及学生常问的一些问题，我们对这些问题进行了改造、解答，希望以此能对年轻物理化学教师提高教学水平，对各专业学习物理化学的学生提高学习成绩有所帮助.

由于水平有限，书中难免有错误和不妥之处，敬请专家与读者批评指正.

作　者

于安庆师范大学

2017年8月

前言

物理化学是物理学和化学最早相互渗透的一门交叉学科，是化学、化工、材料、生物、医学等学科的理论基础，被称为“化学的灵魂”. 物理化学课程是化学、化工专业的一门重要骨干课程，是众多专业招收研究生必考的课程，又是一门相对难学的课程，涉及知识面广，要求数理基础扎实，处理问题时则需要将严密的逻辑性和具体条件下的灵活性相结合. 所以，学习该课程时初学者会感到不同程度的困难. 物理化学是一门逻辑性、系统性、概念性及理论性都很强的学科，所涉及的基本概念多且比较抽象，公式多且推导复杂，应用条件严格. 学生在听课时，对一些基本概念似乎明白，但遇到实际问题时，往往又觉得模糊不清，无从下手. 历届学生在学习物理化学时反映最突出的问题是解题难！

在多年的教学实践中，我们体会到解决解题难问题的关键在于准确、深入地理解基本概念，掌握各主要公式的适用条件，能灵活运用物理化学的基本原理去分析和解决实际问题；也发现一些年轻教师教了几年物理化学，对一些概念仍然理解不清，解释不准确. 为了帮助学生更好地理解基本概念、基本定律，熟练掌握基本公式，解除学习中的困惑，指导一些年轻教师尽快提高教学水平，我们编写了这本《物理化学思考题1100例》.

本书共收录物理化学思考题1100个，每个思考题后都有参考答案. 这些思考题一部分来源于国内出版的各种物理化学教材、教学参考书；一部分是针对物理化学的一些重点、难点而自编的. 至于参考答案，国内出版的各种物理化学教材上思考题一般很少有解答，少量教学参考书有些解答，我们对已有的解答进行审查、修改、订正，对没有解答的思考题尽力做出解答. 本书按国内有影响的物理化学教材顺序排列，分为13章，每一章按教学内容分成4～5个知识点，每个知识点有若干个思考题，最后知识点中有综合思考题，还有部分实验思考题. 在编写过程中，我们体会到物理化学思考题对理解、掌握物理化学中基本概念、基本理论很有作用，同时对年轻老师提高教学水平、对学生提高学习质量也都很有好处. 本书可供各类专业的学生学习物理化学使用，也可供有关教师备课及备考研究生的考生复习参考.

应该说,本书是集体劳动的成果.在编写过程中,我们广泛浏览了目前国内出版的各具特色的物理化学教材和参考书,这些资料从不同的侧面给了我们许多有益的启迪.本书收录了其中好的思考题,还收录了作者们对物理化学教学研究的成果及对基本概念的理解与体会.本书还得到了全国高师物理化学教学研讨会的许多老师、专家的支持和帮助.华东师范大学朱传征教授审阅了全部书稿,提出了宝贵的指导意见与修改建议,并为本书写了“序”,在此一并表示诚挚的谢意.

限于时间和作者的水平,本书的思考题取舍失当、解答不妥之处在所难免,恳请读者批评指正,共同探讨.

作　者

于安庆师范学院

2012年5月

目　录

第1章　热力学第一定律

1.1　热力学基本概念

1. 热力学研究的对象是什么？什么是热力学研究方法？热力学研究方法有什么特点？热力学的局限性是什么？

答　热力学研究的对象是大量分子(或粒子)构成的集合体，称之为体系(或称系统、物系). 注意，少量分子的集合体或完全真空不能作为热力学研究的体系.

热力学研究方法是一种演绎的方法，即运用经验所得的基本定律(即热力学三个基本定律)，借助体系状态函数(热力学性质)的特性，通过严密的逻辑推理与计算，来判断由大量分子构成的体系的变化的方向与限度，得出的结论具有统计意义.

热力学研究方法的特点是：热力学研究的结论是绝对可靠的，它不考虑物质的微观结构和变化的机理，所以热力学是非常有用的理论工具，对生产实践和科学研究具有重要指导意义. 我国著名物理化学家傅鹰先生曾指出："在量子力学震撼许多科学的时代，热力学的基础仍然稳如泰山."

热力学的局限性是：不能说明体系的变化和物质微粒结构之间的关系，即不能对体系变化的内在原因和细节作出说明，只能预示过程变化的可能性，而不能解决过程变化的现实性，也不能预言过程的时间性问题，使人感到"知其然，而不知其所以然".

2. 图1.1是焦耳研究理想气体向真空膨胀实验的示意图，应该选定谁为体系？谁为环境？

答　注意，这里不能把左边的气体作为体系，右边的真空作为环境，因为体系与环境必须是由大量分子组成的. 因此选定的体系是左边气体与右边真空，瓶外的水等为环境.

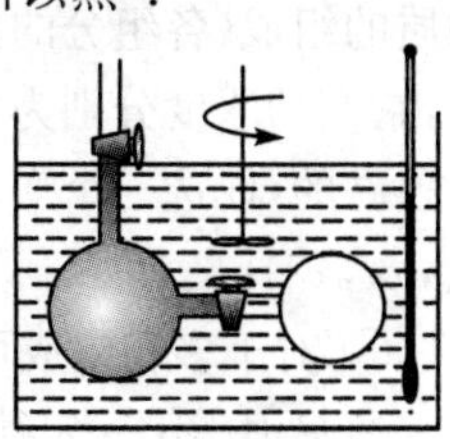

图1.1

3. 能否选取真空作为体系？能否选取真空作为环境？

答　体系与环境的定义如下：为了明确讨论的对象，将一部分物质或空间与其余的物质或空间分开，这部分物质或空间叫体系，其余部分叫环境. 值得注意的是体系与环境必须由大量分子组成，因此真空不能选作体系或环境. 不少同学会犯这样的错误：在讨论理想气体等温向真空膨胀、某液体在沸点温度下向真空汽化等问题时，选取真空作为环境.

4. 一个爆炸反应体系是属于绝热体系，还是属于孤立体系？

答　绝热体系是指体系与环境之间没有热交换，由于实际上很难做到，它只能是一种理想状态.由于爆炸反应进行得特别快,体系与环境之间来不及进行热交换,因此认为是绝热体系.孤立体系是指体系与环境之间既没有物质交换,也没有能量交换,爆炸反应进行时常伴随着光能、振动能的传递,因此爆炸反应不是孤立体系,只能算是绝热体系.

5. 状态性质、状态变量与状态函数的含义是不是一回事?什么是状态方程?

答 状态性质、状态变量与状态函数的含义本质上是一回事.状态性质是体系的属性,描述体系状态的宏观物理量称为状态性质或热力学性质.同一个体系中的各个状态性质之间是相互关联和制约的,描述一个体系的状态(即说明体系的某个状态性质),要选用几个状态性质来说明.我们把选来描述体系状态的性质称为状态变量或状态参量.按数学概念,选用来描述的状态性质的变量称为状态变量(自变量),被描述的状态性质称为状态函数,例如,要描述理想气体状态性质 V,选用状态性质 n,T,p 来描述,n,T,p 称为状态变量,V 称为状态函数,用 $V=V(n,T,p)$ 的函数关系式来表示.由此可见,状态性质、状态变量与状态函数的含义本质上是一回事.由于状态性质之间可以互相描述,根据研究对象和方法可以轮换作为状态变量或状态函数,所以后来就都称为状态函数.

描述状态性质时,状态函数之间的定量关系方程式称为体系的状态方程,例如,理想气体的状态方程为 $V=nRT/p$.

6. 什么是体系状态描述的多变量公理?

答 描述一个体系要用多少个状态变量(状态函数),目前还不能从理论上证明.人们从实践中总结出一些规律,像几何公理那样,这些规律就称为多变量公理.具体内容如下:

(1) 选用强度性质变量来描述状态.因为强度性质与体系中物质的数量多少无关,是体系本性的体现.

(2) 状态性质之间不是孤立的,相互之间是有联系的.总结出的经验有:

① 对于均相组成不变的体系,只选用两个状态变量就可以描述体系状态.

② 对于均相多组分体系(也称均相组成可变的体系),除了选用 p,T 外,还必须知道物质的组成(各组分的含量或浓度).例如,A,B,C 三种物质溶于水中,体系中共有四种物质,它们的浓度分别为 $x_A,x_B,x_C,x_水$,但 $x_A+x_B+x_C+x_水=1$,四个变量中,只有三个变量是独立的,任选三个变量即可.因此,对该体系状态描述要用五个状态变量,$Z=f(p,T,x_A,x_B,x_C)$.

③ 对于多相组成可变的体系,要用较多的状态性质才能描述.

在热力学第一定律、热力学第二定律这两章中,我们讨论的体系绝大多数是均相组成不变的体系,用两个状态变量就可描述了.

7. 体系的物理量是否都是状态函数?体系的状态函数是否就是常用的 T,V,p,U,H,S,G,F 八个?

答 体系的物理量并不都是状态函数,例如,体系的物理量 T,p,V,Q,W 等,热 Q、功 W 就不是状态函数.

体系的状态函数是很多的,并不是只有题中列出的八个,例如体系的质量 W、物质的量 n、密度 ρ,还有状态函数的组合,如 pV,TV,ST 等等,都是状态函数,只是在热力学中我们主要讨论上述八个状态函数而已.

8. 状态函数的主要性质(特性)有哪些?

答　状态函数的主要性质(特性)有:

(1) 体系状态确定,状态函数有定值.

(2) 体系的始终态确定后,始终态之间的状态函数改变值是一定的,与变化的具体途径无关.

(3) 体系变化后恢复到原始状态,状态函数也恢复到原来的数值,即状态函数的变化为零.

(4) 状态函数在数学上具有全微分的性质,状态函数是单值的、连续的、可微分的.

9. 根据道尔顿分压定律计算公式 $p=\sum_i p_i$,压力具有加和性,因此具有广度性质.这一结论正确否?为什么?

答　不正确.压力与温度一样具有强度性质,不具有加和性.所谓加和性,是指一个热力学平衡体系中,某物质量的数量与体系中物质的数量成正比,如 $C_p=\sum n_i C_{p,\mathrm{m}}(i)$.而道尔顿分压定律中的分压 p_i 是指在一定温度下,组分 i 单独占有混合气体相同体积时所具有的压力.总压与分压的关系不是同一热力学平衡体系中物理量之间的整体与部分关系,与物质的数量不成正比关系.

10. 状态函数的全微分性质是什么?状态函数的偏微分性质有哪些?

答　状态函数的全微分性质是:对于单组分均相体系(组成不变的均相体系),可任选两个状态函数做参变量来描述体系的状态,也就是通过数学函数来讨论其他状态函数的变化情况.如果选取 p,T 作为参变量,其他状态函数用 Z 表示,则 $Z=f(T,p)$是二元函数,Z 的全微分为

$$\mathrm{d}Z=\left(\frac{\partial Z}{\partial T}\right)_p \mathrm{d}T+\left(\frac{\partial Z}{\partial p}\right)_T \mathrm{d}p$$

式中偏微分的物理意义如下:$\left(\frac{\partial Z}{\partial T}\right)_p$ 表示当体系的压力 p 保持不变时,T 变化时引起 Z 的变化率,又叫 Z 对 T 的偏变化率;$\left(\frac{\partial Z}{\partial p}\right)_T$ 是温度不变时,Z 对 p 的偏变化率.

状态函数的偏微分性质有:

(1) 状态函数的二阶偏导数与求导的顺序无关:如

$$Z=f(x,y),\quad \mathrm{d}Z=\left(\frac{\partial Z}{\partial x}\right)_y \mathrm{d}x+\left(\frac{\partial Z}{\partial y}\right)_x \mathrm{d}y$$

那么

$$\left[\frac{\partial}{\partial y}\left(\frac{\partial Z}{\partial x}\right)_y\right]_x=\left[\frac{\partial}{\partial x}\left(\frac{\partial Z}{\partial y}\right)_x\right]_y$$

这个性质称为对易关系,又称为欧拉关系式.

(2) 两边同除关系:设 Z 是 x,y 的函数,$Z=f(x,y)$,并且 x,y 又是 w 的函数.

$$\mathrm{d}Z=\left(\frac{\partial Z}{\partial x}\right)_y \mathrm{d}x+\left(\frac{\partial Z}{\partial y}\right)_x \mathrm{d}y$$

在 w 不变时,两边同除以 $\mathrm{d}x$:

$$\left(\frac{\partial Z}{\partial x}\right)_w=\left(\frac{\partial Z}{\partial x}\right)_y+\left(\frac{\partial Z}{\partial y}\right)_x\left(\frac{\partial y}{\partial x}\right)_w$$

在 w 不变时，两边同除以 $\mathrm{d}y$：

$$\left(\frac{\partial Z}{\partial y}\right)_w=\left(\frac{\partial Z}{\partial x}\right)_y\left(\frac{\partial x}{\partial y}\right)_w+\left(\frac{\partial Z}{\partial y}\right)_x$$

在 x 不变时，两边同除以 $\mathrm{d}w$：

$$\left(\frac{\partial Z}{\partial w}\right)_x=0+\left(\frac{\partial Z}{\partial y}\right)_x\left(\frac{\partial y}{\partial w}\right)_x$$

(3) 连续关系式：

$$\left(\frac{\partial A}{\partial B}\right)_x=\left(\frac{\partial A}{\partial C}\right)_x\left(\frac{\partial C}{\partial B}\right)_x$$

(4) 倒数关系式：

$$\left(\frac{\partial A}{\partial B}\right)_x=\frac{1}{\left(\frac{\partial B}{\partial A}\right)_x}$$

(5) 循环关系式：

$$\left(\frac{\partial A}{\partial B}\right)_C\left(\frac{\partial B}{\partial C}\right)_A\left(\frac{\partial C}{\partial A}\right)_B=-1$$

11. 如何确定一个物理量是不是状态函数？

答　要确定一个物理量是否为状态函数要用数学手段来证明，它的依据是：状态函数的二阶偏导数与求导的顺序无关.

例如，要确定理想气体的摩尔体积 V_m 是否为状态函数，选用 T,p 为参变量，$V_\mathrm{m}=f(T,p)$，写成全微分：

$$\mathrm{d}V_\mathrm{m}=\left(\frac{\partial V_\mathrm{m}}{\partial T}\right)_p\mathrm{d}T+\left(\frac{\partial V_\mathrm{m}}{\partial p}\right)_T\mathrm{d}p$$

因为理想气体状态方程为 $V_\mathrm{m}=RT/p$，所以

$$\left(\frac{\partial V_\mathrm{m}}{\partial T}\right)_p=\frac{R}{p},\quad\left(\frac{\partial V_\mathrm{m}}{\partial p}\right)_T=\frac{-RT}{p^2}$$

求二阶偏微分：

$$\left[\frac{\partial}{\partial p}\left(\frac{\partial V_\mathrm{m}}{\partial T}\right)_p\right]_T=\frac{-R}{p^2},\quad\left[\frac{\partial}{\partial T}\left(\frac{\partial V_\mathrm{m}}{\partial p}\right)_T\right]_p=\frac{-R}{p^2}$$

两个二阶偏微分相等，与求导的顺序无关，符合对易关系式，所以 V_m 是状态函数.

12. 等温过程与恒温过程有无区别？恒温过程是否就是可逆过程？

答　等温过程是指体系在变化时，温度与环境温度相等，始终态温度相等，即 $T_{始}=T_{终}=T_{环}$. 恒温过程是指体系在变化途径中温度保持不变，并与环境温度一致. 有的人认为等温过程只要求始终态温度相等，体系在变化过程中温度可以波动，恒温过程中温度不可以波动. 我们认为热力学只讨论体系始终态之间的变化，不研究变化的细节与机理，因此等温过程与恒温过程没有什么区别，是一样的，目前绝大多数物理化学教材也都没有说明等温过程与恒温过程的区别.

恒温过程是否就是可逆过程？《物理化学学习指导》(南京大学出版社)55 页、《全程导

学及习题全解》(于文静等编)24 页、《物理化学学习指导与题解》(上册)(金继红等编)38 页，都认为恒温过程一定是可逆过程，理由是恒温过程是体系与环境温度随时相等并稳定保持不变，是热平衡过程. 我们认为不对，恒温过程不一定是可逆过程，例如，理想气体恒温向真空自由膨胀，肯定是一个不可逆过程. 可逆过程是由一连串无限接近平衡的状态构成的，平衡状态包括热平衡、力平衡、相平衡与化学平衡，恒温只有热平衡一个条件，而没有保证力平衡、相平衡、化学平衡条件，因此恒温下不能保证就是平衡状态或无限接近平衡状态，因此不一定是可逆过程. 再如，在标准压力下，－3 ℃水变成－3 ℃冰的过程，在标准压力，25 ℃下 N_2 与 O_2 混合反应生成 NO 的过程，都是恒温的，但都不是可逆过程. 同样道理，恒压过程(指力平衡)也不一定是可逆过程.

13. 等压过程与恒压过程有无区别？恒压过程与恒外压过程是否一样？

答　等压过程是指体系在变化时，压力与环境保持一样，始终态压力相等，即 $p_{始}=p_{终}=p_{环}$. 恒压过程是指体系在变化途径中压力恒定不变，并与外压相等. 有的人认为等压过程只要求始终态压力相等，体系在变化过程中压力可以波动，恒压过程指体系变化过程中压力不可以波动. 我们认为，与等温过程和恒温过程关系一样，热力学不讨论变化的细节，等压过程与恒压过程没有什么区别，是一样的. 另外，像等温等压过程、恒温恒压过程、等温恒压过程、恒温等压过程都是一样的.

恒压过程与恒外压过程是不一样的. 恒压过程是指体系的压力与外压一直保持相等，恒外压只要求外压即环境压力保持不变，不要求体系压力与外压相等，体系的压力可以变化，例如理想气体反抗一定外压进行一次膨胀，是恒外压过程，而不是恒压过程. 所以，恒压一定要有恒外压的条件做保证，而恒外压过程却不一定是恒压过程.

14. 体系的压力与环境的压力是否是一个概念？两者有何区别与联系？

答　体系的压力 $p_{体}$ 与环境的压力 $p_{外}$ 是两个不同的概念，相互间有区别也有联系. 如果体系的界面是一个四壁均不可移动的坚固容器，则体系的压力与外压无关；如果体系与环境的界面的某一部分可视为理想活塞，可自由移动，则在达到平衡时，体系的压力与环境的压力(外压)相等，即 $p_{体}=p_{外}$. 例如研究凝聚相体系时，放在敞开容器中，则体系的压力就等于实验室中的大气压力.

15. 在一个多相共存的体系中，体系的压力指什么？

答　如果体系中仅有气相物质，则体系的压力是各气体分压之和；如果体系中仅有凝聚相(液相或固相)，则体系的压力是指此凝聚相表面上所承受的压力值；如果体系中气相、液相与固相共存，则体系的压力是其中各相物质的总压力.

16. 判断下列说法是否正确：

(1) 状态确定后，状态函数都确定，反之亦然.

(2) 状态函数改变后，状态一定改变.

(3) 状态改变后，状态函数一定改变.

答　(1) 正确.

(2) 正确.

(3) 不正确. 有的状态函数可以不变，例如恒温过程，温度就不变化.

17. 下列物理量中哪些具有强度性质？哪些具有广度性质？哪些不是状态函数？

$U_m, H, Q, V, T, P, V_m, W, H_m, \eta, U, \rho, C_p, C_V, C_{p,m}, C_{V,m}$.

答 $U_m, T, P, V_m, H_m, \eta, \rho, C_{p,m}, C_{V,m}$具有强度性质.

H, V, U, C_p, C_V具有广度性质.

Q, W不是状态函数.

18. 体积是广度性质的状态函数，在有过量NaCl(s)存在的饱和水溶液中，当温度、压力一定时，该体系的体积与体系中水和NaCl的总量成正比.该说法正确吗？

答 不正确.只有在均相组成不变体系中，体积才与总物质的量成正比，该体系不是均相组成不变体系.

19. 在$p^{\ominus}$，100 ℃下有1 mol的水和水蒸气共存体系，该体系的状态就完全确定了，对吗？

答 不对.只有对组成不变的均相体系，由两个独立状态变量才可确定体系的状态，而该题不是均相体系，是两相体系，体系的状态不能由温度、压力来完全确定.因为该体系中水可部分变成水蒸气，水蒸气也可部分凝结成水.

20. 若p, V, T是状态函数，则pV乘积也是状态函数.该说法正确吗？

答 正确.可以用状态函数的对易关系式来证明.

设$Z=pV$，那么Z是p, V的函数，$Z=f(p,V)$，做全微分：

$$dZ=\left(\frac{\partial Z}{\partial p}\right)_V dp+\left(\frac{\partial Z}{\partial V}\right)_p dV=Vdp+pdV$$

$$\left[\frac{\partial}{\partial V}\left(\frac{\partial Z}{\partial p}\right)_V\right]_p=\left[\frac{\partial V}{\partial V}\right]_p=1$$

$$\left[\frac{\partial}{\partial p}\left(\frac{\partial Z}{\partial V}\right)_p\right]_V=\left[\frac{\partial p}{\partial p}\right]_V=1$$

由于

$$\left[\frac{\partial}{\partial V}\left(\frac{\partial Z}{\partial p}\right)_V\right]_p=\left[\frac{\partial}{\partial p}\left(\frac{\partial Z}{\partial V}\right)_p\right]_V$$

符合对易关系式，因此pV是状态函数.

1.2 热力学第一定律与可逆过程

21. 热Q与温度T有何联系与区别？

答 热Q是体系与环境之间存在温度差而通过界面所传递的能量，也就是说，热是能量传递的一种形式.产生热的条件是：① 体系与环境之间有温度差；② 通过界面传递.温度T是体系本身的性质，是状态函数.热是能量传递的一种形式，不是体系本身的性质，不是状态函数.因此不能说“煤炭中含许多热”，也不能说“温度总是自发地从高温物体向低温物体传递”.热Q与温度T的联系是“体系与环境之间有温度差才会传递热”，区别是“温度T是体系状态函数，热Q不是状态函数”.

22. 有人说，“物体温度越高，含热越多”“煤炭中含有很多热”.这些说法对吗？天气预报说“明天天气很热”，对吗？

答　这些说法不对.物体温度高，冷却到室温，放出的热量多，而物体没有冷却时，说它热有多少是不对的、毫无意义的.热不能以固定形式存于物体之中，说煤炭中含有多少热是无意义的.热是体系与环境交换能量的一种形式.

天气预报的说法是对的.“天气很热”中的“热”不是热力学的概念，是生活中的术语，这里的“热”是指大气温度.天气很热，指气温很高.

23. 当体系的温度升高时就一定吸热，而温度不变时，体系既不吸热也不放热.这种说法对吗？举实例说明.

答　不对.例如，绝热条件下压缩气体，气体温度升高，却并未从环境中吸热；又如，在绝热容器中，将 H_2SO_4 注入水中，温度升高，也并未从环境中吸热.因此体系温度升高不一定要从环境中吸热.再如，理想气体等温膨胀，从环境吸了热，但气体的温度不变；在 $p^\ominus$，100 ℃下，1 mol 水蒸气凝结成水，温度不变但向环境放热；同样，在 $p^\ominus$，100 ℃下，1 mol水蒸发成水蒸气，温度不变但从环境中吸热.因此体系温度不变时，也可以吸热或放热.

24. 依据教材中热的定义，由于体系和环境间温度的不同而在它们之间传递的能量称为热，当体系从状态Ⅰ变化到状态Ⅱ时，若是等温过程，$\Delta T=0$，则 $Q=0$，无热量交换.你认为该判断正确吗？

答　不完全正确.在等温下相变时，$Q\neq0$，就有热交换.因此一些教材关于热的定义是不完整的，完整的定义应该是：体系与环境之间因温差或发生相变、化学反应等而传递的能量，称为热.因存在温差传递的热叫作显热，因相变传递的热叫作潜热.

25. 任何体系无体积变化的过程就一定不对环境做功.这句话对吗？为什么？

答　不对.体系在无体积变化的过程中，只是没有体积功，但可以有非体积功，如机械功、电功、表面功等，因此体系还可能对环境做非体积功.

26. 理想气体向真空膨胀，在一部分气体进入容器后，余下的气体继续膨胀，这个体积功如何计算？

答　图 1.2 是高等教育出版社出版的《物理化学资源库》中气体向真空中膨胀的示意图.按照此图，左边气体刚开始时，一部分气体向右边真空膨胀，外压为零，而后来余下来的气体继续向右膨胀，外压就不是零了，这个体积功就不好计算了，有人还提出用定积分来计算，都是不对的.实际上，图 1.2 的表示是有问题的，错误在于把右边真空作为环境.热力学关于体系与环境的定义中指出，体系与环境都是由大量分子组成的，真空不能作为环境或体系.正确的做法是把左边的气体与右边的真空一起作为体系，外部水等作为环境，气体向右边真空膨胀是体系内部的事，与环境无关，因此体积功为零.

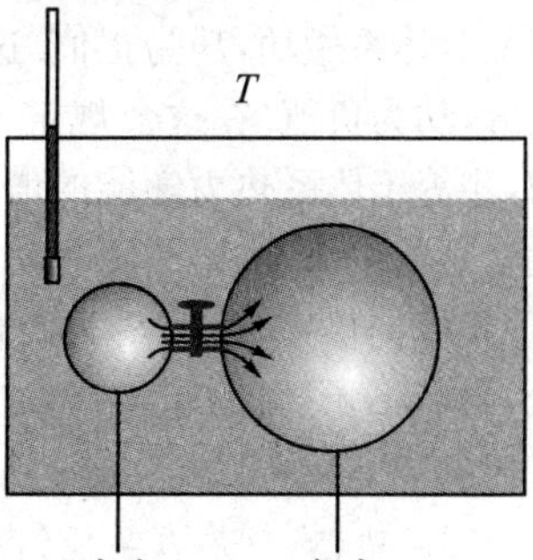

空气向真空膨胀

图 1.2

27. 等压条件下气体能膨胀或被压缩吗？

答　有人说，在等压条件 $p_{气}=p_{外}$ 下，气体不能膨胀或压缩，没有体积功. 这是个绝对静止的观点，要有准静态观点、似动非动观点. 若外压与气体压力相差一个无穷小量 dp，

$$p_{外}=p-dp$$

$$\delta W=-p_{外}dV=-(p-dp)dV=-pdV+dpdV\approx -pdV$$

$$W=-p\Delta V$$

这里只有在等压条件下，才能用 p 代替 $p_{外}$. 因此等压条件下气体是可以膨胀或被压缩的.

28. $-p_{外}dV$ 与 $-p_{外}\Delta V$ 有何不同？$-pV$ 就是体积功，对吗？

答　$-p_{外}dV$ 是极其微小的体积功. $-p_{外}\Delta V$ 是指在外压不变过程中的体积功，即在外压恒定下，体系体积由 V_1 变化到 V_2 时的体积功.

$-pV$ 不是体积功. 体积功 $-p_{外}dV$ 是指在外压作用下体积发生变化时，外压 $p_{外}$ 与体积变化值(dV)的乘积. V 与 dV 是不同的，前者是指体系的体积，后者是体积的变化值，有体积变化才有体积功，没有体积变化就没有体积功，因此 $-pV$ 不是体积功，它只是一个能量因子. 但是，在相变过程中，如液体或固体汽化成气体时，气体的体积比液体或固体的体积大得多，

$$\Delta V=V_g-V_{(液,固)}\approx V_g,\quad W=-p\Delta V\approx -p\,V_g$$

这时才可以看成体积功.

29. 在等压条件下，将1 mol理想气体加热使其温度升高1 K，该过程中所做体积功的数值等于气体常数 R 吗？

答　在等压过程中，1 mol理想气体温度升高1 K所做的功

$$W=-p(V_2-V_1)=-pV_2+pV_1=-R(T_1+1)+RT_1=-R$$

30. 为什么有的教材中热力学第一定律表达式是 $\Delta U=Q+W$，而(南京大学)《物理化学》第4版中第一定律表达式是 $\Delta U=Q-W$？两者是否有矛盾？为什么？

答　关于功的符号目前大多数教材中采用物理学的规定：体系对外做功，功为负值；环境对体系做功，功为正值. 这是从能量上考虑而规定的. 体系得到能量，功为正值；失去能量，功为负值. 在这个规定下，要满足能量守恒原理，体系吸的热加上环境对体系做的功，才等于体系热力学能的增加值，所以热力学第一定律表达式是 $\Delta U=Q+W$. 而(南京大学)《物理化学》第4版对功的符号规定与上述规定相反，认为体系向环境做功，功为正值，环境向体系做功，功为负值，第一定律表达式就是 $\Delta U=Q-W$. 从能量守恒的角度看，两者不矛盾. 为了统一，(南京大学)《物理化学》第5版上功的符号已经改过来，第一定律的表达式为 $\Delta U=Q+W$.

31. 功、热与热力学能(内能)都是能量，所以它们的性质就相同. 这句话正确否？

答　不正确. 虽然功、热与热力学能都具有能量的量纲，但在性质上不同：热力学能是体系的性质，是状态函数，而热与功是体系与环境之间交换的能量，功与热是被"交换"或被"传递"的能量，不是体系的性质，不是状态函数. 并且热与功也有区别，热是微粒无序运动而传递的能量，功是微粒有序运动而传递的能量. 功可以无条件全部变成热，而热不能无条件全部变成功.

32. 热力学第一定律 $\Delta U=Q+W$ 只适用于组成不变的均相体系. 该说法对吗？

答　不对.热力学第一定律是热领域中的能量守恒转化定律,适用于一切封闭体系或隔离体系,以及单相或多相体系.

33. 判断下面几种说法是否正确,并说明理由.

(1) 物体温度越高,其热越多.

(2) 物体温度越高,其热能越大.

(3) 物体温度越高,其热力学能越大.

答　(1) 不正确.热不是体系的性质,不是状态函数,不能说物体中含多少热.物体温度高,但没有向环境传递热量,就不存在热,热是传递的能量,没有传递就没有热.

(2) 正确.热能与热是不同概念,热能指体系中所有粒子的热运动(平动、转动、振动)能量的总和.粒子的热运动与温度有关,温度高,热运动激烈,因此热能就越大.

(3) 正确.体系的热力学能为体系内部所有能量的总和,即体系内分子的平动能、转动能、振动能、电子与核的能量以及分子间相互作用的势能等的总和.虽然目前体系的热力学能的绝对值还无法确定,但物体温度越高,分子动能就越大,其热力学能也就越大.

34. 体系可以有许多热力学能不等的状态,当体系状态发生变化时,热力学能必将随之改变.该说法对吗?

答　不完全对.体系可以有许多热力学能不等的状态是对的,但体系发生状态变化时,热力学能不一定就改变,例如,理想气体在等温膨胀过程或压缩过程中热力学能就不改变.

35. 当体系向环境传热($Q<0$)时,体系的热力学能一定减少.该判断正确吗?

答　不正确.当体系向环境传热($Q<0$)时,体系的热力学能可以不变,也可以增加,不是一定减少.例如理想气体等温可逆压缩时,向环境传热但温度不变,热力学能不变.再如,给电池充电时,电池发热,放热,但热力学能增加.

36. 从同一始态经不同的途径到达同一终态,则 Q 和 W 的值一般不同,因此 $Q+W$ 的值一般也不相同.该说法正确吗?

答　不正确.由热力学第一定律表达式 $\Delta U=Q+W$,ΔU 是状态函数变化值,只决定于体系的始终态,与过程途径无关,因此 $Q+W$ 也与途径无关,是定值.

37. 由热力学第一定律表达式 $\Delta U=Q+W$,来说明第一类永动机是不可能制成的.

答　第一类永动机是指不需要消耗任何能量便能不断向外做功的机器.机器的运转是要周而复始的,由热力学第一定律表达式 $\Delta U=Q+W$,机器运转一周,$\Delta U=0$,$W=-Q$.若外界不提供能量(如热能),即 $Q=0$,则 $W=0$,机器就不能向外做功,因此第一类永动机是不可能制成的.

38. 有人认为封闭体系"不做功也不吸热($\Delta U=0$),因而体系的状态未发生变化",请对此加以评论并举例说明是否正确.

答　封闭体系不做功也不吸热($\Delta U=0$),这是正确的;认为体系的状态没有发生变化就不一定正确,例如,在绝热钢瓶内由 H_2(g)和 O_2(g)反应生成水的变化过程,$\Delta U=0$,但状态发生了变化.

39. 热力学第一定律以 $\Delta U=Q-p\Delta V$ 表示时,它只适用于没有化学变化的封闭体系只做体积功的等压过程.该说法是否正确?

答 该说法不正确. $\Delta U=Q-p\Delta V$ 表示的使用条件是:封闭体系.只做体积功的等压过程就够了,有化学变化也是可以的.

40. 根据热力学第一定律,能量不能无中生有,所以一个体系若要对外做功,必须从外界吸收热量.该说法对吗?

答 不对.因为可以通过消耗体系热力学能(内能)来做功,不一定必须从外界吸热,例如理想气体绝热膨胀.

41. 使一封闭体系由某一指定的始态变到某一指定的终态, $Q,W,Q+W,\Delta U$ 中哪些量能确定? 哪些量不能确定? 为什么?

答 使一封闭体系由某一指定的始态变到某一指定的终态,则状态函数的改变值可以确定,所以 $\Delta U,Q+W$ 的数值可以确定.而 Q,W 不是状态函数,其数值取决于具体途径,不能确定.

42. 判断下列各过程中的 $Q,W,\Delta U$,用 >0, <0 或 $=0$ 表示.

(1) 如图1.3所示,在电池放电后,选择不同的对象作为研究体系.

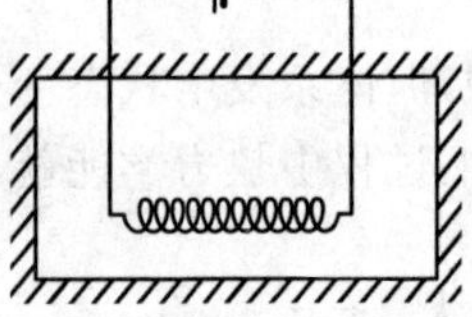

图 1.3

① 以水和电阻丝为体系;

② 以水为体系;

③ 以电阻丝为体系;

④ 以电池和电阻丝为体系;

⑤ 以水、电池和电阻丝为体系.

(2) 范德瓦耳斯(van der Waals)气体等温自由膨胀.

(3) 密闭非绝热容器中盛有锌粒和盐酸,容器上部有可移动的活塞.

(4) $C_6H_6(s,101.3\ kPa,T_f)\longrightarrow C_6H_6(l,101.3\ kPa,T_f)$.

(5) 恒容绝热容器中发生如下反应:

$$H_2(g)+Cl_2(g)\longrightarrow 2HCl(g)$$

(6) 恒容非绝热容器中,发生与(5)相同的反应,反应前后温度相同.

(7) 在大量的水中,有一个含有 $H_2(g)$, $O_2(g)$ 的气泡,通一电火花使其化合变为水.以 $H_2(g)$, $O_2(g)$ 混合气为体系,忽略电火花能量.

答 (1) ① 水和电阻丝为体系, $Q=0$;电池对电阻丝做电功, $W>0$; $\Delta U=Q+W>0$.

② 以水为体系,环境没有对其做功, $W=0$;水从电阻丝吸热, $Q>0$; $\Delta U=W+Q>0$.

③ 以电阻丝为体系,电池对其做功, $W>0$;电阻丝温度升高, $\Delta U>0$;电阻丝向水放热, $Q<0$.

④ 以电池电阻丝为体系,环境没有对其做功, $W=0$;电阻丝向水(环境)放热, $Q<0$.因此热力学能降低, $\Delta U=Q+W<0$.

⑤ 以电池、水和电阻丝为体系,该体系是孤立体系,故 $\Delta U=0,Q=0,W=0$.

(2) 外压为零的膨胀过程为自由膨胀, $W=0$;等温下,分子动能不变.由于范德瓦耳斯气体分子之间有引力,膨胀后体积增加,势能增大,因此 $\Delta U>0$.

(3) 由于 $Zn+2HCl = ZnCl_2+H_2(g)$,体积增加,活塞向上移动,对外做功, $W<0$;

此反应为放热反应，$Q<0$. 因此热力学能降低，$\Delta U=Q+W<0$.

(4) C_6H_6 在正常熔点下相变成液体，是吸热的，$Q=Q_p>0$；体积变大，向外做功，$W=-\Delta(pV)=-p(V_l-V_s)<0$；固态变为液态，热力学能增大，$\Delta U>0$.

(5) 恒容绝热的容器中发生反应，$Q=Q_V=0$，$W=0$，故 $\Delta U=0$. 可以按孤立体系处理.

(6) 恒容容器内，$W=0$；由于是非绝热容器，而该反应为放热反应，$Q=Q_V<0$；$\Delta U<0$.

(7) 以 H_2，O_2 混合气体为体系，$2H_2+O_2 = 2H_2O(l)$，反应后气体体积减小，$W=-p(V_2-V_1)>0$. 该反应为放热反应，$Q<0$. 在常温下，$Q=-471.6\ \text{kJ}$，$W=3RT=7.44\ \text{kJ}$，$\Delta U=Q+W$. 因此热力学能减少，$\Delta U<0$.

43. 组成不变均相封闭体系的任何过程的 dU 可以表示为

$$dU=\left(\frac{\partial U}{\partial T}\right)_V dT+\left(\frac{\partial U}{\partial V}\right)_T dV=C_V dT+\left(\frac{\partial U}{\partial V}\right)_T dV=\delta Q_V+\left(\frac{\partial U}{\partial V}\right)_T dV$$

与 $dU=\delta Q-p_{外}dV$ 相比较，可得 $\left(\frac{\partial U}{\partial V}\right)_T dV=-p_{外}dV$. 此结论对否？

答 此结论不对. 前一个式子中，U 是用 T，V 两个变量来表示的，$U=f(T,V)$. 由全微分得

$$dU=\delta Q_V+\left(\frac{\partial U}{\partial V}\right)_T dV$$

后一个式子是没有非体积功时热力学第一定律表达式，但其中 δQ 不仅可以是恒容热，也可以是非恒容热. 由于 $dQ_V\neq dQ$，因此 $\left(\frac{\partial U}{\partial V}\right)_T dV\neq -p_{外}dV$. 就如数学中，$10=8+2$，$10=7+3$，而 $8\neq 7$，当然 $2\neq 3$.

44. 热力学可逆过程的定义、条件、基本特征是什么？讨论它有什么意义？化学反应中的可逆反应，是否就是热力学中的可逆过程？

答 热力学可逆过程的定义：在热力学中，将由一系列无限接近平衡的状态所组成的、中间每一步都可以向相反方向进行而不在环境中留下任何其他痕迹的过程称为可逆过程；或无摩擦的准静态过程是可逆过程.

可逆过程的条件：作用于体系的力无限小，不平衡的阻力无限小，体系始终处于平衡状态；过程进行的速度无限缓慢，所需的时间无限长；无任何摩擦阻力存在，无任何能量耗散；其逆过程能使体系与环境同时恢复原始状态.

可逆过程的基本特征：

(1) 体系始终保持无限接近平衡状态，可逆过程由一系列连续的、渐变的平衡状态构成. 可逆过程中所经历的每一微小变化都在平衡态之间进行，亦称准静态过程.

(2) 变化的推动力与阻力相差无限小，在变化中的任何时刻，体系与环境的强度性质都相差无限小，体系内各部分的性质都可认为是均匀一致的. 只有在可逆过程中，才能处处使用状态方程式. 所以，只有可逆过程才能在状态图上表示为一条实线(不可逆过程不能在状态图上表示，因为在变化中体系内各部分的性质不均匀一致，有时仅用虚线做近似表示). 反之，状态图上的每一条实线都表示一个可逆过程.

(3) 完成过程需要的时间无限长.

(4) 恒温可逆过程中,体系对环境做最大功(绝对值),环境对体系做最小功.

(5) 可逆过程是实际不存在的理想过程,是一种科学抽象.

讨论可逆过程的意义:只有在可逆过程中,体系无限接近热力学平衡态,体系中的 p,V,T 等状态函数才具有确定的数值,才可以计算;等温可逆过程中,体系做功最大,其他任何过程做的功只能接近它,不能超过它,这样就给出了一个功的上限,给实际过程提供了一个目标;可逆过程最经济;体系熵变的计算就是借助可逆过程热温商进行的.可逆过程是热力学中最基本、最重要的概念之一.可以毫不夸张地说,不懂得可逆过程,就不懂得热力学;没有可逆过程,热力学就寸步难行.

化学反应中的可逆反应,不是热力学中的可逆过程.可逆反应指进行时只要正反两方向同时发生即可,不要求以可逆方式进行.热力学中的可逆过程指过程(或反应)以可逆方式进行,每一步都处于无限接近平衡状态.

45. 不可逆变化指经过此变化后,体系不能复原的变化.这句话是否正确?

答 不正确.经过不可逆变化,并不是体系不能复原,而是当体系沿逆方向进行复原时,会在环境中留下不能消除的影响,即环境不能完全复原.体系可以复原,环境不能复原.

46. 一块石头从高处落到地上,为什么说这个过程是不可逆过程?

答 因为无法做到将石头与地面碰撞时散失到空气中的热再聚集起来,使之转变为等量的功,再将石头重新举起,而不发生其他变化,所以这是一个不可逆过程.

47. 下列哪些实际过程可以看成可逆过程?

(1) 摩擦生热.

(2) 室温和标准大气压力(101.3 kPa)下,水蒸发为同温、同压的水汽.

(3) 373 K 和标准大气压力(101.3 kPa)下,水蒸发为同温、同压的水汽.

(4) 用干电池使灯泡发光.

(5) 用对消法测量可逆电池的电动势.

(6) $N_2(g)$,$O_2(g)$在等温等压下化合成 NO.

(7) 恒温下将 1 mol 水倾入 NaCl 溶液中.

(8) 水在冰点时变成同温、同压的冰.

答 (3),(5)和(8)的过程可看成可逆过程,其余均不是.

48. 可逆过程一定是循环过程,循环过程一定是可逆过程.这种说法对吗?为什么?

答 不对.可逆过程不一定是循环过程,因为只要体系由始态 A,在无摩擦等能量耗散的情况下,经由一系列无限接近平衡的状态到达终态 B,就是可逆过程,并不要求体系再回到始态 A.例如理想气体由压力 $5p^\ominus$ 的始态,等温可逆膨胀到压力 $p^\ominus$ 的终态,是可逆过程,但不是循环过程.同样,循环过程不一定是可逆过程,因为循环过程只要求体系变化后恢复到原始状态,并不要求过程一定以可逆方式进行.例如理想气体由压力 $5p^\ominus$ 的始态,等温恒外压下一次膨胀到压力 $p^\ominus$ 的状态,再用 $5p^\ominus$ 的外压把它一次压缩到原始状态,实现一个循环过程,但这个循环过程是不可逆的.总之,可逆过程由一系列无限接近平衡的状态组成,体系是否恢复原状不是必要条件,而循环过程是体系恢复原状后,环境中可以留下痕迹，可逆过程与循环过程是两个完全不同的概念，它们之间没有必然的联系.

49. 既然实际发生的一切过程都是不可逆过程，那么为什么热力学中还要讨论可逆过程?

答　热力学是以三个定律为基础，通过研究体系状态函数的变化规律来研究体系处于平衡态的热力学性质的. 状态函数的变化必然伴随体系状态的改变，体系状态的改变必然破坏平衡，体系既脱离了平衡状态，同时又要保持状态与状态函数之间的对应关系，只有体系状态的变化经过无限接近平衡态的可逆过程才能实现. 另外，热力学第二定律揭示的熵函数是用可逆过程的热温商来定义的，要确定体系的熵变化，必须通过设计的可逆过程去计算，因此，热力学必须讨论可逆过程.

50. 下列说法是否正确?

(1) 若一个体系经历了一个无限小的过程，则此过程是可逆过程.

(2) 若一个过程中每一步都无限接近平衡态，则此过程一定是可逆过程.

(3) 若一个过程是可逆过程，则该过程中的每一步都是可逆的.

答　(1) 不正确. 无限小过程并不是可逆过程的充分条件，即无限小过程不一定是可逆过程. 例如有摩擦存在的准静态过程，就不是可逆过程.

(2) 不正确. 虽然每一步都无限接近平衡态，但有摩擦能量消耗时就不是可逆过程，只是准静态过程.

(3) 正确. 只有每一步都是可逆的才能组成可逆过程.

51. 理想气体从同一初态(p_1,V_1)分别经可逆的绝热膨胀与不可逆的绝热膨胀至终态，体积都是V_2，气体的终态压力相同吗? 为什么?

答　不相同. 如图1.4所示，由始态$A(p_1,V_1)$经过绝热膨胀到相同的终态体积V_2，绝热可逆膨胀时体系对环境做的功比绝热不可逆膨胀时做的功多(绝对值). 由于两过程中Q都等于零，都依靠消耗体系的热力学能来向环境做功，因此绝热可逆膨胀消耗的热力学能比绝热不可逆膨胀消耗的热力学能多，相应终态气体的温度就比较低，终态的压力就小.

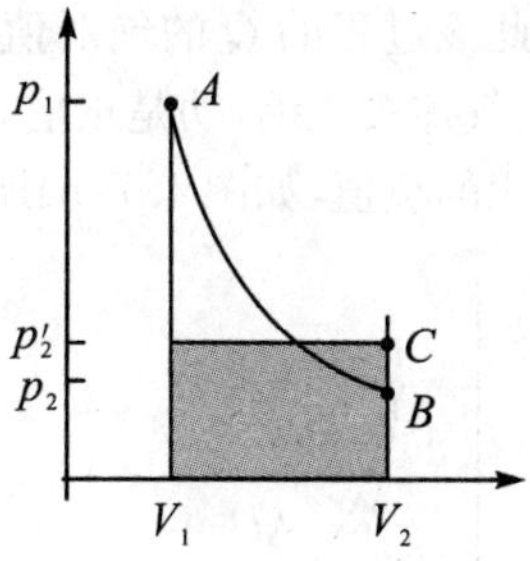

图 1.4

52. 理想气体从同一初态(p_1,V_1)出发分别经等温可逆压缩与绝热可逆压缩至相同的终态体积V_2，气体的终态压力相同吗? 哪一个过程环境所做的压缩功大些? 为什么?

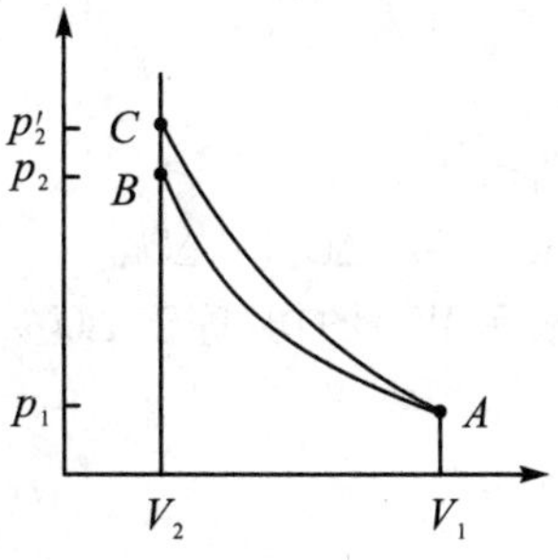

图 1.5

答　两个过程中气体的终态压力不相同. 因为等温可逆压缩时，温度不变，理想气体热力学能不变，环境做的功全部变成热放出；绝热可逆压缩时不放热，环境做的功全部转变成体系的热力学能，热力学能增加，体系温度升高，因此体系的终态温度比等温压缩的终态温度高一些，而两者的终态体积相同，都是V_2，所以绝热可逆压缩的终态压力要大一些.

绝热可逆压缩时环境所做的压缩功大些. 由上述知道，绝热压缩时气体的终态压力比等温压缩时的终态压力要大些，由图1.5可知绝热压缩的终态压力p_2'大于等温压缩的终

态压力 p_2，因此，绝热压缩时环境做的压缩功大些.

53. 若体系经一个可逆循环过程恢复到始态，则环境是否也一定恢复到始态？

答 环境不一定恢复到始态，例如卡诺循环，体系恢复到始态，环境就没有恢复到始态.

54. 体系由 V_1 膨胀到 V_2，其中经过可逆途径时做的功最多. 此说法正确吗？

答 不正确. 此说法的条件不完善，只有在等温条件下，经可逆途径做的功(绝对值)才最大，称为最大功原理.

55. 设气体经过如图 1.6 所示的 $A \to B \to C \to A$ 的可逆循环过程，应如何在图上表示下列各量？

(1) 体系循环过程所做的功；

(2) $B \to C$ 过程的热；

(3) $B \to C$ 过程的 ΔU.

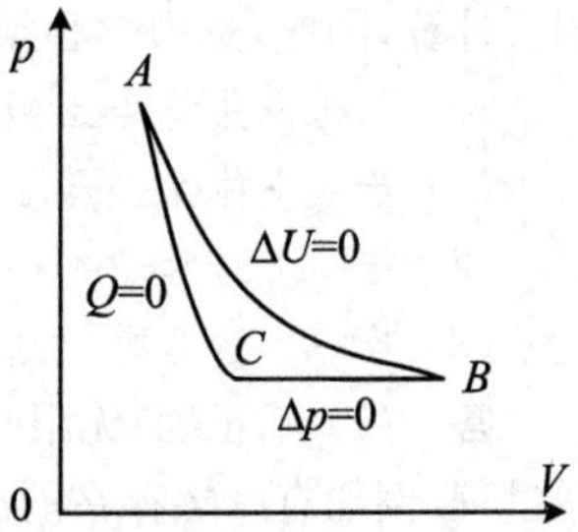

图 1.6

答 (1) 等于闭合曲线围成的图形面积，如图 1.7(a)所示.

(2) 等于曲线 $A \to C \to B$ 下曲边梯形面积的负值.

$B \to A$ 是等温过程，$\Delta U = 0$. 由于 $C \to A$ 是绝热过程，所以 $B \to C$ 过程的热也就是 $B \to C \to A$ 过程的热，而 $B \to C \to A$ 过程的热力学能不变，$\Delta U = 0$，因此该过程的 Q 的绝对值又等于该过程的功的绝对值，功就是 $A \to C \to B$ 下曲边梯形面积，气体被压缩，功是正值，$B \to C$ 过程的热是负值，所以热等于曲线 $A \to C \to B$ 下曲边梯形面积的负值，如图 1.7(b)所示.

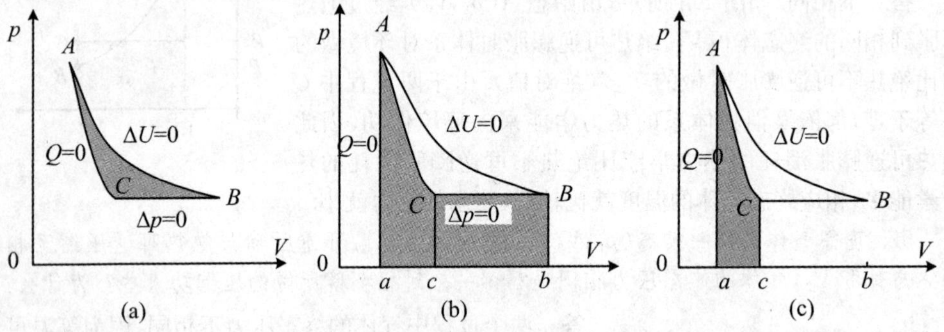

图 1.7

(3) 等于曲线 $A \to C$ 下曲边梯形面积的负值，如图 1.7(c)所示.

$\Delta U_{BA} = \Delta U_{BC} + \Delta U_{CA}$， $\Delta U_{BA} = 0$， $\Delta U_{BC} + \Delta U_{CA} = 0$， $\Delta U_{BC} = -\Delta U_{CA} = \Delta U_{AC}$

$A \to C$ 是绝热过程，$\Delta U_{AC} = W_{AC}$，曲边梯形 $ACca$ 的面积表示 W_{AC} 的功，等于 ΔU_{BC}. $B \to C$是恒压降温过程，$\Delta U_{BC} < 0$，因此是曲边梯形面积的负值.

1.3　焓、热容

56. 焓是体系能与环境进行交换的能量.该说法是否正确？

答　不正确.焓不是体系的能量，焓是人为定义的一种具有能量量纲的热力学量，它是辅助状态函数，没有明确的物理意义.只有在无非体积功的等压过程，其改变值才与热Q_p相等，才有确定的物理意义.

57. 孤立体系发生变化后，其ΔU和ΔH的值一定是零.该判断正确吗？

答　不正确.对于孤立体系，$Q=0$，$W=0$，$\Delta U=0$.ΔH就不一定为零.例如在绝热体积恒定的容器(看成孤立体系)中，发生反应$H_2(g)+Cl_2(g)=\!=\!=2HCl(g)$，内部温度升高，压力增大，$\Delta H=\Delta U+\Delta(pV)=V(p_2-p_1)=V\Delta p>0$.

58. 因为$\Delta H=Q_p$，$Q_V=\Delta U$，所以Q_p与Q_V都是状态函数.该结论对吗？为什么？

答　不对.$\Delta H=Q_p$，只表示在无非体积功条件下，等压过程的Q_p和焓变化值相等；而在等容条件下，Q_V与热力学能变化值相等，只是数值上有联系而已，并不能改变Q_p与Q_V是过程量的本质，Q_p与Q_V仍然不是状态函数.

59. 判断下列说法是否正确：

设某反应在烧杯中进行，放热Q_1，焓变为ΔH_1，若安排成可逆电池进行，终态与在烧杯中进行时相同，放热Q_2，焓变为ΔH_2，则$\Delta H_1=\Delta H_2$，$Q_1=Q_2$.

答　$\Delta H_1=\Delta H_2$是对的，但$Q_1=Q_2$是错误的.因为焓(H)是体系的状态函数，只要始终态一样，焓的改变值与途径无关，所以$\Delta H_1=\Delta H_2$.但Q不是状态函数，经过的途径不同，则Q值将会不同，安排成可逆电池进行，$\Delta H\neq Q_p$，所以$Q_1\neq Q_2$.

60. 因为$\Delta H=Q_p$，所以只有等压过程才有焓变ΔH.这句话是否正确？

答　不正确.H是状态函数，$H=U+pV$，凡是体系状态发生变化，不管是等压过程，还是非等压过程，体系的焓值都可能发生变化，焓变ΔH都可能存在.

61. 为什么无非体积功的等压过程的热，只决定于体系的始终态？

答　因为无其他功的等压过程中$Q_p=\Delta H$，而ΔH是体系状态函数的改变值，其大小只决定于体系的始终态，Q_p和ΔH的数值相等，也就只决定于体系的始终态.

62. 封闭体系在压力恒定的过程中吸收的热等于该体系的焓.该说法正确吗？

答　不正确.其一，没有说明该过程的非体积功是否为零；其二，若非体积功为零，$W'=0$，则该过程的恒压热也只等于体系的焓变，而不是体系的焓.

63. 对于一定量的理想气体，当温度一定时热力学能与焓的值一定，其H与U的差值也一定.此判断正确吗？

答　正确.因为理想气体的热力学能、焓是温度的单值函数，当温度一定时，U与H的数值确定，它们的差值也是确定的.

64. 在101.325 kPa下，1 mol水在373.2 K时等温蒸发为373.2 K的水蒸气.若水蒸气可视为理想气体，则由于过程是等温的，所以该过程中$\Delta U=0$.这种判断正确吗？

答 不正确.对理想气体等温过程才有 $\Delta U=0$,但该题不是理想气体体系等温变化,是水等温地相变成水蒸气过程,要吸收相变热,因此 $\Delta U>0$.

65. 1 mol 液态苯在其沸点条件下,即 80.1 ℃、101.325 kPa 下,向真空蒸发为 80.1 ℃、101.325 kPa 的气态苯.已知该过程的焓变为 30.87 kJ,由 $Q_p=\Delta H$,此过程的 $Q=30.87$ kJ.该判断正确吗?

答 不正确.公式 $Q_p=\Delta H$ 成立的条件是等压过程、无非体积功.题中是液态苯向真空蒸发,外压是零,不是等压过程,因此该公式不适用.由于向真空膨胀蒸发,不做体积功,吸的热只用来增加体系的热力学能,所以吸的热少于标准压力下的汽化热 30.87 kJ.

66. 1 mol 水在 101.325 kPa 下由 25 ℃升温至 120 ℃,其 $\Delta H=\int_{298}^{398}C_{p,\mathrm{m}}\mathrm{d}T$.这样计算对不对?应如何计算?

答 不对.水从 25 ℃升温到 120 ℃中间,在 100 ℃时要发生相变,水汽化成水蒸气,要吸收汽化热,不能直接积分计算,要分段计算:

$$\Delta H=\int_{298}^{373}C_{p,\mathrm{m}}(\mathrm{l})\mathrm{d}T+\Delta_{\mathrm{vap}}H_{\mathrm{m}}^{\ominus}+\int_{373}^{398}C_{p,\mathrm{m}}(\mathrm{g})\mathrm{d}T$$

67. 由于体系的焓是温度、压力的函数,即 $H=f(T,p)$, $\mathrm{d}H=\left(\frac{\partial H}{\partial T}\right)_p\mathrm{d}T+\left(\frac{\partial H}{\partial p}\right)_T\mathrm{d}p$,因此在恒温、恒压下发生体系相变时,由 $\mathrm{d}T=0$, $\mathrm{d}p=0$,可得 $\Delta H=0$.该判断对吗?

答 不对.焓是温度、压力的函数,$H=f(T,p)$,若用两个状态变量描述体系状态,体系必须是组成不变的均相体系,该题是两相体系,不适用.

68. 因为 $Q_p=\Delta H$, $Q_V=\Delta U$,所以 $Q_p-Q_V=\Delta H-\Delta U=\Delta(pV)=-W$.这样认为正确吗?

答 不正确.$\Delta(pV)$是状态函数 pV 的增量,不是功,与途径无关,功 W 与途径有关,两者不一定相等,对等压过程上式才成立.

69. 判断下列说法是否正确,为什么?

(1) 气缸内有一定量的理想气体,反抗一定外压做绝热膨胀.由于是绝热,故 $\Delta H=Q_p=0$.

(2) 在等压下,机械搅拌绝热容器中的液体,使其温度上升.由于是绝热,故 $\Delta H=Q_p=0$.

答 (1) 不正确.$\Delta H=Q_p$的条件是无非体积功、等压过程,而该题是恒外压过程,不是等压过程.

(2) 不正确.该题是有非体积功(机械功)的过程,ΔH 与 Q_p 不相等.

70. 有人认为,孤立体系状态改变时热力学能是守恒量,而焓不是守恒量.请对此加以评论,并举例说明.

答 孤立体系,与外界无热无功交换,$Q=W=0$,所以 $\Delta U=0$,热力学能是守恒量.而由定义,$\Delta H=\Delta U+\Delta(pV)=\Delta(pV)$.若 $\Delta(pV)$ 不为零,则焓不是守恒量.例如,在绝热

钢瓶中发生 $H_2(g)$和 $O_2(g)$反应生成水汽，$\Delta U=0$，但 $\Delta H>0$.

71. 下列判断是否正确？为什么？

对于一个封闭体系，在始终态确定后：

(1) 若经历一个绝热过程，则功有定值.

(2) 若经历一个等容过程(设非体积功 $W_f=0$)，则 Q 有定值.

(3) 若经历一个等温过程，则热力学能数值不改变.

(4) 若经历一个多方过程，则热和功的代数和有定值.

答　(1) 正确. 由热力学第一定律表达式 $\Delta U=Q+W$，绝热时，$W=\Delta U$，功在数值上与 ΔU 相等，因此这时功 W 的大小由始终态确定，与途径无关，有定值.

(2) 正确. 由热力学第一定律表达式 $\Delta U=Q+W$，恒容下，$W=0$，则 $Q=\Delta U$，热在数值上与 ΔU 相等，因此这时热 Q 的大小由始终态确定，与途径无关，有定值.

(3) 不正确. 理想气体才可以，因为理想气体的热力学能仅为温度的函数，而对于一般物质体系，等温过程中，热力学能会改变，例如，水在 100 ℃时变成水蒸气.

(4) 正确. 由热力学第一定律表达式 $\Delta U=Q+W$，可知热和功的代数和就是 ΔU，因此始终态确定有定值.

72. $dU=nC_{V,m}dT$，$dH=nC_{p,m}dT$ 在何种条件下能适用？对化学反应、相变化或有非体积功的变化过程，此两式还能适用吗？

答　此两式不是在任何条件下都能适用的，只有物质的 U，H 仅是温度的单值函数时才适用，例如理想气体. 另外，状态方程为 $pV_m=RT+bp$ 的刚球模型气体的热力学能 U 也适用. 对化学反应、相变化或有非体积功的变化过程，此两式不能适用.

73. 热容 C 是不是状态函数？恒压热容 C_p、恒容热容 C_V 是不是状态函数？

答　一般热容 C 不是状态函数，因为它与途径有关，例如，恒压过程、恒容过程的热容就不同. 恒压热容 C_p、恒容热容 C_V 是状态函数，因为过程的途径已经指定，热容在温度(温度是状态函数)一定时有确定数值，所以是状态函数.

74. 物质的 $C_{p,m}$ 是否恒大于 $C_{V,m}$？若对一个化学反应，所有参加反应的气体都是理想气体，那么上述说法成立吗？

答　不是所有物质的 $C_{p,m}$ 都恒大于 $C_{V,m}$. 对低温下的晶体物质，一般有 $C_{p,m}=C_{V,m}$；水在 4 ℃时，$C_{p,m}=C_{V,m}$；水在 0～4 ℃时，$C_{p,m}<C_{V,m}$.

对于理想气体，$C_{p,m}=C_{V,m}+R$. 对于理想气体化学反应，$\Delta C_{p,m}=\Delta C_{V,m}+\Delta n(g)R$，有

$$\Delta C_{V,m}=\Delta C_{p,m}-\Delta n(g)R$$

由于 Δn 可取正值、负值或 0，因此 $\Delta C_{p,m}$ 不一定大于 $\Delta C_{V,m}$.

75. 请你推导在等压且有非体积功情况下，Q_p 与 ΔH 的关系式.

答　热力学第一定律

$$\Delta U=Q+W=Q+W'+W_{体}=Q+W'-\int p_e dV$$

在等压下

$$\Delta U_p=Q_p+W'-p\Delta V \tag{1}$$

由焓的定义式 $\Delta H=\Delta U+\Delta(pV)$，在恒压下

$$\Delta H=\Delta U_p+p\Delta V \tag{2}$$

将(1)式代入(2)式，得

$$\Delta H=Q_p+W'-p\Delta V+p\Delta V=Q_p+W'$$

所以 $Q_p=\Delta H-W'$.

76. 盛夏时在河边行走，人会觉得清凉，为什么？请说明原因.

答　由于水的热容比空气的热容大，因此接收相同的热能(太阳光能)，水的温度比空气升高的要低，而且水会不断蒸发，蒸发时要吸热，可使水温降低，这样河边的空气就会把部分热量传给河水，使河边空气的温度比其他地方低一些，因此人会觉得清凉.

77. 下列说法是否正确？

(1) 绝热刚性容器一定是隔离体系(孤立体系).

(2) 水与水蒸气在正常相变温度、压力下达到平衡，则体系具有确定的状态.

(3) 玻璃瓶中发生如下反应：$H_2(g)+Cl_2(g)=\!=\!=2HCl(g)$. 反应前后体系的 T,V,p 均没有发生变化，设气体都是理想气体，因为理想气体的热力学能只是温度的函数，所以体系热力学能不变，$\Delta U=0$.

答　(1) 不正确. 虽然体系与环境之间没有热与体积功交换，但可以有非体积功(如电功)交换，由此可知不一定是隔离体系. 没有非体积功时才是隔离体系.

(2) 不正确. 因为在此相平衡条件下，水与水蒸气的相对数量可以改变，所以体系的状态不能确定.

(3) 不正确. 因为只有组成不变的单相体系，其热力学能才可用体系的两个独立变量表示，例如 $U=f(T,p)$，当 T,p 不变时 $\Delta U=0$，现在体系发生化学反应，组成改变了，就不能用此公式，热力学能由两个变量确定不了. 从另一个角度考虑，玻璃瓶并不是绝热的，与环境之间可以有热交换，体系热力学能也会变化. 如等容放热反应，非体积功为0，而 $\Delta U<0$.

78. 当一定量的理想气体的温度、热力学能和焓都具有确定的值时，体系是否具有确定的状态？

答　不能确定体系的状态. 因为描述封闭的组成不变的体系的热力学状态，至少需要体系的两个独立变量. 对于一定量的理想气体，由于理想气体的热力学能和焓都是温度的单值函数，因此，这时只有体系的温度是确定的，体系还有一个变量可以任意变化，所以体系状态不能确定.

1.4　第一定律在不同体系中的应用

79. $\left(\dfrac{\partial U}{\partial V}\right)_T=0$ 的气体一定是理想气体. 这种说法正确吗？

答　不正确. 除了理想气体外，服从状态方程 $pV_m=RT+bp$ 的气体(刚球模型气体)也

有该性质. 该气体的微观模型是分子之间没有作用力，但分子本身有体积，它的热力学能 U 是温度的单值函数，与理想气体相同，但焓 H 不是温度的单值函数，与理想气体不同.

80. 对于一定量的理想气体，若热力学能与温度确定，则所有的状态函数也完全确定. 该判断正确吗?

答　不正确. 理想气体的热力学能是温度的单值函数，$U=f(T)$，温度确定，热力学能也确定. 对于理想气体体系，要两个独立变量才能描述状态(确定状态)，而这里 U 与 T 不是独立变量，因此不能完全确定状态.

81. 在玻意耳温度时气体的性质满足玻意耳定律，这是否意味着气体分子间不存在相互作用以及气体分子本身的体积可以忽略不计? 为什么?

答　在玻意耳温度时气体的性质满足玻意耳定律，并不意味着真实气体分子间不存在相互作用及气体分子本身体积可以忽略，而是由于这样的原因造成的：根据实验数据得知，真实气体与理想气体在性质上的偏差，既与气体的种类有关，也与气体存在的条件有关. 如图 1.8 所示，对于理想气体，当温度一定时，在任何压力下的 pV 均相同，pV-p 等温线图上是一条平行于 p 轴的直线，而真实气体的 pV-p 等温线不是直线而是曲线，相对于直线有显著的偏差，通常都有一个最低点，这说明真实气体的性质受两个相反的因素互相消长的影响. 这两个相反因素是：气体分子本身具有体积，使实际气体较理想气体不易压缩(图 1.8 中表现为 $pV>RT$)；另外，实际气体分子之间有吸引力，又使实际气体较理想气体易于压缩(图 1.8 中表现为 $pV<RT$). 对某一种气体来说，只有在玻意耳温度时，其引力因素与体积因素所产生的偏差值在低压范围内才正好相等而相互抵消，即遵循 $pV=nRT$. 因此在玻意耳温度时，实际气体分子间引力影响与分子本身体积影响正好相互抵消，不是分子间不存在相互作用以及气体分子本身的体积可以忽略不计.

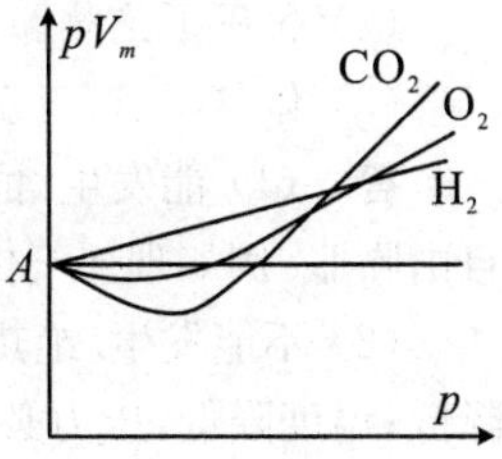

图 1.8

82. 下列判断正确吗?

(1) 一定量的理想气体体系自某一始态出发，分别进行等温可逆膨胀和等温不可逆膨胀，能够达到同一终态.

(2) 一定量的理想气体体系自某一始态出发，分别进行等温可逆膨胀和绝热可逆膨胀，能达到同一终态.

(3) 一定量的理想气体由同一始态出发，分别进行等温压缩和绝热压缩到具有相同压力的终态，两终态的焓值相等.

(4) 有 1 mol 理想气体在 298 K 下进行绝热不可逆膨胀，体积增加一倍，但没有对外做体积功，这时气体的温度降低.

答　(1) 正确. 因为是等温过程，理想气体的可逆膨胀和不可逆膨胀过程的 ΔU 均为零，即两过程终态的热力学能数值相等，两过程的终态温度相同. 若终态压力相同，则体积必相同；若终态体积相同，则压力必相同. 所以能够达同一终态.

(2) 不正确. 因为是等温可逆膨胀，气体温度不变，而绝热可逆膨胀，靠消耗热力学能向外做功，热力学能降低，温度降低，终态温度比等温膨胀的状态温度低，两个过程的终态温度不同，不能达到同一终态.

(3) 不正确. 等温压缩过程中，温度不变，$\Delta T=0$，焓值不变，$H_1=H_0$. 而绝热压缩时，环境做的功增加气体的热力学能，$\Delta U>0$，热力学能增加，温度升高，$\Delta T>0$，终态焓值增大，$H_2>H_0$. 所以两个状态的焓值不相等.

(4) 不正确. 理想气体体积增加一倍，没有对外做体积功，该题就是理想气体绝热向真空膨胀，$W=0$，$Q=0$，则 $\Delta U=0$，理想气体的 $\Delta T=0$. 所以气体温度不变.

83. 对于一定量的理想气体，下列过程能否发生？为什么？

(1) 恒温下绝热膨胀.

(2) 恒压下绝热膨胀.

(3) 体积不变，而温度上升，并且是绝热过程.

(4) 吸热而温度不变.

(5) 对外做功，同时放热.

(6) 吸热，同时体积又缩小.

答 (1) 能发生. 恒温下，$\Delta T=0$，$\Delta U=0$. 绝热时，$Q=0$，所以 $W=0$，只可能发生绝热自由膨胀. 例如理想气体向真空膨胀.

(2) 不能发生. 绝热时，$Q=0$，$\Delta U=W$. 气体膨胀要对外做功，热力学能减少，温度就降低；温度降低，压力必然减小，要维持恒压就不可能，因此恒压下绝热膨胀不可能发生.

(3) 能发生. 绝热时，$Q=0$，$\Delta U=W$，要温度上升，热力学能必须增加，而热力学能增加，环境必须做功. 因为体积不变，环境只要做非体积功就能发生. 例如用风叶推动恒容绝热容器中理想气体旋转，使其温度升高.

(4) 能发生. 温度不变时，$\Delta T=0$，则 $\Delta U=0$，$Q=W$，吸的热又以功的形式传给环境，例如理想气体等温膨胀.

(5) 能发生. $\Delta U=Q+W$，体系对外做功，同时又放热，通过热力学能减少来实现.

(6) 能发生. 吸热，$Q>0$，体积缩小，气体被压缩，环境做功，$W>0$. $\Delta U=Q+W$，即环境向体系传热、做功，体系热力学能增加.

84. 如图 1.9(a)所示，$A\to B$，$A\to C$ 分别表示理想气体的恒温可逆膨胀过程和绝热可逆膨胀过程. 若体系从 A 开始进行绝热不可逆膨胀至终态体积 V_2，终态的位置应在何处？该过程可否用图上的一条曲线表示？

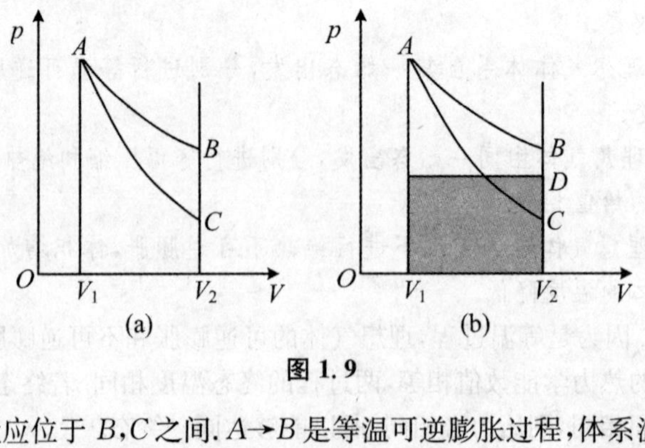

图 1.9

答 终态位置应位于 B,C 之间. $A\to B$ 是等温可逆膨胀过程，体系温度不变；$A\to C$ 是绝热可逆膨胀过程，体系向外做功，消耗体系热力学能(内能)，体系温度降低；体系从 A 开始进行绝热不可逆膨胀至终态体积 V_2，与绝热可逆膨胀过程终态体积一样，但不可逆绝热膨胀做的功(绝对值)比可逆绝热膨胀要少一些，即消耗的热力学能较少，体系的温度降低较小，也就是绝热不可逆膨胀的终态温度比绝热可逆膨胀的终态温度要高一些，因此不可逆绝热膨胀的终态 D 在 B, C 之间. 绝热不可逆膨胀过程不能用图上的一条曲线来表示，只有可逆过程才可用图上的一条曲线表示. 如果是绝热不可逆一次膨胀，可以近似用横线表示，如图 1.9(b)所示.

85. 如图 1.10 所示，$A\rightarrow B$, $A\rightarrow C$ 是同一理想气体的两个过程. 若 B, C 两点在同一条绝热线上，那么 ΔU_{AB} 与 ΔU_{AC} 哪个大?

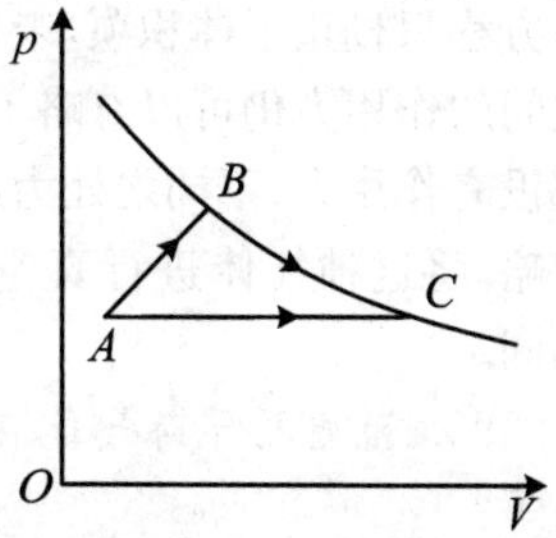

图 1.10

答　由状态 A 出发直接到 C 和由状态 A 出发经过 B 再到 C，两条路径的热力学能变化值相等，$\Delta U_{AC}=\Delta U_{AB}+\Delta U_{BC}$. 而 B, C 两点在同一条绝热线上，从 B 变化到 C 的过程是绝热可逆膨胀，体系热力学能降低，即 $\Delta U_{BC}<0$. 由此得知 $\Delta U_{AB}>\Delta U_{AC}$.

86. 试从热力学第一定律的原理出发，论证封闭体系不做非体积功的理想气体的恒压绝热过程不可能发生.

答　对不做非体积功的恒压、绝热过程，$\Delta H=Q_p=0$，而 $Q_p=\int_{T_1}^{T_2}C_p\mathrm{d}T=0$. 因为 $C_p\neq 0$，所以 $\mathrm{d}T=0$，即 $T_2=T_1$.

又知是恒压的，$p_2=p_1$，理想气体的质量又不变，所以必有 $V_2=V_1$，理想气体的温度、压力、体积都不改变，因此体系状态没有发生变化，也就是该过程不能发生.

87. 在 373 K、101.3 kPa 下，液态水 $H_2O(l)$ 向真空汽化为同温同压下水蒸气 $H_2O(g)$，该过程中 $\Delta U=0$. 该说法正确吗?

答　不正确. 这是相变过程，不是理想气体等温变化过程，液态水变成水蒸气，分子运动范围变大，热力学能 U 增加，$\Delta U>0$.

88. 一定量的理想气体由 0 ℃、200 kPa 的始态反抗恒定外压($p_{环}=100$ kPa)绝热膨胀达到平衡，则终态温度不变. 正确吗?

答　不正确. 这是理想气体绝热不可逆膨胀过程，气体依靠降低热力学能来向外做功，热力学能减少，温度将降低.

89. 对于同一始态出发的一定量的理想气体，分别进行绝热可逆膨胀和绝热不可逆膨胀，若终态压力相同，依据计算公式 $W_R=\Delta U=nC_{V,m}\Delta T$(绝热可逆过程)和 $W_{Ir}=\Delta U=nC_{V,m}\Delta T$(绝热不可逆过程)，有 $W_R=W_{Ir}$. 这样推理正确吗?

答　不正确. 虽然两个过程的终态压力相等，但终态温度不相同，两个过程的 ΔT 是不相同的. 绝热可逆过程对外做功多，体系温度降得多，绝热不可逆过程对外做功少，体系温度降得少，因此 $\Delta T_R>\Delta T_{Ir}$, $|W_R|>|W_{Ir}|$.

90. 气体经绝热自由膨胀后，因为 $Q=0$, $W=0$，所以 $\Delta U=0$，气体温度不变. 该判断正确吗?

答 不完全正确.若是理想气体则正确,若是非理想气体温度就会改变.如范德瓦耳斯气体,分子之间有吸引力,在气体膨胀后,体积增大,分子之间距离增大,势能增大,而气体的总热力学能不变,只有动能减少,气体温度降低.

91. 有一种气体的状态方程为 $pV_m=RT+bp$(b 为大于零的常数),这种气体与理想气体有何相同和不同之处?将这种气体进行真空膨胀,气体的温度会不会下降?

答 将气体的状态方程改写为 $p(V_m-b)=RT$,与理想气体的状态方程相比,这个状态方程只校正了体积项,未校正压力项,说明这种气体分子自身的体积不能忽略,而分子之间的作用力仍可以忽略不计.所以,该气体与理想气体比较,相同之处为,气体分子之间都没有作用力;不同之处为,该气体分子本身体积不能忽略,理想气体分子本身体积可以忽略.将这种气体进行真空膨胀时,$\Delta U=0$,气体的温度不会下降,这一点与理想气体相同.

92. 范德瓦耳斯气体在恒温膨胀时所做的功的绝对值等于所吸收的热.该判断正确吗?

答 不正确.吸收的热大于向外所做的功的绝对值,因为温度不变,分子的动能不变,但膨胀后体积增大,分子之间距离增大,势能增大,要吸收一些热转化成分子的势能.

93. 在标准压力和100 ℃下,1 mol 水等温汽化为水蒸气.假设水蒸气为理想气体.因为这一过程中体系的温度不变,所以 $\Delta U=0$,$Q_p=\int C_p\mathrm{d}T=0$.这一结论正确吗?为什么?

答 不正确.这是一个相变过程,不是理想气体等温过程,虽然是等温过程,但也要吸热,$\Delta U>0$;吸收的是相变热,相变热不能用 $Q_p=\int C_p\mathrm{d}T$ 公式计算.

94. 理想气体经一等温循环,能否将环境的热转化为功?如果是等温可逆循环又怎样?

答 不能.理想气体的热力学能在等温过程中不变.

$$A\text{态}(p_1,V_1,T_1)\xrightarrow{\text{恒外压不可逆膨胀}}B\text{态}(p_2,V_2,T_1)$$

向外做功 $W_{\mathrm{Ir}}=-Q_{\mathrm{Ir}}=-p_2(V_2-V_1)$;

$$B\text{态}(p_2,V_2,T_1)\xrightarrow{\text{等温可逆压缩}}A\text{态}(p_1,V_1,T_1)$$

$W'=-Q'=-RT\ln(V_1/V_2)$.

因为可逆压缩时环境消耗的功最小,所以整个循环过程的

$$W=W_{\mathrm{Ir}}+W'=-p_2(V_2-V_1)-RT\ln(V_1/V_2)=-Q$$

因为 $-p_2(V_2-V_1)<0$,$-RT\ln(V_1/V_2)>0$,并且前者的绝对值小于后者,所以 $W=-Q>0$,$Q<0$,说明整个循环过程中环境对体系做功,又从体系中得到等量的热,不是把环境的热变成功.

同样,如果 $A\to B$ 是等温可逆膨胀,$B\to A$ 是等温不可逆压缩,结果也是 $W>0$,$Q<0$,体系得功,环境得热,即环境付出功得到热,不能把环境热变成功.如果是等温可逆循环过程,$A\to B$是等温可逆膨胀,$B\to A$ 是等温可逆压缩,$W=-RT\ln(V_2/V_1)-RT\ln(V_1/V_2)=0$,则 $Q=-W=0$.不论是体系还是环境,均未得失功,各自状态未变.

由以上分析可知,理想气体经一等温循环,不能将环境的热转化为功.

95. 理想气体绝热可逆过程体积功的计算公式为

$$W=\int_{V_1}^{V_2}(-p)\mathrm{d}V=-\int_{V_1}^{V_2}\frac{K}{V^{\gamma}}\mathrm{d}V=-\int_{V_1}^{V_2}KV^{-\gamma}\mathrm{d}V=\frac{K}{\gamma-1}\left(\frac{1}{V_2^{\gamma-1}}-\frac{1}{V_1^{\gamma-1}}\right)$$

由于是绝热可逆过程，$K=p_1V_1^{\gamma}$，所以也可表示为

$$W=\frac{p_1V_1^{\gamma}}{\gamma-1}\left(\frac{1}{V_2^{\gamma-1}}-\frac{1}{V_1^{\gamma-1}}\right)=\frac{p_2V_2-p_1V_1}{\gamma-1}$$

这个计算公式是否适用于理想气体不可逆膨胀过程功的计算？

答　可适用于理想气体绝热不可逆膨胀过程功的计算.

因为

$$W=\frac{p_2V_2-p_1V_1}{\gamma-1}=\frac{nR(T_2-T_1)}{(C_p-C_V)/C_V}=nC_{V,\mathrm{m}}(T_2-T_1)=\Delta U$$

对于绝热过程，$Q=0$，按热力学第一定律，

$$W=\Delta U,\quad \Delta U=nC_{V,\mathrm{m}}(T_2-T_1)$$

这时功的大小仅由始终态决定，与过程可逆与否无关，因此该公式对理想气体绝热可逆、绝热不可逆过程都适用. 只是从同一始态出发经绝热可逆、绝热不可逆过程的终态温度不相同，功的大小是不一样的.

96. 理想气体沿途径 $pT=k$（常数）经可逆过程变化，该过程的恒容摩尔热容与恒压摩尔热容有何关系？

答　$pT=k$（k 为常数），对于 1 mol 理想气体，$pV_\mathrm{m}=RT$，所以 $V_\mathrm{m}=RT^2/k$. 微分得

$$\mathrm{d}V_\mathrm{m}=2T\frac{R}{k}\mathrm{d}T,\quad 即\quad \frac{\mathrm{d}V_\mathrm{m}}{\mathrm{d}T}=\frac{2TR}{k}$$

在无非体积功时，$\mathrm{d}U=\delta Q+\delta W=\delta Q-p\mathrm{d}V_\mathrm{m}$，$\mathrm{d}U=C_{V,\mathrm{m}}\mathrm{d}T$，所以

$$C_{V,\mathrm{m}}\mathrm{d}T=\delta Q-p\mathrm{d}V_\mathrm{m},\quad \delta Q=C_{V,\mathrm{m}}\mathrm{d}T+p\mathrm{d}V_\mathrm{m}$$

该过程热容

$$C_{pT,\mathrm{m}}=\left(\frac{\delta Q}{\mathrm{d}T}\right)_{pT}=C_{V,\mathrm{m}}+p\left(\frac{\mathrm{d}V_\mathrm{m}}{\mathrm{d}T}\right)=C_{V,\mathrm{m}}+p\frac{2TR}{k}=C_{V,\mathrm{m}}+2R=C_{p,\mathrm{m}}+R$$

97. 通常的相变有哪几种情况？什么是可逆相变与不可逆相变？试举例说明. 如何区别之？

答　相变按一般状态变换分为四种：熔化、蒸发、升华、晶型转变.

$$\mathrm{B(s)}\underset{凝固}{\overset{熔化}{\rightleftharpoons}}\mathrm{B(l)};\quad \mathrm{B(l)}\underset{凝结}{\overset{蒸发}{\rightleftharpoons}}\mathrm{B(g)};\quad \mathrm{B(s)}\underset{凝华}{\overset{升华}{\rightleftharpoons}}\mathrm{B(g)};\quad \mathrm{B(s_1)}\underset{晶型转变}{\overset{晶型转变}{\rightleftharpoons}}\mathrm{B(s_2)}$$

按热力学分为两种：可逆相变与不可逆相变.

物质处于热力学平衡条件下发生的相变称为可逆相变，例如液态水在标准大气压下，100 ℃时蒸发成水蒸气的过程；

物质处于亚稳状态或非平衡状态下发生的相变称为不可逆相变，如在标准大气压 $p^{\ominus}$ 下，−5 ℃的过冷水凝结成−5 ℃冰的过程，等等.

可逆相变与不可逆相变的区别，在于相变时两相的温度、饱和蒸气压是否相等，若相等就是可逆相变，否则是不可逆相变.

98. 回答下列问题：

(1) 可逆热机的效率最高，在其他条件都相同的前提下，用可逆热机去牵引火车，能否使火车的速度加快？为什么？

(2) Zn 与稀硫酸作用，消耗的 Zn 质量相同时，(a)在敞口的容器中进行；(b)在密闭的容器中进行. 哪一种情况放热较多？为什么？

(3) 在一个用导热材料制成的圆筒中装有压缩空气，圆筒中的温度与环境达成平衡. 如果突然打开筒盖，使气体冲出，当压力与外界相等时，立即盖上筒盖. 过一段时间，筒中气体的压力有何变化？

答　(1) 不能. 可逆热机的效率虽高，但是可逆过程是一个无限缓慢的过程，每一步都接近于平衡态. 所以，用可逆热机去牵引火车，在有限的时间内是看不到火车移动的. 因此可逆热机仅有理论意义，没有实用意义，实际使用的热机都是不可逆的.

(2) 在密闭的容器中进行时放出热较多，因为在发生反应的物质的量相同时，其化学能是一个定值. 在敞口容器中进行时，产生的氢气要膨胀，一部分化学能用来克服大气的压力向外做功，另一部分才以热的形式放出；而在密闭容器中进行时，不向外做功，化学能全部变为热，放出的热多.

(3) 圆筒中气体的压力会变大，因为压缩空气冲出容器时，气体向环境做功. 由于冲出的速度很快，来不及从环境吸热，相当于是个绝热过程，气体绝热不可逆膨胀，筒内气体的温度下降. 当压力与外界相等时，立即盖上筒盖，又过了一段时间，筒内气体通过导热壁，从环境吸收热量使温度上升，筒内气体的压力就增大.

99. 在一个玻璃瓶中发生如下反应：

$$H_2(g)+Cl_2(g)\xrightarrow{h\nu}2HCl(g)$$

反应前后 T,p,V 均未发生变化，设所有的气体都可看作是理想气体，因为理想气体的热力学能仅是温度的函数，$U=U(T)$，所以该反应的 $\Delta U=0$. 这个结论对不对？为什么？

答　不对，我们说理想气体的热力学能仅是温度的函数，是对组成不变的体系说的，该过程是化学反应，是组成变化的体系，热力学能会变化. 这个反应是放热反应，反应过程有热传给环境，体系的热力学能是减少的.

100. 图 1.11 显示体系由点 A 出发，分别经过等温可逆和绝热可逆膨胀到达相同的终态压力，见图 1.11(a)；或相同的终态体积，见图 1.11(b)；或分别经过等温可逆和绝热可逆压缩到相同的终态压力，见图 1.11(c)；或相同的终态体积，见图 1.11(d).

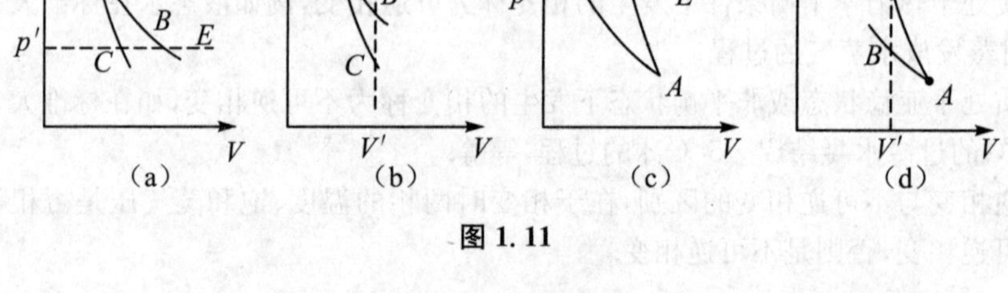

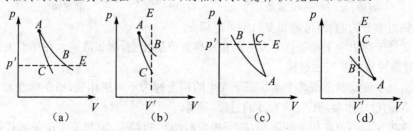

图 1.11

(1) 指出各图上的等温线和绝热线.

(2) 若体系由 A 出发,分别经过绝热不可逆膨胀或压缩到与绝热可逆过程相同的压力或体积,则其终点 D 的位置应该在各图的什么位置? 怎样解释?

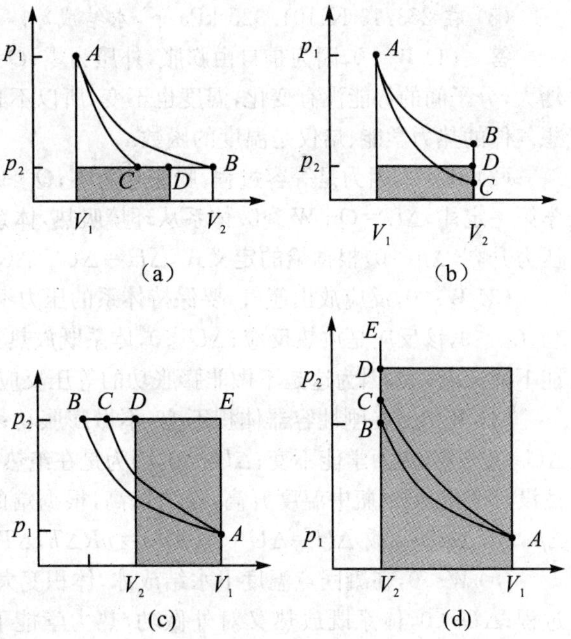

图 1.12

答　(1) 从始态 A 膨胀到相同的终态压力,或相同的终态体积,图 1.11(a),(b)中 AB 是等温线,AC 是绝热线;从始态 A 压缩到相同的终态压力,或相同的终态体积,图 1.11(c),(d)中 AB 也是等温线,AC 也是绝热线.

(2) 若体系由始态 A 出发,分别经过绝热不可逆膨胀与绝热可逆膨胀到相同的压力或体积,则其终点 D 的位置(见图 1.12(a),(b))应该在 B,C 两点之间,因为绝热不可逆膨胀与绝热可逆膨胀到相同的终态压力或体积时,对外做功的绝对值比绝热可逆膨胀要少,体系消耗的热力学能就少.因此终态的温度比绝热可逆膨胀的终态温度要高,但比等温膨胀的终态温度要低,因为等温膨胀热力学能不改变,所以 D 在 B,C 两点之间.

若体系由始态 A 出发,分别经过绝热不可逆压缩与绝热可逆压缩到相同的压力或体积,则其终点 D 的位置应该在 BC 的延长线上(见图 1.12(c),(d)),因为绝热不可逆压缩达到与绝热可逆压缩相同的终态压力或体积时,环境对体系做的功比绝热可逆压缩时环境做的功多,体系热力学能增加比绝热可逆压缩时多,终态的温度比绝热可逆压缩的终态温度要高,因此 D 在 BC 的延长线上.

101. 指出下列三个公式的适用条件,

(1) $\Delta H=Q_p$;　(2) $\Delta U=Q_V$;　(3) $W=nRT\ln\dfrac{V_1}{V_2}$.

答　(1) 适用于封闭体系不做非膨胀功($W_f=0$)的等压过程($dp=0$).

(2) 适用于封闭体系不做非膨胀功($W_f=0$)的等容过程($dV=0$).

(3) 适用于一定量理想气体不做非膨胀功($W_f=0$)的等温可逆过程.

102. 用热力学的基本概念,判断下列各过程中,W,Q,ΔU 和 ΔH 是大于零、小于零还是等于零,并做简单解释.

(1) 理想气体的自由膨胀.

(2) 范德瓦耳斯气体的等容、升温过程.

(3) 反应 $Zn(s)+2HCl(aq)=\!=\!=ZnCl_2(aq)+H_2(g)$在非绝热、等压条件下进行.

(4) 反应 $H_2(g)+Cl_2(g)=\!=\!=2HCl(g)$在绝热钢瓶中进行.

(5) 在 273.15 K、101.325 kPa 下，水结成冰.

答 (1) $W=0$,因为是自由膨胀,外压为零;$Q=0$,理想气体分子之间无作用力,体积增大,分子间的势能没有变化,温度也不变,所以不必从环境吸热;$\Delta U=0$,$\Delta H=0$,因为理想气体的热力学能、焓仅是温度的函数.

(2) $W=0$,因为是等容过程,膨胀功为零;$Q>0$,温度升高,体系吸热;$\Delta U>0$,由热力学第一定律,$\Delta U=Q+W>0$.体系从环境吸热,体系的热力学能增加;$\Delta H>0$.温度升高,压力升高,$\Delta p>0$,根据焓的定义式,$\Delta H=\Delta U+\Delta(pV)=\Delta U+V\Delta p>0$.

(3) $W<0$,反应放出氢气,要保持体系的压力不变,氢气推动活塞向上移动,对环境做功;$Q_p<0$,该反应是放热反应;$\Delta U<0$,体系既放热又对外做功,$\Delta U=Q+W<0$,使热力学能下降;$\Delta H<0$,因为这是不做非膨胀功的等压反应,$\Delta H=Q_p<0$.

(4) $W=0$,在刚性容器体积不变,不做膨胀功;$Q=0$,因为是绝热钢瓶;$\Delta U=0$,根据$\Delta U=Q+W$,热力学能不变;$\Delta H>0$,因为是在绝热钢瓶中发生的放热反应,气体分子数虽然没有变化,但钢瓶中温度升高,压力增高,根据焓的定义式,$\Delta H=\Delta U+\Delta(pV)=V\Delta p$,$\Delta p>0$,$\Delta H>0$ 或 $\Delta H=\Delta U+\Delta(pV)=nR\Delta T$,$\Delta T>0$,$\Delta H>0$.

(5) $W<0$,在凝固点温度下水结成冰,体积变大,体系对环境做功;$Q_p<0$,结冰是放热过程;$\Delta U<0$,体系既放热又对外做功,热力学能下降;$\Delta H<0$,因为这是等压相变,$\Delta H=Q_p$.

103. 在相同的温度和压力下,一定量氢气和氧气经过四种不同的途径生成水:① 氢气在氧气中安静燃烧;② 爆鸣反应;③ 氢、氧支链反应爆炸;④ 氢-氧燃料电池. 四种途径中的始态和终态都相同,那么这四种变化途径的热力学能和焓的变化值是否相同?

答 因为热力学能和焓是状态函数,只要始终态相同,无论经过什么途径,其变化值一定相同. 这就是状态函数的性质:异途同归,值变相等.

104. 一定量的水,从海洋中蒸发变为云,云在高空又变为雨、雪降落到大地、江河,最后流入大海,一定量的水又回到了始态. 那么这一定量水的热力学能和焓的变化是多少?

答 水的热力学能和焓的变化值都为零. 因为热力学能和焓是状态函数,不论经过怎样复杂的过程,只要是循环,体系回到了始态,热力学能和焓的值就保持不变. 这就是状态函数的性质:周而复始,数值还原.

105. 在 298 K、101.3 kPa 压力下,一杯水蒸发为同温、同压的水蒸气是一个不可逆过程. 请你将它设计成可逆过程.

答 通常有四种相变可以近似看成是可逆过程:① 在相同饱和蒸气压下的气-液两相平衡;② 在凝固点温度、压力时的固-液两相平衡;③ 在沸点温度、压力时的气-液两相平衡;④ 在相同的饱和蒸气压下的固-气两相平衡(升华).

该题是液体变成气体,可设计成如下两个可逆途径进行:

(a) 借助水的沸点. 将 298 K、101.3 kPa 压力下的水等压可逆升温至 373 K,在沸点温度、压力下可逆相变成同温、同压的水蒸气,再把水蒸气等压可逆降温至 298 K,具体变化如下：

$$\begin{array}{ccc} H_2O(l,373\ K,101.3\ kPa) & \xrightarrow[(2)]{T_b} & H_2O(g,373\ K,101.3\ kPa) \\ \uparrow(1) & & \downarrow(3) \\ H_2O(l,298\ K,101.3\ kPa) & \longrightarrow & H_2O(g,298\ K,101.3\ kPa) \end{array}$$

(b) 借助 298 K 时水饱和蒸气压. 将 298 K、101.3 kPa 压力下的水等温可逆降压至 298 K 的饱和蒸气压 3.169 kPa，在 298 K 和饱和蒸气压 3.169 kPa 下，可逆变成同温、同压的水蒸气，再把水蒸气等温可逆压缩至 101.3 kPa. 具体变化如下：

$$\begin{array}{ccc} H_2O(l,298\ K,3.169\ kPa) & \xrightarrow[(2)]{\text{可逆相变}} & H_2O(g,298\ K,3.169\ kPa) \\ \uparrow(1) & & \downarrow(3) \\ H_2O(l,298\ K,101.3\ kPa) & \longrightarrow & H_2O(g,298\ K,101.3\ kPa) \end{array}$$

106. 在实验室制取干冰，往往利用绝热膨胀原理，借助盛有 CO_2 的高压钢瓶来制取干冰. 在较低室温(如 15 ℃)下，钢瓶中只剩下较少液态 CO_2 时，作为临时措施，应该采用下述哪种方法比较好？为什么？

(1) 钢瓶正立，打开阀门；　　(2) 钢瓶倒立，打开阀门.

答　应该采用方法(2)比较好. 因为 15 ℃时，高压钢瓶中的 CO_2 有气相和液相两种形态存在，若钢瓶正立时打开阀门，上端气态 CO_2 放出，很难得到干冰. 若钢瓶倒立时打开阀门，阀门在下端，喷出的是液态 CO_2，喷出后压力突然减小，部分液体急剧汽化成 CO_2 气体，由于液体气化需要吸收大量热，所以余下部分的液态 CO_2 温度会大幅度下降. 因为此过程进行得很快，体系来不及从外界得到热量(看成绝热体系)，致使部分液态 CO_2 的温度就会降到 CO_2 的冰点(−73.52 ℃)以下，得到干冰.

107. 有一质地坚实的绝热真空箱如图 1.13 所示，容积为 V_0，如将箱壁刺一个小孔，空气(设为理想气体)即冲入箱内. 当箱内外压力相等时，箱内的温度如何？设箱外空气的压力为 p，温度为 T_0.

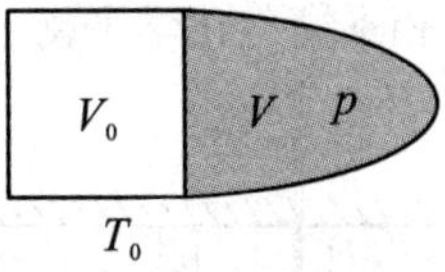

图 1.13

答　以 n mol 空气(体积 V)与箱内空间 V_0 共同组成体系.

始态：$T_0, V+V_0, p, pV=nRT_0$(真空不能做环境或体系).

终态：$T, V_0, p, pV_0=nRT$.

绝热过程：$Q=0, \Delta U=W$.

体积功：

$$W=-p\Delta V=-p[V_0-(V+V_0)]=pV=nRT_0$$

$$\Delta U=nC_{V,m}(T-T_0)=nRT_0$$

$$nC_{V,m}(T-T_0)=nRT_0$$

由于是理想气体，

$$C_{p,m}-C_{V,m}=R,\quad \frac{C_{p,m}}{C_{V,m}}=\gamma$$

所以

$$C_{V,\mathrm{m}}=\frac{R}{\gamma-1},\quad \frac{R}{\gamma-1}(T-T_0)=RT_0$$

解得 $T=\gamma T_0$. 由于 $\gamma=C_p/C_V>1$, 所以理想气体进入真空容器后温度升高.

1.5 卡诺循环与焦耳-汤姆孙效应

108. 卡诺循环是可逆过程，在体系经一个卡诺循环后，不仅体系复原了，环境也会复原. 该说法正确吗?

答 不正确. 体系复原了，环境没有复原，因为卡诺循环不是按原途径逆向返回的.

109. 夏天将室内电冰箱的门打开，接通电源并紧闭门窗(设墙壁、门窗均不传热)，能否使室内温度降低? 为什么?

答 不能. 由于墙壁、门窗均不传热，可把整个屋子看作是一个绝热等容的体系，$Q_V=0$(绝热过程). 又因为 $\Delta U=Q_V+W=W$，电源对制冷机(体系)做电功，环境做功 $W>0$，所以 $\Delta U>0$，体系热力学能增加，温度升高而不是降低.

另一种考虑:本来电冰箱的门关着，电冰箱内部是低温热源，外边是高温热源，制冷机做功，把冰箱内部的低温热源的热送给外边高温热源，电冰箱内部温度降低;现在打开电冰箱的门，经过一段时间后电冰箱内外温度一样，只有一个热源，制冷机运行电能就变成热能，体系温度升高.

110. 节流膨胀时，多孔塞前面与后面的气体状态是热力学平衡态还是稳态(或叫定态)?

答 稳态是指非平衡态中，体系中存在宏观量的流. 宏观上看体系中各点的宏观性质不随时间变化的状态叫作稳态或定态. 若一根均匀的金属棒两端分别与温度不同的大热源热接触，稳定后，沿金属棒方向建立了均匀的温度梯度，但金属棒的性质(包括棒上各处的温度)不再随时间变化，这就是稳态. 热力学平衡态要求必须同时满足热平衡(若体系内不存在绝热壁，则各处温度相等)、力学平衡(若体系内不存在刚性壁，则各处压力相等)、相平衡与化学平衡. 总之，处于平衡态的体系中不存在宏观量的流.

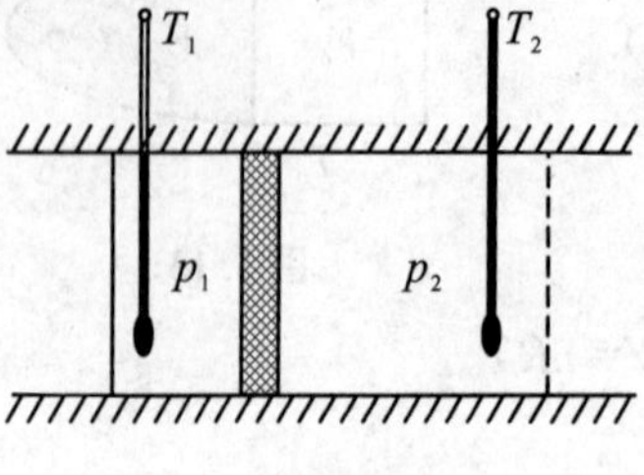

图 1.14

如图 1.14 所示，节流膨胀时，多孔塞前面与后面的气体状态应该是热力学平衡态，因为在多孔塞前面选取一定量的气体做始态，其温度、压力、体积是确定的，在多孔塞后面选取一定量的气体做终态，其温度、压力、体积也是确定的，都符合热力学平衡态要求，所以是平衡态，不是稳态.

111. 理想气体焦耳-汤姆孙节流膨胀后，温度变化吗? 热力学能改变吗?

答 节流膨胀的特点是:绝热过程，前后焓值相等. 故 $Q=0$，$\Delta H=0$. 对于理想气体，焓是温度的单值函数，焓不变，温度则不变，因此热力学能也不变，$\Delta U=0$.

112. 状态为 $pV_m=RT+\alpha p$ 的实际气体，节流膨胀后温度如何变化？

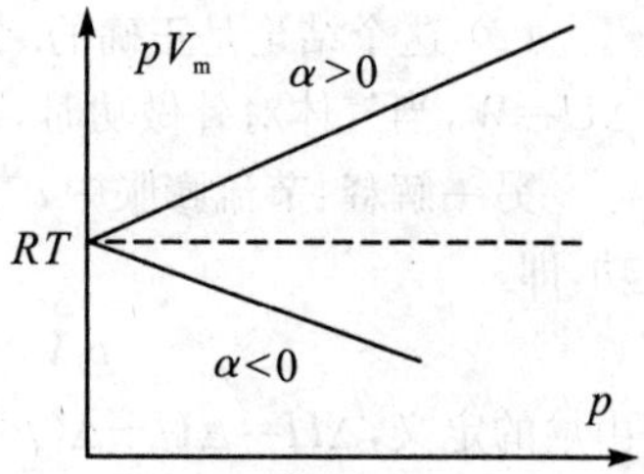

图 1.15

答　该气体是刚球模型气体，气体分子本身有体积，但分子之间无作用力. 若 $\alpha>0$，焦耳-汤姆孙系数小于零，节流膨胀后温度升高. 若 $\alpha<0$，焦耳-汤姆孙系数大于零，节流膨胀后温度降低. 参看图 1.15，由该气体的 pV-p 等温线可以判断节流膨胀后温度变化的情况.

113. 一气体的状态方程为 $(p+a/V_m^2)V_m=RT$，式中 a 是大于零的常数. 试说明该气体节流膨胀后温度下降还是上升.

答　把该气体状态方程与范德瓦耳斯气体状态方程比较，可知该气体的分子本身体积可以忽略，但分子之间的引力不能忽略，因此该气体节流膨胀(绝热)后，体积增大，分子之间势能增加，分子动能降低，因此温度下降.

114. 下列四个过程的 ΔU 及 ΔH 是增大、减少还是不变？

(1) 非理想气体卡诺循环；　(3) 理想气体绝热可逆膨胀；

(2) 理想气体节流膨胀；　(4) 373.2 K，100 kPa 下水 $H_2O(l)$ 蒸发成水气 $H_2O(g)$.

答　(1) 是循环过程，$\Delta U=\Delta H=0$.

(2) $\Delta H=0$，且为理想气体，有 $\Delta T=0$，所以 $\Delta U=0$.

(3) $Q=0$，$W<0$，$\Delta U=W<0$，膨胀后温度降低，$\Delta T<0$，所以 $\Delta H<0$.

(4) 等温等压可逆相变，体积增大，$W<0$，$Q_p=\Delta H>0$. 热力学能增加，$\Delta U>0$.

115. 试由焦耳-汤姆孙系数的定义式，回答下列问题：

(1) 为什么节流膨胀(绝热过程)的焦耳-汤姆孙系数可用等温过程的 U 及 pV 随压力变化来讨论？

(2) 在节流膨胀过程中，当 $\partial(pV)>0$ 时，气体对外做功，因为绝热，故 $Q=0$，必须降低热力学能，则 $dU<0$. 这一结论正确吗？

答　(1) 由于定义焦耳-汤姆孙系数为 $\mu_{J\text{-}T}=\left(\frac{\partial T}{\partial p}\right)_H$，并有循环关系式

$$\left(\frac{\partial T}{\partial p}\right)_H\left(\frac{\partial H}{\partial T}\right)_p\left(\frac{\partial p}{\partial H}\right)_T=-1$$

因此

$$\mu_{J\text{-}T}=\left(\frac{\partial T}{\partial p}\right)_H=-\frac{1}{\left(\frac{\partial H}{\partial T}\right)_p\left(\frac{\partial p}{\partial H}\right)_T}=-\frac{\left(\frac{\partial H}{\partial p}\right)_T}{\left(\frac{\partial H}{\partial T}\right)_p}$$

由焓的定义，$H=U+pV$，并且 $\left(\frac{\partial H}{\partial T}\right)_p=C_p$，可得

$$\mu_{J\text{-}T}=\left(\frac{\partial T}{\partial p}\right)_H=-\frac{[\partial(U+pV)/\partial p]_T}{C_p}=-\frac{1}{C_p}\left(\frac{\partial U}{\partial p}\right)_T-\frac{1}{C_p}\left[\frac{\partial(pV)}{\partial p}\right]_T$$

虽然节流膨胀是绝热过程，但其焦耳-汤姆孙系数仍可用等温过程的 U 及 pV 随压力的变化来讨论.

(2) 这个结论是正确的. 节流膨胀是绝热的,$Q=0$. 由热力学第一定律,$\Delta U=Q+W$,$\Delta U=W$,当气体对外做功时,$W<0$,$\Delta U<0$ 或 $\mathrm{d}U<0$.

另一解释:节流膨胀中,气体的净功 $W=p_1V_1-p_2V_2$. 当$\partial(pV)>0$ 时,气体对外做功,即

$$p_1V_1-p_2V_2<0,\quad -W=p_2V_2-p_1V_1>0$$

由焓的定义,$\Delta H=\Delta U+\Delta(pV)=\Delta U+p_2V_2-p_1V_1=\Delta U-W$.

节流膨胀是等焓过程,$0=\Delta U-W$,则 $\Delta U=W$,当 $W<0$ 时,就有 $\Delta U<0$.

116. 试从 $H=f(T,p)$ 出发,证明:若一定量某种气体从 298.15 K,$p^\ominus$ 等温压缩时,体系的焓增加,则气体在 298.15 K,$p^\ominus$ 下的节流膨胀系数 $\mu_{\text{J-T}}<0$.

答　由 $H=f(T,p)$,得

$$\mathrm{d}H=\left(\frac{\partial H}{\partial T}\right)_p\mathrm{d}T+\left(\frac{\partial H}{\partial p}\right)_T\mathrm{d}p$$

在恒焓下,得

$$0=\left(\frac{\partial H}{\partial T}\right)_p\mathrm{d}T+\left(\frac{\partial H}{\partial p}\right)_T\mathrm{d}p,\quad \left(\frac{\partial T}{\partial p}\right)_H=-\frac{\left(\frac{\partial H}{\partial p}\right)_T}{\left(\frac{\partial H}{\partial T}\right)_p}$$

由 J-T 系数的定义,

$$\mu_{\text{J-T}}=\left(\frac{\partial T}{\partial p}\right)_H=-\frac{\left(\frac{\partial H}{\partial p}\right)_T}{\left(\frac{\partial H}{\partial T}\right)_p}=-\frac{\left(\frac{\partial H}{\partial p}\right)_T}{C_p}$$

该气体从 298.15 K,$p^\ominus$ 等温压缩时,$\Delta p>0$,$\Delta H>0$,则 $\left(\frac{\partial H}{\partial p}\right)_T>0$. 又因为 $C_p>0$,所以 $\mu_{\text{J-T}}=\left(\frac{\partial T}{\partial p}\right)_H<0$.

117. 请列举四个不同类型的等焓过程.

答　四种不同类型的等焓过程分别为:理想气体自由膨胀、理想气体等温膨胀、理想气体等温压缩、实际气体焦耳-汤姆孙节流膨胀过程.

118. 请列举三种体积功为零的过程.

答　(1) 气体向真空膨胀过程;

(2) 体系等容过程(或刚性容器中发生的过程);

(3) 理想气体节流膨胀过程.

119. 设始态 $H_2O(l,100\ ℃,p^\ominus)\rightarrow$终态 $H_2O(g,100\ ℃,p^\ominus)$,$H_2O(g)$为理想气体,且 ΔH 是 100 ℃,$p^\ominus$下汽化焓. 若汽化时外压可以不同,那么体系吸收的热 Q 在哪个范围内?

答　由于汽化过程中,体积膨胀,因此吸收的热不但用来增加体系热力学能,还要用来向外做功. 若是向真空汽化,对外不做功,吸收的热全部用来增加体系的热力学能,$Q=\Delta U$;若在标准压力下汽化,吸收的热不但增加热力学能,还向外做功$-pV_g$,吸收的热即等压焓变,$Q_p=\Delta H=\Delta U+pV_g$,则吸热最多. 因此汽化时外压可以在 $0\sim p^\ominus$之间改变,

从而吸热在 ΔU 到 ΔH 范围内，吸收的热最少为 ΔU，最多为 ΔH.

1.6 热 化 学

120. 等压过程的热与等压热效应是一回事吗？

答　不是一回事. 等压过程的热是指体系的压力不变时过程中的热. 而等压热效应一般是指化学反应的热效应，它除了等压的条件外，还要满足等温与只有体积功的条件. 故等压过程的热不是等压热效应.

121. $A(g)+2B(g)=C(g)$，热效应 $\Delta H>0$，则反应进行必定吸热. 此结论对吗？为什么？

答　不一定对. 要视具体情况而定，可能有两种情况：

(1) 若该反应指明是在恒温等压、无体积功的情况下进行的，$\Delta H=Q_p$. 由于 $\Delta H>0$，故 $Q_p>0$，结论是对的.

(2) 若反应不是在恒温等压、无体积功的情况下进行的，$\Delta H\neq Q_p$. 因为 $\Delta H>0$，Q_p 不一定大于零，反应进行中不一定吸热. 例如在绝热钢瓶中发生反应 $C(s)+H_2O(g)=CO(g)+H_2(g)$，虽然该反应的热效应 $\Delta H>0$，但反应时无热传递，$Q=0$.

122. 回答下列问题：

(1) 体系中有 100 g N_2，完全转化成 NH_3，如按计量方程式 $N_2+3H_2\longrightarrow 2NH_3$，$\Delta\xi$ 是多少？如按计量方程式 $\frac{1}{2}N_2+\frac{3}{2}H_2=NH_3$，$\Delta\xi$ 是多少？

(2) 如反应前体系中 N_2 的物质的量 $n(N_2)=10$ mol，分别按上述两个计量方程式所得的反应进度 $\Delta\xi$ 进行，那么反应后 N_2 的物质的量 $n'(N_2)$ 各是多少？

答　(1) 始态 $n_{N_2}(0)=100/28=3.57$ (mol)，终态 $n_{N_2}(\xi)=0$.

$$\Delta\xi_1=[n_{N_2}(\xi)-n_{N_2}(0)]/\nu_B=(0-3.57)/(-1)=3.57\ (\text{mol})$$

$$\Delta\xi_2=(0-3.57)/(-1/2)=7.14\ (\text{mol})$$

(2) $n_B(0)=10$ mol，公式：$n_B(\xi)=n_B(0)+\nu_B\Delta\xi$.

按方程式 $N_2+3H_2\longrightarrow 2NH_3$，$n_{N_2}(3.57)=10+(-1)\times 3.57=6.43$ (mol).

按方程式 $\frac{1}{2}N_2+\frac{3}{2}H_2=NH_3$，$n'_{N_2}(7.14)=10+(-1/2)\times 7.14=6.43$ (mol).

两者结果相同.

123. 按反应方程式 $\frac{1}{2}H_2(g)+\frac{1}{2}I_2(g)=HI(g)$，生成 1 mol HI，在等温、等压且不做非体积功情况下，反应放出的热是等压热效应（等压反应热），而事实上该反应是不能进行到底的. 这是否影响反应热效应的计算？

答　不影响反应热的计算. 因热效应是指反应进度 $\xi=1$ mol 的焓变，也就是按计量方程式发生一个单位反应的焓变，与该反应能否进行到底没有关系.

124. $Q_p = Q_V + RT\sum_i \nu_{i(g)}$ 中，Q_p 是等压热，Q_V 是等容热. 该公式的适用条件只是等压条件或等容条件吗？适用条件是什么？

答 不只是等压条件或等容条件，适用的条件是：等温下，反应的气体为理想气体，若参加反应的有固体或液体，其体积可以忽略. $\sum_i \nu_{i(g)}$ 是反应前后气体物质的量的改变.

125. 根据 $Q_{p,m} = Q_{V,m} + \sum \nu_{i(g)} RT$，$Q_{p,m}$ 一定大于 $Q_{V,m}$ 吗？为什么？举例说明.

答 $Q_{p,m}$ 不一定大于 $Q_{V,m}$，两者的大小取决于 $\sum \nu_{i(g)}$ 的正负符号：若 $\sum \nu_{i(g)} > 0$，则 $Q_{p,m} > Q_{V,m}$；若 $\sum \nu_{i(g)} < 0$，则 $Q_{p,m} < Q_{V,m}$.

例如：$H_2(g) + O_2(g) \rightarrow H_2O(l)$，$\sum \nu_{i(g)} = -1.5 < 0$，$Q_{p,m} < Q_{V,m}$.

又如：$Zn(s) + H_2SO_4(aq) \rightarrow ZnSO_4(aq) + H_2(g)\uparrow$，$\sum \nu_{i(g)} = 1 > 0$，$Q_{p,m} > Q_{V,m}$.

126. 反应 C(金刚石) $+ \frac{1}{2}O_2(g) = CO(g)$ 的热效应为 $\Delta_r H_m^\ominus$，这是 CO(g) 的生成热，还是 C(金刚石)的燃烧热？

答 既不是CO(g)的生成热，也不是C(金刚石)的燃烧热. 因为C(金刚石)不是稳定的单质，因此不是CO的生成热；而产物是CO，不是完全燃烧的产物，因此也不是金刚石的燃烧热.

127. 热力学中规定标准状态的压力是 100 kPa. 对气体混合物来说，是指总压力为 100 kPa，还是各物质的分压是 100 kPa？

答 对气体混合物来说，各组分标准状态的压力是指各气体的压力 100 kPa，气体标准态是指纯态气体、压力 100 kPa，并符合理想气体行为的状态.

128. 盖斯定律有何意义？用它进行热化学的有关计算时，必须满足什么条件？

答 盖斯定律是热化学中最基本的定律，盖斯定律的重要意义是利用热化学方程式可以线性组合的特点，由已知一些反应的热效应，计算出未知反应的热效应.

应用盖斯定律的条件是：已知化学反应方程式的反应条件要完全相同，包括温度、压力及各物质的相态，并且这些反应都在等温等压或等温等容、不做其他功的条件下进行.

129. 若规定温度 T 时，处于标准态的稳定态单质的标准摩尔生成焓为零，那么该温度下稳定态单质的热力学能的规定值也为零吗？

答 稳定态单质的热力学能不是零，因为 $U = H - pV$，稳定态单质的 pV 不可能为零.

130. 稳定单质的焓值等于零；化合物摩尔生成热就是 1 mol 该物质所具有的焓值. 这些说法对吗？为什么？

答 不对. 稳定单质的焓值并不等于零. 常说标准状态下稳定单质的生成焓值等于零，是人为规定的.

化合物的摩尔生成热不是 1 mol 物质所具有的焓的绝对值，而是相对于规定稳定单质的焓为零的参考点而得出的相对值，即以标准状态下稳定单质生成热为零做基线，而得出来的化合物生成焓的相对值.

131. 若反应 $A(g) + 2B(g) \longrightarrow C(g)$ 的热效应 $\Delta_r H_m^\ominus > 0$，则此反应进行时必定会吸

热. 该判断对吗? 为什么?

答 不对. 只有在等温等压下,无非体积功时,$\Delta_r H_m^\ominus>0$,$Q_p=\Delta_r H_m^\ominus>0$,体系才必定吸热. 若反应发生在有非体积功,或者非等温等压条件下,$\Delta_r H_m^\ominus \neq Q_p$,即使 $\Delta_r H_m^\ominus>0$,Q_p 也可以小于0或等于0,不吸收热. 例如,绝热容器中 H_2 与 I_2 燃烧生成 HI,虽然 $\Delta_r H_m^\ominus>0$,但实际上 $Q=0$,不吸热.

132. 已知 CO_2 在 298.15 K 时的标准生成焓 $\Delta_f H_m^\ominus$ 和 0 ℃到 1 000 ℃的热容 $C_{p,m}$,则 CO_2 在 1 000 K 时的标准摩尔生成焓为 $\Delta_f H_m^\ominus(1\ 000\ \mathrm{K})=\Delta_f H_m^\ominus(298.15\ \mathrm{K})+\int_{298}^{1\ 000} C_{p,m}(CO_2)\mathrm{d}T$. 这样计算对吗?

答 不对. 按定义,CO_2 在 1 000 K 时的标准摩尔生成焓是由 1 000 K、标准态下稳定单质 C(s)与 O_2(g)直接化合成的 CO_2 的热效应得出的.

也可以由 298 K、标准压力下直接化合成 CO_2 反应的热效应(即 298 K 时 CO_2 的标准摩尔生成焓)与各物质的热容,用基尔霍夫定律计算得出 1 000 K、标准压力下直接化合成的 CO_2 的热效应(即 1 000 K 时 CO_2 的标准摩尔生成焓):

$$\begin{aligned}\Delta_r H_m^\ominus(1\ 000\ \mathrm{K}) &= \Delta_r H_m^\ominus(298.15\ \mathrm{K})+\int_{298}^{1\ 000}\Delta_r C_p \mathrm{d}T \\ &= \Delta_f H_m^\ominus(CO_2, 298.15\ \mathrm{K})+\int_{298}^{1\ 000}\Delta_r C_p \mathrm{d}T\end{aligned}$$

即

$$\Delta_f H_m^\ominus(CO_2, 1\ 000\ \mathrm{K})=\Delta_f H_m^\ominus(CO_2, 298.15\ \mathrm{K})+\int_{298}^{1\ 000}\Delta_r C_p \mathrm{d}T$$

而不是 $\Delta_f H_m^\ominus(1\ 000\ \mathrm{K})=\Delta_f H_m^\ominus(298.15\ \mathrm{K})+\int_{298}^{1\ 000} C_{p,m}(CO_2)\mathrm{d}T$ 计算式.

133. 在理解物质的标准摩尔生成焓的定义时,要注意些什么?

答 物质的标准摩尔生成焓的定义:在指定温度下,由标准态下稳定的单质直接化合成 1 mol 标准态下化合物 B 时的标准摩尔反应热效应,该热效应称为物质 B 的标准摩尔生成焓.

物质的标准摩尔生成焓是相对数值,因为热力学能 U、焓 H 等的绝对量无法测量,只能测量始终态之间的变化值,如 ΔU,ΔH 等. 为便于比较和计算方便,采用相对数值方法,就要规定一个参比点:定义稳定单质标准状态时的摩尔生成焓为零,来确定其他各种物质相对焓值,即标准摩尔生成焓,它是一种相对数值.

此外,应注意:同一种物质,在不同的温度、不同的聚集状态下,其标准摩尔生成焓是不同的.

134. 在下列关系式中,请指出哪些是正确的,哪些是错误的,并简单说明理由.

(1) $\Delta_c H_m^\ominus$(石墨,s)$=\Delta_f H_m^\ominus(CO_2, g)$. (2) $\Delta_c H_m^\ominus(H_2, g)=\Delta_f H_m^\ominus(H_2O, g)$.

(3) $\Delta_c H_m^\ominus(N_2, g)=\Delta_f H_m^\ominus(NO_2, g)$. (4) $\Delta_c H_m^\ominus(SO_2, g)=0$.

(5) $\Delta_f H_m^\ominus(C_2H_5OH, g)=\Delta_f H_m^\ominus(C_2H_5OH, l)+\Delta_{vap} H_m^\ominus(C_2H_5OH, l)$.

(6) $\Delta_c H_m^\ominus(C_2H_5OH, g)=\Delta_c H_m^\ominus(C_2H_5OH, 1)+\Delta_{vap} H_m^\ominus(C_2H_5OH, l)$.

(7) $\Delta_c H_m^\ominus(O_2, g)=\Delta_f H_m^\ominus(H_2O, 1)$.

答　(1) 正确.石墨完全燃烧的产物是CO_2,石墨的燃烧热与CO_2的生成热两者的数值相同.

(2) 不正确.氢气的燃烧热与液态水H_2O的生成热数值一样,而不是与水蒸气的生成热数值一样,因为完全燃烧的产物是水,不是水蒸气.

(3) 不正确.N_2的燃烧热为零,NO_2的生成热不是零.

(4) 正确.S完全燃烧的产物是$SO_2(g)$,因此$SO_2(g)$的燃烧热为零.

(5) 不正确.题中没有指出温度,默认是298.15 K,而乙醇的汽化热$\Delta_{vap}H_m(C_2H_5OH,l)$是沸点79 ℃(352 K)下的汽化热,不是298 K时的汽化热.若是计算352 K时气体C_2H_5OH的生成热才正确.

(6) 不正确.默认温度298 K下,而乙醇的汽化热$\Delta_{vap}H_m(C_2H_5OH,l)$是沸点79 ℃(352 K)下的汽化热,不是298 K时的汽化热,因此计算不正确;就是沸点352 K下,计算式也不正确.沸点352 K下正确的计算式为

$$\Delta_c H_m(C_2H_5OH,g)=\Delta_c H_m(C_2H_5OH,l)-\Delta_{vap}H_m(C_2H_5OH,l)$$

(7) 不正确.O_2的燃烧热为零.水的生成热不为零.

135. 等压下,在N_2和H_2的物质的量之比为1∶3的条件下合成氨,实验测得在温度T_1和T_2时放出的热量分别为$Q_p(T_1)$和$Q_p(T_2)$,用基尔霍夫定律验证时,与下述公式的计算结果不符:

$$\Delta_r H_m(T_2)=\Delta_r H_m(T_1)+\int_{T_1}^{T_2}\Delta_r C_p \mathrm{d}T$$

试解释其原因.

答　用基尔霍夫公式计算的是反应进度等于1 mol时的等压热效应,即摩尔反应焓变.用实验测定的是反应达平衡时的等压热效应,由于合成氨反应的平衡转化率较低,一般只有25%左右,所以实验测定值与理论计算值不同.题中只说N_2和H_2的物质的量之比为1∶3,但没有说明实验中消耗了多少N_2或H_2.假如反应物过量,实验达到平衡时,刚好N_2消耗1 mol,H_2消耗3 mol,生成2 mol的NH_3,则实验值与计算值应该是相等的.

136. 在燃烧热测定实验中,哪些是体系?哪些是环境?体系与环境之间有无热交换?有何影响?

答　体系是内桶中所有物质,包括氧弹(及其内部的样品、铁丝、氧气等)、内桶搅拌器、3 000 mL自来水;环境是外桶、桶盖、外桶搅拌器等.内桶(体系)与外桶(环境)之间要求绝热无热量传递.实验中,由于内桶(体系)与外桶(环境)之间是空气,绝热不是很好,有少量热量传递,会使测量值偏低,因此实验中要进行温度校正.

137. 一般实验室中测量出的萘燃烧热是不是25 ℃下的燃烧热?若不是,是哪个温度下的燃烧热?

答　一般实验室的温度不是25 ℃,测量出的萘燃烧热不是25 ℃下的燃烧热,而是外桶温度下的燃烧热,即环境温度下的燃烧热.

138. 燃烧热测量实验中,量热计水当量的定义是什么?常用哪些方法来测定量热计水当量?

答　量热计水当量的定义如下：使量热计仪器本身（包括氧弹、3 000 mL 自来水、搅拌器等）升高 1 ℃所吸收的热量即热容量，也称水当量. 实验室常用测定水当量的方法通常有电热法（测得电热器的电压、电流、通电时间），或测量已知燃烧热的标准样品（一般为苯甲酸）在量热计中燃烧得出的温差，从而计算出水当量.

139. 用氧弹量热计测定物质的燃烧热时，作雷诺图求 ΔT 的目的是什么？图 1.16 中是测定数据描绘的 T-t 图. 用雷诺作图法求 ΔT 时，图 1.16 中 O 点的位置应如何确定？校正后温度差如何表示？

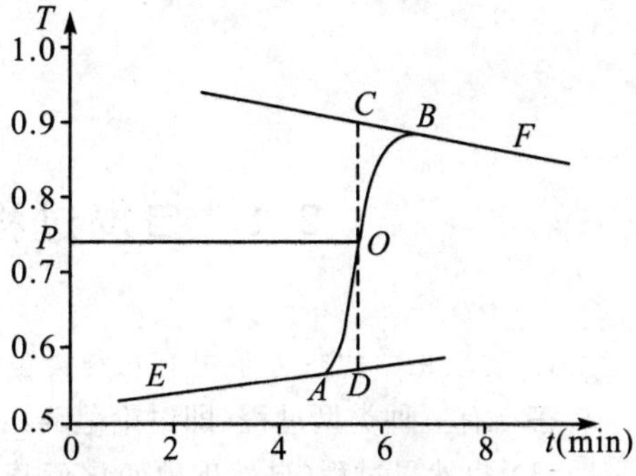

图 1.16

答　由于测定体系绝热不完全而产生热漏，造成 ΔT 的偏差. 作雷诺图的目的是进行修正，减少 ΔT 的偏差.

图上用 A 点纵坐标表示点火前温度，B 点纵坐标表示点火后温度升到最高值，B 与 A 差值线段的中点即为 P 点，过 P 点作横坐标平行线交曲线于 O 点. 过 O 点作纵坐标平行线，交 FB，EA 的延长线于 C，D 点，C，D 点的温度差，即为校正后的温差 ΔT.

140. 用氧弹量热计测定有机化合物的燃烧热实验，要求在测量定时在氧弹中加几滴纯水，然后再充氧气、点火. 请说明加的这几滴水的作用是什么.

答　作用是促使燃烧的产物中 $H_2O(g)$ 尽快凝结为液态水.

141. 如何用氧弹量热计测量挥发性液体物质（例如苯、环己烷等）的燃烧热？

答　基础物理化学实验中，测量物质的燃烧热使用的都是固体药品，通常把固体压片后称量再放入燃烧池中燃烧. 但是对于挥发性液体，特别是苯、环己烷这样的物质，不好压片，不能在敞开条件下精确称量. 要称量其燃烧热可以采用以下方法：选用一种药用小胶囊作为装样容器，先称量后测量出小胶囊的燃烧热，然后把液体样品装入小胶囊中，接着称量得出液体样品质量，然后再测量出样品与小胶囊的燃烧热，扣除小胶囊的燃烧热，就可得液体样品的燃烧热.

第2章 热力学第二定律

2.1 自发过程与热力学第二定律

1. 物理化学的热力学中有几种类型过程(即讨论范畴)?各有什么特点?

答 有三种类型过程(即讨论范畴):自然界过程、实际过程和热力学过程.

(1) 自然界过程(自然现象变化范畴)是指宇宙运动、山呼海啸、物种进化的过程,特别是动物、人类还没有出现以前发生的过程,这些过程都是自动发生的,并且以一定变化速度进行,是不可逆转的过程.例如,地震时海中冒出一座山,一棵小苗长成一棵大树,等等.自然界过程的特点是自动发生、自发进行,进行的方式是不可逆的.

(2) 实际过程(人们实践活动范畴)是指人类实际生活中发生的过程,是人类为了认识自然、改造自然而进行的实践活动、科学实验等,例如,筑坝堵水,挖河导洪,植树造林,消灭疾病,食盐溶于水,合成抗生素,电解食盐水制氯气.实际过程的特点是,可能是自发的,也可能是非自发的,无论是自发的或非自发的,都是以不可逆方式进行的.例如,把 Zn 棒插入 $CuSO_4$ 溶液中置换出 Cu,食盐溶于水等都是自发过程,而电解水制取 H_2 与 O_2,把水抽到山顶上等都是非自发过程.实际过程要讲究效率,有时间概念,都是以一定的速率变化进行的,因此都是不可逆的.化学动力学、不可逆电极反应讨论的就是实际过程范畴.

(3) 热力学过程(热力学理论范畴)的定义是:在一定条件下,系统发生由始态到终态的变化,称为系统发生一个热力学过程,简称为过程.热力学过程是人们在生活实践、科学实验基础上,研究如何提高热机的效率、探讨热与功转化的方向时,科学抽象出来的概念.如理想气体、刚球模型气体、完美晶体、理想液态混合物(也称理想溶液)、理想稀溶液、独立子体系、无限稀释电解质溶液、可逆电极与可逆电池、理想晶体、理想吸附等等,都是人们在研究热力学过程中科学抽象出来的名词,特别是科学抽象出来的可逆过程,有重要的理论价值.只有在可逆过程中,体系内各部分的性质才被认为是均匀一致的,状态函数才有确定数值,才能在变化过程中处处使用状态方程式计算.热力学过程是在实践基础上总结、升华得出的理论.理论源于实践,又高于实践.因此热力学过程适用的范畴比实际过程范畴还要大.热力学过程的特点是,可以是自发的,也可以是非自发的,进行的方式可以是不可逆的,也可以是可逆的.按可逆方式进行的就是可逆过程,可逆过程虽然实际上达不到,实现不了,但却有重要的理论意义.例如等温可逆过程,体系做的功最大,其他任何过程做的功只能接近它,不能超过它,给出了一个功的上限.体系熵变的计算就是借助可逆过程的热温商.可以毫不夸张地说,不懂得可逆过程,就不懂得热力学,没有可逆过程,热力学就寸步难行.热力学过程还有一个重要的特点:由于引入了可逆过程概念,热力学过程就没有时间概念,没有速率概念,只研究始态到终态的状态变化.这一点区别于自然界过程与实际过程.

2. 自然界过程、实际过程与热力学过程的关系如何?

答　实际过程是人们在自然界自发过程基础上,扩大到可以人为操作控制的过程,如通电或做功使系统发生非自发变化,研究范畴由自然界的自发过程扩大到自发与非自发的过程.实际过程进行的方式没有扩大,与自然界过程一样,都是不可逆的.热力学过程是在实际过程基础上,科学抽象出可逆过程、理想模型等,建立了完整的热力学理论.源于实践又高于实践,研究的范畴大于实际过程范畴,研究的过程性质与实际过程一样,包括自发过程与非自发过程,但过程进行的方式上,由不可逆扩大到可逆和不可逆,由有时间概念扩大到无时间概念.物理化学中热力学部分就是研究热力学过程的.它们之间的关系如图2.1所示.

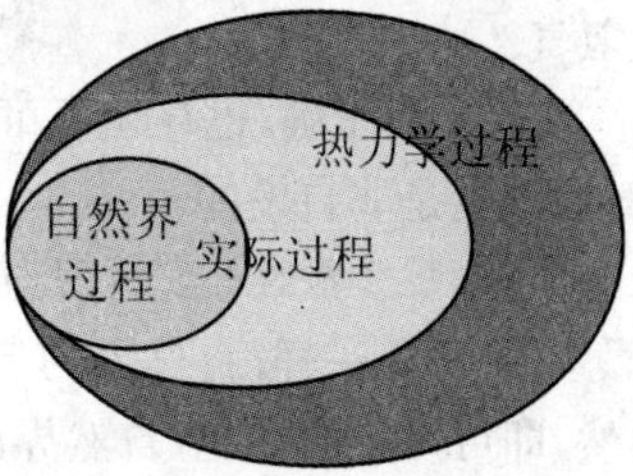

图2.1

3. 自然界过程与实际过程有什么相同点和不同点?热力学过程与实际过程有什么相同点和不同点?

答　自然界过程与实际过程的相同点是,它们进行的方式都是不可逆的;不同点是,自然界过程都是自发的,实际过程有自发的,也有非自发的.

热力学过程与实际过程的相同点是,过程性质都是自发或非自发的;不同点是,实际过程的进行方式是不可逆的,有时间速率概念,热力学过程进行的方式可以是不可逆的,也可以是可逆的,没有时间速率概念.

4. 什么是自发过程与非自发过程?实际过程一定是自发过程吗?

答　目前关于自发过程的定义有不同的说法,通用的教材是这样定义的:所谓"自发过程",是指能够自动发生的变化,即无需外力帮助,任其自然,即可发生的变化;而自发过程的逆过程则不能自动发生."无需外力帮助,任其自然,即可发生的变化",如何判断它发生了变化,靠观察来判断.而观察是在一定时间内完成的,是由变化速率来决定的,是有时间概念的,而我们知道热力学理论中没有时间的概念,没有速率的概念,主要研究系统的始态、终态性质.例如在常温常压下,把H_2与O_2混合在一个瓶子里,不加催化剂,几十年都观察不到水珠出现,那么能说这不是一个自发过程吗?这个定义其实是对自然界发生的过程的描述,不能算是热力学定义.我们认为这样定义比较好:在理论上或实际上具有对外做功能力的过程是自发过程,必须由外界提供功才能发生的过程,是非自发过程.自发过程能自动发生,非自发过程不能自动发生.例如,气体向真空膨胀,热量由高温物体传到低温物体,浓度不同的两种溶液混合,锌片在硫酸铜溶液中置换出铜,H_2与O_2混合点燃生成水等等,这些都具有对外做功的能力,都是自发过程,而其逆过程都必须由外界提供功才能发生,都是非自发过程.这个定义没有时间、速率概念,达到热力学过程的境界,符合热力学理论要求,可以作为自发过程的热力学定义.

实际过程不一定是自发过程,如电解水是实际过程,但不是自发过程.

5. 下列说法正确吗?

(1) 自然界发生的过程一定是不可逆过程.

(2) 实际生活中发生的过程一定是自发过程.

(3) 不可逆过程一定是自发过程.

答 (1) 正确. 自然界发生的过程都是以一定速率进行的,因此都是不可逆的.

(2) 不正确. 实际生活中发生的过程不一定都是自发的,例如人们用电解水法制备氢气.

(3) 不正确. 也存在不可逆的非自发过程,例如,理想气体绝热不可逆压缩,是不可逆过程,也是非自发的.

6. 自然界的自发过程与热力学中讨论的自发过程是否一样? 主要区别是什么?

答 不一样. 自然界的自发过程是指能够自动发生的变化,即无需外力帮助,任其自然,即可发生的变化,自然界的变化是宇宙运动、物种进化的过程,是自动的、不可逆转的变化,是以一定速率进行的,进行的方式是不可逆的. 例如,一棵小苗长成一棵大树,热由高温热源传给低温热源. 热力学中讨论的自发过程,严格讲是自发可能性过程,或称自发过程,用热力学原理对其判断有无自动发生的可能性,判断它向哪个方向自发(自动发生)进行,没有时间、速率的概念,进行的方式是可逆的,也可以是不可逆的.

自然界的自发过程与热力学中的自发过程的区别:自然界的自发过程有时间概念,进行方式是不可逆的,热力学中的自发过程无时间概念,进行方式可以是可逆的,也可以是不可逆的. 一些教材把自然界的自发过程与热力学中的自发过程混为一谈,认为自发过程都是不可逆的,甚至说不可逆过程就是自发过程,都是错误的.

7. 目前一些教材上有一些这样的说法:(1) 自发过程是热力学的不可逆过程; (2) 无非体积功条件下,不可逆过程才是自发过程;(3) 实际过程一定是自发过程. 这些说法对不对?

答 这些说法在自然界过程讨论范畴中是正确的,但在热力学过程的范畴中,都是不对的.

(1) 因为自发过程也可以是热力学可逆过程,例如理想气体等温可逆膨胀.

(2) 因为无非体积功条件下,不可逆过程也可以是非自发过程,例如给车轮胎快速充气.

(3) 因为实际过程也可以是非自发过程,例如电解食盐水生产氯气、氢气.

物理化学中的热力学是在热力学过程范畴中讨论问题的,因此这些说法都不对.

8. 自发过程与非自发过程的区别是什么? 举例说明自发过程是否可以加以控制,并使它可逆进行. 若受到控制,是否仍是自发过程? 为什么?

答 自发过程与非自发过程的区别是:由自发过程可以获得利用的功,即自发过程具有向外做功的能力,而非自发过程的发生,必须依靠环境对体系做功. 自发过程可以加以控制,并使它以可逆方式进行. 例如,$Zn(s)+CuSO_4(aq)\longrightarrow Cu(s)+ZnSO_4(aq)$是一个自发过程,在烧杯中进行是不可逆的,但若放在可逆的丹尼尔电池中进行,就能以可逆方式进行. 该反应放在可逆电池中以可逆方式进行时,仍然是自发过程,因为它具有对外做功的能力，并不因进行方式而改变，自发过程的方向取决于体系的始终态，与进行的方式无关.

9. 自发过程一定是不可逆的，所以不可逆过程一定是自发的. 这种说法对吗?

答　不对. 自发过程不一定是不可逆过程，例如，$Zn+CuSO_4 \longrightarrow Cu+ZnSO_4$ 反应在等温等压时是自发的，在烧杯中以不可逆方式进行，但放在可逆电池中进行，就是以可逆的方式进行的，过程自发性与过程性质(可逆、不可逆)之间没有必然的联系. 不可逆过程不一定是自发的，也存在不可逆的非自发过程，例如，理想气体绝热不可逆压缩，就不是自发的. 再例如电解水，是不可逆的，也是非自发的.

10. 自发过程和非自发过程的根本区别是什么? 在什么条件下，它们与过程的可逆与否才有联系?

答　根本区别在于能向外界提供功，能向外界提供功是自发过程，需要外界提供功才发生的是非自发过程. 在孤立体系或自然界过程中，过程方向性才与过程可逆与否有联系，孤立体系中发生的过程都是自发的，也是不可逆的；自然界过程中都是自发不可逆的，如小苗长成大树，是自发的、不可逆的.

11. 自然界是否存在真正意义上的可逆过程? 有人说，在昼夜温差较大的我国北方冬季，白天缸里的冰融化成水，而夜里同样缸里的水又凝固成冰，因此这是一个可逆过程. 你认为这种说法对吗? 为什么?

答　自然界并不存在真正意义上的可逆过程，物理化学中的可逆过程是一种理想化的概念，是一种科学抽象. 借助可逆过程这个概念，可以方便处理一些实际问题，可逆过程中可以用数学上的积分来代替加和.

该说法不对. 因为白天与夜里的温度是不一样的，即环境温度是变化的. 该现象不是在等温下正、逆双向变化的. 如果环境温度不变，水不可能自动结冰或冰自动融化成水，也是不可能自动发生逆方向变化的.

12. 为什么热力学第二定律也可表达为“一切实际过程都是热力学不可逆的”?

答　热力学第二定律的经典表述，实际上涉及的是热与功转化的不可逆性，即功能无条件全部转化成热，但热不能无条件全部转化成功，一切实际过程都是不可逆的. 实际过程的不可逆性都与热功转化相关联，如果热与功的转化是可逆的，那么所有的实际过程发生后都不会留下痕迹，从而成为可逆的了，这样便推翻了热力学第二定律，也否定了热功转化的不可逆性，则“实际过程都是不可逆的”也不成立. 因而也可用“一切实际过程都是不可逆的”来表述热力学第二定律.

13. 热力学第二定律成立的前提条件是什么? 热力学第二定律的本质是什么?

答　热力学第二定律表述常见的两种形式是：① 开尔文(Kelvin)说法：不可能从单一热源取出热使之完全变为功，而不发生其他变化. ② 克劳修斯(Clausius)说法：不可能把热从低温物体传到高温物体，而不发生其他变化. 这里“不发生其他变化”就是热力学第二定律成立的前提条件. “不发生其他变化”应该理解为“体系与环境都恢复原状”，也就是体系经过了一个循环. 失去这个前提的热力学第二定律表述都是错误的，例如，将热全部变为功是不可能的，不可能将热从低温热源吸出并放给高温热源.

热力学第二定律的本质是有序的运动能自动地变为无序的运动，无序的运动不能自动地变为有序的运动.

14. “热不能全部变成功”应怎样叙述才完整？它与热功当量定律是否有矛盾？为什么？

答 正确完整的描述是：热不能全部变成功而不发生其他变化.与热功当量定律不矛盾，热功当量定律是表述热与功转化时的数值关系，没有涉及热与功转化的方向问题，若发生其他变化即环境中留下功变成热的痕迹，热是可以全部变成功的.

15. 为什么热和功的转换是不可逆的？

答 虽然热和功都是能量传递的形式，而且是可以相互转换的，但这种转换并不是等价的.体系经过一个循环，从单一热源吸取的热量不能全部无条件地转换为功；但功可以全部无条件地转换为热.这称为热功转换的不可逆性.功是能量传递的高级运动形式，它是有序能，是体系中所有微观粒子同时发生定向运动时传递给环境的能量形式.热是能量的低级运动形式，它是无序能，是通过体系与环境的微观粒子的无规则运动，发生碰撞传递的能量形式.所以，有序能可以无条件地全部转变为无序能，但无序能全部转变为有序能却是有条件的——会给环境留下影响.因而热和功的转换是不可逆的.

16. 将一只压瘪了的乒乓球放在开水中，过一会儿，乒乓球重新鼓起来，这一过程是“从单一热源吸收热量对外做功”吗？它是否违反热力学第二定律？

答 这一过程是从单一热源吸收热量对外做功，但不违反热力学第二定律，因为发生了其他变化，乒乓球鼓起来了.若要使体系（乒乓球）恢复原状，环境必须做功（挤压乒乓球），乒乓球向环境放热，这样体系复原后，环境中会留下功变热的痕迹.

17. 空调、冰箱可以将热从低温热源吸出并传给高温热源，这是否与热力学第二定律矛盾？

答 不矛盾.克劳修斯的说法是：不可能把热从低温物体传到高温物体，而不引起其他变化.而空调、冰箱中的制冷机把热从低温物体传到了高温物体，环境做了电功，却得到了热.所以环境发生了变化，即引起其他变化，因此与热力学第二定律不矛盾.

18. 将热力学第二定律表述为“热不能全部转化为功”，正确吗？

答 不正确.热是可以全部转化为功的，例如理想气体等温膨胀过程中，体系从环境吸收的热全部转化为功，但是引起了其他变化，气体的体积增大了.因此仅说“热不能全部转化为功”是错误的.

19. 有两个可逆卡诺热机(a)和(b)，高温热源温度皆为500 K、低温热源分别为300 K和250 K.若两者分别经一个循环对外所做的功相等，试问：

(1) 两个热机的效率是否相等？

(2) 两个热机从高温热源吸收的热量是否相等？

答 (1) 热机的效率不相同.

热机(a)的效率

$$\eta_a=\frac{T_2-T_1}{T_2}=\frac{500-300}{500}=40\%$$

热机(b)的效率

$$\eta_b=\frac{T_2-T_1}{T_2}=\frac{500-250}{500}=50\% \quad (\eta_a<\eta_b)$$

(2) 热机效率也可表示为 $\eta=\frac{-W}{Q_2}$(Q_2 为从高温热源吸的热,Q_1 为传给低温热源的热). 所以 $-W=\eta Q_2$. 当所做的功相等时,$\eta_a Q_{2a}=\eta_b Q_{2b}$. 由于 $\eta_a<\eta_b$,所以 $Q_{2a}>Q_{2b}$,即两个热机从高温热源吸收的热量不相等,热机(a)吸收的热大于热机(b)吸收的热.

20. 试用热力学第二定律证明:在 p-V 图上,(1) 两条等温可逆线不会相交;(2) 两条绝热可逆线不会相交;(3) 一条绝热可逆线与一条等温可逆线只能相交一次.

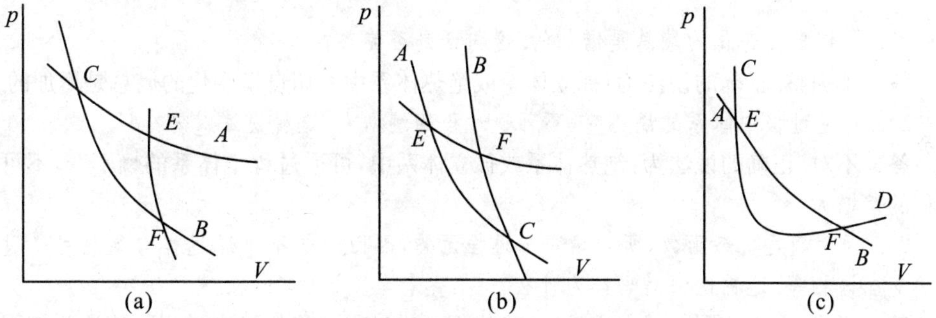

图 2.2

证明　(1) 用反证法:假定两条等温可逆线 CA,CB 相交于 C 点,则可在离开交点 C 处作一绝热可逆线 EF,与两条等温线相交于 E,F 点. 那么体系从交点 C 出发,经等温线 CE、绝热线 EF、等温线 FC 回到交点 C,则对环境做了如图 2.2(a)中 $CEFC$ 形面积的功,并吸收了同等数量的热,即把热完全转化为功(即从单一热源吸的热全部转化为功),而没有引起其他变化,就违背了热力学第二定律,因此假定两条等温可逆线相交于一点是错误的.

(2) 用反证法:假定两条绝热可逆线 CA,CB 相交于 C 点,则可在离开交点 C 处作一等温可逆线 EF,与两条绝热线相交于 E,F 点. 那么体系从交点 C 出发,经绝热线 CE、等温线 EF、绝热线 FC 回到交点 C,则对环境做了如图 2.2(b)中 $CEFC$ 形面积的功,并吸收了同等数量的热. 即把热完全转化为功(即从单一热源吸的热全部转化为功),而没有引起其他变化,就违背了热力学第二定律,因此假定两条绝热可逆线相交于一点是错误的.

(3) 用反证法:假如若一条绝热可逆线 CD 与一条等温可逆线 AB 有两个交点 E,F. 那么从 E 点出发,沿等温可逆线到 F 点,再沿绝热可逆线回到 E 点实现一个循环,对外所做的功如图 2.2(c)中曲线包围的面积所示,而从环境吸收同等数量的热,而没有引起其他变化. 即把热完全转化为功,这样就违反了热力学第二定律. 一条绝热可逆线与一条等温可逆线只能相交一次.

21. 理想气体经等温膨胀后,由于 $\Delta U=0$,所以吸的热全部转化为功. 这与热力学第二定律矛盾吗?

答　不矛盾. 理想气体经等温膨胀后,吸的热全部转化为功,但气体的状态变化了,体积增大了，发生了其他变化.

22. 冷冻机可以从低温热源吸热传给高温热源.这与克劳修斯的说法不符，矛盾吗？

答　不矛盾.克劳修斯的说法是：不可能把热从低温物体传到高温物体，而不引起其他变化.而冷冻机系把热从低温物体传到了高温物体，环境做了电功，却得到了热.而功变为热是不可逆过程，环境发生了变化，也就是引起了其他变化.

2.2　熵与热温商、熵变的计算与应用

23. 一切自发变化的熵总是增加的.这句话是否完整？

答　不完整.正确的说法为：孤立体系或绝热体系中一切自发变化的熵总是增加的.

24. 可逆过程中体系的熵不变，不可逆过程的熵增大.这种说法对吗？

答　不对.正确的说法为：绝热体系或孤立体系中，可逆过程中体系的熵不变，不可逆过程的熵增大.

25. 因为熵是状态函数，所以熵变与过程无关，因而绝热不可逆过程与绝热可逆过程的熵变应该相等.这种说法对吗？为什么？

答　不对.因为从同一始态出发，经绝热不可逆过程与绝热可逆过程不能达到相同的终态.终态不同，两个过程的熵变当然不相等，绝热可逆过程中体系的熵变等于0，绝热不可逆过程中体系的熵变大于0.

26. 只有可逆过程才有熵变，而不可逆过程只有热温商之和，无熵变.这样认为对吗？

答　不对.熵函数是系统的状态函数，只要发生变化过程，熵值就可能改变；只要体系与环境之间有热传递，就有热温商，但只有可逆过程的熵变才在数值上等于热温商之和，而不可逆过程的熵变数值大于热温商之和.

27. 25 ℃时一定量水与NaCl水溶液混合，此过程是不可逆过程，如何将此过程变为可逆过程？

答　要求NaCl水溶液的量足够大，加入一定量的水并不改变其平衡蒸汽压 p（$p<p^*$）.可以这样来实现：在25 ℃时将水面上压力降到25 ℃时的水饱和蒸汽压 p^*，使一定量的水在25 ℃恒温下可逆蒸发（无限缓慢蒸发）为同温同压的水蒸气，再在恒温下可逆地使水蒸气的压力由 p^* 变化到 p，最后使压力为 p 的水蒸气恒温可逆地凝聚到NaCl水溶液中，这样该过程就变为可逆过程.

28. 以下这些说法是否正确？为什么？

(1) 因为 $\Delta S=\int_A^B\frac{\delta Q}{T}$，所以只有可逆过程才有熵变；而 $\Delta S>\int_A^B\frac{\delta Q}{T}$，所以不可逆过程只有热温商，没有熵变.

(2) 因为 $\Delta S>\sum_A^B\frac{\delta Q_i}{T_i}$，所以体系由始态 A 经不同的不可逆过程到达终态 B，其熵的变值各不相同.

(3) 因为 $\Delta S=\int_A^B\frac{\delta Q}{T}$,所以只要始终态一定,过程的热温商的值就是一定的,因而 ΔS 是一定的.

答　(1) 不正确.熵是状态函数,无论是可逆过程还是不可逆过程都存在熵变.对于热温商,无论过程可逆与否,只要体系与环境之间存在热交换,就有热温商.

(2) 不正确.因为熵是状态函数,不论过程可逆与否,只要始终态确定,其变化值是定值,与过程可逆与否无关.

(3) 不正确.把热温商与状态函数熵改变量混为一谈,这是两个不同概念.只有在可逆过程中,两者在数值上才相等,但物理意义不同.始终态一定,热温商可以因途径不同而不同,而状态函数熵的改变值 ΔS 是一定的.

29. 由于可逆过程的热温商之和等于体系的熵变,故热温商之和也是体系的状态性质.该说法正确吗?

答　不正确.热温商之和只有在可逆过程中才等于熵变,在不可逆过程中则小于熵变.所以热温商之和与途径有关,不是状态函数,不是体系的状态性质.热温商之和是过程量,其数值与进行的具体途径有关.

30. 熵增加的过程一定是自发过程.该说法正确吗?

答　不正确.该说法只有对孤立体系才成立,对非孤立体系不成立,例如电解水过程熵增加,却是非自发过程,再如理想气体绝热不可逆压缩过程,熵增加,也是非自发过程.

31. 由于体系经循环过程后回到始态,$\Delta S=0$,所以该循环一定是一个可逆循环过程.该说法正确吗?

答　不正确.体系经循环过程后回到始态,状态函数都不改变,但不能依此来判断过程的性质,可逆循环与不循环都可以回到始态,都有 $\Delta S=0$.

32. 体系平衡态的熵最大.该说法正确吗?

答　不正确.只有孤立体系(隔离体系)的平衡态熵才最大,对于非孤立体系就不一定正确,例如 1 mol 理想气体由始态 224 L,等温可逆压缩到 22.4 L 的平衡终态,这个平衡态熵值比始态小.

33. 有人说:"任意可逆过程中 $\Delta S=0$,任意不可逆过程中 $\Delta S>0$."该说法正确吗?

答　不正确.该说法只有对绝热体系或孤立体系才正确,对一般封闭体系就不一定正确.例如理想气体等温可逆膨胀,是可逆过程,但熵增加,$\Delta S>0$;而理想气体等温压缩,是不可逆过程,但熵减少,$\Delta S<0$.

34. 说出气体节流膨胀与气体绝热不可逆膨胀的相同点与不同点.

答　相同点:都是绝热、不可逆过程;压力都降低,体积都增大;都是熵增过程,$\Delta S>0$.

不同点:绝热不可逆膨胀后气体的温度降低,而节流膨胀后气体的温度可能降低(焦耳-汤姆孙系数 $\mu_{\text{J-T}}>0$),也可能升高(焦耳-汤姆孙系数 $\mu_{\text{J-T}}<0$),也有可能不变(理想气体).

35. 一定量理想气体从某一始态出发,分别经等温可逆膨胀和等温不可逆膨胀,能否达到同一终态?若分别经绝热可逆膨胀与绝热不可逆膨胀,能否达到同一终态?为什么?

答 一定量理想气体从某一始态出发，分别经等温可逆膨胀和等温不可逆膨胀，可以达到同一终态，因为分别经等温可逆膨胀和等温不可逆膨胀，体系温度不变，热力学能保持不变. 由于热力学能 U 是状态函数，热力学能 U 相同，状态就可能相同，因此可以达到同一终态.

理想气体从某一始态出发，分别经绝热可逆膨胀和绝热不可逆膨胀，不能达到同一个终态，因为理想气体经绝热可逆膨胀过程，体系的熵值不变，$\Delta S=0$，而经绝热不可逆膨胀过程，体系的熵值增加，$\Delta S>0$. 由于熵 S 是状态函数，两个终态的熵值不同，状态不同，因此不能达到同一个终态.

36. 有一体系如图 2.3 所示，整个容器及 AB 隔板都绝热良好，AB 两侧的体积 V 皆为 $20\ m^3$，左侧充有 2 mol 理想气体，右侧是真空. 试问下列过程的熵变 ΔS 各为多少？它们是否相等？

(1) AB 为被销钉固定的理想活塞，活塞移动时无摩擦，拔去销钉，气体推动隔板向右膨胀达到平衡态.

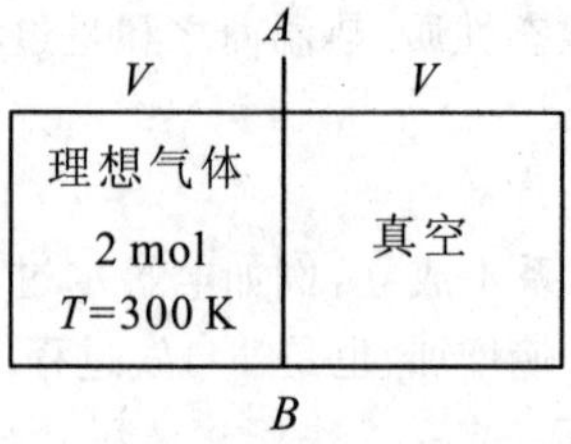

图 2.3

(2) AB 为固定的隔板，抽去隔板后理想气体迅速膨胀充满整个容器.

(3) AB 为固定的隔板，在隔板上刺一小孔，气体通过小孔流入真空容器中，直至隔板两侧达到平衡态.

答 题给三个过程均可视为理想气体向真空自由膨胀过程，$W=0$，$Q=0$，$\Delta U=0$，温度不变，

$$\Delta S=nR\ln\frac{V_2}{V_1}=2R\ln\frac{2V}{V}=2R\ln 2=11.53\ \mathrm{J/K}$$

这三个过程的始终态相同，因此熵变 ΔS 相等.

37. 体系经绝热不可逆过程由状态 A 变到状态 B 之后，能否经绝热可逆或绝热不可逆过程使体系由状态 B 回到状态 A 而完成一次循环？为什么？

答 经绝热可逆过程是不可能完成这样一次循环的，因为体系经绝热不可逆过程由状态 A 变到状态 B，体系的熵值增加，即 $S_B>S_A$. 若想要从 B 态经绝热可逆过程回到 A 态，由于绝热可逆过程，熵值不变，即 S_B 不改变，不减少，熵值不能降低为 S_A 值，状态就回不到状态 A. 同样，经绝热不可逆过程也是不能完成循环的，因为从 B 态经不绝热可逆过程，熵值增加，即 S_B 继续增大，比原来 A 态的 S_A 更大，熵值不能降低到 A 态的 S_A 值，状态就回不到状态 A.

38. 自发过程的方向就是体系混乱度增加的方向. 该说法正确吗？

答 不正确. 只有对孤立体系、绝热体系才成立，对非孤立体系就一定不成立，例如 $-5\ ℃$ 的过冷水凝结成 $-5\ ℃$ 的冰，是自发过程，但体系熵减少，$\Delta S<0$，混乱度也减小，自发过程的方向就不是混乱度增加的方向.

39. 可逆过程的热温商与熵变相等，不可逆过程的热温商与熵变就不相等？为什么？

答 回答该问题最好用普里高津(Prigogine)的理论，体系熵的改变由两个因素造成：其一是体系与环境之间发生能量或物质交换引起的熵变，称为熵流，用 dS_e 表示；其二是体

系内部存在的不平衡因素(如内摩擦、浓度梯度、压力梯度等)引起的熵变，称为熵产生，用 dS_i 表示. 体系的熵变 $dS=dS_e+dS_i$；对有限的变化 $\Delta S=\Delta S_e+\Delta S_i$，熵流 ΔS_e，可为正值、负值，或零. 对于封闭体系，熵流就是热温商；熵产生 ΔS_i，不会小于零，$\Delta S_i \geqslant 0$，可逆过程等于零，不可逆过程大于零. 这样上面问题就好理解了：对可逆过程，熵产生为零，热温商与熵变就相等，$\Delta S=\Delta S_e$；对不可逆过程，熵产生大于零，$\Delta S_i>0$. $\Delta S=\Delta S_e+\Delta S_i$，因此热温商小于熵变，当然不相等.

40. 自发过程与自发性过程有无区别?

答　热力学中自发过程是指"在理论上或实际上具有对外做功的能力的过程"，热力学的自发过程严格讲是自发可能性过程，或称自发性过程，因为热力学讨论一个过程在未发生前，用状态函数判断其有无自动发生的可能性，判断它向哪个方向自发进行. 因此自发过程与自发性过程无本质区别，一般物理化学教材把自发性过程就叫作自发过程.

41. 过程方向与自发(性)过程方向是否为相同概念?

答　在一些物理化学教材中，在讨论克劳修斯不等式 $\Delta S \geqslant \sum_A^B \frac{\delta Q_i}{T_i}$ 时，说对可逆过程，熵变等于热温商，对不可逆过程，熵变大于热温商，不可能出现熵变小于热温商的过程，因此认为过程进行的方向是按熵变不小于热温商的方向. 这里提出"过程方向"的概念，但这个方向只是说"熵变不小于热温商"的方向，也可称为熵增加方向. 例如，对理想气体等温膨胀、绝热压缩都是熵增加方向. 但这个过程方向不是始态 A 到终态 B 的自发过程方向，因为理想气体的体积不可能自动缩小、压缩，所以理想气体压缩是非自发过程. 因此这里的"过程方向"与我们常说的自发过程方向是两回事，是不同的概念.

但对于孤立体系，环境与体系之间没有热与功的传递，"熵变不小于热温商"即熵增加方向与始态 A 到终态 B 的自发过程方向是一致的. 鉴于这种情况，建议以后不提"熵变不小于热温商"的过程方向，热力学中只讨论自发过程的方向，以免引起不必要的混乱.

42. 为什么说克劳修斯不等式 $\Delta S-\sum_A^B \frac{\delta Q_i}{T_i} \geqslant 0$ 也是过程不可逆程度的判据?

答　由克劳修斯不等式知道，可逆过程热温商等于体系的熵变，不可逆过程热温商小于体系的熵变，而不可逆过程有无限多个，它们的不可逆程度也可不同，而 $\Delta S-\sum_A^B \frac{\delta Q_i}{T_i}$ 的差值越大，则表示该过程的不可逆程度越大，$\Delta S-\sum_A^B \frac{\delta Q_i}{T_i}$ 的差值越小，则表示该过程的不可逆程度越小，差值最大是最大不可逆过程，差值等于零就是可逆过程，因此该不等式也是过程不可逆程度的判据.

43. 克劳修斯不等式 $\Delta S \geqslant \sum_A^B \frac{\delta Q_i}{T_i}$，既是体系始终状态之间过程性质判据又是过程发生自发可能性判据. 该说法正确吗?

答　不正确. 克劳修斯不等式通常可用卡诺定理得到，其中"＝"表示过程可逆，"＞"表示过程不可逆. 因此克劳修斯不等式只是始终状态之间过程性质(即可逆、不可逆)的判据，不能成为过程自发可能性(方向)的判据. 因为过程自发可能性(方向)与过程性质是两个不同的概念,两者之间没有必然的联系.

44. 克劳修斯不等式 $\Delta S \geqslant \sum_A^B \frac{\delta Q_i}{T_i}$ 能否作为自发过程方向的判据?

答 由克劳修斯不等式的推导过程可知,其中"="表示过程可逆,">"表示过程不可逆.克劳修斯不等式只是过程性质即可逆、不可逆判据,不是自发过程方向的判据,因为自发过程的方向与过程性质之间没有必然的联系.只有对孤立体系,克劳修斯不等式才可以作为自发过程方向的判据.

45. 在 $dS=Q_R/T$ 中,T 是环境的温度,还是体系的温度? TdS 是否等于体系所吸收的热量?

答 此式是由卡诺循环导出的,T 是热源的温度,也就是环境的温度.如果在等温过程或可逆过程中,$dS=Q_R/T$ 中的 T 也可以看成体系的温度,但是对于不可逆过程,$dS>Q/T$,此时 T 是环境的温度.只有在可逆过程中,TdS 才是体系吸收的热量,在不可逆过程中,TdS 大于体系吸收的热量.

46. 对于绝热过程有 $\Delta S \geqslant 0$,那么由 A 态出发经过可逆与不可逆过程都到达 B 态,这样同一状态 B 就有两个不同的熵值,熵就不是状态函数了.这一结论错在何处?请用理想气体绝热膨胀过程说明.

答 绝热可逆过程中 ΔS 值一定等于零,即体系的熵值不变,而绝热不可逆过程中 ΔS 一定大于零,即体系的熵值增加.因此从同一始态 A 出发经绝热可逆过程与绝热不可逆过程不可能达到相同的终态 B.现以一定量理想气体从同一始态出发,分别经过绝热可逆膨胀和绝热不可逆膨胀达到相同的终态压力,绝热可逆膨胀过程向外做的功的绝对值要比绝热不可逆过程膨胀向外做的功的绝对值大些,因此体系热力学能降低得也多些,故绝热可逆过程终态温度低于绝热不可逆过程终态温度,在相同的终态压力时,两者终态体积不同,因此两者是不同的终态.由于不同的终态,终态熵值不相同.

47. 绝热过程与等熵过程是否相同?

答 不相同.体系与环境之间没有热交换的过程为绝热过程,等熵过程一般为绝热可逆过程.绝热过程可以是可逆的,也可以是不可逆的,只有既绝热又可逆的过程才是等熵过程.

48. 263 K 的过冷水凝结成 263 K 的冰,$\Delta S<0$,与熵增加原理相矛盾吗?为什么?

答 不矛盾.熵增加原理的适用条件是孤立体系或绝热体系,而上述过冷水结冰只是封闭体系,不是孤立体系或绝热体系,它的熵变 ΔS 可以小于零,并不与熵增加原理相矛盾.

49. 不论孤立体系内部发生什么变化,体系的热力学能和熵总是不变的.该判断是否正确?

答 不正确.对热力学能是正确的,因为孤立体系与外界既无功传递又无热交换,所以热力学能不变.但对于熵就不正确,因为孤立体系有熵增加原理:$\Delta S(\text{孤立}) \geqslant 0$,孤立体系内部发生不可逆变化,熵增大.

50. 可逆过程中,体系的熵不变;不可逆过程中,体系的熵增大.这种说法对吗?举例

说明可逆过程中 $\Delta S\neq 0$（可能大于零，也可能小于零），不可逆过程中 $\Delta S<0$ 的情况.

答　这种说法不对，正确的说法为：绝热体系或孤立体系中，可逆过程中体系的熵不变，不可逆过程的熵增大. 若仅是封闭体系，熵就可能减少. 例如，理想气体等温可逆膨胀过程，或水在 100 ℃、标准压力 $p^{\ominus}$ 下可逆汽化成水蒸气，$\Delta S>0$；理想气体等温可逆压缩过程，或水在 0 ℃、标准压力 $p^{\ominus}$ 下可逆凝结成冰，$\Delta S<0$. 理想气体等温下被一次不可逆压缩，或 −5 ℃的过冷水，在标准压力 $p^{\ominus}$ 下不可逆地变成 −5 ℃的冰，$\Delta S<0$.

51. 由封闭体系与环境一起组成一个大孤立体系（也称大隔离体系，图 2.4），与热力学中定义的孤立体系（隔离体系）是否一样？为什么？

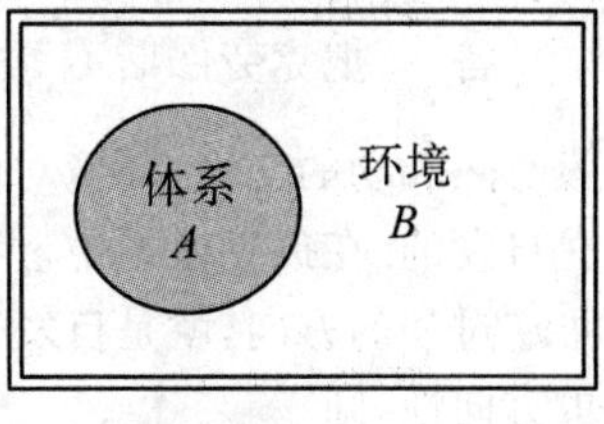

图 2.4

答　目前不少物理化学教材上，为了把孤立体系熵判据应用到封闭体系，来判断封闭体系 A 自发过程的方向与限度，采用这样的处理：把体系 A 与和体系 A 有密切关系的环境 B 包含在一起，组成一个大孤立体系（$A+B$），对大孤立体系（$A+B$）进行判断，得出体系 A 中自发过程的方向与限度，这就是所谓的总熵判据. 然而这个大孤立体系（$A+B$）与原封闭体系 A 是不完全一样的.

在热力学中，要求体系与环境一经确定之后，在讨论问题的过程中就不能任意更改了，因为体系与环境的性质有许多不同之处. 例如：(1) 体系中可以有相变化、化学反应，而环境中不考虑相变化、化学反应；(2) 对体系中发生的过程，要考虑是否以沿可逆途径与环境交换能量，而在环境中认为都以可逆方式与体系交换能量；(3) 体系可以用状态函数来描述状态变化，而环境没有用什么函数来描述其变化. 环境与体系的这些不同性质，在讨论体系 A 的变化时，不注意环境 B 的这些性质. 一旦把体系 A 与环境 B 合并起来作为一个大的孤立体系，原来环境 B 成了大体系中的一部分，这些与体系不同的性质就会暴露出来. 因此，体系 A 与环境 B 组成的大孤立体系（$A+B$）与热力学中所定义的孤立体系是不完全相同的. 实质上，是把原来确立的体系与环境之间的界面抹去，把研究的对象扩大了.

52. 总熵判据与克劳修斯不等式 $\Delta S-\sum_{A}^{B}\dfrac{\delta Q_i}{T_i}\geqslant 0$ 有区别吗？为什么？

答　在本质上没有区别. 总熵判据来历：为了把孤立体系熵判据原理应用到封闭体系，判断封闭体系 A 的自发过程的方向性与限度，采用把体系 A 与和体系 A 有密切关系的环境 B 包括在一起，组成一个大孤立体系（$A+B$），如图 2.4 所示，应用熵判据原理对体系 A 中发生的过程方向与限度进行判断，得到所谓的总熵判据：

$$\Delta S_{总}=\Delta S_{体}+\Delta S_{环}\geqslant 0,\quad \begin{cases}>0, & 自发过程\\ =0, & 平衡\end{cases}$$

$$\Delta S_{环}=\frac{Q_{环}}{T_{环}}=\frac{-Q}{T_{环}}=-\sum_i\frac{\delta Q_i}{T_i}$$

$$\Delta S_{总}=\Delta S_{体}+\Delta S_{环}=\Delta S-\sum_i\frac{\delta Q_i}{T_i}\geqslant 0$$

而克劳修斯不等式为

$$\Delta S-\sum_i \frac{\delta Q_i}{T_i} \geqslant 0, \quad \begin{cases} >0, & \text{不可逆过程} \\ =0, & \text{可逆过程} \end{cases}$$

两式比较,可见总熵判据与克劳修斯不等式没有本质的区别.克劳修斯不等式仅是对过程性质(可逆、不可逆)的判断,因此由总熵判据也仅能判断过程的性质,不能对体系自发过程方向作出判断.

53. 阐述孤立(隔离)体系熵判据与封闭体系总熵判据,两者有无区别?为什么?

答　把克劳修斯不等式 $\Delta S-\sum_i \frac{\delta Q_i}{T_i} \geqslant 0$ 应用于孤立(隔离)体系,体系与环境之间没有热和功的交换,环境对体系无任何干扰和影响,因此孤立(隔离)体系发生的过程一定是自发的.在孤立体系中过程的自发性与变化的方向性是一致的,也就是说孤立体系中不可逆过程的方向,就是自发变化的方向,因此可以利用判断过程不可逆性来判断自发变化的方向性,即

$$\Delta S_{\text{孤立}} \geqslant 0, \quad \begin{cases} >0, & \text{自发进行方向,不可逆方式} \\ =0, & \text{平衡或无变化,可逆方式} \end{cases}$$

这就是孤立体系熵判据.

为了把孤立体系熵判据原理应用到封闭体系,判断封闭体系 A 的自发过程的方向性与限度,把封闭体系 A 与体系 A 外的环境 B 包括在一起,组成一个大孤立体系($A+B$),如图 2.4 所示,企图推广孤立体系熵判据原理,对封闭体系 A 的自发过程方向与限度进行判断,得到所谓的总熵判据:

$$\Delta S_{\text{总}}=\Delta S_{\text{体}}+\Delta S_{\text{环}} \geqslant 0, \quad \begin{cases} >0, & \text{自发过程方向} \\ =0, & \text{达到平衡} \end{cases}$$

孤立体系熵判据与总熵判据是有区别的:孤立体系熵判据应用的对象是孤立体系,得出的结论完全正确;而总熵判据只是对大孤立体系自发过程方向作出判断,而不是对原体系 A 的方向作出判断.因为体系 A 与环境 B 组成大孤立体系($A+B$),把原来确立的体系与环境之间的界面抹去,扩大了研究对象的范围.大孤立体系($A+B$)的自发过程方向与原体系 A 的自发过程的方向不一定完全相同.例如,2 mol 双原子理想气体由 300 K,$p^{\ominus}$ 的始态,恒外压 $5p^{\ominus}$ 绝热下压缩到终态,过程的方向性如何?

解　对于绝热过程,由

$$Q=0$$

$$\Delta U=W$$

$$nC_{V,\text{m}}(T_2-T_1)=-p_2(V_2-V_1)=-nR(T_2-p_2T_1/p_1)$$

得

$$T_2=(7.5/3.5)T_1=643\ \text{K}$$

体系熵变

$$\Delta S=nC_{p,\text{m}}\ln\frac{T_2}{T_1}+nR\ln\frac{p_1}{p_2}=2\times3.5R\ln\frac{643}{300}+2R\ln\frac{1}{5}=17.6\ \text{J}\cdot\text{K}^{-1}$$

$$\Delta S_{\text{环}}=0$$

$$\Delta S_{\text{总}}=\Delta S+\Delta S_{\text{环}}=17.6\ (\text{J}\cdot\text{K}^{-1})>0$$

用总熵判据,大孤立体系的过程是自发的,而体系 A(理想气体)不会自动被压缩,因此是非自发的,与大孤立体系过程的自发方向相反.因此总熵判据要有一定条件限制,不然就有片面性.

54. 为什么说总熵判据有一定的片面性?在什么条件下用总熵判据才能完全正确地判断封闭体系自发过程的方向与限度?

答　总熵判据是把封闭体系 A 与体系 A 外的环境 B 包括在一起,组成一个大孤立体系($A+B$),如图 2.4 所示,推广孤立体系熵判据,企图对封闭体系 A 中自发过程方向与限度进行判断.总熵判据扩大了研究对象的范围,它判断的是包括环境在内的大隔离体系的自发过程的方向,而不全是原体系 A 自发过程的方向.因为大孤立体系与原体系 A 的自发过程方向有时不一致,有时是正确的,有时是错误的,故有一定的片面性.

虽然总熵判据对封闭体系的自发过程不能完全正确作出判断,有片面性,但是,只要加上一个限制条件就可以避免片面性.依据自发过程与非自发过程的定义,"在理论上或实际上具有对外做功的能力的过程是自发过程,必须由外界提供功才能发生的过程,是非自发过程",环境向体系做功就是非自发过程,因此只要在没有环境向体系做功的条件下,总熵判据就可以正确地判断封闭体系自发过程的方向与限度.也就是说,在环境不向体系做功条件下,总熵判据能完全正确判断封闭体系自发过程的方向与限度:

$$\Delta S_{总}(W\leqslant 0, W'\leqslant 0)\geqslant 0,\quad \begin{cases} >0, & \text{自发,不可逆} \\ =0, & \text{平衡,可逆} \\ <0, & \text{不能发生} \end{cases}$$

55. 为什么说总熵判据虽有片面性,但又是不可缺少的?

答　总熵判据有一定的片面性,只要加上一个限制条件——环境不向体系做功(体积功与非体积功),总熵判据就能正确判断封闭体系自发过程的方向与限度.总熵判据也是物理化学中判断封闭体系自发过程方向与限度应用范围最广的判据,等温等压下有自由能判据($\Delta G\leqslant 0$),等温下或等温等容下有功函判据($\Delta F\leqslant 0$),但对变温的封闭体系只能用总熵判据.由此可见,总熵判据是不可缺少的.

56. 下列说法是否正确?请作出简单说明.

(1) 理想气体绝热可逆膨胀过程的 $\Delta S=0$,绝热不可逆膨胀过程的 $\Delta S>0$,绝热不可逆压缩过程的 $\Delta S<0$.

(2) 计算绝热不可逆过程的熵变,可以在始终态之间设计一条绝热可逆途径来计算.

(3) 自发过程的熵变 $\Delta S>0$.

(4) 相变过程的熵变可由 $\Delta S=\Delta H/T$ 计算.

答　(1) 第一、第二个结论正确,第三个结论不正确.依据绝热体系熵增加原理,对绝热不可逆膨胀或绝热不可逆压缩过程,熵都是增加的,$\Delta S>0$.

(2) 不正确.体系由同一始态出发,分别经绝热可逆过程和绝热不可逆过程不可能到达相同的终态.经绝热可逆过程熵不变,$\Delta S=0$;经绝热不可逆过程熵增加,$\Delta S>0$.因此两个终态的熵值是不相等的,所以绝热不可逆过程的熵变,不可以在始终态之间仅设计一条绝热可逆途径来计算.

(3) 不正确. 例如过冷水结冰过程是自发过程,但熵值减少. 只有对孤立体系或绝热体系的自发变化过程才有 $\Delta S>0$.

(4) 不正确. 该公式只能计算可逆相变过程的熵变,不能计算不可逆相变过程的熵变.

57. 以下判断是否正确? 简单说明原因.

(1) 当体系向环境散热($Q<0$)时,体系的熵一定减少.

(2) 一切物质蒸发时,摩尔熵都增加.

(3) 冰在 0 ℃、$p^\ominus$下转变为液态水,其熵变 $\Delta S=\Delta H/T>0$,所以该过程为自发过程.

答 (1) 不正确. 体系向环境放热,体系的熵也可能增加,例如 NaOH 固体溶于水、固体碳在氧气中燃烧,都是放热,但熵值都是增加的.

(2) 正确. 固体、液体蒸发成气体,分子的热力学能增大,分子活动范围扩大,摩尔熵增加.

(3) 不正确. 冰在 0 ℃、$p^\ominus$下转变为液态水,不能认为是自发过程,因为在 0 ℃、$p^\ominus$下液态水也可以变成冰,因此只能说是平衡状态(或可逆过程),不能说自发过程.

58. 回答下列问题:

(1) 某体系处于不同的状态,可以具有相同的熵值. 此话对吗?

(2) 自然界可否存在温度降低、熵值增加的过程? 试举一例.

(3) 1 mol 理想气体进行绝热自由膨胀,体积由 V_1 变到 V_2,能否用公式 $\Delta S=R\ln\dfrac{V_2}{V_1}$ 计算该过程的熵变?

答 (1) 对. 例如理想气体绝热可逆膨胀,熵值不改变,过程中不同状态都具有相同的熵值.

(2) 存在. 例如 NH_4Cl 溶于水,或者理想气体绝热不可逆膨胀,都是体系温度降低、熵值增加的过程.

(3) 可以. 理想气体进行绝热自由膨胀,是不可逆的,但温度是不变的,因此可以按等温可逆过程计算熵变.

59. $\Delta S=R\ln\dfrac{V_2}{V_1}$ 的适用条件是什么?

答 1 mol 理想气体,等温过程,体积由 V_1 到 V_2.

60. $p^\ominus$、298 K 过冷的水蒸气变成 298 K 的水,放出的热为 Q_p,$Q_p=\Delta H$,由于 H 是状态函数,ΔH 只决定于始终态而与等压过程的可逆与否无关,因而便可用该相变过程的热 Q_p 计算该过程的熵变,$\Delta S=Q_p/T(T=298\ \text{K})$. 这种看法是否正确? 为什么?

答 不正确. ΔS 只能等于可逆过程的热温商之和,而该题中的变化是不可逆相变,故 $\Delta S\neq Q_p/T$,虽然 $Q_p=\Delta H$,但这里的 ΔH 不是可逆时的相变焓.

61. 若一个化学反应的等压热效应 $\Delta H<0$,则该反应发生时一定放热,且 $\Delta S<0$. 该说法对吗? 为什么?

答 不对. 因为化学反应的等压热效应 ΔH 是指在等温等压、无非体积功条件下,反应放出或吸收的热,在该条件下,$Q_p=\Delta H$,当 $\Delta H<0$ 时,反应时放热. 如果反应不是在等温等压、无非体积功的条件下进行,就不一定放热. 例如,绝热容器中 H_2 与 O_2燃烧生成水,

虽然该反应的等压热效应 $\Delta H<0$，但 $Q=0$，不放热，也不吸热. 再如等温等压下 H_2 与 O_2 在可逆电池中反应生成水，虽然该反应的等压热效应 $\Delta H<0$，但 Q 可能大于零，吸热. 另外即使是放热反应，ΔS 也不一定小于零，例如浓 H_2SO_4 溶于水，放热，但 $\Delta S>0$.

62. 根据 $S=k\ln\Omega$，其中 Ω 是微粒在空间与能量分布上混乱程度的量度，试判断下述等温等压过程的 ΔS 是大于零、小于零，还是等于零？简单说明.

(1) $NH_4NO_3(s)$ 溶于水.

(2) $Ag^+(aq)+2NH_3(g) \longrightarrow Ag(NH_3)_2^+$.

(3) $2KClO_3(s) \longrightarrow 2\ KCl(s)+3\ O_2(g)$.

(4) $Zn(s)+H_2SO_4(aq) \longrightarrow ZnSO_4(aq)+H_2(g)$.

答　(1) $\Delta S>0$. $NH_4NO_3(s)$ 溶于水，虽然温度会降低，但固体分子进入水后，活动范围增大，与水分子混合，体系混乱度增大，熵增大.

(2) $\Delta S<0$. Ag^+ 与气态 NH_3 分子形成配合物离子，气态分子减少，体系混乱度减少.

(3) $\Delta S>0$. 生成了气态 $O_2(g)$，分子数增多，体系混乱度增大，熵增大.

(4) $\Delta S>0$. 固体 Zn 变成离子，生成了气态 $H_2(g)$，分子数增多，体系混乱度增大，熵增大.

63. 物质的标准熵 $S_m^{\ominus}(298\ K)$ 值就是该状态下熵的绝对值. 该说法正确吗？

答　不正确. 物质的标准熵 $S_m^{\ominus}(298\ K)$ 是以热力学温度 0 K 时完美晶体的熵值为零作为参考基点，计算出的在标准压力 $p^{\ominus}$ 的 298 K 与 0 K 的熵值之差，因此，$S_m^{\ominus}(298\ K)$ 是指标准压力 $p^{\ominus}$ 下，298 K 的熵值相对于 0 K 时熵值的相对值，不是绝对值.

64. 当理想气体在等温(500 K)下进行膨胀时，求得体系的熵变 $\Delta S=10\ J\cdot K^{-1}$. 若该变化中所做的功仅为相同终态最大功的 1/10，该变化从热源吸热多少？

答　对理想气体等温可逆过程，$Q_R=-W_R=T\Delta S=5\ 000\ J$，该过程是不可逆做功，

$$W_{Ir}=-5\ 000/10\ J=-500\ J$$

所以 $Q=-W_{Ir}=500\ J$.

65. 实际气体 CO_2 经节流膨胀后，温度下降，因此体系的总熵小于零. 该判断正确吗？

答　不正确. 节流膨胀过程是绝热下发生的自发不可逆过程，绝热不可逆过程熵变是增加的，$\Delta S>0$.

66. 对处于绝热钢瓶中的气体进行不可逆压缩，过程的熵变一定大于零. 这种说法对吗？

答　对. 因为是绝热体系，凡是发生不可逆过程，熵值一定增大. 这就是熵增加原理. 处于绝热钢瓶中的气体，虽然被压缩后体积会减小，但是它的温度会升高，体系的熵值一定增大，熵变一定大于零.

67. 判断下列体系在恒温恒压过程中，熵的变化值是大于零、小于零还是等于零. 为什么？

(1) 将食盐放入水中.

(2) HCl(g) 溶于水中生成盐酸溶液.

(3) $NH_4Cl(s) \longrightarrow NH_3(g)+HCl(g)$.

(4) $H_2(g)+(1/2)O_2(g)\longrightarrow H_2O(l)$.

(5) $1\ dm^3(N_2,g)+1\ dm^3(Ar,g)\longrightarrow 2\ dm^3(N_2+Ar,g)$.

(6) $1\ dm^3(N_2,g)+1\ dm^3(Ar,g)\longrightarrow 1 dm^3(N_2+Ar,g)$.

(7) $1\ dm^3(N_2,g)+1\ dm^3(N_2,g)\longrightarrow 2\ dm^3(N_2,g)$.

(8) $1\ dm^3(N_2,g)+1\ dm^3(N_2,g)\longrightarrow 1\ dm^3(N_2,g)$.

答 (1) $\Delta S>0$. 盐溶解于水中,固体分子变成离子,粒子数增加,与水分子混合,混乱度增大,熵值增大.

(2) $\Delta S<0$. HCl(g)溶水中,气态分子减少,混乱度降低,熵值减少.

(3) $\Delta S>0$. 反应生成气体物质,气态分子活动范围大,混乱度增大,熵值增大.

(4) $\Delta S<0$. 此化学反应过程中气体物质减少,混乱度降低,熵值减少.

(5) $\Delta S>0$. 气体混合,混乱度增加,熵值增大.

(6) $\Delta S=0$. 相当于2体积两种气体混合后,又被压缩成1体积,混合时熵增加.压缩时熵减少,两者抵消,熵不变.另外一种理解:两种气体的始终态的温度、分体积或分压力都没有发生改变,熵不变.

(7) $\Delta S=0$. 看成是同种气体等温等压混合,由于同种气体分子不可区别,混合与未混合一个样,熵不变.

(8) $\Delta S<0$. 相当于把2体积一种气体压缩成1体积,熵值减少.

68. 试根据熵的统计意义定性地判断下列过程中体系的熵变大于零,还是小于零.为什么?

(1) 水蒸气冷凝成水.

(2) $CaCO_3(s)\longrightarrow CaO(s)+CO_2(g)$.

(3) 乙烯聚合成聚乙烯.

(4) 气体在催化剂表面上吸附.

(5) 碳水化合物在生物体内的分解.

答 (1) $\Delta S<0$. 水蒸气冷凝成水,气态分子数减少,混乱度降低.

(2) $\Delta S>0$. 反应产生了气体分子,活动范围增大,混乱度增加.

(3) $\Delta S<0$. 乙烯聚合成聚乙烯,分子数减少,混乱度降低.

(4) $\Delta S<0$. 气体在催化剂表面上吸附后,气相中分子数减少,混乱度降低.

(5) $\Delta S>0$. 碳水化合物在生物体内分解,分子数增加,混乱度增加.

69. 如何将下列不可逆过程设计为可逆过程?

(1) 理想气体从压力为 p_1,向真空膨胀到压力为 p_2.

(2) 将两块温度分别为 T_1,T_2 的铁块($T_1>T_2$)相接触发生热传导,最后终态温度为 T.

(3) 1 mol 水在 303 K、100 kPa 下,向真空蒸发成同温、同压的水汽,设水在该温度时的饱和蒸气压为 p_s,$H_2O(l,303\ K,100\ kPa)\longrightarrow H_2O(g,303\ K,100\ kPa)$.

答 (1) 设计一个理想活塞,其上放一些沙子,每次拿去一粒沙子,压力降低无穷小,使活塞准静态膨胀,压力由 p_1 到 p_2 等温可逆膨胀.

(2) 在 T_1 到 T_2 之间放置无限多个热源，相邻两个热源温度差是无限小 dT，以无限缓慢的速度让 T_1 温度的铁块依次与中间热源接触，使它极其缓慢地降温，每一步都无限到达热平衡，最终降温到 T 的终态；同时以无限缓慢的速度让 T_2 温度的铁块依次与中间热源接触，使它极其缓慢地升温，每一步都无限到达热平衡，最终升温到 T 的终态，该过程为可逆变温过程.

(3) 设计如下可逆过程：

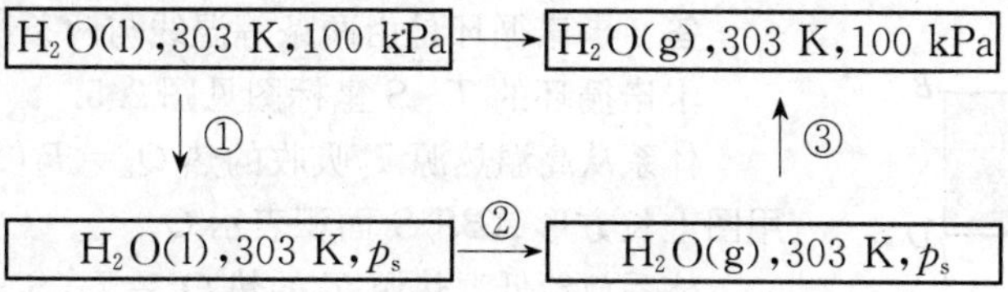

其中，① 等温可逆降压；② 等温等压可逆相变；③ 等温可逆升压.

70. 1 mol 理想气体在 273.2 K 下由压力为 $10p^{\ominus}$，等温膨胀直到终态压力为 $p^{\ominus}$. 该变化分别采取下列三种不同途径进行：(1) 等温可逆膨胀；(2) 外压恒定为 $p^{\ominus}$ 的膨胀；(3) 自由膨胀. 试通过计算，分析比较三种途径的熵变与热温商的区别与联系.

答　这是理想气体等温膨胀，三种不同途径，但始终态相同，熵变是相同的：

$$\Delta S = R\ln 10 = 19.14\ \mathrm{J\cdot K^{-1}}$$

熵变是体系状态函数商 S 的改变值，热温商是过程的热除以温度的商，熵 S 是状态函数，热温商不是状态函数.

(1) $\Delta S = 19.14\ \mathrm{J\cdot K^{-1}}$，热温商

$$\frac{Q_{\mathrm{R}}}{T} = \frac{RT\ln(10/1)}{T} = 19.14\ \mathrm{J\cdot K^{-1}},$$

熵变与热温商数值相等.

(2) $\Delta S = 19.14\ \mathrm{J\cdot K^{-1}}$，热温商

$$\frac{Q_{\mathrm{Ir}}}{T} = \frac{p^{\ominus}(V_2 - V_1)}{T} = \frac{p^{\ominus}[RT/p^{\ominus} - RT/(10p^{\ominus})]}{T} = R\left(1 - \frac{1}{10}\right) = 7.48\ \mathrm{J\cdot K^{-1}}$$

熵变大于热温商数值.

(3) 即向真空膨胀，$\Delta U = 0$，$Q = -W = 0$，$\Delta S = 19.14\ \mathrm{J\cdot K^{-1}}$.

热温商 $Q_{\mathrm{Ir}}/T = 0$，熵变大于热温商数值，这时熵变与热温商的差值最大，因此自由膨胀是最大不可逆过程.

71. 在一绝热恒容箱内，有一绝热板将其分成两部分，隔板两边各有 1 mol N_2，其状态分别为 298 K、$p^{\ominus}$ 与 298 K、$10p^{\ominus}$. 若以全部气体为体系，抽去隔板后，熵变 ΔS 是多少？

答　$V_1 = RT/10$，$V_2 = RT$，气体的总体积为 $V_1 + V_2$. 抽去隔板后平衡，两边的气体体积一样大，设为 V，则

$$V = \frac{V_1 + V_2}{2} = \frac{1}{2}\left(\frac{RT}{10} + \frac{RT}{1}\right) = \frac{11}{20}RT$$

$$\Delta S_1 = R\ln\frac{V}{V_1} = R\ln\frac{11/20}{1/10} = R\ln\frac{11}{2}$$

$$\Delta S_2 = R\ln\frac{V}{V_2} = R\ln\frac{11}{20}$$

$$\Delta S = \Delta S_1 + \Delta S_2 = R\ln\left(\frac{11}{2}\times\frac{11}{20}\right) = R\ln\frac{121}{40} = 9.20\ (\mathrm{J\cdot K^{-1}}) > 0$$

72. 请画出用 $T-S$ 坐标表示的卡诺循环图，并由图 2.5 证明卡诺热机的效率为 $\eta = 1-\dfrac{T_1}{T_2}$.

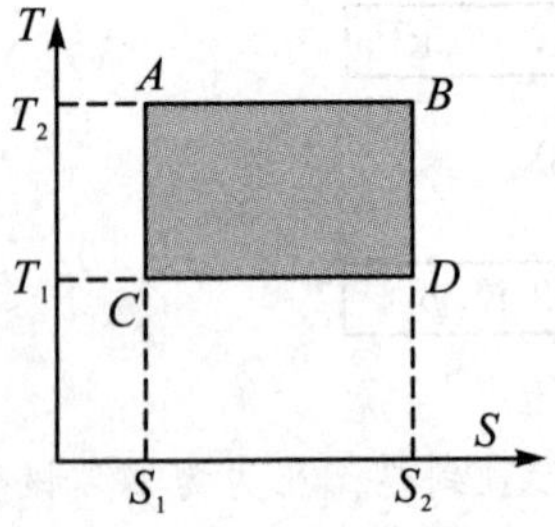

图 2.5

答 卡诺循环是由两条等温线与两条绝热线构成的.

卡诺循环的 $T-S$ 坐标图见图 2.5.

体系从高温热源 T_2 吸收的热 $Q_2 = T_2(S_2-S_1) = T_2\Delta S$，用图上长方形 ABS_2S_1 面积表示 Q_2.

体系放给低温热源 T_1 的热 $Q_1 = T_1(S_1-S_2) = -T_1\Delta S$，用图上长方形 DCS_1S_2 面积表示 Q_1.

体系向外做的功(绝对值) $-W = Q_2 + Q_1$，用图上长方形 $ABDC$ 面积表示.

综上，热机的效率

$$\eta = \frac{-W}{Q_1} = \frac{Q_1+Q_2}{Q_1} = \frac{T_2\Delta S - T_1\Delta S}{T_2\Delta S} = \frac{T_2-T_1}{T_2} = 1-\frac{T_1}{T_2}$$

73. 指出下列公式的适用范围.

(1) $\Delta_{\text{mix}}S = -R\sum\limits_i n_i\ln x_i$.

(2) $\Delta S = nR\ln\dfrac{p_1}{p_2} + C_p\ln\dfrac{T_2}{T_1} = nR\ln\dfrac{V_2}{V_1} + C_V\ln\dfrac{T_2}{T_2}$.

答 (1) 几种理想气体在等温等压下混合过程，或几种纯液体在等温等压下混合成理想液态混合物过程.

(2) 适用于一定量的理想气体任意状态改变(温度、压力、体积都可以变化)过程的 ΔS 的计算.

74. 判断下列说法是否正确，并说明原因.

(1) 凡熵增加的过程都是自发过程.

(2) 不可逆过程的熵永不减少.

(3) 当某体系的热力学能和体积恒定时，$\Delta S<0$ 的过程不可能发生.

(4) 在一个绝热体系中，发生了一个不可逆过程，体系从状态 1 变到了状态 2，不论用什么方法，都回不到原来状态了.

答 (1) 不正确. 只有孤立体系熵增加的过程才是自发过程，封闭体系就不一定，例如理想气体在绝热条件下压缩，熵值增加，但不是自发过程.

(2) 不正确. 只有在孤立体系或绝热体系中熵才永不减少. 孤立体系或绝热体系发生了不可逆变化时熵增加，发生可逆过程时熵值不变.

(3) 不正确. 至少不完全正确，热力学能不变，体积恒定，还要加上无非体积功条件，才是孤立体系，孤立体系 $\Delta S<0$ 的过程是不可能发生的. 仅有热力学能和体积恒定的条件，

若有非体积功，$\Delta S<0$ 的过程是有可能发生的，例如 1 mol A 与 1 mol B 混合理想气体，等温等压下在外力作用下分离成 1 mol 纯 A 与 1 mol 纯 B 的过程，就是 $\Delta S<0$ 的过程.

(4) 正确. 对于绝热不可逆过程，熵值增大，若要回到原始状态，熵值必须减少，而绝热体系有熵增加原理，体系熵值不可能减少，因此在绝热条件下不论用什么方法，都回不到原始状态. 只有在非绝热条件下才可以使体系回到原始状态.

75. 依据"绝热可逆过程是等熵过程"的原理，那么液态水绝热可逆汽化成水蒸气，体系的熵也不发生变化. 该说法正确吗?

答　不正确. 首先液态水不可能在绝热条件下可逆汽化成水蒸气，就是能在绝热条件下把水不可逆汽化为水蒸气，也是熵增加的过程，不会是等熵过程.

76. 什么是"耗散结构"理论? 它有什么重要的科学意义?

答　对于开放体系，在远离平衡态的条件下，体系与环境之间靠不断进行物质和能量交换而形成有序结构，因为只有不断消耗环境提供的能量才能维持这种有序结构，所以称为耗散结构，这个理论称为"耗散结构理论". 耗散结构理论的重要科学意义是，阐明了化学反应中的非线性现象，说明了生命的发生和物质进化总是从低级到高级、从无序到有序的根源，澄清了经典热力学中一些疑难问题的实质，沟通了自然科学与社会科学之间的联系.

77. 300 K 的大物体把 100 J 的热传给 290 K 的另一大物体，该过程的熵变是多少?

答　对于大的物体，认为传热后温度不变，

$$\Delta S=\Delta S_1+\Delta S_2=(-100/300)+(100/290)=-0.3333+0.3448=0.0115\ (\mathrm{J\cdot K^{-1}})$$

78. 已知在等压下，某化学反应的 ΔH 与 T 无关，试证明该化学反应的 ΔS 也与 T 无关.

证明　由 $\left(\frac{\partial H}{\partial T}\right)_p=C_p$，得 $\left(\frac{\partial \Delta H}{\partial T}\right)_p=\Delta C_p$. 又已知在等压下，某化学反应的 ΔH 与 T 无关，故 $\left(\frac{\partial \Delta H}{\partial T}\right)_p=0=\Delta C_p$. 而 ΔS 与 T 的关系为 $\left(\frac{\partial \Delta S}{\partial T}\right)_p=\frac{\Delta C_p}{T}$，所以 $\left(\frac{\partial \Delta S}{\partial T}\right)_p=\frac{\Delta C_p}{T}=0$，即化学反应的 ΔS 也与 T 无关.

79. 设 N_2 是理想气体，求 1 mol N_2 的下列各过程的 ΔS.

(1) 绝热自由膨胀：$V\to 2\ V$.

(2) 等温自由膨胀：$V\to 2\ V$.

(3) 绝热可逆膨胀：$V\to 2\ V$.

(4) 等温可逆膨胀：$V\to 2\ V$.

答　(1) 由于 $Q=0, W=0, \Delta U=0$，所以 $\Delta T=0$，

$$\Delta S=nR\ln(V_2/V_1)=1\times 8.314\times\ln(2/1)=5.76\ (\mathrm{J\cdot K^{-1}})$$

(2) $\Delta T=0$，

$$\Delta S=nR\ln(V_2/V_1)=1\times 8.314\times\ln(2/1)=5.76\ (\mathrm{J\cdot K^{-1}})$$

(3) $\Delta S=0$.

(4) $\Delta T=0$，

$$\Delta S=nR\ln(V_2/V_1)=1\times 8.314\times\ln(2/1)=5.76\ (\mathrm{J\cdot K^{-1}})$$

80. 一般化学反应过程的熵变计算为什么用标准熵计算，而不采用设计可逆过程，借助可逆过程热温商来计算?

答 通常的化学反应都是不可逆过程,等温等压下的反应热效应 $Q_p(=\Delta_r H_m)$ 不是可逆过程的 Q_R. 因此不能用反应热效应来计算反应的熵变. 为了得到反应的可逆热 Q_R,一种方法是采用范特霍夫恒温箱可逆进行,另一种是将反应安排成可逆电池,让反应在两电极上可逆地进行. 但这两种方法都是有限的,因为很多化学反应无法采用范特霍夫恒温箱进行,也无法安排到可逆电池中进行. 因此要计算一般化学反应的熵变,就要像计算化学反应热效应那样,采用相对数值法,规定一个参考点,确定各物质的标准摩尔熵值,用物质标准熵值计算化学反应熵变.

81. 由熵的统计意义知道,熵与体系的热力学概率(微观状态数、混乱度)的关系,玻尔兹曼熵定律公式为 $S=k\ln\Omega$,那么热力学中为什么不通过该式来计算过程的熵变 ΔS?

答 从理论上讲,由玻尔兹曼熵定律公式 $S=k\ln\Omega$,只要计算出体系中各物质的热力学概率,就可以得出各物质的熵值,计算出各种不同过程的熵变 ΔS. 但实际上做起来是很困难的,主要是因为体系中不同状态下各物质的热力学概率 Ω 无法计算出来,就是用统计热力学方法,也只能计算独立子体系的热力学概率 Ω(微观状态数),其他体系就无法计算,因此一般热力学不采用这种方法,而采用可逆过程热温商来计算过程的熵变 ΔS.

82. 为什么绝对熵值无法计算?

答 普朗克在1912年假定,0 K时纯物质的熵值等于零. 到了1920年,路易斯(Lewis)和吉普森(Gibson)指出,普朗克的假定只适用于完整晶体. 从统计力学观点看,这是假定完整晶体中的原子或分子在0 K时处于最低能级,只有一种排列方式,微观状态数 $\Omega=1$, $S_0=0$;实际上也就是把分子平动、转动、振动、电子运动、核运动以及构型在0 K时对熵的贡献都算作零. 然而,即使如此,微观状态数其实也不一定等于1,因为:

(1) 由于同位素的存在,同种晶体中的原子或分子并不完全相同;

(2) 即使对同一种同位素的原子而言,由于原子核的自旋方向不同,也不能把它们看作是完全相同的;

(3) 还有我们迄今未认识到的核内其他的未知因素.

所以,物质的绝对熵值是无法计算的,令完整晶体或处于内平衡态的纯物质在0 K时的熵值为零,也只是相对的规定值,把以此作为基准计算出的熵值称为规定熵,或标准熵比较合理.

83. 熵变的计算公式有两个:$\Delta S=\Delta S_{体系}+\Delta S_{环境}$ 与 $\Delta S=\Delta S_{内致}$(熵产生)$+\Delta S_{外致}$(熵流). 那么,$\Delta S_{体系}$ 是不是就是 $\Delta S_{内致}$? $\Delta S_{环境}$ 是不是就是 $\Delta S_{外致}$? 为什么?

答 $\Delta S_{体系}$ 不是 $\Delta S_{内致}$,$\Delta S_{环境}$ 也不是 $\Delta S_{外致}$,这是两个不同概念. $\Delta S=\Delta S_{体系}+\Delta S_{环境}$ 中 ΔS 指总熵,是把体系与环境包括在一起所谓大孤立体系的熵变,$\Delta S=\Delta S_{内致}$(熵产生)$+\Delta S_{外致}$(熵流)中 ΔS 是指体系熵变. 按普里高津理论,体系熵的改变由两个因素造成:其一是由于体系与环境之间发生能量或物质交换引起的熵变,称为熵流;其二是由于体系内部存在的不平衡因素(如内摩擦、浓度梯度、压力梯度等)引起的熵变,称为熵产生. $\Delta S_{内致}$ 是体系熵变的一部分,是由体系内部不平衡因素(内摩擦)造成的,不小于零,$\Delta S_{外致}$ 也是体系熵变的一部分,是与环境交换能量或物质造成的,封闭体系就是热温商.

84. 两种不同理想气体在等温等压下混合、在等温不等压下混合,其混合熵计算都可以用公式

$$\Delta S = aR\ln\frac{V}{V_1} + bR\ln\frac{V}{V_2} = -aR\ln\frac{V_1}{V} - bR\ln\frac{V_2}{V}$$

来计算吗？

答　可以. 分别说明如下：

(1) 理想气体在等温等压混合，有下列几种情况：

① 1 mol A 气体，压力 $p^\ominus$，与 1 mol B 气体，压力 $p^\ominus$，在 298 K 下混合后气体压力仍为 $p^\ominus$.

② 1 mol A 气体，体积 V，与 1 mol B 气体，体积 V，在 298 K 下混合后体积为 2 V.

③ n mol A 气体，压力 $2p^\ominus$，与 n mol B 气体，压力 $2p^\ominus$，在 298 K 下混合后气体压力仍为 $2p^\ominus$.

④ n mol A 气体，体积 V，与 n mol B 气体，体积 V，在 298 K 下混合后体积为 2 V.

⑤ a mol A 气体，压力 $p^\ominus$，与 b mol B 气体，压力 $p^\ominus$，在 298 K 下混合后气体压力仍为 $p^\ominus$.

⑥ a mol A 气体，体积 aV，与 b mol B 气体，体积 bV，在 298 K 下混合后体积为 $(a+b)V$.

①～④ 是等物质的量的气体在等温等压下混合，混合气体的压力与混合前一样. 混合气体的体积是混合前 A 气体或 B 气体体积的 2 倍.

$$\Delta S(\text{混合}) = \Delta S_A + \Delta S_B = nR\ln(2V/V_A) + nR\ln(2V/V_B) = 2Rn\ln 2$$

⑤ 与⑥ 由于 A，B 气体的物质的量不同，混合前体积是不同的，但混合前后的压力没有改变，因此也是在等温等压下混合.

$$\Delta S(\text{混合}) = \Delta S_A + \Delta S_B = aR\ln\frac{V_A+V_B}{V_A} + bR\ln\frac{V_A+V_B}{V_B}$$

$$= aR\ln\frac{(a+b)V}{aV} + bR\ln\frac{(a+b)V}{bV}$$

(2) 理想气体在等温不等压下混合，有下列几种情况：

⑦ a mol A 气体，体积 V，与 b mol B 气体，体积 V，在 298 K 下混合后气体体积为 2 V.

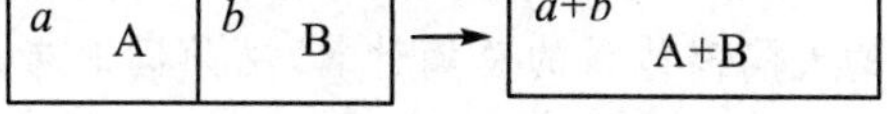

等温下混合，A，B 气体的压力、体积都改变，按只考虑等温体积改变来进行计算：混合后气体的体积为 2 V，

$$\Delta S(\text{混合}) = aR\ln\frac{2V}{V} + bR\ln\frac{2V}{V} = (a+b)R\ln 2$$

⑧ a mol A 气体，体积 V_A，与 b mol B 气体，体积 V_B，在 298 K 下混合后体积为 V_A+V_B.

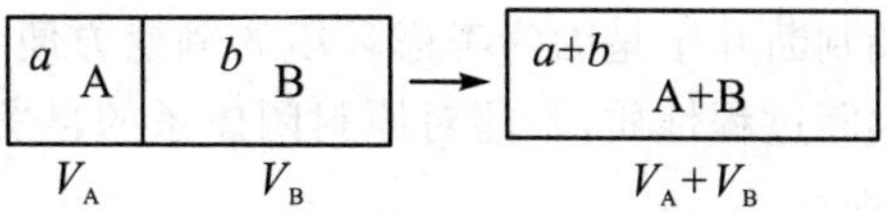

第一种解法：在等温下混合，A，B 气体的压力、体积都改变，只考虑等温体积改变来进行计算：

$$\Delta S_{mix}=aR\ln\frac{V_A+V_B}{V_A}+bR\ln\frac{V_A+V_B}{V_B}$$

第二种解法：A与B气体的开始压力不同，先把A,B之间的隔板换成可移动隔板，隔板移动到一定位置，两边A与B气体的压力相等，这时A气体的体积为$\frac{a}{a+b}\times(V_A+V_B)$，B气体的体积为$\frac{b}{a+b}\times(V_A+V_B)$，然后再抽去隔板，气体在等压下混合.

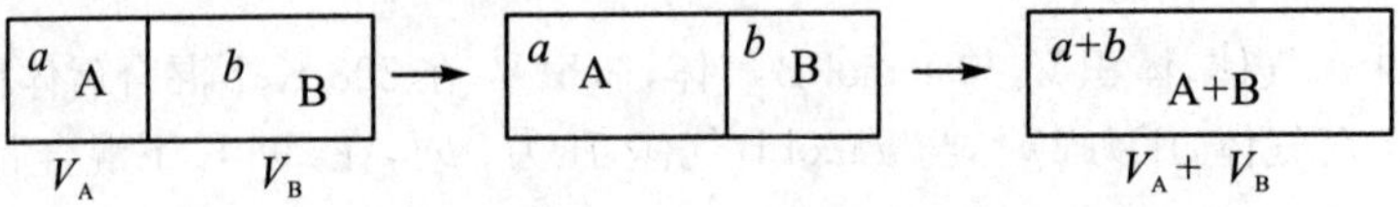

$$\Delta S(1)=aR\ln\frac{a(V_A+V_B)}{(a+b)V_A}+bR\ln\frac{b(V_A+V_B)}{(a+b)V_B}$$

$$=aR\ln\frac{a}{a+b}+bR\ln\frac{b}{a+b}+aR\ln\frac{V_A+V_B}{V_A}+bR\ln\frac{V_A+V_B}{V_B}$$

$$\Delta S(2)=aR\ln\frac{V_A+V_B}{\frac{a}{a+b}(V_A+V_B)}+bR\ln\frac{V_A+V_B}{\frac{b}{a+b}(V_A+V_B)}$$

$$=-aR\ln\frac{a}{a+b}-bR\ln\frac{b}{a+b}$$

$$\Delta S(\text{混合})=\Delta S(1)+\Delta S(2)=aR\ln\frac{V_A+V_B}{V_A}+bR\ln\frac{V_A+V_B}{V_B}$$

其他情况下两种不同理想气体在等温下混合，其混合熵都可以用该公式计算.

2.3 自由能函数与自由能判据

85. 有些教材上说："用熵增加原理来判断自发变化的方向性和限度，必须是隔离体系，对于把环境包括在内的大隔离体系的总熵计算，必须同时考虑环境的熵变，这很不方便. 因此要在某些特定的条件下，引进一些新状态函数，以便仅依靠体系自身的此种函数的变化值来判断自发变化的方向和限度，而不必再考虑环境的问题了."你认为这段话有问题吗?

答 有些问题，不完全确切. 这里说的大隔离体系是指把体系与环境包括在一起的大隔离体系，是用总熵来判断封闭体系自发变化方向而采取的方法，与热力学中真正的隔离体系是有区别的，它把原环境变成大隔离体系的一部分，把原环境的一些性质变成体系性质，扩大了研究对象. 总熵判断并不是因为考虑环境的熵变方便不方便的问题，而是总熵判据不加限制条件只能判断过程性质，不能对原封闭体系的自发过程方向与限度作出正确的判据，总熵判据有片面性.

86. 有些教材是这样导出自由能判据的：由热力学第二定律表达式与热力学第一定律表达式，得出联合公式

$$dU + p_{外}dV - \delta W' \leqslant TdS$$

或

$$-dU + TdS - p_{外}dV \geqslant -\delta W', \quad \begin{cases} >, & 不可逆 \\ =, & 可逆 \end{cases}$$

在等温等压下，由定义自由能 $G=H-TS=U+pV-TS$，得

$$-dU + d(TS) - d(pV) \geqslant -\delta W', \quad -d(U+pV-TS) \geqslant -\delta W'$$

$$-dG_{T,p} \geqslant -\delta W', \quad dG_{T,p} \leqslant \delta W' \quad 或 \quad \Delta G_{T,p} \leqslant W'$$

若体系在等温等压下，且不做非体积功，$W'=0$，则

$$-\Delta G_{T,p,W'=0} \geqslant 0 \quad 或 \quad \Delta G_{T,p,W'=0} \leqslant 0$$

式中等号适合可逆过程，不等号适合不可逆过程. 在上述条件下，若对体系任其自然变化，不去管它，则自发变化总是向吉布斯函数自由能减少的方向进行，直到减至该情况下所允许的最小值，达到平衡为止，体系不可能自动发生 $\Delta G>0$ 的变化. 利用吉布斯函数自由能可以在上述条件下判别自发变化的方向，即自由能判据：

$$\Delta G_{T,p,W'=0} \begin{cases} <0, & 自发过程 \\ =0, & 达到平衡 \\ >0, & 不能自动发生 \end{cases}$$

你认为上述推导是否存在问题？得出的结果是否全面？

答　上述推导过程有些问题. 联合公式

$$dU + p_{外}dV - \delta W' \leqslant TdS$$

$$-dU + TdS - p_{外}dV \geqslant -\delta W', \quad \begin{cases} >, & 不可逆 \\ =, & 可逆 \end{cases}$$

式中不等号表示不可逆，等号表示可逆，是过程性质（可逆、不可逆）的判据，等温等压下定义自由能后，$\Delta G_{T,p} \leqslant W'$ 仍然是过程性质的判据，让人搞不明白的是，由过程性质（可逆、不可逆）判据，在不做非体积功条件下，就成了自发过程方向的判据，其间的理论根据是什么？过程的可逆、不可逆性质与过程的方向性之间没有必然的联系，自发过程进行方式可以是可逆的，也可以是不可逆的. 因此这种推导，理论上有跳跃、间断不连续，有不能自圆其说之虞.

得出的自由能判据

$$\Delta G_{T,p,W'=0} \begin{cases} <0, & 自发过程, \\ =0, & 达到平衡, \\ >0, & 不能自动发生 \end{cases}$$

应用范围很小，仅是最大不可逆自发过程的判据，最大不可逆自发过程就是体系自由能降低值 $\Delta G_{T,p}$ 全部用来克服内部的不可逆因素，没有对外做一点非体积功，而丢掉了无限多个程度不同的不可逆自发过程的判据，在有电功的“电化学”和有表面功的“表面化学”中就不能用它来判别自发过程的方向，造成物理化学教材上、下册中自由能判据应用条件不一致. 其实自由能判据的应用条件是等温等压就可以了，有无非体积功都能正确应用. 所以上面推导得出自由能判据的过程有片面性，不全面，不完整.

87. 如何从理论上推导出正确的、完整的自由能判据？

答 一种比较好的推导方法，可参考万洪文先生的《物理化学》教材，介绍如下：

(1) 热力学第一定律、第二定律联合公式：$TdS-dU-pdV+\Delta W'\geqslant 0$.

(2) 在等温等压下，定义自由能函数 $G=H-TS=U+pV-TS$，得

$$-dU+d(TS)-d(pV)\geqslant -\delta W',\quad -d(U+pV-TS)\geqslant -\delta W'$$

$$-dG_{T,p}\geqslant -\delta W', dG_{T,p}\leqslant \delta W' \quad 或 \quad \Delta G_{T,p}\leqslant W'$$

由此得出自由能对过程性质的判据：

$$\Delta G_{T,p}\leqslant W',\begin{cases}<, & 发生不可逆过程\\ =, & 发生可逆过程\\ >, & 不可能发生的过程\end{cases}$$

(3) 采用自发过程的热力学定义：

在理论上或实际上具有对外做功能力的过程是自发过程，必须由外界提供功才能发生的过程，是非自发过程.

(4) 自发过程的共同特征与做功能力的衡量：

由自发过程的热力学定义可知，自发过程的共同特征是具有对外做功能力. 自发过程对外做功能力，在等温等压下可以用最大功来衡量. 例如，在等温等压下自发的化学反应

$$H_2+\frac{1}{2}O_2 \xlongequal{} H_2O(l)$$

在烧瓶中是以不可逆方式进行的；安排到可逆电池中是以可逆方式进行的，对外做最大非体积功(电功)，$W'_{max}=-QE=-zEF$(Q是电量). 因此可用最大非体积功来衡量该反应对外做功能力，并且这个最大非体积功只取决于始终态，与过程途径无关. 它又与过程的自由能变化值相等，$W'_{max}=\Delta G_{T,p}$，因此 $\Delta G_{T,p}$ 也是体系对外做功能力的衡量.

(5) 等温等压下自发过程的自由能判据：

由于 $\Delta G_{T,p}$ 与最大非体积功数值相等，$\Delta G_{T,p}$ 也是体系对外做功能力的衡量，因此可以用它来判断自发过程的方向与限度：

$$\Delta G_{T,p}\begin{cases}<0, & 自发过程,方向\ G\ 减少\\ =0, & 达到平衡,G\ 不再改变\\ >0, & 非自发过程,环境做功\end{cases}$$

这就是自发过程的自由能判据. 该判据的条件，就是等温等压，不需要"无非体积功"的条件. 这样的推导过程，理论上是连续的，得出的结论也是正确的、完整的.

88. 由公式 $\Delta G_{T,p,W'=0}\leqslant 0$，说明 $\Delta G<0$ 的过程只能在等温等压，且 $W'=0$ 的条件下才能自动发生. 这种说法对吗？为什么？

答 不完全对. $\Delta G_{T,p,W'=0}<0$，说明在等温等压、无非体积功的条件下，$\Delta G<0$ 的过程可以自动发生，但不能说只能在此条件下才能自动发生，在有非体积功，即 $W'\neq 0$ 条件下也可以自动发生. 例如等温等压下化学反应：$Zn(s)+CuSO_4 \xlongequal{} ZnSO_4+Cu(s)$，放在丹尼尔电池中，有电功条件下，该过程就可自发进行，可以对外自发放电. 因此等温等压条件下，无论有无非体积功，$\Delta G<0$ 的过程都能自动发生，不过所做非体积功的绝对值小于吉

布斯自由能的降低值.

89. $\Delta G_{T,p,W'=0}\leqslant 0$ 与 $\Delta G_{T,p}\leqslant 0$ 在意义上有何不同？主要区别与联系是什么？

答　$\Delta G_{T,p,W'=0}\leqslant 0$ 是等温等压、无非体积功条件下，自发过程方向的判据，它表明了在该条件下自发过程沿体系吉布斯自由能降低方向进行，当体系的自由能不再改变时便达到平衡态，而吉布斯自由能增大过程是不可能自动发生的. $\Delta G_{T,p}\leqslant 0$ 是等温等压条件下，自发过程方向的判据，它表明在等温等压下，无论有无非体积功，自发过程总是沿吉布斯自由能降低方向进行，直到体系的自由能不改变而达到平衡态.

这两式都是自由能判据，主要区别是，前一个要求无非体积功，$W'=0$，后一个不要求无非体积功，有非体积功也行. 如果有非体积功，$W'\neq 0$，环境向体系做非体积功，按自发过程与非自发过程定义，是非自发过程，自由能增大，$\Delta G_{T,p}>0$，不在 $\Delta G_{T,p}\leqslant 0$ 讨论的范围之内. 若体系向环境做非体积功，$W'<0$，其绝对值小于 ΔG 的绝对值，$\Delta G_{T,p}<0$ 时，过程可自发进行，体系自由能降低值中一部分用来向外做非体积功，另外一部分用在克服内部不可逆因素上. 由此可见，$\Delta G_{T,p}\leqslant 0$ 的应用范围比 $\Delta G_{T,p,W'=0}\leqslant 0$ 宽，是完整全面的自由能判据，$\Delta G_{T,p,W'=0}\leqslant 0$ 是 $\Delta G_{T,p}\leqslant 0$ 判据中的一个特例，即最大不可逆自发过程判据，体系自由能降低值全部用在克服内部不可逆因素上. 如果仅讨论 $\Delta G_{T,p,W'=0}\leqslant 0$ 判据，就只能对最大不可逆自发过程判断，而丢掉了对无限多个程度不同的不可逆自发过程的判断，缩小了自由能判据的应用范围，降低了它的理论价值，使得它在“电化学”“表面化学”中不好应用.

90. 体系达到平衡时熵值最大，吉布斯函数(自由能)最小. 该说法对吗？

答　不对. 因为绝热体系或隔离体系达到平衡时熵值最大，可以用熵函数作为判据；但若用吉布斯函数作为判据，则要求等温等压的条件，此时达到平衡时吉布斯函数最小. 这两个判据适用的条件不同，对同一个体系不能同时使用这两个判据.

91. 过程(1) $H_2O(l, 298\ K, p^\ominus)\xrightarrow{p_{外}=p^\ominus}H_2O(g, 298\ K, p^\ominus)$，此过程的 $\Delta G_{T,p}$ 大于 0，还是小于 0？该过程是自发过程吗？

过程(2)将 298 K 的水放在 298 K 的空气中，水会自动蒸发，此现象与过程(1)的结论是否矛盾？

答　(1) 该过程的 $\Delta G_{T,p}>0$，是非自发过程.

(2) 不矛盾. 该过程的终态与过程(1)的终态不同，过程(1)的终态是标准压力下的水蒸气，而过程(2)的终态是 298 K 时的水蒸气分压 p，终态不同，$\Delta G_{T,p}$ 当然不同；在相对湿度小于 100%条件下，这个水蒸气分压 p 小于水的 298 K 时水的饱和蒸气压 p^*，因此水可以自发成水蒸气.

92. 自由能判据的应用条件是等温等压，还是等温等压、无非体积功？为什么？

答　自由能判据的应用条件应该是等温等压，$\Delta G_{T,p}\leqslant 0$，不需要再加上无非体积功的条件. 因为加上无非体积功的条件，$\Delta G_{T,p,W'=0}\leqslant 0$，它的应用范围小多了，只应用于最大不可逆自发过程，而摒除了无限多个程度不同的不可逆自发过程. 等温等压条件下，$\Delta G_{T,p}\leqslant 0$，无论有无非体积功都能应用，因此应该说自由能判据的应用条件就是等温等压，这样自由能判据完整、全面.

93. 为什么说自发过程方向与限度的自由能判据的应用条件是等温等压,不需要非体积功等于零?

答 等温等压下,$\Delta G_{T,p} \leqslant 0$,是自发过程方向与限度的判据,有无非体积功都可以应用.具体讨论如下:

(1) 有非体积功条件下,$W' \neq 0$. $\Delta G_{T,p} < 0$,是自发过程,自发变化方向是自由能降低方向.具体进行方式可以是可逆方式(人为设计的),$\Delta G = W'_{R}$,体系自由能降低值全部用来对外做最大非体积功,例如反应在可逆电池中进行;也可以是不可逆方式,体系自由能降低值一部分用来对外做非体积功,另一部分用于克服体系内部不可逆因素.不可逆方式有千万种途径,其不可逆程度也不相同,例如反应在不可逆电池中进行,电池以大小不同的电压放电.可以用 $|\Delta G - W'|$ 来衡量不可逆程度.其中 $W' = 0$ 是最大不可逆过程,体系自由能降低值全部用于克服内部不可逆因素.电池短路就是这种情况.

$\Delta G_{T,p} > 0$,按定义是非自发过程,就没有讨论其自发过程方向的意义了.

因此在有非体积功条件下,自发过程的方向限度的自由能判据为

$$\Delta G_{T,p}\begin{cases} <0, & \text{自发过程,可逆或不可逆方式} \\ =0, & \text{达到平衡或可逆方式} \\ >0, & \text{非自发过程,可逆或不可逆方式} \end{cases}$$

(2) 在没有非体积功条件下,$W' = 0$. $\Delta G_{T,p} < 0$,是自发过程,自发进行方向是自由能降低方向.由于体系不向外界做非体积功,体系自由能降低值全部用于克服体系内部不可逆因素,是最大不可逆过程.在 $W' = 0$ 条件下,环境不能向体系做非体积功,非自发过程不能发生.

因此,在无非体积功条件下,自发过程的方向限度与过程性质关系为

$$\Delta G_{T,p,W'=0}\begin{cases} <0, & \text{自发过程,最大不可逆方式} \\ =0, & \text{达到平衡或可逆方式} \\ >0, & \text{非自发过程,不能发生} \end{cases}$$

从以上分析可知,自发过程方向与限度的自由能判据应用条件就是等温等压,不需要非体积功等于零的条件.

94. 为什么说自由能判据 $\Delta G_{T,p,W'=0} \leqslant 0$,即"等温等压、无非体积功"条件下的自由能判据有一定片面性?

答 因为自由能判据的应用条件是等温等压就够了,即 $\Delta G_{T,p} \leqslant 0$,若加上无非体积功的条件,$\Delta G_{T,p,W'=0} \leqslant 0$,它的应用范围就小得多了,只能用于最大不可逆自发过程,而摒除了无限多个程度不同的不可逆自发过程.特别在有电功的"电化学"和有表面功的"表面化学"中就不能用来判断自发过程的方向.$\Delta G_{T,p,W'=0} \leqslant 0$ 判据只是 $\Delta G_{T,p} \leqslant 0$ 判据的一个特例,以特例代替整体,有一定的片面性.

95."等温等压、无非体积功条件下自由能判据"与"等温等压条件下自由能判据"有什么关系?

答 两种条件下自由能都是自发过程方向与限度的判据,都是正确的,但在等温等压、无非体积功条件下自由能判据 $\Delta G_{T,p,W'=0} \leqslant 0$,是等温等压条件下自由能判据 $\Delta G_{T,p} \leqslant 0$

的特殊情况，没有普遍意义.

如图 2.6 所示，直角坐标系的第三象限中下部分是过程自发进行区，$\Delta G_{T,p}$与 W' 均为负值，OB 线是自发可逆过程，$\Delta G_{T,p}=W'_{R}$（负值），自由能降低值全部对外做非体积功；扇形区 BOD 是自发不可逆区，包括无数多个自发不可逆过程，从 1 到 5 自发不可逆程度逐渐增大，$\Delta G_{T,p}<W'$，体系自由能降低值一部分用来对外做非体积功，另一部分用于克服体系内部不可逆因素. 从 OB 线向 OD 线转动，自发不可逆程度逐渐增大，最后达到自发最大不可逆过程 OD 线上，$\Delta G_{T,p}<0$，$W'=0$，体系自由能降低值全部用于克服内部不可逆因素. 自由能判据 $\Delta G_{T,p,W'=0}\leqslant 0$ 只适用于 OD 线，而自由能判据 $\Delta G_{T,p}\leqslant 0$ 适用范围是 OB 到 OD 线的扇形区.

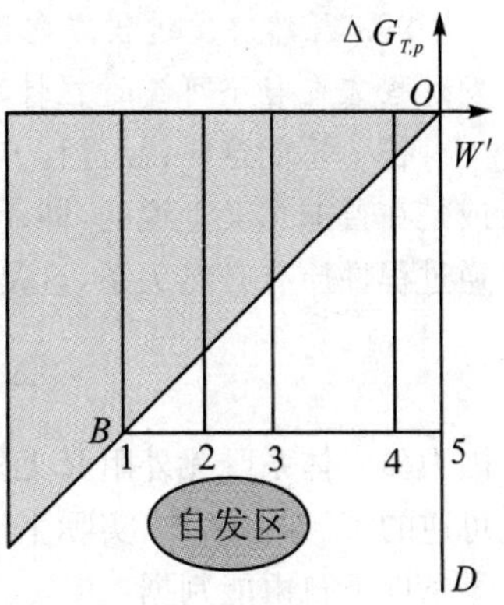

图 2.6

96. 体系做最大功能力和体系实际对外做功有何区别？

答　这是两个不同的概念. 体系做最大功能力是由状态函数的增量所决定的，如 $\Delta F_{T,V}=W'$ 及 $\Delta G_{T,p}=W'$，因此 $\Delta F_{T,V}$ 和 $\Delta G_{T,p}$ 是体系在等温等容、等温等压条件下做最大功能力的衡量. 但在具体变化途径中，这些能力不一定充分表现出来，实际做功多少随不同途径而不同. 例如一个举重运动员，他有最大举重能力是 120 kg，但在一次比赛中他只举起 110 kg，110 kg 就是他这次比赛成绩，不是他最大举重能力.

97. "等温等压、无非体积功条件下自由能变化值"与"等温等压条件下自由能变化值"有什么区别？

答　在等温等压、无非体积功条件下自由能变化值 $\Delta G_{T,p,W'=0}$，要么减少，要么不变，不会增加. 若体系自由能减少，则发生最大不可逆自发过程；若体系自由能不变，则体系处于平衡状态或状态不改变.

等温等压条件下自由能变化值 $\Delta G_{T,p}$，可以减少，可以增加，也可以不变. 若体系自由能减少，$\Delta G_{T,p}<0$，并向环境做非体积功，则发生不可逆自发过程，自由能减少值中一部分用来对外做非体积功，另一部分用于克服体系内部不可逆因素；若体系自由能减少并不向环境做非体积功，则发生最大不可逆自发过程，体系自由能减少值全部用于克服内部不可逆因素. 若体系自由能增加，必定是环境向体系做非体积功，则发生不可逆非自发过程. 若体系自由能不变，$\Delta G_{T,p}=0$，则体系处于平衡状态或状态不变.

98. 在等温等压的条件下 $\Delta G_{T,p}\leqslant W'$ 与在等温等压的条件下 $\Delta G_{T,p}\leqslant 0$，都是自发过程方向与限制的判据. 该说法正确吗？

答　不正确. 在等温等压的条件下，$\Delta G_{T,p}\leqslant W'$ 不是自发过程方向与限度的判据，是过程性质可逆、不可逆的判据，因为它是由热力学第一、第二定律联合公式，在等温等压条件下，定义自由能函数后得出的，而联合公式与 $\Delta G_{T,p}\leqslant W'$ 中的不等号与等号，表示过程不可逆、可逆性质，W' 大小与过程性质有关，而过程性质与自发过程方向没有必然的联系. 说等温等压条件下 $\Delta G_{T,p}\leqslant 0$ 是自发过程方向与限制的判据，是正确的.

99. 既然自发过程方向性与过程性质是不同的概念，那么是否能说，在所有条件下自发过程方向与不可逆过程性质之间都没有必然的关系？

答 不能这样说. 过程方向性与过程性质之间没有必然的关系，只是在原则上说的，或是在普遍意义上说的，即矛盾的普遍性. 但对于个别特定情况，自发过程方向性与不可逆过程性质有必然关系，这是矛盾的特殊性. 例如，孤立体系熵判据

$$\Delta S_{孤立}\begin{cases}>0, & 不可逆过程，自发过程\\ =0, & 可逆过程，达到平衡\end{cases}$$

因为孤立体系既无外阻又无外助，发生的过程肯定是自发的，$\Delta S>0$ 时，是自发的也是不可逆的. 又如自然界、实际生活中，自发过程都是不可逆的；再如，等温等压、非体积功等于零条件下自由能判据

$$\Delta G_{T,p,W'=0}\begin{cases}<0, & 自发过程，最大不可逆方式\\ =0, & 达到平衡或可逆方式\\ >0, & 非自发过程，不能发生\end{cases}$$

没有非体积功条件下，体系不能向环境做非体积功，环境也不能向体系做非体积功，$\Delta G<0$，是自发过程，体系自由能降低值全部用在克服途径不可逆因素上，该过程也是最大不可逆自发过程. 因此在特定条件下，自发过程也是不可逆过程，或不可逆过程也是自发过程，两者之间有必然关系. 这只是个别现象，不能代表整体.

100. 等温等容下导出的亥姆霍兹自由能 F(或表示为 A)与等温下导出的亥姆霍兹自由能 F(或表示为 A)是否相同？

答 两种条件导出的亥姆霍兹自由能函数（又称功函）在本质上没有区别，都是体系的状态函数，实际就是一个状态函数 F(或表示为 A). 该函数没有明确的物理意义，是辅助函数，在一定条件下才有物理意义. 但不同条件下其变化值的物理意义有区别，在等温等容下，可逆过程 $\Delta F_{T,V}=W'$，亥姆霍兹自由能函数的变化值等于最大非体积功；在等温下，可逆过程 $\Delta F_T=W_{总}$(体积功＋非体积功)，亥姆霍兹自由能函数的变化值等于最大总功.

101. 用亥姆霍兹自由能 F(或 A)判断自发过程方向的条件是等温等容、无非体积功，还是等温等容，或者就是等温条件？它们之间的区别与联系是什么？

答 亥姆霍兹自由能变化值 ΔF 在三种条件下都是自发过程方向与限度的判据，都是正确的. 在等温等容、无非体积功条件下，$\Delta F_{T,V,W'=0}\leqslant 0$ 判据与等温等压、无非体积功条件下自由能判据一样，仅适用于最大不可逆自发过程判断，该过程中体系亥姆霍兹自由能降低值全部用来克服体系内部不可逆因素，应用范围狭小；等温等容条件下，$\Delta F_{T,V}\leqslant 0$ 判据，有无非体积功都可以，与自由能判据类似，若体系做非体积功($W'<0$)，体系亥姆霍兹自由能降低值一部分对外做非体积功，另一部分用来克服体系内部不可逆因素，应用范围比较宽；若环境做非体积功($W'>0$)，体系亥姆霍兹自由能增加，是非自发过程. 在等温条件下，$\Delta F_T\leqslant 0$ 判据，有无功都可以. 若体系做总功(体积功＋非体积功)，$W_{总}<0$，体系亥姆霍兹自由能降低值一部分对外做总功，另一部分用来克服体系内部不可逆因素，应用范围广大；若环境做总功，$W_{总}>0$，体系亥姆霍兹自由能增加，是非自发过程. 虽然三者都是正确的，但应用范围不一样，$\Delta F_T\leqslant 0$ 判据应用范围最大，$\Delta F_{T,V}\leqslant 0$ 判据次之，$\Delta F_{T,V,W'=0}\leqslant 0$

判据应用范围最小.

102. 热力学第二定律中，判断自发过程的方向与限度，我们学习讨论了(1) 孤立体系熵判据 $\Delta S_{U,V,W'=0} \geqslant 0$；(2) 总熵判据 $\Delta S_{总} \geqslant 0$(环境不做功)；(3) 自由能判据 $\Delta G_{T,p} \leqslant 0$；(4) 亥姆霍兹自由能判据 $\Delta F_T \leqslant 0$. 依据这四种判据的应用条件，比较它们适用范围大小.

答　总熵判据 $\Delta S_{总} \geqslant 0$ 的适用范围最大，只要环境不向体系做功，温度有无变化都可应用；其次是亥姆霍兹自由能判据 $\Delta F_T \leqslant 0$，只要等温条件就可以；再次是自由能判据 $\Delta G_{T,p} \leqslant 0$，应用条件是等温等压；熵判据 $\Delta S_{U,V,W'=0} \geqslant 0$ 应用范围最小，只适用于孤立体系.

103. 对于热力学第二定律，我们学过的许多判据中，哪些只是过程性质(可逆、不可逆)，而不是自发过程方向的判据？

答　(1) 卡诺定理：$\eta \leqslant \eta_R$；

(2) 克劳修斯不等式：$\Delta S - \sum_A^B \dfrac{\delta Q_i}{T_i} \geqslant 0$；

(3) 绝热体系熵增加：$\Delta S(绝热) \geqslant 0$；

(4) 总熵判据：$\Delta S_{总} = \Delta S_{体系} + \Delta S_{环境} \geqslant 0$；

(5) 自由能与非体积功：$\Delta G_{T,p} \leqslant W'$；

(6) 功函与非体积功：$\Delta F_{T,V} \leqslant W'$；

(7) 功函与总功：$\Delta F_T \leqslant W_{总}$.

这七个式子是各自条件下过程性质的判据，而不是该条件下自发过程方向与限度的判据.

104. 关于公式 $\Delta G_{T,p} = W'_R$ 的下列说法是否正确？为什么？

(1) 体系从 A 态到 B 态不论进行什么过程 ΔG 值为定值且一定等于 W'.

(2) 等温等压下只有体系对外做非体积功时 G 才会降低.

(3) G 就是体系中做非体积功的那一部分能量.

答　(1) 不正确. 只有在等温等压的可逆过程中，体系的 $\Delta G_{T,p}$ 才等于 W'_R，不可逆过程中 $\Delta G_{T,p}$ 不等于 W'.

(2) 不正确. 体系的吉布斯自由能是状态函数，等温等压下体系不对外做非体积功，自由能也会降低. 例如 Zn 与 $CuSO_4$ 在烧杯中反应，即使没有做非体积功自由能也是降低的.

(3) 不正确. 自由能 G 不是体系的能量，只有在等温等压条件下，吉布斯自由能的降低值才有可能是做非体积功的能量.

105. 利用 ΔF 或 ΔG 作为方向性判据，应用的条件是什么？$W'=0$ 的条件是否必要？

答　利用 ΔF 作为方向性判据时，其应用条件是等温，或等温等容.

利用 ΔG 作为方向性判据时，其应用条件是等温等压.

$W'=0$ 的条件没有必要，因为自发过程变化方向性取决于体系的始终态，与进行的具体途径无关，功是与途径有关的物理量，因此与它无关，用 ΔF 或 ΔG 作为自发过程方向性判据，不需要 $W'=0$ 的条件.

106. 吉布斯函数减小的过程一定是自发过程. 该说法对吗？

答　不对. 必须在等温等压的条件下才对.

107. 在等温等压下，吉布斯自由能变化值大于零的化学变化都不能进行. 该判断正确吗？

答 不正确. 若环境向体系做非体积功，吉布斯自由能变化值大于零的化学变化就能发生，如电解水反应，吉布斯自由能变化值就大于零.

108. 373.2 K、$p^\ominus$ 的水上，使其与大热源接触，向真空蒸发成为 373.2 K、$p^\ominus$ 下的水汽. 若要判断该过程的自发方向性，可以应用哪些判据？为什么？

答 可以选用总熵判据 $\Delta S_{总}\geqslant 0$ 与功函 $\Delta F_T\leqslant 0$.

因为该体系虽然不是孤立体系，但环境没有向体系做功，因此可以用总熵判据；另外该过程是一个等温过程，可以用等温下功函判据.

109. 指出下列各过程中，物系的 $\Delta U,\Delta H,\Delta S,\Delta F,\Delta G$ 中何者为零？简单说明.

(1) 理想气体自由膨胀过程；

(2) 实际气体节流膨胀过程；

(3) 理想气体由(p_1,T_1)状态绝热可逆变化到(p_2,T_2)状态；

(4) H_2和 Cl_2 在刚性绝热的容器中反应生成 HCl；

(5) 在 0 ℃、$p^\ominus$ 下，水结成冰的相变过程.

答 (1) $\Delta U=\Delta H=0$；自由膨胀，温度保持不变，因为理想气体的 U,H 仅是温度的函数.

(2) $\Delta H=0$；节流膨胀是等焓过程.

(3) $\Delta S=0$；绝热可逆变化过程是等熵过程.

(4) $\Delta U=0$；绝热，刚性容器的体积不变，相当于孤立体系的热力学能不变.

(5) $\Delta G=0$；这是等温等压下可逆相变过程.

110. 在 298 K、$p^\ominus$ 下，$2H_2O(l)=\!=\!=2H_2(g)+O_2(g)$ 的 $\Delta G=474.38\ k(J\cdot mol^{-1})>0$，说明反应不能自发进行，但可由电解方法实现上述反应，两者有无矛盾？

答 没有矛盾. 等温等压下 $\Delta G>0$，表示该过程是非自发过程，不能自动发生，不是说就不能发生，在外界提供非体积功条件下可以发生. 例如电解水，由外界提供电功，上述反应就能进行.

111. 在 100 ℃、101 325 Pa 下的水向真空汽化为同温同压下的水蒸气，是自发过程，所以其 $\Delta G<0$，该判断对不对？为什么？

答 不对. 水向真空汽化过程是自发过程，但不是在等温等压条件下，不能用自由能判据，可以用功函判据或总熵判据，该过程的 ΔG 按可逆相变计算，$\Delta G=0$.

112. 将一玻璃球放入真空容器中，球中已封入 1 mol 水(101 325 Pa，100 ℃)，真空容器的内部恰好能容纳 1 mol 水蒸气(101 325 Pa，100 ℃)，保持整个体系的温度为 100 ℃不变，将小球击破后水全部汽化为水蒸气，小球体积与真空容器体积相比可以忽略不计，水蒸气可视为理想气体. 这个过程是自发过程吗？可以用哪些热力学函数来做判据？

答 该过程是自发不可逆过程. 由于温度不变，可以用等温时 $\Delta F_T<0$ 来判断. 由于环境没有向体系做功，也可以用总熵 $\Delta S_{总}>0$ 来判断.

113. a mol A 与 b mol B 的理想气体，分别处于(T,V,p_A)与(T,V,p_B)的状态，等温等

容混合为(T,V,p)状态，那么 $\Delta S,\Delta F,\Delta G$ 中何者大于零，小于零，等于零？

答　$\Delta S,\Delta F,\Delta G$ 均为 0；A 气体与 B 气体混合前后的体积不变（分子的活动范围不变），因此等温等容混合后，$\Delta S=0$. 又理想气体混合时温度不变，$\Delta U=0,\Delta H=0$，因此ΔF，ΔG 均为 0.

114. 一个刚性密闭绝热箱中，装有 H_2 与 Cl_2 混合气体，温度为 298 K. 今用光引发，使其化合为 HCl(g)，光能忽略，气体为理想气体. 已知 $\Delta_f H_m^{\ominus}(HCl,g)=-94.56\ kJ\cdot mol^{-1}$，试判断该过程中 $\Delta U,\Delta H,\Delta S,\Delta F,\Delta G$ 是大于零、小于零，还是等于零？为什么？

答　$\Delta U=0$，绝热、刚性箱可看成孤立体系，热力学能守恒.

$\Delta H>0$，该反应使体系温度升高，体积虽不变，但压力升高，$\Delta H=\Delta U+V\Delta p>0$.

$\Delta S>0$，该孤立体系发生自发不可逆过程，熵增加.

$\Delta F<0$，由定义，$\Delta F=\Delta U-T\Delta S=0-T\Delta S<0$(因 $\Delta S>0$).

ΔG 的符号无法确定，因为 $\Delta G=\Delta H-T\Delta S,\Delta H>0$ 与 $\Delta S>0$，要看 ΔH 与 $T\Delta S$ 两者数值大小才能决定符号，该题没有给出，因此无法判断 ΔG 的符号.

115. 能否说体系达平衡时熵值最大，吉布斯自由能最小？

答　不能这样说，要在一定条件下才能说. 在绝热体系或孤立体系中达到平衡时，熵值最大；在等温等压，或环境不向体系做非体积功条件下，体系达平衡时，吉布斯自由能最小. 也就是说，使用判据时一定要符合判据所要求的适用条件.

116. 为什么等温等压下化学反应的自发性不能用 ΔH 做判据，但有些情况下用 ΔH 做判据，也能得到正确的结论？

答　等温等压下化学反应自发性的判据是 $\Delta G_{T,p}\leqslant 0$，而不是 $\Delta H<0$，因为用 $\Delta H<0$ 来判断有片面性，有时是错误的.

但是，由于 $\Delta G=\Delta H-T\Delta S$ 的关系，ΔG 的符号由焓效应(ΔH)与熵效应($T\Delta S$)的大小来决定，当$|\Delta H|>|T\Delta S|$时，ΔG 的符号与焓效应(ΔH)一致，这时可用 ΔH 来判断反应自发性，所得的结论与用 ΔG 判据是一致的，在这种条件下可以用 ΔH 来判断；另外，对于 $\Delta H>0,\Delta S<0$ 或 $\Delta H<0,\Delta S>0$ 的反应，用 ΔH 判据与 ΔG 判据也是一致的，因此也可用 ΔH 来作为判据. 不具备上述三种条件的，不能用 $\Delta H<0$ 来判断.

117. $\Delta H>0,\Delta S>0$ 的反应，若在常压常温下不能自发进行，那么改变温度能否使反应自发进行？为什么？

答　能. 依据 $\Delta G=\Delta H-T\Delta S,T\Delta S$ 随温度的升高而增大，提高反应温度使 $T\Delta S>\Delta H$，从而该反应在等压等温(较高温度)下 $\Delta G<0$，反应就能自发进行了. 例如反应

$$CH_3OH(g)=\!=\!=HCHO(g)+H_2(g)$$

就是一个吸热($\Delta H>0$)、增熵($\Delta S>0$)过程，在常压下，室温下不能自发进行，高温下能自发进行，工业生产就是在 600 ℃时进行的.

118. 一般固体分解产生气体时，常常大量吸热，试用自发可能性判据来分析这类固体在低温与高温下的稳定性如何.

答　固体分解产生气体的反应吸热，$\Delta H>0$，由于分解会产生气体，$\Delta S>0$，随着温度升高熵效应明显，$T\Delta S$ 增加，由 $\Delta G=\Delta H-T\Delta S$ 可知，随温度升高，反应的 ΔG 降低，反应

自发可能性提高，所以这类固体高温下热稳定性较差，即低温下稳定，高温下不稳定.

119. 指出下列各过程中，$\Delta U,\Delta H,\Delta S,\Delta F$ 和 ΔG 中何者为零.

(1) 理想气体的卡诺循环；(3) 实际气体的节流膨胀；

(2) H_2 和 O_2 在绝热钢瓶中发生反应生成水；(4) 液态水在 373.2 K、$p^\ominus$ 下蒸发成水蒸气.

答 (1) $\Delta U,\Delta H,\Delta S,\Delta F$ 和 ΔG 都为零.

(2) 看成孤立体系，$\Delta U=0$.

(3) $\Delta H=0$.

(4) $\Delta G=0$.

120. 在 298 K、$p^\ominus$ 下，反应 $H_2O(l) \rightarrow H_2(g)+\frac{1}{2}O_2(g)$ 的 $\Delta_r G_m>0$，说明反应不能自动进行，但可以用电解水方法来制备 H_2 和 O_2. 两者有无矛盾？如何解释？

答 两者没有矛盾，在 298 K、$p^\ominus$ 的等温等压下该反应的 $\Delta_r G_m>0$，说明该反应不能自动进行(即非自发过程)，但不是说该反应就不能进行，在环境提供非体积功条件下就能进行. 电解水就是由环境提供电功的，因此可以使该反应进行来制备 H_2 和 O_2.

121. 指出下列各过程中，$Q,W,\Delta U,\Delta H,\Delta S,\Delta A$ 和 ΔG 等热力学函数的变量哪些为零，哪些相等.

(1) 理想气体真空膨胀；

(2) 理想气体等温可逆膨胀；

(3) 理想气体绝热节流膨胀；

(4) 实际气体绝热可逆膨胀；

(5) $H_2(g)$ 和 $Cl_2(g)$ 在绝热钢瓶中发生反应生成 $HCl(g)$；

(6) 绝热、恒压、不做非膨胀功的条件下，发生了一个化学反应.

答 (1) $W=Q=\Delta U=\Delta H=0$.

(2) $\Delta U=0,\Delta H=0;W=Q,\Delta U=\Delta H,\Delta A=\Delta G$.

(3) $\Delta H=0,\Delta U=0;\Delta U=\Delta H$.

(4) $Q=0;\Delta S=0,\Delta U=Q+W=W$.

(5) $\Delta U=0;Q=0,W=0$.

(6) $Q=0,\Delta U=W$.

122. 1 mol 理想气体在 298 K 下发生等温变化，做的功为 −1 490 J，熵变 $\Delta S=5\ J\cdot K^{-1}$. 试问可以用几种方法来判断该过程的性质(可逆、不可逆)？

答 该过程条件只是等温，因此有三种方法可以判断过程性质：

(1) 用克劳修斯不等式 $\Delta S \geqslant \sum_A^B \frac{\delta Q_i}{T_i}$，熵变与热温商的值比较. 该过程 $\Delta U=0,Q=-W=1\ 490\ J$，热温商 $(Q/T)=1\ 490/298=5\ (J\cdot K^{-1})$，与熵变 ΔS 相等，因此该过程是可逆的.

(2) 可以用总熵判断. $\Delta S_{总}=\Delta S_{体}+\Delta S_{环}=5+[-(1\ 490/298)]=0$，因此是可逆过程.

(3) 用功函，$\Delta F_T \leqslant W_R$ 来判断，$\Delta F_T=\Delta U-T\Delta S=0-1\ 490=-1\ 490\ (J)$，而该过程体系做的功为 −1 490 J，$\Delta F_T=W_R$，该过程是可逆过程.

123. 在什么条件下，下列等式才能成立？

$$Q=-W=-\Delta F=-\Delta G=T\Delta S$$

答　由 $Q=-W$ 知过程的 $\Delta U=0$；又 $Q=T\Delta S$，说明过程是等温可逆过程；再由 $\Delta F=\Delta G$，过程的 $\Delta U=\Delta H$，即 $\Delta(pV)=0$. 由上述分析可知，只有一定量的理想气体、恒温可逆过程，才符合题中要求.

2.4　热力学封闭体系函数间的关系

124. $\mathrm{d}U=T\mathrm{d}S-p\mathrm{d}V$ 等四个热力学基本公式（也称热力学基本方程）适用的条件是什么？是否一定要求可逆过程？为什么？

答　适用于组成不变的均相封闭体系、不做非膨胀功的一切过程，另外对保持相平衡及化学平衡的体系（相当于可逆体系）的多相、多组分体系也适用.

虽然这四个公式是在可逆条件下得出的，但因为用了 $Q=T\mathrm{d}S$ 的关系式，不一定非要在可逆过程中才能使用，基本公式中计算的是状态函数的变化量，而状态函数的变化量仅与始终态有关，与过程可逆与否无关，若是不可逆过程，可以设计一个始终态相同的可逆过程，按这个可逆过程来进行计算状态函数的变化量.

125. 为什么 $\Delta U=\int T\mathrm{d}S-\int p\mathrm{d}V$ 适用于无非体积功的单组分均相封闭体系的任何过程？这是否意味着对这种简单的热力学体系的任何过程，$\int T\mathrm{d}S$ 及 $\int p\mathrm{d}V$ 都分别代表热与功呢？

答　因为 $\Delta U=\int T\mathrm{d}S-\int p\mathrm{d}V$ 是基本方程 $\mathrm{d}U=T\mathrm{d}S-p\mathrm{d}V$ 的积分式，而基本方程的适用条件是不做非体积功的组成不变的均相封闭体系. 由于是计算状态函数的变化值，仅与始终态有关，不论过程可逆与否都能适用，所以 $\Delta U=\int T\mathrm{d}S-\int p\mathrm{d}V$ 适用于无非体积功的组成不变的均相封闭体系的任何过程. 但是，这不意味着对这种简单的热力学体系的任何过程，$\int T\mathrm{d}S$ 及 $\int p\mathrm{d}V$ 都分别代表热与功，因为在不可逆过程中，$\int T\mathrm{d}S$ 并不等于过程的热，$\int p\mathrm{d}V$ 也不等于过程的功，只有在可逆过程中才相等.

126. 根据 $\delta Q=\mathrm{d}U+p\mathrm{d}V$ 及 $\mathrm{d}U=\left(\frac{\partial U}{\partial T}\right)_V\mathrm{d}T+\left(\frac{\partial U}{\partial V}\right)_T\mathrm{d}V$，用全微分判别式，证明 Q 不是状态函数.

证明　是不是状态函数可用对易关系来证明，即二阶偏微分与求导顺序无关.

将 $\mathrm{d}U$ 代入热力学第一定律表达式中，

$$\delta Q=\left(\frac{\partial U}{\partial T}\right)_V\mathrm{d}T+\left(\frac{\partial U}{\partial V}\right)_T\mathrm{d}V+p\mathrm{d}V=\left(\frac{\partial U}{\partial T}\right)_V\mathrm{d}T+\left[\left(\frac{\partial U}{\partial V}\right)_T+p\right]\mathrm{d}V$$

由 $dU=TdS-pdV$,得出$\left(\frac{\partial S}{\partial V}\right)_T=\left(\frac{\partial p}{\partial T}\right)_V$. 所以

$$\left(\frac{\partial U}{\partial V}\right)_T=T\left(\frac{\partial S}{\partial V}\right)_T-p=T\left(\frac{\partial p}{\partial T}\right)_V-p$$

代入,得

$$\delta Q=\left(\frac{\partial U}{\partial T}\right)_V dT+\left[T\left(\frac{\partial p}{\partial T}\right)_V\right]dV=C_V dT+\left[T\left(\frac{\partial p}{\partial T}\right)_V\right]dV$$

检查是否符合对易关系,求二阶偏微商:

$$左边=\left(\frac{\partial C_V}{\partial V}\right)_T$$

$$右边=\left[\frac{\partial}{\partial T}\left(T\left(\frac{\partial p}{\partial T}\right)_V\right)\right]_V=\left(\frac{\partial p}{\partial T}\right)_V+T\left(\frac{\partial^2 p}{\partial T^2}\right)_V$$

左边≠右边,所以 δQ 不具有全微分性质,Q 不是状态函数.

127. 分别讨论恒压下升高温度及恒温下增大压力时,以下过程的 ΔG 值如何变化.

(1) 沸点下液体汽化成蒸气;

(2) 凝固点下液体凝结成固体(如 $V_m(l)>V_m(s)$).

答 依据$\left(\frac{\partial G}{\partial T}\right)_p=-S$,可知 $\Delta S=-\left(\frac{\partial \Delta G}{\partial T}\right)_p$,$\Delta S$ 值是定压下 ΔG 对 T 的变化率. 当 $\Delta S>0$ 时,$\left(\frac{\partial \Delta G}{\partial T}\right)_p<0$,定压下 ΔG 随温度升高而减小. 当 $\Delta S<0$ 时,$\left(\frac{\partial \Delta G}{\partial T}\right)_p>0$,定压下 ΔG 随温度升高而增大. 依据$\left(\frac{\partial \Delta G}{\partial p}\right)_T=\Delta V$,由 ΔV 值可判定在定温下,ΔG 对压力 p 的变化率. 当 $\Delta V>0$ 时,$\left(\frac{\partial \Delta G}{\partial p}\right)_T>0$,定温下随压力增大,$\Delta G$ 增加. 当 $\Delta V<0$ 时,定温下随压力增大,ΔG 减少.

(1) 在沸点下液体汽化成蒸气,$\Delta S>0$,恒压下升高温度汽化,ΔG 减小,汽化更易进行;而 $\Delta V>0$,定温下增加压力,ΔG 增大,汽化不易进行.

(2) 液体凝结成固体,由于 $V_m(l)>V_m(s)$,$\Delta V<0$,定温下加压凝固过程中 ΔG 降低,凝固更易进行. 而 $\Delta S<0$,定压下升温,ΔG 增大,凝固不易进行.

128. 过冷水结冰的过程是在恒温、恒压、不做其他功的条件下进行的,由基本方程

$$dG=-SdT+Vdp$$

得出 $\Delta G=0$. 你认为正确吗? 为什么?

答 不正确. 基本方程使用的条件是组成不变的单相体系(不做非体积功),或者可逆相变过程. 该题不是组成不变的单相体系,也不是可逆相变过程,不能用基本方程,过冷水结冰的过程是不可逆相变,因此结论 $\Delta G=0$ 是错误的.

129. 实际气体 CO_2 经节流膨胀过程后,其熵变的计算公式是什么?

答 由于节流是等焓过程,由基本方程 $dH=TdS+Vdp$,当 $dH=0$ 时,$dS=-\frac{V}{T}dp$,积分 $\Delta S=-\int_{p_1}^{p_2}\frac{V}{T}dp$,该式为节流膨胀熵变的计算公式.

130. 焦耳-汤姆孙实验是不可逆过程还是可逆过程？为什么？

答　焦耳-汤姆孙实验即节流膨胀过程，是等焓过程，$\mathrm{d}H=T\mathrm{d}S+V\mathrm{d}p$. 那么$\left(\frac{\partial S}{\partial p}\right)_H=-\frac{V}{T}<0$（因为 V, T 都大于零）. 若压力 p 降低，S 就升高.

而节流膨胀过程正是一个压力降低过程，因此体系的熵值增大，$\Delta S>0$，并且节流膨胀是一个绝热过程，依据绝热体系熵增加原理，$\Delta S>0$，体系发生不可逆过程，因此焦耳-汤姆孙实验是不可逆过程.

131. 如图 2.7 所示，纯物质在恒压下 $G-T$ 曲线应该是向下凹，还是向上凸？

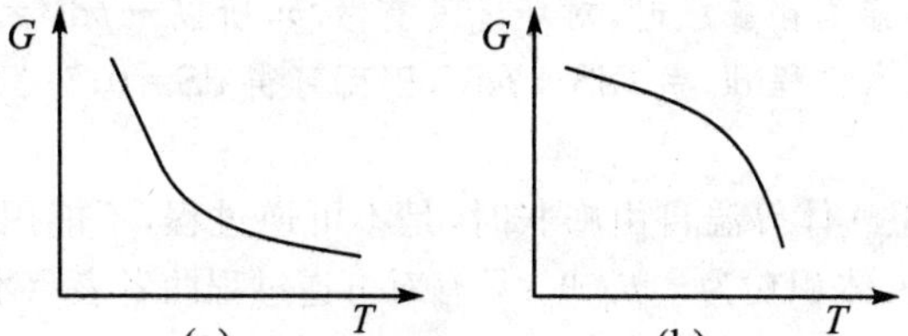

图 2.7

答　由 $\mathrm{d}G=-S\mathrm{d}T+V\mathrm{d}p$，在恒压下得到

$$\left(\frac{\partial G}{\partial T}\right)_p=-S$$

求二阶偏微商：

$$\left(\frac{\partial G^2}{\partial T^2}\right)_p=-\left(\frac{\partial S}{\partial T}\right)_p=-\frac{C_p}{T}<0$$

（由于 C_p, T 都大于零）. 由于曲线的二阶偏微商小于零，曲线是向上凸的.

也可以这样理解：纯物质的熵值随温度的升高而增大，在高温区曲线的斜率大（陡些），并且是负值，因此曲线是向上凸的.

132. 下列过程均为等温、等压和不做非膨胀功的过程，根据热力学基本公式

$$\mathrm{d}G=-S\mathrm{d}T+V\mathrm{d}p$$

都得到 $\Delta G=0$ 的结论. 这些结论哪个对，哪个不对？为什么？

(1) H_2O(l, 268 K, 100 kPa)⟶H_2O(s, 268 K, 100 kPa)；

(2) 在 298 K, 100 kPa 时，$H_2(g)+Cl_2(g)=\!=\!=2HCl(g)$；

(3) 在 298 K, 100 kPa 时，一定量的 NaCl(s)溶于水；

(4) H_2O(l, 373 K, 100 kPa)⟶H_2O(g, 373 K, 100 kPa).

答　(1) 不对. 因为这是不可逆相变过程，基本公式 $\mathrm{d}G=-S\mathrm{d}T+V\mathrm{d}p$ 不适用.

(2) 不对. 因为这是组成改变的体系，基本公式 $\mathrm{d}G=-S\mathrm{d}T+V\mathrm{d}p$ 对组成可变体系不适用.

(3) 不对. 因为这是组成改变的多相体系，热力学基本公式 $\mathrm{d}G=-S\mathrm{d}T+V\mathrm{d}p$ 不适用.

(4) 对. $\Delta G=0$，因为公式 $\mathrm{d}G=-S\mathrm{d}T+V\mathrm{d}p$ 除了适用组成不变的均相体系外，也适用

多相的可逆相变体系，该过程是可逆相变，因此适用.

133. 根据基本方程可得 $\Delta G=-\int S\mathrm{d}T+\int V\mathrm{d}p$. 对于等温（$\mathrm{d}T=0$）等压（$\mathrm{d}p=0$）过程，$\Delta G$ 恒为零，表明无非体积功组成不变的单相体系，在等温等压下发生的过程一定是可逆过程. 这样理解错在哪里？

答 由 $\Delta G=-\int S\mathrm{d}T+\int V\mathrm{d}p$，在等温等压下恒为零，$\Delta G_{T,p}=0$，只能说明体系处于平衡状态，而不能认为一定是可逆过程，因为平衡状态（方向性）与过程性质（可逆与否）之间没有必然的联系.

134. 理想气体等温自由膨胀时，对环境没有做功，所以 $-p\mathrm{d}V=0$，此过程温度不变，$\mathrm{d}U=0$，代入热力学基本方程 $\mathrm{d}U=T\mathrm{d}S-p\mathrm{d}V$，因而可得 $\mathrm{d}S=0$，为恒熵过程. 你认为该推理正确吗？为什么？

答 不正确. 理想气体等温自由膨胀时，是不可逆过程，不能用 $-p\mathrm{d}V$ 表示体积功，这里的 p 是体系压力，体积功为 $-p_{外}\mathrm{d}V$；只有对可逆过程两者表示才相等. 基本过程只适用可逆过程，熵变按可逆过程计算：$T\mathrm{d}S=\mathrm{d}U+p\mathrm{d}V$，$\mathrm{d}S=0+p\mathrm{d}V/T>0$. 或者按等温可逆过程计算：$\Delta S=nR\ln\dfrac{V_2}{V_1}>0$. 因此该过程中 $\mathrm{d}S>0$，不是等熵过程.

135. 回答下列问题：

(1) 常温常压下，石墨与金刚石两种物质中，哪一种更稳定？

(2) 既然石墨更稳定些，为什么金刚石在自然界也能长期存在？

(3) 常压下加热，是否可以使石墨变为金刚石成为可能？

(4) 恒温下加压是否有利于石墨变为金刚石？

(5) 由计算结果，可以说明 25 ℃、15 000 $p^{\ominus}$ 就是实现石墨变为金刚石反应的充分必要条件吗？

答 (1) 对于反应 C(石墨)⟶C(金刚石)，计算得 $\Delta G_{T,p}>0$，反应不能自发进行，故常温常压下石墨更稳定.

(2) 虽然热力学上石墨比金刚石稳定，但从金刚石变为石墨需要活化能，即需要动力学条件. 常温常压不能满足这种条件，故金刚石在自然界也能长期存在.

(3) 石墨变为金刚石反应是放热反应，由吉布斯-亥姆霍兹公式 $\left[\dfrac{\partial}{\partial T}\left(\dfrac{\Delta G}{T}\right)\right]_p=-\dfrac{\Delta H}{T^2}$，常压下加热，$\Delta G$ 增大，即升温更加不利于石墨变为金刚石.

(4) 由公式 $\left(\dfrac{\partial\Delta G}{\partial p}\right)_T=\Delta V$，因为金刚石的摩尔体积小于石墨，$\Delta V<0$，所以压力增加，自由能变量将减小，有利于石墨变成金刚石. 计算结果表明，在 25 ℃下，当 $p>15\,000p^{\ominus}$ 时，$\Delta G_{T,p}<0$，即加压对反应有利，因此该条件是石墨变成金刚石的必要条件.

(5) $\Delta G_{T,p}<0$ 仅是反应向右进行的必要条件，但并不是充分条件. 为获取动力学条件，反应体系还必须加热. 但在更高的温度下要保持 $\Delta G_{T,p}<0$，还必须使压力进一步提高. 据报道，在温度高于 1 000 K 和压力大于 20 000 $p^{\ominus}$ 的条件下，已有用石墨制取金刚石的成

功实例.

136. 试推导出 1 mol 范德瓦耳斯气体的$\left(\frac{\partial S}{\partial V_m}\right)_T$等于什么.

答　1 mol 范德瓦耳斯气体的方程为

$$\left(p+\frac{a}{V_m^2}\right)(V_m-b)=RT,\quad 即\quad p=\frac{RT}{V_m-b}-\frac{a}{V_m^2}$$

所以

$$\left(\frac{\partial S}{\partial V}\right)_T=\left(\frac{\partial p}{\partial T}\right)_V=\frac{R}{V_m-b}$$

137. 试推导出 n mol 理想气体的$\left(\frac{\partial T}{\partial p}\right)_S$的表示式.

答　$\left(\frac{\partial T}{\partial p}\right)_S=\left(\frac{\partial V}{\partial S}\right)_p=\left(\frac{\partial V}{\partial T}\right)_p\left(\frac{\partial T}{\partial S}\right)_p=\dfrac{\left(\frac{\partial V}{\partial T}\right)_p}{\left(\frac{\partial S}{\partial T}\right)_p}=\dfrac{\frac{nR}{p}}{\frac{C_p}{T}}=\frac{V}{C_p}.$

138. 求出$\left(\frac{\partial T}{\partial p}\right)_S$，对于理想气体该值为多少？

答　直接计算

$$\left(\frac{\partial T}{\partial p}\right)_S=\left(\frac{\partial V}{\partial S}\right)_p=\frac{1}{\left(\frac{\partial S}{\partial V}\right)_p}=\frac{1}{\left(\frac{\partial S}{\partial T}\right)_p\left(\frac{\partial T}{\partial V}\right)_p}=\frac{\left(\frac{\partial V}{\partial T}\right)_p}{\left(\frac{\partial S}{\partial T}\right)_p}=\frac{T}{C_p}\left(\frac{\partial V}{\partial T}\right)_p$$

由理想气体状态方程得出

$$V=\frac{nRT}{p},\quad \left(\frac{\partial V}{\partial T}\right)_p=\frac{nR}{p},\quad \left(\frac{\partial T}{\partial p}\right)_S=\frac{T}{C_p}\frac{nR}{p}=\frac{V}{C_p}$$

139. 证明下列关系式：$\left(\frac{\partial C_p}{\partial p}\right)_T=-T\left(\frac{\partial^2 V}{\partial T^2}\right)_p$.（中科大考研试题）

答　由基本方程 $\mathrm{d}H=T\mathrm{d}S+V\mathrm{d}p$，等压下同除以 $\mathrm{d}T$，得$\left(\frac{\partial H}{\partial T}\right)_p=T\left(\frac{\partial S}{\partial T}\right)_p$，而

$$C_p=\left(\frac{\partial H}{\partial T}\right)_p=T\left(\frac{\partial S}{\partial T}\right)_p$$

所以

$$\left(\frac{\partial C_p}{\partial p}\right)_T=T\left[\frac{\partial}{\partial p}\left(\frac{\partial S}{\partial T}\right)_p\right]_T=T\left[\frac{\partial}{\partial T}\left(\frac{\partial S}{\partial p}\right)_T\right]_p\xlongequal{麦克斯韦}-T\left[\frac{\partial}{\partial T}\left(\frac{\partial V}{\partial T}\right)_p\right]_p=-T\left(\frac{\partial^2 V}{\partial T^2}\right)_p$$

140. 刚球模型气体，方程为 $pV_m=RT+bp(b>0)$，比理想气体复杂一点，比范德瓦耳斯气体简单一些，是近些年考研试题中经常出现的体系. 请你说出该气体的主要热力学特性有哪些.

答　方程变为 $p(V_m-b)=RT$，可知该气体的微观模型中分子之间没有作用力，但分子本身有体积. 其主要特性如下：

(1) 热力学能 U 与理想气体一样仅是温度的函数；

(2) 焓 H 与理想气体不同,与温度、压力有关;

(3) 该气体节流膨胀后温度升高,焦耳-汤姆孙系数小于零.

141. 有的教材称 $\left(\frac{\partial U}{\partial V}\right)_T=T\left(\frac{\partial p}{\partial T}\right)_V-p$ 与 $\left(\frac{\partial H}{\partial p}\right)_T=V-T\left(\frac{\partial V}{\partial T}\right)_p$ 为热力学方程,它们有什么作用?

答 有了该热力学方程,很容易得出其热力学能与焓的变化值计算公式:对均相组成不变体系,

$$U=f(T,V),\quad \mathrm{d}U=\left(\frac{\partial U}{\partial T}\right)_V\mathrm{d}T+\left(\frac{\partial U}{\partial V}\right)_T\mathrm{d}V=C_V\mathrm{d}T+\left(\frac{\partial U}{\partial V}\right)_T\mathrm{d}V$$

把 $\left(\frac{\partial U}{\partial V}\right)_T=T\left(\frac{\partial p}{\partial T}\right)_V-p$ 代入,得

$$\mathrm{d}U=\left(\frac{\partial U}{\partial T}\right)_V\mathrm{d}T+\left(\frac{\partial U}{\partial V}\right)_T\mathrm{d}V=C_V\mathrm{d}T+\left[T\left(\frac{\partial p}{\partial T}\right)_V-p\right]\mathrm{d}V \quad \text{(称内能方程)}$$

同理

$$H=f(T,p),\quad \mathrm{d}H=\left(\frac{\partial H}{\partial T}\right)_p\mathrm{d}T+\left(\frac{\partial H}{\partial p}\right)_T\mathrm{d}p=C_p\mathrm{d}T+\left(\frac{\partial H}{\partial p}\right)_T\mathrm{d}p$$

把 $\left(\frac{\partial H}{\partial p}\right)_T=V-T\left(\frac{\partial V}{\partial T}\right)_p$ 代入,得

$$\mathrm{d}H=\left(\frac{\partial H}{\partial T}\right)_p\mathrm{d}T+\left(\frac{\partial H}{\partial p}\right)_T\mathrm{d}p=C_p\mathrm{d}T+\left[V-T\left(\frac{\partial V}{\partial T}\right)_p\right]\mathrm{d}p \quad \text{(称焓方程)}$$

若再知道某物质的状态方程,就可以很方便计算出 $\Delta U,\Delta H$ 的值.

例如,状态方程为 $p(V-nb)=nRT$ (b 是常数)的实际气体,对于等温过程,

$$p=\frac{nRT}{V-nb},\quad \left(\frac{\partial p}{\partial T}\right)_V=\frac{nR}{V-nb}$$

代入内能方程,得

$$\mathrm{d}U=C_V\mathrm{d}T+\left[T\left(\frac{\partial p}{\partial T}\right)_V-p\right]\mathrm{d}V=C_V\mathrm{d}T+\left(T\frac{nR}{V-b}-np\right)\mathrm{d}V=C_V\mathrm{d}T$$

说明该气体与理想气体一样,内能是温度的单值函数. 等温下,$\Delta U=0$.

同样,$V=\frac{nRT}{p}+nb$,$\left(\frac{\partial V}{\partial T}\right)_p=\frac{nR}{p}$. 代入焓方程,得

$$\begin{aligned}\mathrm{d}H&=C_p\mathrm{d}T+\left[V-T\left(\frac{\partial V}{\partial T}\right)_p\right]\mathrm{d}p\\&=C_p\mathrm{d}T+\left[\left(\frac{nRT}{p}+nb\right)-\frac{TnR}{p}\right]\mathrm{d}p\\&=C_p\mathrm{d}T+nb\mathrm{d}p\end{aligned}$$

说明焓不是温度的单值函数,与温度、压力有关. 在等温下,

$$\mathrm{d}H=nb\mathrm{d}p,\quad \Delta H=\int_{p_1}^{p_2}nb\mathrm{d}p=nb(p_2-p_1)$$

142. 热容 C_p 与 C_V 有下列两个关系式:

$$C_p - C_V = T\left(\frac{\partial p}{\partial T}\right)_V \left(\frac{\partial V}{\partial T}\right)_p \tag{1}$$

$$C_p - C_V = \frac{TV\alpha^2}{\kappa} \tag{2}$$

其中，α 是膨胀系数，$\alpha = \frac{1}{V}\left(\frac{\partial V}{\partial T}\right)_p$；$\kappa$ 是压缩系数，$\kappa = -\frac{1}{V}\left(\frac{\partial V}{\partial p}\right)_T$.

目前物理化学教辅中，从这两个关系式出发推导证明，一种看法认为 C_p 可以小于 C_V，另一种看法认为 C_p 不会小于 C_V. 你如何看待？哪种看法正确？

答　第一种看法是这样得来的：由公式(1)，$\left(\frac{\partial p}{\partial T}\right)_V > 0$，因为对于任何物质，在体积不变条件下，升高温度时压力都增大. 而 $\left(\frac{\partial V}{\partial T}\right)_p$ 是恒压下，体积随温度的变化率，有的物质体积会增大，有的物质体积会减小，有的物质体积会不变. 因此当该物质在恒压升温时体积减小，即 $\left(\frac{\partial V}{\partial T}\right)_p < 0$ 时，该物质的 $C_p < C_V$. 例如图 2.8 水在 0～4 ℃范围内，升高温度，体积减小，因此这时水的 $C_p < C_V$.

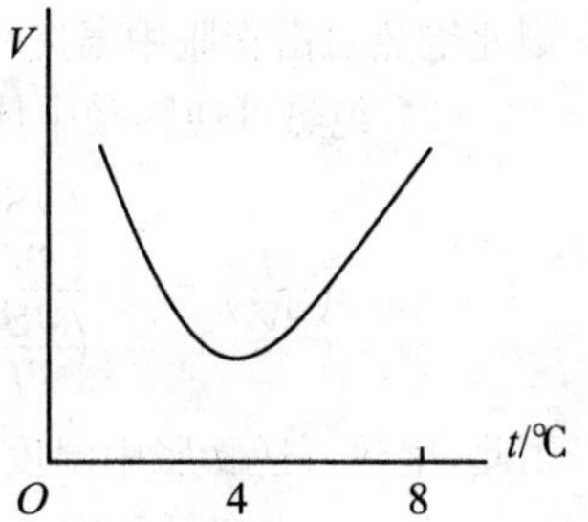

图 2.8

第二种看法是这样得来的：由公式(2)，又膨胀系数 $\alpha = \frac{1}{V}\left(\frac{\partial V}{\partial T}\right)_p$ 是平方数，因此无论膨胀系数为何值，分子都不会小于零. 对于压缩系数 $\kappa = -\frac{1}{V}\left(\frac{\partial V}{\partial p}\right)_T$，认为恒温下，增加压力物质的体积会缩小，因此压缩系数是大于零的. 这样得出公式右边不会为负值，C_p 不会小于 C_V.

结论只有一个，肯定只有一个是对的，但问题出在哪里？我们认为第一种看法是正确的，实验证明水在 0～4 ℃范围内时，膨胀系数是负值. 第二种看法出错的原因是对压缩系数看法可能不全对，大多数物质的压缩系数是大于零的，但水在 0～4 ℃之间，恒温下增加压力体积会增大，压缩系数是小于零的，因此 C_p 可以小于 C_V.

143. 一气体的状态方程是 $p(V_m - b) = RT$（b 为大于零的常数），用热力学函数关系式说明在下列过程中气体的温度如何变化.

(1) 节流膨胀；　(2) 绝热自由膨胀；　(3) 绝热可逆膨胀.

答　(1) 由于节流膨胀是等焓过程，所以

$$\left(\frac{\partial T}{\partial p}\right)_H = -\frac{1}{C_p}\left(\frac{\partial H}{\partial p}\right)_T = -\frac{1}{C_p}\left[V - T\left(\frac{\partial V}{\partial T}\right)_p\right]$$

以 1 mol 气体计算：

$$V_m = \frac{RT}{p} + b, \quad \left(\frac{\partial V_m}{\partial T}\right)_p = \frac{R}{p}$$

$$\mu_{J\text{-}T} = \left(\frac{\partial T}{\partial p}\right)_H = -\frac{1}{C_p}\left[V_m - T\left(\frac{R}{p}\right)\right] = -\frac{1}{C_p}\left[\frac{RT}{p} + b - T\left(\frac{R}{p}\right)\right] = \frac{-b}{C_p} < 0$$

因此节流膨胀过程中温度上升.

(2) 在绝热自由膨胀中,$Q=0$,$W=0$,$\Delta U=Q+W=0$,体积增大,热力学能不变,即为等热力学能过程.

$$\left(\frac{\partial T}{\partial V}\right)_U=-\frac{1}{C_V}\left(\frac{\partial U}{\partial V}\right)_T=-\frac{1}{C_V}\left[T\left(\frac{\partial p}{\partial T}\right)_V-p\right]$$

$$p=\frac{RT}{V_m-b},\quad \left(\frac{\partial p}{\partial T}\right)_V=\frac{R}{V_m-b}$$

$$\left(\frac{\partial T}{\partial V}\right)_U=-\frac{1}{C_V}\left[T\left(\frac{R}{V_m-b}\right)_V-p\right]=0$$

因此绝热自由膨胀中温度不变.

(3) 绝热可逆膨胀中体积增大,但熵是不变的,是等熵过程.

$$\left(\frac{\partial T}{\partial V}\right)_S=-\frac{\left(\frac{\partial S}{\partial V}\right)_T}{\left(\frac{\partial S}{\partial T}\right)_V}=-\frac{\left(\frac{\partial p}{\partial T}\right)_V}{\left(\frac{\partial S}{\partial T}\right)_V}=-\frac{\frac{R}{V_m-b}}{\frac{C_V}{T}}=-\frac{1}{C_V}\frac{RT}{V_m-b}=-\frac{p}{C_V}<0$$

因此,绝热可逆膨胀中温度下降.

144. 热力学第三定律可以表述为:用有限次方法不能把物体的温度降到热力学温度0 K.某人为热力学第三定律提供如下证明:卡诺热机效率 $\eta=(T_2-T_1)/T_2$,若使低温热源的温度 $T_1=0$ K,则 $\eta=1$,表示热机经一循环可将从高温热源吸收的热量Q_2,全部转化为功而不引起其他变化,这与热力学第二定律相矛盾.因而使物体的温度降到0 K是不可能的,即热力学第三定律成立.你认为以上证明对吗?

答 不对.热力学第二定律与热力学第三定律是两个相互独立的经验定律,均是不能证明的.上述证明的错误在于超出了热力学第二定律的适用范围,因为热力学第二定律只适用于热力学温度大于0 K的情况.

第 3 章　多组分体系

3.1　偏摩尔量与化学势

1. 混合物与溶液有什么异同之处？化学热力学中它们的组成通常是如何表示的？有无相同之处？

答　混合物是指两种或两种以上的同态纯物质以任意比例混合形成的均相体系. 混合物可分为气态混合物、液态混合物和固态混合物. 溶液是两种或两种以上的物质按照一定比例形成的均相体系，溶液分为液态溶液和固态溶液，也可分为电解质溶液和非电解质溶液. 它们的不同点如下：混合物不区分溶质和溶剂，对其中的任意组分都选用其纯态为化学势标准态，溶液区分溶剂和溶质，通常将含量较少的物质称为溶质，含量较多的物质称为溶剂. 溶剂选用其纯态为化学势标准态，溶质选用其假想态为化学势标准态. 将气态物质、固态物质溶于液体（如水）的均相体系称为溶液，而不称为混合物. 对于液体与液体混合或液体溶于液体的均相体系，依研究的需要，可称为混合物，也可以称为溶液.

化学热力学中混合物常用的组成表示是摩尔分数 $x_B = n_B/\sum_i n_i$. 溶液常用的组成表示：除摩尔分数 x_B、体积摩尔浓度 $c_B = n_B/V$ 之外，还有质量摩尔浓度 m_B（或用 b_B）$= n_B/m_A$（m_A 代表溶剂 A 的质量）. 在常用的表示中，摩尔分数 x_B 是混合物与溶液都用的.

2. 偏摩尔量是强度性质，与物质的数量无关，但各物质的量任意改变时，偏摩尔量也改变，如何理解？

答　强度性质是指体系的某些性质在一定条件下与体系的物质量多少无关. 对于多组分体系（如液态混合物、溶液），当组成确定（即浓度不变）时，各物质的偏摩尔量不会因体系的大小、多少（如是 1 L 还是 10 L）而改变，也就是与体系的总物质数量无关，是强度性质. 但体系中各物质的量任意改变时，即组成（浓度）改变时，各物质的偏摩尔量就会改变，因为不同组成时各物质的偏摩尔量是不同的，不能由此来说偏摩尔量就不是强度性质.

3. 物质的偏摩尔量与摩尔量有什么异同点？

答　对于单组分体系，只有摩尔量，而没有偏摩尔量. 或者说，在单组分体系中，偏摩尔量就等于摩尔量. 只有对于多组分体系，各种物质的量也成为体系的变量，当某物质的量发生改变时，体系的某些容量性质就会发生改变，由此才引入了偏摩尔量的概念. 体系总的容量性质要用偏摩尔量的加和公式计算，而不能用纯的物质的摩尔量乘以物质的量来计算. 物质的摩尔量总是大于零，但物质的偏摩尔量在一定条件下会小于零，为负值，也会等于零.

4. 如果 1 000 cm^3 水中加入 1 mol H_2SO_4，溶液的体积增加 ΔV，则 H_2SO_4 的偏摩尔的数值就是 ΔV 吗？为什么？

答 不是 ΔV，这里的 ΔV 值是溶液变化的体积，不是 H_2SO_4 的偏摩尔体积，因为偏摩尔体积的定义是 $V(H_2SO_4)=(\partial V/\partial n)_{T,p,n_i}$. 可以理解为无限大量的 H_2SO_4 水溶液中，加入 1 mol H_2SO_4 所引起溶液体积的变化值 ΔV，本题条件不是无限大量体系，因此 ΔV 不是 H_2SO_4 的偏摩尔体积.

5. 在使用吉布斯-杜亥姆公式 $\sum x_B \mathrm{d}X_B=0$ 时，是否需要等温、等压的条件？为什么？

答 要等温、等压的条件，因为偏摩尔量的定义式就是在等温、等压条件下组成不变的偏微商，因此吉布斯-杜亥姆公式（G-D 公式）也只有在等温、等压的条件下才成立.

6. 等温、等压下，在 A 与 B 组成的均相体系中，若 A 的偏摩尔体积随浓度的改变而增加，则 B 的偏摩尔体积将如何变化？

答 减小. 由 G-D 公式，$n_A \mathrm{d}V_{m,A}+n_B \mathrm{d}V_{m,B}=0$，$\mathrm{d}V_B=-\dfrac{n_A}{n_B}\mathrm{d}V_A$，若 A 的偏摩尔体积随浓度的改变而增加，则 B 的偏摩尔体积将随浓度的改变而减少.

7. 恒温时，B 溶解于 A 中形成溶液. 若纯 B 的摩尔体积大于溶液中 B 的偏摩尔体积，则增加压力将使 B 在 A 中的溶解度如何变化？

答 对于纯物质 B，$\left(\dfrac{\partial G^*_{B,m}}{\partial p}\right)_T=V^*_{B,m}$；对于溶液中的 B，$\left(\dfrac{\partial \mu_B}{\partial p}\right)_T=V_B$. 由于 $V^*_{B,m}>V_B$，增加压力时，B 在溶液中的自由能增量比纯 B 时小，故溶解度增加，如制造汽水、啤酒等. 也可以这样理解：反应 B(纯)⟶B(溶液)，$\Delta V=V_B-V^*_{B,m}<0$，增加压力，平衡向右移动，B 在 A 中的溶解度增加.

8. $\left(\dfrac{\partial X}{\partial n_B}\right)_{T,p,n_i}$ 能否成为一个偏摩尔量？能否成为一个化学势？为什么？

答 只有 X 是体系的容量性质，才成为一个偏摩尔量，因为强度性质的量没有偏摩尔量；只有 X 是自由能 G，才能成为化学势，因为只有 $\left(\dfrac{\partial G}{\partial n_B}\right)_{T,p,n_i}$ 既是一个偏摩尔量，又是化学势.

9. 什么是化学势？它与偏摩尔量有什么区别？

答 化学势的广义定义是：保持某热力学函数的两个特征变量和除 B 以外的其他组分不变时，该热力学函数对 B 物质的量的偏微商，或者该热力学函数对 B 物质的量变化率. 例如

$$\mu_B=\left(\frac{\partial U}{\partial n_B}\right)_{S,V,n_{i\neq B}}, \quad \mu_B=\left(\frac{\partial F}{\partial n_B}\right)_{T,V,n_{i\neq B}}, \quad \mu_B=\left(\frac{\partial G}{\partial n_B}\right)_{T,p,n_{i\neq B}}$$

偏摩尔量的定义是在等温等压条件下，保持除 B 以外的其余组分不变，体系的广度性质 X 随组分 B 的物质的量的变化率，用 X 表示某个容量性质. 其偏摩尔量的定义式为

$$X_B=\left(\frac{\partial X}{\partial n_B}\right)_{T,p,n_{i\neq B}}$$

也可以看成在一个等温等压下无限大体系中加入 1 mol 物质 B 引起的广度性质 X 的变化值. 因此化学势与偏摩尔量的定义不同,偏微分的下标也可不同. 但有一个例外,偏摩尔自由能和化学势是相同的,物理化学中一般讨论的化学势就是偏摩尔自由能,因此它既是化学势又是偏摩尔量.

10. 中学化学中配制物质的体积摩尔浓度时,要求使用容量瓶,为什么?

答　由于溶质溶于溶剂后,溶质与溶剂的状态都发生了变化,摩尔体积变成了偏摩尔体积,溶液的体积不是溶质与溶剂体积的简单加和,例如 100 mL 水与 20 mL 乙醇混合后的体积就不是 120 mL,而是小于 120 mL,这样溶液(混合物)的体积不好确定,体积摩尔浓度也就不好确定. 只有用溶剂滴加到容量瓶刻度,精确标定了溶液的体积,才好确定溶液的体积摩尔浓度,因此必须用容量瓶.

11. 某不法之徒想制造假酒来获取暴利. 他制造假酒的过程是这样的:往空酒瓶里分两次注入计算好的浓酒精溶液和水,两者体积加起来为 500 mL,随后封口、混合均匀并贴上商标. 后来这些假酒被查封,工商局的检验人员用简单的科学方法就证明了这些是假酒. 请你说明工商局的检验人员用什么方法.

答　用测量体积方法,总体积小于 500 mL 即为假酒. 因为混合后酒的体积由酒精与水的偏摩尔体积决定,$V_{后}=n_{酒精}V_{酒精}+n_{水}V_{水}$,而不是由浓酒精和纯水的摩尔体积决定,$V_{前}=n_{浓酒精}V_{浓酒精}+n_{水}V_{水}^{*}$. 因为混合后酒精与水的偏摩尔体积都比浓酒精和纯水的摩尔体积小,混合前是浓酒精溶液和水两者体积加起来 500 mL,混合后的体积就没有 500 mL 了.

12. 在均相多组分体系下得出的以下四个基本方程,对多相多组分体系是否适用?

$$dU = TdS - pdV + \sum_i \mu_i dn_i,\qquad dH = TdS + Vdp + \sum_i \mu_i dn_i$$

$$dF = -SdT - pdV + \sum_i \mu_i dn_i,\qquad dG = -SdT + Vdp + \sum_i \mu_i dn_i$$

答　该四个基本方程虽然是用均相多组分体系(或称单相组成可变体系)得出的,但是如果将不同相态的同一物质视为不同物种,这些方程对多相多组分体系、无非体积功的过程也适用.

13. 等温等压下化学势判据的主要内容是什么? 适用的体系是什么?

答　等温等压下化学势判据的主要内容是:其一,过程性质判据 $dG_{T,p}\leqslant \delta W'$. 对于组成可变体系,$dG_{T,p}=\sum_i \mu_i dn_i$,因此体系过程性质判据为 $\sum_i \mu_i dn_i \leqslant \delta W'$,式中"<"表示不可逆过程,"="表示可逆过程. 其二,自发方向及限度的判据,等温等压下自发过程方向及限度的自由能判据 $dG_{T,p}\leqslant 0$. 由于 $dG_{T,p}=\sum_i \mu_i dn_i$,所以 $\sum_i \mu_i dn_i$ 成了自发过程方向与限度的判据,即

$$\sum_i \mu_i dn_i \begin{cases} <0, & \text{自发过程} \\ =0, & \text{达到平衡} \\ >0, & \text{非自发过程} \end{cases}$$

凡是化学势降低的过程都是自发过程,凡是化学势升高的过程都是非自发过程.

该判据适用的条件是等温等压下,多组分均相或多相封闭体系的过程性质判据与自

发方向及限度的判据.

14. 在 25 ℃、$p^{\ominus}$时,液态水与其饱和蒸汽之间是否处于平衡态? 两者的化学势是否相等?

答 在 25 ℃、$p^{\ominus}$时,若在敞开体系中,一般是不能达到液气平衡的,除了空气的湿度为 100%时,若在密闭体系中,液态水与其饱和蒸汽之间可以处于平衡态. 达到平衡时,两者的化学势相等,达不到平衡,两者的化学势不相等.

15. 设水的化学势为 $\mu^*(\mathrm{l})$,冰的化学势为 $\mu^*(\mathrm{s})$,在 101.325 kPa 及 −5 ℃条件下,$\mu^*(\mathrm{l})$是大于、小于还是等于 $\mu^*(\mathrm{s})$?

答 在 101.325 kPa 及 −5 ℃条件下,过冷水凝固成冰是自动进行的过程. 根据化学势判据,在等温等压的条件下,自发过程是向化学势降低方向进行的,所以 $\mu^*(\mathrm{l})$大于 $\mu^*(\mathrm{s})$.

16. 物质 B 从 α 相扩散到 β 相,是因为 B 在 α 相的浓度大于 β 相. 这种说法正确吗?

答 不正确. 因为物质 B 的相转移的方向不是决定于浓度,而是决定于化学势,物质 B 在 α 相的化学势大于 B 在 β 相的化学势,才会发生从 α 相扩散到 β 相的相转移,不是因为浓度大. 在同一相中扩散方向才决定于浓度.

17. 在如下的偏微分公式中,哪些表示偏摩尔量? 哪些表示化学势? 哪些什么都不是?

(1) $\left(\frac{\partial H}{\partial n_{\mathrm{B}}}\right)_{T,p,n_i}$; (2) $\left(\frac{\partial G}{\partial n_{\mathrm{B}}}\right)_{T,V,n_i}$; (3) $\left(\frac{\partial U}{\partial n_{\mathrm{B}}}\right)_{S,V,n_i}$; (4) $\left(\frac{\partial F}{\partial n_{\mathrm{B}}}\right)_{T,p,n_i}$;

(5) $\left(\frac{\partial G}{\partial n_{\mathrm{B}}}\right)_{T,p,n_i}$; (6) $\left(\frac{\partial H}{\partial n_{\mathrm{B}}}\right)_{S,p,n_i}$; (7) $\left(\frac{\partial U}{\partial n_{\mathrm{B}}}\right)_{S,T,n_i}$; (8) $\left(\frac{\partial F}{\partial n_{\mathrm{B}}}\right)_{T,V,n_i}$.

答 (1),(4),(5)是偏摩尔量;偏摩尔量是容量性质物质的量的偏微商,下标是 T,p,n_i.

(3),(5),(6),(8)化学势;化学势是函数 U,H,F,G 的偏微商,下标是各自的特征变量.

(2),(7)既不是偏摩尔量又不是化学势.

18. 说出哪个偏微商既是化学势又是偏摩尔量,哪些偏微商是化学势但不是偏摩尔量.

答 偏微商$\left(\frac{\partial G}{\partial n_{\mathrm{B}}}\right)_{T,p,n_i}=\mu_{\mathrm{B}}=G_{\mathrm{B}}$,既是化学势又是偏摩尔量.

而偏微商$\left(\frac{\partial F}{\partial n_{\mathrm{B}}}\right)_{T,V,n_i}=\left(\frac{\partial U}{\partial n_{\mathrm{B}}}\right)_{S,V,n_i}=\left(\frac{\partial H}{\partial n_{\mathrm{B}}}\right)_{S,p,n_i}=\mu_{\mathrm{B}}$,是化学势但不是偏摩尔量.

19. 试比较下列各组 H_2O 在不同状态时的化学势的大小,并说明原因.

(1) (a) H_2O(l,373 K,100 kPa)与 (b) H_2O(g,373 K,100 kPa).

(2) (c) H_2O(l,373 K,200 kPa)与 (d) H_2O(g,373 K,200 kPa).

(3) (e) H_2O(l,374 K,100 kPa)与 (f) H_2O(g,374 K,100 kPa).

(4) (g) H_2O(l,373 K,100 kPa)与 (h) H_2O(g,373 K,200 kPa).

答 (1) 两者相等,因为等温等压条件下,气液平衡.

(2) (d)的化学势大于(c)的化学势. 因为 $\mathrm{d}\mu=-S\mathrm{d}T+V\mathrm{d}p$,等温时 $\mathrm{d}\mu=V\mathrm{d}p$,随压力

升高化学势升高，$d\mu(l)=V(l)dp$，$d\mu(g)=V(g)dp$，$V(g)\gg V(l)$. 虽然压力均从 100 kPa 升到 200 kPa，但气体的化学势增加比液体的要大得多，因此(d)的化学势大于(c)的化学势.

(3) (e)的化学势大于(f)的化学势. 因为 $d\mu=-SdT+Vdp$，等压时 $d\mu=-SdT$，随温度升高化学势降低，$d\mu(l)=-S(l)dT$，$d\mu(g)=-S(g)dT$，$S(g)\gg S(l)$. 虽然温度均从 373 K 升到 374 K，但气体的化学势降低值比液体的要大得多，因此(e)的化学势大于(f)的化学势.

(4) (g)的化学势小于(h)的化学势. 以 H_2O(g，373 K，100 kPa)为参考点，它与(g)的化学势相等，等温时 $d\mu(g)=V(g)dp$，压力增加化学势升高，因此(h)的化学势比参考点高，因此(g)的化学势小于(h)的化学势.

20. 化学势概念的建立解决了什么问题？

答　在多组分体系中，每一组分的行为与各组分单独存在时不一样. 这种差别所产生的原因是不同种类分子间的相互作用与同类分子间的相互作用不同. 由此可见，这种差别不仅随组成体系的物质种类不同而异，而且还是浓度的函数.

热力学不研究微观粒子的行为及相互作用. 为了描述多组分体系中每一种物质的实际行为，引进了化学势的概念. 化学势是一个宏观量，它将各组分间的所有影响因素都包括在其中了. 所以化学势是以实际应用为背景引入的一个概念，有很强的实践性.

21. 化学势的物理意义是什么？

答　化学势的狭义定义式为 $\mu_B=\left(\frac{\partial G}{\partial n_B}\right)_{T,p,n_i(i\neq B)}$.

它表示在温度、压力和其他组分的含量不变的条件下，增加 1 mol 组分 B 引起体系自由能的变化值. 上述定义式的右方称为偏摩尔吉布斯自由能，即在多组分体系中 1 mol 物质 B 的实际自由能.

22. 化学势的定义有多种形式，包括狭义定义与广义定义，它的集合公式能适用所有的化学势吗？

答　不能. 只有狭义定义的化学势即偏摩尔吉布斯自由能才有集合公式，因为只有偏摩尔量才有集合公式，其他的三个化学势广义定义式则无集合公式.

23. 等温等压下化学势对自发过程方向的判据，其应用的对象只是多组分均相体系吗？

答　等温等压下化学势判据为

$$\sum_i \mu_i dn_i \begin{cases} <0, & \text{自发过程} \\ =0, & \text{达到平衡} \\ >0, & \text{非自发过程} \end{cases}$$

其应用对象不仅仅是多组分均相体系. 如果将不同相态的同一物质视为不同物种，则对多组分多相封闭体系也适用. 例如等温等压下，当 $\mu_B^\alpha<\mu_B^\beta$时，这说明物质 B 自发转移的方向是从化学势高的 β 相向化学势低的 α 相，该体系为多相体系；再如等温等压下化学反应

$$C(s)+O_2(g) = CO_2(g)$$

当 $\sum_i \mu_i dn_i=(\mu_{CO_2}-\mu_C-\mu_{O_2})dn_i<0$ 时，反应自发向右进行.

24. 比较 $dG=-SdT+Vdp$ 及 $dG=-SdT+Vdp+\sum_i \mu_i dn_i$ 的应用对象和条件.

答 $dG=-SdT+Vdp$ 的应用对象是单组分均相体系，条件是 $W'=0$，或 $W'=0$ 的多组分可逆相变、可逆化学变化过程.

而 $dG=-SdT+Vdp+\sum_i \mu_i dn_i$ 的应用对象是多组分均相体系，条件是 $W'=0$；如果将不同相态的同一物质视为不同物种，对多组分多相封闭体系、无其他功的过程也适用.

25. 下列说法正确吗？

(1) 多相体系达到平衡时，物质B的偏摩尔量是一个确定的值.

(2) 对于纯组分，化学势等于其吉布斯自由能.

答 (1) 不正确. 多相体系中物质B在不同相中的偏摩尔量一般不相同，例如固态食盐在一些水中溶解达到平衡，食盐在固态与溶液中的偏摩尔体积不相等，因此B的偏摩尔量不是一个确定的值，但物质B在各相中化学势相等，化学势是一个确定的值.

(2) 不正确. 纯物质的化学势应该等于1 mol吉布斯自由能.

26. 请比较下列各情况化学势的大小，并简单说明理由.

(1) 未饱和糖水溶液中糖的化学势与固体糖的化学势.

(2) 重结晶过程中析出的固体NaCl的化学势与母液中NaCl的化学势.

(3) 过饱和溶液中溶剂的化学势与纯溶剂的化学势.

(4) 过饱和溶液中溶质的化学势与纯溶质的化学势.

(5) 纯物质过冷液体的化学势与其固体的化学势.

(6) 自由水分子的化学势与多孔硅表面吸附的水分子的化学势.

答 (1) 未饱和糖水溶液中糖的化学势小于固体糖的化学势，因为未饱和，所以固体糖有向水溶液中溶解的趋势，即固体糖的化学势大于未饱和糖水溶液中糖的化学势.

(2) 重结晶制作过程中，析出固体NaCl的化学势等于母液中NaCl的化学势，因为析出的固体NaCl与母液中NaCl到达平衡状态. 达到平衡时的溶液才叫母液.

(3) 过饱和溶液中溶剂的化学势小于纯溶剂的化学势，不论溶液是否饱和，溶剂的化学势都小于纯溶剂的化学势. 若用一半透膜置于过饱和溶液与纯溶剂之间，纯溶剂会自动向过饱和溶液渗透.

(4) 过饱和溶液中溶质化学势大于纯溶质的化学势，因为过饱和溶液是亚稳态，一搅拌溶质就会自动析出纯溶质沉积.

(5) 纯物质过冷液体的化学势大于其固体的化学势，因为过冷液体变成固体的相变过程是自发过程.

(6) 自由水分子的化学势大于多孔硅表面吸附的水分子的化学势，因为在吸附进行过程中，自由水分子吸附到多孔硅表面是自发过程. 吸附平衡后，两者的化学势相等.

27. 用化学势判据说明下列情况下物质转移的趋势和限度，说明原因.

(1) 如图3.1(a)所示，在两封闭的三角瓶内，分别盛有浓度不等的非挥发性溶质的稀溶液(水为溶剂)，且浓度 $m_1>m_2$，打开活塞后，使两瓶连通.

(2) 如图3.1(b)所示，将上述溶液分置于两开口容器中，打开活塞，使两容器连通.

答　(1) 由于$m_1>m_2$，右边B瓶(浓度较低)中，溶剂水的蒸汽压比左边A瓶中溶剂水的蒸汽压大，即B瓶溶剂水的化学势大于A瓶溶剂水的化学势，因此气态的水蒸气通过连管从B瓶流向A瓶，限度是当两瓶的浓度达到相等时，两瓶中水的蒸汽压相等，水的化学势相等，则达到动态平衡，但平衡后两瓶的液面高度不相等，A瓶的液面较高一些.

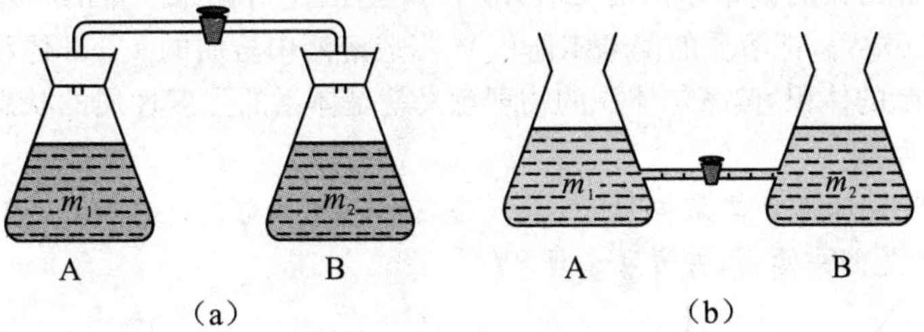

图 3.1

(2) 由于$m_1>m_2$，溶质从高浓度溶液向低浓度扩散，即A瓶中溶质的化学势大于B瓶中溶质的化学势，故溶质从A瓶向B瓶扩散. 另外，从溶剂水考虑，B瓶中溶质比A瓶中少，故B瓶中水的浓度(x_A)大于A瓶中水的浓度，即说B瓶中水的化学势大于A瓶中水的化学势，因此B瓶中的水向A瓶中流动. 因溶质从A瓶向B瓶扩散，溶剂水从B瓶向A瓶扩散，限度是两瓶中溶质浓度相等，或两瓶中溶剂浓度相等，当两瓶中溶剂、溶质化学势相等时单向流动就停止，平衡后两瓶的液面高度相同.

28. 水溶液(1代表溶剂水，2代表溶质)的体积V是质量摩尔浓度m_2的函数. 若

$$V=A+Bm_2+Cm_2^2$$

(1) 试导出V_1，V_2与m的关系；

(2) 说明A，B，A/n_1的物理意义；

(3) 溶液浓度增大时V_1和V_2将如何变化?

答　(1) 1 kg溶剂中，$m_2=n_2$，

$$V_2=\left(\frac{\partial V}{\partial n_2}\right)_{T,p,n_1}=\left[\frac{\partial}{\partial b_2}(A+Bm_2+Cm_2^2)\right]_{T,p,n_1}=B+2Cm_2$$

所以

$$V_1=\frac{V-n_2V_2}{n_1}=\frac{(A+Bm_2+Cm_2^2)-m_2(B+2Cm_2)}{1\,000/18}=\frac{18}{1\,000}(A-Cm_2^2)$$

(2) 由$V_2=B+2Cm_2$，当$m_2\to 0$时，$V_2\to B$，即B为溶液无限稀释时，1 kg溶剂中溶质的偏摩尔体积.

由$V_1=\frac{18}{1\,000}(A-Cm_2^2)$，当$m_2\to 0$时，$V_1\to\frac{18}{1\,000}A$，即$A=(1\,000/18)\,V_1=n_1V_1$为溶液无限稀释时溶剂水的体积. A/n_1为无限稀释溶液中溶剂水的偏摩尔体积.

(3) 从无限稀开始，溶液浓度增大时，V_1将减少，V_2将增大.

29. 在18 ℃时，溶于1 kg水中的硫酸镁溶液的体积与硫酸镁的质量摩尔浓度的关系，在$m_2<0.1\ \mathrm{mol\cdot kg^{-1}}$时可表示为$V(\mathrm{cm^3})=1\,001.21+34.69(m_2-0.07)^2$. 计算$m_2=0.05\ \mathrm{mol\cdot kg^{-1}}$时，硫酸镁的偏摩体积，并对该偏摩体积物理意义作出说明.

答 1 kg 水中，$m_2=n_2$，

$$V_2=\left(\frac{\partial V}{\partial n_2}\right)_{T,p,n_1}=2\times 34.69m_2-2\times 34.69\times 0.07=69.38m_2-4.8566$$

$m_2=0.05\ \text{mol}\cdot\text{kg}^{-1}$时，$V_2=-1.3896\ \text{cm}^3\cdot\text{mol}^{-1}$.

这里可知硫酸镁的偏摩体积是负值，即小于零，因此对偏摩尔量的物理意义理解，不能由$V=n_1V_1+n_2V_2$，把溶质的偏摩尔体积V_2当成溶液中溶质的1 mol体积，把n_2V_2当成溶质对溶液贡献的体积. 偏摩尔体积的物理意义就是体系的强度性质的状态函数，其值可正、可负，也可为零.

30. 图3.2是单组分体系恒温下，其气态(g)与液(l)态的化学势(μ)与压力(p)关系图，指出正确的是哪一幅图，并说明道理.

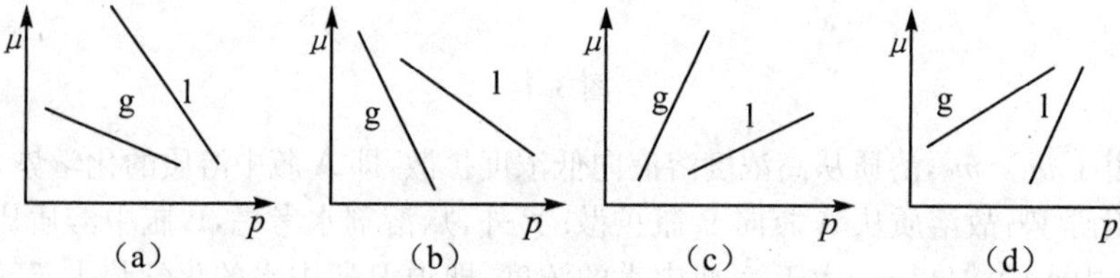

图 3.2

答 由化学势等温下与压力的关系，$(\partial\mu/\partial p)_T=V_m$，随着压力增加化学势也增大，因此直线的斜率是正值，而液态的摩尔体积小于气态的摩尔体积，当压力增加相同时，化学势增加值大小不同，气态下化学势比液态水化学势增加更快，气体直线的斜率比液体大，因此图3.2(c)是正确的.

31. 蒸气压与蒸气的压力含义是否相同？为什么？

答 不相同. 物质的蒸气压是指定温度下的饱和蒸气压，是气液平衡时蒸气的压力，在温度确定时，蒸气压是定值的. 而蒸气的压力是指蒸气产生的压力，可以是饱和蒸气产生的压力，也可以是不饱和蒸气产生的压力，不饱和蒸气的压力在指定温度下并不是定值. 例如晴天25 ℃时，水的蒸气压(即饱和蒸气压)为5.62×10^3 kPa，而空气中水蒸气的压力是3.09×10^3 kPa，两者是不同的，可得知此时空气的湿度为$(3.09\times10^3)/(5.62\times10^3)=55\%$.

32. 恒压下，纯物质的化学势μ与温度T的关系如图3.3所示，哪个是正确的？为什么？

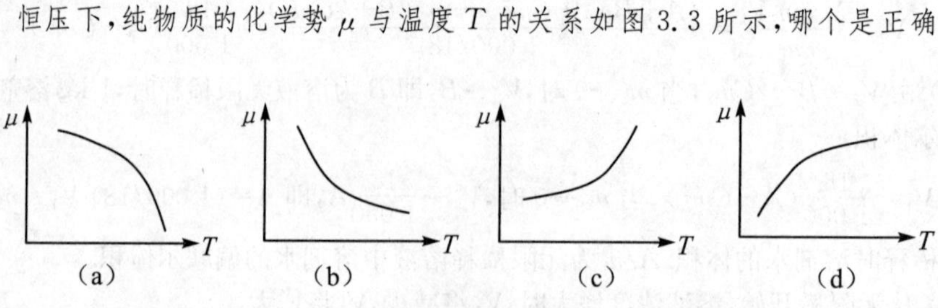

图 3.3

答 纯物质的化学势就是摩尔自由能，$d\mu=-S_m dT+V_m dp$，$(\partial\mu/\partial T)_p=-S_m$，而$S_m>0$. 因此曲线的斜率是负的；另一方面，物质$S_m$随温度升高而变大，即高温处曲线的斜

率负值更大，因此图 3.3(a)是正确的.

33. 已知水的六种状态：① 100 ℃，$p^\ominus$ $H_2O(l)$；② 99 ℃，$2p^\ominus$ $H_2O(g)$；③ 100 ℃，$2p^\ominus$ $H_2O(l)$；④ 100 ℃，$2p^\ominus$ $H_2O(g)$；⑤ 101 ℃，$p^\ominus$ $H_2O(l)$；⑥ 101 ℃，$p^\ominus$ $H_2O(g)$. 排出它们的化学势高低顺序.

答　化学势与温度、压力的关系为$(\partial\mu/\partial p)_T=V_m$，$(\partial\mu/\partial T)_p=-S_m$，化学势随压力增加而升高，化学势随温度增加而降低，物质在不同状态下的V_m，S_m大小不等，对水与水汽，$V_m(l)\ll V_m(g)$，$S_m(l)\ll S_m(g)$. 因此压力或温度变化值一样，但化学势升高或降低值不同.

参看下列内容：

— (2) 99 ℃，$2p^\ominus$的 $H_2O(g)$
— (4) 100 ℃，$2p^\ominus$的 $H_2O(g)$
(3) 100 ℃，$2p^\ominus$的 $H_2O(l)$—
(1) 100 ℃，$p^\ominus$的 $H_2O(l)$—　—　100 ℃，$p^\ominus$的 $H_2O(g)$　参考线
(5) 101 ℃，$p^\ominus$的 $H_2O(l)$—
— (6) 101 ℃，$p^\ominus$的 $H_2O(g)$

因此水的六种状态的化学势高低顺序为 $\mu_2>\mu_4>\mu_3>\mu_1>\mu_5>\mu_6$.

34. 在相平衡体系中，当物质 B 在其中一相达到饱和时，它在所有相中都达到饱和. 该说法是否正确？为什么？

答　正确. 因达到平衡时，同一物质在各相中的化学势相等，B 在某相中饱和，它的化学势与纯态 B 的化学势相等，它在其他相的化学势也必与纯态 B 的化学势相等，也都达到饱和.

3.2　气体化学势与两个经验定律

35. 对于理想气体化学势、实际气体化学势、稀溶液中各组分化学势，化学势的物理意义、数值大小如何正确理解？

答　化学势的狭义定义是物质的偏摩尔自由能，对于纯物质就是 1 mol 自由能，纯物质的摩尔自由能 G_m 与温度、压力有关，它的绝对数值无法知道，我们只能计算其改变值 ΔG. 多组分体系中某组分的偏摩尔自由能，除了与温度、压力有关，还与组成(浓度)有关，同样其绝对数值也无法知道. 由于偏摩尔自由能即化学势的绝对数值不知道，给体系变化过程的 ΔG 计算带来一些困难，为了克服这个困难，像化学反应热效应计算那样，采用相对数值方法，确定物质的化学势即偏摩尔自由能的相对数值，利用化学势的相对数值来计算体系变化过程的 ΔG. 确定相对数值就要选定一个参考点(也称零点). 例如理想气体 B 选的参考点(即标准态)是温度为 T、压力为标准压力 $p^\ominus$，1 mol 纯理想气体 B 的化学势(即摩尔自由能 $G_m^\ominus$)，用符号 $\mu_B^\ominus(T)$表示. 教材中把标准态下的化学势简称为标准态. 由于物理化学中讨论的化学反应一般在等温下进行，因此得出理想气体 B 在一般状态下化学势

的相对数值表达式：$\mu_B(T,p_B)=\mu_B^\ominus(T)+RT\ln\frac{p_B}{p^\ominus}$. 该式称为理想气体化学势是不严格的，其物理意义是理想气体B的化学势相对数值等温表达式，同样称为实际气体B的化学势 $\mu_B(T,p_B)=\mu_B^\ominus(T)+RT\ln\frac{f_B}{p^\ominus}$；溶液中组分B的化学势

$$\mu_B(T,p,x_B)=\mu_B^\ominus(T)+RT\ln a_B$$

等等，其物理意义也是化学势相对数值等温表达式.

36. 理想气体标准状态与温度、压力有无关系？为什么？

答 理想气体标准状态严格叫理想气体标准状态化学势，表示为 $\mu^\ominus(T)$，因为理想气体标准态的定义就是温度为 T、压力为标准压力 $p^\ominus$ 时 1 mol 纯理想气体的化学势，压力已确定为标准压力，因此它与压力无关. 标准态的定义是说温度 T，但没有确定具体数值，因此不同温度下 $\mu^\ominus(T)$ 的数值是不同的，所以标准状态与温度有关.

37. 如何由理想气体化学势表达式 $\mu_B(T,p_B)=\mu_B^\ominus(T)+RT\ln\frac{p_B}{p^\ominus}$，导出理想气体状态方程？

答 因为

$$\left[\frac{\partial\mu_B}{\partial p}\right]_T=\left[\frac{\partial}{\partial p}\left(\frac{\partial G}{\partial n_B}\right)_{T,p,n_i}\right]_T=\left[\frac{\partial}{\partial n_B}\left(\frac{\partial G}{\partial p}\right)_T\right]_{T,p,n_i}=\left[\frac{\partial V}{\partial n_B}\right]_{T,p,n_i}=V_B$$

以及

$$\left[\frac{\partial\mu_B}{\partial p}\right]_T=\left[\frac{\partial\mu_B^\ominus}{\partial p}\right]_T+\left[\frac{\partial}{\partial p}\left(RT\ln\frac{p_B}{p^\ominus}\right)\right]_T=0+RT\mathrm{d}\ln p_B=\frac{RT}{p_B}$$

所以 $V_B=RT/p_B$，即 $p_BV_B=RT$. 又因理想气体 $V_B=V_m(B)$，所以 $p_BV_m=RT$ 或 $p_BV=n_BRT$，即理想气体状态方程.

38. 理想气体混合物中某组分B的化学势表达式为 $\mu_B(g,T,p,x_B)=\mu_B^\ominus(g,T)+RT\ln\frac{p_B}{p^\ominus}$，其中 $\mu_B^\ominus(g,T)$ 为标准态的化学势，这个标准态的物理意义是什么？真实气体混合物中组分B的化学势表达式 $\mu_B(g,T,p,x_B)=\mu_B^\ominus(g,T)+RT\ln\frac{f_B}{p^\ominus}$ 中，其标准态 $\mu_B^\ominus(g,T)$ 与理想气体的标准态的物理意义是否相同？

答 $\mu_B^\ominus(g,T)$ 为理想气体B标准态的化学势，这个标准态指 1 mol 理想气体B在温度为 T、标准压力为 $p^\ominus$ 时状态的化学势即摩尔自由能 $G_m^*(B)$.

对实际气体混合物，$\mu_B(g,T,p,x_B)=\mu_B^\ominus(g,T)+RT\ln\frac{f_B}{p^\ominus}$，其中 $\mu_B^\ominus(g,T)$ 为标准态的化学势，这个标准态指的是温度为 T、标准压力为 $p^\ominus$ 下，服从理想气体行为（$\gamma=1, f_B=p^\ominus$）的 1 mol 纯B气体具有的化学势即摩尔自由能 $G_m^*(B)$. 该状态对实际气体来说是假想状态. 若该实际气体B与理想气体B的组成相同，温度也相同，则标准态是相同的.

39. 气体的逸度也被称为气体的修正压力，这是否意味着 $fV=nRT$ 成立？为什么？

答 不成立. 修正压力是在度量实际气体的化学势时，为了使实际气体的化学势的表达式沿用理想气体化学势表达式的形式而引入的修正压力 f，叫逸度，令 $f=\gamma p$，其中 γ 叫逸度

系数.

实际气体的化学势表达式为 $\mu=\mu^{\ominus}(T)+RT\ln\dfrac{f}{p^{\ominus}}$，但逸度 f 不能用在实际气体状态方程中代替气体压力. 实际气体状态方程可以是 $pV=ZnRT$，Z 是压缩因子，不可以是 $fV=nRT$.

40. 下列说法正确吗？为什么？

(1) 压力 p 趋近零时，实际气体趋近理想气体.

(2) 浓度 x_B 趋近零时，实际液态混合物趋近理想液态混合物.

答　(1) 正确. 理想气体的特征是分子之间没有作用力，分子本身没有体积. 实际气体的压力趋近零时，分子间距离很大，分子间作用力减弱到可以忽略不计，并且分子本身所占的体积与气体的体积（分子活动范围）相比可以忽略不计，因此趋近理想气体.

(2) 不正确. 理想液态混合物的特征是混合物的分子 A 与分子 B 的体积相等，同种分子、异种分子之间作用力相等，各组分在全部浓度范围内都符合拉乌尔（Raoult）定律. 实际液态混合物中，当 x_B 趋近零时，x_A 就趋近 1，此时 B 组分符合亨利定律，组分 A 符合拉乌尔定律，是理想稀溶液，而不是理想液态混合物. 因此认为浓度 x_B 趋近零时，实际液态混合物趋近理想液态混合物的说法是错误的，理想液态混合物主要取决于体系各组分的性质是否相似而不是浓度高低.

41. $f=p^{\ominus}$ 的状态就是真实气体的标准态，对吗？为什么？

答　不对. 真实气体的标准态是 $f=p^{\ominus}$，并且要求逸度系数等于 1，即理想气体行为的状态，如图 3.4 中的 I 点，对实际气体它是一个假象态. 仅是 $f=p^{\ominus}$ 的状态，是图 3.4 中的 R 点，在实际曲线上，是真实态，但不是气体标准态.

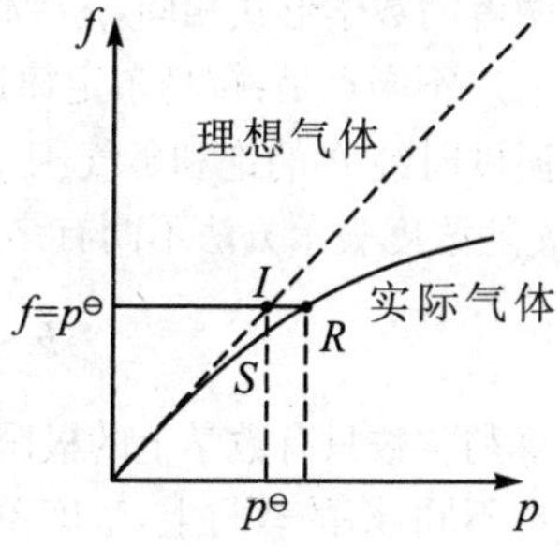

图 3.4

42. 实际气体的化学势通常有几种表示方法？

答　(1) 用逸度表示：纯实际气体化学势为 $\mu^*(g,T,p)=\mu^{\ominus}(g,T)+RT\ln\dfrac{f}{p^{\ominus}}$.

(2) 用理想气体化学势和理想气体化学势差值来表示（上标 id 表示理想气体）：

$$\mu^*(g,T,p)-\mu^{id}(g,T,p)=RT\ln\frac{f}{p}=\int_{p_0}^{p}\left(V_m-\frac{RT}{p}\right)dp$$

(3) 用压缩因子来表示：$\mu^*(g,T,p)-\mu^{id}(g,T,p)=\displaystyle\int_0^p(Z-1)\frac{RT}{p}dp$.

43. 利用实际气体状态方程求逸度、逸度系数的一般方法是什么？

答　先导出逸度 f 的表达式：由化学势等温下与压力的关系，

$$d\mu=V_m dp \tag{1}$$

再由实际气体化学势等温表达式 $\mu=\mu^{\ominus}(T)+RT\ln\dfrac{f}{p^{\ominus}}$，等温下对压力微分：

$$d\mu=RTd\ln f \tag{2}$$

由(1)式与(2)式得 $RT\mathrm{d}\ln f=V_\mathrm{m}\mathrm{d}p$，其中 V_m 可由实际气体状态方程得出. 代入积分：

$$RT\int_{f^*}^{f}\mathrm{d}\ln f=\int_{p^*}^{p}V_\mathrm{m}\mathrm{d}p\quad(f^*,p^*\to 0,\text{是指压力趋于零},f^*=p^*)$$

这样就可以得出逸度 f 的表示式，从而求出逸度 f 与逸度系数.

例如一种实际气体，状态方程为 $pV_\mathrm{m}=RT+bp$，那么 $V_\mathrm{m}=RT/p+b$，代入积分：

$$RT\int_{f^*}^{f}\mathrm{d}\ln f=\int_{p^*}^{p}\left(\frac{RT}{p}+b\right)\mathrm{d}p$$

$$RT\ln f-RT\ln f^*=RT\ln p-RT\ln p^*+b(p-p^*)\quad(\text{因 }p^*\to 0,f^*=p^*)$$

$$RT\ln f=RT\ln p+bp$$

$$f=\gamma p=p\mathrm{e}^{bp/(RT)},\quad \gamma=\frac{f}{p}=\mathrm{e}^{bp/(RT)}$$

44. 水溶液的蒸气压一定小于同温下纯水的蒸气压. 该判断对吗？为什么？

答 不对. 若水中溶解非挥发性溶质或者挥发性比水小的溶质，水溶液的蒸气压小于同温下纯水的蒸气压；若水中溶解的溶质挥发性比水大，则水溶液的蒸气压就会大于同温下纯水的蒸气压.

45. 稀溶液的拉乌尔定律与亨利定律有何相同点与不同点?

答 相同点是：两定律都表明溶液中组分的蒸气压正比于该组分在溶液中的浓度，因此两者的数学形式相同，$p_i=k_ix_i$.

不同点是：拉乌尔定律适用于理想稀溶液的溶剂，公式中的比例常数 k_i 为溶剂 A 在该温度时纯 A 的饱和蒸气压 p_A^*；亨利定律适用于理想稀溶液中的溶质，亨利定律的比例常数 k_i 随浓度表示方法不同有多种形式，它是实验得出的经验常数：

$$k_x=\lim_{x\to 0}\frac{p_\mathrm{B}}{x_\mathrm{B}},\quad k_m=\lim_{m\to 0}\frac{p_\mathrm{B}m^\ominus}{m_\mathrm{B}},\quad k_c=\lim_{c\to 0}\frac{p_\mathrm{B}c^\ominus}{c_\mathrm{B}}$$

亨利常数只有数学上的极限意义无其他物理意义. 老的教材上，亨利常数的数值不同，单位也不同. 新的教材上，浓度单位分别用 x,m 或 c 表示，亨利常数的数值不同，但单位都是一样的，都是压力单位.

46. 拉乌尔定律和亨利定律的表示式和适用条件分别是什么？

答 拉乌尔定律的表示式为 $p_A=p_\mathrm{A}^*x_\mathrm{A}$，式中，$p_\mathrm{A}^*$ 为纯溶剂 A 的饱和蒸气压，p_A 为溶液中溶剂的蒸气压，x_A 为溶剂的摩尔分数. 该公式用来计算溶剂的蒸气压 p_A. 适用条件为定温下理想稀溶液的溶剂或液态理想混合物(理想溶液)中任一组分.

亨利定律的表示式为 $p_\mathrm{B}=k_{x,\mathrm{B}}x_\mathrm{B}=k_{m,\mathrm{B}}m_\mathrm{B}/m^\ominus=k_{c,\mathrm{B}}c_\mathrm{B}/c^\ominus$，式中，$k_{x,\mathrm{B}}$，$k_{m,\mathrm{B}}$ 和 $k_{c,\mathrm{B}}$ 分别为溶质 B 用不同浓度单位时的亨利常数，亨利常数与温度、溶剂和溶质的单位有关. 适用条件为定温、理想稀溶液的溶质，并要求溶质分子在气相和溶液中有相同的分子状态.

对于液态理想混合物，亨利定律与拉乌尔定律是等效的，亨利常数就等于纯组分的饱和蒸气压.

47. A，B 二组分形成下列各体系，B 的亨利常数 $k_{x,\mathrm{B}}$ 与其饱和蒸气压 p_B^* 相比，大小如何？

(1) A，B 形成理想液态混合物；

(2) A,B 形成一般正偏差体系；

(3) A,B 形成一般负偏差体系.

答　(1) 因为 $p_B = p_B^* x_B = k_{x,B} x_B$，所以 $k_{x,B} = p_B^*$.

(2) 对于一般正偏差体系，$k_{x,B} > p_B^*$.

(3) 对于一般负偏差体系，$k_{x,B} < p_B^*$.

48. 亨利常数对确定的溶质来说是否是一个不变的定值？它与哪些因素有关？

答　亨利常数对确定的溶质来说不是一个不变的定值，它与温度、溶剂、浓度单位等因素有关. 不同温度下亨利常数是不同的；不同溶剂中溶质的亨利常数也不相同，例如 O_2 在水中与 CCl_4 中的亨利常数是不同的；同一个溶质在同一种溶剂中，使用不同的浓度单位，亨利常数的大小也是不同的.

49. 何谓溶剂？何谓溶质？两者各服从怎样的规律？

答　溶剂与溶质的划分具有相对的意义. 对于气体、固体溶于液体形成的溶液，气体、固体叫溶质，液体叫溶剂. 对于液体溶于液体形成的溶液，一般把数量多的液体叫溶剂，数量少的液体叫溶质. 在理想稀溶液中溶剂服从拉乌尔定律，溶质服从亨利定律.

50. 在室温、标准大气压力下，气体 A(g) 和 B(g) 在某一溶剂中单独溶解时的亨利系数分别为 k_A 和 k_B，且已知 $k_A > k_B$. 若 A(g) 和 B(g) 同时溶解在该溶剂中达到平衡，当气相中 A(g) 和 B(g) 的平衡分压相同时，则在溶液中哪种气体的浓度大？

答　根据亨利定律，$p_B = k_B x_B$，$p_A = k_A x_A$. 若 $p_A = p_B$，$k_B x_B = k_A x_A$，已知 $k_A > k_B$，则 $x_B > x_A$，因此 B 在溶液中的浓度大.

51. 是否所有物质溶于水形成的稀溶液的溶质都符合亨利定律？

答　不是. 非挥发性固体物质包括电解质、非电解质(例如 NaCl、淀粉等)，溶于水发生电离或不电离而无蒸气的都不符合亨利定律；气体物质(例如硫酸、HCl 等)，溶于水后形态改变，也不符合亨利定律. 因此亨利定律只适用于气体或挥发性液体溶于水后，溶质分子在溶液中与气相中存在的形态相同的情况，例如 H_2、CO、CCl_4、苯等溶于水，都符合亨利定律.

52. 苯溶液中含有某种非挥发性溶质 5%(质量百分浓度). 在恒压下，以一定量干燥的气体先通过此溶液，然后再通过纯苯液体. 停止通气后，测得装有溶液的容器失重 1.24 g，装有纯苯的容器失重 0.04 g. 这种方法叫饱和气流法，用这种方法如何求得溶质的摩尔分数 x_B 与溶质的相对分子量 M_B？

答　流程图如图 3.5 所示. V_g 为通过流程的气体总体积.

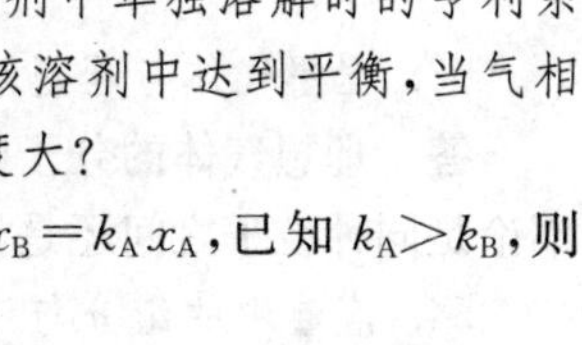

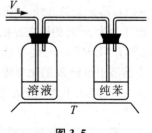

图 3.5

假设：(1) 气体通过装有液体的容器时，携带走的液体蒸气的压力是温度 T 下的饱和蒸气压(即挥发组分在气相与液相的化学势相等)；(2) 通过气体的总体积 V_g 不变，即忽略携带走的苯蒸气的体积，也忽略气体溶于苯的体积；(3) 气相符合理想气体方程.

液相为理想稀液体，溶剂苯符合拉乌尔定律. 在温度 T

下，$p_A=p_A^* x_A$；气相中，气体通过溶液后，对苯蒸气，$p_A V_g=\frac{m_A}{M_A}RT$，式中，$m_A=1.24\ g$，$M_A$为苯分子量78. 气体通过纯苯瓶后，对苯蒸气，$p_A^* V_g=\frac{m_A^*}{M_A}RT$，$m_A^*=1.24\ g+0.04\ g=1.28\ g$. 所以在溶液中，

$$x_A=\frac{p_A}{p_A^*}=\frac{m_A}{m_A^*}=\frac{1.24}{1.28}=0.968\,8,\quad x_B=1-x_A=0.031\,2$$

根据题意，

$$\frac{m/M_B}{m/M_B+m_A/M_A}=0.031\,2$$

已知浓度为5%，$\frac{5/M_B}{5/M_B+95/78}=0.031\,2$，解得 $M_B=127.5\ g\cdot mol^{-1}$.

3.3 理想液态混合物(理想溶液)

53. 理想气体与理想液态混合物的微观粒子间的相互作用有何区别？

答 理想气体的分子间不存在相互作用，而理想液态混合物的粒子间存在相互作用，不论是同种粒子之间还是异种粒子之间作用力都相同.

54. 溶液中的组分与液态混合物中的组分有何区别？热力学处理时有何不同？

答 溶液可以是由气体、固体、液体(量少)溶于液体形成的，气体、固体、液体(量少)称为溶质，液体称为溶剂，而液态混合物中必须是由两种液体混合而得的. 用热力学处理时，混合物中任一组分的组成都用摩尔分数 x_i 表示，其化学势公式都按服从或近似服从拉乌尔定律来得出的；溶液中的组成溶剂用摩尔分数 x_A 表示. 其化学势按拉乌尔定律得出，溶质组成可以是摩尔分数 x_B、体积摩尔浓度 c_B、质量摩尔浓度 m_B，其化学势按亨利定律处理得出.

55. 简述 $\mu_A(l,T,p)=\mu_A^*(l,T,p)+RT\ln x_A\approx\mu_A^{\ominus}(l,T)+RT\ln x_A$ 中每一项的物理意义是什么.

答 式中 $\mu_A(l,T,p)$ 是液态溶液中组分A在温度为 T、压力为 p 时的化学势；$\mu_A^*(l,T,p)$ 是液态纯A在温度为 T、压力为 p 时的化学势，$\mu_A^{\ominus}(l,T)$ 是A在温度为 T、标准压力为 $p^{\ominus}$ 时的标准态化学势. 由于压力对液态化学势影响很小，$\mu^*(l,T,p)$ 近似等于 $\mu^{\ominus}(l,T)$. $RT\ln x_A$ 是等温下溶液中组分A的化学势和纯A的化学势的差值，也就是等温下溶液中组分A的化学势与纯A的标准态化学势的差值.

56. 怎样从微观上理解理想液态混合物的每一种组分在全部组成范围内都服从拉乌尔定律？

答 因为理想液态混合物中每一种组分的分子与其周围异种组分的分子之间的相互作用，与它处于纯态时同种分子之间的相互作用情况是一样的，即同种分子与异种分子大小相近，作用力大小相同，所以理想混合物在全组成范围内才服从拉乌尔定律.

57. 理想液态混合物与非理想液态混合物在微观结构与宏观性质上有何不同?

答　理想液态混合物的微观结构特征是同种粒子与异种粒子之间作用力相等,粒子大小也相近;非理想液态混合物的微观结构特征是同种粒子与异种粒子之间作用力不相等,粒子大小也相差较大. 宏观特征是:理想液态混合物形成时 ΔV(混合)$=0$,ΔU(混合)$=0$,ΔH(混合)$=0$,ΔC_p(混合)$=0$,任一组分都符合拉乌尔定律,非理想液态混合物不具有上述几个特征.

58. 下列说法是否正确? 为什么?

(1) 液态混合物的每一组分均服从拉乌尔定律.

(2) 理想液态混合物分子间无相互作用力,分子不具有体积.

答　(1) 不正确. 不是所有液态混合物每一组分均服从拉乌尔定律,只有理想液态混合物中每一组分才服从拉乌尔定律.

(2) 不正确. 理想液态混合物分子间不是无相互作用力,而是有作用力,只是同种分子与异种分子之间的作用力相等;分子也是具有一定体积的,只是同种分子与异种分子的体积基本相等.

59. 二组分液态理想混合物的总蒸气压一定大于任一纯组分的蒸气分压. 这种说法对不对?

答　不对. 二组分液态理想混合物的总蒸气压等于两种组分的蒸气压之和,$p=p_A+p_B=p_A^*(1-x_B)+p_B^*x_B$,见图 3.6,可知总蒸气压大小介于纯 A、纯 B 的蒸气压之间,大于其中一个纯组分的蒸气压,又小于另一个纯组分的蒸气压. 因此不能说总蒸气压一定大于任一纯组分的蒸气分压,或者小于任一纯组分的蒸气分压.

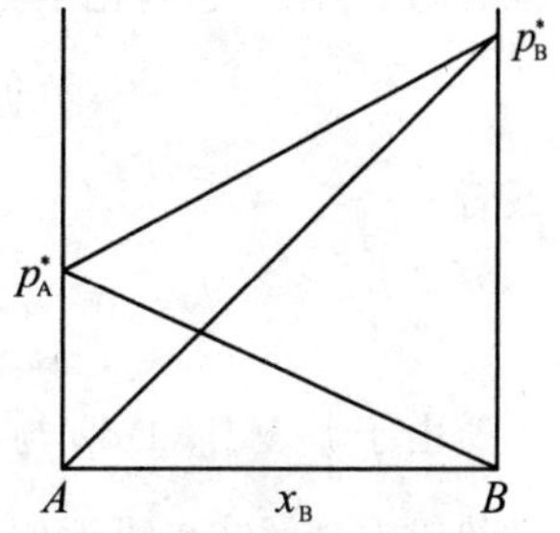

图 3.6

60. 理想液态混合物有几种不同的定义? 理想液态混合物有哪些热力学性质?

答　理想液态混合物的定义有两种:① 一定温度下,液态混合物中的任一组分在全部组成范围内都服从拉乌尔定律,称作理想液态混合物;② 热力学定义,任一组分的化学势为

$$\mu_B^l=\mu_B^\ominus(T,p)+RT\ln x_B\approx\mu_B^*(T)+RT\ln x_B$$

理想液态混合物的热力学性质为:任一组分的化学势为 $\mu_B^l=\mu_B^\ominus(T)+RT\ln x_B$,在混合物形成过程中,

$$\Delta_{mix}U=0,\quad \Delta_{mix}H=0,\quad \Delta_{mix}V=0$$

$$\Delta_{mix}S=-R(n_A\ln x_A+n_B\ln x_B)=-R\sum_i n_i\ln x_i$$

$$\Delta_{mix}G=\Delta_{mix}A=RT(n_A\ln x_A+n_B\ln x_B)=RT\sum_i n_i\ln x_i$$

61. 下面的说法是否正确? 为什么?

(1) 如果两种液体混合成液态混合物时没有热效应,则此混合物就是理想液态混合物.

(2) 由公式 $\sum_i \mu_i \mathrm{d}n_i \leqslant 0$,溶液的化学势是溶液中各组分的化学势之和.

答 (1) 不正确. 两种液体混合成理想液态混合物时,除了没有热效应,还要两种组分在全部的浓度范围中都符合拉乌尔定律,仅仅没有热效应就认为是理想液态混合物是不对的.

(2) 不正确. 化学势是某组分 i 的强度性质,不存在溶液的化学势这个概念. 这里的化学势 μ_i 是偏摩尔自由能,因为偏摩尔量才具有加和性,上面的公式是等温等压下,计算各组分发生微量变化时体系吉布斯自由能(变),$\mathrm{d}G_{T,p} = \sum_i \mu_i \mathrm{d}n_i$.

62. 理想液态混合物中任一组分的化学势常有两种表示:

$$\mu_{\mathrm{B}}^{\mathrm{l}} = \mu_{\mathrm{B}}^{\ominus}(T) + RT\ln x_{\mathrm{B}}, \quad \mu_{\mathrm{B}}^{\mathrm{l}} = \mu_{\mathrm{B}}^{*}(T,p) + RT\ln x_{\mathrm{B}}$$

其中,$\mu_{\mathrm{B}}^{*}(T,p)$与$\mu_{\mathrm{B}}^{\ominus}(T)$有什么区别与联系? 化学势这两种表示中哪种更确切?

答 $\mu_{\mathrm{B}}^{\ominus}(T)$是化学势标准态,是指 1 mol 纯态 B 在温度为 T、压力为 $p^{\ominus}$时的化学势,是化学势相对数值等温表达式的参考点,它只与温度有关,可写成 $\mu_{\mathrm{B}}^{*}(T,p^{\ominus})$. $\mu_{\mathrm{B}}^{*}(T,p)$是纯态 B 的化学势,是指 1 mol 纯态 B 在温度为 T、压力为 p 时的化学势,它不是化学势标准态,在等温下它与化学势标准态之间的关系为

$$\mu_{\mathrm{B}}^{\ominus}(T) = \mu_{\mathrm{B}}^{*}(T,p^{\ominus}) = \mu_{\mathrm{B}}^{*}(T,p) + \int_{p}^{p^{\ominus}} V_{\mathrm{m,B}}^{*}(\mathrm{l})\mathrm{d}p$$

或者

$$\mu_{\mathrm{B}}^{*}(T,p) = \mu_{\mathrm{B}}^{\ominus}(T) + \int_{p^{\ominus}}^{p} V_{\mathrm{m,B}}^{*}(\mathrm{l})\mathrm{d}p$$

由于$\int_{p^{\ominus}}^{p} V_{\mathrm{m,B}}^{*}(\mathrm{l})\mathrm{d}p$与$\mu_{\mathrm{B}}^{*}(T,p)$比较起来数值很小,可以忽略不计,所以任一组分的化学势等温表示式也可近似为 $\mu_{\mathrm{B}}^{\mathrm{l}} = \mu_{\mathrm{B}}^{*}(T,p) + RT\ln x_{\mathrm{B}}$. 化学势相对数值等温表达式 $\mu_{\mathrm{B}}^{\mathrm{l}} = \mu_{\mathrm{B}}^{\ominus}(T) + RT\ln x_{\mathrm{B}}$更确切.

63. 在热力学中如何区分液态混合物与溶液?

答 液态混合物中各组分的热力学处理方法相同,都用拉乌尔定律;溶液分为溶剂与溶质,热力学处理方法不同,溶剂用拉乌尔定律,溶质用亨利定律. 因此把以前的理想溶液改称为理想液态混合物.

64. 无机化学中有"相似相溶"原理,说的是两种结构相似的液体能够相互溶解,用热力学原理说明之.

答 两种液体结构相似,例如苯与甲苯、水与乙醇,结构相似,分子之间的作用力相当,两种液体混合时,热效应很小,$\Delta H_{\mathrm{mix}} \approx 0$,但 $\Delta S_{\mathrm{mix}} > 0$,那么在等温等压下两种液体混合过程的自由能 $\Delta G_{\mathrm{mix}} = \Delta H_{\mathrm{mix}} - T\Delta S_{\mathrm{mix}} < 0$,因此它们相溶(混合)是一个自发过程. 由于结构相似相互溶解,称之为"相似相溶"原理.

3.4 理想稀溶液

65. 理想稀溶液与理想液态混合物属于一个概念. 这句话你认为对吗?

答　不对. 理想稀溶液是指溶剂服从拉乌尔定律、溶质服从亨利定律的稀溶液，可以是气体、液体溶于液体形成的，其中溶剂的化学势标准态可选用实际纯态，溶质的化学势标准态选用假想态. 而理想液态混合物是由两种液体混合而成的，其中任一组分在全部组成范围内都服从拉乌尔定律，任一组分的化学势标准态都选用实际纯态.

66. 理想稀溶液是否就是稀的理想溶液？理想溶液和理想稀溶液的微观特征是什么？

答　不是. 理想溶液的微观特征如下：以 A，B 两组分为例，① A—A，A—B，B—B 分子间作用力相同；② A，B 分子大小相同. 理想溶液目前称为理想液态混合物. 理想稀溶液的微观特征如下：A—A，A—B，B—B 分子间作用力不相同，A，B 分子大小也不相同. 溶剂分子 A 周围基本是溶剂 A 分子，溶质 B 分子周围也基本是溶剂分子 A.

67. 下列说法是否正确？为什么？

(1) 理想稀溶液中溶剂分子与溶质分子之间只有非常小的作用力，以至可以忽略不计.

(2) 当温度一定时，纯溶剂的饱和蒸气压越大，溶剂在液相的组成也越大.

答　(1) 不正确. 理想稀溶液中溶质的量较少，它对溶剂分子的影响很小，可以被忽略，并不是因为它与溶剂分子之间作用力小而被忽略，实际上它与溶剂分子之间的作用力比较大.

(2) 不正确. 溶剂在液相的组成与纯溶剂的蒸气压大小无关.

68. 在同一稀溶液中溶质 B 的浓度可用 x_B，m_B，c_B 表示，因为选用的化学势标准态是不同的，所以得出的溶质 B 的化学势也不同. 该说法正确吗？为什么？

答　不正确. 对于同一稀溶液中溶质 B，化学势是其偏摩尔自由能，是体系的状态函数，在状态确定后化学势就有确定的数值，化学势并不因采用什么浓度单位、选用什么标准态而改变，因此在同一稀溶液中溶质 B 的浓度可用 x_B，m_B，c_B 表示，其化学势标准态可以有不同选择，但化学势数值并不改变.

69. 物质化学势标准态具有怎样的物理意义？稀溶液中如果溶质选用摩尔分数 x_B 为浓度单位，那么溶剂与溶质标准态各是什么状态？参看图 3.7 说明.

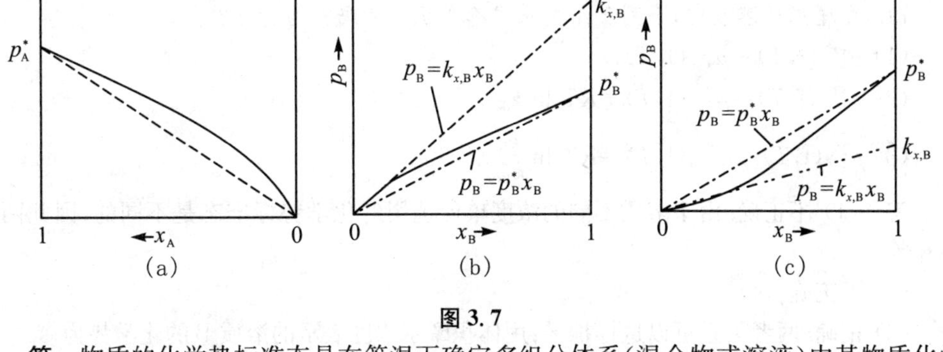

图 3.7

答　物质的化学势标准态是在等温下确定多组分体系（混合物或溶液）中某物质化学势相对值时，选取的基准态，即参考点. 标准态是指物质处于标准状态时的化学势，即摩尔自由能或偏摩尔自由能.

稀溶液的溶剂与溶质的化学势标准态选取是不同的. 溶剂 A 的标准态是 1 mol 纯 A 液体在温度为 T、标准压力为 $p^{\ominus}$ 时的化学势，表示为 $\mu_A^{\ominus}(T)=\mu_A^*(\mathrm{l},T,p^{\ominus})$，近似为图 3.7(a)中的 p_A^* 点，严格讲 p_A^* 点还不是标准态点，因为它虽然是纯态但它的压力不是标准压力，p_A^* 点的化学势与标准态化学势有点误差：$\mu_A^{\ominus}(T)=\mu_B^*(T,p)+\int_p^{p^{\ominus}} V_{\mathrm{m,A}}^*(\mathrm{l})\mathrm{d}p$. 由于积分项数值比较起来很小，可以忽略，所以 p_A^* 点才可近似看成标准态点，它是真实的纯态.

溶质选用摩尔分数 x_B 为浓度单位，溶质 B 的标准态为温度 T，亨利定律直线的延长线上，浓度为 1 个浓度单位($x_B=1$)，标准压力 $p^{\ominus}$ 时的化学势，表示为 $\mu_B^{\ominus}(T)=\mu_{B,x}^*(\mathrm{l},T,p^{\ominus})$，近似为图 3.7(b)和(c)中的 $k_{x,B}$点. 严格讲 $k_{x,B}$点还不是标准态点，因为它虽然符合亨利定律，并且是假想纯态($x_B=1$)，但它的压力不是标准压力，$k_{x,B}$点的化学势与标准态化学势有点误差：$\mu_B^{\ominus}(T)=\mu_B^{\triangle}(T,p,x_B=1)+\int_p^{p^{\ominus}} V_{\mathrm{m,B}}^*(\mathrm{l})\mathrm{d}p$. 由于积分项数值比较起来很小，可以忽略，$k_{x,B}$点才可近似于标准态. 由图上也可以看到，$k_{x,B}$点既要符合亨利定律，又要达到 $x_B=1$，显然实际是实现不了的，因此把 $k_{x,B}$点称为假想态. 常说溶质的标准态是假想态就是该意义.

70. 说明符号 $\mu_B(\mathrm{l},T,p)$，$\mu_B^*(\mathrm{l},T,p)$，$\mu_B^{\ominus}(\mathrm{l},T)$，$\mu_B^{\ominus}(\mathrm{g},T)$，$\mu_{B,x}^{\ominus}(\mathrm{l},T)$，$\mu_{B,c}^{\ominus}(\mathrm{l},T)$的物理意义.

答 $\mu_B(\mathrm{l},T,p)$是在温度为 T、压力为 p 时，液态组分 B 的化学势.

$\mu_B^*(\mathrm{l},T,p)$是在温度为 T，压力为 p 时、液态纯 B 的化学势.

$\mu_B^{\ominus}(\mathrm{l},T)$是温度为 T、标准压力为 $p^{\ominus}$ 时，液态组分 B 的标准态化学势.

$\mu_B^{\ominus}(\mathrm{g},T)$是温度为 T、标准压力为 $p^{\ominus}$ 时，气态混合物中任一组分 B 的标准态化学势.

$\mu_{B,x}^{\ominus}(\mathrm{l},T)$是温度为 T、标准压力为 $p^{\ominus}$ 时，稀溶液中溶质 B，以 x_B 为浓度单位的标准态化学势.

$\mu_{B,c}^{\ominus}(\mathrm{l},T)$是温度为 T、标准压力为 $p^{\ominus}$ 时，稀溶液中溶质 B，以 c_B 为浓度单位的标准态化学势.

71. 在理想稀溶液中，下列三组关系式都是正确的吗？为什么？

(1) $\mu_{B,m}^{\ominus}(\mathrm{l},T)=\mu_{B,c}^{\ominus}(\mathrm{l},T)$；

(2) $\mu_{B,m}^{\ominus}(\mathrm{l},T)=\mu_{B,c}^{\ominus}(\mathrm{l},T)+RT\ln k_{B,c}$；

(3) $\mu_{B,c}^{\ominus}(\mathrm{l},T)-\mu_{B,m}^{\ominus}(\mathrm{l},T)=RT\ln\dfrac{k_{B,c}}{k_{B,m}}$.

答 (1) 不正确. 由于溶质不同的浓度单位选用的化学势标准态是不同的，因此两者不相等.

(2) 不正确.

(3) 正确. 两者关系可以这样推导：用体积摩尔浓度表示的溶质 B 的化学势为

$$\mu_B(\mathrm{l})=\mu_{B,c}^{\ominus}(T)+RT\ln\frac{c_B}{c^{\ominus}}$$

而溶质符合亨利定律，

$$p_B = k_{B,c}\frac{c_B}{c^\ominus},\quad \frac{c_B}{c^\ominus} = \frac{p_B}{k_{B,c}}$$

代入上式，得

$$\mu_B(l) = \mu_{B,c}^\ominus(T) + RT\ln\frac{c_B}{c^\ominus} = \mu_{B,c}^\ominus(T) + RT\ln\frac{p_B}{k_{B,c}} \tag{1}$$

同理，用质量摩尔浓度表示的溶质 B 的化学势为

$$\mu_B(l) = \mu_{B,m}^\ominus(T) + RT\ln\frac{m_B}{m^\ominus} = \mu_{B,m}^\ominus(T) + RT\ln\frac{p_B}{k_{B,m}} \tag{2}$$

由式(1)与式(2)得

$$\mu_{B,c}^\ominus(T) + RT\ln\frac{p_B}{k_{B,c}} = \mu_{B,m}^\ominus(T) + RT\ln\frac{p_B}{k_{B,m}}$$

$$\mu_{B,c}^\ominus(T) - \mu_{B,m}^\ominus(T) = RT\ln\frac{k_{B,c}}{k_{B,m}}$$

因此式(2)不正确，题中(3)正确.

72. 图 3.8(a)所画的蒸气压曲线是否符合实际？请指出错在何处，并改正.

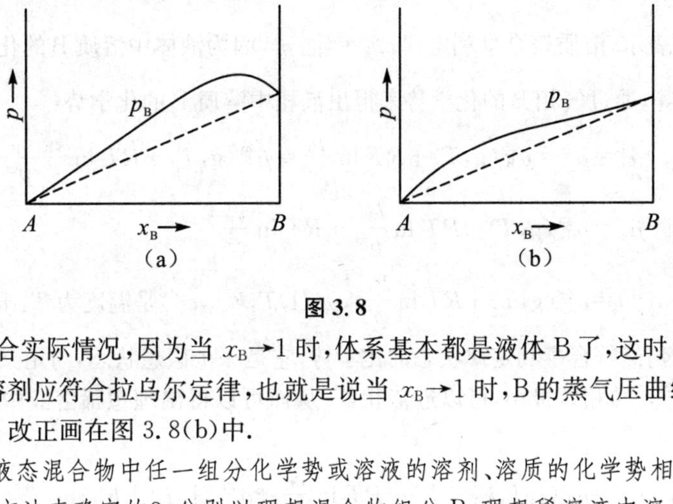

图 3.8

答　不符合实际情况，因为当 $x_B \to 1$ 时，体系基本都是液体 B 了，这时 B 因含量大而成了溶剂，而溶剂应符合拉乌尔定律，也就是说当 $x_B \to 1$ 时，B 的蒸气压曲线应与拉乌尔定律直线重合. 改正画在图 3.8(b)中.

73. 理想液态混合物中任一组分化学势或溶液的溶剂、溶质的化学势相对值等温表达式是通过什么方法来确定的？分别以理想混合物组分 B、理想稀溶液中溶质 B 和浓度单位 c_B 来说明.

答　一般是通过液气两相平衡时化学势相等的关系式来确定的，由气体化学势等温表达式得出液相中组分的化学势相对值等温表达式.

例如，理想液态混合物中组分 B 的化学势等温表达式确定方法如下：设一个封闭体系，有两种液体混合形成的理想液态混合物，上方是液体挥发出来的蒸气，每种组分都有各自的蒸气压，当气液两相平衡时，混合物中任一组分 B 在两相中的化学势相等，即 $\mu_B^l = \mu_B^g$，设蒸气是理想气体混合物，理想气体 B 的化学势为 $\mu_B^g = \mu_B^\ominus(g,T) + RT\ln\frac{p_B}{p^\ominus}$，式中 p_B 是气相中 B 组分的分压，也是液体中组分 B 的蒸气压. 按理想液态混合物的定义，任一组分 B 的蒸气压符合拉乌尔定律，$p_B = p_B^* x_B$，因为平衡时液体中 B 的化学势与气相中 B 的

化学势相等，所以

$$\mu_B^l=\mu_B^g=\mu_B^\ominus(g,T)+RT\ln\frac{p_B}{p^\ominus}=\mu_B^\ominus(g,T)+RT\ln\frac{p_B^* x_B}{p^\ominus}$$

$$\mu_B^l=\mu_B^\ominus(g,T)+RT\ln\frac{p_B^*}{p^\ominus}+RT\ln x_B$$

令 $\mu_B^*(l,T,p_B^*)=\mu_B^\ominus(g,T)+RT\ln\frac{p_B^*}{p^\ominus}$，$\mu_B^*(l,T,p_B^*)$ 是纯液体 B 在温度为 T、压力为 p_B^* 时的化学势，它与定义的化学势标准态 $\mu_B^\ominus(l,T,p^\ominus)$ ($T,p^\ominus$，纯 B) 相差极小，可以近似相等. 从而可得出理想混合物中组分 B 的化学势等温表达式：$\mu_B^l=\mu_B^*(l,T,p_B^*)+RT\ln x_B\approx\mu_B^\ominus(l,T)+RT\ln x_B$.

再如，理想稀溶液中溶质 B 的化学势等温表达式确定方法如下：设一个封闭体系，理想稀溶液的上方是挥发出来的蒸气(或溶解平衡的气体)，溶剂与溶质在液相、气相中都有，且达到气液两相平衡时，溶质 B 在两相中的化学势相等，即 $\mu_B^l=\mu_B^g$，设溶质 B 在气相中为理想气体，气相中 B 的化学势为 $\mu_B^g=\mu_B^\ominus(g,T)+RT\ln\frac{p_B}{p^\ominus}$，溶质 B 在液相中浓度以体积摩尔浓度 c_B 表示，溶质符合亨利定律，$p_B=k_{B,c}\frac{c_B}{c^\ominus}$，因为液体中溶质 B 的化学势与气相中 B 的化学势相等，通过气相 B 的化学势来得出液相中溶质 B 的化学势：

$$\mu_B^l=\mu_B^g=\mu_B^\ominus(g,T)+RT\ln\frac{p_B}{p^\ominus}=\mu_B^\ominus(g,T)+RT\ln\frac{k_{B,c}c_B/c^\ominus}{p^\ominus}$$

$$\mu_B^l=\mu_B^\ominus(g,T)+RT\ln\frac{k_{B,c}}{p^\ominus}+RT\ln\frac{c_B}{c^\ominus}$$

令 $\mu_B^\triangle(l,T,k_{B,c},c^\ominus)=\mu_B^\ominus(g,T)+RT\ln\frac{k_{B,c}}{p^\ominus}$，$\mu_B^\triangle(l,T,k_{B,c},c^\ominus)$ 是温度为 T、压力为 $k_{B,c}$，溶质浓度 $c_B=c^\ominus$ 时仍然符合亨利定律状态的化学势，它是一个假想状态，与定义的化学势标准态 $\mu_{B,c}^\ominus(l,T,p^\ominus,c^\ominus)$ 相差极小，可以近似相等. 从而可以得出理想稀溶液中溶质 B 的化学势等温表达式：

$$\mu_B^l=\mu_B^\triangle(l,T,k_{B,c},c^\ominus)+RT\ln\frac{c_B}{c^\ominus}\approx\mu_{B,c}^\ominus(l,T)+RT\ln\frac{c_B}{c^\ominus}$$

74. 等温下液态组分的化学势相对值(简称化学势)有几种表示方法？以理想混合物中任一组分 B 为例来说明.

答　一般有两种表示方法：(1) 用与之平衡的气体化学势来表示. 液气平衡时，同一种物质 B 在液相与气相中的化学势相等，气体的化学势等温表达式已知，理想混合物中任一组分 B 符合拉乌尔定律，所以

$$\mu_B^l=\mu_B^g=\mu_B^\ominus(g,T)+RT\ln\frac{p_B}{p^\ominus}=\mu_B^\ominus(g,T)+RT\ln\frac{p_B^* x_B}{p^\ominus}$$

(2) 通过定义液相中标准态化学势来表示. 例如，定义混合物任一组分 B 的化学势标准态为 $\mu_B^\ominus(l,T,p^\ominus)$，则

$$\mu_B^l=\mu_B^\ominus(l,T)+RT\ln x_B\approx\mu_B^*(l,T,p_B^*)+RT\ln x_B$$

75. 糖等非电解质固体溶于水形成的稀溶液，其溶质的化学势相对值是如何确定的？

答　由于糖等非电解质固体是非挥发性的，在常温下无法测量出溶质蒸气压或平衡分压，因此其化学势不能通过液气平衡时的气体化学势来得出，而要采用直接定义其在液相中标准态化学势 $\mu_B^\ominus(l,T,p^\ominus)$，而得出化学势的等温表达式：

$$\mu_B^l=\mu_B^\ominus(l,T)+RT\ln\frac{c_B}{c^\ominus}$$

76. 标准态化学势 $\mu_B^\ominus(T,p^\ominus)$ 是否有绝对值？

答　没有绝对值. 因为体系中物质的热力学能 U 的绝对值不可知，所以焓 H、功焓 A、吉布斯自由能 G 的绝对值都不可知，故 $\mu_B^\ominus(T,p^\ominus)$ 也不可知，没有绝对值. 但这并不影响物质化学势的计算.

77. 下列三个式子在一般压力下是否都正确？为什么？

(1) $\mu_B^\ominus(s,T)\approx\mu_B^*(s,T,p)$；

(2) $\mu_B^\ominus(l,T)\approx\mu_B^*(l,T,p)$；

(3) $\mu_B^\ominus(g,T)\approx\mu_B^*(g,T,p)$.

答　(1)和(2)是正确的. 两者之差为 $\Delta\mu=V_s(p^\ominus-p)$ 或 $\Delta\mu=V_l(p^\ominus-p)$，该数值与 $\mu_B^\ominus$ 相比较是极小的，可忽略不计.

(3) 不正确. $\mu_B^\ominus$ 与 μ_B^* 之差为 $\Delta\mu=V_g(p^\ominus-p)$，由于 V_g 较 V_S 或 V_l 大得多，$\Delta\mu$ 与 $\mu_B^\ominus$ 相比较不是很小，不能忽略不计.

3.5　稀溶液的依数性

78. 什么是稀溶液的依数性？稀溶液有哪些依数性？

答　稀溶液的依数性是指在溶剂的种类和数量确定之后，这些性质只取决于溶质粒子的数目多少，而与溶质的本性无关.

稀溶液的依数性有：(1) 溶剂蒸气压下降；(2) 凝固点下降；(3) 沸点升高；(4) 渗透压.

79. 将少量挥发性液体加入溶剂中形成稀溶液，则溶液的沸点一定高于相同压力下纯溶剂的沸点吗？溶液的凝固点也一定低于相同压力下纯溶剂的凝固点吗？

答　加入挥发性溶质，沸点不一定升高，要看溶质挥发性大小而定. 若溶质的挥发性小于溶剂，则溶液的沸点升高；若溶质的挥发性大于溶剂，则溶液的沸点降低. 对溶液凝固点，若溶质不析出，不论溶质挥发性大小，溶液凝固点都会降低.

80. 纯物质的熔点一定随压力升高而增加，蒸气压一定随温度的增加而增加，沸点一定随压力的升高而升高. 这些说法正确吗？

答　第一个结论是错误的，例如冰的熔点随压力增大而降低，要看纯物质融化后体积是增大还是减小. 后两个结论都正确.

81. 在 298 K 时 0.001 $mol\cdot kg^{-1}$ 的蔗糖水溶液的渗透压与 0.001 $mol\cdot kg^{-1}$ 的食盐

水溶液的渗透压相同吗？为什么？

答 不相同.因为食盐溶于水后电离，溶质粒子数多，因此 0.001 $mol \cdot kg^{-1}$ 的食盐水溶液中溶质的粒子数差不多是 0.001 $mol \cdot kg^{-1}$ 的蔗糖水溶液中粒子数的 2 倍，所以食盐水溶液的渗透压大.

82. 假如有 1 mol NaCl 固体溶于 99 mol 水中形成稀溶液，在一定温度下，该溶液的蒸气压 p 是大于、小于，还是等于 $p^*(H_2O) \times x(H_2O)$？其中 $x(H_2O)=0.99$，为什么？

答 溶液的蒸气压 p 小于 $p^*(H_2O) \times x(H_2O)$.

由于 NaCl 是不挥发的，因此溶液的蒸气压 p 就是溶剂水的蒸气压，是稀溶液，溶剂水符合拉乌尔定律. 若 NaCl 不电离，水摩尔分数为 0.99，溶液的蒸气压 $p=p^*(H_2O) \times 0.99$.

而现在 NaCl 完全电离，生成了 1 mol Na^+ 与 1 mol Cl^-，根据依数性，水的摩尔分数不是 0.99 了，应该是 99/101=0.980 2，溶液的蒸气压应该为 $p=p^*(H_2O) \times 0.980\,2$.

83. 冬季进行建筑施工时，为保证施工质量，常在浇注混凝土时加入少量盐，为什么要这样做？在 NaCl，$CaCl_2$，NH_4Cl，KCl 几种盐中，最理想的是哪一种？

答 冬季浇注混凝土时，如果结冰则会膨胀，使构件破坏而影响质量. 常在浇注混凝土时加入少量盐，可以使水的凝固点降低，到零下十几摄氏度也不结冰，保证施工质量.

在 NaCl，$CaCl_2$，NH_4Cl，KCl 几种盐中，最理想的是 $CaCl_2$，其一个分子可以电离出 3 个离子，用适当的比例，凝固点可以降低到 −50 ℃左右.

84. 农田施肥太浓时植物会被烧死，盐碱地的农作物长势不良，甚至枯萎. 试解释其原因.

答 施肥太浓或盐碱地中含盐量多，使土壤中水溶液的溶质浓度较大. 若其浓度高于农作物中水溶液中溶质的浓度，即植物细胞中水的浓度较高，其水的化学势大于盐碱地中水的化学势，水就会从农作物细胞中向土壤中渗透（水分倒流），从而使植物缺水，长势不良甚至枯萎.

85. 北方人冬天吃冻梨前，将冻梨放入凉水中浸泡，过一段时间后冻梨内部解冻了，但表面结了一层薄冰. 试解释原因.

答 因为冻梨里边的水不是纯水，含有糖，故冻梨内部的水溶液凝固点低于纯水. 当冻梨放入凉水中时，凉水温度比冻梨温度高，可使冻梨解冻. 当冻梨解冻时，要吸收热量，使一部分凉水在冻梨表面上结成薄冰，凉水结冰要放出的凝固热不断向冻梨内传输，这样冻梨表面结冰，内部却解冻.

86. 为什么稀溶液的沸点升高、冰点下降、渗透压以及溶剂蒸气压下降称为依数性？依数性产生的最基本原因是什么？

答 上述四种性质的数值只与溶于溶剂中溶质的粒子数多少有关，而与溶质的性质无关，故称为依数性. 依数性产生的主要原因是溶质溶入后引起溶剂化学势降低.

87. 在溶剂中一旦加入溶质就能使溶液的蒸气压降低，沸点升高，冰点降低并且具有渗透压. 这句话是否准确？为什么？

答 不一定准确. 如果加入的溶质是挥发性的，并且挥发性比溶剂大，则溶液的蒸气压增加，沸点下降；如果溶质是非挥发性的，或者溶质的挥发性小于溶剂，该说法才正确.

88. 如果在水中加入少量的乙醇，溶液的沸点、冰点如何变化？为什么？如果加 NaCl，则又怎样？

答　水中加入乙醇后，溶液蒸气压上升，沸点下降，冰点仍下降，渗透压仍然存在. 这是由于乙醇是挥发性的，并且挥发性比水大. 但乙醇水溶液凝固时，析出的仍是纯的固态水(冰). 如果溶入 NaCl，由于每个分子完全电离成两个粒子，故蒸气压降低，沸点升高，所呈依数性数值加倍.

89. 解释下列事情的原因：

(1) 在寒冷的地方，冬天下雪之前，在路上撒盐.

(2) 口渴的时候喝海水，感觉渴得更厉害.

(3) 吃冰棒时，边吃边吸，感觉甜味越来越淡.

(4) 被砂锅里的肉汤烫伤的程度要比被开水烫伤厉害得多.

答　(1) 食盐溶于水，形成盐溶液，凝固点降低. 或者，因为盐与冰(雪)可形成低共熔混合物，低共熔混合物的熔点比冰熔点低，使公路上冰雪融化不结冰.

(2) 海水中的盐分很大，海水的渗透压大于人体液的渗透压，口渴时喝海水，人体中的水会向海水中渗透，人会感觉渴得更厉害.

(3) 由于冰棒由稀糖水溶液用冷却方法制备，在冷却开始，先析出纯水(冰)，然后才析出含糖的冰，因此冰棒中间是冰，冰棒外表才含有较多的糖，因此吃冰棒，感觉甜味越来越淡. 当然长时间吃冰棒，舌头的感觉受影响也是一个原因.

(4) 砂锅中的肉汤是水中溶解了很多物质构成的，其沸点高于开水的沸点，肉汤的温度比开水还高，所以肉汤烫伤的程度比开水厉害.

90. 在稀溶液中，沸点升高、凝固点降低和渗透压等依数性都出于同一个原因，这个原因是什么？能否把它们的计算公式用一个公式联系起来？

答　这个原因是：溶液中溶剂的化学势低于纯溶剂的化学势，要使两者相等达到相平衡，必须改变温度或压力，因此表现出依数性.

四个依数性计算公式可以用一个公式表示：

$$m_{\mathrm{B}}=\frac{p_{\mathrm{A}}-p_{\mathrm{A}}^{*}}{p_{\mathrm{A}}^{*}}=\frac{\Delta_{\mathrm{fus}}H_{\mathrm{m}}}{R}\left(\frac{1}{T_f^{*}}-\frac{1}{T_f}\right)=\frac{\Delta_{\mathrm{vap}}H_{\mathrm{m}}}{R}\left(\frac{1}{T_b}-\frac{1}{T_b^{*}}\right)$$

$$=\frac{V_{\mathrm{A}}\pi}{RT}\quad(V_{\mathrm{A}}\text{为溶剂的摩尔体积})$$

91. 若物质 B 溶于液体 A 形成理想液态混合物，那么组分 A 的凝固点与 B 的浓度 x_{B} 的关系如何？

答　纯液体 A 在其凝固点处液固平衡：$\mu_{\mathrm{A}}^{\mathrm{l}}(T_f^{*},p)=\mu_{\mathrm{A}}^{\mathrm{s}}(T_f^{*},p)$.

在恒压下，在液体 A 中加入物质 B，A 的凝固点改变成 T_f，并且与纯固体 A 一直处于相平衡状态，理想液态混合物中组分 A 与纯溶剂 A(s)的化学势相等：

$$\mu_{\mathrm{A}}^{\mathrm{l}}(T_f^{*},p)=\mu_{\mathrm{A}}^{\mathrm{s}}(T_f^{*},p)$$

那么 $\mathrm{d}\mu_{\mathrm{A}}^{\mathrm{l}}=\mathrm{d}\mu_{\mathrm{A}}^{\mathrm{s}}$，由于 $\mu_{\mathrm{A}}^{\mathrm{l}}$ 是(T,p,x_{A})的函数，纯固体 $\mu_{\mathrm{A}}^{\mathrm{s}}$ 是(T,p)的函数，

在恒压下，

$$\mathrm{d}\mu_{\mathrm{A}}^{\mathrm{l}}=\left(\frac{\partial\mu_{\mathrm{A}}^{\mathrm{l}}}{\partial T}\right)_{p,x_{\mathrm{A}}}\mathrm{d}T+\left(\frac{\partial\mu_{\mathrm{A}}^{\mathrm{l}}}{\partial x_{\mathrm{A}}}\right)_{p,T}\mathrm{d}x_{\mathrm{A}}=-S_{\mathrm{m}}(\mathrm{l})\mathrm{d}T+\left(\frac{\partial\mu_{\mathrm{A}}^{\mathrm{l}}}{\partial x_{\mathrm{A}}}\right)_{p,T}\mathrm{d}x_{\mathrm{A}} \quad (1)$$

$$\mathrm{d}\mu_{\mathrm{A}}^{\mathrm{s}}=\left(\frac{\partial\mu_{\mathrm{A}}^{\mathrm{s}}}{\partial T}\right)_{p}\mathrm{d}T=-S_{\mathrm{m}}^{*}(\mathrm{s})\mathrm{d}T \quad (2)$$

由于A是理想液态混合物的组分，$\mu_{\mathrm{A}}^{\mathrm{l}}=\mu_{\mathrm{A}}^{\ominus}+RT\ln x_{\mathrm{A}}$，因此$\left(\frac{\partial\mu_{\mathrm{A}}^{\mathrm{l}}}{\partial x_{\mathrm{A}}}\right)_{p,T}\mathrm{d}x_{\mathrm{A}}=\frac{RT}{x_{\mathrm{A}}}\mathrm{d}x_{\mathrm{A}}$.

代入式(1)，并且与式(2)有相等关系，所以

$$-S_{\mathrm{m}}(\mathrm{l})\mathrm{d}T+\frac{RT}{x_{\mathrm{A}}}\mathrm{d}x_{\mathrm{A}}=-S_{\mathrm{m}}^{*}(\mathrm{s})\mathrm{d}T,\quad -[S_{\mathrm{m}}(\mathrm{l})-S_{\mathrm{m}}^{*}(\mathrm{s})]\mathrm{d}T=-RT\frac{\mathrm{d}x_{\mathrm{A}}}{x_{\mathrm{A}}}$$

对于可逆相变，

$$S_{\mathrm{m}}(\mathrm{l})-S_{\mathrm{m}}^{*}(\mathrm{s})=\frac{\Delta_{\mathrm{fus}}H_{\mathrm{m}}}{T},\quad \frac{RT}{x_{\mathrm{A}}}\mathrm{d}x_{\mathrm{A}}=-\frac{\Delta_{\mathrm{fus}}H_{\mathrm{m}}}{T}\mathrm{d}T$$

$$RT\frac{\mathrm{d}x_{\mathrm{A}}}{x_{\mathrm{A}}}=\frac{\Delta_{\mathrm{fus}}H_{\mathrm{m}}}{T}\mathrm{d}T,\quad \frac{\Delta_{\mathrm{fus}}H_{\mathrm{m}}}{RT^{2}}\mathrm{d}T=\frac{\mathrm{d}x_{\mathrm{A}}}{x_{\mathrm{A}}}$$

对上式积分，$\int_{T_f^*}^{T_f}\frac{\Delta_{\mathrm{fus}}H_{\mathrm{m}}}{RT^{2}}\mathrm{d}T=\int_{x_{\mathrm{A}}=1}^{x_{\mathrm{A}}}\frac{\mathrm{d}x_{\mathrm{A}}}{x_{\mathrm{A}}}$. 由于凝固点降低值较小，$\Delta_{\mathrm{fus}}H_{\mathrm{m}}$ 可当成常数，所以

$$\ln x_{\mathrm{A}}=-\frac{\Delta_{\mathrm{fus}}H_{\mathrm{m}}}{R}\left(\frac{1}{T_f}-\frac{1}{T_f^*}\right),\quad \ln(1-x_{\mathrm{B}})=-\frac{\Delta_{\mathrm{fus}}H_{\mathrm{m}}}{R}\left(\frac{1}{T_f}-\frac{1}{T_f^*}\right)$$

$$\frac{1}{T_f}=\frac{1}{T_f^*}-\frac{R}{\Delta_{\mathrm{fus}}H_{\mathrm{m}}}\ln(1-x_{\mathrm{B}})$$

即为A的凝固点T_f与x_{B}的关系式.

92. 假设烧杯A中盛有较多量的水，温度为0℃；烧杯B中盛有总质量与烧杯A中相同的冰、水混合物，温度也为0℃，其中冰和水的质量各占一半. 现在在两烧杯中分别滴入质量相等的少量0℃的浓H_2SO_4，假设没有热量损失，则两烧杯中的温度将如何变化？

答 众所周知，浓硫酸滴入水中会放出溶解热，放出的热量被水吸收后温度会升高，所以烧杯A中温度将上升.

当浓硫酸滴入冰、水混合物时也会放出溶解热，这些热量被冰吸收而使部分冰融化成水. 由于冰的吸热融化速度要比浓硫酸的溶解放热速度慢，所以，如果在烧杯B中事先插入一个水银温度计并不断进行搅拌的话，在浓硫酸滴入烧杯B后的最初阶段，温度计的水银柱上升，随着冰的不断融化吸收相变潜热，在水银柱达到一定高点后又会下降. 另一方面，由于杯中加入了硫酸，水的冰点会降低，所以部分0℃的冰会进一步融化成水而吸收潜热，使杯中温度进一步降低. 最后B杯中剩余的冰和硫酸的水溶液完全达到热平衡时，温度计水银柱的高度会停留在低于0℃的某一点上，这就是终态的温度. 所以，此题的答案应该是：烧杯A中的温度将上升，而烧杯B中的温度将有一点下降.

93. 自然界中，有的高大树种可以长到100 m以上，能够从地表供给树冠养料和水分的主要动力是什么？从下列提出的主要原因中分析、比较.

A. 因外界大气压引起的树干内导管的空吸作用.

B. 树干中微导管的毛细作用.

C. 树内体液含盐浓度大，渗透压高.

答　应该是原因 C. 若是原因 A，则能吸起的水柱最大高度为 10.3 m，若是原因 B，则能吸起的水柱最大高度为 30 m；而渗透压却可达到几十甚至几百大气压，使树内水柱高达 100 m 以上.

94. 海水中有的水生物可能长到数百米长，而陆地上植物的生长高度有一定的限度，为什么？

答　因为陆地上植物最高点的枝叶要从地面吸收水分生长，水分从地面流到植物最高点的枝叶要靠渗透压作用，植物中的水柱又会产生静压强，当渗透压小于静压强时，水就流不上去，因此陆地上植物的生长高度有一定的限度. 海水中生物没有静压强影响，可以长到数百米.

95. 海水淡化的方法之一是"反渗透法". 请你说明此法的原理.

答　如图 3.9 所示，若在溶液的一侧施加一个大于渗透压的外压，使溶液中溶剂的化学势大于纯溶剂的化学势，溶液中溶剂将通过半透膜往纯溶剂一侧渗透，可以得到更多的纯溶剂(淡水). 由于该方法使渗透方向与自发渗透方向相反，故称反渗透法.

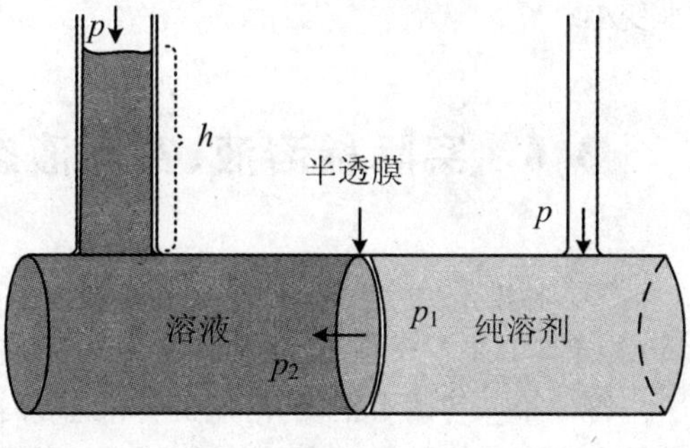

图 3.9

96. 对于弱电解质溶于水，例如氨气溶于水，用亨利定律计算溶质蒸气压与计算溶液依数性时的浓度是否一样？为什么？

答　使用的浓度是不一样的. 就以氨气溶于水为例，设氨在水中的浓度是 $m\ \mathrm{mol \cdot kg^{-1}}$. 它在水中电离平衡，设电离度为 α：

$$\begin{array}{ccc} NH_3 \cdot H_2O = & NH_4^+ & + OH^- \\ m(1-\alpha) & m\alpha & m\alpha \end{array}$$

计算溶质蒸气压用亨利定律，亨利定律要求溶质在液相时存在状态与气相时相同，因此只有没有电离的氨的浓度才有效，$p_{NH_3} = k_H \dfrac{m(1-\alpha)}{m^{\ominus}}$；而依数性计算，与溶质本性无关，与溶质分子数有关，因此要把没有电离的、已经电离的都要计算在内，例如凝固点下降值计算：$\Delta T_f = K_f m(1+\alpha)$.

97. 液体蒸气压与液体的压力是否一定相等？它们之间的关系如何？

答　不一定相等，只有在蒸气压等于外压时，两者才相等，例如标准压力下，水在 100 ℃时饱和蒸气压等于水表面上的标准压力(即水的压力).

它们之间的关系为 $\ln \dfrac{p^g}{p^*} = \dfrac{V_m^l}{RT}(p^l - p^*)$，$p^l$ 是液体受的压力，p^g 是液体蒸气压，p^* 是液体在该温度时的饱和蒸气压，V_m^l是液体的摩尔体积. 液体受到的压力增加，其蒸气压升高.

98. 以下说法对吗？为什么？

(1) 对于纯组分，化学势等于其吉布斯自由能.

(2) 等温等压下，纯物质的量越大，其化学势也越大.

(3) 体系无限稀释时,溶质B的偏摩尔体积为零.

(4) 往静脉里注射蒸馏水会使血红细胞破裂.

(5) 萝卜腌制时变小.

答 (1) 不对.纯组分的化学势等于其摩尔吉布斯自由能.

(2) 不对.化学势是强度性质的量,与数量无关.

(3) 不对.不管溶液的浓度如何变化,溶质B的偏摩尔体积不会为零,它取决于溶液中溶剂分子与溶质分子之间的作用力.

(4) 对.往静脉里注射蒸馏水,水会从血红细胞外透入到细胞内,最终使细胞破裂.

(5) 对.腌制时萝卜放在盐水中,盐水浓度大,水会从萝卜细胞内渗透出来,使萝卜脱水变小.

3.6 实际稀溶液、实际液态混合物的活度与活度系数

99. 标准压力$p^{\ominus}$下,溶质的标准态就是它的活度等于1的状态.处于标准态下的物质,其活度一定等于1.这两种说法哪种正确?为什么?

答 第一句话不正确,溶质的标准态除了要求活度等于1外,还要求活度系数等于1,即符合亨利定律的假想态;第二句话是正确的,标准态下物质的活度系数与活度都等于1.

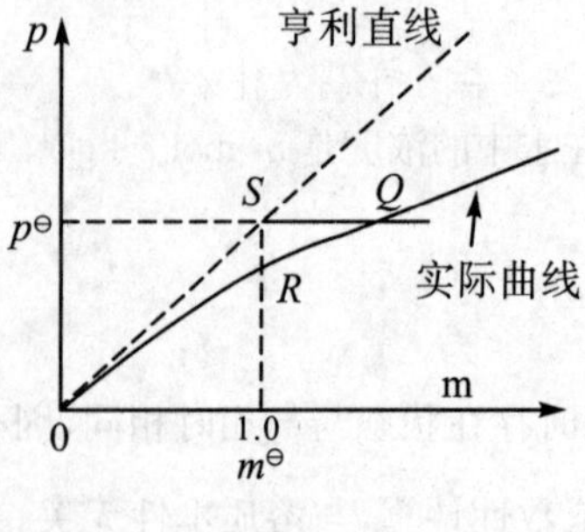

图3.10

100. 根据公式$\mu_B(l,T)=\mu_{B,m}^{\ominus}(l,T)+RT\ln a_{B,m}$与$\mu_B(l,T)=\mu_{B,c}^{\ominus}(l,T)+RT\ln a_{B,c}$,当活度$a_{B,m}$或$a_{B,c}$等于1时的状态就是标准态,这个说法是否正确?若将图3.10中通过对角线上S点作一条水平线与实线相交的Q点,Q点的化学势为多少?是否是标准态?

答 不正确.

$$\mu_B(l,T)=\mu_{B,m}^{\ominus}(l,T)+RT\ln a_{B,m}$$

$$\mu_B(l,T)=\mu_{B,c}^{\ominus}(l,T)+RT\ln a_{B,c}$$

$a_{B,m}$或$a_{B,c}$等于1的状态不一定是标准态,只有活度与活度系数都为1的才是标准态.

图3.10中,Q点的化学势的大小与标准态(S点)的化学势相等,但Q点不是标准态.

101. 在同一溶液中,若物质的标准态的选择不同,则相应的活度、活度系数也不同.此说法正确吗?

答 正确.标准态的选择不同,即参照点不同,则相应的活度、活度系数也不相同.

102. 在非理想液态混合物中,浓度大的组分的活度大,活度系数也越大.这种说法对吗?

答 不对.一般而言,浓度大,活度大,但活度系数不一定大.

103. 试比较组分B的化学势在理想混合物与非理想混合物的公式中的异同点.

答 在理想混合物中,$\mu_B(T)=\mu_B^{\ominus}(T)+RT\ln x_B$.

在非理想混合物中，$\mu_B(T)=\mu_B^{\ominus}(T)+RT\ln a_B$.

相同点：(1) 数学形式相同；(2) 标准态相同.

不同点：理想混合物中直接使用浓度 x_B，而非理想混合物中需使用活度 a_B，活度 $a_B=\gamma_B x_B$，其中 γ_B 为活度系数.

104. 活度就是有效浓度，活度系数总是小于 1. 对吗？

答　不对. 活度是体系的一个热力学量，只有在一定条件下，才可看成有效浓度. 活度系数不一定总是小于 1，也可以大于 1，也可以等于 1.

105. $\Delta T_f=K_f m_B$，$\Delta T_b=K_b m_B$，$\pi=c_B RT$，分别表示稀溶液中溶质的浓度与凝固点降低值，沸点升高值和渗透压之间的关系式，对此三式中的浓度进行校正后是否可以用于实际稀溶液，即表示为 $\Delta T_f=K_f a_B$，$\Delta T_b=K_b a_B$，$\pi=a_B RT$？为什么？

答　不可以. $\Delta T_f=K_f a_B$，$\Delta T_b=K_b a_B$，$\pi=a_B RT$ 不能适用于实际稀溶液.

以凝固点下降公式为例，对理想稀溶液，溶剂符合拉乌尔定律，得出公式：

$$\ln x_A=-\frac{\Delta_{fus}H_m}{R}\left(\frac{1}{T_f}-\frac{1}{T_f^*}\right)\tag{1}$$

假如是实际稀溶液，溶剂偏离拉乌尔定律，其公式应为

$$\ln a_A=-\frac{\Delta_{fus}H_m}{R}\left(\frac{1}{T_f}-\frac{1}{T_f^*}\right)\tag{2}$$

由式(1)得 $x_A=1-x_B$，再由几个近似处理得 $\Delta T_f=K_f m_B$.

但由式(2)，$a_A\neq 1-a_B$，即 $x_A\gamma_A+x_B\gamma_B\neq 1$，因此得不出 $\Delta T_f=K_f a_B$.

106. 试比较理想液态混合物、理想稀溶液中各组分的化学势等温表达式，并与实际液态混合物、实际稀溶液中各组分的化学势等温表达式相比较.

答　(1) 理想液态混合物中，任一组分的化学势等温表达式为

$$\mu_i(l,T,p)=\mu_i^{\ominus}(l,T)+RT\ln x_i\approx\mu_i^*(l,T,p)+RT\ln x_i$$

(2) 理想稀溶液中，溶剂的化学势等温表达式为

$$\mu_A(l,T,p)=\mu_A^{\ominus}(l,T)+RT\ln x_A\approx\mu_A^*(l,T,p)+RT\ln x_A$$

溶质的化学势等温表达式为

$$\mu_B(l,T,p)=\mu_{B,x}^{\ominus}(l,T)+RT\ln x_B=\mu_{B,c}^{\ominus}(l,T)+RT\ln\frac{c_B}{c^{\ominus}}=\mu_{B,m}^{\ominus}(l,T)+RT\ln\frac{m_B}{m^{\ominus}}$$

(3) 实际液态混合物中，任一组分的化学势等温表达式为

$$\mu_i(l,T,p)=\mu_i^{\ominus}(l,T)+RT\ln a_i\approx\mu_i^*(l,T,p)+RT\ln a_i$$

(4) 实际稀溶液中，溶剂的化学势等温表达式为

$$\mu_A(l,T,p)=\mu_A^{\ominus}(l,T)+RT\ln a_A\approx\mu_A^*(l,T,p)+RT\ln a_A$$

溶质的化学势等温表达式为

$$\mu_B(l,T,p)=\mu_{B,x}^{\ominus}(l,T)+RT\ln a_{B,x}=\mu_{B,c}^{\ominus}(l,T)+RT\ln a_{B,c}=\mu_{B,m}^{\ominus}(l,T)+RT\ln a_{B,m}$$

实际液态混合物、实际稀溶液中组分的化学势表达式与对应的理想液态混合物、理想稀溶液中组分的化学势表达式，形式相同，标准态相同，把理想液态混合物、理想稀溶液中组分的化学势表达式中的浓度换成活度即可.

107. 溶质溶于溶剂形成溶液，溶质可用不同方法表示组成时，溶质的浓度数值相同

吗？活度数值相同吗？化学势的数值相同吗？

答

$$\mu_B=\mu_{B,x}^{\ominus}(l,T)+RT\ln a_{B,x}=\mu_{B,m}^{\ominus}(l,T)+RT\ln a_{B,m}=\mu_{B,c}^{\ominus}(l,T)+RT\ln a_{B,c}$$

其中 $a_{B,x}=\gamma_{B,x}x_B, a_{B,m}=\gamma_{B,m}\dfrac{m_B}{m^{\ominus}}, a_{B,c}=\gamma_{B,c}\dfrac{c_B}{c^{\ominus}}$.

溶质用不同方法表示组成时,溶质的浓度数值不同,活度数值不相同,但化学势的数值相同.

108. 说出下列各公式的作用与使用条件：

(1) $\Delta_{mix}S=-R\sum n_i\ln x_i$；

(2) $\Delta_{mix}G=RT\sum n_i\ln x_i$；

(3) $-\ln x_A=\dfrac{\pi V_{A,m}}{RT}$；

(4) $\pi V=n_BRT$；

(5) $\gamma_B=\dfrac{p_B}{p_B^* x_B}$；

(6) $\gamma_B=\dfrac{p_B}{k_c(c_B/c^{\ominus})}$；

(7) $\mu_A=\mu_A^*(T,p^{\ominus})+RT\ln x_A$；

(8) $\mu_B^l=\mu_B^{\ominus}(g,T)+RT\ln\dfrac{p_B}{p^{\ominus}}$；

(9) $\mu_B=\mu_B^{\ominus}(T,p^{\ominus})+RT\ln\dfrac{m_B}{m^{\ominus}}$.

答 (1) 该式是理想液体混合或理想气体混合形成时熵变计算公式.使用条件是等温等压下,几种纯液体混合成理想液体混合物,或等温等压下几种理想气体混合过程.

(2) 该式是理想液体混合或理想气体混合时自由能变计算公式.使用条件是等温等压下,几种纯液体混合成理想混合物,或等温等压下,几种理想气体混合过程.

(3) 该式是理想稀溶液的溶剂或理想液态混合物中A组分产生的渗透压计算公式.使用条件是等温下,理想稀溶液的溶剂A或理想液态混合物中A组分的浓度与渗透压关系.

(4) 该式是理想稀溶液渗透压计算公式.使用条件是等温下理想稀溶液,并且进行下列近似处理:$\ln x_A=\ln(1-x_B)\approx -x_B, x_B\approx\dfrac{n_B}{n_A}, V_A\approx V_{m,A}^*, n_AV_{m,A}^*\approx V$(溶液体积);还要求溶质B不电离、不缔合.

(5) 该式是用蒸气压法测定实际液体混合物中B组分,或稀溶液中溶剂(用B表示)的活度系数计算公式.使用条件是在等温下,蒸气符合理想气体行为,实际稀溶液溶剂或实际混合物组分B,偏离拉乌尔定律时的活度系数计算,该活度系数是拉乌尔型或溶剂型活度系数.

(6) 该式是用蒸气压法测定溶质活度系数的计算公式.使用条件是在一定温度下,实际稀溶液溶质B,以体积摩尔浓度c_B表示的组成,偏离亨利定律时的活度系数计算,该活度系数是亨利型或溶质型活度系数.

(7) 该式是理想稀溶液中溶剂的化学势等温表达式.使用条件是等温下,理想稀溶液的溶剂,或理想液态混合物中任一组分.

(8) 该式是液体物质的化学势用与之平衡的蒸气的化学势来表示的式子.使用条件是等温下,蒸气为理想气体.

(9) 该式是理想稀溶液中溶质 B 的化学势等温表达式. 使用条件是等温下，理想稀溶液中溶质 B，组成用质量摩尔浓度表示.

109. 下列说法是否正确？为什么？

(1) 在同一溶液中，若标准态规定不同，则其相应的相对活度也不同.

(2) 稀溶液的沸点一定比纯溶剂高.

(3) 在 KCl 重结晶过程中，析出的 KCl(s) 的化学势大于母液中 KCl 的化学势.

(4) 相对活度 $a=1$ 的状态就是标准态.

(5) 在理想液态混合物中，拉乌尔定律与亨利定律相同.

答　(1) 正确. 在溶液中组分 B 的化学势为 $\mu_B=\mu_B^\ominus+RT\ln a_{B,x}$. 因为溶质 B 的化学势是强度性质，与表示方法无关，所以标准态选取不同影响不到化学势. 但选取的标准态不同，后一项 $RT\ln a_{B,x}$ 也不同，即相对活度（活度）也不同.

(2) 不正确. 若加入挥发性比溶剂还高的溶质，则稀溶液的沸点比纯溶剂的沸点低.

(3) 不正确. 重结晶开始时，溶液中 KCl 的化学势大于析出的纯 KCl(s) 的化学势，达到平衡后的溶液才叫母液，平衡时两相中 KCl 的化学势相等.

(4) 不正确. 相对活度 $a=1$ 的状态不一定是标准态，标准态除了要求活度为 1 外，还要求活度系数为 1，压力为标准压力.

(5) 正确. 从热力学的观点看来，对于理想液态混合物，亨利定律与拉乌尔定律没有区别.

110. 选取假想态标准态有何实际意义？

答　选取假想态为标准态，就有了一个统一的参照点，便于计算和比较不同浓度溶液中同一组分的化学势.

111. 下述体系的组分 B 中，有哪些选用假想态作为标准态？

A. 混合理想气体中的组分 B.　　　B. 混合非理想气体中的组分 B.

C. 理想液体混合物中的组分 B.　　D. 稀溶液的溶剂.

E. 非理想液体混合物中任一组分.

F. 以摩尔分数浓度所表示的稀溶液中的溶质 B.

G. 以质量摩尔浓度所表示的非理想溶液中的溶质 B.

H. 以体积摩尔浓度所表示的非理想稀溶液中的溶质 B.

答　B，F，G 和 H 选用假想态作为标准态.

112. "活度"是什么含义？为什么有时可称为"有效浓度"？

答　在多组分体系中，组分 B 对体系的容量性质的贡献与纯 B 时不同，化学势即表示了 1 mol 组分 B 在多组分体系中对自由能的实际贡献.

在化学势的表达式中，$\mu_B^\ominus(T)$ 为在某种参照态（即标准态）时的化学势，所以活度 a_B 即表示在此参照态下，浓度为 x_B 的组分 B 实际对化学势的贡献，相当于 a_B 所起的作用，所以活度有时可以称为有效浓度.

113. 如果用高压下纯溶剂的标准态作为参考态，当溶剂服从拉乌尔定律时，其活度系数是否等于1？当溶剂的活度系数为1时，溶剂对拉乌尔定律有何偏差？

答

$$\mu_A=\mu_A^{\ominus}(T)+RT\ln a_A=\mu_A^{\ominus}(T)+RT\ln\gamma_A x_A$$

若以高压下纯溶剂的标准态为参考态，因溶剂服从拉乌尔定律，故 $\mu_A=\mu_A^*(T,p)+RT\ln x_A$. 由于在高压下，这里的纯态的压力大于 $p^{\ominus}$，

$$\mu_A^*(T,p)+RT\ln x_A=\mu_A^{\ominus}(T)+RT\ln\gamma_A+RT\ln x_A$$

$$RT\ln\gamma_A=\mu_A^*(T,p)-\mu_A^{\ominus}(T)>0$$

所以 $\gamma_A>1$. 因此活度系数不等于1.

此时如果溶剂活度系数等于1，即

$$\mu_A=\mu_A^{\ominus}(T)+RT\ln\gamma_A x_A=\mu_A^{\ominus}(T)+RT\ln x_A$$

那么溶剂就偏离拉乌尔定律，

$$\mu_A=\mu_A^*(T,p)+RT\ln a_A=\mu_A^*(T,p)+RT\ln\gamma_A x_A$$

$$\mu_A^{\ominus}(T)+RT\ln x_A=\mu_A^*(T,p)+RT\ln\gamma_A+RT\ln x_A$$

$$RT\ln\gamma_A=\mu_A^{\ominus}(T)-\mu_A^*(T,p)<0$$

所以 $\gamma_A<1$. 溶剂对拉乌尔定律呈负偏差.

114. "活度系数"的含义是什么？举例说明之.

答 例如，活度 a_B 与浓度 c_B 的关系为 $a_B=\gamma_B c_B/c^{\ominus}$，式中 γ_B 即为活度系数. 它表示实际稀溶液中溶质B对理想稀溶液中溶质B所产生的偏差部分的全部修正.

115. 当采用不同浓度标准态时，同一组分在同一溶液中的化学势、活度及活度系数间有什么关系？以溶质B采用 x_B 与质量摩尔浓度 m_B 表示组成为例说明.

答 在同一溶液中，采用不同的浓度标准时，得出的活度与活度系数是各不相同的. 但是溶质的化学势并不因采用不同的浓度标准而改变，也就是化学势是不变的. 利用这一关系，可导出采用不同的浓度标准时各种不同活度与活度系数之间的定量关系.

对于二组分溶液中的溶质B，若以 x_B 表示其摩尔分数，以 m_B 表示其质量摩尔浓度，溶质B偏离亨利定律，分别表示用 $\gamma_{B,x}$ 和 $\gamma_{B,m}$ 表示两种浓度标准时的活度系数. 通过液气平衡推导这两种活度系数之间的关系(蒸气(理想气体)化学势)为

$$\mu_B=\mu_B^{\ominus}(g,T)+RT\ln\frac{p_B}{p^{\ominus}} \tag{1}$$

$$a_{B,x}=\gamma_{B,x}x_B,\quad a_{B,m}=\gamma_{B,m}\frac{m_B}{m^{\ominus}}$$

$$p_B=k_{B,x}a_{B,x}=k_{B,x}\gamma_{B,x}x_B\quad 或\quad p_B=k_{B,m}a_{B,m}=k_{B,m}\gamma_{B,m}\frac{m_B}{m^{\ominus}} \tag{2}$$

代入(1)式比较，得

$$k_{B,x}\gamma_{B,x}x_B=k_{B,m}\gamma_{B,m}\frac{m_B}{m^{\ominus}},\quad \gamma_{B,x}=\frac{k_{B,m}}{k_{B,x}}\frac{m_B}{x_B m^{\ominus}}\gamma_{B,m}$$

116. 液体B溶于液体A形成的均相体系，可以看成液体混合物，也可以看成溶液. 若组分B的浓度用摩尔分数 x_B 表示，B的蒸气压与浓度的关系如图3.11所示，当B的组成

为 x_B时，其活度、活度系数在图中应如何表示？

(1) 看成液体液态混合物，图 3.11 上 p_B^* 点为标准态.

(2) 看成溶液，B 为溶质，图 3.11 上 k_B点为标准态.

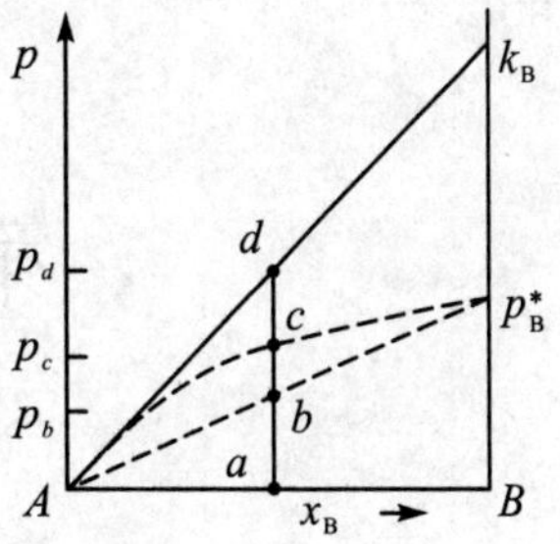

图 3.11

答　(1) 图 3.11 上 p_B^* 点为纯态 B，是标准态. 那么组分 B 的化学势为

$$\mu_B=\mu_B^{\ominus}(T)+RT\ln a_B\approx\mu_B^*(T,p)+RT\ln a_B$$

按拉乌尔定律，

$$p_B=p_B^*a_B=p_B^*(\gamma_Bx_B),\quad a_B=\frac{p_B}{p_B^*},\quad \gamma_B=\frac{p_B}{p_B^*x_B}$$

用图 3.11 表示，$a_B=\dfrac{p_c}{p_B^*}=\dfrac{|ac|}{|Bp_B^*|}$，$\gamma_B=\dfrac{p_c}{p_B^*x_B}=\dfrac{|ac|}{|ab|}$.

(2) 图 3.11 上 k_B点为标准态，那么溶质 B 的化学势为

$$\mu_B=\mu_{B,x}^{\ominus}(T)+RT\ln a_{B,x}$$

按亨利定律，

$$p_B=k_Ba_{B,x}=k_B(\gamma_{B,x}x_B),\quad a_{B,x}=\frac{p_B}{k_B},\quad \gamma_{B,x}=\frac{p_B}{k_Bx_B}$$

用图 3.11 表示，$a_{B,x}=\dfrac{p_c}{k_B}=\dfrac{|ac|}{|Bk_B|}$，. $\gamma_{B,x}=\dfrac{p_c}{k_Bx_B}=\dfrac{|ac|}{|ad|}$

117. 是否一定要通过设计可逆途径才能计算过程 ΔG? 试举例说明.

答　不一定. 由于求算 ΔS 必须通过可逆途径，所以对于 ΔG 的计算，原则上也应设计可逆途径. 但是，由于化学势是状态函数，所以通过化学势计算 ΔG 就可以不需要设计可逆途径来计算 ΔG.

例如图 3.12，−3 ℃时 1 mol 过冷水在标准压力下变为−3 ℃的冰，计算此过程的自由能变化 ΔG 值.

不借助可逆途径，用化学势的状态函数性质来计算：

$$\mu_{水}=\mu_{水汽}=\mu_{气}^{\ominus}(270\ \mathrm{K})+RT\ln\frac{p_{水}}{p^{\ominus}}$$

$$\mu_{冰}=\mu_{水汽}=\mu_{气}^{\ominus}(270\ \mathrm{K})+RT\ln\frac{p_{冰}}{p^{\ominus}}$$

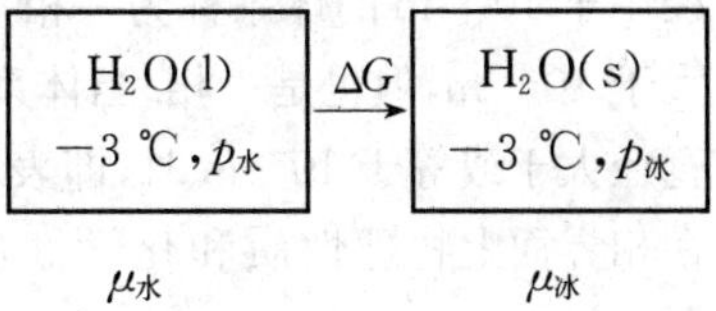

图 3.12

所以 $\Delta G=\mu_{冰}-\mu_{水}=RT\ln\dfrac{p_{冰}}{p_{水}}$.

第4章　相　平　衡

4.1　相　　律

1. 什么是相律？它能解决什么问题？

答　相律实际上是一个数学关系式，它反映多组分多相平衡体系的组分数、相数和独立热力学变量数即自由度之间的定量关系. 热力学变量一般是指温度、压力、各相中各组分的浓度.

相律只能计算自由度数而不能确定是哪些具体变量，所以相律可以解决下列四个问题：

(1) 计算一个多组分平衡体系的最大自由度数，即令 $\Phi_{min}=1$ 时的 f 值.

(2) 计算一个多组分平衡体系平衡共存得最多相数，即令 $f_{min}=0$ 时的 Φ 值.

(3) 确定一个多组分平衡体系的自由度数.

(4) 根据相律检查实际测绘的相图是否正确，或者预示多相平衡体系在指定条件下可能发生的变化.

2. "相"是宏观的概念还是微观的概念？

答　在一个体系中，物理性质和化学性质都完全均匀一致的部分称为一相. 如果在一相中包括几个组分，则这几个组分的混合到达分子级程度. 一般情况下，将分散粒子的直径小于 10^{-9} m 的体系称为一相，亦称真溶液. 对于高分子物质溶液，虽然分散粒子的直径大于 10^{-9} m，但也是一相. 当体系中形成一个区别于其他部分的完全均匀的区域，粒子的直径大于或等于 10^{-8}m 时，即表示一个新相出现. 相与相之间有明显的界面，称为相界面. 在相界面上物理性质和化学性质产生突变. 因此"相"是一个宏观的概念，不是微观的概念.

3. 在一个给定的体系中，物种数可以因分析问题的角度的不同而不同，但独立组分数是一个确定的数. 该说法正确吗？

答　正确. 物种数会因分析问题的角度不同而有所不同，例如 NaCl 溶于水的体系，一种角度分析，认为能够提纯出来的物质是物种，该体系物种数为 2；另一种角度分析，认为溶液中物种有 Na^+，Cl^-，H_2O，H^+，OH^-，物种数为 5. 按第一种分析，组成 $C=S=2$；按第二种分析，存在一个化学平衡（$H_2O \rightleftharpoons H^+ + OH^-$），$R=1$，2 个浓度限制条件，$[H^+]=[OH^-]$，$[Na^+]=[Cl^-]$，$R'=2$，$C=S-R-R'=2$. 两种分析的独立组分数是一样的，也就是说独立组分是确定的数.

4. 组分与物种有何区别?

答　在相平衡中,组分指“独立组分”. 能够说明在各相中分布情况的最少数目的独立物质称为独立组分,独立组分的浓度在体系的各相中独立变化而不受其他物质的影响. 体系中化学结构相同的物质即为一个物种,比较好的处理是把体系中能够提纯出来的物质定为物种.

5. 单组分体系的物种数一定等于 1. 这种认为对吗?

答　不对. 多种物质组成体系,组分数也可能为 1,例如 $NH_4HS(s)$分解达到平衡,

$$NH_4HS(s) = NH_3(g) + H_2S(g)$$

物种数 $S=3, R=1, R'=1$,组分数 $C=S-R-R'=1$,成为单组分体系,但物种数是 3.

6. 自由度就是可以独立变化的变量. 该说法正确吗?

答　不正确. 自由度是在不出现新相或旧相消失情况下,在一定范围内可以独立变化的强度性质变量数,是变量数目,不是变量.

7. 若恒定压力下,根据相律得出某一体系的自由度 $f=1$,则该体系的温度就是唯一变量. 这种说法对吗?

答　不对. $f=1$ 表示有一个强度变量可独立变化,该变量可以是温度,也可是组成(浓度).

8. 油和水不互溶,但形成乳状液后,是否为一相? 两种物质混合到何种程度才能算完全均匀,并成为一相?

答　乳状液不是一相,是两相. 两种物质混合时,一种物质以分子形态分散在另一种物质分子之间,粒子直径小于 10^{-9} m 才能算完全均匀,并成为一相.

9. 小水滴与水蒸气混在一起,它们都有相同的组成和化学性质,它们是否是同一个相? 说明原因.

答　不是同一个相,而是两相. 虽然它们有相同的组成和化学性质,但物理性质不同. 体系中具有完全相同物理性质和化学性质的均匀部分才称为相.

10. 金粉和银粉混合后加热使之熔融,然后冷却得到的固体是同一相还是两相? 说明原因.

答　是一相. 因为金粉和银粉的熔融物冷却后得到的是完全互熔的固熔体,是金原子和银原子之间均匀混合而形成的合金,其物理和化学性质完全均匀.

11. KCl 和 H_2O 组成的体系,既可以是一相,也可以是四相. 为什么?

答　若 KCl 溶解在水中,形成不饱和溶液,则是一相;若体系中 KCl(s)没有完全溶于水,并且体系温度较低,水部分结成冰,水面上方有水蒸气,则这时体系有 KCl(s)、冰、水溶液与水蒸气四相共存.

12. 大气是单相体系还是多相体系? 为什么说这两种说法都可能对?

答　纯净的大气是单相,是纯净气体混合成一相;若大气中含雾、云、烟、尘等,就是多相. 所以说这两种说法都可能是对的.

13. 在推导相律的过程中,假设 S 种物质在 Φ 个相中都存在(而实际情况中往往有些物质在某些相中并不存在). 这种假设是否会影响推导结果的正确性呢? 为什么?

答 这种假设不影响推导结果的正确性，因为若某相中不含某物质，某物质在该相中没有浓度，也就没有化学势，就少一个变量，互相抵消，不影响相律推导结果的正确性.

14. 硫氢化铵分解反应为 $NH_4HS(s) \longrightarrow NH_3(g) + H_2S(g)$. 在下列情况下分解时，体系的独立组分数是否一样？(1) 在真空容器中分解；(2) 在充有一定氨气的容器中分解.

答 两种情况的独立组分数不一样. 在(1)中，物种数 $S=3$，有一个独立的化学平衡和一个浓度限制条件，所以独立组分数 $C=3-1-1=1$.

在(2)中，物种数 S 仍为 3，有一个独立的化学平衡条件，但是浓度限制条件被破坏，两个产物之间没有浓度的限制条件，所以独立组分数 $C=3-1=2$.

15. 纯的碳酸钙固体在真空容器中分解，这时独立组分数为多少？

答 碳酸钙分解反应为 $CaCO_3(s) \longrightarrow CaO(s) + CO_2(g)$. 物种数为 3，有一个平衡限制条件. 由于氧化钙与二氧化碳不处在同一个相中，因此没有浓度限制条件，所以独立组分数为 2.

16. 制水煤气时有下列三个平衡反应，该体系的独立组分数 C 是多少？

(1) $H_2O(g) + C(s) \longrightarrow H_2(g) + CO(g)$.

(2) $CO_2(g) + H_2(g) \longrightarrow H_2O + CO(g)$.

(3) $CO_2(g) + C(s) \longrightarrow 2CO(g)$.

答 体系中共有五个物种，$S=5$. 反应(1)可以用反应(3)减去(2)得到，因而只有两个独立的化学反应式，$R=2$. 没有浓度限制条件，所以独立组分数 $C=5-2=3$.

17. 在抽空的容器中，氯化铵的分解平衡：$NH_4Cl(s) \longrightarrow NH_3(g) + HCl(g)$. 指出该体系的独立组分数、相数和自由度数.

答 体系中有三个物种、一个平衡条件、一个浓度限制条件，所以独立组分数为 1，相数为 2(固相、气相). 根据相律，$f=C-\Phi+2=1-2+2=1$，自由度为 1.

18. 碳和氧在一定条件下达到下列两种平衡：

$$C(s) + \frac{1}{2}O_2(g) \longrightarrow CO(g), \quad CO(g) + \frac{1}{2}O_2(g) \longrightarrow CO_2(g)$$

指出该体系的独立组分数、相数和自由度数.

答 物种数为 4，即碳、氧、一氧化碳和二氧化碳，有两个化学平衡方程式，无浓度限制条件，所以独立组分数为 2，相数为 2(固相、气相)，自由度为 2.

19. 在下列不同条件下，确定平衡体系 $H_2(g) + I_2(g) \longrightarrow 2HI(g)$ 中的组分数是多少.

(1) 反应前只有 $HI(g)$.

(2) 反应前只有 $H_2(g)$ 及 $I_2(g)$，且两种物质的量相等.

(3) 反应前有任意量的 $H_2(g)$，$I_2(g)$ 及 $HI(g)$.

答 (1) 反应前只有 $HI(g)$，$HI(g)$ 分解出的 $H_2(g)$ 与 $I_2(g)$ 的浓度相等，$S=3$，$R=1$，$R'=1$，$C=3-1-1=1$.

(2) $S=3$，$R'=1$，$R=1$，$C=3-1-1=1$.

(3) $S=3$，$R=1$，$C=3-1=2$.

20. 如果体系中有下列物质存在，且物质之间均建立了化学平衡，那么体系中的组分数是多少?

(1) $HgO(s)$, $Hg(g)$, $O_2(g)$.

(2) $Fe(s)$, $FeO(s)$, $CO(g)$, $CO_2(g)$.

答 (1) $S=3$, $Hg(g)+\frac{1}{2}O_2(g)=\!=\!=HgO(s)$, $R=1$, $C=3-1=2$.

(2) 一个化学平衡:$FeO(s)+CO(g)=\!=\!=Fe(s)+CO_2(g)$. $S=4$, $R=1$, $C=4-1=3$.

21. 在下列物质共存的平衡体系中,请写出可能发生的化学反应,并指出有几个独立反应.

(1) $C(s)$, $CO(g)$, $CO_2(g)$, $H_2(g)$, $H_2O(l)$, $O_2(g)$.

(2) $C(s)$, $CO(g)$, $CO_2(g)$, $Fe(s)$, $FeO(s)$, $Fe_2O_3(s)$, $Fe_3O_4(s)$.

答 (1) 可能发生的化学反应:

$$C(s)+(1/2)O_2(g)=\!=\!=CO(g) \quad ①$$
$$C(s)+O_2(g)=\!=\!=CO_2(g) \quad ②$$
$$H_2(g)+(1/2)O_2(g)=\!=\!=H_2O(1) \quad ③$$
$$CO(g)+(1/2)O_2(g)=\!=\!=CO_2(g) \quad ④$$
$$C(s)+H_2O(l)=\!=\!=CO(g)+H_2(g) \quad ⑤$$

独立反应有①,②,③三个.

(2) 可能的化学反应:

$$Fe(s)+Fe_3O_4(s)=\!=\!=4FeO(s) \quad ①$$
$$Fe(s)+Fe_2O_3(s)=\!=\!=3FeO(s) \quad ②$$
$$Fe+CO_2(g)=\!=\!=FeO(s)+CO(g) \quad ③$$
$$C(s)+CO_2(g)=\!=\!=2CO(g) \quad ④$$
$$CO(g)+FeO(s)=\!=\!=CO_2(g)+Fe(s) \quad ⑤$$
$$4CO(s)+Fe_3O_4(s)=\!=\!=4CO_2(g)+3Fe(s) \quad ⑥$$
$$C(s)+FeO(s)=\!=\!=Fe(s)+CO(g) \quad ⑦$$
$$C(s)+Fe_3O_4(s)=\!=\!=Fe(s)+4CO(g) \quad ⑧$$

独立反应有①,②,③,④四个.

22. 一个体系如图 4.1 所示,其中半透膜只允许 O_2 通过,那么体系的组分数、相数和自由度各是多少?

图 4.1

答 体系的物种数 S 等于 4,存在一个化学反应平衡:$2Ag(s)+\frac{1}{2}O_2=\!=\!=Ag_2O(s)$. 因此体系的组分数 $C=S-1=3$. 由于半透膜存在,两边气体不能混合,因此体系相数 $\Phi=4$. 在相律推导过程中,假设各相的温度、压力是相同的,得出的相律表达式为 $f=C-\Phi+2$,但有半透膜存在的体系,膜两边的压力不相同,所以相律表达式为 $f=C-\Phi+3(T,p_1,p_2)$.

所以 $f=C-\Phi+3=3-4+3=2$.

23. 一个平衡体系如图 4.2 所示,其中半透膜 aa' 只许 $O_2(g)$ 通过,膜 bb' 不允许

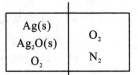

$O_2(g)$，$N_2(g)$，$H_2O(g)$通过.

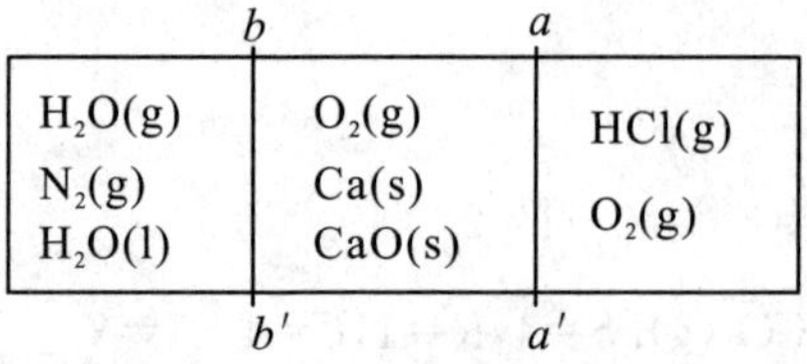

图 4.2

(1) 体系的组分数是多少？

(2) 体系有几相？

(3) 写出体系中所有平衡条件.

(4) 体系的自由度是多少？

答 (1) 物种数 $S=6$(H_2O，Ca，CaO，O_2，HCl，N_2)，有一个化学平衡：

$$Ca(s)+\frac{1}{2}O_2(g)═══CaO(s)$$

又有 $R=1$，故 $C=S-R=6-1=5$.

(2) 由于半透膜两边的气相组成不同，是不同的相，因此是六相(Ca(s)，CaO(s)，$O_2(g)$，$O_2(g)+HCl(g)$，$H_2O(g)+N_2(g)$，$H_2O(l)$).

(3) 体系热平衡：$T_1=T_2=T_3=T$；化学平衡：$Ca(s)+\frac{1}{2}O_2(g)═══CaO(s)$；相平衡：$H_2O(l)═══H_2O(g)$；中间区与右区 O_2压力平衡：$p(O_2)=p'(O_2)$.

(4) 由于半透膜两边的压力不同，因此体系中有一个温度与三个压力变量，所以

$$f=C-\Phi+4=5-6+4=3$$

自由度为3.

24. 在水、苯和苯甲酸体系中，在下列条件下，体系中最多可有几相共存？

(1) 等温；

(2) 等温，水中苯甲酸浓度确定；

(3) 等温，等压，水中苯甲酸浓度确定.

答 $S=3$，$\Phi_{max}=C-f_{min}+2=C+2$(温度、压力均不确定).

(1) $C=3$，$f_{min}=0$，$\Phi_{max}=C-f_{min}+1=C+1=4$. 最多四相共存.

(2) 水中苯甲酸浓度确定，$C=S-R'=3-1=2$.

等温时，$\Phi_{max}=C-f_{min}+1=2+1=3$，最多三相共存.

(3) 水中苯甲酸浓度确定，$C=S-R'=3-1=2$.

等温、等压时，$\Phi_{max}=C-f_{min}=2$，最多两相共存.

25. 试确定下列体系的自由度数，如果 $f\neq0$，则指出变量的含义.

(1) $p^\ominus$下水与水蒸气达平衡.

(2) $p^\ominus$下，I_2分别溶解在水和CCl_4中且达到分配平衡，无$I_2(s)$存在.

(3) $H_2(g)$，$N_2(g)$和$NH_3(g)$在$2p^\ominus$下达化学平衡.

(4) $p^\ominus$下，H_2SO_4水溶液与$H_2SO_4\cdot2H_2O(s)$达平衡.

(5) 在一个封闭体系中，某个指定温度或指定压力下，ZnO(s)被碳还原而达平衡，体系中存在着ZnO(s)，C(s)，Zn(s)，CO(g)和$CO_2(g)$.

答 (1) $C=1$，$\Phi=2$，$f^*=C-\Phi+1=1-2+1=0$. 没有自由变量.

(2) $C=3$，$\Phi=2$，$f^*=C-\Phi+1=3-2+1=2$. 有两个自由变量.

说明：在不破坏原有相平衡的条件下，两个自由变量可以是 T，$c_{I_2}(H_2O)$或 T，

$c_{I_2}(CCl_4)$，也可以是 $c_{I_2}(H_2O)$，$c_{I_2}(CCl_4)$.

(3) $C=S-R=3-1=2$，$\Phi=1$，$f^*=C-\Phi+1=2-1+1=2$.

说明：在不破坏原有相平衡的条件下，两个自由变量可以是 T，$x(N_2)$ 或 T，$x(H_2)$，也可以是气相中 $x(N_2)$ 和 $x(H_2)$.

(4) $C=2$，$\Phi=2$，$f^*=C-\Phi+1=2-2+1=1$.

说明：一个自由变量，是温度 T，或者是 H_2SO_4 水溶液的浓度.

(5) $C=S-R=5-2=3$，$\Phi=4$，$f=C-\Phi+2=3-4+2=1$.

说明：一个自由变量是温度或者压力. 例如在一个较高温度时，该反应才能进行并达到平衡. 温度确定了，压力、组成也就随之确定了.

26. 碳酸钠与水可组成下列几种水合物：$Na_2CO_3 \cdot H_2O(s)$，$Na_2CO_3 \cdot 7H_2O(s)$，$Na_2CO_3 \cdot 10H_2O(s)$.

(1) 说明 $p^\ominus$ 下，与碳酸钠水溶液和冰平衡共存的含水盐最多可以有几种？

(2) 在 30 ℃时，可与水蒸气平衡共存的含水盐最多可有几种？

答　$C=2$，$f^*=C-\Phi+1=3-\Phi$.

(1) $f_{min}=0$，$\Phi_{max}=3$，由于已有液相碳酸钠水溶液和固相冰，所以最多有一种固相含水盐.

(2) 同理，$f_{min}=0$，$\Phi_{max}=3$. 由于已有气相水蒸气，所以最多还有两种固相含水盐.

27. 在由任意量的 $HCl(g)$ 和 $NH_3(g)$ 所组成的体系中，反应 $HCl(g)+NH_3(g)$ ══ $NH_4Cl(s)$ 达平衡时体系的自由度为多少？

答　$S=3$，$R=1$，$R'=0$；

$C=S-R-R'=3-1-0=2$，$\Phi=2(s,g)$；

$f=C-\Phi+2=2-2+2=2$.

28. 在室温(298 K)与 1 个标准大气压下，用 $CCl_4(l)$ 萃取碘的水溶液，I_2 在 $CCl_4(l)$ 和 $H_2O(l)$ 中达成分配平衡，无固体碘存在，这时的独立组分数和条件自由度为多少？

答　$S=3$，$R=0$，$R'=0$，$C=S-R-R'=3$，$\Phi=2$.

条件自由度 $f^{**}=C-\Phi=3-2=1$（I_2 在水中或 CCl_4 中浓度可改变）.

29. 判断下列说法是否正确，并说明为什么.

(1) 在一个密封的容器内，装满了 373.2 K 的水，一点空隙也不留，这时水的蒸气压等于零.

(2) 在室温和大气压力下，纯水的蒸气压为 p^*，若在水面上充入 $N_2(g)$ 以增加外压，则纯水的蒸气压下降.

(3) 面粉和米粉混合得十分均匀，肉眼已无法分清彼此，所以它们已成为一相.

(4) 1 mol NaCl(s)溶于一定量的水中，在 298 K 时，只有一个蒸气压.

(5) 1 mol NaCl(s)溶于一定量的水中，再加少量的 $KNO_3(s)$，在一定的外压下，当达到气液平衡时，温度必为定值.

(6) 纯水在三相点和冰点时，都是三相共存，根据相律，这两点的自由度都应该等于零.

答　(1) 不正确. 液体具有蒸气压是液体的固有性质，温度一定，纯液体的蒸气压有定值，可理解为液体中能量大的分子脱离液面进入空间成为气态分子的倾向，可以用平衡时气态分子的压力测量. 在密封的容器中加满水，没有蒸气，但水的蒸气压是存在的，不为零. 水的蒸气压为 373.2 K 时水的饱和蒸气压 $p^{\ominus}$.

(2) 不正确. 纯水蒸气压升高. 由外压对蒸气压影响公式

$$\ln \frac{p_g}{p_g^*}=\frac{V_m}{RT}(p_l-p_g^*)$$

外压增加，纯水的蒸气压将上升，可理解成外压增加，液面上的分子逃逸倾向增大，即蒸气压增大.

(3) 不正确. 面粉与米粉虽然用肉眼无法分清彼此，但其化学组成不同，在更小的尺度内可以区分，所以它们不是一相.

(4) 不完全正确. 本题中的水量是不确定的. 若水量多，则 NaCl 全溶解，是两相（气相、液相）；温度一定后，$f^*=C-\Phi+1=2-2+1=1$（浓度或压力）. 由于浓度可变，因此水的蒸气压也会改变.

若水量少，则 NaCl 没有全溶解，形成有 NaCl 固体存在的饱和溶液，是三相.

$f^*=C-\Phi+1=2-3+1=0$. 这时压力、组成不变，只有一个蒸气压.

(5) 不完全正确. 若水量多，NaCl 和 KNO_3 全溶解，体系是两相（气相、液相），$C=3$，$\Phi=2$，$f^*=C-\Phi+1=3-2+1=2$，温度和浓度可作为独立变量，气液平衡，温度无法确定.

若水量少，KNO_3 不能全溶解，则体系是三相，$C=3$，$\Phi=3$，$f^*=C-\Phi+1=3-3+1=1$，所以一定外压下，对 KNO_3 的饱和溶液，温度和 NaCl 的浓度有限制关系.

若不量特别少，NaCl 和 KNO_3 都不能完全溶解，体系是四相（其中有两个固相），$C=3$，$\Phi=4$，$f^*=C-\Phi+1=3-4+1=0$，此时为双饱和溶液系统，两种盐的浓度均为定值. 所以一定外压下，双饱和溶液的状态为定值，温度必是定值.

(6) 不正确. 冰点指水与冰两相平衡的温度，是两相共存，根据相律，$C=S=1$，$f=C-\Phi+2$.

在三相点时，$f=1-3+2=0$，自由度为 0.

在冰点、两相时，$f=1-2+2=1$，与压力有关.

30. 体系中有 Na_2CO_3 水溶液以及 $Na_2CO_3\cdot H_2O(s)$，$Na_2CO_3\cdot 7H_2O(s)$，$Na_2CO_3\cdot 10H_2O(s)$三种结晶水合物. 在 $p^{\ominus}$ 下，某人计算体系的条件自由度 $f^*=C-\Phi+1=2-4+1=-1$，自由度是不能小于零的，这种情况表明什么问题？

答 表明该体系不是处于相平衡状态，因为相律只适用于相平衡体系.

31. 指出下列平衡体系中的物种数、组分数、相数和自由度数.

(1) $NH_4Cl(s)$在真空容器中，分解成 $NH_3(g)$和 $HCl(g)$达到平衡.

(2) $NH_4Cl(s)$在含有一定量 $NH_3(g)$的容器中，分解成 $NH_3(g)$和 $HCl(g)$达到平衡.

(3) $NH_4HCO_3(s)$在真空容器中，分解成 $NH_3(g)$，$CO_2(g)$和 $H_2O(g)$达到平衡.

(4) NaCl(s)与其饱和溶液达到平衡.

(5) 过量的 $NH_4Cl(s)$，$NH_4I(s)$在真空容器中达到如下的分解平衡：

$$NH_4Cl(s) \rightleftharpoons NH_3(g)+HCl(g), \quad NH_4I(s) \rightleftharpoons NH_3(g)+HI(g)$$

(6) 含有 Na^+，K^+，SO_4^{2-}，NO_3^- 四种离子的均匀水溶液.

答 (1) $S=3(NH_4HCl(s),NH_3(g)$和$HCl(g))$.

$$NH_4Cl(s)=\!=\!=NH_3(g)+HCl(g),\quad R=1$$

在同一相中,$[NH_3]=[HCl]$,$R'=1$,$C=S-R-R'=3-1-1=1$,$\Phi=2$,$f=C-\Phi+2=1$.

(2) $S=3$,$NH_4Cl(s)=\!=\!=NH_3(g)+HCl(g)$,$R=1$. $C=S-R=2$,$\Phi=2$,$f=C-\Phi+2=2$.

(3) $S=4$,$NH_4HCO_3(s)=\!=\!=NH_3(g)+CO_2(g)+H_2O(g)$,$R=1$,$R'=2$,$C=S-R-R'=1$,$\Phi=2$,$f=C-\Phi+2=1$.

(4) $S=2$,$C=S-R-R'=2$,$\Phi=2$,$f=C-\Phi+2=2$.

(5) $S=5$ $(NH_4Cl,NH_4I,NH_3,HCl,HI)$,$R=2$;$[NH_3]=[HCl]+[HI]$,$R'=1$,$C=5-2-1=2$,$\Phi=3$,$f=C-\Phi+2=1$.

(6) $S=5(H_2O,Na_2SO_4,K_2SO_4,NaNO_3,KNO_3)$,$Na_2SO_4+2KNO_3=\!=\!=2NaNO_3+K_2SO_4$,$R=1$,$C=S-R-R'=4$,$\Phi=1$(溶液),$f=C-\Phi+2=5$.

4.2 单组分多相体系的相图

32. 相图与相律之间的关系如何?

答 相图由实验结果绘制得出,不是由相律推导出来的,不能违背相律. 相律可以解释相平衡的规律,在科学研究、生产实践中有指导作用.

33. 纯物质体系的相图中两相平衡线都可以用克拉珀龙方程定量描述. 此认识正确吗?

答 正确. 对于纯物质,任意两相平衡都遵循克拉珀龙方程.

34. 对于纯水,当水汽、水与冰三相共存时,其自由度为多少? 水的冰点的自由度是否也为零? 你是怎样理解的?

答 根据相律,水为纯物质,$C=1$,$T=273.16$ K,$p=611$ Pa,温度、压力确定,其自由度为零. $f=1-3+2=0$,说明该体系的组成、温度与压力均不能任意改变. 所以水的三相点为热力学温标的参考点 273.16 K. 对于水的冰点(凝固点),为两相,自由度是 1,温度或压力在一定范围内可任意改变.

35. 图 4.3 是水的相图. 若体系从 a 点移动到 c 点,体系的状态将发生怎样的变化? 如果从 d 点移动到 a 点,则又将发生怎样的变化?

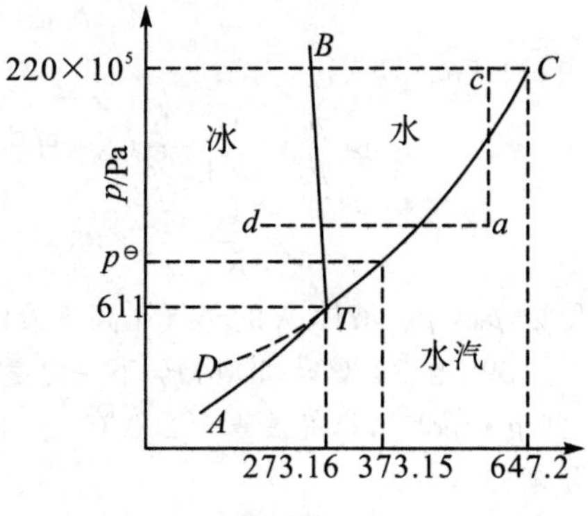

图 4.3

答 体系由状态 a 点开始,经恒温压缩到达 CT 曲线时,开始液化. 这时 T 和 p 均保持不变,直到蒸气全部变成液体后,才离开曲线 CT,压力才继续增加移动到 c 点状态.

体系从 d 点状态,经等压升温,到达 TB 线,冰开始融化成水. 这时 T 和 p 均不变,直到冰全部融化成水,体系点离开 TB 线,继续升温,体系点水平移动，到达 CT 曲线时，水开始汽化. 这时 T 和 p 均不变，直到液态水全部变成水汽后，体系点才离开曲线 CT，继续升温移动到 a 点状态.

36. 青藏高原的气压为 65.8 kPa. 为什么在青藏高原用一般锅不能将生米烧成熟饭，而要用高压锅才能煮熟？

答　查表可知水的饱和蒸气压为 65.8 kPa 时，水的沸点为 89 ℃. 在青藏高原，加热到 89 ℃时水就沸腾，一般锅中水温不能超过 89 ℃，所以生米不能煮成熟饭. 高压锅是密封的，加热时，蒸汽出不来，水面上压力增大，蒸汽压升高，水的沸点就升高，一般压力锅可以使水的沸点升高到 110～120 ℃，当然容易把饭煮熟了.

37. 为了防止苯乙烯的高温聚合，可以采用减压蒸馏. 若使苯乙烯在 318.2 K 时减压蒸馏，请你计算出设备的真空度，如何计算？尚需哪些数据？

答　根据克-克方程 $\ln\frac{p_2}{p_1}=\frac{\Delta_{vap}H_m(T_2-T_1)}{RT_1T_2}$，若已知一个压力($p_1$)下的沸点($T_1$)和汽化热($\Delta_{vap}H_m$)数据，就可以计算出 318.2 K($T_2$) 时苯乙烯的饱和蒸气压($p_2$)，从而可求得设备的真空度. 为此，尚需要知道苯乙烯的正常沸点(或一个温度下的饱和蒸气压)和苯乙烯的摩尔汽化热($\Delta_{vap}H_m$)数值.

38. 已知液体 A 和液体 B 的标准沸点分别为 70 ℃和 90 ℃. 假定两液体均满足特鲁顿规则，那么在 25 ℃时，液体 A 的蒸气压与液体 B 的蒸气压比较，哪个高一些？

答　由特鲁顿规则，$\Delta_{vap}S_m=\frac{\Delta_{vap}H_m^{\ominus}}{T}\approx 88\ \mathrm{J\cdot K^{-1}\cdot mol^{-1}}$，所以

$$\Delta_{vap}H_{m,A}^{\ominus}=88T_{b,A}=88\times 343\ \mathrm{J\cdot mol^{-1}},\quad \Delta_{vap}H_{m,B}^{\ominus}=88T_{b,B}=88\times 363\ \mathrm{J\cdot mol^{-1}}$$

又因为

$$\ln\frac{p_2}{p_1}=\frac{\Delta_{vap}H_m^{\ominus}}{R}\left(\frac{1}{T_1}-\frac{1}{T_2}\right)$$

$$p_2=p^{\ominus},\quad T_2=T_b,\quad T_1=298\ \mathrm{K}$$

$$\begin{cases}\ln\dfrac{p^{\ominus}}{p_{1,A}}=\dfrac{\Delta_{vap}H_{m,A}^{\ominus}}{R}\left(\dfrac{1}{298}-\dfrac{1}{343}\right) & (1)\\[2ex] \ln\dfrac{p^{\ominus}}{p_{1,B}}=\dfrac{\Delta_{vap}H_{m,B}^{\ominus}}{R}\left(\dfrac{1}{298}-\dfrac{1}{363}\right) & (2)\end{cases}$$

由(1)式减(2)式得

$$\ln\frac{p_B}{p_A}=\frac{1}{R}\left[\frac{1}{298}(\Delta_{vap}H_{m,A}^{\ominus}-\Delta_{vap}H_{m,B}^{\ominus})-\frac{\Delta_{vap}H_{m,A}^{\ominus}}{343}+\frac{\Delta_{vap}H_{m,B}^{\ominus}}{363}\right]$$

$$=\frac{1}{R}\left[\frac{1}{298}\times 88\times(-20)-88+88\right]<0$$

所以 $p_B<p_A$，液体 A 的蒸气压高于液体 B.

39. 在 20 ℃时，100 kPa 下一定量的空气从一种油中通过. 已知该种油的摩尔质量为 120 g·mol⁻¹，标准沸点为 200 ℃. 估计每通过 1 m³空气最多能带出多少油(可利用特鲁顿规则).

答　由特鲁顿规则，

$$\Delta_{vap}H_m^{\ominus}=88\times(273.15+200)=41\ 640\ (\mathrm{J\cdot mol^{-1}})$$

又因为

$$T_2=273.15+20=293.15\ (\text{K}),\quad T_1=200+273.15=473.15\ (\text{K}),\quad p_1=p^{\ominus}$$

所以 $\ln\dfrac{p_2}{100}=\dfrac{41\,640}{R}\left(\dfrac{1}{473.15}-\dfrac{1}{293.15}\right)$，得 $p_2=0.15$ kPa，即 20 ℃时油的蒸气压. 估计 $p_2V=n_2RT$，即

$$w=\frac{p_2VM}{RT}=\frac{0.15\times10^3\times1\times120}{(8.314\times293.15)}=7.41\ (\text{g})$$

能带出油 7.41 g.

40. 在硫的相图中，体系从 a 点移动到 d 点（图 4.4）(1) 缓慢改变；(2) 快速改变，体系的状态将发生怎样的改变？

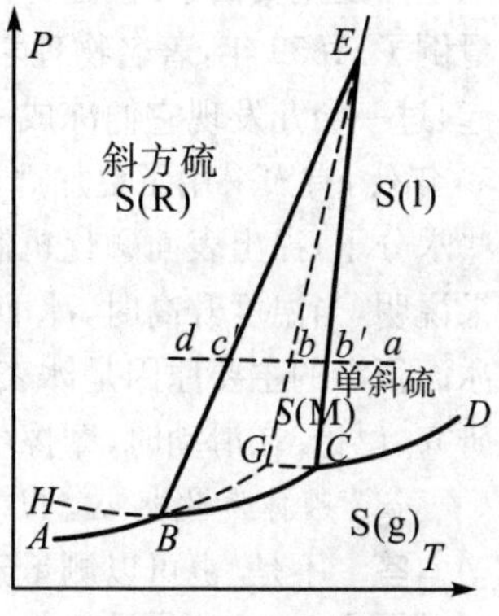

图 4.4

答　从 a 到 d 的缓慢变化过程中，液态硫在恒压下降低温度，到达 EC 线上 b' 点时，冷凝结出单斜硫 S(M)，到全部凝结成单斜硫 S(M)后，离开 CE 线，$b'\to c'$ 为单斜硫恒压降温过程，到达 EB 线上 c' 点时，单斜硫开始转变为斜方硫 S(R)，单斜硫全部转变为斜方硫后，离开 EB 线，此后 $c'\to d$ 为斜方硫的恒压降温压过程.

从 a 到 d 的快速改变过程中，液态硫恒压降温到 b' 点，来不及转变成单斜硫，温度很快降到 EG 线上 b 点，开始凝结成斜方硫 S(R)，到全部凝结成斜方硫 S(R)后，离开 EG 线，$b\to d$ 为斜方硫恒压降温过程.

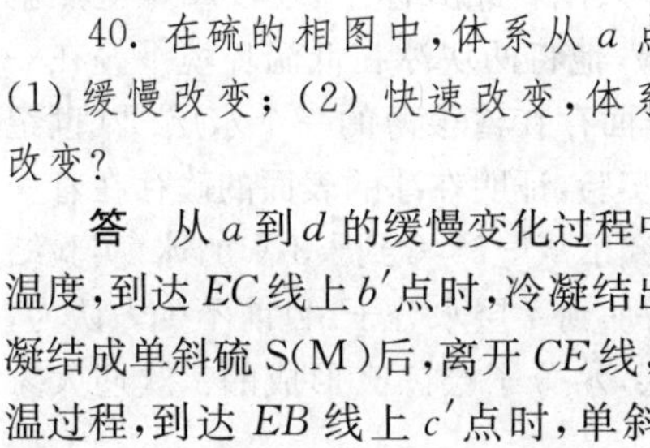

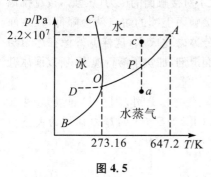

图 4.5

41. 图 4.5 是水的相图，由水汽（a 点）变成液态水（c 点）是否一定要经过两相平衡态？

答　不一定要经过两相平衡. 从水的相图可知，可以将水汽先升温，使温度超过 647.2 K（A 点温度），后再加压，使压力超过 2.2×10^7 Pa（A 点压力），然后再先降温后降压. 上述过程就可绕过临界点 A，不经过气液两相平衡态，使水汽转变成液态水.

42. 压力对冰熔点的影响用克拉珀龙方程算出：$\dfrac{dT}{dp}=-7.435\times10^{-5}\ \text{K}\cdot\text{Pa}^{-1}$. 此结果表示压力越大，则熔点越低. 有人常常用这个道理来解释滑冰与滑雪是由于冰或雪被压化成水，阻力大大降低，人才能滑动. 你认为这种解释是否符合实际？

答　这种解释基本是符合实际情况的. 人穿冰鞋踩在冰面上，加大了接触面的压力，按克拉珀龙方程，接触面上的冰的熔点降低，即在冰面温度下就有部分冰融化成水，这样等于在冰刀和冰面之间涂了一层润滑剂，减小了滑动摩擦，加快了滑行速度. 但题中“阻力大大降低，人才能滑动” 可能不对，不是阻力降低人才能滑动，滑动靠人对冰面的蹬踏力.

也有人提出不同看法. 滑冰比赛时冰面的温度低于－3.5 ℃，要想让冰在－3.5 ℃时

融化,需要的压强约为350大气压.假设冰刀的有效长度为100 mm,宽为0.5 mm,有效面积为50 mm^2,要获得350大气压,运动员体重要达到175 kg,一般人是达不到的.此外,实验证明:压力并不能使冰的融点下降太多,冰刀压强引起的熔点下降量仅在0.1 ℃左右.1939年,有两位物理学家先用计算说明,压强增加时熔点下降量极其有限,然后又测量了自然界中滑雪胜地的雪温,发现没有高过-3 ℃.他们在冰刀上安装测温装置,发现滑行速度越快,温度就越高.如果压强融化机制是正确的话,冰的融化是吸热过程,应该观察到温度降低的情况,但从未观察到,这否定了压强融化机制.他们提出了摩擦生热机制,认为摩擦生热是主要因素.但也有问题,它无法解释为何很多人刚一站到冰上,还没摩擦生热就滑倒了.1859年,著名物理学家法拉第进行了一个实验,他将两块冰在低温环境下叠在一起,过一会儿发现它们冻成一块冰了,他认为在冰的表面存在着很薄的一个水层.20世纪50年代,有人采用了更加严谨的方式重复了法拉第的实验,证明在冰的表面的确存在着一些水分子,提出表面融化机制.2017年,荷兰科学家研究了从-28 ℃到-3 ℃的冰,实验结果说明,当温度升高时,冰面液态水的厚度会从2层增加到4层水分子.目前不少人认为,冰面很滑的主要原因是冰表面上存在着液态水分子层,水分子层怎么形成的?欢迎大家研究、讨论.在滑动时,摩擦生热也会起一定到作用.

43. 液体汽化热 $\Delta_{vap}H_m$,只能通过量热实验测定吗?为什么?

答 不是.也可以测量蒸汽压与温度的关系,作 $\ln p-1/T$ 图,由直线的斜率求得.

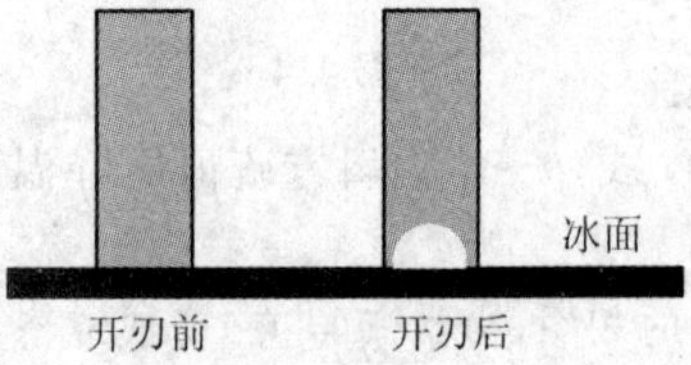

图4.6

44. 溜冰鞋的冰刀在使用前要"开刃",也就是把冰刀横截面磨成如图4.6所示的形状.为什么要这样做?

答 冰刀开刃后,与冰的接触面积减小,人穿上溜冰鞋踩在冰面上,加大了对接触面的压力(压强),按克拉珀龙方程,压力增加,接触面上冰的熔点就会降低,在冰面的温度时就会有部分冰融化成水,这样就好像在冰刀与冰面之间涂上一层润滑剂,加快了滑行速度.所以溜冰鞋的冰刀在使用前要"开刃".

45. 某单质X在低温下存在三种物态(固态、液态、气态),分别以Ⅰ,Ⅱ,Ⅲ表示.在三相点附近,三种物态的摩尔熵的关系为 $S_m(\text{Ⅲ})>S_m(\text{Ⅱ})>S_m(\text{Ⅰ})$,摩尔体积的关系为 $V_m(\text{Ⅲ})>V_m(\text{Ⅰ})>V_m(\text{Ⅱ})$.试画出该单质的 $p-T$ 示意图,并标出各物态稳定存在的区域.

答 这个示意图应该类似单组分相图,单组分相图有两类:水相图与硫(或 CO_2)相图.区别在于固液平衡线的方向,即其斜率是正的还是负的.

依据麦克斯韦关系式 $\left(\frac{\partial p}{\partial T}\right)_V=\left(\frac{\partial S}{\partial V}\right)_T$,由相变过程的熵变 ΔS 和 ΔV 的符号来确定两相平衡线的斜率符号.Ⅲ→Ⅰ,$\Delta S<0$,$\Delta V<0$,因此Ⅲ→Ⅰ平衡线的斜率为正的;Ⅲ→Ⅱ,$\Delta S<0$,$\Delta V<0$,因此Ⅲ→Ⅱ平衡线的斜率也为正的;

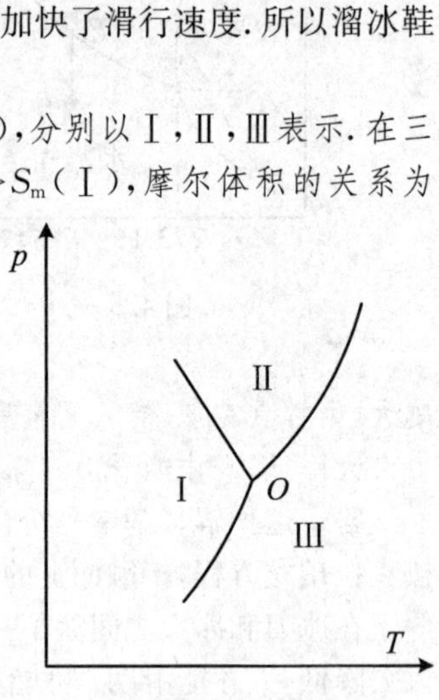

图4.7

Ⅱ→Ⅰ,$\Delta S<0$,$\Delta V>0$,因此Ⅱ→Ⅰ平衡线的斜率为负的.注意,Ⅲ与Ⅰ平衡线斜率比Ⅲ与Ⅱ平衡线斜率要大,即Ⅲ与Ⅰ平衡线比较陡一些.

再考虑温度、压力因素,气态在低压下存在,固态在低温下存在,可以判断该物质的示意图与水相图类似,Ⅲ相当于水汽,Ⅱ相当于水,Ⅰ相当于冰,如图 4.7 所示,各个稳定物态也标在图上.

46. 水的三相点与冰点是否相同?

答　不相同.三相点与冰点的物理意义完全不同.纯水的三相点是气、液、固三相共存,其温度和压力由水本身性质决定,这时的压力为 611 Pa,温度为 273.16 K.水的三相点是在密闭容器条件下测定的,因而不随地理位置而变化.

水的冰点是指在大气压力下冰与水共存时的温度.由于冰点受外界压力增加影响,在 101.3 kPa 压力下,冰点下降 0.007 47 K,另外水中溶解了空气,冰点又下降 0.002 4 K,所以在大气压力为 101.3 kPa 时,水的冰点为 273.16−0.007 47−0.002 4≈273.15 K.两者之间相差 0.01 K.

47. 图 4.8 是水的相图.268.15 K 的冰放入真空的密闭容器中,一直维持与蒸气平衡共存,从 268.15 K 加热到 653.15 K,试讨论体系中的状态及自由度的变化情况.

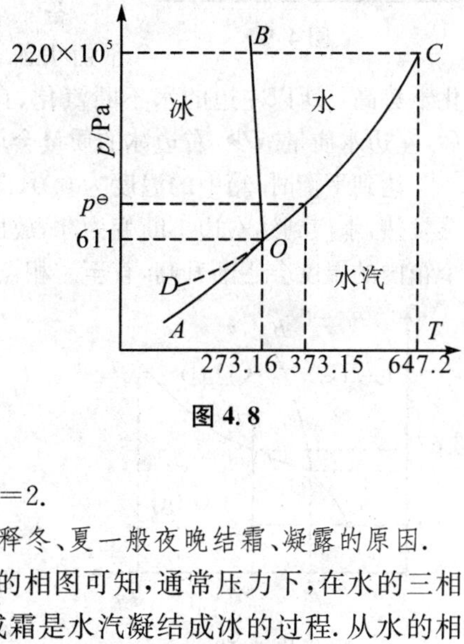

图 4.8

答　在 268.15 K 时,是冰、气两相平衡,自由度 $f=1$;

温度升到 273.16 K 时,冰、水、气三相平衡,自由度 $f=0$;

温度升到 273.16 K 以上到 647.2 K(374 ℃)之间时,水、气两相平衡(水的量要足够),自由度 $f=1$.

温度大于 647.2 K 时,为单相(气相),自由度 $f=2$.

48. 水蒸气在何种条件下能形成霜或露?并解释冬、夏一般夜晚结霜、凝露的原因.

答　水汽形成露是水汽凝结成水的过程,由水的相图可知,通常压力下,在水的三相点温度以上,水蒸气才有可能凝结成液体.水汽形成霜是水汽凝结成冰的过程.从水的相图可知:只有温度低于三相点温度时才有可能使水汽不经液体而直接凝结成固体霜.

所以,只有在冬季晚间温度低于三相点温度时,空气中的水蒸气才可能直接形成霜;而在夏天晚间温度都高于三相点温度,故水汽在晚间只能凝结形成露.

49. 将一个透明容器抽成真空,放入固体碘.当温度为 50 ℃时,可见到明显的碘升华现象,有淡紫色气体出现.若维持温度不变,向容器中充入氮气使压力达到 $100p^\ominus$,将看到容器内颜色如何变化?为什么?

答　紫色变深.因为单组分物质的蒸气压随外压的增大而增加.充入氮气使外压增大,故碘蒸气压增大,从而颜色变深.

50. 当某个纯物质的气、液两相处于平衡时,不断升高平衡温度,问处于平衡状态的气、液两相的摩尔体积将如何变化？

答 升高平衡温度，纯物质的饱和蒸气压升高.但由于液体的可压缩性较小，热膨胀仍占主要地位，所以液体的摩尔体积会随着温度的升高而增大.而蒸气易被压缩，当饱和蒸气压变大时，气体的摩尔体积会变小.随着平衡温度的不断升高，气体与液体的摩尔体积逐渐接近.当气体的摩尔体积与液体的摩尔体积相等时，温度就是临界温度.

51. 家庭使用高压锅时，为什么应在常压下沸腾一段时间之后，再盖上限压阀？

答 高压锅在常压下沸腾一段时间，目的是驱赶净锅内的空气.如果空气不赶净就盖上限压阀，就会增加锅内的外压，水的蒸气压就要升高，要达到这个蒸气压，就会增加加热时间，浪费更多的燃料.

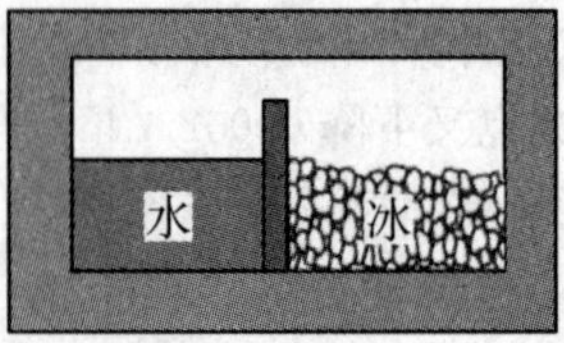

图 4.9

52. 绝热真空箱中有一挡板将箱体分成两部分.挡板上部有孔使两部分相通.左边有−1 ℃水，右边有相同温度的冰(图4.9).如果过冷水中始终没有冰出现，则过一段时间后，箱中将会产生什么变化？达到平衡时，箱中的温度为多少？

答 水质量减少而冰的质量增加，因为体系开始是非相平衡状态.由于−1 ℃水的蒸气压高于−1 ℃冰的蒸气压(即化学势高)，所以左边的水不断汽化，自动通过隔板上气孔流向右边变为冰，过一段时间后，左边水质量减少，右边冰的质量会增加.

达到平衡时，箱中的温度为0.01 ℃，即273.16 K.左边的水不断变为水汽，同时吸收蒸发热，水汽到达右边不断变为冰，放出凝华热(升华热).因为升华热大于蒸发热，所以整个箱内的温度会逐渐升高，直至三相点温度时达到三相平衡.

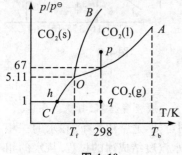

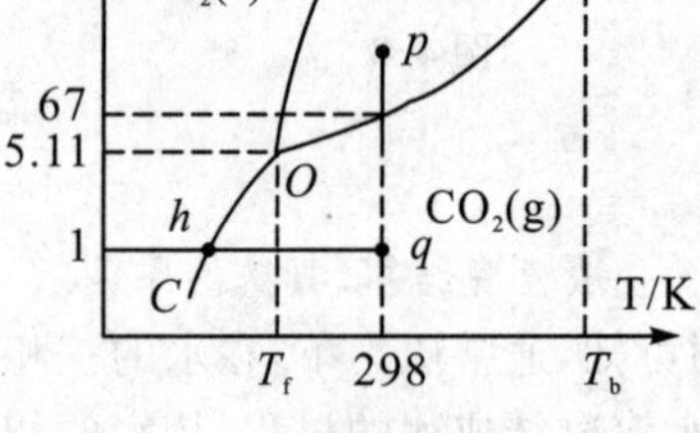

图 4.10

53. 图4.10是CO_2的相图，

(1) 试与水的相图比较，两者有何异同？

(2) 图中哪处$f=0$？

(3) 根据相图，你如何理解在高压钢瓶内可以储存液态CO_2，而将液态CO_2从钢瓶口快速喷至空气中，在喷口上装一袋子，在袋内得到的是固态CO_2(干冰)，而不能得到液态CO_2？

答 (1) 与水的相图比较，显著的差别是固液两相平衡线的倾斜方向不同.水的液固两相平衡线斜率$dp/dT<0$，是负值；而CO_2的$dp/dT>0$，斜率是正值.

(2) 图中三相点O处的自由度$f=0$.

(3) 在室温(298 K)和正常大气压($p/p^\ominus=1$)下，对于图上q点，其所在区域是气态CO_2稳定区而不是液态CO_2稳定区.高压钢瓶内可以储存液态CO_2，对于图上p点，当钢瓶中高压下液态CO_2喷出时压力迅速降低，液态CO_2迅速汽化膨胀，体系对环境做功，热力学能下降，温度降低，一部分CO_2因温度下降而凝结成固态CO_2(即干冰)，压力降到大气压时，体系处于h点，是固气两相平衡状态，因此在喷口上装一袋子，在袋内得到的是固态CO_2(干冰)，而不是液态CO_2.

54. 根据硫的相图(图4.11),请考虑回答下述问题:

(1) 为什么硫存在四个三相点?

(2) 常压、室温下将斜方硫S(R)投入373.2 K的沸水中,便迅速取出来与在沸水中放置一段较长的时间再取出来,两者的状态变化有何差别?

(3) 常压下将398 K的液态硫倒入373 K的沸水中放置一段时间,硫将成什么状态?

(4) 常压下将高温硫蒸气分别通入到373 K的沸水中与298 K的水中,所形成的硫各是什么状态?

(5) 常压下将单斜硫S(M)迅速冷却至室温,其状态是稳定态还是介稳状态?久置后又将怎样?

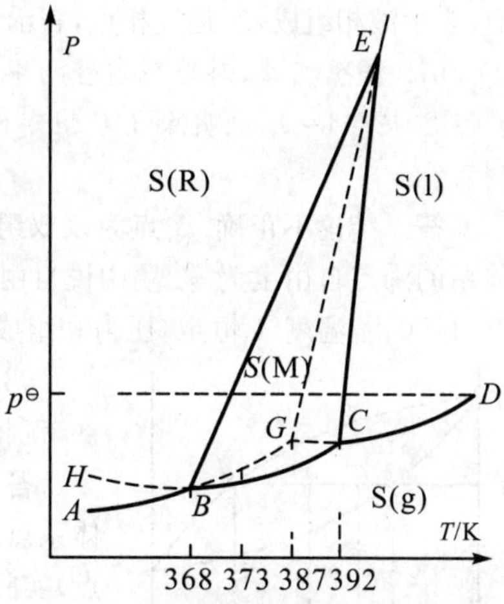

图4.11

答 (1) 因为硫具有单斜硫S(M)与斜方硫S(R)两种晶相,一种气相与一种液相共四相,所以具有四个三相点.

(2) 室温下斜方硫S(R)投入373.2 K沸水中迅速取出来,来不及进行晶型转变,仍为斜方硫.在沸水中久放后便转变为单斜硫.

(3) 液态硫变成为单斜硫.

(4) 硫蒸气通入到373 K沸水中变为单斜硫,通入298 K水中变为斜方硫.

(5) 迅速冷却后仍为单斜硫,它是介稳状态,久置后就转变为斜方硫,是稳定态.

4.3 两组分双液系相图

55. 什么是单组分体系的沸点?什么是多组分液体的沸点?

答 在一定外压下,单组分液体的蒸气压等于外压时的温度,称为单组分体系的沸点;多组分液体中各组分的蒸气压之和与外压相等时的温度,称为多组分液体的沸点.在一定外压下,多组分液体的沸点随组分的浓度改变而变化.

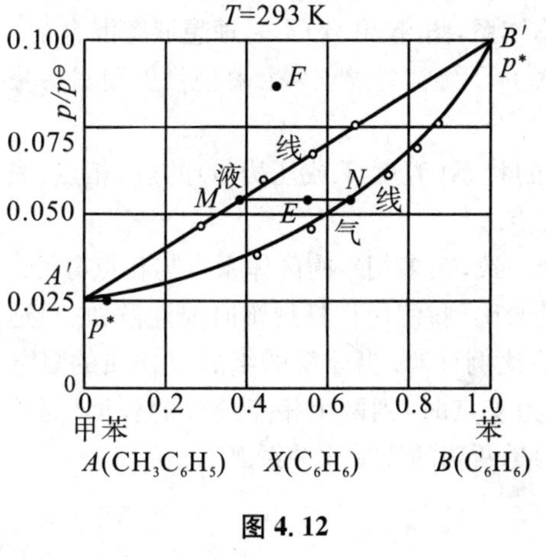

图4.12

56. 图4.12是理想混合物甲苯、苯的p-x相图,$A'B'$直线上方的点F是体系的点,还是某一相的点?位于“眼区”内的点E是体系的点,还是体系中某一相的点?

答 点F在$A'B'$直线上方,只存在一个液相,该区内任一点都是体系的点,也是液相的点,两者是一致的.位于“眼区”内的点E,是体系的点,不是相点,经过该点作横轴的平行线,与液相线和气相线分别交于点M和N,M是液相点，表示液相组成，N 是气相点，表示气相组成.

57. 根据相律，对理想混合物甲苯、苯的 $p-x$ 相图（图 4.12）中 A' 点的自由度计算：$f^*=2-2+1=1$，说明除 T 已恒定外，压力或组成还可以自由改变. 结论正确吗？应如何纠正？

答 结论不正确. A' 点为该双组分体系中特殊点，应该看成纯物质 A（甲苯），单组分体系的沸点自由度为零. 题中说自由度 $f^*=2-2+1=1$，不符合实际情况，应是 $f^*=1-2+1=0$，若温度 T 恒定，压力和组成均不能改变.

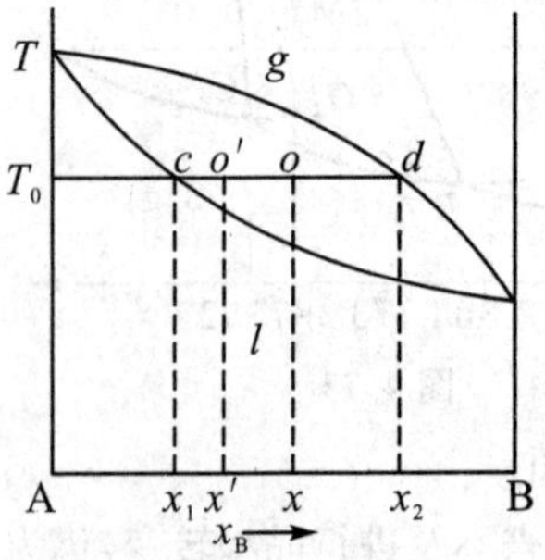

图 4.13

58. 就图 4.13 说明为什么说在两相区内的体系点是虚点，而相点是实点.

答 体系点表示一定温度下体系的总组成，在单相区内体系点真实存在，故为实点；但在两相区内，体系点（如图中 o 点）实际上已分离成水平线上与相线相交的两种组成的共轭相 c 点和 d 点了，其组成各为 x_1 和 x_2. 即在两相区内的体系点实际上并不能存在，故为虚点；而实际存在的是相点 c 和相点 d，表示两相组成，故相点为实点.

59. 根据二元液系的 $p-x$ 相图（图 4.14），如何准确地判断该体系的液相是否是理想液体混合物？

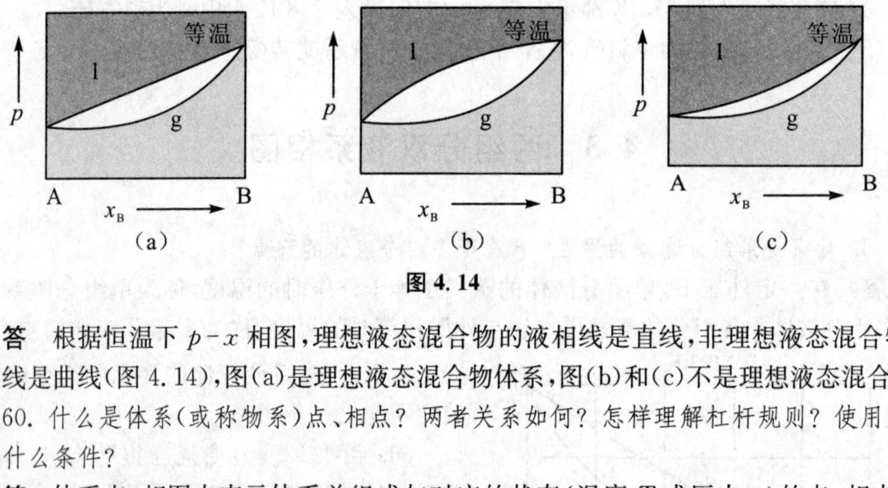

图 4.14

答 根据恒温下 $p-x$ 相图，理想液态混合物的液相线是直线，非理想液态混合物的液相线是曲线（图 4.14），图（a）是理想液态混合物体系，图（b）和（c）不是理想液态混合物.

60. 什么是体系（或称物系）点、相点？两者关系如何？怎样理解杠杆规则？使用时应注意什么条件？

答 体系点：相图中表示体系总组成与对应的状态（温度 T 或压力 p）的点；相点：表示某一相组成与对应的状态（温度 T 或压力 p）的点.

两者的关系：在单相区内，体系点与相点重合一致，在多相平衡区体系点与相点分开.

杠杆规则用于计算相图中两相平衡物质数量的比例. 使用杠杆规则时要注意：它只适用于相图中两相平衡时某种组分在两相中数量的比例计算. 当体系的组成以物质的量分数 x_B 表示时，两相的物质的量反比于体系点（作为支点时）到两个相点线段的长度. 当体系的组成以质量分数 w_B 表示时，杠杆规则给出的是两相的质量比关系.

61. 相图中的点都是代表体系状态的点.此说法对吗?

答　不对.相图中的点有的代表体系状态的点,也有的代表相点.相图中点不都是代表体系状态的点.

62. 双液系中,若A组分对拉乌尔定律产生正偏差,那么B组分必定对拉乌尔定律产生负偏差.该判断正确吗?

答　不正确.通常大多数双液系中,若A组分对拉乌尔定律产生正偏差,B组分也会产生正偏差;A组分产生负偏差,B组分也会产生负偏差.但也有一些体系,一组分是正偏差,另一组分在一定范围内是负偏差.因此不能认为A组分对拉乌尔定律产生正偏差,B组分必定对拉乌尔定律产生负偏差.

63. 二元互溶双液体系的恒沸物的组成是确定不变的,对吗?

答　不对.恒沸物的组成与压力有关,随压力的改变而变化,其组成不是确定不变的.

64. 什么是双液系的沸点-组成($T-x$)图,讨论 $T-x$ 图有何实际意义?如何绘制出 $T-x$ 图?

答　若外压为大气压力,当溶液的蒸气压等于外压时,溶液就沸腾,这时的温度称为溶液的沸点.溶液的组成不同,沸点高低也不同.表示双液系在恒压下沸点与组成关系的相图称为沸点-组成图,即 $T-x$ 图.因为蒸馏和精馏都是在恒压条件下进行的,所以讨论双液系的沸点与组成的关系尤为重要,有指导意义.绘制 $T-x$ 图可以有两种方法:其一用沸点仪实验测量出不同组成时溶液的沸点绘制成图;其二是测量出不同温度下的若干个 $p-x$ 图,再将这些 $p-x$ 图绘在一起,进行作图处理可得出 $T-x$ 图.

65. 同一个有较大正偏差或负偏差双液系的 $p-x$ 图与 $T-x$ 图有什么异同点?

答　图4.15是较大正偏差与较大负偏差的同一个双液系A和B的 $p-x$ 图与 $T-x$ 图.

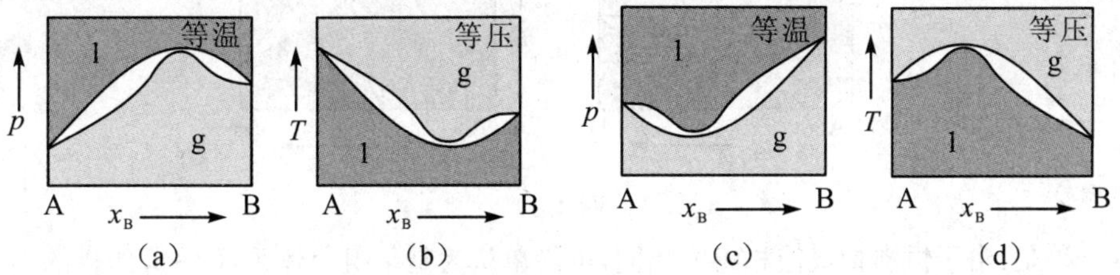

图4.15

$p-x$ 图与 $T-x$ 图的异同点如下:

(1) $p-x$ 图上,气相在下部,液相在上部;$T-x$ 图则相反,气相在上部,液相在下部.

(2) $p-x$ 图上A的蒸气压比B低,$T-x$ 图上A的沸点比B高,$p-x$ 图上蒸气压有极大值点(或极小点),$T-x$ 图上的沸点就有极小值点(或极大点).

(3) $p-x$ 图上最高点(或最低点)的组成,不一定与 $T-x$ 图上最低点(或最高点)的组成相同,一般是不同的.

66. 若在一定温度下,纯 A、纯 B 的饱和蒸气压满足 $p_A^* < p_B^*$,即 B 的挥发性比 A 大,那么是否可以认为与液气平衡的两相中,B 在气相中的含量(浓度)大于 B 在液相中的含量? 用该二组分的蒸气压-组成($p-x$)图说明.

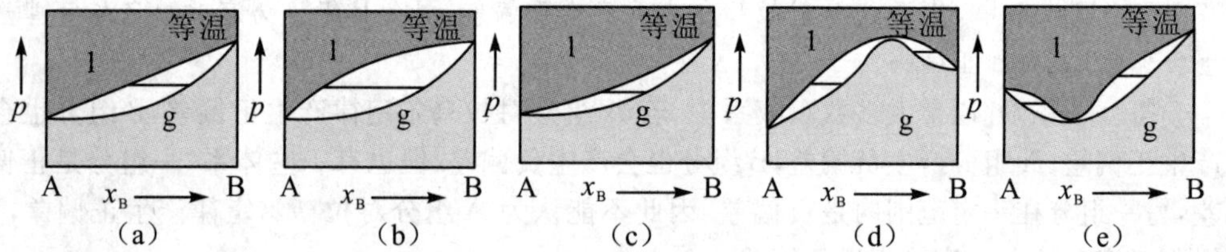

图 4.16

答　不一定.若 A 和 B 形成理想混合物或偏差较小的双液系,这种认为是正确的.B 在气相中的含量大于 B 在液相中的含量.如图 4.16(a),(b),(c)所示,若 A 和 B 形成的有较大正偏差双液系,见图 4.16(d),或有较大负偏差的双液系,见图 4.16(e),则这种认为是不正确的.图 4.16(d)左半区中,B 在气相中的含量大于 B 在液相中的含量,而右半区中,B 在气相中的含量小于 B 在液相中的含量;图 4.16(e)左半区中,B 在气相中的含量小于 B 在液相中的含量,而右半区中,B 在气相中的含量大于 B 在液相中的含量.

67. 图 4.17 是二组分液态混合物沸点组成图,处于最高或最低恒沸点时的状态,其条件自由度数 f^* 为多少? 是如何计算出来的?

答　最高或最低恒沸点时的状态即曲线的极值处的条件自由度为零,$f^*=0$.目前有两种计算方法:

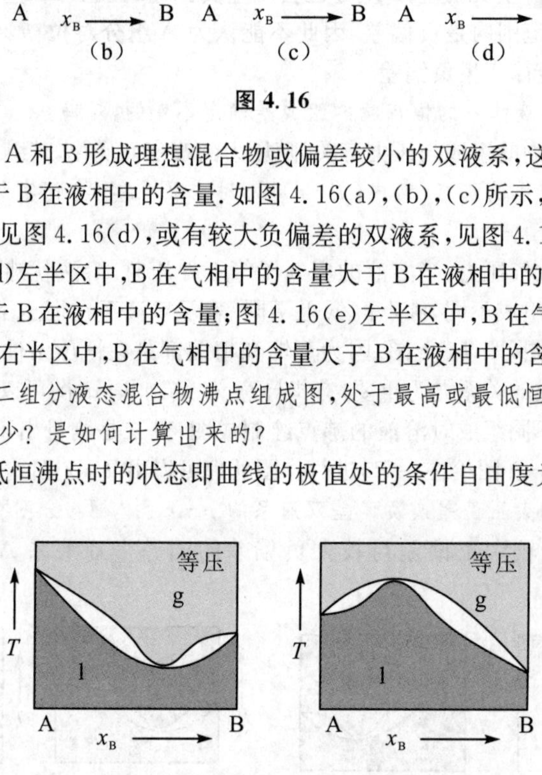

图 4.17

一种是:由于恒沸物气液相组成相同,可简单认为是单组分体系,$C=1$,两相的 $\Phi=2$,$f^*=1-2+1=0$.

另一种是:根据相律推导,在极值处气液两相组分相同,描述体系组成变量的总数,由 $\Phi(C-1)$ 改变成 $(\Phi-1)(C-1)$,化学势相等的等式数不变,所以 $f=(\Phi-1)(C-1)-C(\Phi-1)+2=3-\Phi$,恒压时 $f^*=2-\Phi$.因此不论单、双组分或是三组分体系,只要两相平衡时组成相同,就有 $f^*=2-2=0$.

68. 怎样正确地确定双液系 $T-x$ 图(图 4.18)中的气相线及液线? 为什么气相线又叫露点线,液相线又叫沸点线?

答　图 4.18 中,下部温度低,气体凝聚,上部温度高,液态汽化,由此可知相图的下部是液态,上部是气态;中间是液气两相平衡区,上面是气相线,下面是液相线.

如图 4.18 中 F 点体系，是气体，当温度降低到气相线上 E 点时，气体开始凝聚出现液体，就好像水蒸气在草叶上形成露珠，因此气相线又叫露点线；图中 G 点体系，是液体，当温度升高到液相线上 D 点时，液体开始沸腾汽化，因此液相线又叫沸点线.

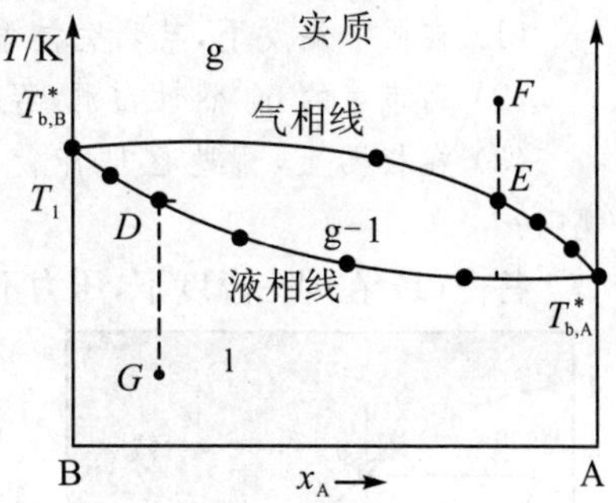

图 4.18

69. 在相图中总可以利用杠杆规则计算两相平衡时两相的相对数量. 这种说法对吗?

答　不对. 有些点两相平衡时相对数量就不能用杠杆规则计算，例如，纯物质固液两相平衡点，恒沸点时两相平衡，就无法计算出两相的相对数量.

70. 对于二元互溶双液体系，通过精馏方法是否总可以得到两个纯组分?

答　不总是. 对有恒沸物的双液体系，精馏时最多只能得到一个纯组分.

71. 沸点和恒沸点有何不同?

答　沸点是对液体而言的. 在大气压力下，当液体的饱和蒸气压等于大气压力时，液体沸腾，这时的温度称为液体的沸点.

恒沸点是对二组分液体混合体系而言的，对拉乌尔定律产生较大偏差的体系，在 $p-x$ 图上出现极大值(或极小值)时，则在 $T-x$ 图上出现极小值(或极大值)，对应该极值点组成的液体沸腾时，气相的组成与液相组成相同，这个温度称为最低(或最高)恒沸点. 恒沸点会随外压的改变而变化.

72. 恒沸物是不是化合物?

答　不是. 它是完全互溶的两个组分的混合物. 在外压恒定时，它有确定的沸点，沸腾时气相的组成和液相的组成完全相同. 但是，当外部压力改变时，恒沸混合物的沸点和组成都会随之改变. 化合物的沸点虽然也会随着外压的改变而改变，但它的组成是不会改变的.

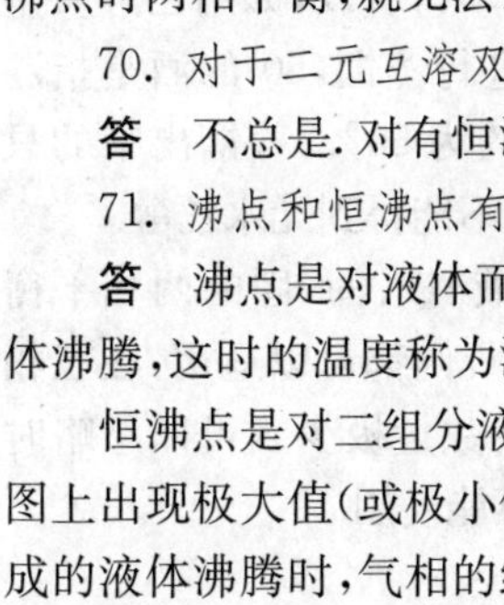

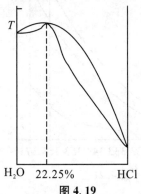

图 4.19

73. 如何将含 24% HCl 的盐酸进行精馏? 馏出物为何物? 如果将含 18% HCl 的盐酸精馏又如何?

答　图 4.19 为 H_2O-HCl 体系在大气压下的 $T-x$ 相图，恒沸混合物组成为 22.25% HCl，这是具有最高恒沸点的相图.

对含 24% HCl 的盐酸精馏，馏出物的浓度是大于 24%的浓盐酸，甚至是 HCl 气体，剩余物是浓度为 22.25%的恒沸物.

如果对含 18% HCl 的盐酸精馏，馏出物是纯水，剩余物是浓度为 22.25%的恒沸物.

74. 如果手边没有标准物质，只有一瓶化学纯浓盐酸，如何由此浓盐酸制备已知浓度的标准盐酸溶液?

答　首先找到比较详细的水-HCl 在大气压力下 $T-x$ 相图，然后取一定量的浓盐酸，加适当的水制成标准盐酸溶液，测量其盐酸溶液的沸点，对照水-HCl 在标准压力下的相图，由沸点查找到相应的浓度，就得出该标准盐酸溶液的浓度，贴上标签.

75. 回答下列问题;

(1) 在同一温度下，某研究体系中有两相共存，但它们的压力不等，能否达成平衡？

(2) 用市售的60°烈性白酒，经多次蒸馏后，能得到无水乙醇吗？

(3) 在相图上，哪些区域能使用杠杆规则？在三相共存的平衡线上能否使用杠杆规则？

答　(1) 在同一温度下，压力不等，两相可以达到平衡，例如渗透平衡(NaCl水溶液与纯水)，两边压力不等，相平衡条件是某物质在两相中的化学势相等，而不是压力相等.

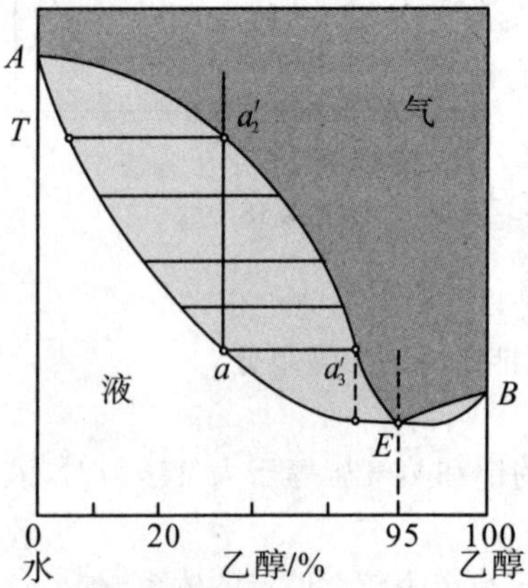

图4.20

(2) 不能得到无水乙醇，白酒是乙醇与水的混合物，它们的 $T-x$ 图是具有最低恒沸点的相图，恒沸混合物中乙醇质量浓度为95.57%，所以，如用乙醇质量浓度小于95.57%的60°酒进行蒸馏，60°的酒是指乙醇体积含量60%，质量浓度约为50%，蒸馏出来的只能为95.57%的恒沸混合物，不能得到无水乙醇.

(3) 对于液-气、液-固、液-液、固-固的两相平衡区，任何两相平衡体系，杠杆规则都可以适用，在三相共存的平衡线上，当某一相的数量极少到可以忽略时才可以使用杠杆规则，否则不能使用.

76. 在汞面上加一层水能降低汞的蒸气压吗？

答　不能，因为水和汞是完全不互溶的两种液体. 两者共存时，各组分的蒸气压与单独存在时的蒸气压一样，液面上的总蒸气压等于纯水和纯汞的蒸气压之和. 在汞面上加一层水是不可能降低汞的蒸气压的，但是可以降低汞的蒸发速度.

77. 有机化学实验中，对于制备出来的热稳定性比较差的有机化合物，为什么可以用水汽蒸馏方法把它提纯出来？

答　一般热稳定性比较差的有机化合物与水是互不相溶的，依据互不相溶的双液系相图(图4.21)，混合物的蒸气压 $p=p^*(\text{水})+p^*(\text{有})$，混合物的沸点比水的沸点还要低，因此可以在低于100℃温度下把它与水的混合物蒸馏出来，由于它与水互不相溶，是分层的，很容易用分液漏斗把它们彼此分离开来得到纯的有机物.

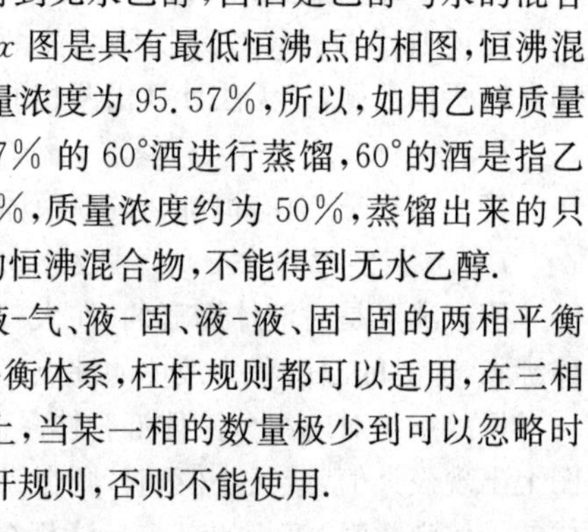

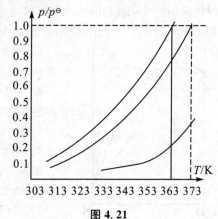

图4.21

78. 液体A与B完全不互溶，画出一定温度下体系蒸气压-组成的大概相图.

答　大概相图如图4.22所示.

79. A,B两液体完全不互溶，那么当有B存在时，A的蒸气压与体系中A的摩尔分数成正比. 该说法正确吗？

答　不正确. 若A,B两液体完全不互溶，则A的蒸气压不变，与组成无关.

80. 图 4.23 是水与丁醇恒压下的 T-x 相图，请指出体系点 P,S 点升温过程中相变情况.

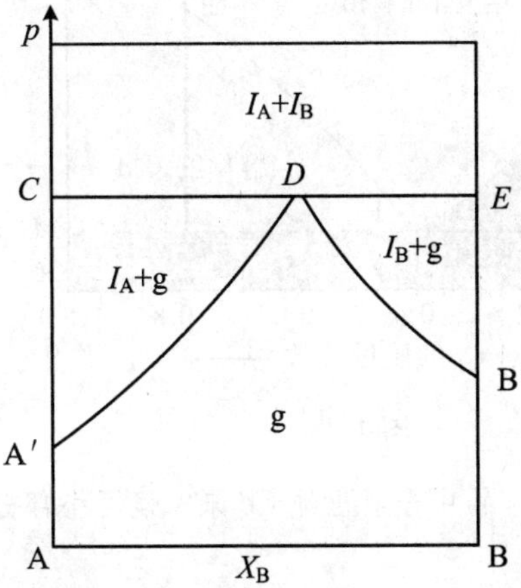

图 4.22

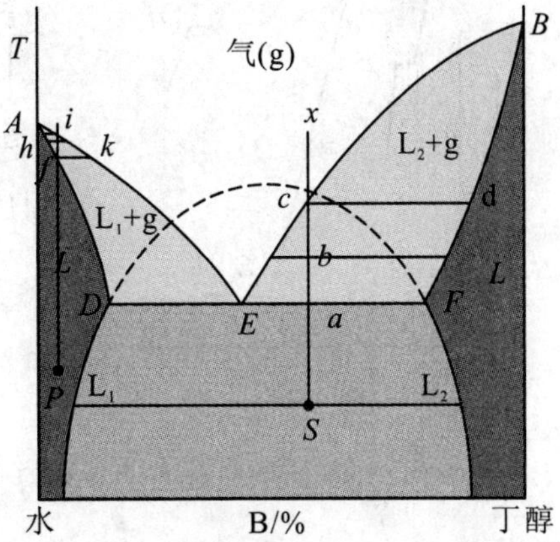

图 4.23

答　体系点 P 是单相，是水中溶解少量丁醇的不饱和溶液，温度上升到曲线 AD 上 f 点开始沸腾汽化，体系处于液气两相平衡，开始出来的气相组成为 k 点，以后继续升温，液相组成沿曲线 fA 变化，气相组成沿曲线 kA 变化，温度升到曲线 kA 上 i 点后，液体全部气化成气体. 其组成与开始 P 点相同.

体系点 S 是处于共轭两液相 L_1 与 L_2，L_1 是丁醇在水中溶解饱和溶液，L_2 是水在丁醇中溶解饱和溶液，体系分两层，升高温度，共轭溶液的溶解度都增加，水层浓度沿 L_1D 曲线变化，丁醇层浓度沿 L_2F 曲线变化，当温度升到 DF 线上的 a 点时，液体开始沸腾汽化，气相组成为 E，体系处于三相平衡，继续吸热，气体数量增加，液体数量减少，温度升到离开 DF 线，共轭液体 L_1 先消失，体系变成气液两相平衡，继续升温，气相组成沿 Ec 曲线变化，液相组成沿 Fd 曲线变化，温度升到 cd 线后，液相消失，体系全部汽化成气体，呈单相，变化到 x 点，其组成与开始 S 点相同.

4.4　两组分凝聚体系相图

81. 图 4.24 是 Bi-Cd 相图中步冷曲线图，为什么具有 40% Cd 的 Bi-Cd 体系，其步冷曲线的形状与纯 Bi 及纯 Cd 的相同？

答　纯 Bi 或纯 Cd 在熔点处的自由度 $f^*=0$，步冷曲线上出现平台(图 4.24). 因为含 40% Cd 的 Bi-Cd 体系冷却到 413 K 时，固体 Bi 与固体 Cd 同时析出，析出的固相组成与液相组成相同，液相组成不变，这时自由度 $f^*=0$，温度不变，步冷曲线出现平台，直至全部凝固后温度才下降，因此其步冷曲线的形状与纯 Bi 及纯 Cd 的步冷曲线的形状就相同.

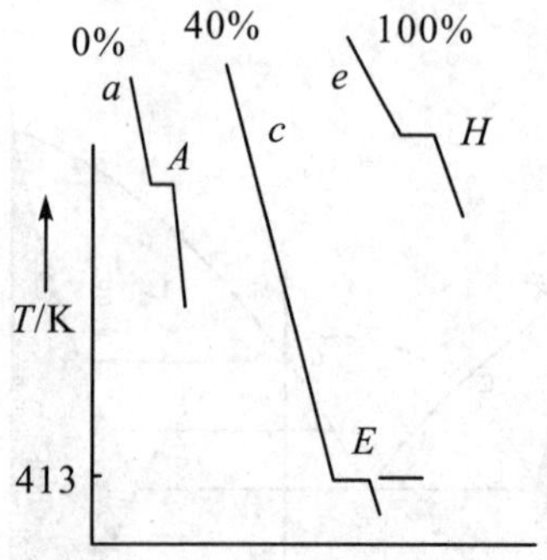

图 4.24

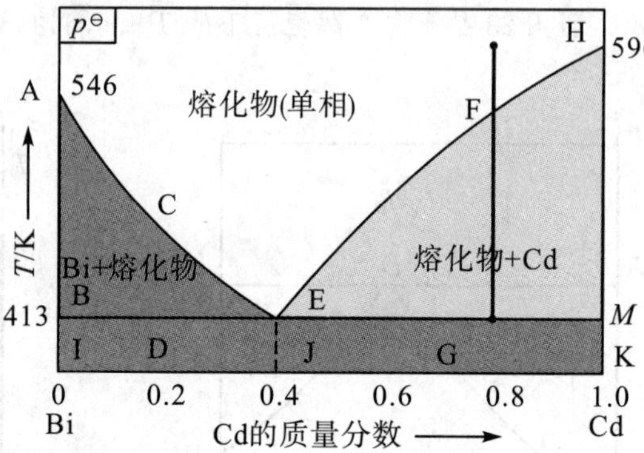

图 4.25

82. 由图 4.25 怎样从含 80% Cd 的 Bi-Cd 混合物中分离出纯 Cd 来？能否全部分离出来？

答 先将 80% Cd 的 Bi-Cd 混合物加热熔化(温度要超过 596 K)，再使其缓慢冷却降低温度(搅拌使液相均匀). 当体系冷却到曲线 *EH* 上到 *F* 处时，便有纯 Cd 析出，继续冷却，Cd 不断析出，液相组成沿 *FE* 曲线移动，使温度降低到接近 413 K 时停止操作. 使固液两相分离，即可得出纯固态 Cd. 该方法不能把混合物中 Cd 全部分离出来，因为温度降到 413 K 时，除了 Cd 析出外，Bi 也析出. 用杠杆规则计算知最多有 66.7% 的 Cd 可以分离出来.

83. 从 Bi-Cd 相图(图 4.26)绘制中，冷却曲线的斜率决定于什么？过冷是什么原因引起的？冷却曲线水平段的长短取决于什么？我们能制成任意组成的均相合金吗？

答 冷却曲线的斜率决定于单位时间内温度降低多少，即决定于温度降低速率，例如 1 min 内降低 10 K 就比 1 min 内降低 2 K 的冷却曲线的斜率大(绝对值).

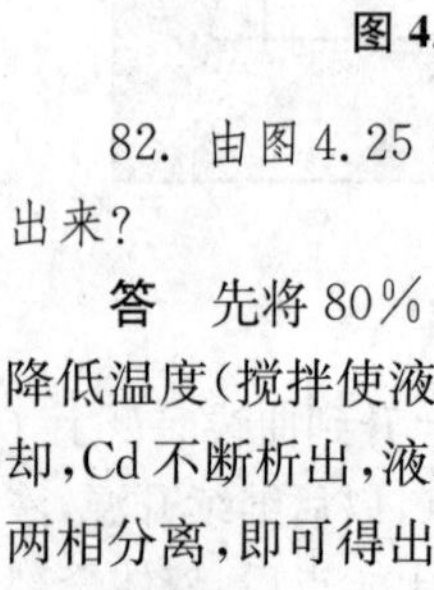

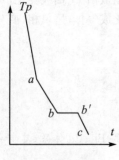

图 4.26

过冷原因：在测量步冷曲线中，当凝固热放出速率小于冷却速率时，会出现过冷现象；另一方面，由于开始结晶出的微小晶粒的饱和蒸气压大于同温度下的液体饱和蒸气压，或者说微小晶粒的溶解度大，因此会产生过冷现象.

水平线的长短取决于析出的低共熔混合物的量多少，量多则水平线就长，量少则水平段就短.

低共熔混合物有致密的特殊结构，两种固体呈片状或粒状均匀交错在一起，是均匀合金. 我们不能制成任意组成的均匀合金，只能制成与低共熔混合物组成相同的均匀合金，例如含 40% Cd的 Bi-Cd合金.

84. 在简单低共熔物的相图(图 4.27)中，三相线上的任何一个体系点的液相组成都相同. 这种说法正确吗？

答 正确. 三相平衡线任一点体系，处于三相平衡：

$$A(s)+B(s)=\!=\!=E(l)$$

液相组成就是低共熔点的组成，因此三相线上各点体系的液相组成都相同.

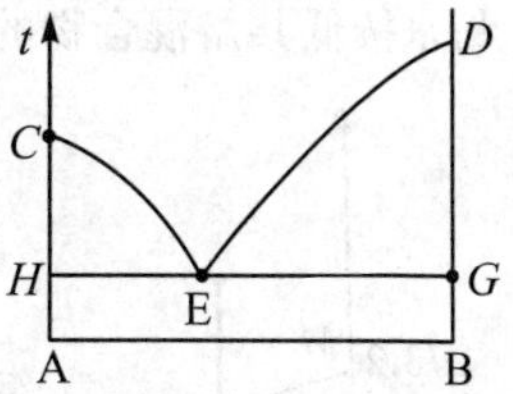

图 4.27

85. 杠杆规则只适用于 T-x 图的两相平衡区. 此说法对吗?

答 不对. 因为其他相图的两相平衡区也适用于杠杆规则，如 p-x 相图，等温等压下三组分体系相图中也都适用.

86. 单组分体系的三相点与两组分凝聚体系的低共熔点有何异同点?

答 共同点：两者都是三相共存.

不同点：单组分体系的三相点是该组分纯的气、液、固三种相态平衡共存，这时的自由度等于零，它的压力、温度由体系自身的性质决定，不受外界因素的影响. 而二组分凝聚体系低共熔点(如图 4.27 上的 E 点)，是纯的 A 固体、B 固体和组成为 E 的熔液三相平衡共存，这时的自由度为 1，在等压下的条件自由度等于零. E 点的组成由 A 和 B 的性质决定，但 E 点的温度受压力影响，当外压改变时，E 点的温度也会改变.

87. 如图 4.27 所示，对于形成简单低共熔混合物的二元相图，当体系点处于 G 点时，对应的平衡共存的相数是多少? 条件自由度是多少?

答 有人认为 G 是特殊的点，在三相线上，三相平衡，这是不对的. 应该把 G 点看成在 DB 直线上，是纯固体 B(s)，是单相，条件自由度 $f^* = C - \Phi + 1 = 1$.

88. 在二组分固液平衡体系相图中，稳定化合物与不稳定化合物有何本质区别?

答 稳定化合物有固定的组成和熔点，固相或液相中均能存在，温度低于其熔点不会分解，在相图上有最高点，即有“山峰”；不稳定化合物在液相中不存在，它加热时不到其熔点就会发生分解，此点温度称不相称(或不相合)熔点，分解出新液相与原化合物组成不同，在相图上呈“T”形，水平线是不相称(或不相合)熔点温度.

89. 甲、乙、丙三个小孩共吃一支冰棍，三人约定：(1) 各吃质量的三分之一；(2) 只准吸，不准咬；(3) 按年龄由小到大顺序先后吃. 结果，乙认为这枝冰棍没有放糖，甲则认为这冰棍非常甜，丙认为他俩看法太绝对化. 试判断这三人年龄的大小.

答 冰棍形成过程是在稀糖水溶液放入一根小木棒. 降温使稀糖水溶液冷却，在小木棒附近先析出溶剂水(冰)，析出纯冰后，溶液中糖的浓度逐渐增加，随后析出的是含糖较少的冰，最后析出的是含糖较多的冰，因此冰棍外层含糖较多，中层含糖较少，中心几乎不含糖. 乙认为这支冰棍没有放糖，说明他是最后吃的，他年龄最大；甲则认为这冰棍非常甜，他是最先吃的，年龄最小；丙的年龄在中间.

90. 将糖水冷却，一般制出的冰棒是不均匀的，如从外部吸吃，起先很甜，但越吃越不甜. 请用相图知识说明其原因. 又如何制成均匀的冰棒呢?

答 冰棒制作方法是在稀的糖水溶液中放入一根小木棒，降温冷却糖水，见图4.28，首先在小木棒的周围析出纯水的冰，随着冰析出，溶液中糖的浓度沿曲线变化，糖浓度逐渐增大，随后析出的是含糖较少的冰，最后析出的是含糖较多的冰，因此冰棍外层含糖较多，中心几乎不含糖. 这样的冰棒是不均匀的，如从外部吸吃，起先很甜，但越吃越不甜，

要制成均匀的冰棒必须把糖水的浓度调节到与低共熔混合物的组成相同，冷却时糖

与水按低共熔混合物的组成同时析出，才能制成均匀的冰棒.

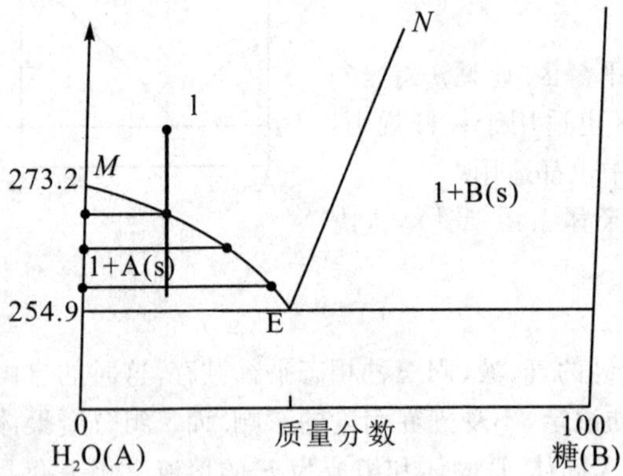

图 4.28

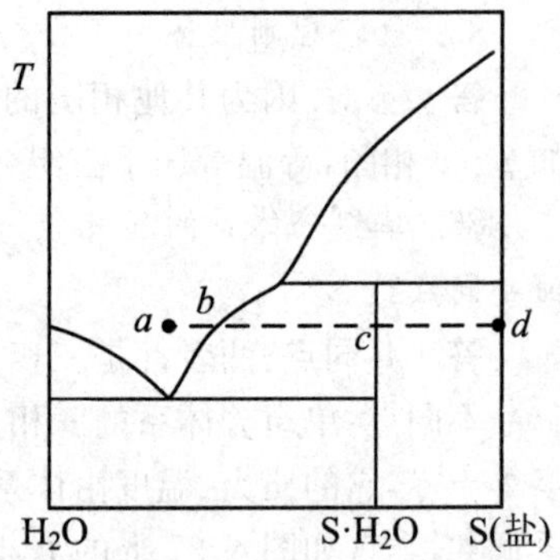

图 4.29

91. 图 4.29 是某两组分盐-水体系相图，说明物系点 a 经恒温蒸发直到 d 点的过程中，体系的相态发生了哪些变化？

答 $a \xrightarrow{(1)} b \xrightarrow{(2)} c \xrightarrow{(3)} d.$

(1) 盐水溶液不断蒸发，至 b 点开始析出水合盐 $S\cdot H_2O$；

(2) 水合盐的饱和溶液不断蒸发，至 c 点液相逐渐消逝，只剩下水合盐；

(3) 水合盐不断失水变为 S(盐)，至 d 点水合盐全部失水变为 S(盐).

92. 为了加速公路上积雪融化，可在积雪上撒些工业盐，说明其原因.

答 因为盐与固体冰(雪)可形成低共熔混合物，其熔点温度比冰(雪)的熔点更低，因此可使冰(雪)融化了.

93. A 与 B 可以构成两种稳定化合物与一种不稳定化合物，那么 A 与 B 的体系 T-x 相图上应该有几种低共熔混合物(即低共熔点)？

答 在简单低共熔相图上，只有一个低共熔点；若形成一个稳定化合物就会增加一个低共熔点，若形成一个不稳定化合物，则低共熔点数目不改变. 因此该体系应该有三个低共熔点.

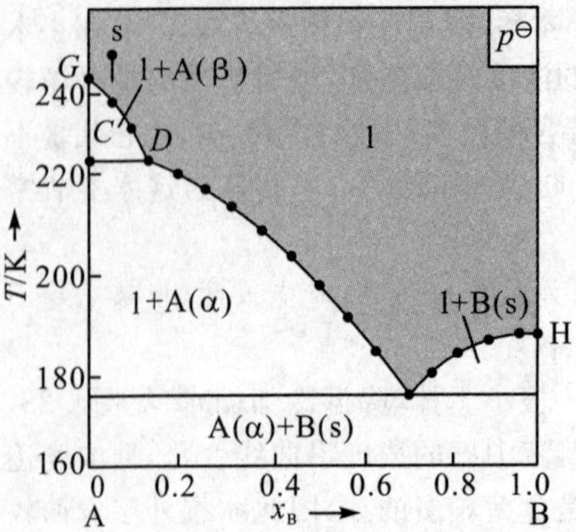

图 4.30

94. 图 4.30 是恒压下 CCl_4(A)与 $C_4H_8O_2$(B)固液相图. 请问图 4.30 中 G 点、C 点的物理意义是什么？CD 线上有哪些相平衡？

答 G 点是 CCl_4 的熔点，C 点是 CCl_4 的转晶型温度点，即在 C 点温度以上，CCl_4 是β型晶体，在 C 点温度以下，CCl_4 是 α 型晶体. CD 线是三相平衡线，即 CCl_4(β)，CCl_4(α)与 D 点的 CCl_4 与 $C_4H_8O_2$ 混合液态三相平衡.

95. 在图4.31两个相图中,各有几个条件自由度 $f^*=0$ 的点?

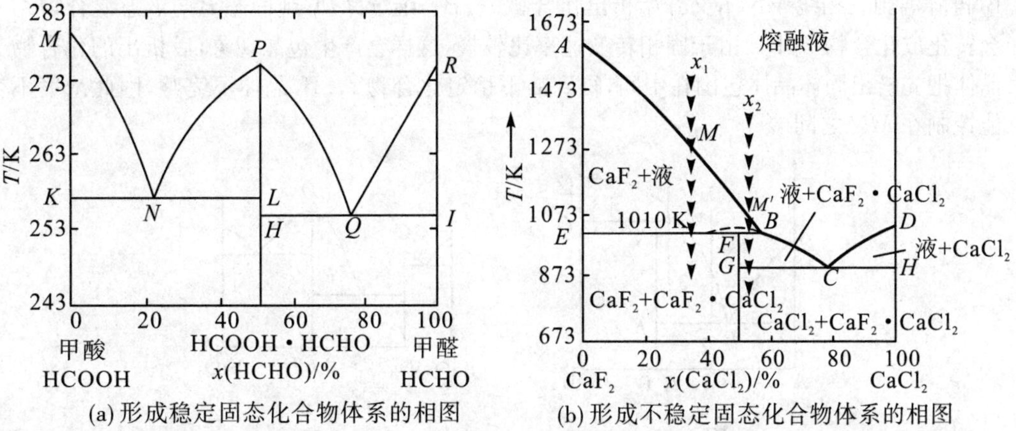

(a) 形成稳定固态化合物体系的相图　　(b) 形成不稳定固态化合物体系的相图

图 4.31

答 在图4.31(a)中有五个 $f^*=0$ 的点,分别是甲酸、甲醛的熔点(M 点与 R 点),化合物熔点(P 点)和两个最低共熔点(N 点与 Q 点).

在图4.31(b)中有五个 $f^*=0$ 的点,CaF_2 和 $CaCl_2$ 的熔点(A 点与 D 点),低共熔点(C 点)和不稳定化合物的不相称熔点(F 点),还有三相平衡点 B.

96. 什么是临界点、恒沸点、低共熔点?恒沸物、低共熔物与化合物有什么区别?

答 临界点:将一些液体放入真空容器中,加热升高温度,蒸气压增大,当温度升至某一数值时,液气两相界面突然消失,两相变成一相,这一点称为该物质的临界点.在临界点温度以上,无论加多大压力都不会出现液态物质.

恒沸点:对于产生较大偏差液态混合物的双液体系的沸点-组成相图中最高点(或最低点)称为最高恒沸点(或最低恒沸点).恒沸点处气相组成与液相组成相同,恒沸点对应的混合物称为恒沸混合物,将恒沸混合物加热升温,沸腾时液气两相组成始终相同,恒沸点的温度与恒沸混合物的组成随外压的变化而改变.

低共熔点:两种固体混合物加热熔化后,让其均匀冷却,降低到某温度时,两种固态物质同时析出,该温度称为低共熔点;也可以认为按一定比例相混合的两种固体,具有最低熔化的温度,该温度称为低共熔点.

恒沸物、低共熔物与化合物的区别:恒沸物与低共熔物,在一定的压力下有确定的组成,但不是化合物而是混合物,是两相,其组成会因外压改变而发生变化.化合物有确定的组成,是纯净物,是一相,其组成不会因外压改变而变化.

97. 图4.32是两相组分凝聚体系 $T-x$ 相图,设A和B可形成不稳定化合物 A_mB_n,其 $T-x$ 图中阿拉伯数字代表相区.根据相图,要通过冷却熔融物方法来得到纯净的化合物 A_mB_n,最好的控制条件是什么?

答 把B的浓度控制在低共熔点 P 与相点 M 之间,浓度在 PM 之间的液态混合物冷却达到曲线 PM 就会析出纯净的化合物 A_mB_n,冷却的温度控制在三相线 MNO 和三相线

JPK 之间. 注意若浓度在 MN 之间的液态混合物冷却,温度降到 MQ 曲线,先析出纯固态 B,再降温到三相线 MNO,又开始析出化合物 A_mB_n,继续冷却,纯固态 B 与液态混合物 M 会转化成化合物 A_mB_n. 由于固相转变速率比较慢,这样会产生包晶现象,后析出的化合物晶体把先析出固体晶体包围在中间,得到的不稳定化合物 A_mB_n 晶体不完整,因此浓度不能控制在 MN 之间.

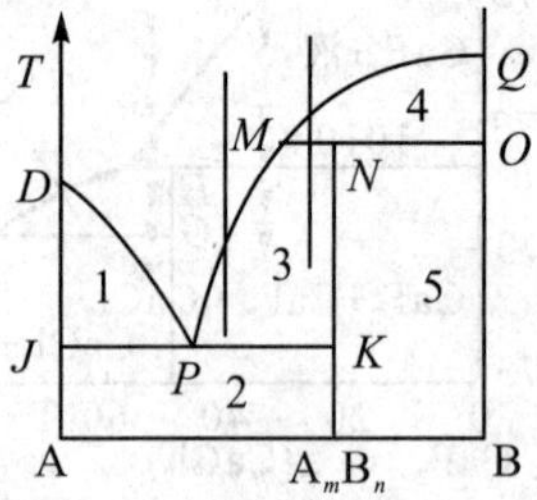

图 4.32

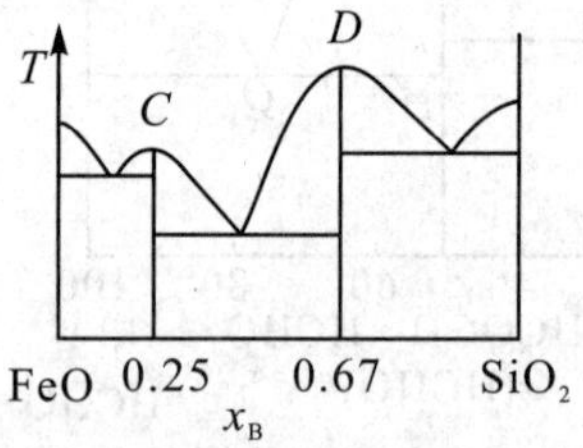

图 4.33

98. 考虑恒压下凝聚体系 $T-x$ 相图(图 4.33). 该体系中存在几个稳定化合物? 其组成如何?

答 存在四个稳定混合物,化学组成分别为:化合物 FeO、化合物 C(组成 $(FeO)_3SiO_2$)、化合物 D(组成 $FeO(SiO_2)_2$)、化合物 SiO_2.

99. 硫酸与水组成的化合物有三种:$H_2SO_4 \cdot H_2O(s)$, $H_2SO_4 \cdot 2H_2O(s)$, $H_2SO_4 \cdot 4H_2O(s)$. 回答下列问题:

(1) 在 100 kPa 下,能与硫酸水溶液平衡共存的硫酸水合物最多可以有几种?

(2) 在 100 kPa 下,能与硫酸水溶液及冰平衡共存的硫酸水合物可以有几种?

答 可以用两种方法回答:一是用相律;二是用相图. 相图很直观,一看就知道. 在没有相图条件下,用相律来回答:

(1) 二组分 $C=2$, $f^*=C-\Phi+1=3-\Phi$, f^* 最小是 0,那么最大相数 $\Phi=3$,水溶液是一相,因此,最多还有两个固相,因此能与硫酸水溶液平衡共存的硫酸水合物最多有两种.

(2) 最大相数 $\Phi=3$,由于冰水溶液已占两相,因此硫酸水合物只可能有一种.

100. 在 A,B 两组分混合物体系中加入一定量的 B 物质,体系中 A,B 的浓度一定会发生改变. 此说法对吗? 为什么?

答 不对. 体系中 A,B 的浓度不一定会改变. 若 B 物质已经处于两相平衡:B(s)══B(溶液),即 B 溶解达到饱和,再加入 B,体系中 A,B 的浓度都不改变.

101. 指出图 4.34(a)中的错误之处,并把错误改正过来.

答 图 4.34(a)中有两处错误:

(1) CEF 线既然是三相(即 α,l,AB)平衡共存,则 $f^*=2-3+1=0$,即温度、浓度应该一定,但图中 C,E,F 在斜线上三点温度不同,是错误的,CEF 应为水平线.

(2) G 点有错. 因为若是稳定化合物,则它应与同组成的液相平衡. G 点处的图形应是"山峰";若为不稳定化合物,在 G 点处的图形应是"T"形线,而图中 G 点处却模棱两可,既

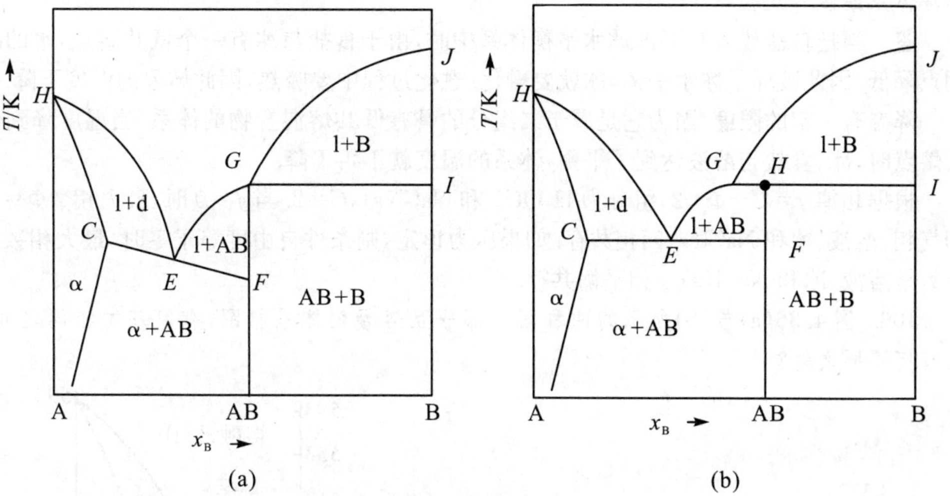

图 4.34

不是稳定化合物，也不是不稳定化合物. 从图上看，AB 是不稳定化合物，AB 位置向右移一些，画成"T"形线. 改正后的相图见图 4.34(b).

102. 在二组分凝聚体系相图上，若体系点在三相线上，能用杠杆规则求得各相的相对量吗？为什么？

答　不能. 杠杆规则只能计算两相平衡的数量之比，不能计算三相平衡时三相数量的比例. 但在特殊条件下，当物系点到达或刚离开互相线时，体系中有一相的数量几乎为 0，此时另外两相适用杠杆规则.

103. 低共熔混合物能不能看作是化合物？

答　不能. 低共熔混合物不是化合物，它没有确定的熔点. 当压力改变时，低共熔物的熔点和组成都会改变. 虽然低共熔混合物在金相显微镜下看起来非常均匀，但它仍是两个固相微晶的混合物，是两相. 化合物有确定的熔点，固态是一相.

104. 在 $1.013\ 25\times10^5$ Pa 下，$CaCO_3$(s)于 1 169 K 分解为 CaO(s)和 CO_2(g)并达平衡. 请绘出 CaO-CO_2 二组分体系在 $1.013\ 25\times10^5$ Pa 下的等压相图，并标出各个相区的相态.

答　该相图绘制如图 4.35 所示.

当温度低于 1 169 K 时，若物系组成 $x(CO_2)<0.5$，CaO(s)和 $CaCO_3$(s)两相共存；若 $x(CO_2)>0.5$，$CaCO_3$(s)和 CO_2(g)两相共存.

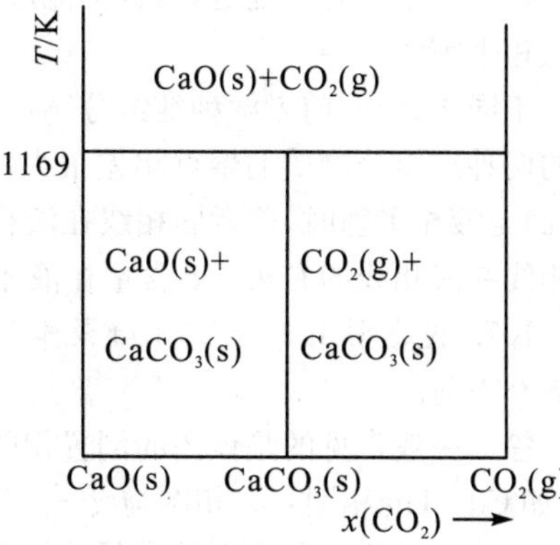

图 4.35

105. 在实验中，常用冰与盐的混合物作为制冷剂. 当将食盐放入 0 ℃的冰水平衡体系中时，为什么会自动降温？降温的程度是否有限制？这种制冷体系最多有几相？

答 当把食盐放入 0 ℃的冰水平衡体系中时，由于食盐与冰有一个低共熔点，水的凝固点降低，因此破坏了冰水平衡，冰就要融化. 融化过程中要吸热，因此体系的温度下降.

降温有一定的限度，因为它是属于二组分的具有低共熔混合物的体系，当温度降到低共熔点时，冰、食盐与溶液达到了平衡，体系的温度就不再下降.

根据相律 $f=C-\Phi+2$，组分为 $H_2O(l)$ 和 $NaCl(s)$，$C=2$. 当 $f=0$ 时，最大相数$\Phi=4$，即气相、溶液、冰和 NaCl(s)四相共存. 如果压力恒定，则条件自由度等于零时，最大相数 $\Phi=3$，是溶液、冰和 NaCl(s)三相平衡共存.

106. 图 4.36(a)与(b)所示的两种固相部分互溶凝聚体系相图，有何基本相同之处，又有何不同之处？

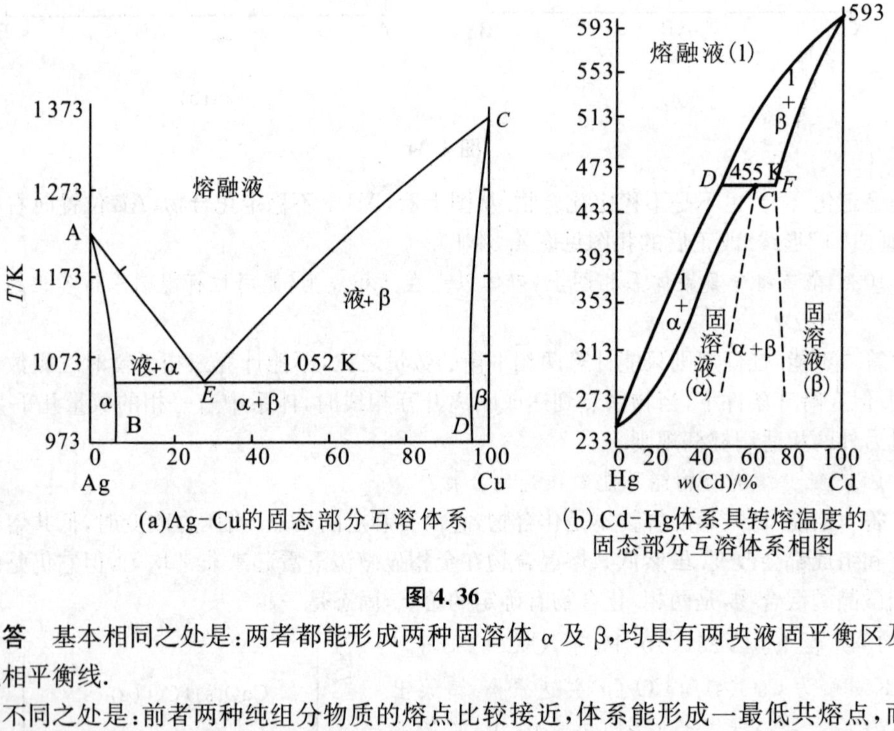

(a)Ag-Cu的固态部分互溶体系

(b) Cd-Hg体系具转熔温度的固态部分互溶体系相图

图 4.36

答 基本相同之处是：两者都能形成两种固溶体 α 及 β，均具有两块液固平衡区及一条三相平衡线.

不同之处是：前者两种纯组分物质的熔点比较接近，体系能形成一最低共熔点，而后者的两种纯组分物质的熔点相差很大，体系不能形成最低共熔点，而形成转熔温度点. 固相(α)与液相平衡时，前者固相线在液相线的左边(Cd 含量在液相中大于固相 α 中)，后者固相线在液相线的右边(Cd 含量在液相中小于固相 α 中).

107. 说出图 4.37 是二元凝聚体系的什么类型相图，并指出相图中哪些点是体系点与相点合一的.

答 一般常见的是该图的倒置相图，即具有转熔温度的固态部分互溶体系的 $T-x$ 相图(如 Cd - Hg 相图). 该相图与 $T-x$ 位置相反，再依据双液体系的 $p-x$ 相图与 $T-x$ 相图的关系——蒸气压高则沸点低的经验，可以确定该图是二元凝聚体系恒温下的压力-组成相图，即 $p-x$ 相图.

体系点与相点合一是在单相区,因此图中 G,H,K 点是体系点与相点合一的点.

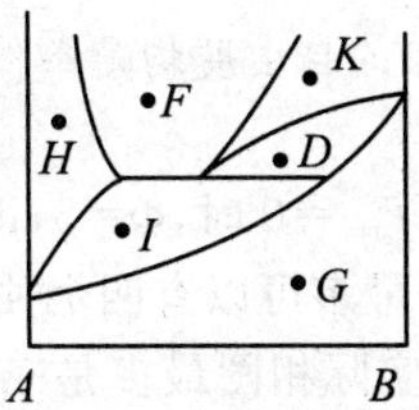

图 4.37

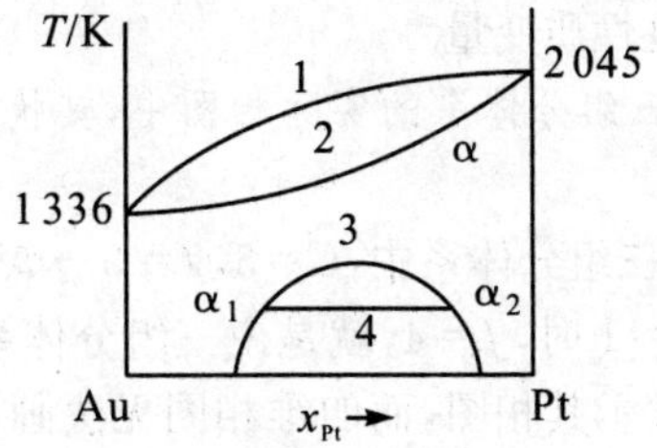

图 4.38

108. 请根据 Au-Pt 体系(图 4.38)的熔点组成图,说明各区域的聚集状态及组成,并确定条件自由度数. 说明它可看作由哪两类基本相图合成的.

答 相区 1: Au 与 Pt 的液态熔融物(l),单相;$f^*=2$.

相区 2: Au 与 Pt 的液态熔融物(l)和 Au,Pt 形成的固溶体(α)两相平衡区;$f^*=1$.

相区 3: Au 与 Pt 形成的固溶体(α),单相;$f^*=2$.

相区 4: Au 与 Pt 在固态部分互溶区,形成共轭固溶体($\alpha_1+\alpha_2$)平衡区;$f^*=1$.

它可看作是由与拉乌尔定律有较小偏离的双液系的沸点组成图与另一个有最高会熔温度部分互溶的双液系 $T-x$ 组成图,这两类基本相图合成的. 或者也看成由凝聚体系固相完全互溶的 $T-x$ 图与凝聚体系固相部分互溶的 $T-x$ 图,这两类基本相图合成的.

109. 请根据 Al-Zn 体系(图 4.39)的熔点组成图,说明各区域的聚集状态及组成,并确定条件自由度数. 说明它属于什么类型的相图.

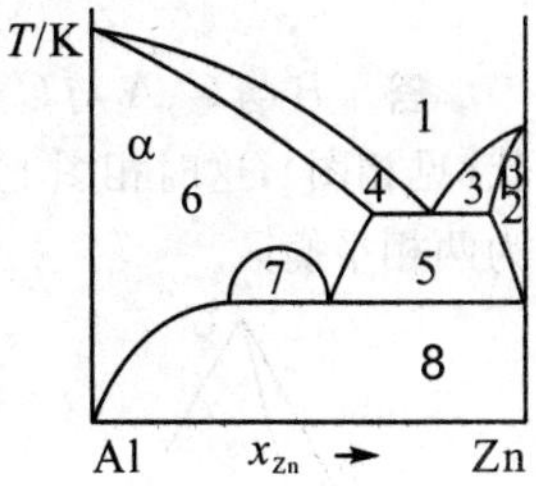

图 4.39

答 相区 1: Al 与 Zn 的液态熔融物(l),单相;$f^*=2$.

相区 2: Au 与 Pt 形成的固溶体(β),单相;$f^*=2$.

相区 3: 液态熔融物(l)与固溶体(β)平衡区,两相;$f^*=1$.

相区 4: 液态熔融物(l)与固溶体(α)平衡区,两相;$f^*=1$.

相区 5: 固溶体(α)与固溶体(β) 平衡区,两相;$f^*=1$.

相区 6: 固溶体(α),单相;$f^*=2$.

相区 7: Al 与 Zn 在固态部分互溶区,形成共轭固溶体($\alpha_1+\alpha_2$);两相平衡;$f^*=1$.

相区 8: 固溶体(α)与固态 Zn(s)平衡区,两相;$f^*=1$.

该相图为两组分凝聚体系、固态部分互溶的比较复杂的 $T-x$ 相图.

4.5 三组分体系的相平衡与萃取原理

110. 对于三组分相图,最大相数为多少? 最大自由度数是多少? 它们分别属于哪些强度性质变量?

答 $C=3, f=C-\Phi+2=5-\Phi$.

自由度最小为 0，相数最大为 5. 相数最小为 1，自由度最大为 4. 分别是 T，p 与两个组分的浓度四个强度性质变量.

111. 有人说三组分体系的实际相图中，其状态点的自由度均是条件自由度，你认为对否？为什么？

答　对. 因为三组分体系中，$C=3$，$f=5-\Phi$. 当 $f_{min}=0$ 时，$\Phi=5$，即最多可以存在五相平衡. 而当 $\Phi_{min}=1$ 时，$f=4$，就是说三组分体系中最多可以有四个独立变量，要用四维坐标才能完整地表示其相图，而四维相图无法画出，实际相图最多是三维坐标立体相图，或者二维坐标平面相图，因此通常在压力恒定，或温度、压力均恒定条件下画出实际相图，这时的自由度就是条件自由度.

112. 图 4.40 所示的是恒温恒压下三液体系相图，当温度下降时，体系的两块半圆形部分互溶区域逐渐扩大，直至最后连成带状，请分析连成带状后的相图中各块面积的状态.

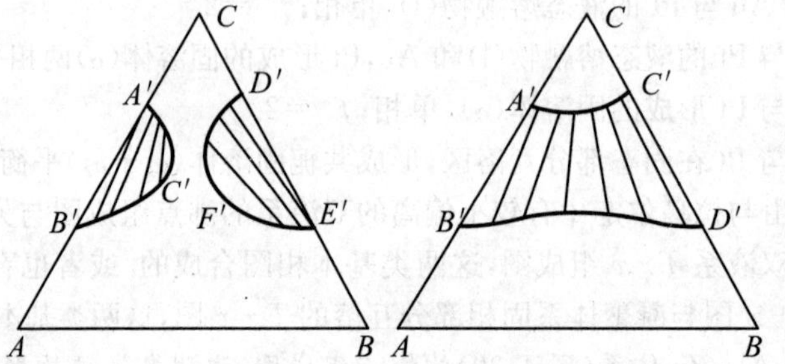

图 4.40

答　B 与 C、A 与 C 是部分互溶，A 与 B 是完全互溶，在温度下降后形成 $A'B'C'D'$ 带状（见相图），这时相图上，$CA'C'$ 是单相区，$AB'D'B$ 为单相区，即两个不饱和区，$A'C'D'B'$ 为两相平衡区.

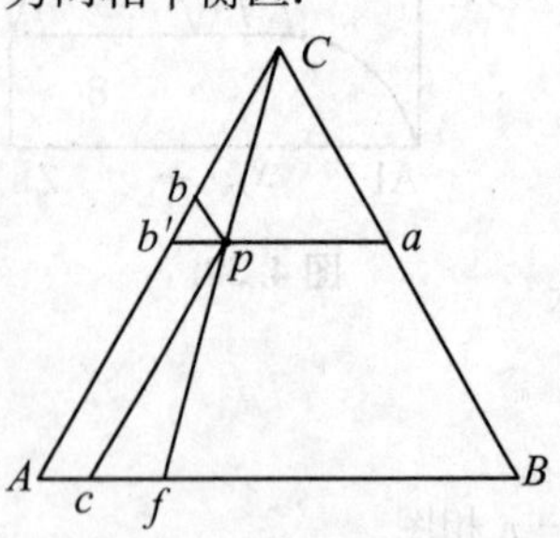

图 4.41

113. 在三角形坐标图上，有一条由顶点至对边任一点的连线，如图 4.41 中的 Cf 线. 试用几何法证明在该线上任一点，A 与 B 的组成比为一定值.

答　对于 Cf 线上任意一点 p，根据三组分体系三角形坐标表示法特点，其组成$[A]/[B]=Cb/Ac=ap/bp$，在 AB 二组分体系中，对 f 点物系，依据杠杆原理，$[A]/[B]=Bf/Af$，要证明三组分中任一点物系中组分 A 与 B 的组成之比为一定值，只需证明任一体系点 p 满足 $ap/bp=Bf/Af$ 即可.

在$\triangle CfB$ 中，$ap /\!/ Bf$，$ap/Bf=Cp/Cf$；在$\triangle CAf$ 中，$b'p /\!/ Af$，$b'p/Af=Cp/Cf$. 所以 $ap/Bf=b'p/Af$. 因为$\angle pbb'=\angle pb'b'=60°$，$\triangle bpb'$ 是等边三角形，$bp=b'p$，所以 $ap/Bf=bp/Af$，即 $ap/bp=Bf/Af$. 综上，对于三组分体系中任一点体系点，组分 A 与 B 的组成之比为定值.

114. 图 4.42 是恒温恒压下三液体系相图. 当体系的温度下降时，三块半圆形面积会逐渐扩大直到相互交叠，在图中央会出现一个三角形. 请分析相互交叠后相图中各块区域的状态.

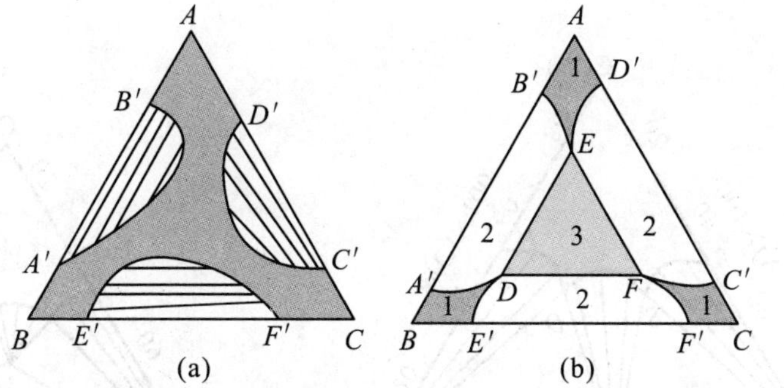

图 4.42

答 A,B,C 三种液体是两两部分互溶的，当体系的温度下降时，三块半圆形区域会逐渐扩大直到相互交叠，在图中央会出现一个三角形 DEF.

图 4.39(b)中 $AB'ED'$，$BE'DA'$，$CC'FF'$ 是单相区，即不饱和区；$B'EDA'$，$E'DFF'$，$D'EFC'$ 是两相平衡区，即饱和区；$\triangle DEF$ 是三相平衡区，即三相饱和区，在 $\triangle DEF$ 内中任意一点的体系，存在三相平衡，并且三相的组成是确定不变的.

115. 试比较部分互溶三液系和部分互溶双液系溶解度 $T-x$ 图的异同点.

答 图 4.43 是有一对部分互溶三液系恒温恒压下相图和部分互溶双液系恒压下温度-组成相图. 部分互溶三液系中某物质 B 的溶解度，是指恒温恒压下 B 液体在 A 与 C 组成的溶液中溶解，其溶解度图是三角形相图；双液系部分互溶，指恒压下 B 物质在 A 溶剂中的溶解度随温度变化的情况，其溶解度图是等压下的 $T-x$ 图.

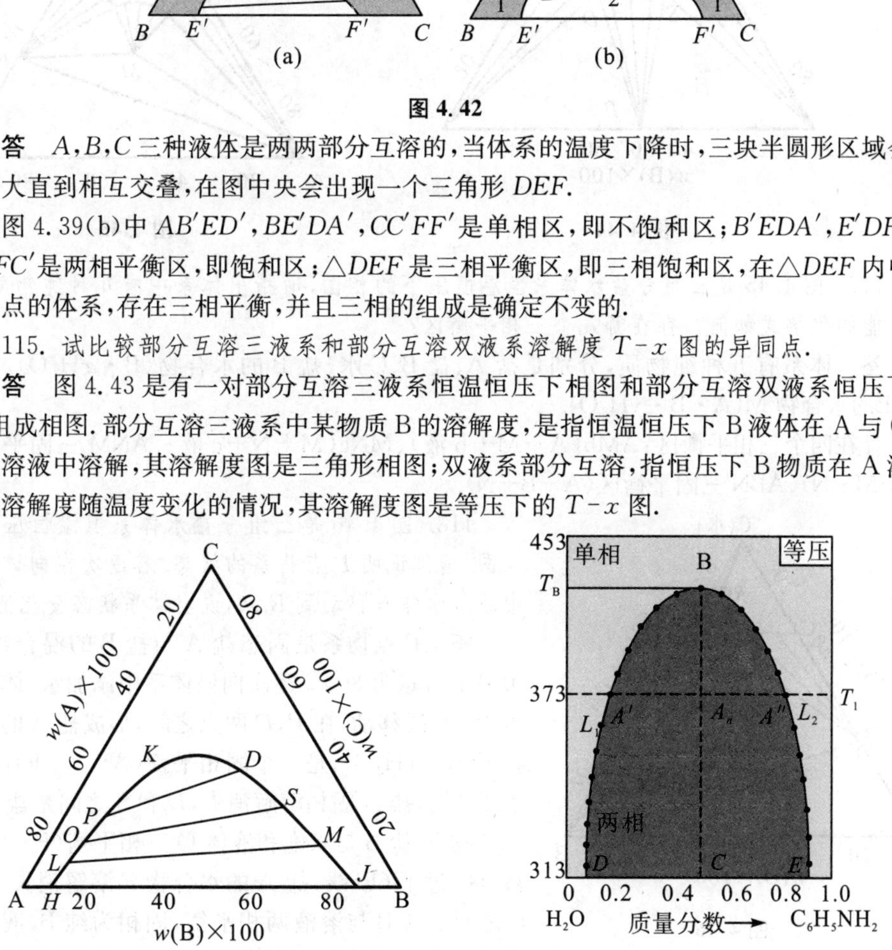

图 4.43

116. 图 4.44 是三组分盐水体系恒温恒压下的相图，请指出图中 P 点代表什么. 相图中有无错误之处?

答 图中 P 代表复盐，即两种盐 A，B 形成的化合物.

图中复盐 P 的位置有错误，AB 线是 B 的百分含量，盐 A 与盐 B 是不同的，分子量不相等,形成的化合物(A・B)中B的含量不可能为50%,因此把P点标在50%处是错误的.

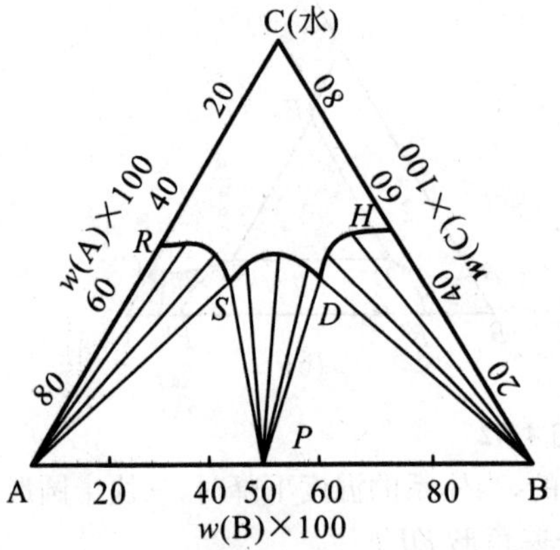

图4.44

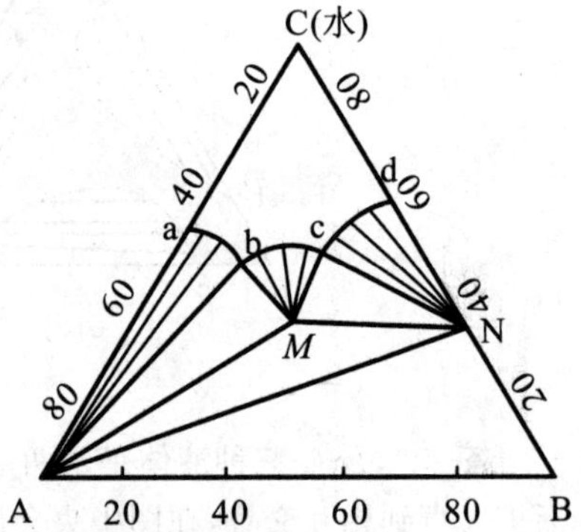

图4.45

117. 图4.45是三组分盐水体系恒温恒压下的相图,请指出体系中有几种纯物质,它们可能的化学式如何?存在哪几个三相平衡区?

答 体系有五种纯物质,分别是盐A、盐B、C水、盐B的水合物(B・$x\mathrm{H_2O}$)、复盐A・B的水合物M(A・B・$y\mathrm{H_2O}$).

存在四个三相平衡区:AMb(A+M+b液)、MNc(M+N+c液)、ANM三固平衡区(A+M+N)、ABN三固平衡区(A+B+N).

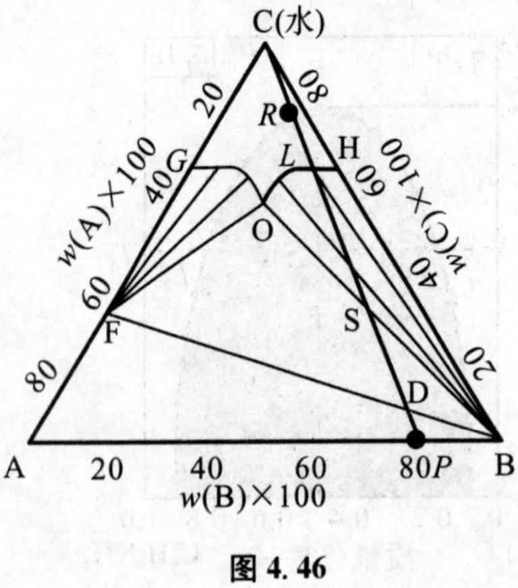

图4.46

118. 图4.46是三组分盐水体系恒温恒压下的相图,请你说明P点物系的状态.若逐次在向该体系中添加水体系移动到R点,说出体系状态变化情况.

答 P点物系是固态盐A与盐B的混合物,其中B的含量为80%.逐次向该体系中添加水,体系点沿PC直线移动,在P,D两点之间,形成盐A的水合物F(A・$x\mathrm{H_2O}$),是三个固相平衡(A+B+F)区,过了FB线,盐A固相溶解消失,D和S之间是盐A的水合物F、盐B与双饱和液体O三相平衡(F+B+O液)区,过了OB线,盐A的水合物F溶解消失,S和L之间是盐B与溶液两相平衡,固相为纯B,液相组成沿曲线OL移动,过了曲线上L点,盐B溶解消失,进入稀溶液不饱和区(单相),R点是盐A与盐B溶于水的不饱和稀溶液.

第5章 化学平衡

5.1 化学平衡条件(化学反应自由能变)

1. 设有可逆反应 $d\mathrm{D}+e\mathrm{E}=\!=\!=f\mathrm{F}+g\mathrm{G}$,在等温等压下反应达到平衡时,反应进度 $\xi=0.6$ mol. 则此反应的 $\Delta_r G_m$ 是否是由初始到平衡过程中吉布斯自由能的改变?其单位是什么?

答 $\Delta_r G_m$ 不是由初始到平衡过程中吉布斯自由能的改变,是反应组分组成不变(即化学势不变)条件下发生 $\xi=1.0$ mol 时体系吉布斯自由能的改变,也可以理解为反应某时刻体系自由能对反应进度的变化率,即 $\left(\frac{\partial G}{\partial \xi}\right)_{T,p}$,其单位为 $\mathrm{J\cdot mol^{-1}}$ 或 $\mathrm{kJ\cdot mol^{-1}}$.

2. 化学势判据 $\sum_i \nu_i\mu_i \leqslant 0$ 的应用条件是什么?

答 在"化学平衡"中我们只用化学势的狭义定义,不考虑其他的广义定义. 因为狭义定义中化学势就是偏摩尔自由能,而只有偏摩尔量才具有加和性.

$\left(\frac{\partial G}{\partial \xi}\right)_{T,p}$, $\Delta_r G_m$, $\sum_i \nu_i\mu_i$ 这三个判据是等效的,都是化学反应方向与限度的判据,应用条件是等温等压(或称恒温恒压),因此化学势判据的应用条件是等温等压.

3. $\Delta_r G_m$ 判据的条件是等温等压,对于气相反应而言,随着反应进度的改变,体系的压力也在改变,但仍可应用 $\Delta_r G_m$ 判据,为什么?

答 在温度不变条件下,"对于气相反应而言,随着反应进度的改变,体系的压力也在改变"应该这样理解:体系(气体)与环境之间的界面是一个理想的活塞,界面可以自由移动,随着反应进行,气体分子数增加或减少,压力有波动但体系气体的总压与环境压力始终相等而保持不变,实质上还是等温等压过程,故仍可应用 $\Delta_r G_m$ 判据. 还有一种理解,随着反应进度的改变,气体反应到某一时刻,体系若能达到一个确定的状态,即温度、压力、浓度等保持不变,有确定数值,这时就要判断体系等温等压下下一步自发进行的方向,可以在该状态的温度、压力等保持不变条件下即等温等压下,用该状态的 $\Delta_r G_m=\sum_i \nu_i\mu_i \leqslant 0$ 来判断体系下一步自发进行的方向. 注意 $\Delta_r G_m$ 只能判断体系在等温等压下下一步自发进行的方向,而不能判断其他条件下下一步自发进行的方向.

4. 化学反应的摩尔吉布斯自由能变为 $\Delta_r G_m$,这个名称中"摩尔"的含义是什么?是指 1 mol反应物完全反应,还是指生成了 1 mol 的产物?

答 这里的"摩尔"既不是指 1 mol 反应物,也不是指生成了 1 mol 的产物,是指发生了1个单位的反应，即反应进度$\xi=1$ mol的反应吉布斯自由能变化，也就是按反应方程式的反应组分系数比例进行了1个单位的反应，反应物质的消耗和产物生成的物质的量与反应方程式的书写有关. 所以$\Delta_r G_m$的单位是$J \cdot mol^{-1}$或kJ/mol.

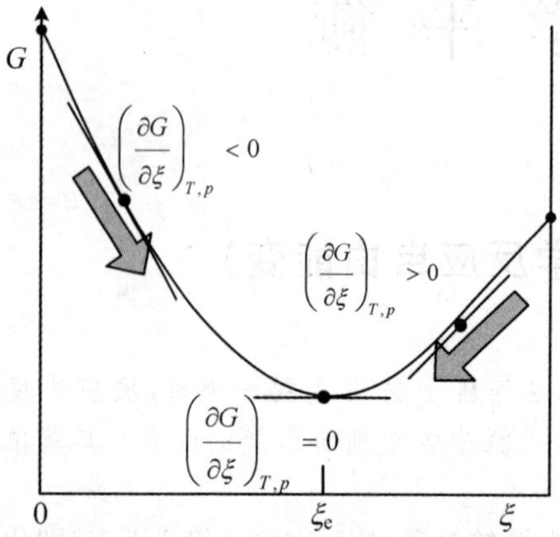

图 5.1

5. 如何理解$\Delta_r G_m = \sum_i \nu_i \mu_i \leqslant 0$的判据是强度性质判据？

答　如图5.1所示，$\Delta_r G_m = \sum_i \nu_i \mu_i$，对应有限量体系，假设保持体系状态不变条件下，沿着图中曲线的切线方向进行1个单位反应时，体系吉布斯自由能变化值；或者设想体系是无限大的，发生1个单位反应，不会引起体系状态改变，发生1个单位反应时，体系吉布斯自由能变化值.

状态函数中有强度性质的量，与数量无关，不具有加和性，如T, p, V_m，偏摩尔量V_B, H_B, G_B等等. 其中V_m, V_B, H_B, G_B等的强度性质，是以1 mol为单位的，而$\Delta_r G_m$的强度性质是以1个单位反应(即$\xi=1$ mol)为单位的. 因此$\Delta_r G_m$可以看成体系的一个具有强度性质的状态函数，状态确定，它的数值也确定，它可以理解为体系一个强度性质的判据.

6. $\Delta_r G_m = \sum_i \nu_i \mu_i \leqslant 0$判据与热力学第二定律中的吉布斯自由能判据$\Delta G_{T,p} \leqslant 0$有什么异同之处？

答　图5.2是等温等压下某化学反应的自由能随反应进度的关系曲线示意图.

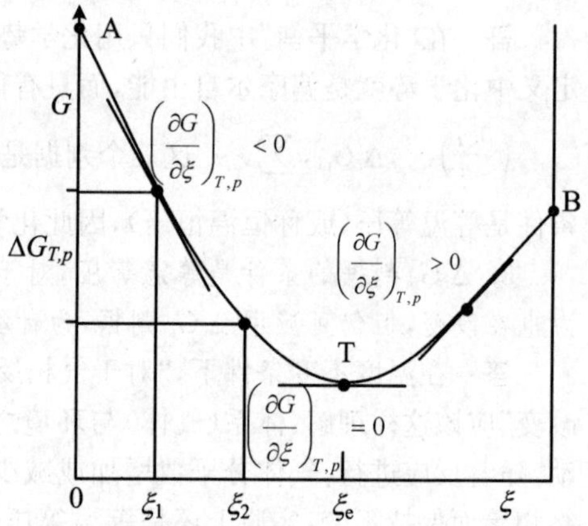

图 5.2

两者的不同点：$\Delta G_{T,p}$是指反应在两个不同时刻，如在ξ_1到ξ_2时刻变化过程体系自由能改变值，它是体系容量性质的判据. $\Delta_r G_m$是指反应体系处于某个时刻，如ξ_1时刻，保持体系状态(各组分浓度不变，化学势不变)不变条件下，设想沿切线方向发生1个单位反应过程中体系自由能变化值，它是体系强度性质判据.

两者的相同点：两者都能判断化学反应的方向与限度，应用的条件相同，都是等温等压.

7. 化学反应自由能是产物与反应物之间的吉布斯自由能的差值. 该说法对吗？

答　不对. 反应自由能$\Delta_r G_m$是反应组分组成不变(即化学势不变)条件下发生$\xi=1.0$ mol时体系吉布斯自由能的改变，或者理解为反应某时刻体系自由能G对ξ的变化率，不是产物(终态)与反应物(始态)之间的吉布斯函数的差值.

8. 在恒定的温度和压力条件下，某化学反应的反应自由能$\Delta_r G_m$就是在一定量的体系中进行 1 mol 的化学反应时产物与反应物之间的吉布斯自由能的差值. 该说法对吗?

答　不对. 反应自由能 $\Delta_r G_m$ 可以看成是等温等压下,在无限大量的体系中(体系的组成不改变条件下)发生 1 个单位的反应时产物与反应物之间的吉布斯自由能的差值. 但不是有限量体系发生 1 个单位的反应时产物与反应物之间的吉布斯自由能的差. 反应自由能 $\Delta_r G_m$ 也可以理解为等温等压下在有限量体系中,反应进行的某时刻即反应进度 ξ 处,在发生极微小进度 $d\xi$ 时引起体系自由能变化值 dG 与 $d\xi$ 的比值,即等温等压下反应某时刻体系自由能对反应进度的变化率 $\left(\frac{\partial G}{\partial \xi}\right)_{T,p}$.

9. 在等温等压条件下,体系总是向着吉布斯函数减小的方向进行. 若某化学反应在给定条件下 $\Delta_r G_m < 0$,则反应物将完全变成产物,反应将进行到底. 该说法正确吗?

答　不一定正确. 当温度、压力一定时,反应体系的 $\Delta_r G_m < 0$,则正向反应能自发进行. 至于反应能否进行到底,要看反应条件.

(1) 若为封闭体系,$\Delta_r G_m = (\partial G/\partial \xi)_{T,p} = \sum \nu_i \mu_i$ 是随 ξ 变化而变化的,也就是随着反应的进行,反应物数量减少,产物数量增多,反应物化学势之和不断减小,产物的化学势之和不断增大,最终达到相等. 此时 $\Delta_r G_m = 0$,反应达到平衡. 反应物与产物的数量不随时间而改变,这时反应物与产物共存,故反应不能进行到底.

(2) 若为敞开体系,对有些反应 $\Delta_r G_m = \sum \nu_i \mu_i$ 不随 ξ 变化而变化,反应物化学势之和总是大于产物化学势之和,该反应能进行到底,例如,标准压力、900 ℃ 下,在空气中煅烧石灰石反应 $CaCO_3(s) \longrightarrow CaO(s) + CO_2\uparrow$,$CO_2$ 不断放出,分解反应能进行到底.

10. 在等温等压下,一个化学反应之所以能自发进行,是由于反应物的化学势总和大于产物的化学势总和,那么封闭体系中反应为什么总不能进行到底,而要达到平衡态?

答　在等温等压下,一个化学反应之所以能自发进行,是由于反应物化学势总和大于产物化学势总和,

$$\Delta_r G_m = \sum \nu_i \mu_i < 0,$$

即

$$\left(\sum_i \nu_i \mu_i\right)_{产物} < \left(\sum_i \nu_i \mu_i\right)_{反应物}$$

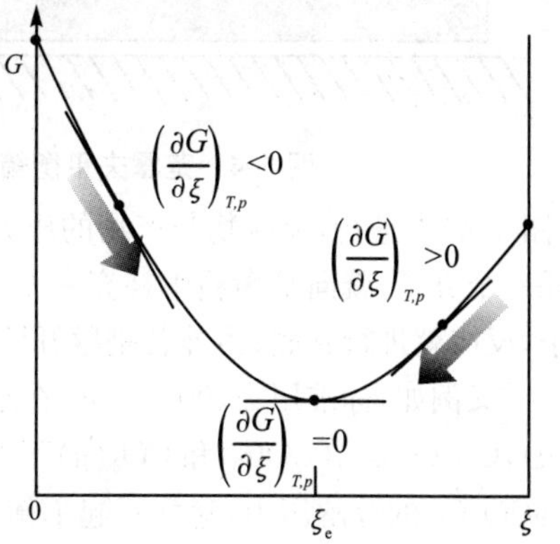

图 5.3

虽然反应物化学势总和总是大于产物化学势总和,但一般反应也是不能进行到底的,其原因是在反应过程中,反应物、产物相互混合,产生混合熵,$\Delta S > 0$,由于 $\Delta G = \Delta H - T\Delta S$,体系的自由能 G 降低,G-ξ 直线变为 G-ξ 曲线,如图 5.3 所示,自由能 G 具有极小值,体系自由能降到极小值点就不再改变,反应达到某一个平衡态,反应物不能完全变成产物.

11. (1) 化学反应中的可逆反应和热力学可逆过程有什么不同? (2) 对于化学反应中的可逆反应,正方向可以进行,热力学上认为是自发过程,但逆反应也可以同时进行,也是

自发过程，这不矛盾吗？如何理解？

答 (1) 热力学可逆过程由一系列无限接近平衡的状态组成，中间每一步都可以向相反方向进行而不在环境中留下任何其他痕迹，要求过程中推动力无限小，阻力无限小，过程进行的速度无限缓慢，所需的时间无限长. 最主要的是要求能量可逆，每一步都无限接近平衡；而化学中可逆反应只要正逆两方向都能进行，就不要求以热力学可逆方式进行，即不要求能量可逆，两方向都可以用不可逆方式进行.

(2) 不矛盾. 先看自由能随反应进度变化曲线图，如图 5.2 所示. 对于可逆反应，反应物 A 为始态，平衡态 T 为终态，或者以产物 B 为始态，平衡态 T 为终态，热力学都认为是自发进行的. 但这些与热力学自发过程不矛盾，热力学自发过程是对指定的始终态之间能否自发进行的可能性作出判断，只是对可能性判断，不是对现实性判断，若判断是自发的，实际上能否进行，进行到什么程度，这不是热力学要管的事情. 如图，若把 A 作为始态，产物 B 作为终态，热力学判断能自发进行，但实际上是进行不到底的，只能到达平衡态 T，也就是说，实际上正逆两方向都在用不可逆方式进行. 若反过来，始终态互换，B 为始态，A 为终态，热力学判断是非自发的，但实际上反应仍可进行，最后达到平衡态.

12. 为什么有的反应不能进行到底，有的反应能进行到底？

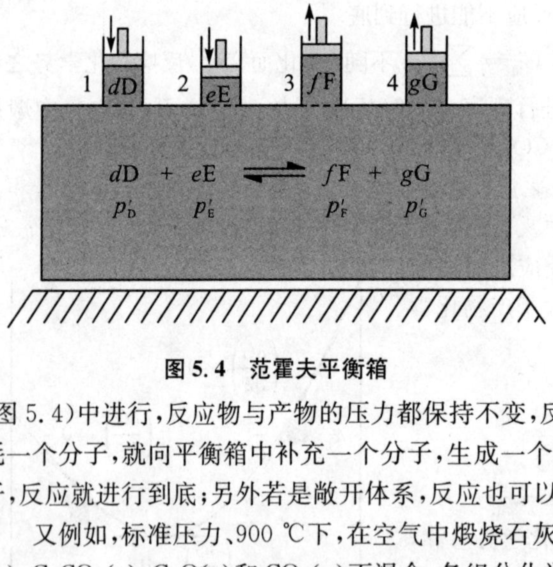

图 5.4 范霍夫平衡箱

答 对于封闭体系中发生的反应，由于反应物与产物混合，产生混合熵、混合自由能，体系的吉布斯自由能降低，体系的自由能存在一个极小值点，反应过程中体系自由能降到极小值点就停止变化，到达一个平衡状态，不能进行到底. 如果反应过程中反应物与产物不混合，反应就可能进行到底，例如将一个反应放在理想的范霍夫平衡箱(图 5.4)中进行，反应物与产物的压力都保持不变，反应物与产物也不发生混合，反应物消耗一个分子，就向平衡箱中补充一个分子，生成一个产物分子，就从平衡箱中移走一个分子，反应就进行到底；另外若是敞开体系，反应也可以进行到底.

又例如，标准压力、900 ℃下，在空气中煅烧石灰石反应 $CaCO_3(s) \longrightarrow CaO(s) + CO_2(g)$，$CaCO_3(s)$，$CaO(s)$ 和 $CO_2(g)$ 不混合，各组分化学势不改变，并且空气中 CO_2 分压小于 $CaCO_3(s)$ 的分解压力，建立不起平衡，分解反应就能一直进行到底.

13. 在等温等压条件下，$\Delta_r G_m > 0$ 的反应一定不能进行. 此判断对吗？

答 不对. 等温等压下 $\Delta_r G_m > 0$ 的反应是不能自发进行的，不是说就不能进行，当外界提供非体积功时，$\Delta_r G_m > 0$ 的反应可以进行，例如电解水反应.

14. $\Delta_r G_m$ 的大小表示了反应体系处于该反应进度为 ξ 时的反应的趋势. 此说法正确吗？

答 正确. 由图 5.5 反应的 $G-\xi$ 曲线可知 $\Delta_r G_m$ 是 G 对反应进度 ξ 的变化率，即曲线的切线的斜率,体现反应进行的趋势. $\Delta_r G_m < 0$,表示该反应有正向自发进行的趋势;$\Delta_r G_m > 0$,表示该反应正向不能自发进行而逆向可以自发进行;$\Delta_r G_m = 0$,表示反应达到平衡.

15. 在等温等压条件下,反应的 $\Delta_r G_m < 0$ 时,其值越小,自发进行反应的趋势就越强,那么必然是反应进行得也越快. 此说法正确吗?

答 不正确. 反应的 $\Delta_r G_m < 0$ 时,其值越小,自发进行的趋势就越强是对的,说反应进行得也越快是错误的,热力学中无时间观念,无法说明反应速率快慢.

16. 有供电能力($W_f \neq 0$)的可逆电池反应体系的状态,在 G-ξ 曲线上可存在哪个位置?

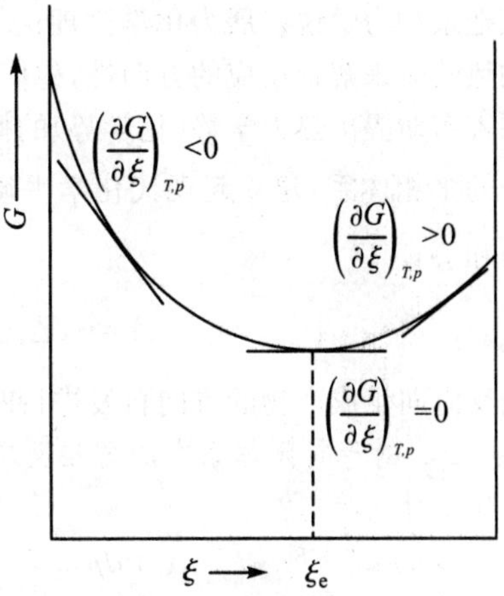

图 5.5

答 如图 5.5 所示,可在 $0 \sim \xi_e$ 之间的任意点 ξ,因为在这些地方,$\Delta_r G_m < 0$,电池反应能自发进行,电池可向外提供电能(做非体积功).

17. 下列关于化学反应自由能的认识正确吗? 为什么?

(1) 化学反应自由能是指从反应开始的状态到反应达到平衡时体系吉布斯自由能的变化值.

(2) 化学反应自由能是指产物的摩尔吉布斯自由能与反应物的摩尔吉布斯自由能之差.

答 这两种说法都不对. 化学反应自由能是指反应体系的某时刻,体系自由能对反应进度 ξ 的变化率,即 G-ξ 曲线在反应进度 ξ 时切线的斜率,也即按切线方向(保持各组分浓度不变条件下)进行 1 个单位反应的自由能变化值,也就是假设保持体系状态不变条件下,沿着曲线的切线方向进行 1 个单位反应时,体系吉布斯自由能变化值. 它不是反应开始的状态到反应达到平衡时体系吉布斯自由能的变化值,也不是产物的摩尔吉布斯自由能与反应物的摩尔吉布斯自由能之差.

18. 反应达到平衡时,宏观状态和微观状态特征有何区别?

答 反应达到平衡时,宏观上反应物和产物的数量不再随时间而变化,好像反应停止了. 而微观上,反应仍在不断地进行,反应物分子变为产物分子,而产物分子又不断变成反应物分子,只是正、逆反应的速率恰好相等,使反应物和产物的数量不再随时间而改变.

19. 什么是化学反应的亲和势? 它与 18、19 世纪间曾盛行过的化学亲和力学说有什么关系?

答 我们现在所说的化学反应的亲和势,是过去化学亲和力学说发展的延续,它们之间在具体内容上已有质的区别,但都是研究化学平衡问题,回答反应发生的方向与限度的问题. 早期的化学工作者,于 18 世纪后半期,在接受了炼金术士影响的基础上,认为化学反应发生的原因是反应物之间存在着"爱力",他们进行各种实验,力图求出不同反应物之间的那种亲和力,但在 19 世纪初的半个世纪里,这方面没有任何重大进展,后来凯库勒等人把亲和力学说发展为化学键理论. 在 19 世纪五六十年代,汤姆孙与贝塞罗用化学反应的热效应来解释反应的方向性,他们认为反应热效应是反应物之间化学亲和力的量度. 直到吉布斯提出热力学势(化学势)的概念和理论之后,人们才可能将热力学用于处理多组分的多相体系,建立起现代化学平衡理论. De Donder 首先把 $\sum_i \nu_i \mu_i$ 的负值定义为化学亲和势:

$$A = -\Delta_r G_m = -\sum_i \nu_i \mu_i = -\left(\frac{\partial G}{\partial \xi}\right)_{T,p}$$

当反应向生成产物的方向自发进行时,$A > 0$,反应具有正方向推动力.

20. 对于封闭体系中的匀相反应 $cC + dD \longrightarrow gG + hH$,以下四种情况,各表明反应体系处于什么状态?

(1) $g\mu_G + h\mu_H < c\mu_C + d\mu_D$.

(2) $g\mu_G + h\mu_H > c\mu_C + d\mu_D$.

(3) $g\mu_G^\ominus + h\mu_H^\ominus = c\mu_C^\ominus + d\mu_D^\ominus$.

(4) $g\mu_G + h\mu_H = c\mu_C + d\mu_D$.

答 (1) 正向反应能自发进行状态.

(2) 逆向反应能自发进行状态.

(3) 若参加反应的物质都处于标准态,则体系处于化学平衡状态;若各反应物质不处于标准态,则体系不一定处于平衡状态.

(4) 反应体系处于平衡状态.

21. 状态函数是描述体系热力学平衡态的宏观物理量. 一个正在进行的化学反应或相变体系,当不处于物质平衡时,这样的体系中是否每时每刻都有确定的 μ, G, S 等状态函数值?

答 如果反应按可逆方式进行,如在范霍夫平衡箱中进行,或在可逆电池中进行,那么 μ, G, S 等状态函有确定数值;如果反应以不可逆方式进行,则只有始终态有确定数值,中间态没有确定数值.

5.2 化学反应等温方程式与平衡常数

22. 在一定温度下,对应同一计量方程某气体反应的标准平衡常数为 $K^\ominus(T)$. 若气体混合物开始组成不同,$K^\ominus(T)$是否相同? 平衡时其组成是否相同?

答 $K^\ominus = f(T)$,在一定温度下,对应同一计量方程,$K^\ominus$ 不因气体反应体系的组成而改变,因此是定值,是相同的. 反应气体混合物开始组成不同,到达平衡时,平衡态组成会因之改变而不同.

23. 若化学势选择不同的标准态,则 $\mu_B^\ominus$ 的值就不同,所以反应的 $\Delta_r G_m^\ominus$ 也会改变. 若等温方程 $\Delta_r G_m = \Delta_r G_m^\ominus + RT \ln Q_a$,那么 $\Delta_r G_m$ 也会变. 这样认为对吗? 为什么?

答 不对,$\Delta_r G_m$ 不会改变. $\Delta_r G_m = \sum_i \nu_i \mu_i$,而各物质的化学势 μ_i 并不因选择标准态

不同而改变.

例如,对同一物质 B:

$$\mu_B=\mu_{B,1}+RT\ln a_{B,1}=\mu_{B,2}+RT\ln a_{B,2}=\mu_{B,3}+RT\ln a_{B,3}=\cdots$$

化学势 μ_B 不改变,$\Delta_r G_m=\sum_i \nu_i \mu_i$ 也不改变.另一方面,选择不同的标准态,$\mu_B^{\ominus}$ 的值不同,而化学势表达式中活度也跟着不同,就从等温方程 $\Delta_r G_m=\Delta_r G_m^{\ominus}+RT\ln Q_a$ 上看,$\Delta_r G_m^{\ominus}$ 与 Q_a 改变不同,但它们的和是不变的.

24. 对于一个封闭体系,其化学反应自由能 $\Delta_r G_m$ 与化学反应标准自由能 $\Delta_r G_m^{\ominus}$ 是否都随反应的进度而变化?为什么?

答 对于一个封闭体系,其化学反应自由能 $\Delta_r G_m$ 即 $(\partial G/\partial \xi)_{T,p}$ 随反应的进度而变化.在等温等压条件下,当反应物自由能之和不等于产物自由能之和时,反应总是自发地向着自由能减少的方向进行.体系中自由能 G 随着反应进度 ξ 的变化而降低.$\Delta_r G_m$ 即 $(\partial G/\partial \xi)_{T,p}$ 随 ξ 的变化而改变.另一方面,$\Delta_r G_m=(\partial G/\partial \xi)_{T,p}=\sum \nu_i \mu_i$,由于 μ_i 与组成 x_i 有关,在封闭体系中,反应物与产物混合在一起,随反应进度 ξ 的改变,体系组成发生变化,μ_i 就改变,因此 $\Delta_r G_m$ 也发生变化.

$\Delta_r G_m^{\ominus}$ 是指反应物、产物各自都处于标准态下,发生 1 个单位的反应,它只是温度的函数,与反应进度无关,不发生变化.

25. $\Delta_r G_m^{\ominus}$ 与反应进度 ξ 是否有关?为什么?

答 $\Delta_r G_m^{\ominus}$ 与反应进度 ξ 无关.

$\Delta_r G_m^{\ominus}(T)=\sum_i \nu_i \mu_i^{\ominus}(T)$,$\mu_i^{\ominus}(T)$ 是物质标准态化学势,只与温度有关,它可以是纯态,也可以是假想态,与反应进度 ξ 无关,因此 $\Delta_r G_m^{\ominus}$ 也与反应进度 ξ 无关.

26. 下面这个等式在什么条件下能够成立?

$$\Delta_r G_m^{\ominus}(T)=(\Delta_r G_m)_{T,p^{\ominus}}$$

答 $\Delta_r G_m^{\ominus}(T)$ 为温度 T 下,反应标准摩尔自由能(变),是指反应组分都处于标准状态(如纯态)下发生 1 个单位的反应时体系吉布斯自由能变化值.$(\Delta_r G_m)_{T,p^{\ominus}}$ 为温度 T 与标准压力 $p^{\ominus}$ 下反应摩尔自由能(变),一般情况是指反应进行到某时刻(体系是混合物),各组分保持浓度不变,发生 1 个单位反应的自由能(变).$\Delta_r G_m^{\ominus}(T)$ 与 $(\Delta_r G_m)_{T,p^{\ominus}}$ 的意义不同,一般情况下两者是不相等的,但如果反应体系是凝聚相体系,或者只包含一种气体,两者相等,等式就能成立.若包含两种以上的 n 种气体,$\Delta_r G_m^{\ominus}(T)$ 的反应体系压力就是 $np^{\ominus}$ 了,等式不能成立.

27. 能否用 $\Delta_r G_m^{\ominus}>0$,$\Delta_r G_m^{\ominus}<0$,$\Delta_r G_m^{\ominus}=0$ 来判断反应的方向?为什么?

答 一般不能.若反应物与产物恰好都处于标准态,可以用 $\Delta_r G_m^{\ominus}$ 直接判定反应进行方向.

若反应体系中各物质不是处于标准态,判断化学反应方向用 $\Delta_r G_m(T)$,不能用 $\Delta_r G_m^{\ominus}$.

作为近似处理,若 $\Delta_r G_m^{\ominus}$ 特别大,当大于 $40\ kJ\cdot mol^{-1}$ 或特别小,小于 $-40\ kJ\cdot mol^{-1}$ 时,才可以用 $\Delta_r G_m^{\ominus}$ 来判断反应方向.

28. 设有同一个气体反应,温度相同,但压力不同,

$$A(g)+B(g)\xlongequal[T,p_1]{\Delta_r G_1^{\ominus}}C(g),\quad A(g)+B(g)\xlongequal[T,p_2]{\Delta_r G_2^{\ominus}}C(g)$$

对应的 $\Delta_r G_1^{\ominus}$ 与 $\Delta_r G_2^{\ominus}$ 相等吗？为什么？

答 相等.因为 $\Delta_r G_m^{\ominus}=\sum_i \nu_i \mu_i^{\ominus}$，而 $\mu_i^{\ominus}$ 仅是温度的函数，与压力无关，温度相同，$\Delta_r G_1^{\ominus}$ 与 $\Delta_r G_2^{\ominus}$ 就相等.

29. 对理想气体反应 $A+B=2C$，当 $p_A=p_B=p_C$ 时，由 $\Delta_r G_m^{\ominus}$ 的大小就可判断反应进行方向.该说法正确吗？

答 正确.若体系的总压是 p，

$$p_A=p_B=p_C=\frac{1}{3}p$$

$$Q_a=\frac{\left(\frac{p_C}{p^{\ominus}}\right)^2}{\frac{p_A}{p^{\ominus}}\times\frac{p_B}{p^{\ominus}}}=\frac{\left(\frac{1}{3}\frac{p}{p^{\ominus}}\right)^2}{\frac{1}{3}\frac{p}{p^{\ominus}}\times\frac{1}{3}\frac{p}{p^{\ominus}}}=1$$

$$\Delta_r G_m=\Delta_r G_m^{\ominus}+RT\ln Q_a=\Delta_r G_m^{\ominus}+RT\ln 1=\Delta_r G_m^{\ominus}$$

因此该条件下 $\Delta_r G_m^{\ominus}$ 可判断反应进行方向.

30. 对理想气体反应 $A(g,p^{\ominus})+B(g,p^{\ominus})=2C(g,p^{\ominus})$，在等温条件下反应平衡，那么反应的 $\Delta_r G_m$ 与 $\Delta_r G_m^{\ominus}$ 应相等，且都等于 0.这样判断对吗？

答 不对.反应的 $\Delta_r G_m$ 与 $\Delta_r G_m^{\ominus}$ 不相等.该反应达到平衡时，$\Delta_r G_m=0$.而

$$\Delta_r G_m^{\ominus}=\sum_i \nu_i \mu_i^{\ominus}=2\mu_C^{\ominus}-\mu_A^{\ominus}-\mu_B^{\ominus}$$

气体 C 的标准态化学势并不等于气体 A 或气体 B 的标准态化学势，所以 $\Delta_r G_m^{\ominus}\neq 0$.另一方面，反应达到平衡时，混合气体中各气体都不是标准态.

31. 因为 $\Delta_r G_m^{\ominus}=-RT\ln K^{\ominus}$，所以 $\Delta_r G_m^{\ominus}$ 是从反应开始到达到平衡状态时体系吉布斯函数变化值.该说法对吗？为什么？

答 不对.$\Delta_r G_m^{\ominus}$ 不是反应从开始到达到平衡状态时体系吉布斯函数变化值，它是反应物与产物都处于标准态时，发生 1 个单位反应的体系自由能改变值，这是一个假想的反应过程.

32. 因为 $\Delta_r G_m^{\ominus}=-RT\ln K^{\ominus}$，而 $K^{\ominus}$ 是代表平衡特征的量，所以 $\Delta_r G_m^{\ominus}$ 是反应处于平衡时的体系吉布斯函数变化值.此说法对吗？为什么？

答 不对.平衡时，$\Delta_r G_m=0$，一般反应平衡时 $\Delta_r G_m^{\ominus}$ 不等于零.$\Delta_r G_m^{\ominus}=-RT\ln K^{\ominus}$，该式只表示两者之间的数值相关，但没有物理意义的联系，$K^{\ominus}$ 是平衡特征的量，$\Delta_r G_m^{\ominus}$ 不是平衡特征的量.

33. $\Delta_r G_m^{\ominus}(T)$，$\Delta_r G_m(T)$，$\Delta_f G_m^{\ominus}$(B，相态，$T$)各自的含义是什么？

答 $\Delta_r G_m^{\ominus}(T)$ 指化学反应中各组分单独存在，且处于标准态，发生 1 个单位反应时体系自由能改变值，也可以看成是各组分在标准态下，产物为终态，反应物为始态的变化过程中自由能变化值.

$\Delta_r G_m(T)$ 是等温等压下，在无限大量的体系(体系的组成不改变)中发生 1 个单位反

应时体系吉布斯自由能改变值.

$\Delta_f G_m^\ominus$(B,相态,T)指 B 物质在该相态、温度 T、标准压力 $p^\ominus$ 下的标准生成吉布斯自由能.

34. 为什么不能说 $\Delta_r G_m^\ominus$ 就是体系处于平衡时自由能变化值?既然 $\Delta_r G_m^\ominus$ 不是体系处于平衡时的体系自由能改变值,为什么它的数值又与标准平衡常数 $K^\ominus$ 相关呢?

答　$\Delta_r G_m^\ominus = \sum \nu_i \mu_i^\ominus$,$\Delta_r G_m^\ominus$ 是各反应组分都处于标准态,且发生 1 个单位反应时体系自由能变化值,不是体系处于平衡时的自由能变化值 $\Delta_r G_m$.

$$\begin{aligned}\Delta_r G_m &= \sum_i \nu_i \mu_i = \sum_i \nu_i (\mu_i^\ominus + RT\ln a_i) \\ &= \sum_i \nu_i \mu_i^\ominus + RT\ln \prod a_i^{\nu_i} = \Delta_r G_m^\ominus + RT\ln \prod a_i^{\nu_i}\end{aligned}$$

达到平衡时,$\Delta_r G_m = 0$. 令

$$K^\ominus = \left(\prod a_i^{\nu_i}\right)_{eq}$$

$$\Delta_r G_m^\ominus + RT\ln K^\ominus = 0$$

$$K^\ominus = \exp\left(\frac{-\Delta_r G_m^\ominus}{RT}\right)$$

这样 $\Delta_r G_m^\ominus$ 与标准平衡常数 $K^\ominus$ 之间建立了数值关系,但没有物理意义上的联系.

35. 平衡常数的数值为什么与化学反应计量方程式的写法有关?

答　由公式 $-RT\ln K^\ominus = \Delta_r G_m^\ominus = \sum_i \nu_i \mu_i^\ominus$,$\Delta_r G_m^\ominus$ 与化学计量方程式的写法有关,因此平衡常数的数值也与化学计量方程式的写法有关.

36. 通常有几种计算 $\Delta_r G_m^\ominus$ 的方法?

答　有三种方法:(1) 由实验等手段得到的化学反应平衡常数,计算出标准平衡常数,再由公式 $\Delta_r G_m^\ominus = -RT\ln K^\ominus$,计算出 $\Delta_r G_m^\ominus$.

(2) 利用物理化学教材上物质的标准生成自由能,$\Delta_r G_m^\ominus = \sum_i \nu_i \Delta_f G_m^\ominus(i)$.

(3) 利用热化学数据,测量出温度 T 时反应的热效应 $\Delta_r H_m^\ominus(T)$,或用各物质标准生成焓值计算出 298 K 时热效应,测量出反应组分的恒压热容 $C_{p,m}$,计算出温度 T 时的反应热效应,

$$\Delta_r H_m^\ominus(T) = \Delta H_0 + \int \Delta C_{p,m} dT$$

再利用 298 K 时各物质的标准熵,计算出 298 K 时反应熵变,计算出温度 T 时反应熵变:

$$\Delta_r S_m^\ominus(T) = \Delta_r S_m^\ominus(298\ \mathrm{K}) + \int \frac{\Delta C_{p,m}}{T} dT$$

最后用公式 $\Delta_r G_m^\ominus = \Delta_r H_m^\ominus - T\Delta_r S_m^\ominus$,计算出 $\Delta_r G_m^\ominus$.

在热力学中有这三种方法,以后还有统计热力学方法和电化学方法.

37. 化学反应等温方程式 $\Delta_r G_m = \Delta_r G_m^\ominus + RT\ln Q_a = -RT\ln K^\ominus + RT\ln Q_a$ 中,$K^\ominus$ 与 Q_a 有哪些异同点?

答　$K^\ominus$ 是标准平衡常数,也是达到平衡时反应组分的活度商,一个反应体系中仅有

一个数值；Q_a是反应组分在反应的任何时刻的活度商，有无数多个数值，只有在达到平衡时，$K^{\ominus}$与Q_a才相等，即相同.

38. 认为"化学反应标准自由能$\Delta_r G_m^{\ominus}$等于温度T、压力$p^{\ominus}$条件下反应自由能"，对不对？两者有没有相等的机会？

答 不对.$\Delta_r G_m^{\ominus}$是指在温度T的条件下，参与反应的各物质均处于标准态，且发生1个单位反应时体系自由能改变值，而温度T、压力$p^{\ominus}$条件下反应自由能$\Delta_r G_m$，是指反应体系的总压是标准压力$p^{\ominus}$，不是各物质处于标准态，总压为标准压力$p^{\ominus}$的反应自由能与标准反应自由能，一般是不相等的.只有当反应体系是纯凝聚相或包含的气体只有一种，并且是理想气体时，两者才相等，因为只有一种气体时总压为$p^{\ominus}$，该气体压力就是$p^{\ominus}$，处于标准态，纯凝聚相物质也都处于标准态.如果参与反应的气体有两种以上，两者就不相等.总之，概念上把两者看成相等是错误的，一般是不相等的，特殊条件下才相等.

39. 因为$K_a = \prod a_B^{\nu}$，故所有反应的平衡状态都随反应计量系数而改变.此说法正确吗？

答 不正确，因为平衡状态（即平衡的温度、压力，各组分浓度不随时间而改变）与方程式的书写方式无关，即与反应式的计量系数无关，而平衡常数大小与反应式的计量系数有关.

40. 平衡常数K_a，K_p，K_c，K_x中哪些没有单位？哪些可能有单位？

答 由于活度a、摩尔分数x是没有单位的，因此K_a和K_x是没有单位的.对于$\Delta\nu \neq 0$的反应，K_p，K_c有单位，K_p的单位为$(\mathrm{Pa})^{\Delta\nu}$，$K_c$的单位是$(\mathrm{mol \cdot dm^{-3}})^{\Delta\nu}$.

41. 实际气体反应平衡常数$K^{\ominus}$，K_a，K_f，K_p，K_x，在确定温度下是常数吗？理想气体呢？

答 实际气体反应的平衡常数$K^{\ominus}$，K_a，K_f仅是温度的函数，确定温度下是常数，K_p，K_x与T，p有关，确定温度下不是常数.对理想气体反应，$K^{\ominus}$，K_a，K_f，K_p仅是温度的函数，确定温度下是常数，K_x与T，p有关，确定温度下不是常数.

42. 溶液中各溶质间的化学反应的平衡常数$K^{\ominus}$，K_a，K_c，K_x在确定温度和压力下都是常数吗？为什么？

答 在确定温度和压力下，$K^{\ominus}$，K_a是常数，而K_c，K_x不是常数.定义

$$K^{\ominus} = \exp\left(\frac{-\Delta_r G_m^{\ominus}}{RT}\right) = \exp\left[\frac{-\sum_i \nu_i \mu_i^{\ominus}}{RT}\right]$$

因此温度一定，$K^{\ominus}$是常数.

$$K_a = \exp\left[\frac{-\sum_i \nu_i (\mu_i^{\ominus} + \int_{p^{\ominus}}^{p} V_i \mathrm{d}p)}{RT}\right]$$

即使温度一定，K_a也不是常数，若压力再确定K_a才是常数.

溶液中溶质的活度系数γ_c，γ_x，不但受温度、压力影响，还受到溶剂分子与溶质分子之间作用力影响，因此在确定温度和压力下不是常数，因此K_c，K_x也不是常数.

43. 什么是复相化学反应？其平衡常数有何特征？

答　有气相和凝聚相(液相、固相)共同参与的反应称为复相化学反应.

对于凝聚相，只考虑纯态的情况，纯态的化学势可近似为它的标准态化学势，所以复相化学反应的平衡常数的特征是：平衡常数只与气相中各物质的压力有关，或说凝聚相组成不出现在平衡常数表达式中.

44. 在复相反应中，$\Delta_r G_m^\ominus = \sum_i \nu_i \mu_i^\ominus = -RT \ln K^\ominus = -RT \ln (a_i)_{气}^{\nu_i}$(平衡). 既然上式右边仅出现气体物质的平衡活度，与凝聚相无关，那么左边的 $\Delta_r G_m^\ominus$ 中也应不包含凝聚物质的 $\mu_i^\ominus$. 这样认识对吗？

答　不对. 对于复相反应，若凝聚物质都是纯物质，它们的活度为 1，其化学势近似为纯态化学势：

$$\mu_i(\mathrm{s,l}) = \mu_i^\ominus(\mathrm{s,l}) + RT \ln a_i = \mu_i^\ominus(\mathrm{s,l}) \approx \mu_i^*(\mathrm{s,l})$$

而气体物质的化学势不能近似：

$$\mu_i(\mathrm{g}) = \mu_i^\ominus(\mathrm{g}) + RT \ln \frac{f_i}{p^\ominus} = \mu_i^\ominus(\mathrm{g}) + RT \ln a_i(\mathrm{g})$$

因此平衡时，

$$\Delta_r G_m^\ominus = \sum_i \nu_i \mu_i = \sum_i \nu_i \mu_i^\ominus + RT \ln (a_i)_{气}^{\nu_i}(平衡) = 0$$

在活度积中不出现凝聚相各物质的活度.

$$\Delta_r G_m^\ominus = \sum_i \nu_i \mu_i^\ominus = -RT \ln (a_i)_{气}^{\nu_i}(平衡) = -RT \ln K^\ominus$$

因此平衡常数中仅出现气体物质，而 $\Delta_r G_m^\ominus$ 计算中包括凝聚物质的 $\mu_i^\ominus$.

45. 对复相反应，只有参与反应的凝聚物存在且不形成固溶体时，其平衡时的气体的分压积才可表示成平衡常数，若缺某种反应物的凝聚相，则平衡时气体分压积就不能用来表示成平衡常数. 这种说法对不对？试用相律予以解释.

答　对. 因为对于化学反应体系，达到平衡时，体系的温度、压力、各物质的组成(活度)就不随时间而改变，体系的自由度应该为零，$f = C - \Phi + 2 = 0$. 若缺某种反应物的凝聚相，则体系的相就减少一个，依据相律，$f = C - (\Phi - 1) + 2 = 1$，体系有一个自由变量，这个变量可能是温度、压力或某物质活度，它就可随时间改变，体系就达不到平衡状态，这时气体物质的分压积表示的当然不是平衡常数.

46. 若已知一种固态分解产生气体的反应达到平衡时的气体组成，就能求得该反应的标准生成自由能 $\Delta_r G_m^\ominus$. 该说法对吗？

答　对. 已知一种固态分解产生气体的反应达到平衡时的气体组成，设气体都是理想气体. 即可知道产物气体的分压，就可以得出平衡常数 $K^\ominus$，$K^\ominus = \prod \left(\frac{p_i}{p^\ominus}\right)^{\nu_i}$. 由公式 $\Delta_r G_m^\ominus = -RT \ln K^\ominus$，求得 $\Delta_r G_m^\ominus$.

47. 下列说法正确吗？为什么？

(1) 对于分解产生多种气体的固体(如 NH_4Cl)，它分解的条件就是体系的压力小于其分解压.

(2) 温度一定时，这样的体系达到分解平衡时，总压是一定的.

答 (1) 正确. 分解压是在一定温度下固体分解达到平衡时气体的总压. 例如该固体(如 NH_4Cl)在封闭体系中，在一定温度下若固体上方气体的总压力小于分解压力，说明没有达到平衡，固体要继续分解，因此可以说固体分解的条件就是体系的压力小于该温度下的分解压.

(2) 正确. 因为温度一定时，标准平衡常数是定值，固体的分解压力是一定的，达到平衡时气体的总压是一定的. 如 NH_4Cl 分解，$p=p_{NH_3}+p_{HCl}$，其中 $p_{NH_3}=p_{HCl}$；如 NH_4Cl 在没有分解前体系中已有 NH_3 气体存在，即 NH_4Cl 固体向含有 NH_3 的气体中分解，达到平衡时，虽然平衡气体中 p_{NH_3} 与 p_{HCl} 不相等，但它们的压力之和不改变，都等于体系的压力：$p=p_{NH_3}+p_{HCl}$.

48. 考虑下列理想气体反应：(1) $A+B=\!=\!=2C$；(2) $A+B=\!=\!=C$. 请问在什么条件下，这两个反应可以用 $\Delta_r G_m^\ominus$ 来判断进行的方向与限度？

答 在两种条件下可以用 $\Delta_r G_m^\ominus$ 来判断：其一是三种气体都处于标准态下；其二是反应某时刻反应组分的活度商 $Q_a=1$.

对于反应(1)，除了三种气体都处于标准态外，若三种气体的分压相等或三种气体的摩尔分数相等就可用 $\Delta_r G_m^\ominus$ 来判断. 设体系的总压是 p，$p_A=p_B=p_C=\frac{1}{3}p$，那么

$$\Delta_r G_m=\Delta_r G_m^\ominus+RT\ln\frac{\left(\frac{1}{3}\right)^2}{\frac{1}{3}\times\frac{1}{3}}=\Delta_r G_m^\ominus+RT\ln 1=\Delta_r G_m^\ominus$$

对于反应(2)，除了三种气体都处于标准态外，若三种气体的分压相等或三种气体的摩尔分数相等，还要加上总压为 $3p^\ominus$ 条件，才可用 $\Delta_r G_m^\ominus$ 判据，因为 $p_A=p_B=p_C=p^\ominus$，故

$$\Delta_r G_m=\Delta_r G_m^\ominus+RT\ln\frac{1}{1\times 1}=\Delta_r G_m^\ominus+RT\ln 1=\Delta_r G_m^\ominus$$

49. 反应 $N_2O_4(g)=\!=\!=2NO_2(g)$，(1) 在气相中进行；(2) 在 CCl_4 溶剂中进行；(3) 在 $CHCl_3$ 溶剂中进行. 若组成都用体积摩尔浓度表示，其平衡常数为 K_c，在相同温度下，这三种情况下的 K_c 是否相同？为什么？

答 在相同温度时，这三种情况下的 K_c 是不相同的. 为了方便，反应写成 $A=\!=\!=2B$.

(1) 气体的化学势：

$NO_2(g)$：$\mu_B(g)=\mu_B^\ominus(g)+RT\ln\frac{p_B}{p^\ominus}$

$N_2O_4(g)$：$\mu_A(g)=\mu_A^\ominus(g)+RT\ln\frac{p_A}{p^\ominus}$，$-RT\ln K^\ominus=\Delta_r G_m^\ominus=2\mu_B^\ominus(g)-\mu_A^\ominus(g)$

而依据理想气体平衡常数之间关系，$K_c=K^\ominus\left(\frac{p^\ominus}{RT}\right)^{\Delta\nu}=K^\ominus\left(\frac{p^\ominus}{RT}\right)$.

(2) 溶质 NO_2，N_2O_4 的化学势：

$$\mu_B(l)=\mu_{B,c}^\ominus(/CCl_4)+RT\ln\frac{c_B(/CCl_4)}{c^\ominus},\quad \mu_A(l)=\mu_{A,c}^\ominus(/CCl_4)+RT\ln\frac{c_A(/CCl_4)}{c^\ominus}$$

它们的化学势标准态是温度 $T,c=c^\ominus=1\ \mathrm{mol\cdot dm^{-3}}$，仍符合亨利定律的状态化学势.

$$-RT\ln K_c^\ominus(/CCl_4)=\Delta G_{m,c}^\ominus(/CCl_4)=2\mu_{B,c}^\ominus(/CCl_4)-\mu_{A,c}^\ominus(/CCl_4)$$

(3) 溶质 NO_2，N_2O_4 的化学势：

$$\mu_B(l)=\mu_{B,c}^\ominus(/CHCl_3)+RT\ln\frac{c_B(/CHCl_3)}{c^\ominus}$$

$$\mu_A(l)=\mu_{A,c}^\ominus(/CHCl_3)+RT\ln\frac{c_A(/CHCl_3)}{c^\ominus}$$

它们的化学势标准态是温度 $T,c=c^\ominus=1\ \mathrm{mol\cdot dm^{-3}}$，仍符合亨利定律的状态化学势.

$$-RT\ln K_c^\ominus(/CHCl_3)=\Delta_r G_{m,c}^\ominus(/CHCl_3)=2\mu_{B,c}^\ominus(/CHCl_3)-\mu_{A,c}^\ominus(/CHCl_3)$$

由于

$$\mu_{B,c}^\ominus(/CHCl_3)\neq\mu_{B,c}^\ominus(/CCl_4)\neq\mu_B^\ominus(g)$$
$$\mu_{A,c}^\ominus(/CHCl_3)\neq\mu_{A,c}^\ominus(/CCl_4)\neq\mu_A^\ominus(g)$$
$$\Delta_r G_{m,c}^\ominus(/CHCl_3)\neq\Delta_r G_{m,c}^\ominus(/CCl_4)\neq\Delta_r G_m^\ominus$$

因此 $K_c^\ominus(/CHCl_3)\neq K_c^\ominus(/CCl_4)\neq K^\ominus$（或 K_c）.

50. 标准平衡常数与非标准平衡常数有什么不同?

答 根据标准热力学函数算得的平衡常数是标准平衡常数，记作 $K^\ominus$，又称之为热力学平衡常数，

$$\Delta_r G_m^\ominus=\sum_i \nu_i\mu_i^\ominus=-RT\ln K^\ominus$$

用平衡时生成物对反应物的压力商或活度商表示的平衡常数是经验平衡常数，或称作非标准平衡常数. 两种平衡常数的差别是：

(1) 只有标准平衡常数才能用与之相对应的 $\Delta_r G_m^\ominus$ 进行直接计算；

$$K^\ominus=\exp[-\Delta_r G_m^\ominus/(RT)]$$

非标准平衡常数一般不可以.

(2) 标准平衡常数无单位，非标准平衡常数则可能有单位. 例如理想气体反应，当 $\Delta_r\nu_B\neq0$ 时，K_p，K_c，K_n 等非标准平衡常数都有单位.

(3) 标准平衡常数只是温度的函数，非标准平衡常数则可能与温度、压力等有关，例如理想气体反应的 K_x，与温度、压力都有关.

51. 凡是反应体系便一定能建立化学平衡. 这个概念是否一定正确? 试举例说明之.

答 不一定正确. 对于敞开体系，许多反应就不能建立平衡而进行到底. 例如，1 000 ℃时在空气中煅烧石灰：$CaCO_3(s)\longrightarrow CaO(s)+CO_2(g)$. 由于空气中 CO_2 分压小于平衡压力，不能建立起化学平衡，这个反应能进行到底.

52. 反应 $A\longrightarrow B$，既可在气相中进行，又可在水溶液中进行，在确定的温度下，A(g)，B(g)在水中的浓度服从亨利定律，用摩尔分数 x_A，x_B 表示浓度，亨利常数分别是 H_A，H_B，那么气相中反应的平衡常数 K_p 与液相反应平衡常数 K_x 之间有何关系?

答 液相中反应：$K_x=x_B/x_A$，由于 A，B 都符合亨利定律，$p_B=H_Bx_B$，$p_A=H_Ax_A$.

气相中反应：$K_p=\dfrac{p_B}{p_A}=\dfrac{H_Bx_B}{H_Ax_A}=K_x\dfrac{H_B}{H_A}$，所以 $K_p\cdot H_A=K_x\cdot H_B$.

53. 在一次关于KHF_2这一化合物是否潮解的会议上，发生了争论，兰州某工厂的A说它不易潮解，长沙某工厂的B说它易潮解，你认为他们哪个说法正确？为什么？

答 他们两个说法都正确. 因为兰州地区空气中湿度小，空气中水蒸气含量低，不易潮解，而长沙地区空气中湿度大，空气中水蒸气含量高，容易潮解.

5.3 标准平衡常数的热力学计算

54. 所有单质的标准生成自由能 $\Delta_f G_m^\ominus(T)$ 皆为零. 该说法正确吗？为什么？试举例说明.

答 不正确. "所有稳定单质的标准生成自由能 $\Delta_f G_m^\ominus(T)$ 皆为零"才正确. 非稳定单质的标准生成自由能不为零，如 $\Delta_f G_m^\ominus$(C，石墨)=0，而 $\Delta_f G_m^\ominus$(C，金刚石)≠0.

55. 什么是标准摩尔生成吉布斯自由能？

答 因为吉布斯自由能的绝对值不知道，所以只能采用相对值，需要规定一个共同的参照点(零点)，即将标准压力下稳定单质(包括纯的理想气体、纯的固体或液体)的生成吉布斯自由能规定为零，在标准压力下，由稳定单质化合成1 mol物质B时，吉布斯自由能的变化值称为物质B的标准摩尔生成吉布斯自由能，用符号 $\Delta_f G_m^\ominus(B,T)$表示. 热力学数据表上一般列出的是在298.15 K时各种物质标准生成自由能数值.

56. 公式 $\Delta_r G_m^\ominus = -RT\ln K^\ominus$，在化学平衡研究中有什么重要意义？

答 该公式意义重大. $\Delta_r G_m^\ominus$是指处于标准态下各反应物不混合、不接触，完全反应变成标准态下的纯产物. 实际这是一个假想过程，很难做到，因为发生反应时反应物必须要相互接触，也要与产物混合. 但标准平衡常数 $K^\ominus$却是真实反应达到平衡时的平衡常数. 该公式的意义是把 $\Delta_r G_m^\ominus$与 $K^\ominus$两者之间建立了数值关系，借助假想的反应过程的 $\Delta_r G_m^\ominus$，计算出真实反应的标准平衡常数. 例如反应

$$CO(g) + H_2O(g) = H_2(g) + CO_2(g)$$

其反应 $K^\ominus$是真实的，而该反应的 $\Delta_r G_m^\ominus$是指该1 mol纯CO与1 mol纯 $H_2O(g)$在 T，$p^\ominus$下，完全反应生成1 mol纯CO_2与1 mol纯 H_2的自由能改变值. 通过这假想过程的$\Delta_r G_m^\ominus$计算出该反应的标准平衡常数 $K^\ominus$.

57. 化学反应的标准平衡常数的数值不仅与方程式的写法有关，而且还与标准态的选择有关. 该判断是否正确？

答 正确. 标准平衡常数 $K^\ominus$的数值由 $\Delta_r G_m^\ominus$决定，$\Delta_r G_m^\ominus = \sum_i \nu_i \mu_i^\ominus$，其大小与方程式的写法有关，也与标准态的选择有关，因此 $K^\ominus$不仅与方程式的写法有关，也与标准态的选择有关.

58. 在给定温度和压力下发生的 PCl_5 的分解反应，只需测定平衡时混合气体的密度就可以求得平衡常数了. 你认为这种说法对吗？

答 对.

$$PCl_5(g) \rightleftharpoons PCl_3(g) + Cl_2(g)$$
$$1-\alpha \qquad \alpha \qquad \alpha$$

设相对分子量分别为 M_1, M_2, M_3，离解度为 α. 其中 $M_1 = M_2 + M_3$，平衡时，总物质的量为 $1+\alpha$，体系的密度为

$$\rho = \frac{(1-\alpha)M_1 + \alpha M_2 + \alpha M_3}{V} = \frac{M_1}{V}$$

测量出密度，就知道体积. 依据理想气体体积与离解度关系 $V = \frac{(1+\alpha)RT}{p}$，由体积求出离解度 α，从而可求出平衡常数. 这样测量一个密度 ρ 参数就能知道平衡常数.

59. 因标准平衡常数只是温度的函数，$K^\ominus = f(T)$，所以对于理想气体的化学反应，当温度一定时，其平衡常数是一定的，平衡组成也是一定的. 该说法对吗？

答　不对. 对于理想气体的化学反应，当温度一定时其标准平衡常数为定值，其他的平衡常数如 K_x, K_n 就不一定是定值. 达平衡时，$Q_a = \prod a_i^{\nu_i} = K^\ominus$，不同的反应组分活度积组成都可以满足，例如，$\frac{2\times16}{4} = 8 = \frac{4\times12}{6}$，因此平衡时体系的组成不是一定的.

60. 温度 T 时，若一个反应的标准平衡常数 $K^\ominus = 1$，那么这个反应在温度 T、压力 $p^\ominus$ 的条件下已达到平衡. 此判断正确吗？

答　不正确. 当 $K^\ominus = 1$ 时，$\Delta_r G_m^\ominus = -RT\ln K^\ominus = 0$，但不能用来判定该反应达到平衡，因为判断反应是否平衡用 $\Delta_r G_m$，而不用 $\Delta_r G_m^\ominus$.

61. 试用化学势标准态直接导出理想稀溶液中溶质反应的 K_x 的表达式，此时化学势的标准态是什么？

答　理想稀溶液中溶质 B 的化学势表达式为 $\mu_B = \mu_{B,x}^\ominus(T) + RT\ln x_B$，所以

$$\Delta_r G_{m,x}^\ominus = \sum_i \nu_i \mu_{i,x}^\ominus = -RT\ln K_x^\ominus$$

$$K_x^\ominus = \exp\left[-\sum_i \nu_i \mu_{i,x}^\ominus/(RT)\right]$$

其中标准态 $\mu_{i,x}^\ominus$ 是温度 T、压力为 $p^\ominus$，并且 $x_i = 1$ 时仍符合亨利定律状态的化学势.

62. 能否用化学势标准态直接导出理想气体反应的 K_x 的表达式？此时化学势的标准态是什么？与通常气体 i 的标准态 $\mu_i^\ominus(T)$ 之间的关系如何？

答　可以用化学势标准态直接导出理想气体反应的 K_x 的表达式，不过这时理想气体的化学势表达式改为 $\mu_i = \mu_{i,x}^\ominus(T) + RT\ln x_i$，所以

$$\Delta_r G_{m,x}^\ominus = \sum_i \nu_i \mu_{i,x}^\ominus = -RT\ln K_x^\ominus$$

$$K_x^\ominus = \exp\left[-\sum_i \nu_i \mu_{i,x}^\ominus/(RT)\right]$$

其中标准态 $\mu_{i,x}^\ominus(T)$ 是温度 T、压力为 $p^\ominus$，并且 $x_i = 1$ 时状态的化学势. 这里化学势的标准态是 $\mu_{i,x}^\ominus(T)$，与通常理想气体的标准态 $\mu_i^\ominus(T)$ 不同，$\mu_i^\ominus(T)$ 是指温度 T、压力 $p^\ominus$ 的纯理想气体的化学势. 通常理想气体化学势表达式为

$$\mu_i = \mu_i^\ominus(T) + RT\ln\frac{p_i}{p^\ominus}$$

上面理想气体的化学势为 $\mu_i=\mu_{i,x}^{\ominus}(T)+RT\ln x_i$.

化学势 μ_i 并不是因标准态选取而变化,所以

$$\mu_i=\mu_{i,x}^{\ominus}(T)+RT\ln x_i=\mu_i^{\ominus}(T)+RT\ln\frac{p_i}{p}$$

由于 $x_i\neq\frac{p_i}{p^{\ominus}}$,$\mu_i^{\ominus}(T)$ 与 $\mu_{i,x}^{\ominus}(T)$ 是不相等的.

63. 合成氨反应的化学计量方程式可以分别用如下两个方程式表示:

(1) $3H_2+N_2=\!=\!=2NH_3$; (2) $\frac{3}{2}H_2+\frac{1}{2}N_2=\!=\!=NH_3$.

两者的 $\Delta_r G_m^{\ominus}$ 和 $K^{\ominus}$ 的关系如何?

答 $\Delta_r G_m^{\ominus}$ 的下标"m"表示反应进度为 1 mol 时吉布斯自由能的变化值,两个反应的反应进度都等于 1 mol 时,前一个反应的各物质的量是后一个反应的 2 倍,因此,$\Delta_r G_m^{\ominus}(1)=2\Delta_r G_m^{\ominus}(2)$,平衡常数关系为 $K_1^{\ominus}=(K_2^{\ominus})^2$.

64. 若选取不同的标准态,则 $\mu^{\ominus}(T)$ 不同,所以反应的 $\Delta_r G_m^{\ominus}$ 也会不同,那么用化学反应等温式 $\Delta_r G_m=\Delta_r G_m^{\ominus}+RT\ln Q_p$,计算出来的 $\Delta_r G_m$ 值是否也会改变?该说法正确吗?为什么?

答 不正确. $\Delta_r G_m^{\ominus}$ 由于标准态选取不同而不同是对的,但 $\Delta_r G_m$ 不会因为标准态选取的不同而改变,因为 $\Delta_r G_m=\sum_i \nu_i\mu_i$,物质 i 的化学势 μ_i 并不因标准态选择不同而改变,所以 $\Delta_r G_m$ 并不因为标准态不同选取而改变.

65. 对于一个等温等压下的封闭反应体系,因为其 $\Delta_r G_m^{\ominus}=-RT\ln K^{\ominus}$,故反应体系的标准态即是平衡态.这个说法是否正确?如果体系的情况为 $\Delta_r G_m^{\ominus}=0$,则体系是否是平衡态?

答 不正确. $\Delta_r G_m^{\ominus}$ 与 $K^{\ominus}$ 各自对应于反应体系两种不同的状态:$\Delta_r G_m^{\ominus}$ 是指反应物与产物都处于标准态时发生 1 个单位反应的自由能变化值,是一个假想过程;$K^{\ominus}$ 是反应体系处于平衡态时反应组分的活度积. $\Delta_r G_m^{\ominus}=-RT\ln K^{\ominus}$,仅反映了 $\Delta_r G_m^{\ominus}$ 与 $K^{\ominus}$ 之间数值上的关系,并没有物理意义上的联系,更没有表明是同一状态.

当体系的 $\Delta_r G_m^{\ominus}=0$ 时,体系不一定处于平衡态,因为 $\Delta_r G_m^{\ominus}=0$,体系的 $\Delta_r G_m=\Delta_r G_m^{\ominus}+RT\ln Q_a=RT\ln Q_a$,只要活度商 $Q_a\neq1$,就有 $\Delta_r G_m\neq0$,体系就不是化学平衡态.只有当体系的 $Q_a=1$,反应体系中各反应物质都处于标准态,$\Delta_r G_m=\Delta_r G_m^{\ominus}+RT\ln Q_a=0$,体系才处于平衡态,这仅是特殊的情况.

66. 计算凝聚液相物质的化学势时,若压力不甚高,为什么可用 $\mu_B^*(T,p)$ 代替 $\mu_B^{\ominus}(T)$?

答 凝聚物质的化学势:$\mu_B(s,l)=\mu_B^{\ominus}(T)+RT\ln a_B$. 同一温度下,纯 B 的化学势与标准态 B 的化学势关系:$\mu_B^*(T,p)=\mu_B^{\ominus}(T,p^{\ominus})+\int_{p^{\ominus}}^{p}V_B\mathrm{d}p$. 对凝聚物质,偏摩尔体积比较小,可近似为常数,$\int_{p^{\ominus}}^{p}V_B\mathrm{d}p=V_B(p-p^{\ominus})$,在压力 p 不甚高条件下,这项数值很小,仅几焦,与 $\mu_B^{\ominus}(T,p^{\ominus})$ 几万焦相比较,可忽略不计,因此 $\mu_B^*(T,p)\approx\mu_B^{\ominus}(T)$,化学势表达式可写成 $\mu_B(s,l)=\mu_B^*(T,p)+RT\ln a_B$.

67. 热力学中用 $\Delta_r G_m^\ominus$ 来计算平衡常数 $K^\ominus$，$\Delta_r G_m^\ominus = -RT\ln K^\ominus$，而

$$\Delta_r G_m^\ominus = \sum_i \nu_i \mu_i^\ominus \quad 或 \quad \Delta_r G_m^\ominus = \sum_i \nu_i \Delta_f G_m^\ominus(i)$$

(1) 有人就认为常温下，物质 i 的标准态化学势就等于它的标准生成自由能 $\mu_i^\ominus = \Delta_f G_m^\ominus(i)$，你认为对吗?

(2) 用 $\Delta_r G_m^\ominus = \sum\limits_i \nu_i \Delta_f G_m^\ominus(i) = -RT\ln K^\ominus$ 来计算标准平衡常数，若反应组分是纯物质，可以查表找到其298 K时标准生成自由能；若反应组分是溶液中溶质，溶质的浓度单位还可以不同. 它的标准生成自由能如何得出?

答　(1) 纯物质(包括气态、固态、液态的单质和化合物)的标准态化学势 $\mu_i^\ominus$，是确定其化学势相对值时选定的参考点(也可称为基点或零点). 化学势的狭义定义是物质偏摩尔自由能，对于纯物质就是标准态的摩尔自由能 $G_m^\ominus(i)$，$\mu_i^\ominus = G_m^\ominus(i)$，其绝对值是不知道的；而物质 i 的标准生成自由能 $\Delta_f G_m^\ominus(i)$ 是选定稳定单质的标准生成自由能为零作参考点而得出的相对数值，在标准压力 $p^\ominus$ 下，等于由最稳定的单质生成1 mol 该物质时的标准自由能变化值，其数值是确定的. 因此认为物质 i 的标准态化学势就等于它的标准生成自由能 $\mu_i^\ominus = G_m^\ominus(i) = \Delta_f G_m^\ominus(i)$ 是不对的. 由下列两个公式:

$$\Delta_r G_m^\ominus = \sum_i \nu_i \mu_i^\ominus(T), \quad \Delta_r G_m^\ominus = \sum_i \nu_i \Delta_f G_m^\ominus(i)$$

对于同一个反应，$\Delta_f G_m^\ominus$ 是定值，虽然它们的和相等，但也不能认为 $\mu_i^\ominus = \Delta_f G_m^\ominus(i)$，例如算术中 $10=2+8$，$10=3+7$，和相等，但不能说 $2=3$，$7=8$.

但是，若把常温下稳定单质B的标准态化学势定义为零，即把化学势参考点定为零点，即 $\mu_B^\ominus = 0$(一般教材上没有明确这样定义)，又因常温下稳定单质B的标准生成自由能定义为零，$\Delta_f G_m^\ominus(\text{B},单质)=0$，那么稳定单质的标准化学势就等于它的标准生成自由能，$\mu_B^\ominus = \Delta_f G_m^\ominus(\text{B},单质)=0$. 按这样定义，可以推理出化合物的标准态化学势才等于它的标准生成自由能，$\mu_B^\ominus = \Delta_f G_m^\ominus(\text{B})$.

(2) 若反应组分B是溶质，溶质的标准生成自由能是标准压力 $p^\ominus$ 下，浓度为1，并且具有理想稀溶液性质的假想态(即溶质化学势标准态)的生成自由能，用 $\Delta_f G_m^\triangle(\text{B})$ 来表示. 其数值可以由其标准生成自由能 $\Delta_f G_m^\ominus(\text{B})$ 与饱和浓度(溶解度)得出. 以质量摩尔浓度为例，

$$\text{B}^*(\text{s},纯态) \xrightarrow{\Delta G_1=0} \text{B}(饱和溶液, m_s) \xrightarrow{\Delta G_2} \text{B}(假想标准态, m^\ominus=1)$$

$$\Delta_f G_m^\ominus(\text{B}) \text{------------}\xrightarrow{\Delta G}\text{------} \Delta_f G_m^\triangle(\text{B})$$

B溶解平衡，在两相中化学势相等:

$$\Delta G_1 = 0$$

$$\Delta_f G_m^\triangle(\text{B}) = \Delta_f G_m^\ominus(\text{B}) + \Delta G_1 + \Delta G_2 = \Delta_f G_m^\ominus(\text{B}) + \Delta G_2$$

用化学势计算 ΔG_2:

$$\Delta G_2 = \mu_{\text{B,m}}^\ominus - \left(\mu_{\text{B,m}}^\ominus + RT\ln\frac{m_s}{m^\ominus}\right) = -RT\ln\frac{m_s}{m^\ominus}$$

$$\Delta_f G_m^\triangle(\text{B}) = \Delta_f G_m^\ominus(\text{B}) - RT\ln\frac{m_s}{m^\ominus}$$

若浓度单位是体积摩尔浓度 c，则

$$\Delta_f G_{m,c}^{\triangle}(B)=\Delta_f G_m^{\ominus}(B)-RT\ln\frac{c_s}{c^{\ominus}}$$

同样，若把常温下稳定单质B的标准态化学势定义为零，即 $\mu_B^{\ominus}=0$，那么溶质的标准态化学势与其标准生成自由能相等，$\mu_B^{\ominus}=\Delta_f G_m^{\triangle}(B)$，从而有

$$\mu_{B,c}^{\ominus}=\Delta_f G_m^{\ominus}(B)-RT\ln\frac{c_s}{c^{\ominus}}$$

这样由物质的标准生成自由能与它的溶解度(m_s或 c_s)，可以求出其假想态标准生成自由能，从而计算出标准平衡常数.

68. 相同温度下单质理想气体(如He，Ne，H_2，N_2，O_2)、化合物理想气体(如CO，NO，NH_3)的标准态化学势有什么关系？是否都是零？

答 如果像定义常温下稳定单质的标准生成自由能为零那样，定义常温下稳定单质B的标准态化学势为零，即 $\mu_B^{\ominus}=0$，那么物质B标准化学势等于它的标准生成自由能，按这样定义，298 K下稳定单质的理想气体，如He，Ne，H_2，N_2，O_2等的标准摩尔生成自由能为零，因此单质理想气体的标准态化学势是相等的. 但化合物理想气体(CO，NO，NH_3)的标准态化学势与其标准生成自由能相等，但都不为零，因为它们的标准摩尔生成自由能不为零，所以它们的标准态化学势也不为零.

69. 有以下两个复相反应：

(1) $CO_2(g)+2NH_3(g)$ —— $H_2O(g)+CO(NH_2)_2(aq)$；

(2) $CO_2(g)+2NH_3(g)$ —— $H_2O(l)+CO(NH_2)_2(aq)$.

25 ℃时 $\Delta_r G_m^{\ominus}$ 与 $K^{\ominus}$ 的数值是否相同？如果两个反应的 $K^{\ominus}$ 相同，反应温度应该为多少？

答 (1) 25 ℃时两个反应的 $\Delta_r G_m^{\ominus}$ 与 $K^{\ominus}$ 的数值不同，因为两个反应的产物 H_2O 的凝聚状态不同.

(2) 若两个反应的 $K^{\ominus}$ 相同，则 $\Delta_r G_m^{\ominus}$ 必相同，即 $H_2O(l)$ —— $H_2O(g)$ 的 $\Delta_r G_m^{\ominus}=0$，这意味着该温度下水的饱和蒸气压等于 $p^{\ominus}$，所以反应温度应为100 ℃.

70. 对化学反应，什么时候 $K^{\ominus}=1$ 成立？此时体系的温度为何值？

答 由标准平衡常数的定义，即 $K^{\ominus}=\exp\left(\frac{-\Delta_r G_m^{\ominus}}{RT}\right)$ 得出. 要求 $K^{\ominus}=1$，必须 $\Delta_r G_m^{\ominus}=0$. 由于 $\Delta_r G_m^{\ominus}=\Delta_r H_m^{\ominus}-T\Delta_r S_m^{\ominus}=0$，因此此时体系的温度应该是 $T=\frac{\Delta_r H_m^{\ominus}}{\Delta_r S_m^{\ominus}}$.

71. 为什么说热化学实验数据是计算平衡常数的主要基础？

答 化学反应的平衡常数可以用物理的或化学的方法进行测定，但由实验直接测定的办法有较大局限性. 在很多情况下，是根据公式 $K^{\ominus}=\exp[-\Delta_r G_m^{\ominus}/(RT)]$ 计算平衡常数的，该方法既方便又准确，有时甚至是唯一可行的办法. 问题在于如何获得反应的 $\Delta_r G_m^{\ominus}$ 值，除了可以用某些容易测得的 $K^{\ominus}$ 值来反算外，主要是用热化学方法得到的. 事实上，大多数化学反应的 $\Delta_r G_m^{\ominus}$ 值直接或间接地由实验测出的反应热效应以及热容数据算出，所以说，热化学实验数据是计算平衡常数的主要基础.

72. 水在 298 K 时的离子积常数 $K_w=1.0\times10^{-14}$，它是水电离反应的平衡常数吗？为什么？

答 水电离反应为 $H_2O = H^+ + OH^-$，离子积常数 $K_w=1.0\times10^{-14}$ 是氢离子与氢氧根离子的浓度积，单位应该是 $(mol\cdot dm^{-3})^2$，因此它不是水电离反应的平衡常数. 水电离反应的平衡常数 $K_c=\dfrac{[H^+][OH^-]}{[H_2O]}=\dfrac{(1\times10^{-7})^2}{1}=1\times10^{-14}(mol\cdot dm^{-3})$，而电离反应的标准平衡常数应该用热力学数据计算：

$$\Delta_r G_m^\ominus=\Delta_f G_m^\ominus(OH^-)+\Delta_f G_m^\ominus(H^+)-\Delta_f G_m^\ominus(H_2O)=79.885\ kJ\cdot mol^{-1}$$

$$K^\ominus=\frac{-\Delta_r G_m^\ominus}{RT}=1.012\ 2\times10^{-14}\quad(\text{无单位})$$

5.4 温度对化学平衡的影响与等压方程式

73. 理想气体反应、真实气体反应、有纯液体或纯固体与理想气体参加的复相反应，它们的标准平衡常数 $K^\ominus$ 是否都只是温度的函数？为什么？

答 $K^\ominus$ 都只是温度的函数. 因为

$$K^\ominus=\exp\left(-\frac{\sum_i \mu_i^\ominus}{RT}\right)$$

而 $\mu_i^\ominus$ 只与 T 有关，所以 $K^\ominus$ 都只是温度的函数.

74. 对于平衡常数 $K^\ominus=1$ 的反应，反应朝什么方向进行？为什么？

答 反应处于平衡状态. 因为在标准态下各组分处于标准态，

$$a_B=1,\quad \gamma_B=1$$

$$\Delta_r G_m=\Delta_r G_m^\ominus+RT\ln Q_a=-RT\ln K^\ominus+RT\ln 1=0$$

所以反应处于平衡状态.

75. 常温下在空气中金属不被氧化的条件是什么？

答 金属氧化物的分解反应是金属在空气中被氧化的逆反应，常温下分解反应自动发生的条件是分解压力要大于空气中 O_2 的分压（即 $0.21p^\ominus$）. 对于反应 $MO_2(s) = M(s) + O_2(g)$，常温下分解反应能自动发生，则逆向反应金属被氧化就不能发生，因此常温下在空气中金属不被氧化的条件是其氧化物的分解压力大于空气中 O_2 的分压，即大于 $0.21p^\ominus$.

76. 反应 $PCl_5(g) = PCl_3(g) + Cl_2(g)$ 在 212 ℃、标准压力 $p^\ominus$ 的容器中达到平衡，PCl_5 的离解度为 0.5，反应的热效应 $\Delta_r H_m^\ominus=88\ kJ\cdot mol^{-1}$，以下情况下，$PCl_5$ 的离解度如何变化？

(1) 通过减小容器体积来增加压力.　　(3) 升高温度.

(2) 容器体积不变，通入 N_2 来增加总压力.　　(4) 加入催化剂.

答 (1) 减少. 因为该反应是气体分子数增加的反应，增加压力平衡向左移动.

(2) 不变. 因为气体是理想气体，通入 N_2 容器内压力虽然增加，但各反应组分的分压不改变,平衡不移动.

(3) 增加.因为该反应是吸热反应,升高温度平衡向右移动.

(4) 不变.因为催化剂不改变平衡位置.

77. 无机化学中对于复分解反应进行到底的条件是有沉淀、气体产生或生成水.你能用化学平衡理论说明其道理吗?

答 因为生成沉淀或气体时,沉淀或气体在水中的溶解度小,要比达到平衡时要求的浓度要小得多,所以产物就不断析出(沉淀),或气体不断逸出,溶液中浓度达不到平衡要求,建立不起平衡状态,因此反应就一直进行到底.当生成水时,因为水的生成自由能是很大的负值,体系自由能降低很多,标准反应自由能 $\Delta_r G_m^{\ominus}$是很大的负值,平衡常数就特别大,所以平衡转化率特别大,可以认为反应进行到底.

78. 标准平衡常数变了则平衡必定移动,平衡移动了则标准平衡常数也一定会改变.这两句话对不对?为什么?

答 都不对.标准平衡常数的数值决定于:① 温度 T;② 参与反应的物质B的标准化学势 $\mu_B^{\ominus}$;③ 反应式中的计量系数 ν_B. $\Delta_r G_m^{\ominus}=\sum \nu_B \mu_B^{\ominus}=-RT\ln K^{\ominus}$,而 $\mu_B^{\ominus}$除了是温度的函数,还取决于标准态的选择,包括压力和浓度标度的选定.平衡移动指的是平衡态的改变,影响状态改变的因素通常只是温度、压力和组成,与标准态的选定以及反应式中的计量系数无关.当标准态的选择改变(如使用不同的浓度标度)时,$\mu_B^{\ominus}$发生改变,标准平衡常数就改变,或者反应式中的计量系数改变,这些情况下平衡状态都不移动.因此只有在确定了标准态和反应式计量系数的前提下,才能说平衡常数的改变必定会引起平衡移动.反之,平衡移动不一定使标准平衡常数也发生改变,只有温度变化引起平衡移动,标准平衡常数才会改变,由压力、浓度、惰性气体等引起平衡移动时,标准平衡常数并不会改变.例如,合成氨反应 $N_2+3H_2 = 2NH_3$,在一定的温度压力下达到平衡,再增加 H_2的浓度,平衡会向右移动,但平衡常数并不改变.

79. 对放热反应 $A(g) = 2B(g)+C(g)$,提高转化率的方法有哪些?

答 这是一个放热反应,$\Delta H<0$,因此降低温度会使平衡向右移动.另外这是气体分子数增加反应,降低压力也使反应向右移动.因此降低温度和压力可以提高该反应的转化率.

80. 怎样从化学反应等温方程式得出化学反应等压方程式?这两个方程各有几种形式?各解决什么问题?

答 (1) 化学反应等温方程是 $\Delta_r G_m=-RT\ln K^{\ominus}+RT\ln Q_a$.如果体系中各组分都处于标准态,$Q_a=1$,则上式变为 $\Delta_r G_m^{\ominus}=-RT\ln K^{\ominus}$,可用来计算标准平衡常数.将上式变形后,对温度求微商可导出等压方程:

$$\frac{\Delta_r G_m^{\ominus}}{T}=-R\ln K^{\ominus}$$

$$\left[\frac{\partial(\Delta_r G_m^{\ominus}/T)}{\partial T}\right]_p=-R\left(\frac{\partial \ln K^{\ominus}}{\partial T}\right)_p$$

借助吉布斯-亥姆霍兹公式

$$\left[\frac{\partial(\Delta_r G_m^\ominus/T)}{\partial T}\right]_p = -\frac{\Delta_r H_m^\ominus}{T^2}$$

可得 $\left(\frac{\partial \ln K^\ominus}{\partial T}\right)_p = \frac{\Delta_r H_m^\ominus}{RT^2}$ 即为等压方程式.

(2) 由等温方程有

$$\Delta G_m = \Delta G_m^\ominus + RT\ln Q_a$$

$$\Delta_r G_m = -RT\ln K^\ominus + RT\ln Q_a = RT\ln\frac{Q_a}{K^\ominus}$$

等压方程除上面的微分式 $(\partial \ln K^\ominus/\partial T)_p = \Delta_r H_m^\ominus/(RT^2)$外,还有

$$\ln K^\ominus = -\frac{\Delta_r H_m^\ominus}{RT} + C,\quad \ln\frac{K^\ominus(T_2)}{K^\ominus(T_1)} = \frac{\Delta_r H_m^\ominus(T_2 - T_1)}{RT_2T_1}$$

等形式.

(3) 等温方程说明反应进行的方向和限度. 等压方程式说明温度对 $K^\ominus$ 的影响,即温度对化学平衡的影响,以及不同温度时 $K^\ominus(T)$ 的计算.

81. 反应 $2C(s)+O_2(g) = 2CO(g)$ 的 $\Delta_r G_m^\ominus(J\cdot mol^{-1}) = -232\ 600 - 167T(K)$. 为使 $K^\ominus$ 增大以利于反应向右移动,应当提高温度,使 $\Delta_r G_m^\ominus$ 负值增大,这种做法对吗? 为什么?

答 不对. 依据温度对平衡常数影响的计算公式

$$\ln K^\ominus = -\frac{\Delta H_0}{R}\cdot\frac{1}{T} + \frac{\Delta a}{R}\ln T + \frac{\Delta b}{2R}T + \frac{\Delta c}{6R}T^2 + \cdots + I$$

$$\Delta_r G_m^\ominus = \Delta H_0 - \Delta a T\ln T - \frac{\Delta b}{2}T^2 - \frac{\Delta c}{6}T^3 + \cdots - IRT$$

与 $\Delta_r G_m^\ominus(J\cdot mol^{-1}) = -232\ 600 - 167T(K)$比较,该反应是一个放热反应,提高温度平衡常数会减小,不利于反应向右移动. 从表达式上看,似乎 T 增大 $\Delta_r G_m^\ominus$负值增大,但平衡常数与 $\Delta_r G_m^\ominus$的关系是 $\ln K^\ominus = \frac{-\Delta_r G_m^\ominus}{RT}$, T 增大, $\Delta_r G_m^\ominus$负值也增大,但 $-\Delta_r G_m^\ominus/(RT)$却不一定增大.

82. 气相反应为 $CO(g)+2H_2(g) = CH_3OH(l)$,已知其标准摩尔吉布斯反应自由能与温度的关系式为 $\Delta_r G_m^\ominus/R = (-90.625 + 0.221T/K)\ kJ\cdot mol^{-1}$,若要使平衡常数 $K^\ominus > 1$,则温度应控制在多少为宜?

答 由

$$\Delta_r G_m^\ominus = -RT\ln K^\ominus,\quad K^\ominus = \exp\left(\frac{-\Delta_r G_m^\ominus}{RT}\right) > 1$$

$$\left(\frac{-\Delta_r G_m^\ominus}{RT}\right) > 0,\quad \frac{90.625}{T} - 0.221 > 0$$

解出 $T < 410.07$ K.

83. 化学反应的平衡常数在什么条件下有最大值或最小值?

答 在影响标准平衡常数的外界因素中,压力对非凝聚态反应的 $K^\ominus$值有影响,但影响不显著,而且是单方向的;唯有温度对反应的 $K^\ominus$值有影响,并且可能不是单值函数关

系.温度对 $K^{\ominus}$ 的影响由范霍夫等压方程描述：

$$\frac{\mathrm{d}\ln K^{\ominus}}{\mathrm{d}T}=\frac{\Delta_{\mathrm{r}}H_{\mathrm{m}}^{\ominus}}{RT^{2}} \tag{1}$$

从(1)式知道，当式(1)等于零时标准平衡 $K^{\ominus}$ 时有极值.

$$\Delta_{\mathrm{r}}H_{\mathrm{m}}^{\ominus}=\Delta H_{0}+\int\Delta_{\mathrm{r}}C_{p}\mathrm{d}T \tag{2}$$

当(2)式的右端两项同号(同为正或负)时，$\Delta_{\mathrm{r}}H_{\mathrm{m}}^{\ominus}$在任意温度区间只有一种符号(正或负)，$K^{\ominus}$没有极值点；若(2)式的右边两项异号，在某一温度下有 $\Delta_{\mathrm{r}}H_{\mathrm{m}}^{\ominus}=0$，在式(1)等于零时，$K^{\ominus}$- T关系曲线上就会出现极值点.当 $\Delta_{\mathrm{r}}H_{\mathrm{m}}^{\ominus}$随温度升高由正变负时，经过 $\Delta_{\mathrm{r}}H_{\mathrm{m}}^{\ominus}=0$ 处，$K^{\ominus}$有最大值.相反，当 $\Delta_{\mathrm{r}}H_{\mathrm{m}}^{\ominus}$随温度升高而由负变正时，经过 $\Delta_{\mathrm{r}}H_{\mathrm{m}}^{\ominus}=0$ 处，$K^{\ominus}$则有最小值.所以(2)式的右边两项异号时平衡常数才有极值.

5.5 各种因素对化学反应平衡的影响

84. 平衡常数改变了，则平衡点必定移动，平衡点移动了则平衡常数也一定改变.这个说法对不对?

答 这两句说法都不对.乍看起来平衡常数改变了则平衡点必定移动，但若温度改变引起平衡常数改变，那平衡点必定移动.

由 $\Delta_{\mathrm{r}}G_{\mathrm{m}}^{\ominus}(T)=\sum_{i}\nu_{i}\mu_{i}^{\ominus}(T)=-RT\ln K^{\ominus}$，在温度不变情况下，若 $\Delta_{\mathrm{r}}G_{\mathrm{m}}^{\ominus}(T)$ 改变则平衡常数改变，而 $\Delta_{\mathrm{r}}G_{\mathrm{m}}^{\ominus}(T)=\sum_{i}\nu_{i}\mu_{i}^{\ominus}(T)$，若各反应组分选取的标准态改变，或者反应的计量系数 ν_i 改变，$\Delta_{\mathrm{r}}G_{\mathrm{m}}^{\ominus}(T)$ 都会改变，$\Delta_{\mathrm{r}}G_{\mathrm{m}}^{\ominus}(T)$ 改变平衡常数就改变，但这时平衡点并不移动.

在温度不变条件下，改变压力或加入惰性气体，平衡点可以移动，体系有若干个平衡点，但平衡常数并不改变.

85. 反应 $CaCO_3(s)$══$CaO(s)+CO_2(g)$ 在常温常压下的分解压力并不等于零，那么古代大理石建筑物何以能够保留至今而不倒?

答 因为 $CaCO_3$ 在常温时分解压力 $p_{CO_2}=1.57\times10^{-23}\,p^{\ominus}$，空气中 CO_2 的分压为 $0.005p^{\ominus}$，$p_{CO_2}<0.005p^{\ominus}$，平衡向左移动，分解反应不能发生，因此大理石建筑物不会倒塌.

86. 欲使反应产物在平衡时的浓度最大，反应物的投料比一般为多少?为什么?

答 按化学反应方程式的计量系数之比投料，平衡时产物的浓度最大.以合成氨反应为例：

$$N_2(g)+3H_2(g)═══2NH_3(g)$$

现设体系中 N_2，H_2和 NH_3三种气体的浓度分别为 x_{H_2}，x_{N_2} 和 x_{NH_3}.并设 $x_{H_2}=yx_{N_2}$，便有

$$x_{H_2}+x_{N_2}+x_{NH_3}=1$$

$$yx_{N_2}+x_{N_2}+x_{NH_3}=1$$

$$x_{N_2}=\frac{1-x_{NH_3}}{1+y}$$

$$K_x=\frac{x_{NH_3}^2}{\frac{1-x_{NH_3}}{1+y}\left[\frac{y(1-x_{NH_3})}{1+y}\right]^3}=\frac{x_{NH_3}^2}{(1-x_{NH_3})^4}\times\frac{(1+y)^4}{y^3}$$

$$\frac{x_{NH_3}^2}{(1-x_{NH_3})^4}=K_x\times\frac{y^3}{(1+y)^4}$$

可见 x_{NH_3} 是 y 的函数,即是 H_2 与 N_2 比例的函数.

用求极值方法确定 y 为多少时,平衡时 NH_3 的浓度有极大值.

$$\frac{d}{dy}\left[\frac{x_{NH_3}^2}{(1-x_{NH_3})^4}\right]=K_x\times\frac{3y^2(1+y)^4-4y^3(1+y)^3}{(1+y)^8}=0$$

$$3y^2(1+y)^4-4y^3(1+y)^3=0$$

$$3(1+y)-4y=0,\quad y=3$$

因此要平衡时 NH_3 的浓度最大,反应物投料 H_2 与 N_2 的比例应为 3∶1,即化学反应计量系数之比.

87. 对于理想气体化学反应,哪些因素变化不改变平衡点?

答　对于理想气体化学反应,平衡常数之间关系为

$$K_p=K^{\ominus}(p^{\ominus})^{\Delta\nu}=K_c\,(RT)^{\Delta\nu}=K_x(p)^{\Delta\nu}=K_n\left(\frac{P}{\sum n_i}\right)^{\Delta\nu}$$

若计量系数 $\Delta\nu=0$, $K_p=K^{\ominus}=K_c=K_x=K_n$,则增加体系总压力或通入惰性气体,加入催化剂等都不改变平衡点.若 $\Delta\nu\neq0$,温度、压力、惰性气体对平衡都有影响,只有催化剂对平衡没有影响.

88. 说明下列等式成立的条件,并简单说明原因.

(1) 对于任何反应,$\sum\nu_i\mu_i=0$.

(2) 对于气体反应,$\left(\frac{\partial\ln K_c}{\partial T}\right)_p=\frac{\Delta U}{RT^2}$.

(3) 对于理想气体,$\left(\frac{\partial\ln K_p}{\partial T}\right)_p=\left(\frac{\partial\ln K_c}{\partial T}\right)_p=\left(\frac{\partial\ln K_x}{\partial T}\right)_p$.

(4) 对于实际气体,$K_f=K_p$.

(5) 对于液相反应,$K_a=K_x$.

(6) 温度对 $K^{\ominus}$ 的影响公式:$\ln\frac{K_2}{K_1}=\frac{\Delta H_m(T_2-T_1)}{RT_1T_2}$.

(7) 压力对凝聚态反应影响:$\ln\frac{K_2}{K_1}=-\frac{\Delta V_m(p_2-p_1)}{RT}$.

(8) 估算转换温度:$T=\frac{\Delta_r H_{298}^{\ominus}}{\Delta_r S_{298}^{\ominus}}$.

答 (1) 化学平衡态. 因为 $\Delta_r G_m = \sum_i \nu_i \mu_i = 0$.

(2) 理想气体恒压下反应. 因为理想气体反应的平衡常数关系为

$$K_c (RT)^{\Delta\nu} = K^\ominus (p^\ominus)^{\Delta\nu}$$

$$\ln K_c = \ln K^\ominus + \Delta\nu \ln p^\ominus - \Delta\nu \ln (RT)$$

$$\left(\frac{\partial \ln K_c}{\partial T}\right)_p = \left(\frac{\partial \ln K^\ominus}{\partial T}\right)_p - \frac{\Delta\nu}{T} = \frac{\Delta_r H_m^\ominus}{RT^2} - \frac{\Delta\nu RT}{RT^2} = \frac{\Delta_r U_m^\ominus}{RT^2}$$

(3) 只有 $\Delta\nu=0$ 的反应才成立.

(4) $K_\gamma=1$. 因为 $K_f=K_\gamma K_p$.

(5) 理想液态混合物,理想稀溶液. 因为活度系数为1,所以 $K_a=K_x$.

(6) $\Delta H_m^\ominus$ 不随温度而改变的等压反应.

(7) 恒温,$\Delta V_m=\Delta V_m^\ominus$ 为常数的反应.

(8) $\Delta C_{p,m}=0$,即 $\Delta_r H_{298}^\ominus$,$\Delta_r S_{298}^\ominus$ 与 T 无关的反应.

89. $NH_3 \longrightarrow \frac{1}{2}N_2 + \frac{3}{2}H_2$,$\Delta_r G_m^\ominus(298\ \text{K}) = 16.63\ \text{kJ} \cdot \text{mol}^{-1}$,是否表明常温常压下,$NH_3$ 不能分解产生 N_2 及 H_2 呢? 为什么?

答 不能说明氨不能分解,因为 $\Delta_r G_m^\ominus$ 不能作为方向的判据. $\Delta_r G_m^\ominus > 0$,只能说明它的平衡常数小于1,平衡转化率不高,这时 NH_3 仍然能分解产生 N_2 及 H_2. 只有 $\Delta_r G_m > 0$ 才能说明氨不能自动分解.

90. 在一定的温度、压力下,若某反应的 $\Delta_r G_m > 0$,能否研制出一种催化剂使反应按正向进行?

答 不能. 催化剂只能同时改变正向和逆向反应的速率,使平衡提前到达,而不能改变反应的方向和平衡的位置,催化剂不能改变反应的始终态,也不能影响 $\Delta_r G_m$ 的数值. 对于用热力学函数判断出的不能自发进行的反应,催化剂是不能改变使其自发进行方向的.

91. 温度升高,石墨转化为金刚石的 $\Delta_r G_m^\ominus$ 是增大还是减小? 为什么? 高温下使石墨转化为金刚石所需压力是增大还是减小? 为什么?

答 由 $\left(\frac{\partial \Delta_r G_m^\ominus}{\partial T}\right)_p = -\Delta_r S_m^\ominus$,该反应的 $\Delta_r S_m^\ominus < 0$,因此温度升高,$\Delta_r G_m^\ominus$ 是增大的.

由 $\left(\frac{\partial \Delta_r G_m^\ominus}{\partial p}\right)_T = \Delta_r V_m^\ominus$,该反应的 $\Delta_r V_m^\ominus < 0$,因此使石墨转化为金刚石必须增加压力.

92. 请判断下列说法是否正确,为什么?

(1) 某一反应的平衡常数是一个不变的常数.

(2) $\Delta_r G_m^\ominus$ 是平衡状态时吉布斯自由能的变化值,因为 $\Delta_r G_m^\ominus = -RT \ln K^\ominus$.

(3) 对于反应 $CO(g) + H_2O(g) \longrightarrow CO_2(g) + H_2(g)$,因为反应前后气体分子数相等,所以无论压力如何变化,对平衡均无影响.

(4) 由于某反应的 $\Delta_r G_m^\ominus < 0$,所以该反应一定能正向进行.

答 (1) 不正确. 化学反应的平衡常数与温度和反应方程式的书写有关,还与其他因素有关,因此不能说平衡常数是一个不变的常数. 只能说,在一定条件下是不变的常数.

(2) 不正确. 平衡状态时吉布斯自由能的变化值 $\Delta_r G_m = 0$，$\Delta_r G_m^\ominus$ 是各反应组分都处于标准态时，发生1个单位时自由能的变化值.

(3) 不正确. 对于理想气体，反应前后气体分子数相等，压力对平衡无影响；若该反应是实际气体，则压力对平衡就有影响.

(4) 不正确. $\Delta_r G_m^\ominus < 0$ 不是自发反应方向的判据，等温等压下 $\Delta_r G_m < 0$ 才是正向进行的判据.

93. 根据表5.1中的数据判断炼钢时的最佳脱氧剂.

表 5.1

物质	$\Delta_f G_m^\ominus(298K)(kJ \cdot mol^{-1})$	物质	$\Delta_f G_m^\ominus(298K)(kJ \cdot mol^{-1})$
FeO	−244.34	SiO_2	−805.0
MgO	−569.57	Al_2O_3	−1576.4
MnO	−363.2	Sb_2O_5	−838.9

答 (1) $Fe + (1/2)O_2 = FeO$, $\Delta_r G_m^\ominus(298\ K) = -244.34\ kJ \cdot mol^{-1}$.

(2) $Mg + (1/2)O_2 = MgO$, $\Delta_r G_m^\ominus(298\ K) = -569.57\ kJ \cdot mol^{-1}$.

(3) $Mn + (1/2)O_2 = MnO$, $\Delta_r G_m^\ominus(298\ K) = -363.2\ kJ \cdot mol^{-1}$.

(4) $(1/2)Si + (1/2)O_2 = (1/2)SiO_2$, $\Delta_r G_m^\ominus(298K) = -402.5\ kJ \cdot mol^{-1}$.

(5) $(2/3)Al + 0.5O_2 = (1/3)Al_2O_3$, $\Delta_r G_m^\ominus(298\ K) = -525.47\ kJ \cdot mol^{-1}$.

(6) $(2/5)Sb + 0.5O_2 = (1/5)Sb_2O_5$, $\Delta_r G_m^\ominus(298\ K) = -167.7\ kJ \cdot mol^{-1}$.

分别用反应(2)～(6)减去反应(1)，组合成新的反应体系，其中

(2)−(1)：$FeO + Mg \xlongequal{} MgO + Fe$, $\Delta_r G_m^\ominus(298\ K) = -325.23\ kJ \cdot mol^{-1}$；

(3)−(1)：$FeO + Mn \xlongequal{} MnO + Fe$, $\Delta_r G_m^\ominus(298\ K) = -118.86\ kJ \cdot mol^{-1}$；

(4)−(1)：$FeO + (1/2)Si \xlongequal{} (1/2)SiO_2 + Fe$, $\Delta_r G_m^\ominus(298\ K) = -158.16\ kJ \cdot mol^{-1}$；

(5)−(1)：$FeO + (2/3)Al \xlongequal{} (1/3)Al_2O_3 + Fe$, $\Delta_r G_m^\ominus(298\ K) = -281.13\ kJ \cdot mol^{-1}$.

Mg 与 Al 参加的两个反应的 $\Delta_r G_m^\ominus$ 的负值最大，对应的平衡常数也最大. 但是 Mg 的熔点比较低，只有 1 380 K，若温度高于 1 380 K 则不能用，因此炼钢时的最佳脱氧剂应该是 Al.

94. 为什么反应平衡体系中充入惰性气体与减低体系的总压力是等效的？

答 因为在等压下，即体系的总压不变情况下，在平衡体系中充入惰性气体，体系中气体总物质的量增加，反应组分的摩尔分数就减少，则必然降低各反应组分的分压力. 因此在总压不变条件下，充入惰性气体与降低体系的总压力对平衡的影响是等效的. 如果不是总压不变条件下，而是等容条件下，充入惰性气体就与降低总压是不等效的.

95. 工业上，制水煤气的反应方程式可表示为

$$C(s) + H_2O(g) \xlongequal{} CO(g) + H_2(g),\quad \Delta_r G_m^\ominus = 133.5\ kJ \cdot mol^{-1}$$

设反应在 673 K 时达到平衡，试讨论下列因素对平衡的影响：(1) 增加碳的含量；(2) 提高反应温度；(3) 增加体系的总压力；(4) 增加水蒸气分压；(5) 增加氮气分压.

答 (1) 因为碳是纯固态，它的活度等于1，其化学势就等于标准态化学势，在复相化

学平衡中，纯固态浓度不出现在平衡常数的表达式中，所以增加碳的含量对平衡无影响.

(2) 该反应是一个吸热反应，提高反应温度会使平衡向右移动.

(3) 该反应是一个气体分子数增加的反应，增加体系的总压力使平衡向左移动，不利于正向反应. 所以，工业上制备水煤气一般在常压下进行.

(4) 水是反应物，增加水蒸气的分压会使平衡向正向移动.

(5) 氮气在这个反应中是惰性气体，增加氮气虽然不会影响平衡常数的数值，但会影响平衡的组成. 因为这是个气体分子数增加的反应，总压不变条件下增加惰性气体，使气态物质总的物质的量增加，各反应组分分压降低，这与降低体系总压的效果相当，使反应向右移动.

96. 五氯化磷的分解反应为 $PCl_5(g)$══$Cl_2(g)+PCl_3(g)$，在一定温度和压力下，反应达平衡后，改变如下条件：(1) 降低体系的总压；(2) 保持压力不变时通入氮气使体积增加一倍；(3) 通入氮气，保持体积不变，使压力增加一倍；(4) 通入氯气，保持体积不变，使压力增加一倍. 五氯化磷的解离度将如何变化？为什么？设所有气体均为理想气体.

答　(1) 降低总压有利于正向反应，使五氯化磷的解离度增加，因为这是一个气体分子数增加的反应.

(2) 通入氮气，保持压力不变，这对气体分子数增加的反应有利，相当于起稀释、降压的作用，所以五氯化磷的解离度会增加.

(3) 通入氮气，保持体积不变，压力和气体的总物质的量同时增加，它们的比值不变，各反应组分的分压不变，所以平衡组成不变，五氯化磷的解离度也不变.

(4) 通入氯气，增加了产物的含量，使平衡向左移动，对正向反应不利，会使五氯化磷的解离度下降.

97. 乙苯脱氢制苯乙烯反应为气相反应：

$$C_6H_5C_2H_5(g) = C_6H_5C_2H_3(g) + H_2(g)$$

生产中往往向系统添加惰性物质水蒸气 $H_2O(g)$，这是为什么？

答　$C_6H_5C_2H_5(g)$══$C_6H_5C_2H_3(g)+H_2(g)$是分子数增加的反应，在恒温恒压下，添加大量水蒸气，$p=p_{反应组分}+p_{水}$，可以降低反应组分的分压，使平衡向右移动，提高苯乙烯的平衡含量.

98. 合成氨反应 $3H_2(g)+N_2(g)$══$2NH_3(g)$达到平衡后，在保持温度和压力不变的情况下，加入水气作为惰性气体，设气体近似作为理想气体，那么氨的含量会不会发生变化？标准平衡常数 $K^\ominus$ 值会不会改变？为什么？

答　合成氨反应保持 T,p 不变，加入惰性气体相当于减少体系的压力，因此加入水蒸气使平衡向左移动，氨的含量会降低. 若气体近似作为理想气体处理，标准平衡常数 $K^\ominus$ 值不会因加入惰性气体而改变，因为它只是温度的函数.

99. 反应 $MgO(s)+Cl_2(g)$══$MgCl_2(s)+\frac{1}{2}O_2(g)$达平衡后，保持温度不变，增加总压，$K^\ominus$ 和 K_x 分别有何变化？为什么？设气体为理想气体.

答　标准平衡常数 $K^\ominus$ 只与温度有关，T 不变，$K^\ominus$ 也不变.

$$K_x = K^{\ominus}\left(\frac{p}{p^{\ominus}}\right)^{-\Delta\nu} = K^{\ominus}\left(\frac{p}{p^{\ominus}}\right)^{1/2}$$

因此当增加压力时,K_x也会增大.

100. 设某分解反应为 A(s)══B(g)+2C(g). 若其标准平衡常数和分解压力分别为 $K^{\ominus}$和 p,那么标准平衡常数 $K^{\ominus}$与分解压力 p 的关系式如何?

答

$$\begin{array}{lll} & \mathrm{A(s)} \rightleftharpoons & \mathrm{B(g)} + 2\mathrm{C(g)} \\ \text{开始} & & 0 \qquad\quad 0 \\ \text{平衡} & & (1/3)p \quad (2/3)p \end{array}$$

平衡时气体的总压为 p,即 A(s)的分解压力.

$$K^{\ominus} = \left(\frac{1}{3}\frac{p}{p^{\ominus}}\right)\left(\frac{2}{3}\frac{p}{p^{\ominus}}\right)^2 = \frac{4}{27}\left(\frac{p}{p^{\ominus}}\right)^3$$

即为 $K^{\ominus}$与分解压力关系式.

101. 中学化学与无机化学中说"增加反应物浓度,化学平衡向生成产物方向移动". 你认为这样判断完全正确吗? 为什么?

答 不完全正确,有片面性. 现看一个例题:N_2+3H_2══$2NH_3$,在 $17.5p^{\ominus}$、300 ℃下,平衡常数

$$K_p = 0.027\,2(p^{\ominus})^{-2}$$

$$K_x = K_p p^{-\Delta\nu} = 0.027\,2\times 17.5^2 = 8.33$$

如果达平衡时,

$$n_{N_2} = 3.0\ \text{mol}, \quad n_{H_2} = 1.0\ \text{mol}$$

$$n_{NH_3} = 1.0\ \text{mol}, \quad \sum n_i = 5\ \text{mol}$$

检查是否平衡,$\dfrac{(1/5)^2}{(1/5)^3(3/5)} = 8.33$,的确是达到平衡了.

在等温等压下,若再增加 0.1 mol 的 N_2,平衡如何移动?

$$\begin{array}{lllll} & N_2 \quad + & 3H_2 \quad = & 2NH_3 & \\ \text{开始} & 3.1 & 1.0 & 1.0 & \\ \text{平衡} & 3.1-x & 1.0-3x & 1.0+2x & \sum n_i = 5.1-2x \end{array}$$

$$\frac{\left(\dfrac{1.0+2x}{5.1-2x}\right)^2}{\left(\dfrac{3.1-x}{5.1-2x}\right)\left(\dfrac{1.0-3x}{5.1-2x}\right)^3} = 8.33$$

用尝试法解这个一元三次方程,得 $x=-0.001$ mol,说明增加 N_2平衡没有向右移动而是向左移动了.

可以证明,对于一般的气体反应 $c\mathrm{C(g)}+d\mathrm{D(g)}$══$g\mathrm{G(g)}+h\mathrm{H(g)}$,$\Delta\nu = g+h-c-d$,当 $\Delta\nu \geqslant 0$ 时,增加 C,平衡总是向右移动. 当 $\Delta\nu < 0$ 时,若 $x_C < \dfrac{c}{-\Delta\nu}$,增加 C,平衡向右移动;若 $x_C > \dfrac{c}{-\Delta\nu}$,再增加 C,平衡就会向左移动. 上例中,$x_{N_2} = \dfrac{3}{5}$,而这时 N_2的

摩尔分数已经大于要求的$\frac{1}{2}$，即$x_{N_2}>\frac{1}{-(-2)}=\frac{1}{2}$，再增加$N_2$，平衡则向左移动了.可见有些反应，在反应物已经过量的情况下，再增加该反应物，平衡不向右而向左移动，所谓物极必反.

102. 298 K时，反应(1)和(2)的分解压力分别为0.527 kPa和5.72 kPa.

(1) $2NaHCO_3(s)═══Na_2CO_3(s)+H_2O(g)+CO_2(g)$；

(2) $NH_4HCO_3(s)═══NH_3(g)+H_2O(g)+CO_2(g)$.

若在298 K时，将物质的量相等的$NaHCO_3(s)$，$Na_2CO_3(s)$与$NH_4HCO_3(s)$放在一个密闭容器中，那么固体物质中哪些量会减少？哪些量会增加？为什么？

答 $NH_4HCO_3(s)$和$Na_2CO_3(s)$都减少，$NaHCO_3(s)$增加.因为当两个反应各自平衡时，反应(1)中$CO_2(g)$的分压$=0.527/2=0.263\,5$ (kPa)，反应(2)中$CO_2(g)$的分压$=5.72/3=1.91$ kPa，将物质的量相等的$NaHCO_3(s)$，$Na_2CO_3(s)$与$NH_4HCO_3(s)$放在一个密闭容器中，反应(2)中$CO_2(g)$的分压没有到达分解压力时，会自动向右移动，而反应(1)中$CO_2(g)$的分压已经大于分解压力，使平衡向左移动，因此最后结果是$NH_4HCO_3(s)$和$Na_2CO_3(s)$都减少，$NaHCO_3(s)$增加.

第6章 统计热力学初步

6.1 统计力学基础知识

1. 为何说宏观热力学定律是唯象的理论，它并不考虑构成体系的结构因素？化学热力学主要解决哪些问题？

答 宏观热力学定律是阐明体系宏观热力学量之间关系与遵守的规律，它并不考虑组成体系的微观粒子的结构和运动特征. 因为只讨论宏观热力学量，如温度、体积、压力等可测量值以及计算状态函数如热力学能、熵等的变化量，只关心体系中大量粒子的整体行为，并不关心粒子的微观结构以及个别粒子的行为，不考虑宏观性质发生变化的原因，因此说宏观热力学定律是唯象的理论.

化学热力学主要解决在指定条件下，化学过程、物理过程的变化的方向与限度问题.

2. 为什么学过化学热力学后还必须学一些基本的统计热力学的知识？这对于理解与处理物理化学问题有何重要的意义？

答 因为化学热力学不去研究体系宏观性质发生变化的内在原因，对物质的特殊性未能从微观结构与分子运动上给出具体的说明，因而给人一种"知其然，而不知其所以然"的感觉. 只有学习统计热力学的一些基本知识，才能更深刻理解热力学量的物理意义，找出热力学量变化的规律性.

3. 统计热力学研究的对象与经典热力学、量子力学有无区别？

答 经典热力学研究的是大量粒子构成的体系，统计热力学研究的也是大量粒子构成的体系；量子力学研究的是个别粒子量子行为或少量粒子构成的体系性质，目前量子力学还处理不了大量粒子的体系. 统计热力学与经典热力学研究的对象是一样的，都是大量粒子构成的平衡体系.

4. 处理大量粒子构成的体系的宏观行为与性质，经典热力学有何局限性？为何必须使用统计的方法研究大量粒子构成的体系？是不是由于粒子数太多而无法求解那么多个粒子量子运动方程才使用统计方法？

答 经典热力学的局限性：不能说明体系发生变化的内在原因，给人一种"知其然，而不知其所以然"的感觉.

事物变化的根本原因是事物内部的因素，即组成体系大量粒子的微观结构和分子运动状态. 体系的宏观性质归根结底是微观粒子运动的客观反映，而热力学却无法从体系的微观结构上解释体系的宏观性质. 要阐述体系发生变化的根本原因，就应该从物质的微观结构上找原因,也就是从体系中的分子、原子的微观结构与分子运动中去找原因.要研究大量粒子组成的体系变化的内在原因,就必须使用统计的方法,因为体系的宏观量都是大量粒子微观量的统计平均值.

使用统计的方法不是因为粒子数太多,无法用量子力学求解那么多个粒子的运动方程.其实粒子是等同的,解一个量子运动方程就可以,而是因为宏观体系不是大量粒子的简单堆积,而是大量粒子遵守统计规律,因此要使用统计的方法.

5. 请说出统计热力学的基本特征是什么,哪一个关系式是沟通体系微观状态与宏观物理量之间的"桥梁"?

答 统计热力学的基本特征是宏观量对应粒子微观量的统计平均值.

玻尔兹曼关系式 $S=k\ln\Omega$ 是统计力学的一个基本公式,熵 S 是宏观量,Ω 是微观量,该公式是沟通体系微观状态与宏观物理量之间的"桥梁".

6. 统计热力学是建立在哪些基本假设与基本观点上的? 通常的统计法有哪些? 各自的特点是什么?

答 统计热力学的基本假设是等概率假设,所有能满足体系热力学宏观条件 U,N,V 恒定的微观状态出现的概率都相等,而不满足宏观条件的那些微观状态出现的概率为零.统计力学的一个基本观点是,认为体系的宏观性质是大量微观粒子运动的平均效果,也就是说,宏观值是其微观量的统计平均值.

通常的统计法有:(1) 经典统计,也称为麦克斯韦-玻尔兹曼统计,简称为玻尔兹曼统计.经典统计的特点:认为粒子是可区别的,粒子间无作用力,粒子能级的任一量子状态上容纳的粒子数不受限制.(2) 量子统计.1924 年产生了量子力学后,在统计力学中不但力学基础要改变,而且所用的统计方法也需要改变,于是产生两种量子统计方法:玻色-爱因斯坦统计和费米-狄拉克统计.共同特点:认为粒子是等同无法区别的.玻色-爱因斯坦统计认为粒子遵循泡利不相容原理,费米-狄拉克统计认为粒子不遵循泡利不相容原理.

7. 假定吸附在固体催化剂表面上的气体分子间的作用力可忽略不计,试问该气体体系属于哪一类统计热力学体系?

答 被吸附在固体表面的气体,属于可辨粒子、独立子体系,或称为定域的独立子体系.

8. 说明下列概念的区别之处:

(1) 独立粒子体系和相依粒子体系; (2) 可辨粒子与不可辨粒子体系;

(3) 分布与最概然分布; (4) 宏观状态和微观状态.

答 (1) 独立粒子体系:该体系中粒子之间没有相互作用力,粒子是彼此独立的,例如理想气体体系.对由 N 个粒子组成的独立子体系,在不考虑外场作用的情况下,体系的总能量(即热力学能)U 是所有粒子能量之和:$U=\sum_{i=1}^{N}n_i\varepsilon_i$.相依粒子体系:体系中粒子间存在不可忽略的相互作用力.例如实际气体、液体等,体系的能量,除每个粒子自身的能量 ε_i 外,还必须包括所有粒子之间相互作用的势能 U_p,即 $U=\sum_{i=1}^{N}n_i\varepsilon_i+U_p$.

(2) 可辨粒子:体系中的某个粒子可以识别,或体系中每个粒子的运动都有其固定的平衡位置. 即使是同类粒子也可以依据位置编号对其加以区别，例如晶体，故定域子体系又称为可辨粒子体系. 不可辨粒子体系：同类粒子彼此无法区别，或体系的粒子处于混乱的运动状态，其运动范围遍及体系的整个空间，例如气体与液体.

(3) 分布(能级分布)：对 U,V,N 确定的独立粒子体系，在某一确定的时刻，各能级(能量为 ε，简并度为 g)上分布的粒子数 $N_0,N_1,N_2,\cdots$ 称为一种能级分布数，简称为一种分布. 最概然分布：对于 N,U,V 确定的体系，粒子能级分布的类型有很多种，每种分布中包含的微观状态数多少不同，但其中必有一种分布，所拥有的微观状态数最多，出现的概率最大. 这种分布就称为最概然分布.

(4) 宏观状态：指体系的宏观热力学函数不随时间改变的热力学平衡态. 微观状态包括粒子微观状态与体系微观状态两种：单个微观粒子的运动状态称为粒子微观状态；体系中全部粒子微观运动状态的总和称为体系的微观状态.

9. 当体系的 U,V,N 一定时，由于粒子可以处于不同的能级上，因而分布数不同，所以体系的总微态数 Ω 不能确定. 该说法正确吗?

答　不正确. 当 U,V,N 一定时，分布数不同是指粒子在不同能级上的分布，各种分布所含的微观状态数可以不同，但各种分布的微态数之和是不变的，即体系的总微态数 Ω 是确定的不变数值.

10. 当体系的 U,V,N 一定时，由于各粒子都分布在确定的能级上，且不随时间变化，因而体系的总微态数 Ω 是一定的. 该说法正确吗?

答　认为"体系的总微态数 Ω 是一定的"是对的，但说"各粒子都分布在确定的能级上，且不随时间变化"是错误的. 当 U,V,N 一定时，粒子可以在不同能级间转移，即粒子在各能级上的分布数是可以随时间改变的，才形成了多种分布类型. 总微态数 Ω 是一定的，也不是"由于各粒子都分布在确定的能级上，且不随时间变化"而产生的.

11. 当体系的 U,V,N 一定时，体系宏观上处于热力学平衡态，这时从微观上看体系只能处于最概然分布的那些微观状态上. 该说法正确吗?

答　不正确. 当 U,V,N 一定时，体系中粒子可以处于任一个分布的微观状态上，不一定就处于最概然分布的微观状态上，每一种微观状态出现的概率相等.

12. 对于宏观状态确定的粒子体系，下面的说法是否正确?

(1) 微观状态总数 Ω 有确定值.

(2) 只有一种确定的微观状态.

(3) 只有一种确定的分布.

答　(1) 正确. 由于 $S=k\ln\Omega$，体系的宏观状态一经确定，熵值一定，就有一定的 Ω 值.

(2) 不正确. 体系中有许多种确定的微观状态，不是只有一种.

(3) 不正确. 体系中可以有许多种确定的分布，不是只有一种.

13. 下面关于分布的说法正确与否?

(1) 一种分布就是一种微观状态，而且只有一种微观状态.

(2) 一种分布就是其中具有能量为 ε_1 的 n_1 个粒子在能级 ε_1 上，具有能量为 ε_2 的 n_2 个粒

子在能级ε_2上……具有能量为ε_i的n_i个粒子在能级n_i上……

(3) 对于具有各种能量的各组分子，其中一组表示一种分布.

(4) 各种分布具有相同的出现概率.

答 (1) 不正确. 一种分布中可以含有很多种微观状态.

(2) 正确. 各能级上分布数$N_0, N_1, N_2, \cdots$确定，就是一种分布.

(3) 不正确. 各能级上分布数$N_0, N_1, N_2, \cdots$不是按粒子能量大小来划分的.

(4) 不正确. 各种分布含有的微观状态数多少不同，出现概率也不同，其中最概然分布出现的概率最大.

14. 体系中不同的分布类型出现的概率可能不同，试分析这是否与等概率假定相矛盾.

答 不同能级分布中拥有的微观状态数多少不同，例如最概然分布拥有微观状态数最多，因此不同的分布出现的概率就不同；与等概率假定不矛盾，等概率假定是指每一种微观状态出现的概率相等，不是指每种分布出现的概率相等.

15. 热力学概率Ω与数学概率P有哪些异同之处？

答 热力学概率Ω是确立的宏观体系对应的微观状态数. 数学概率P是某种事物出现的比例. 不同之处：两者定义不同，物理意义不同，Ω是一个极大的数目，而$0 \leqslant P \leqslant 1$. 相同之处：热力学概率$\Omega$与数学概率$P$一样，符合概率性质，即复杂体系的概率是组成它简单体系的概率之乘积. 例如：体系A的热力学概率为Ω_1，体系B的热力学概率为Ω_2，体系A，B组成的新体系的热力学概率为$\Omega = \Omega_1 \cdot \Omega_2$.

16. 设有三个穿绿色、两个穿灰色和一个穿蓝制服的军人一起列队.

(1) 试问有多少种队形？

(2) 设穿绿色制服的军人有三种不同的肩章，可从中任选一种佩戴；穿灰色制服的军人有两种不同的肩章，可从中任选一种佩戴；穿蓝军人有四种不同的肩章，可从中任选一种佩戴. 试问有多少种队形？

答 (1) 依据排列计算：$\dfrac{6!}{3!\,2!\,1!} = 60$.

(2) 穿绿色制服的军人有三种不同的肩章，每人有3种选择，3人就有3^3种，其他穿灰色制服、穿蓝色制服同样处理，得$\dfrac{6!}{3!\,2!\,1!} \times 3^3 \times 2^2 \times 4^1 = 25\,920$.

17. 在公园的猴舍中陈列着三个金丝猴和两个长臂猿，金丝猴有红、绿两种帽子，可任意选戴一种，长臂猿可在黄、灰和黑三种帽子中选一种. 试问在陈列时可出现多少种不同的情况？并列出计算公式.

答 这是组合问题不是排列问题，因为在三个金丝猴和两个长臂猿猴舍中陈列，不是排队. 但三个猴子是可区别的，两个猿也是可区别的，按组合计算：$C_3^3 \cdot 2^3 \times C_2^2 \cdot 3^2 = 8 \times 9 = 72$.

18. 设某分子有$0, 1\varepsilon, 2\varepsilon, 3\varepsilon$四个能级，体系共有六个分子，试问：

(1) 如果能级是非简并的，当总能量为3ε时，六个分子在四个能级上有几种分布方式？总的微观状态数为多少？每一种分布的数学概率是多少？

(2) 如果 0,1ε 两个能级是非简并的,2ε 能级的简并度为 6,3ε 能级的简并度为 10,则有几种分布方式？总的微观状态数为多少？每一种分布的热力学概率是多少？

答　(1) 由于能级是非简并的,每一个能级只与一个量子状态相对应.

在 0,1ε,2ε,3ε 四个能级上六个分子的总能量为 3ε. 那么粒子在能级上有三种分布方式,如表 6.1 所示.

表 6.1

排列方式	0	1ε	2ε	3ε	总能量
1	5	0	0	1	3ε
2	4	1	1	0	3ε
3	3	3	0	0	3ε

总的微观状态数 $=C_6^1C_5^5+C_6^1C_5^1C_4^4+C_6^3C_3^3=6+30+20=56$.

各分布的数学概率:$P_1=\dfrac{6}{56}=0.107, P_2=\dfrac{30}{56}=0.536, P_3=\dfrac{20}{56}=0.357$.

(2) 能级为简并的,在同一能级上,每个粒子有 g(简并度数)个地方可排. 三种分布含有的微观状态数：

$$t_1=C_6^1\times 10^1=60$$

$$t_2=C_6^1\times 6^1\times C_5^1\times 1=180$$

$$t_3=C_6^3\times C_3^3=20$$

$$\Omega=t_1+t_2+t_3=60+180+20=260$$

分布的数学概率:$P_1=\dfrac{60}{260}=0.231, P_2=\dfrac{180}{260}=0.692, P_3=\dfrac{20}{260}=0.077$.

19. 求大量进行同时投掷骰子 A,B 试验中:(1) 出现 A 为 2 点、B 为 4 点的概率. (2) 出现一个 2 点、一个 4 点的概率. (3) 出现两个 2 点的概率. (4) 合计出现 2 点的概率. (5) 合计出现 4 点的概率. (6) 合计出现 7 点的概率. (7) 合计出现 10 点的概率. (8) 合计出现点数的平均值.

答　(1) $P=\dfrac{1}{6}\times\dfrac{1}{6}=\dfrac{1}{36}$ (2,4).

(2) $P=2\left(\dfrac{1}{6}\times\dfrac{1}{6}\right)=\dfrac{1}{18}$ (2,4; 4,2).

(3) $P=\dfrac{1}{6}\times\dfrac{1}{6}=\dfrac{1}{36}$ (2,2).

(4) $P=\dfrac{1}{6}\times\dfrac{1}{6}=\dfrac{1}{36}$ (1,1).

(5) $P=\dfrac{1}{6}\times\dfrac{1}{6}+\dfrac{1}{6}\times\dfrac{1}{6}+\dfrac{1}{6}\times\dfrac{1}{6}=\dfrac{3}{36}$ (1,3;2,2;3,1).

(6) $P=6\left(\dfrac{1}{6}\times\dfrac{1}{6}\right)=\dfrac{6}{36}$ (1,6;2,5;3,4;4,3;5,2;6,1).

(7) $P=\dfrac{1}{6}\times\dfrac{1}{6}+\dfrac{1}{6}\times\dfrac{1}{6}+\dfrac{1}{6}\times\dfrac{1}{6}=\dfrac{3}{36}$ (4,6;5,5;6,4).

(8) $(1+2+3+4+5+6)/6=3.5$，$P=3.5+3.5=7$.

20. (1) 考虑一个混合晶体，它含有 N_1 个 A 分子和 N_2 个 B 分子. 这些分子在 N 个晶格点上随机分布，如何表示分子占据晶格点的分布方式数？

(2) 若使用斯特林近似公式，则当 $N_1=N_2=N/2$ 时，得到 $\Omega=2^N$. 如果 $N_1=N_2=2$，则得 $\Omega=2^N=2^4=16$. 但利用(1)导出的公式计算得 $\Omega=6$，试分析矛盾何在.

答　(1) 分布方式数 $\Omega=\dfrac{N!}{N_1!\ N_2!}$.

(2) 用斯特林公式：

$$\frac{N!}{N_1!\ N_2!}=\frac{N!}{\left[\left(\frac{N}{2}\right)!\right]^2}=\frac{\left[\frac{N}{\mathrm{e}}\right]^N}{\left[\left(\frac{N}{2\mathrm{e}}\right)^{\frac{N}{2}}\right]^2}=2^N,\quad N=4,\quad \Omega=2^4=16$$

由(1)得

$$\Omega=\frac{N!}{N_1!\ N_2!}=\frac{4!}{2!\ 2!}=\frac{12}{2}=6$$

问题出在：斯特林近似公式应用时，N 必须大于 100，对少量(4 个)粒子系统斯特林公式不能用.

21. 对于三维平动子，当 $n_x^2+n_y^2+n_z^2=9$ 和 36 时，其能级的简并度为多少？在这两个能级之间（包括这两个能级）共有多少个平动运动状态？

答　$\varepsilon_t=\dfrac{h}{8mV^{2/3}}(n_x^2+n_y^2+n_z^2)$.

当 $n_x^2+n_y^2+n_z^2=9$ 时，量子数取值 $2^2+2^2+1^2=9$，$g=3$；

当 $n_x^2+n_y^2+n_z^2=36$ 时，量子数取值 $4^2+4^2+2^2=36$，$g=3$；

在这两能级之间的能级：

当 $n_x^2+n_y^2+n_z^2=9$ 时，量子数取值 $2^2+2^2+1^2=9$，$g_0=3$；

当 $n_x^2+n_y^2+n_z^2=11$ 时，量子数取值 $3^2+1^2+1^2=11$，$g_1=3$；

当 $n_x^2+n_y^2+n_z^2=12$ 时，量子数取值 $2^2+2^2+2^2=12$，$g_2=1$；

当 $n_x^2+n_y^2+n_z^2=14$ 时，量子数取值 $3^2+2^2+1^2=14$，$g_3=6$；

当 $n_x^2+n_y^2+n_z^2=17$ 时，量子数取值 $3^2+2^2+2^2=17$，$g_4=3$；

当 $n_x^2+n_y^2+n_z^2=18$ 时，量子数取值 $1^2+1^2+4^2=18$，$g_5=3$；

当 $n_x^2+n_y^2+n_z^2=19$ 时，量子数取值 $1^2+3^2+3^2=19$，$g_6=3$；

当 $n_x^2+n_y^2+n_z^2=21$ 时，量子数取值 $1^2+2^2+4^2=21$，$g_7=6$；

当 $n_x^2+n_y^2+n_z^2=22$ 时，量子数取值 $2^2+3^2+3^2=22$，$g_8=3$；

当 $n_x^2+n_y^2+n_z^2=24$ 时，量子数取值 $2^2+2^2+4^2=24$，$g_9=3$；

当 $n_x^2+n_y^2+n_z^2=26$ 时，量子数取值 $1^2+3^2+4^2=26$，$g_{10}=6$；

当 $n_x^2+n_y^2+n_z^2=27$ 时，量子数取值 $1^2+1^2+5^2=27$，或 $3^2+3^2+3^2=27$，$g_{11}=4$；

当 $n_x^2+n_y^2+n_z^2=29$ 时，量子数取值 $2^2+3^2+4^2=29$，$g_{12}=6$；

当 $n_x^2+n_y^2+n_z^2=30$ 时，量子数取值 $1^2+2^2+5^2=30$，$g_{13}=6$；

当 $n_x^2+n_y^2+n_z^2=33$ 时，量子数取值 $2^2+2^2+5^2=33$，或 $1^2+4^2+4^2=33$，$g_{14}=6$；

当 $n_x^2+n_y^2+n_z^2=34$ 时，量子数取值 $3^2+3^2+4^2=34$，$g_{15}=3$；

当 $n_x^2+n_y^2+n_z^2=35$ 时，量子数取值 $1^2+3^2+5^2=35$，$g_{16}=6$；

当 $n_x^2+n_y^2+n_z^2=36$ 时，量子数取值 $2^2+4^2+4^2=36$，$g_{17}=3$.

$$\text{量子数之和} = \sum_{i=0}^{17} g_i = 74.$$

22. 三个一维谐振子，在总振动能 $\varepsilon=5.5\ h\nu$ 的限制条件下，能级为 $\varepsilon_0=0.5\ h\nu$，$\varepsilon_1=1.5\ h\nu$，$\varepsilon_2=2.5\ h\nu$，$\varepsilon_3=3.5\ h\nu$，$\varepsilon_4=4.5\ h\nu$，那么该体系的微观状态数是多少？

答

$\frac{9}{2}h\nu$	*			
$\frac{7}{2}h\nu$		*		
$\frac{5}{2}h\nu$			* *	*
$\frac{3}{2}h\nu$		*		* *
$\frac{1}{2}h\nu$	* *	*	*	

振动是非简并的，因此有四种分布：

$$\Omega=C_3^1+C_3^1C_2^1+C_3^2+C_3^1=3+6+3+3=15$$

23. 某种分子的许可能级是 ε_0，ε_1，ε_2，简并度为 $g_0=1$，$g_1=2$，$g_2=1$. 五个可别粒子，按 $N_0=2$，$N_1=2$，$N_2=1$ 的分布方式分配在三个能级上，则该分布的样式（微观终态数）是多少？

答　该分布的样式（微观状态数）为

$$t(2,2,1)=C_5^2C_3^2g_1^2=\frac{5\times4}{2}\times3\times2^2=120$$

24. 有学生问：气体是非定位系统，晶体是定位系统，那么前者的系统微观状态数小于后者，但前者的熵值却大于后者，为什么？

答　气体是非定位系统，晶体是定位系统，就认为气体的微观状态数小于晶体的微观状态数，这是不对的. 要比较两个系统的微观状态数大小，必须要求这两个系统处于相同的内能 U、体积 V、N 条件下，例如 1 mol 水蒸气和 1 mol 冰，水蒸气作为非定位系统，冰作为定位系统，虽然粒子数相同，温度可以相同，但两者的内能 U、体积 V 是不相同的，不好比较. 若一定要比较，结果也是水蒸气的微观状态数大于冰的微观状态数. 系统微观状态数大熵值就大.

数量相同的同种物质聚集状态不同，其摩尔熵值也不同. 气体的熵值最大，固体的熵值最小，而液体的熵值居中. 固体中的粒子主要是振动和电子运动，因而熵值较小. 固体变为液体后，增加了转动与小范围平动，但活动范围比较小. 而液体变为气体后，粒子的活动范围增大很多，平动熵增加很多，所以气体的熵值比液体及固体的都大得较多.

6.2 玻尔兹曼分布定律

25. 麦克斯韦-玻尔兹曼统计只能应用于独立粒子体系，下面的叙述中哪一个不是这一统计的特点？

(1) 宏观状态参量 N,U,V 为定值的封闭体系.

(2) 体系由独立可辨粒子组成，内能为 $U=\sum_i n_i\varepsilon_i$.

(3) 各能级的各量子状态中分配的粒子数，受泡利不相容原理的限制.

(4) 一切可实现的微观状态，以相同的概率出现.

答 (3) 不符合麦克斯韦-玻尔兹曼统计，因为该统计不受泡利不相容原理限制，一个量子态可以容纳多个粒子.

26. 推导麦克斯韦-玻尔兹曼分布定律时，要求体系粒子数 N 很大，这是为什么？

答 在推导过程中运用到斯特林公式，而斯特林公式的应用条件就是粒子数 N 要很大，一般 $N>100$.

27. 当用斯特林公式 $\ln N!=N\ln N-N$，计算(1) $\ln 10!$ 和(2) $\ln 50!$ 时，它们的误差各为多少？计算结果说明什么问题？

答 (1) $\ln 10!=\ln 3\,628\,800=15.104\,4$，$10\ln 10-10=13.025\,9$.

相对误差 $\eta=\dfrac{15.104\,4-13.025\,9}{15.104\,4}=13.8\%$.

(2) $\ln 50!=\ln 3.414\times10^{64}=148.478$，$50\ln 50-50=145.601$.

相对误差 $\eta=\dfrac{148.478-145.601}{148.478}=1.94\%$.

计算结果说明，N 越大，误差越小，一般 $N>100$ 时误差就很小了.

28. 混合晶体可看作在晶格点阵中，由随机放置 N_A 个 A 分子和 N_B 个 B 分子组成，试证明：

(1) 分子能够占据格点的花样数(微观状态数)为 $\Omega=\dfrac{(N_A+N_B)!}{N_A!\,N_B!}$.

(2) 若 $N_A=N_B=\dfrac{1}{2}N$，利用斯特林公式证明：$\Omega=2^N$.

(3) 若 $N_A=N_B=2$，利用上式计算得 $\Omega=2^4=16$，但实际上只能排出 6 种花样，这是为什么？

答 (1) 若在 $N(N=N_A+N_B)$ 个物体中，假定 N 个物体完全不相同，则排列的花样数为 $N!$，今其中 N_A 个物体相同，这 N_A 个物体彼此互换位置，并不能产生一种新的花样，这 N_A 个物体的全排列为 $N_A!$，同理，N_B 个物体的全排列为 $N_B!$，因此排列的花样数为 $\Omega=\dfrac{(N_A+N_B)!}{N_A!\,N_B!}$.

(2) 斯特林近似公式：当 N 很大($N\geqslant100$)时，$\ln N!=N\ln N-N$.

由(1)，$\Omega=\dfrac{(N_A+N_B)!}{N_A!\,N_B!}$. 当 $N_A=N_B=\dfrac{1}{2}N$ 时，$\Omega=\dfrac{N!}{\left(\frac{N}{2}\right)!\left(\frac{N}{2}\right)!}$. 那么

$$\begin{aligned}\ln\Omega&=\ln N!\ -2\ln\left(\frac{N}{2}\right)!\ =(N\ln N-N)-2\left(\frac{N}{2}\ln\frac{N}{2}-\frac{N}{2}\right)\\&=N\ln N-N\ln\frac{N}{2}=N\ln N-(N\ln N-N\ln 2)\\&=N\ln 2\end{aligned}$$

所以 $\Omega=2^N$.

(3) 实际上只能排出 6 种花样是对的，按斯特林近似公式计算出 16 种花样是错误的，因为斯特林近似公式的使用条件是 $N>100$，该处 $N=4$，只有 4 个粒子，不能应用斯特林近似公式.

29. 对于由 N,U,V 确定的体系，符合 $U=\sum_i n_i\varepsilon_i$，粒子能级分布的类型有很多种，每种能级分布中包含的微观状态数不同. 对于任一种能级分布类型 D，含有的微观状态数为 t_D，其计算公式为 $t_D=N!\prod_{i=0}^{k}\dfrac{g_i^{N_i}}{N_i!}$. 在这些能级分布中必有一种分布含的微观状态数最多，称为最概然分布(也叫最可几分布)，玻尔兹曼是如何求得最概然分布的微观状态数的？其中用到哪些数学定理？

答　玻尔兹曼利用求函数极值的方法，$t_D=N!\prod_{i=0}^{k}\dfrac{g_i^{N_i}}{N_i!}$ 是一个多元函数，求得该函数的极大值，就是最概然分布的微观状态数. 在求解过程中，用了斯特林近似公式和拉格朗日乘因子法定理，该定理是求解自变量中有部分相关条件下的多元函数极值的巧妙方法.

30. 拉格朗日乘因子法主要解决什么问题？它解决问题的思路是什么？能否举一个例子说明？

答　拉格朗日乘因子法主要是解决多元函数求极值问题，特别是多元函数的自变量中有部分相关而不能独立变化时求极值问题. 解决问题的思路是自变量中有一个相关方程式 g，就要引进一个待定系数 α，有两个相关方程式 g,h，就要引进两个待定系数 α,β，以此类推，把待定系数 α,β 乘在相应的相关方程式上与原多元函数 f，线性组成一个新多元函数 F，$F=f+\alpha g+\beta h$，数学上可以证明这个新函数 F 与原函数 f 的极值条件是一样的.

可以举一个爬山的例子来说明如何应用拉格朗日乘因子法.

例　在直角坐标系上，有一座高山，山的高度用下列函数表示：

$$z=2\,000\mathrm{e}^{-(x-2)^2}\,\mathrm{e}^{-y^2}\ (\mathrm{m})$$

(1) 求此山的最高点.

(2) 若有一条小路，其方程为 $y+x-4=0$，问沿这条小路上山，能达到的最高点是多少米？

解　由于 $z=2\,000\mathrm{e}^{-(x-2)^2}\,\mathrm{e}^{-y^2}$ (m)是单调函数，$\ln z$ 与 z 的极值条件一样. 令

$$f=\ln z=\ln 2\,000-(x-2)^2-y^2$$

(1) 求山的最高点，变量之间无关系，即无限制条件，x,y 是独立的.

$$\mathrm{d}f=\left(\frac{\partial f}{\partial x}\right)_y\mathrm{d}x+\left(\frac{\partial f}{\partial y}\right)_x\mathrm{d}y=0$$

那么

$$\begin{cases}\left(\dfrac{\partial f}{\partial x}\right)_y=0\\ \left(\dfrac{\partial f}{\partial y}\right)_x=0\end{cases}$$

代入即得

$$\begin{cases}-2(x-2)=0\\ -2y=0\end{cases}$$

解之,当 $x=2,y=0$ 时,$f(x,y)$有极大值,z 的极大值为

$$z_{\max}=2\,000\mathrm{e}^{-(x-2)^2}\mathrm{e}^{-y^2}\ (\mathrm{m})=2\,000\ (\mathrm{m})$$

(2) 只能沿着小路爬山,有限制条件,$y+x-4=0$,x 与 y 只能有一个独立变量. 令$g(x,y)=y+x-4=0$ (一个变量相关方程式). 引入一个待定系数 α,组成新函数:

$$F=f+\alpha g$$

$$F=\ln 2\,000-(x-2)^2-y^2+\alpha(y+x-4)$$

求该函数的极大值条件:

$$\mathrm{d}F=\left(\frac{\partial f}{\partial x}+\alpha\frac{\partial g}{\partial x}\right)_y\mathrm{d}x+\left(\frac{\partial f}{\partial y}+\alpha\frac{\partial g}{\partial y}\right)_x\mathrm{d}y=0$$

即三个方程:

$$\begin{cases}\left(\dfrac{\partial f}{\partial x}+\alpha\dfrac{\partial g}{\partial x}\right)_y=0\\ \left(\dfrac{\partial f}{\partial y}+\alpha\dfrac{\partial g}{\partial y}\right)_x=0\\ g(x,y)=x+y-4=0\end{cases}$$

代入具体计算:

$$\begin{cases}-2(x-2)+\alpha=0\\ -2y+\alpha=0\\ y+x-4=0\end{cases}$$

$$\begin{cases}x=\alpha/2+2\\ y=\alpha/2\\ \dfrac{\alpha}{2}+\dfrac{\alpha}{2}+2-4=0\end{cases}$$

解得 $\alpha=2,x=3,y=1$,代入得

$$z_{\max}=2\,000\mathrm{e}^{-(x-2)^2}\mathrm{e}^{-y^2}=2\,000\mathrm{e}^{-1}\mathrm{e}^{-1}=2\,000\times0.135\,36=270.7\ (\mathrm{m})$$

即沿这条小路上山,能爬到的最高点为 270.7 m.

说明:沿不同的小路,能爬到的最高点也不同,即限制条件不同,求出的极值也不同.

31. 如何理解“最概然分布”“平衡分布”和“玻尔兹曼分布”这些概念? 它们之间的关系如何?

答 最概然分布指数学概率最大的那种能级分布类型,它拥有的微观状态数比其他任一种能级分布类型都要多. 平衡分布是指处于热力学平衡时,粒子在各个能级上的分布. 玻尔兹

曼分布认为能级上分布的粒子数与能级高低有关，可以用分布定律公式求得粒子在各能级上的分布数：

$$N_i = \frac{Ng_i e^{-\varepsilon_i/(kT)}}{\sum_i g_i e^{-\varepsilon_i/(kT)}}$$

玻尔兹曼分布就是最概然分布，最概然分布不是平衡分布，但可以代表平衡分布.

32. 为什么说最概然分布不是平衡分布，但可以代表平衡分布？

答　最概然分布是指数学概率最大的那种能级分布类型，它拥有的微观状态数比其他能级分布都要多，最概然分布就是玻尔兹曼分布；平衡分布是指处于热力学平衡时，粒子在各个能级上的分布，平衡分布拥有的微观状态数不是最多的，因此最概然分布不是平衡分布.

因为最概然分布和那些在宏观上与最概然分布无法区别的相邻分布出现的概率之和已接近于 1，宏观上确立的热力学平衡体系，在微观上是瞬息万变的，当热力学平衡时，体系处于最概然分布与其相邻分布的波动之中. 由于这些相邻分布与最概然分布在宏观上无法区别，我们就可认为它们都是最概然分布，认为微观粒子在能级分布上始终保持最概然分布状态，并不因时间的推移而产生显著的变化，所以认为最概然分布可以代表体系的平衡分布.

33. 在计算体系的熵时，用 $\ln t_m$(t_m 为最概然分布微观状态数)代替 $\ln \Omega$，是不是可以认为 t_m 与 Ω 大小就差不多？

答　不可以，因为 $t_m \ll \Omega$，但 $\ln t_m$ 与 $\ln \Omega$ 很相近.

34. 量子统计玻色-爱因斯坦统计和费米-狄拉克统计与经典统计玻尔兹曼统计的不同点在哪里？在什么条件下，玻色-爱因斯坦统计和费米-狄拉克统计与修正后的不可辨粒子的玻尔兹曼统计结果近似相等？

答　它们的不同点：玻尔兹曼统计最初是根据经典力学的概念而导出的，所以又称为经典统计. 其特点是：认为粒子是可区别的，粒子间无作用力，粒子能级的任一量子状态上能容纳的粒子数不受限制. 对于像气体这样的体系，粒子是不可区别的，玻尔兹曼统计通过除以 $N!$ 来修正. 量子统计玻色-爱因斯坦统计和费米-狄拉克统计认为粒子是不可区别的，并且玻色-爱因斯坦统计认为像光子或由偶数个基本粒子组成的原子、分子(例如 O^{16}，O_2)，其自旋量子数为 $0, \pm 1, \pm 2, \cdots$，不受泡利不相容原理限制，一个量子态上容纳的粒子数没有限制；费米-狄拉克统计认为像电子、中子或由奇数个基本粒子组成的原子、分子(如 F^9，O^{17}，C^{13}，NO 等)，其自旋量子数为 $0, \pm\frac{1}{2}, \pm\frac{3}{2}, \cdots$，遵循泡利不相容原理，每一个量子态只能容纳一个粒子.

在能级的简并度远大于该能级上分配的粒子数的条件下，例如室温，$\frac{g_i}{N_i} \geqslant 10^5$ 条件下. 玻色-爱因斯坦统计和费米-狄拉克统计与修正后的玻尔兹曼统计，计算不可辨粒子的微观状态数近似相等，

35. 我们现在学习的统计力学与经典的统计力学比较有什么特点？

答　我们现在学习的统计力学是用量子力学改造过的统计力学，认为能量是量子化的，把量子态、能级、简并度等量子力学的名称、概念应用到统计力学中.

36. 对于一个独立粒子体系，低能级上分配的粒子数目可以小于高能级上的粒子数吗？

答 可以.依玻尔兹曼统计分布定律，L,K 两个能级的粒子数之比为

$$\frac{n_L}{n_K}=\frac{g_L}{g_K}\exp\left[\frac{-(\varepsilon_L-\varepsilon_K)}{kT}\right]$$

式中 L 为高能级.由于 $\varepsilon_L>\varepsilon_K$,上式中右边指数式小于 1,但是随着 T 增大时便逐渐接近于 1,若简并度 $g_L>g_K$,便可能出现 $n_L>n_K$.

37. 什么是粒子配分函数？配分函数有无量纲？它代表的物理意义是什么？

答 粒子配分函数定义：$q=\sum_i g_i e^{-\varepsilon_i/(kT)}$，是各个能级上有效量子态(或称加权玻尔兹曼因子)$g_i e^{-\varepsilon_i/(kT)}$之和.配分函数没有单位(即量纲为 1),它的物理意义是最概然分布时,某能级上粒子出现的概率等于该能级的有效量子态与全部有效量子态之和的比值,某能级的有效量子态大小,体现了最概然分布时该能级上分配的粒子数多少.

38. 配分函数的含义是什么？为什么热力学平衡态体系中可以用最概然分布的微观状态数代替体系总的分布微观状态数之和?

答 配分函数的含义:最概然分布时,粒子按能级的有效量子态数(或称加权玻尔兹曼因子)分布到各能级上,粒子配分函数 q 中各项的相对大小体现了最概然分布时各能级上所分配粒子数的多少,正是由于 q 在粒子能级分布中的这种作用才将其称为粒子配分函数.

体系达到热力学平衡时,体系中的 N 个粒子在可能的能级上的分布就称为平衡分布.热力学平衡体系中最概然分布和那些在宏观上与最概然分布无法区别的相邻分布出现的概率之和已接近于 1;由于这些相邻分布与最概然分布在宏观上无法区别,我们就可认为它们都是最概然分布,微观粒子在能级分布上始终保持最概然分布状态,并不因时间的推移而产生显著的变化.所以认为 U,V,N 确定体系,最概然分布可以代表体系的平衡分布,可以用最概然分布的微观状态数代替体系总的微观状态数,即以 $\ln t_m$ 代替 $\ln\Omega$ 进行统计计算.

39. 配分函数的性质及其在统计热力学中的意义如何?

答 配分函数的性质是最概然分布时,任一能级上的粒子数与总粒子数之比(即粒子在该能级上出现的概率)等于该能级的有效量子态数与总有效量子态数之比.具体表现:(1) 最概然分布时,粒子按能级的有效量子态数占的比例多少分布到各能级上;(2) 粒子配分函数 q 中各项的相对大小体现了最概然分布时各能级上所分配粒子数的多少,正是由于 q 在粒子能级分布中的这种作用才将其称为粒子配分函数.配分函数的重要意义是它是联系微观与宏观的桥梁.

40. 玻尔兹曼用求极大值方法得出最概然分布的微观状态数计算公式,并且用最概然分布的微观状态数代替体系总微观状态数:

$$t_m=N!\prod\frac{g_i^{N_i}}{N_i!},\quad \ln t_m=\ln\Omega$$

想以此来计算体系的熵值 $S=k\ln\Omega\approx k\ln t_m$,但由于 N 是很大的数,如 10^{24},最概然分布的微观状态数 t_m 还是无法计算出来,后来是用什么方法解决计算问题的？是如何解决的?

答 最概然分布的微观状态数 t_m 是用配分函数表示来解决计算问题的,用粒子配分函数来代替排列组合中 $N!$,$N_i!$,得出用配分函数 q 表示的 t_m 的计算公式.

用配分函数表示的 t_m 是这样推导出来的:

$$t_m = N! \prod \frac{g_i^{N_i}}{N_i!}$$

根据斯特林公式

$$\ln N! = N\ln N - N \quad 或 \quad N! = \left(\frac{N}{e}\right)^N$$

又由于各能级上分布的粒子数 N_i 也是很大的数，$N_i! = (N_i/e)^{N_i}$，由分布定律 $N_i = \frac{N}{q} g_i e^{-\frac{\varepsilon_i}{kT}}$，得

$$t_m = N! \prod_i \frac{g_i^{N_i}}{N_i!} = N! \prod_i \frac{g_i^{N_i}}{\left(\frac{N_i}{e}\right)^{N_i}} = N! \prod_i \left(\frac{eg_i}{N_i}\right)^{N_i}$$

$$\xrightarrow{\text{相乘变成指数相加}} N!\left(\frac{eg_i}{N_i}\right)^{\sum N_i}$$

$$\xrightarrow{\text{代入分布定律中的 } N_i} N!\left(\frac{eg_i}{\frac{N}{q} g_i e^{-\frac{\varepsilon_i}{kT}}}\right)^{\sum\limits_i N_i}$$

$$= N!\left(\frac{qe^{\frac{\varepsilon_i}{kT}}}{\frac{N}{e}}\right)^{\sum\limits_i N_i} = N! \frac{q^{\sum\limits_i N_i} e^{\frac{\sum\limits_i N_i \varepsilon_i}{kT}}}{\left(\frac{N}{e}\right)^{\sum\limits_i N_i}}$$

$$= N! \frac{q^N e^{\frac{U}{kT}}}{\left(\frac{N}{e}\right)^N} = \frac{N! q^N e^{\frac{U}{kT}}}{N!} = q^N e^{\frac{U}{kT}}$$

这是体系微观状态 t_m 用粒子配分函数 q 表示的计算公式. 以后计算 t_m 不用排列组合公式，而是用粒子配分函数来计算，这样就方便多了.

6.3　分子配分函数的计算

41. 分子的各种运动状态的能级间隔是不同的，说出平动、转动、振动能级间隔的大概范围，并按由大到小顺次排列.

答　平动能级间隔大约为 $10^{-19}\,kT$，转动能级间隔大约为 $10^{-2}\,kT$，振动能级间隔大约为 $10\,kT$.

由大到小顺次排列：振动能级间隔、转动能级间隔、平动能级间隔.

42. 分子运动一般包括哪几种？电子配分函数和核配分函数一般由什么决定？为什么？

答　分子运动一般包括平动、转动、振动、电子运动、核自旋运动. 一般电子、核的能级差很大，并且设基态能级为零，因此电子配分函数和核配分函数一般由基态的简并度决定.

43. 什么是分子配分函数的析因子性质？分子配分函数析因子性质的先决条件是什么？

答　分子配分函数等于分子中各种运动形式的配分函数的乘积，具体说就是分子配分函数是分子的平动、转动、振动、电子运动、核自旋运动配分函数的乘积. 这就是分子配分函数的

析因子性质.

分子配分函数析因子性质的先决条件是分子中各种运动(平动、转动、振动、电子运动、核自旋运动)是相互独立的,分子能级的总能级是各种运动能级的总和;分子能级的简并度是各种运动简并度的乘积,$\varepsilon_i=\varepsilon_{i,t}+\varepsilon_{i,r}+\varepsilon_{i,v}+\varepsilon_{i,e}+\varepsilon_{i,n}$,$g_i=g_{i,t}\cdot g_{i,r}\cdot g_{i,v}\cdot g_{i,e}\cdot g_{i,n}$.

44. 从配分函数的意义,说明平动、转动及振动配分函数分别与温度的关系如何.

答 平动配分函数 $q(\text{平动})=\dfrac{(2\pi mkT)^{3/2}}{h^3}V$. 若体系为固体或液体,则 $q(\text{平动})$与 $T^{\frac{3}{2}}$ 成正比;若体系为气体,代入 $V=\dfrac{NkT}{p}$,则 $q(\text{平动})$与 $T^{\frac{5}{2}}$ 成正比.

因为转动配分函数 $q(\text{转动})=\dfrac{8\pi^2 IkT}{\sigma h^2}$,所以 $q(\text{转动})$与 T 成正比.

因为振动配分函数 $q(\text{振动})=\dfrac{\exp\left[-\dfrac{1}{2}h\nu/(kT)\right]}{1-\exp[-h\nu/(kT)]}$,可见 $q(\text{振动})$与 T 没有简单关系.

45. 分子能量零点的选择不同,各能级的玻尔兹曼因子也不同. 该说法对吗?

答 对. 各能级的能量值因参考点(最低能级)选择不同而改变,因此 ε_i 不同,各能级的玻尔兹曼因子 $\exp[-\varepsilon_i/(kT)]$也就改变.

46. 分子能量零点的选择不同,分子在各能级上的分布数也不同. 该说法正确吗?

答 不正确. 因为分子能量零点的选择不同,各能级的能量改变,玻尔兹曼因子改变,但各能级上有效量子态(或称加权玻尔兹曼因子)与配分函数的比例并不改变,因此分子在各能级上的分布数并不改变.

47. 分子能量零点的选择不同,分子的配分函数值也不同. 此判断正确吗?

答 正确. 因为最低能级选取不同,影响到能量和玻尔兹曼因子,当然影响分子的配分函数,所以分子能量零点的选择不同,分子的配分函数值也不同.

48. 为什么计算平动、转动的配分函数时,各个能级的有效量子态数(或加权玻尔兹曼因子)求和可以用积分代替加和,而振动配分函数计算时不能用积分代替加和?

答 因为平动、转动能级的间隔很小,两个能级之间能量相差很小,可以近似认为能量是连续的,所以可以用积分代替加和;而振动能级的间隔比较大,振动能量不能当成连续的,所以不能用积分代替加和.

49. 在低温下能否可以用 $q_r=\dfrac{T}{\sigma\Theta_r}$ 公式来计算双原子分子的转动配分函数?

答 不能. 因为转动配分函数计算公式 $q_r=\dfrac{T}{\sigma\Theta_r}$ 推导得来时的条件是 $T\gg\Theta_r$,若在低温下,则不满足这个条件,该公式就得不出来,因此该公式对低温不适用.

50. 分子振动量子态与平动、转动量子态的显著不同点是什么? 振动配分函数有下列两种形式:

$$q_V=\frac{\exp[-h\nu/(2kT)]}{1-\exp[-h\nu/(kT)]}\quad \text{与} \quad q_V=\frac{1}{1-\exp[-h\nu/(kT)]}$$

意义有什么不同?

答　分子振动量子态与平动、转动量子态的显著不同点是振动的量子态是非简并的，即简并度为 1，平动、转动量子态是简并的，即简并度大于 1.

配分函数

$$q_V = \frac{\exp[-h\nu/(2kT)]}{1-\exp[-h\nu/(kT)]}$$

是指振动的最低能级为$\frac{1}{2}h\nu$的配分函数，

$$q_V = \frac{1}{1-\exp[-h\nu/(kT)]}$$

是指振动的最低能级为零的配分函数.

51. 为什么非线型多原子分子的振动自由度为 $3n-6$，而线型分子的则为 $3n-5$(n 是分子中的原子数)?

答　对于一个由 n 个原子组成的分子，若要确定全部粒子的瞬时位置，需要 $3n$ 个坐标，其中 3 个坐标为质心在原点的三维空间坐标，即整个分子的 3 个平动自由度；对于线型分子还要用 2 个坐标来确定分子相对于某一固定点的取向，即该线型分子的 2 个转动自由度，故其余的 $3n-5$ 个坐标来确定分子中原子间的相对位置，即有 $3n-5$ 个振动自由度. 对于非线型分子，则要 3 个坐标确定其空间取向，即 3 个转动自由度，其振动自由度为 $3n-3-3=3n-6$.

52. 分子中的电子运动能极间隔很大，一般我们只考虑电子都处于基态即最低能级上，请你说出 H,Na,N 原子与 O_2,NO 分子的电子最低能级的简并度各是多少.

答　电子最低能级简并度等于孤对电子数加 1，即 $g=M+1$. H 和 Na 有 1 个孤对电子，简并度 $g=2$；N 原子有 3 个孤对电子，简并度 $g=4$；O_2有 2 个孤对电子，简并度 $g=3$；NO 有 1 个孤对电子，简并度 $g=2$.

53. 有的物理化学教材上，N 个粒子体系的整体配分函数可表示为 Q，而分子配分函数表示为 q，两者之间有何关系？为什么？

答　对于可辨粒子 $Q=q^N$，对于不可辨粒子 $Q=q^N/N!$.

对于由 N 个粒子构成的体系，其整体的配分函数 Q 等于 N 个粒子配分函数的乘积，对不可辨粒子，要进行粒子等同性修正.

54. 分子运动的振动特征温度 Θ_v是物质的重要性质之一，那么 Θ_v越高是否说明体系温度越高，分子处于激发态的比例就越高?

答　不是，振动特征温度 $\Theta_v=h\nu/k$ 与体系的温度无关，与粒子的振动频率有关；Θ_v越高，振动频率越高，振动能越大，分子处于激发态能级上的粒子数越少，占的百分比例越小，分子在基态能级上占的百分比例就越大.

55. 指出下列分子的对称数各是多少：(1) O_2；(2) CH_3Cl；(3) CH_2Cl_2；(4) C_6H_6(苯)；(5) $C_6H_5CH_3$(甲苯)；(6) 顺丁二烯；(7) 反丁二烯；(8) SF_6.

答　当把分子中的同类原子看作不可区别时，分子围绕对称轴转动一周分子复原的次数称为对称数. 分子的对称数应该用分子点群知识来确定. 它们的对称数分别为：

(1) $\sigma=2$；　　(2) $\sigma=3$；

(3) $\sigma=2$； (4) $\sigma=12$；

(5) $\sigma=2$； (6) $\sigma=2$；

(7) $\sigma=2$； (8) $\sigma=24$.

56. 今有处于不同状态下的CO理想气体：(1) p,V,T；(2) $2p,V,T$. 这两种状态下CO的配分函数是否相同？为什么？

答 相同.这两个状态的温度T、体积V相同，只有压力不同，说明(2)状态的CO分子数是(1)状态的2倍，而CO的配分函数是指一个CO分子(一个粒子)的配分函数，与体系分子数多少没有关系.两种状态下，CO分子的温度相同，能量一样，活动范围一样，都是V，由平动、转动、振动配分函数计算公式：

$$q(\text{平动})=\frac{(2\pi mkT)^{3/2}}{h^3}V$$

$$q(\text{转动})=\frac{8\pi^2 IkT}{\sigma h^2}$$

$$q(\text{振动})=\frac{\exp\left[-\frac{1}{2}h\nu/(kT)\right]}{1-\exp\left[-h\nu/(kT)\right]}$$

可知这两个状态下CO的配分函数相同.要注意的是，两个状态(即两个体系)的CO分子数不同，体系的配分函数是不同的.

6.4 配分函数与热力学量的关系和计算

57. 粒子的可区别性对哪些热力学量有影响？对哪些热力学量无影响？为什么？

答 粒子的区别性对S,F,G有影响，对U,H,V,p无影响.因为粒子的可分辨性对体系微观状态数计算有影响，而微观状态数多少对熵S有影响.对S有影响，对F,G就有影响；但粒子的可分辨性对粒子的能量没有影响，因此对U,H没有影响，并对粒子运动状态没有影响，因此对U,H,V,p没有影响.

58. 粒子零点能的选取对哪些热力学函数有影响，对哪些热力学函数无影响？对热力学函数的增量(如ΔG)有无影响？

答 零点能的选取对粒子的能级高低有影响，因此对U,H,F,G有影响；但零点能的选取对体系微观状态数(即混乱度)计算无影响，因此对熵S没有影响.同样，零点能的选取对粒子运动状态没有影响，因此对p,V函数无影响.零点能的选取对热力学函数的增量(如ΔG)是没有影响的.

59. 写出物质的量为1 mol粒子体系的熵、内能、焓、亥姆霍兹自由能及吉布斯自由能等热力学函数的统计热力学表达式.

答 $S_m(\text{可辨})=Nk\ln q+U/T=R\ln q+RT(\partial\ln q/\partial T)_V$；

$S_m(\text{不可辨})=Nk\ln(qe/L)+U/T=R\ln(qe/L)+RT(\partial\ln q/\partial T)_V$；

$U_m(\text{可辨})=U_m(\text{不可辨})=RT^2(\partial\ln q/\partial T)_V$；

H_m(可辨)$=H_m$(不可辨)$=RT\left[T(\partial \ln q/\partial T)_V+V(\partial \ln q/\partial V)_T\right]$;

F_m(可辨)$=-RT\ln q$;

F_m(不可辨)$=-RT\ln(qe/L)$;

G_m(可辨)$=-RT\left[\ln q-V(\partial \ln q/\partial V)_T\right]$;

G_m(不可辨)$=-RT\left[\ln(qe/L)-V(\partial \ln q/\partial V)_T\right]$.

60. 试导出不可辨粒子体系的化学势与分子配分函数的关系.

答　由 p(不可辨) $=NkT\left(\frac{\partial \ln q}{\partial V}\right)_{T,N}=\frac{NkT}{V}$,得

$$pV=NkT$$

$$F(\text{不可辨})=-kT\ln(q^N/N!)=-NkT\left[\ln(q/N)+1\right]$$
$$=-NkT\left[\ln(q/N)-NkT\right]$$
$$G=F+pV=-NkT\left[\ln(q/N)-NkT+NkT\right]$$
$$=-NkT\ln(q/N)$$

$G_m=-RT\ln(q/L)$,化学势 $\mu=G_m=-RT\left[\ln(q/L)\right]$.

61. 在状态函数 U,S,H,A,G 中,哪些对定域子和离域子是相同的?哪些是不同的?

答　U,H 相同,但 S,A,G 不相同.

62. 理想气体是离域子体系.其熵值计算式为

$$S_{气}=k\ln\frac{q^N}{N!}+NkT\ln\left(\frac{\partial \ln q}{\partial T}\right)_{V,N}$$

而理想晶体是定域子体系,其熵值计算式为

$$S_{晶}=k\ln q^N+NkT\ln\left(\frac{\partial \ln q}{\partial T}\right)_{V,N}$$

比较两者得 $S_{气}<S_{晶}$,这与热力学结论 $S_{气}>S_{液}>S_{晶}$ 是否矛盾?

答　先说明一下:独立子中有定域子体系和离域子体系,相依子中也有定域子体系和离域子体系.晶体是相依子中的定域子体系,而不是独立子中的定域子体系.

公式 $S=k\ln q^N+NkT\ln\left(\frac{\partial \ln q}{\partial T}\right)_{V,N}$ 用于计算独立子中定域子体系的熵值,不能用于计算相依子中定域子体系的熵值,也就是不能用于计算晶体的熵值.因此,热力学结论是正确的,不产生矛盾.(这是一种解释,另外的解释参看第 24 题.)

63. 若规定最低能级能量为 ε_0,则体系 0 K 时的内能为 $U_0=N\varepsilon_0$.若规定 $\varepsilon_0=0$,则 $U_0=N\varepsilon_0=0$.如何理解体系内能的意义?

答　$U=NkT^2(\partial \ln q/\partial T)_V$.

设最低能级为零的配分函数为 q_0,最低能级为 ε_0 的配分函数 q_{ε_0},则

$$U_{\varepsilon_0}=NkT^2(\partial \ln q_{\varepsilon_0}/\partial T)_V,\quad U_0=NkT^2(\partial \ln q_0/\partial T)_V$$

因为 $q_{\varepsilon_0}=q_0\exp[-\varepsilon_0/(kT)]$,所以 $U_{\varepsilon_0}=U_0+N\varepsilon_0$.

因此选取 ε_0 为最低能级的能量值,体系的内能比选取零做最低能级的能量值多 $N\varepsilon_0$.体系在 0 K 时内能为确定的数值,但内能的绝对值是不知道的,所以只能确定其相对值.若规定最低能级能量 ε_0 为基准值,则内能为 U_{ε_0};若规定最低能级能量 0 为基准值,则内能

为 $U_0=0$. 两者相差 $N\varepsilon_0$.

64. 请解释为什么单原子分子理想气体的 $C_{V,m}=\frac{3}{2}R$;双原子分子理想气体在常温度下 $C_{V,m}=\frac{5}{2}R$,温度高时可能等于$\frac{7}{2}R$.

答 对单原子分子,

$$q=g_0(\text{电子})q(\text{平动})=g_0(\text{电子})\frac{(2\pi mkT)^{3/2}}{h^3}$$

$$C_{V,m}=(\partial U_m/\partial T)_V$$

因为

$$U_m=RT^2\left[\partial\ln\left(g_0(\text{电子})\frac{(2\pi mkT)^{\frac{3}{2}}}{h^3}\right)/\partial T\right]_{V,N}=\frac{3}{2}RT$$

平动有 3 个自由度,每个自由度对 U_m贡献 $\frac{1}{2}RT$,所以 $U_m=\frac{3}{2}RT$. 而 $C_{V,m}=(\partial U_m/\partial T)_V=\frac{3}{2}R$,即每个自由度对 $C_{V,m}$ 贡献$\frac{1}{2}R$,单原子分子只有平动,所以 $C_{V,m}=\frac{3}{2}R$.

对于双原子分子,

$$q=g_0(\text{电子})\frac{(2\pi mkT)^{3/2}}{h^3}\frac{8\pi^2 IkT}{\sigma h^2}\left[1-\exp\left(\frac{-h\nu}{kT}\right)\right]^{-1}$$

代入得

$$U_m=RT\left\{\frac{5}{2}+\frac{h\nu/(kT)}{\exp[h\nu/(kT)]-1}\right\}$$

室温下,

$$\exp[h\nu/(kT)]-1\approx\exp[h\nu/(kT)]$$

$$U_m=RT\left\{\frac{5}{2}+\frac{h\nu/(kT)}{\exp[h\nu/(kT)]}\right\}$$

因为 $h\nu/k\gg T$,所以 $C_{V,m}=\frac{5}{2}R$,即有 3 个平动和 2 个转动自由度,每一运动自由度对 $C_{m,V}$ 贡献$\frac{1}{2}R$.

高温下,因为 $h\nu/k\ll T$,$U_m=\frac{7}{2}RT$,故有 $C_{V,m}=\frac{7}{2}R$,即高温下有 3 个平动自由度、2 个转动自由度,每个平动、转动自由度对热容贡献$\frac{1}{2}R$,一个振动自由度对热容贡献 R,振动含有变形振动与伸缩振动.

65. 在标准压力下,独立子体系的平动熵与哪些因素有关?

答 由沙克尔-特鲁德(Sackur - Telrode)公式,在 $p^\ominus$下,$S_t=\frac{3}{2}R\ln M_r+\frac{5}{2}R\ln T-9.685$,因此在标准压力下,标准平动熵只与粒子质量、体系温度有关.

66. 设 q 表示最低能级为 ε_0 的粒子配分函数,q' 表示最低能级为 0 的粒子配分函数,对 1 mol 理想气体，推导下列方程式：

(1) $G_m=-RT\ln\dfrac{q'}{L}+U_{m,0}$；　(2) $H_m=RT^2\left(\dfrac{\partial\ln q'}{\partial T}\right)_{p,N}+U_{m,0}$.

答　q 表示最低能级为 ε_0 的粒子配分函数，q' 表示最低能级为 0 的粒子配分函数，

$$q=q'\exp[-\varepsilon_0/(kT)],\quad \ln q=\ln q'-\varepsilon_0/(kT)$$

(1)

$$\begin{aligned}G&=-NkT\ln(q/N)=-NkT\ln q-NkT\ln N\\&=-NkT[\ln q'-\varepsilon_0/(kT)]-NkT\ln N\\&=-NkT\ln q'+N\varepsilon_0-NkT\ln N\\&=-NkT\ln(q'/N)+N\varepsilon_0\end{aligned}$$

对 1 mol 理想气体，$N=L$，

$$G_m=-LkT\ln(q'/L)+L\varepsilon_0=-RT\ln(q'/L)+U_{m,0}$$

(2) 由基本公式 $dG=-SdT+Vdp$，在恒压下，

$$S=-\left(\frac{\partial G}{\partial T}\right)_{p,N},\quad G=-NkT\ln(q'/N)+N\varepsilon_0$$

求得

$$S=Nk\ln(q'/N)+NkT(\partial\ln q'/\partial T)_{p,N},\quad S_m=R\ln(q'/L)+RT(\partial\ln q'/\partial T)_{p,N}$$

$$\begin{aligned}H_m&=G_m+TS_m=-RT\ln(q'/L)+U_{m,0}+RT\ln(q/L)+RT^2(\partial\ln q'/\partial T)_{p,N}\\&=RT^2(\partial\ln q'/\partial T)_{p,N}+U_{m,0}\end{aligned}$$

67. 根据统计热力学的方法可以计算出 U,V,N 确定的体系熵的绝对值. 该说法对吗？

答　不对. 由统计热力学的方法计算出来的熵，通常称为统计熵，仍然不是熵的绝对值，因为它忽略了核运动、同位素交换等的影响，因此统计熵还是一个相对值，不是熵的绝对值.

68. 在同温同压下，根据表 6.2 中的值，问：哪种气体的平动熵 $S_{m,t}$ 最大？哪种气体的转动熵 $S_{m,r}$ 最大？哪种分子的振动频率最小？

表 6.2

分子	M_r	Θ_r	Θ_V
H_2	2	87.5	5 976
HBr	81	12.2	3 682
N_2	28	2.89	3 353
Cl_2	71	0.35	801

答　平动熵

$$\begin{aligned}S_{m,t}&=Nk\left[\frac{(2\pi mkT)^{3/2}V}{Nh^3}\right]+\frac{5}{2}Nk\\&=R\left[\frac{3}{2}\ln\frac{M}{\text{kg}\cdot\text{mol}^{-1}}+\frac{5}{2}\ln\frac{T}{K}-\ln\frac{p}{\text{Pa}}\right]+C\end{aligned}$$

因此，在同温同压条件下，相对分子量大的粒子，平动熵就大．M_r(HBr)最大，所以HBr的平动熵$S_{m,t}$最大．

转动熵$S_{m,r}=R\ln\dfrac{T}{\sigma\Theta_r}+R$，在同温同压条件下，转动特征温度小，转动熵就大，$Cl_2$的转动特征温度$\Theta_r$最小，所以$Cl_2$的转动熵$S_{m,r}$最大．

由振动特征温度$\Theta_V=h\nu/k$，振动特征温度小，振动频率就小，Cl_2的振动特征温度Θ_V最小，所以Cl_2的振动频率ν最小．

69. 试根据分子配分函数推导理想气体状态方程．

答 设理想气体体系中有N个分子，且气体分子不可区别：

$$F=-kT\ln\frac{q^N}{N!}=-kT\ln q^N+kT\ln N!\ =-NkT\ln q+kT\ln N!$$

$$q=\frac{(2\pi mkT)^{\frac{3}{2}}}{h^3}V\frac{8\pi^2 IkT}{\sigma h^2}\frac{e^{-\frac{h\nu}{2kT}}}{1-e^{-\frac{h\nu}{kT}}}g_{e,0}g_{n,0}$$

由于$dF=-SdT-pdV$，所以

$$p=-\left(\frac{\partial F}{\partial V}\right)_T=-\left[\frac{\partial}{\partial V}(-NkT\ln q+kT\ln N!)\right]_T$$

$$=\left(\frac{\partial}{\partial V}\left\{NkT\ln\left[\frac{(2\pi mkT)^{\frac{3}{2}}}{h^3}V\frac{8\pi^2 IkT}{\sigma h^2}\frac{e^{-\frac{h\nu}{2kT}}}{1-e^{-\frac{h\nu}{kT}}}g_{e,0}g_{n,0}\right]\right\}\right)_T$$

$$=\left[\frac{\partial}{\partial V}(NkT\ln V)\right]_T=NkT\times\frac{1}{V}$$

从而$pV=NkT=nLkT=nRT$，即理想气体状态方程．

70. 单原子理想气体的平动熵公式是否可用来计算双原子理想气体的平动熵？为什么？

答 可以．分子平动是外部运动，平动熵只与外部运动有关，与内部运动无关，因此平动熵计算公式对于单原子分子、多原子分子的气体都适用．

71. 在300 K时有1 mol氪(Kr)气体和1 mol氦(He)气体处于相同的容积中．若使两种气体具有相同的熵值，试问He的温度应为多少？

答 它们都是单原子分子，忽略电子熵，熵值就是平动熵．

$$S_t=\frac{3}{2}R\ln M_r+\frac{5}{2}R\ln T-R\ln\frac{p}{p^\ominus}-9.685$$

$$M_{Kr}=83.80,\quad M_{He}=4.002$$

$$\frac{3}{2}R\ln M_r(Kr)+\frac{5}{2}R\ln 300-R\ln\frac{p}{p^\ominus}=\frac{3}{2}R\ln M_r(He)+\frac{5}{2}R\ln T-R\ln\frac{p}{p^\ominus}$$

解得$T=1\,861$ K，He的温度为1 861 K，比Kr高多了．

72. 用统计熵概念说明理想气体等温等压混合时的熵变主要是由何原因造成的，为什么？

答 理想气体混合时的熵变主要由平动熵改变造成．因为A，B两种理想气体等温等压混合时，A 与 B 分子的活动范围都扩大，体积 V 增大，平动配分函数增大，平动熵增多.

73. 由统计热力学方法计算理想气体反应的标准平衡常数时，为什么必须考虑各物质运动的零点能？

答　由于要处理理想气体反应体系，体系中有多种物质，而各物质的零点能是不同的，因此必须规定一个公共的能量坐标原点，才能正确地确定各物质之间的能量差，所以必须考虑各物质运动的零点能在公共坐标系中的差异.

74. 从熵的统计意义定性判断下列过程中体系的熵变情况：

(1) 水蒸气冷凝成水；　(2) $CaCO_3(s) \longrightarrow CaO(s) + CO_2(g)$；

(3) 乙烯聚合成聚乙烯；　(4) 气体在催化剂上吸附.

答　(1) $\Delta S < 0$，水蒸气冷凝成水，分子活动范围减少.

(2) $\Delta S > 0$，反应产生气体，分子活动范围增大.

(3) $\Delta S < 0$，体系分子数减少.

(4) $\Delta S < 0$，气体分子活动范围减少.

75. 当热力学体系的熵值增加 $0.1\ \mathrm{J \cdot K^{-1}}$ 时，体系的微观状态数要增加多少倍？

答

$$\Delta S = k \ln \frac{\Omega_2}{\Omega_1}$$

$$\frac{\Omega_2}{\Omega_1} = \exp\left(\frac{\Delta S}{k}\right) = \exp\left(\frac{0.1}{1.380\,6 \times 10^{-23}}\right) = 10^{3.14 \times 10^{21}}$$

微观状态数增加很多倍.

76. 1 mol 单原子理想气体 Ar 发生如下状态变化：$\mathrm{Ar}(T_1, V_1) \longrightarrow \mathrm{Ar}(T_2, V_2)$，试用统计熵公式和热力学方法（通过设计可逆途径）分别导出此过程的熵变 ΔS 的计算公式，并加以比较.

答　单原子理想气体状态变化，用统计熵公式计算：单原子分子的熵就是平动熵.

$$\begin{aligned}
\Delta S &= S_2 - S_1 \\
&= \left(\frac{3}{2}\ln M_r + \frac{5}{2}R \ln T_2 - R \ln \frac{p_2}{p^\ominus} - 9.685\right) - \left(\frac{3}{2}\ln M_r + \frac{5}{2}R \ln T_1 - R \ln \frac{p_1}{p^\ominus} - 9.685\right) \\
&= \frac{5}{2}R \ln \frac{T_2}{T_1} - R \ln \frac{p_2}{p_1} = \frac{5}{2}R \ln \frac{T_2}{T_1} - R \ln \frac{nRT_2V_1}{nRT_1V_2} \\
&= \frac{3}{2}R \ln \frac{T_2}{T_1} + R \ln \frac{V_2}{V_1}
\end{aligned}$$

用热力学方法，设计可逆途径：先等容可逆再等温可逆：

$$C_{V,\mathrm{m}} = \frac{3}{2}R$$

$$\Delta S = C_{V,\mathrm{m}} \ln \frac{T_2}{T_1} + R \ln \frac{V_2}{V_1} = \frac{3}{2}R \ln \frac{T_2}{T_1} + R \ln \frac{V_2}{V_1}$$

两种力学得出的计算公式一样，说明统计热力学计算方法是可靠的.

77. 在平动、转动、振动、电子运动中，哪些运动对热力学函数 G 与 F 的贡献是不同的？

答 由于$G=F+pV$，$H=U+pV$，因此对G与F的贡献不同，即对U与H的贡献不同. 受到体积或压力影响的运动是平动，因此对热力学函数G与F的贡献不同的是平动.

78. 298 K时，已知CO和N_2分子的质量相同，转动特征温度基本相等. 若电子均处于非简并的基态，且振动对熵的贡献可忽略，那么$S_m(CO)$与$S_m(N_2)$是否相等？为什么？

答 两者不相等. 温度压力相同，CO和N_2分子的质量相同，它们的平动熵相等；电子均处于非简并的基态，电子熵也相等，但它们的转动熵不相等，原因是CO和N_2的对称数不同，CO的对称数$\sigma=1$，N_2的对称数$\sigma=2$，所以$S_m(CO)>S_m(N_2)$.

79. 对于独立粒子体系(理想气体)，$U=\sum_i N_i\varepsilon_i$，发生微小变化：

$$dU=\sum_i \varepsilon_i dN_i+\sum_i N_i d\varepsilon_i$$

这两项中，哪一项表示功，哪一项表示热？并从统计意义上说明功与热的物理意义.

答 $\sum_i N_i d\varepsilon_i$表示功. 从统计力学的观点来看，功的意义是：保持能级上的分布数不变，使能级从ε_i改变到$\varepsilon_i+d\varepsilon_i$而交换的能量. 环境对体系做功，提高体系中粒子的能级；体系对环境做功，降低粒子的能级. 那么$\sum_i \varepsilon_i dN_i$必然代表热，从统计力学的观点来看，热的意义是：粒子能级不改变时，由于粒子在能级上的重新分布而传递的能量. 体系吸热($\delta Q>0$)时，分布在高能级上的粒子数增加；体系放热($\delta Q<0$)时，分布在低能级上的粒子数增加.

80. 热力学的三个基本定律的统计意义如何？熵的统计意义是什么？规定熵的意义如何？残余熵由哪些因素造成？讨论残余熵有何意义？

答 (1) 第一定律：$dU=\delta W+\delta Q$. 统计热力学中，

$$U=\sum_i N_i\varepsilon_i$$

$$dU=\sum_i \varepsilon_i dN_i+\sum_i N_i d\varepsilon_i$$

其中功为$\delta W=\sum_i N_i d\varepsilon_i$，热为$\delta Q=\sum_i \varepsilon_i dN_i$.

功的统计意义是能级上粒子数不变(分配数不变)，而各能级发生变化引起的能量传递；热的统计意义是各能级的能量不变，能级上粒子数(分配数)发生改变时传递的能量.

(2) 第二定律：$S=k\ln\Omega$. 熵的统计意义是体系微观状态数多少的量度.

(3) 第三定律：0 K时，完善晶体的熵值为零. 统计意义是在0 K时，完善晶体中粒子只有一种排列，即$\Omega=1$，$S(0\ K)=0$.

规定熵指的是相对于0 K时物质的熵为零，$S(0\ K)=0$，而得出的其他温度下的熵值，规定熵是相对值，用量热方法确定.

残余熵是物质的统计熵与规定熵的差值. 讨论残余熵说明第三定律的正确性. 有些晶体在0 K时，粒子的排列不止一种方式，例如，CO和N_2O等在0 K时其熵值不等于零，残余熵大于零.

81. 用统计热力学方法计算化学反应标准平衡常数，一般有几种常用的方法？

答 计算化学反应标准平衡常数一般有两种统计热力学方法：自由能函数法与配分

函数法. 因为 $\Delta_r G_m^\ominus = -RT \ln K^\ominus$，故用统计热力学计算 $\Delta_r G_m^\ominus$ 有两种方法.

其一，用自由能函数 $\left(\frac{G_m - H_{0,m}}{T}\right)$ 计算 $\Delta_r G_m^\ominus$，

$$\frac{\Delta_r G_m^\ominus}{T} = \Delta\left(\frac{G_m^\ominus - H_{0,m}^\ominus}{T}\right) + \frac{\Delta_r H_{0,m}^\ominus}{T}$$

其二，由配分函数直接计算，$\Delta_r G_m^\ominus = \sum_i \nu_i \mu_i^\ominus$，理想气体，

$$\mu_i^\ominus(g,T) = G_m^\ominus = -RT \ln \frac{q_i'^\ominus}{L} + U_{0,m}^\ominus(i)$$

$$\sum_i \nu_i \mu_i^\ominus = -\sum_i \nu_i \left(RT \ln \frac{q_i'^\ominus}{L}\right) + \sum_i \nu_i U_{0,m}^\ominus(i)$$

$$= -RT \ln \prod_i \left(\frac{q_i'^\ominus}{L}\right)^{\nu_i} + \Delta_r U_{0,m}^\ominus$$

82. 设 $CO_2(g)$ 可视作理想气体，并设其各个自由度均服从能量均分原理. 已知 $CO_2(g)$ 的 $\gamma = \frac{C_{p,m}}{C_{V,m}} = 1.15$，试通过用计算的结果判断 $CO_2(g)$ 是否为线型分子.

答　如果 CO_2 不是线型分子（3 个平动自由度，3 个转动自由度，$3n-6$ 个振动自由度），则根据经典能量均分原理，有

$$C_{V,m} = \frac{1}{2}[3+3+2(3n-6)]R = \frac{1}{2}[3+3+2(3\times3-6)]R = 6R$$

$$C_{p,m} = C_{V,m} + R = 7R$$

$$\gamma = \frac{C_{p,m}}{C_{V,m}} = \frac{7}{6} = 1.167$$

如果 CO_2 为线型分子（3 个平动自由度，2 个转动自由度，$3n-5$ 个振动自由度），则由能量均分原理，有

$$C_{V,m} = \frac{1}{2}[3+2+2(3n-5)]R = \frac{1}{2}[3+2+2(3\times3-5)]R = 6.5R$$

$$C_{p,m} = C_{V,m} + R = 7.5R$$

$$\gamma = \frac{C_{p,m}}{C_{V,m}} = \frac{7.5}{6.5} = 1.538$$

该值接近题中 $\gamma = 1.15$，因此 CO_2 为线型分子.

83. 从以下数据判断 X 分子的结构.

(1) 它是理想气体，含有 n 个原子.

(2) 在低温时，振动自由度不激发，它的 $C_{p,m}$ 与 $N_2(g)$ 的相同.

(3) 在高温时，它的 $C_{p,m}$ 比 $N_2(g)$ 的高 $25.1\ J\cdot mol^{-1}$.

答　低温时，X 分子与 $N_2(g)$ 的 $C_{p,m}$ 值相同，不考虑振动的贡献，则两种分子转动的自由度相同，分子构型一样，为线型分子；在高温时，它的 $C_{p,m}$ 比 $N_2(g)$ 的高 $25.1\ J\cdot mol^{-1}\cdot K^{-1}$. 通过计算 $\frac{25.1}{R} = 3$，知它的振动自由度应该比 $N_2(g)$ 多 3 个，即多 1 个原子. 所以，X 分子是

三原子线型分子，可能是CO_2.

84. 请定性说明表6.3中各种气体的$C_{V,m}$值随温度的变化规律.

表6.3

T/K	298	800	2 000
$C_{V,m}(He)/J\cdot mol^{-1}\cdot K^{-1}$	12.48	12.48	12.48
$C_{V,m}(N_2)/J\cdot mol^{-1}\cdot K^{-1}$	20.81	23.12	27.68
$C_{V,m}(Cl_2)/J\cdot mol^{-1}\cdot K^{-1}$	25.53	28.89	29.99
$C_{V,m}(CO_2)/J\cdot mol^{-1}\cdot K^{-1}$	28.81	43.11	52.2

答 横向观察He(g)在不同温度时的$C_{V,m}$值，发现单原子气体的$C_{V,m}$不随温度升高而发生变化；而多原子分子$N_2(g)$，$Cl_2(g)$，$CO_2(g)$的$C_{V,m}$值随温度升高而升高.

纵向比较不同温度时各种气体$C_{V,m}$的差值，发现随着分子中原子数的增加，$C_{V,m}$值增大，高温下，多原子分子的$C_{V,m}$比双原子分子的$C_{V,m}$大得多.

85. 用量热法测得CO气体的熵值与统计热力学的计算结果不一致，这是由于0 K时CO分子在其晶体中有两种可能的取向(CO或OC)，因此不符合热力学第三定律，即0 K时标准熵值不为零. 试求CO晶体在0 K时的摩尔熵值.

答 一个CO分子在晶体中有两种取向. 1 mol CO的微观状态数为$\Omega=2^L$. 因此CO晶体在0 K时的摩尔熵值为$S_m=k\ln\Omega=Lk\ln 2=5.76\ J\cdot K^{-1}\cdot mol^{-1}$，即残余熵.

86. 从分子配分函数与热力学函数的关系，证明1 mol单原子分子理想气体等温膨胀至体积增大一倍时，熵变为$\Delta S=R\ln 2$.

答 $V_2=2V_1$，只有平动配分函数与体积有关，因此该过程熵变就是平动熵的改变.

平动熵计算公式：

$$S_t=\frac{3}{2}\ln M_r+\frac{5}{2}R\ln T-R\ln\frac{p}{p^{\ominus}}-9.685$$

$$\Delta S=S_2-S_1$$

$$=\left(\frac{3}{2}\ln M_r+\frac{5}{2}R\ln T-R\ln\frac{p_2}{p^{\ominus}}-9.685\right)-\left(\frac{3}{2}\ln M_r+\frac{5}{2}R\ln T-R\ln\frac{p_1}{p^{\ominus}}-9.685\right)$$

由于$V_2=2V_1$，所以$p_2=p_1/2$，

$$\Delta S=S_2-S_1=R\ln\frac{p_1}{p_2}=R\ln\frac{2p_1}{p_1}=R\ln 2$$

另解：

$$S_i=k\ln\frac{q_i^N}{N!}+NkT\left(\frac{\partial\ln q_i}{\partial T}\right)_{V,N}=k\ln\frac{q_i^N}{N!}+\frac{U_i}{T}$$

$$U_{m,t}(1\ mol)=(3/2)RT$$

$$q_t=(2\pi mkT)^{3/2}V/h^3$$

$$\Delta S=S_2-S_1$$

$$=k\ln\frac{q_{t,2}^N}{N!}+\frac{U_t}{T}-k\ln\frac{q_{t,1}^N}{N!}-\frac{U_t}{T}$$
$$=Nk\ln q_{t,2}-Nk\ln q_{t,1}$$
$$=R\ln[(2\pi mkT)^{3/2}V_2/h^3]-R\ln[(2\pi mkT)^{3/2}V_1/h^3]$$
$$=R\ln\frac{V_2}{V_1}=R\ln 2$$

87. N_2 与 CO 的分子量非常接近，转动惯量的差别也极小，在 298 K 时振动与电子均不激发. 但是 N_2 的标准摩尔熵为 191.6 $J\cdot K^{-1}\cdot mol^{-1}$，而 CO 的标准摩尔熵为 197.6 $J\cdot K^{-1}\cdot mol^{-1}$，试分析其原因.

答　两者之间的差别是残余熵：

$$197.6\ J\cdot K^{-1}\cdot mol^{-1}-191.6\ J\cdot K^{-1}\cdot mol^{-1}=6\ J\cdot K^{-1}\cdot mol^{-1}$$

在 $T\to 0$ K 时，N_2 分子取向只有一种：

NNNNNNNNNNNNNN

而 CO 分子取向有两种：

COCOCOCO　与　COOCCOOC

1 mol CO 分子的微观状态数为 $2^L(L=6.022\times10^{23})$，

$$S_{残余}=L\cdot k\ln 2=R\ln 2=5.76\ J\cdot K^{-1}\cdot mol^{-1}\approx 6\ J\cdot K^{-1}\cdot mol^{-1}$$

第 7 章　化学反应动力学(1)

7.1　化学反应速率

1. 化学动力学和化学热力学所解决的问题有何不同?

答　经典化学热力学从静态的角度去研究化学反应,解决了化学反应过程中的能量转换、在一定条件下化学反应进行的方向与限度以及各种平衡量的计算问题. 化学动力学是从动态的角度去研究化学反应的全过程,解决化学反应速率与影响反应速率的因素之间的问题,探求反应机理. 总的来说,热力学解决反应的可能性,动力学解决反应的现实性.

2. 吉布斯自由能变化为很大负值的化学反应,它的反应速率一定很大. 这种说法是否正确? 请举例说明.

答　这种说法不正确. 例如:

$$H_2+\frac{1}{2}O_2 = H_2O,\quad \Delta_r G_m^{\ominus}=-237.19\ \mathrm{kJ\cdot mol^{-1}}$$

$$NO+\frac{1}{2}O_2 = NO_2,\quad \Delta_r G_m^{\ominus}=-34.85\ \mathrm{kJ\cdot mol^{-1}}$$

虽然 H_2 与 O_2 反应的吉布斯自由能变化是很大负值,但在常温常压下没有催化剂存在等外界因素时,混合在一起几十年也没有水生成出来;而 NO 与 O_2 反应的吉布斯自由能变化虽然是较大负值,在常温常压下却很快反应,两者混合很快看到红棕色气体产生,反应速率很大.

3. 在常温常压下将氢气与氧气混合,放置数月后没有看到任何变化(未发现水珠生成),因此认为在该条件下,氢气与氧气混合物是热力学稳定体系,对不对?

答　不对. 体系的 $\Delta G_{T,p,W'=0}<0$,有很大的反应趋势,是热力学不稳定体系,只是反应速率很小,因此放置数月看不出变化.

4. 在研究内容方面,宏观动力学与微观动力学有何不同?

答　宏观动力学是从动态的角度去研究化学运动全过程的学科,其主要任务是研究反应速率和探求反应机理,具体包括三方面内容:① 定量地研究总包反应与各种基元反应的速率;② 研究各种因素(如温度、压力、浓度、介质、催化剂、外加场等)对化学反应速率的影响;③ 揭示化学反应宏观与微观的反应机理(反应物按何种途径或步骤转化为最终产物).

微观动力学又称为分子动态学,从微观的角度来研究基元反应的微观历程,从分子水平上研究一次性分子碰撞行为中的动力学性质，即研究分子的态-态反应行为.

5. 什么是动力学方程？

答　通常有两种说法：一定温度下，反应速率与反应组分浓度之间的函数关系式，即微分式，如 $\mathrm{d}x/\mathrm{d}t=k(a-x)^n$，还有其积分方程式，如 $\ln\dfrac{a}{a-x}=kt$，都称为动力学方程；把微分式，如 $\mathrm{d}x/\mathrm{d}t=k(a-x)^n$，称为速率方程，把其积分方程式，如 $\ln\dfrac{a}{a-x}=kt$，才称为动力学方程. 我们认为后一种说法比较好，反应速率与反应组分浓度之间的函数关系式叫速率方程式；反应组分浓度与时间的关系式叫动力学方程.

6. 同一个反应在相同温度下，速率常数 k 是否只有一个数值？

答　一般地说，速率常数 k 不会因反应物浓度变化而改变，在定温下是常数，但是它的具体数值还与下列因素有关：

(1) 速率表示式是用 $\dfrac{\mathrm{d}p_\mathrm{B}}{\mathrm{d}t}$ 还是用 $\dfrac{\mathrm{d}c_\mathrm{B}}{\mathrm{d}t}$.

(2) 时间 t、浓度 c、压力 p 的具体单位.

这样说明同一个反应在相同温度下，速率常数 k 不是只有一个数值.

7. 反应 $a\mathrm{A}+b\mathrm{B}\longrightarrow g\mathrm{G}+h\mathrm{H}$ 中，$r_\mathrm{A}=k_\mathrm{A}[\mathrm{A}]^\alpha[\mathrm{B}]^\beta$，$r_\mathrm{B}=k_\mathrm{B}[\mathrm{A}]^\alpha[\mathrm{B}]^\beta$，且 $k_\mathrm{A}/k_\mathrm{B}=a/b$. 那么在 $r=k[\mathrm{A}]^\alpha[\mathrm{B}]^\beta$ 中，k 是指 k_A 还是指 k_B，或者是指另一个什么物理量？

答　k 既不是指 k_A 也不是指 k_B，它是另一个物理量，是在单位体积中，用反应进度对时间的变化率来表示反应速率时的速率常数，k 与 k_A，k_B 的关系为 $k=\dfrac{k_\mathrm{A}}{a}=\dfrac{k_\mathrm{B}}{b}$.

8. 对于基元反应 $2\mathrm{A(g)}+\mathrm{B(g)}=\!=\!=\mathrm{E(g)}$，将 2 mol 的 A 与 1 mol 的 B 放入 1 $\mathrm{dm^3}$ 容器中混合并反应，那么反应物消耗一半时的反应速率与反应起始速率的比值是多少？

答　$r=k[\mathrm{A}]^2[\mathrm{B}]$. 反应物消耗一半时的反应速率为 $r(0.5)=k\times1^2\times0.5$. 反应起始速率为 $r(0)=k\times2^2\times1$，两者比值是 $r(0.5):r(0)=1:8$.

9. 对于化学反应 $\mathrm{A}+2\mathrm{B}\longrightarrow\mathrm{C}$，

(1) 其速率方程是否为 $r_\mathrm{A}=k_\mathrm{A}c_\mathrm{A}c_\mathrm{B}^2$？在什么条件下才能这样表示？

(2) 若该反应为基元反应，分别以 r_A，r_B 表示反应速率，试写出其速率方程.

(3) 若以反应进度变化率表示反应速率，速率常数为 k，那么 k 与 k_A，k_B 之间有何关系？

答　(1) 速率方程不一定为 $r_\mathrm{A}=k_\mathrm{A}c_\mathrm{A}c_\mathrm{B}^2$. 该反应只有是基元反应时才能这样表示.

(2) $r_\mathrm{A}=k_\mathrm{A}c_\mathrm{A}c_\mathrm{B}^2$，$r_\mathrm{B}=k_\mathrm{B}c_\mathrm{A}c_\mathrm{B}^2$.

(3) $r=kc_\mathrm{A}c_\mathrm{B}^2$，其速率常数关系为 $k=k_\mathrm{A}=k_\mathrm{B}/2$.

10. 请根据质量作用定律写出下列基元反应的反应速率表示式（试用各种物质分别表示）：

(1) $\mathrm{A}+\mathrm{B}=\!=\!=2\mathrm{P}$.

(2) $2\mathrm{A}+\mathrm{B}=\!=\!=2\mathrm{P}$.

(3) $\mathrm{A}+2\mathrm{B}=\!=\!=\mathrm{P}+2\mathrm{S}$.

(4) $2\mathrm{Cl}+\mathrm{M}=\!=\!=\mathrm{Cl_2}+\mathrm{M}^*$.

答　(1) $r=-\frac{d[A]}{dt}=-\frac{d[B]}{dt}=\frac{1}{2}\frac{d[P]}{dt}=k[A][B]$.

(2) $r=-\frac{1}{2}\frac{d[A]}{dt}=-\frac{d[B]}{dt}=\frac{1}{2}\frac{d[P]}{dt}=k[A]^2[B]$.

(3) $r=-\frac{d[A]}{dt}=-\frac{1}{2}\frac{d[B]}{dt}=\frac{d[P]}{dt}=\frac{1}{2}\frac{d[S]}{dt}=k[A][B]^2$.

(4) $r=-\frac{1}{2}\frac{d[Cl]}{dt}=-\frac{d[M]}{dt}=\frac{d[Cl_2]}{dt}=\frac{d[M^*]}{dt}=k[Cl]^2[M]$.

11. 在同一反应中各物质的变化速率都相同. 该说法正确吗?

答　不正确. 若反应组分的计量系数不相同,用各反应组分变化率表示的速率就不相等,等于计量系数之比. 例如反应 $2A+B=2P$,

$$r=-\frac{1}{2}\frac{d[A]}{dt}=-\frac{d[B]}{dt}=\frac{1}{2}\frac{d[P]}{dt}=k[A]^2[B]$$

用反应物 A 表示:$-\frac{d[A]}{dt}=2k[A]^2[B]$;

用反应物 B 表示:$-\frac{d[B]}{dt}=k[A]^2[B]$.

因此$-\frac{d[A]}{dt}\neq-\frac{d[B]}{dt}$,两者不相等.

就是对同一个反应,若每种物质的浓度表示方法不同,如 A 用物质的量表示,B 用压力表示,即使计量系数相同,变化速率也会不相同.

12. 反应分子数、反应级数、反应物计量系数之间有什么区别与联系?

答　反应分子数是针对基元反应而言的,指基元反应中参加一次直接作用的微粒数;反应级数是指反应速率方程中反应组分浓度项的指数之和;反应物计量系数是反应方程式中反应组分前面的系数,它们是不同的概念. 对于基元反应,正常条件下,反应分子数、反应级数、反应物计量系数之间在数值上可能相等,例如基元反应 $H_2+2I=2HI$,$r=k[H_2][I]^2$,是 3 分子反应、3 级反应,反应物计量系数之和为 $1+2=3$;对于复杂反应,无反应分子数可言. 若反应速率方程,不具有简单的指数关系式,如 $r=\frac{k[H_2][Br_2]^{\frac{1}{2}}}{1+k'[HBr]/[Br_2]}$,就无反应级数.

13. 判断以下反应中哪一个可能是基元反应,为什么?

(1) $N_2+3H_2=2NH_3$;　　(2) $Pb(C_2H_5)_4=Pb+4C_2H_5$;

(3) $H_2+Cl_2=2HCl$;　　(4) $H^++OH^-=H_2O$.

答　(1) $N_2+3H_2=2NH_3$ 不可能是基元反应,因为没有 4 分子的基元反应.

(2) $Pb(C_2H_5)_4=Pb+4C_2H_5$ 不可能是基元反应. 因为依据基元反应微观可逆性原理,若正向反应是基元反应,其逆方向反应也必是基元反应,该反应逆方向是 5 分子反应,故不可能是基元反应.

(3) $H_2+Cl_2=2HCl$ 不是基元反应,实验证明它是一个链反应,不是 H_2 与 Cl_2 直接一次碰撞就能完成的.

(4) $H^+ + OH^- \longrightarrow H_2O$ 是基元反应，是 H^+ 与 OH^- 直接碰撞一次就能完成的.

14. 一个化学反应的级数越大，其反应速率也越大. 该说法正确吗?

答　不正确. 反应速率与反应级数无直接关系，不能说一个化学反应的级数越大，其反应速率也越大. 一个化学反应的级数大只表明浓度对速率影响大，并不能表明反应速率就大.

15. 某化学反应的计量方程为 $A+B \longrightarrow C$，能认为这是 2 级反应吗?

答　不能. 反应级数应该由实验来确定. 化学反应的计量方程只表示参与反应的各物质的数量之间的关系，不代表反应机理. 若该反应是基元反应，则可以运用质量作用定律得出速率方程，可能是 2 级反应，但该处仅给出计量方程，不一定是基元反应，因此不能认为这是 2 级反应.

16. 下列说法是否正确? 为什么?

(1) 2 分子反应一定是基元反应.

(2) 若反应 $A+B \longrightarrow Y+Z$ 的速率方程为 $r=kc_Ac_B$，则该反应是 2 级反应，也是 2 分子反应.

答　(1) 正确. 只有对基元反应才讨论反应分子数，2 分子反应一定是基元反应.

(2) 不正确. 由速率方程知道这是 2 级反应，但不一定是 2 分子反应，因为该反应不一定是基元反应，若不是基元反应而是复杂反应，就无反应分子数可言.

17. 反应 $H_2 + I_2 \longrightarrow 2HI$ 的速率方程对 H_2 和 I_2 各为 1 级，能否说该反应是 2 分子反应? 以此例说明反应级数与反应分子数有什么区别.

答　不能说明该反应是 2 分子反应. 实验证明它是一个复杂反应，$H_2 + I_2 \longrightarrow 2HI$ 的反应机理是 $I_2 + M \longrightarrow 2I\cdot$，$H_2 + 2I\cdot \longrightarrow 2HI$. 第一步为 2 分子反应，第二步为 3 分子反应. 因此，对于复杂反应不能说是几分子反应.

若反应的速率方程为简单的指数关系式 $r=kc_A^{\alpha}c_B^{\beta}c_C^{\gamma}$，其反应级数是各物质浓度项的指数的代数和，用 n 表示，上式中 $n=\alpha+\beta+\gamma$，反应级数可以是正数、负数、整数、分数或零，反应级数是由实验测定的. 反应分子数是指基元反应中反应物粒子(分子、原子、离子等)的数目，对于非基元反应，不存在反应分子数. 反应分子数属于微观范畴，反应的级数是宏观范畴，两者的物理意义是不同的.

18. 在气相反应动力学中，往往可以用压力来代替浓度. 设反应 $aA \longrightarrow P$ 为 n 级反应，设 k_p 是以压力表示的反应速率常数，k_c 是以浓度表示的反应速率常数，若反应气体是理想气体，请证明：$k_p=k_c(RT)^{1-n}$.

证明　气相反应 $aA \longrightarrow P$ 的速率方程式分别用浓度和压力表示为

$$r_c=-\frac{1}{a}\frac{d[A]}{dt}=k_c[A]^n \tag{1}$$

$$r_p=-\frac{1}{a}\frac{dp_A}{dt}=k_p p_A^n \tag{2}$$

若参加反应的所有气体是理想气体，则有

$$[A]=\frac{p_A}{RT} \tag{3}$$

$$-\frac{\mathrm{d}[\mathrm{A}]}{\mathrm{d}t}=-\frac{1}{RT}\frac{\mathrm{d}p_{\mathrm{A}}}{\mathrm{d}t} \qquad (4)$$

将(3)式、(4)式代入(1)式，

$$-\frac{1}{a}\frac{\mathrm{d}[\mathrm{A}]}{\mathrm{d}t}=-\frac{1}{a}\frac{1}{RT}\frac{\mathrm{d}p_{\mathrm{A}}}{\mathrm{d}t}=k_c\left(\frac{p_{\mathrm{A}}}{RT}\right)^n$$

得

$$-\frac{1}{a}\frac{\mathrm{d}p_{\mathrm{A}}}{\mathrm{d}t}=k_c\left(\frac{p_{\mathrm{A}}}{RT}\right)^n\times RT=k_c(RT)^{1-n}p_{\mathrm{A}}^n$$

与(2)式比较得 $k_p=k_c(RT)^{1-n}$.

19. 用物质的量浓度与用压力表示浓度，对速率常数有无影响？什么条件下没有影响？

答 用物质的量浓度表示的速率系数为 k_c，用压力表示的速率系数为 k_p，两种表示对速率常数的大小有影响. 若反应物是理想气体，两者的关系为 $k_c=k_p(RT)^{n-1}$. 若反应是1级反应，两者相等，没有影响.

20. 下列说法是否正确？

(1) 单分子反应都是1级反应，2分子反应都是2级反应.

(2) 反应级数是整数的反应一定是基元反应.

(3) 反应级数是分数的反应一定是复杂反应.

答 (1) 不正确. 按林德曼单分子反应机理，单分子也可以是2级反应. 说2分子反应都是2级反应也是错误的，因为若一个反应物是大量的，就可以变成1级反应.

(2) 不正确. 例如 $H_2+I_2 = 2HI$ 是2级反应，但不是基元反应.

(3) 正确. 因为简单反应即基元反应，反应分子数为1,2,3，反应级数不可能出现分数级. 若反应级数是分数，则一定是复杂反应.

21. 速率方程中，是不是只能包括反应物的浓度项？

答 对于基元反应，速率方程中只能包括反应物的浓度项. 例如，乙烷热分解反应机理包含两个基元反应：

$$C_6H_6 \longrightarrow 2CH_3\cdot$$

$$r=-\frac{\mathrm{d}[C_6H_6]}{\mathrm{d}t}=\frac{\mathrm{d}[CH_3\cdot]}{2\mathrm{d}t}=k[C_6H_6]$$

$$CH_3\cdot+C_6H_6 \longrightarrow CH_4+C_2H_5\cdot,\quad r=k[CH_3\cdot][C_6H_6]$$

但对于非基元反应，速率方程中不仅包括反应物的浓度项，还可以包括产物、只参加中间反应的物质（如催化剂）的浓度项. 例如反应

$$H_2+Br_2 = 2HBr$$

其速率方程为

$$r=\frac{k[H_2][Br_2]^{\frac{1}{2}}}{1+k'[HBr]/[Br_2]}$$

再如 $3H_2+N_2 \longrightarrow 2NH_3$，其速率方程比较复杂，当压力比较低时速率方程为

$$r=k_1 p_{N_2}\frac{p_{H_2}^{0.5}}{p_{NH_3}}-k_2\frac{p_{NH_3}}{p_{H_2}^{1.5}}$$

22. 速率常数 k 值的大小取决于哪些因素?

答　速率常数 k 值的大小,首先取决于内在因素,即参加反应物质的结构和性质以及反应的类型.其次取决于外部因素.外部因素很多,主要有温度、压力、溶剂、离子强度、电场等;除了 1 级反应外,k 都有浓度量纲,也就是与浓度单位有关;对于准 n 级反应,k 值还与浓度基本不变的反应物浓度有关;对溶液的反应,k 值还与溶剂极性、介电常数有关,在电解质溶液中 k 值跟溶液离子强度,也就是跟参与反应与未参与反应的离子价态和浓度有关.如果是催化反应,k 值还与催化剂的种类状态有关;对于电化学、磁化学等反应,k 值还与电场、磁场等有关.

7.2　具有简单级数反应的动力学行为

23. 简单级数的反应就是简单反应.这种说法你认为正确吗?为什么?

答　不正确.简单反应就是一步反应和基元反应,而简单级数的反应是指反应级数是 0,1,2,3 的反应,它也可能是复杂反应.例如乙醛的热分解反应 $CH_3CHO \longrightarrow CH_4 + CO$ 是 1 级反应,但它是一个复杂反应,不是简单反应.

24. 若一个化学反应是 1 级反应,则只能有一种反应物.该说法正确吗?

答　不正确.一级反应也可能有两种反应物,其中另一个反应物是大量的或浓度不改变的,那么就表现为 1 级反应.

25. 一个化学反应(不包括 0 级反应)进行完全所需的时间是半衰期的两倍.此判断正确吗?

答　不正确.一个化学反应进行完全所需的时间比半衰期的两倍要长得多,不是半衰期的两倍.例如 1 级反应,反应时间为半衰期的两倍时,反应物才消耗 3/4.

26. 请总结 0 级反应、1 级反应和 2 级反应各有哪些主要特征.

答　0 级反应:c_A-t 图为一条直线,斜率为 $-k_0$;k_0 的单位为[浓度][时间]$^{-1}$;半衰期与反应物起始浓度成正比.其关系为 $t_{\frac{1}{2}}=\frac{a}{2k_0}$.

1 级反应:$\ln c_A$-t 图为一条直线,斜率为 $-k_1$;k_1 的单位为[时间]$^{-1}$;半衰期与反应物起始浓度无关,其关系为 $t_{\frac{1}{2}}=\frac{\ln 2}{k_1}$.

2 级反应:($a=b$ 型) $1/c_A$-t 图为一条直线;斜率为 k_2;k_2 的单位为[浓度]$^{-1}$[时间]$^{-1}$;半衰期与反应物起始浓度成反比.其关系为 $t_{\frac{1}{2}}=\frac{1}{ak_2}$.

27. 有人说:0 级反应就是不要反应物的反应,0 级反应一定不是基元反应.你认为正确吗?为什么?

答　认为"0 级反应就是不用反应物的反应"是不正确的,不要反应物还能起反应吗?!

0 级反应只是反应的速率与反应物浓度无关(与反应物浓度零次方成正比),一般 0 级反应出现在表面催化反应或酶催化反应中. 反应速率由被吸附在表面上的反应物分子决定,与体系中没有被吸附的反应物浓度无关,例如 $NH_3(g)$在金属钨表面上的分解反应,对气相中的 $NH_3(g)$呈 0 级. 因此 0 级不是不要反应物的反应.

0 级反应一定不是基元反应的说法正确,因为基元反应不可能有 0 分子反应. 0 级反应一般要经过吸附、反应、脱附等步骤才能完成,因此是一个复杂反应,不是基元反应.

28. 反应的衰期与寿期是否是一回事? 两者关系如何? 设反应的半寿期为 $t_{\frac{1}{2}}$,反应 3/4 的衰期为 $t_{\frac{3}{4}}$. 试推导:对于 1 级反应,$t_{\frac{3}{4}}:t_{\frac{1}{2}}=2$;对于 2 级反应,$t_{\frac{3}{4}}:t_{\frac{1}{2}}=3$. 并讨论 2 级反应反应掉 99%所需时间 $t_{0.99}$ 与 $t_{\frac{1}{2}}$ 之比又为多少.

答　反应的衰期与寿期不是一回事,衰期是反应物消耗掉的部分占起始浓度某一分数时所需的反应时间;寿期是指反应物剩余部分占起始浓度某一分数时所需的反应时间. 半衰期与半寿期的时间一样,3/4 衰期与 1/4 寿期的时间一样. 动力学中一般讨论分数衰期.

对于 1 级反应,

$$t_{\frac{1}{2}}=\frac{\ln 2}{k},\quad t=\frac{1}{k}\ln\frac{c_0}{c}$$

$$t_{\frac{3}{4}}=\frac{1}{k}\ln\frac{c_0}{\frac{1}{4}c_0}=\frac{1}{k}\ln 4=\frac{2\ln 2}{k}$$

所以 $t_{\frac{3}{4}}:t_{\frac{1}{2}}=2$.

对于 2 级反应,

$$t_{\frac{1}{2}}=\frac{1}{kc_0},\quad t=\frac{1}{k}\left(\frac{1}{c}-\frac{1}{c_0}\right)$$

$$t_{\frac{3}{4}}=\frac{1}{k}\left(\frac{1}{\frac{1}{4}c_0}-\frac{1}{c_0}\right)=\frac{3}{kc_0}$$

所以

$$t_{\frac{3}{4}}:t_{\frac{1}{2}}=3$$

$$t_{0.99}=\frac{1}{k}\left(\frac{1}{0.01c_0}-\frac{1}{c_0}\right)=\frac{99}{kc_0}$$

从而 $t_{0.99}:t_{\frac{1}{2}}=99$.

29. 某反应的反应物消耗掉$\frac{1}{2}$所需的时间是 10 min,反应物消耗掉$\frac{7}{8}$所需的时间是 30 min,那么该反应是几级?

答　用尝试法. 若为 1 级反应,则

$$t_{\frac{1}{2}}=10\text{ min},\quad k=\frac{\ln 2}{t_{\frac{1}{2}}}=\frac{\ln 2}{10}=0.069\,3$$

$$t=30\text{ min},\quad k=\frac{1}{t}\ln\frac{a}{a-x}=\frac{1}{t}\ln\frac{1}{1-y}=\frac{1}{30}\ln\frac{1}{1-\frac{7}{8}}=0.069\,3$$

k 为常数,所以该反应是 1 级反应.

30. 请你尽可能完全地总结出 1 级反应的特点.

答 (1) $\ln(a-x)$-t 或 $\ln c$-t 呈线性关系,由作图知它们是直线.

(2) 速率系数 k 的单位是[时间]$^{-1}$.

(3) 半衰期在定温下有定值,$t_{\frac{1}{2}}=\dfrac{\ln 2}{k_1}$,与反应物的起始浓度无关.

(4) 所有的分数衰期(如 $t_{\frac{1}{2}}$: $t_{\frac{3}{4}}$: $t_{\frac{7}{8}}$ 等)在定温下有定值,与反应物的起始浓度无关.

(5) 反应物转化 1/2,3/4 和 7/8 所需时间的比值为 $t_{\frac{1}{2}}:t_{\frac{3}{4}}:t_{\frac{7}{8}}=1:2:3$.

(6) 对于同一反应,在相同的反应条件下,当时间间隔相等时,c 与 c_0 的比值不变. 因为 1 级反应的定积分式为 $\ln(c_0/c)=k_1t$,将它写成指数形式为$\dfrac{c}{c_0}=e^{-k_1t}$,当实验的时间间隔相等,即 t 的值相同时,c/c_0 也有定值.

31. 已知某反应为 n 级,其速率方程式为 $r=kc^n$(对不同反应物,浓度相等). 试据此导出其动力学方程式,并讨论当 $n=0,1,2,3$ 时的情形.

答 $dc/dt=kc^n$,$-dc/c^n=kdt$. 做定积分后得动力学方程

$$\frac{1}{n-1}\left(\frac{1}{c^{n-1}}-\frac{1}{c_0^{n-1}}\right)=kt$$

当 $n=0$ 时,$-c+c_0=kt$,$c=c_0-kt$(0 级反应动力学公式);

当 $n=1$ 时,$k_1t=\dfrac{1}{n-1}\left(\dfrac{1}{c^{n-1}}-\dfrac{1}{c_0^{n-1}}\right)$,右边是 0/0 型.

用数学中的洛必达法则,求极值,令 $x=n-1$,

$$k_1t=\lim_{x\to0}\frac{1}{x}\left(\frac{1}{c^x}-\frac{1}{c_0^x}\right)=\lim_{x\to0}\frac{c^{-x}-c_0^{-x}}{x}$$

$$=\frac{-xc^{-x}\ln c+xc_0^{-x}\ln c_0}{x}=\ln\frac{c_0}{c}$$

即 $\ln\dfrac{c_0}{c}=kt$(1 级反应动力学方程).

当 $n=2$ 时,$\dfrac{1}{c}-\dfrac{1}{c_0}=kt$(2 级反应动力学公式).

当 $n=3$ 时,$\dfrac{1}{c^2}-\dfrac{1}{c_0^2}=2kt$(3 级反应动力学公式).

32. 对于 1 级反应、2 级反应($a=b$)和 3 级反应($a=b=c$),当反应物消耗 50%,75%和 87.5%所需时间的比值 $t_{\frac{1}{2}}:t_{\frac{3}{4}}:t_{\frac{7}{8}}$ 各为多少?

答 对 1 级反应,半衰期与反应物的起始浓度无关,是一个常数. 用转化率 y 表示动力学方程,$t=\dfrac{1}{k}\ln\dfrac{a}{a-x}=\dfrac{1}{k}\ln\dfrac{1}{1-y}$. 很容易得到 $t_{\frac{1}{2}}:t_{\frac{3}{4}}:t_{\frac{7}{8}}=1:2:3$.

对于其他级(如 n 级)反应,其定积分式的通式为

$$\frac{1}{n-1}\left[\frac{1}{(a-x)^{n-1}}-\frac{1}{a^{n-1}}\right]=kt$$

对2级反应,$n=2$,当反应物消耗50%时,$x=\frac{1}{2}a$,$t=t_{\frac{1}{2}}$;消耗75%时,$x=\frac{3}{4}a$,$t=t_{\frac{3}{4}}$;消耗87.5%时,$x=\frac{7}{8}a$,$t=t_{\frac{7}{8}}$.分别代入定积分的通式,再相比得 $t_{\frac{1}{2}}:t_{\frac{3}{4}}:t_{\frac{7}{8}}=1:3:7$.

同理,对3级反应,用相同的方法可得 $t_{\frac{1}{2}}:t_{\frac{3}{4}}:t_{\frac{7}{8}}=1:5:21$.

33. 分数衰期 t_y 为反应物浓度消耗了某一分数 y 所需的时间.半衰期 $t_{1/2}$ 为 $y=\frac{1}{2}$ 时的特例.对于速率方程式为 $-\frac{\mathrm{d}c}{\mathrm{d}t}=kc^n$ 的反应,当反应物初浓度为 c_0 时,对应的分数衰期为 t_y;若初浓度为 c_0',对应分数衰期为 t_y'.试用反应的不同初始浓度及分数衰期来表示出该反应的级数.

答　设反应 $n\mathrm{A}\longrightarrow\mathrm{P}$,$-\frac{\mathrm{d}c}{\mathrm{d}t}=kc^n$.解得该反应的动力学方程:

$$\frac{1}{1-n}\left(\frac{1}{c_0^{n-1}}-\frac{1}{c^{n-1}}\right)=kt$$

反应物消耗分数 $y=\frac{c_0-c}{c_0}$,$c=c_0(1-y)$,代入动力学方程,

$$\frac{1}{1-n}\left[\frac{1}{c_0^{n-1}}-\frac{1}{c_0^{n-1}(1-y)^{n-1}}\right]=kt_y$$

$$t_y=\frac{1}{(n-1)kc_0^{n-1}}\left[\frac{1}{(1-y)^{n-1}}-1\right]$$

同理

$$t_y'=\frac{1}{(n-1)kc_0'^{\,n-1}}\left[\frac{1}{(1-y)^{n-1}}-1\right]$$

两式相除:

$$\frac{t_y}{t_y'}=\frac{c_0'^{\,n-1}}{c_0^{n-1}}=\left(\frac{c_0'}{c_0}\right)^{n-1}$$

取对数:

$$\ln\frac{t_y}{t_y'}=(n-1)\ln\frac{c_0'}{c_0}$$

得出

$$n=1+\frac{\ln\frac{t_y}{t_y'}}{\ln\frac{c_0'}{c_0}}$$

34. 判断下列反应的级数(均指在一定温度下,对不同反应物的浓度相等),并说明为什么.

(1) 某反应反应了$\frac{7}{8}$所需时间是反应了$\frac{3}{4}$所需时间的1.5倍.

(2) 某反应无论反应物的起始浓度如何,达到相同转化率时所用的时间都相同.

(3) 某反应从完成50%到完成75%所需时间为从0到完成50%所需时间的2倍.

(4) 某反应完成 50% 的时间是完成从 75% 到完成 87.5% 所需时间的 1/16.

(5) 某反应进行完全所需时间是半衰期的 2 倍，$t=2t_{\frac{1}{2}}$.

答　(1) 是 1 级反应. 由 1 级反应动力学方程，

$$t=\frac{1}{k_1}\ln\frac{1}{1-y}=-\frac{\ln(1-y)}{k_1}$$

$$t_{\frac{7}{8}}=-\frac{1}{k_1}\ln\left(1-\frac{7}{8}\right)=\frac{\ln 8}{k_1}=\frac{3\ln 2}{k_1}$$

$$t_{\frac{3}{4}}=\frac{\ln 4}{k_1}=\frac{2\ln 2}{k_1}$$

可见 1 级反应反应了 $\frac{7}{8}$ 所需时间是反应了 $\frac{3}{4}$ 所需时间的 1.5 倍.

(2) 是 1 级反应. 由 1 级反应转化率表示的动力学方程为 $t=\frac{1}{k_1}\ln\frac{1}{1-y}$，可见达到相同转化率时所用的时间都是相同的.

(3) 是 2 级反应. 由 2 级反应动力学方程，

$$t=\frac{1}{k_2}\left(\frac{1}{c}-\frac{1}{c_0}\right)=\frac{c_0-c}{k_2cc_0}=\frac{y}{k_2(1-y)}$$

从完成 50% 到完成 75% 所需时间为

$$\Delta t=\frac{0.75}{k_2(1-0.75)}-\frac{0.50}{k_2(1-0.50)}=\frac{2}{k_2}$$

从开始到完成 50% 所需时间为

$$t_{0.5}=\frac{0.5}{k_2(1-0.5)}=\frac{1}{k_2}$$

可见 2 级反应从完成 50% 到完成 75% 所需时间为从 0 到完成 50% 所需时间的 2 倍.

(4) 是 3 级反应. 由 3 级反应动力学方程 $t=\frac{1}{(n-1)k}\left(\frac{1}{c^{n-1}}-\frac{1}{c_0^{n-1}}\right)$，令 $c_0=1$，完成 50% 的时间

$$t(0.5)=\frac{1}{(n-1)k}\left(\frac{1}{c^{n-1}}-\frac{1}{c_0^{n-1}}\right)=\frac{1}{(n-1)k}\left(\frac{1}{\left(\frac{1}{2}\right)^{n-1}}-\frac{1}{1^{n-1}}\right)=\frac{2^{n-1}-1}{(n-1)k}$$

完成从 75% 到完成 87.5% 所需时间

$$\Delta t(7/8-3/4)=\frac{1}{(n-1)k}\left(\frac{1}{\left(\frac{1}{8}\right)^{n-1}}-\frac{1}{1^{n-1}}\right)-\frac{1}{(n-1)k}\left(\frac{1}{\left(\frac{1}{4}\right)^{n-1}}-\frac{1}{1^{n-1}}\right)$$

$$=\frac{8^{n-1}-4^{n-1}}{(n-1)k}=\frac{4^{n-1}(2^{n-1}-1)}{(n-1)k}$$

$$4^{n-1}=16,\quad n=3$$

所以是 3 级反应.

(5) 是 0 级反应. 由 0 级反应动力学方程 $c_0-c=k_0t$，$t_{\frac{1}{2}}=c_0/(2k_0)$，进行完全，反应物 $c_0=0$，产物 $c=c_0$，$0-c_0=k_0t$(完全)，t(完全)$=c_0/k_0$，是半衰期的 2 倍.

35. 请将 0,1,2,3 级反应的半衰期与 $\frac{3}{4}$ 衰期的比值 $t_{\frac{1}{2}}/t_{\frac{4}{3}}$ 统一表示成与反应级数的函数关系式,并讨论能否用此关系式求反应级数.

答 由表 7.1,对于 n 级反应的动力学方程,很容易得出分数衰期与起始浓度关系:

$$t_{\frac{1}{2}}=\frac{2^{n-1}-1}{(n-1)ka^{n-1}},\quad t_{\frac{3}{4}}=\frac{4^{n-1}-1}{(n-1)ka^{n-1}}$$

那么

$$\frac{t_{\frac{1}{2}}}{t_{\frac{3}{4}}}=\frac{2^{n-1}-1}{4^{n-1}-1}\quad 或\quad \frac{t_{\frac{3}{4}}}{t_{\frac{1}{2}}}=\frac{4^{n-1}-1}{2^{n-1}-1}$$

用此关系式时可以求出 0,1,2,3 级反应的级数.

表 7.1

反应级数	$t\left(\frac{1}{2}\right)$	$t\left(\frac{3}{4}\right)$	$\frac{t_{\frac{1}{2}}}{t_{\frac{3}{4}}}$	$\frac{t_{\frac{3}{4}}}{t_{\frac{1}{2}}}$
0	$\frac{a}{2k_0}$	$\frac{3a}{4k_0}$	2/3	1.5
1	$\frac{\ln 2}{k_1}$	$\frac{2\ln 2}{k_1}$	1/2	2
2	$\frac{1}{k_2a}$	$\frac{3}{k_2a}$	1/3	3
3	$\frac{3}{2k_3a^2}$	$\frac{15}{2k_3a^2}$	1/5	5

若

$$\frac{t_{\frac{3}{4}}}{t_{\frac{1}{2}}}=\frac{4^{n-1}-1}{2^{n-1}-1}=1.5$$

$$\frac{4^{n-1}-1}{2^{n-1}-1}=\frac{3}{2}$$

$$\frac{4^{n-1}-1-(2^{n-1}-1)}{2^{n-1}-1}=\frac{3-2}{2}$$

$$\frac{2^{n-1}(2^{n-1}-1)}{2^{n-1}-1}=\frac{1}{2}$$

$$2^{n-1}=\frac{1}{2}$$

则 $n=0$,即 0 级反应.

若

$$\frac{t_{\frac{3}{4}}}{t_{\frac{1}{2}}}=\frac{4^{n-1}-1}{2^{n-1}-1}=2$$

$$\frac{2^{n-1}(2^{n-1}-1)}{2^{n-1}-1}=1,\quad 2^{n-1}=1$$

则 $n=1$,即 1 级反应.

若

$$\frac{t_{\frac{3}{4}}}{t_{\frac{1}{2}}}=\frac{4^{n-1}-1}{2^{n-1}-1}=3$$

$$\frac{2^{n-1}(2^{n-1}-1)}{2^{n-1}-1}=2$$

$$2^{n-1}=2$$

则 $n=2$,即 2 级反应.

若

$$\frac{t_{\frac{3}{4}}}{t_{\frac{1}{2}}}=\frac{4^{n-1}-1}{2^{n-1}-1}=5$$

$$\frac{2^{n-1}(2^{n-1}-1)}{2^{n-1}-1}=4$$

$$2^{n-1}=2^2$$

则 $n=3$,即 3 级反应.

36. 对反应 $A\longrightarrow P$,若 A 反应掉$\frac{3}{4}$所需时间为 A 反应掉$\frac{1}{2}$所需时间的 3 倍. 该反应是几级反应？若当 A 反应掉$\frac{3}{4}$所需时间为 A 反应掉$\frac{1}{2}$所需时间的 5 倍,该反应又是几级反应？请通过计算来说明.

答　对于 0 级反应,

$$t=\frac{c_0-c}{k_0}=\frac{x}{k_0},\quad \frac{t_{\frac{3}{4}}}{t_{\frac{1}{2}}}=\frac{3/4}{1/2}=\frac{3}{2}$$

对于 1 级反应,

$$t=\frac{1}{k_1}\ln\frac{a}{a-x},\quad \frac{t_{\frac{3}{4}}}{t_{\frac{1}{2}}}=\frac{\ln\frac{1}{1-0.75}}{\ln\frac{1}{1-0.5}}=2$$

对于 2 级反应,

$$t=\frac{1}{k_2}\left(\frac{1}{a-x}-\frac{1}{a}\right),\quad \frac{t_{\frac{3}{4}}}{t_{\frac{1}{2}}}=\frac{\frac{1}{1-0.75}-1}{\frac{1}{1-0.5}-1}=3$$

对于 3 级反应,

$$t=\frac{1}{2k_3}\left[\frac{1}{(a-x)^2}-\frac{1}{a^2}\right],\quad \frac{t_{\frac{3}{4}}}{t_{\frac{1}{2}}}=\frac{\frac{1}{(1-0.75)^2}-\frac{1}{1^2}}{\frac{1}{(1-0.5)^2}-\frac{1}{1^2}}=5$$

所以,前一个反应为 2 级反应,后一个反应为 3 级反应.

37. 你能从 c-t 的曲线图(图 7.1)上求得哪些动力学参数？

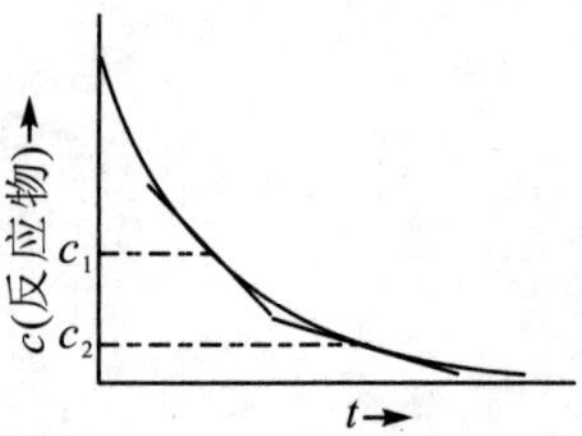

图 7.1

答 (1) 某反应时刻的速率. 方法是对该时刻的曲线作出其切线,求出该切线的斜率,即为该时刻的速率.

(2) 该反应的级数和速率常数. 方法是作出两个不同反应时刻的曲线的切线,得出两个时刻的速率 r_1, r_2,用微分法得出反应级数 n,

$$r = kc^n$$

$$\ln r_1 = \ln k + n \ln c_1, \quad \ln r_2 = \ln k + n \ln c_2$$

$$n = \frac{\ln r_2 - \ln r_1}{\ln c_2 - \ln c_1}$$

再求出速率常数 k.

38. 某一气相基元反应 $A \xrightarrow{k} B + C$ 在恒温恒容下进行,设反应开始计时,已有部分反应物分解为产物,此时的体系总压为 p_0,在 t 时刻和 $t=\infty$ 时的总压分别为 p_t 和 p_∞. 试推证:

$$\ln \frac{p_\infty - p_0}{p_\infty - p_t} = kt$$

答 设反应开始时 A 的压强为 p_a(还没有分解).

$$\begin{array}{lllll} & A \longrightarrow & B & + \quad C & \\ t=0 & p_1 & p_a - p_1 & p_a - p_1 & p_0 = 2p_a - p_1 \text{(A已有部分分解)} \\ t=t & p_A & p_a - p_A & p_a - p_A & p_t = 2p_a - p_A \\ t=\infty & 0 & p_a & p_a & p_\infty = 2p_a \end{array}$$

那么 $p_1 = p_\infty - p_0$, $p_A = p_\infty - p_t$. $r = -\frac{dp_A}{dt} = kp_A$, $-\frac{dp_A}{p_A} = k dt$, $\int_{p_1}^{p_A}\left(-\frac{dp_A}{p_A}\right) = \int_0^t k dt$,

$\ln \frac{p_1}{p_A} = kt$,代入 p_1 和 p_A,得 $\ln \frac{p_\infty - p_0}{p_\infty - p_t} = kt$.

或者这样:代入 1 级反应动力学方程,得

$$\ln p = -kt + B$$

$$\ln p_1 = -k \times 0 + B, \quad \ln(p_\infty - p_0) = -k \times 0 + B$$

$$\ln p_A = -k \times t + B, \quad \ln(p_\infty - p_t) = -k \times t + B$$

两式相减得 $\ln \frac{p_\infty - p_0}{p_\infty - p_t} = kt$.

39. 对于 1 级反应,列式表示当反应物反应掉 $\frac{1}{n}$ 所需要的时间 t. 试证明 1 级反应的转化率分别达到 50%,75%,87.5%所需的时间分别为 $t_{\frac{1}{2}}, 2t_{\frac{1}{2}}, 3t_{\frac{1}{2}}$.

答 (1) 对 1 级反应,$t = \frac{1}{k_1} \ln \frac{a}{a-x}$;用转化率 y 表示:$t = \frac{1}{k_1} \ln \frac{1}{1-y}$. 反应掉 $\frac{1}{n}$,即转化率

$$y = \frac{1}{n}, \quad t_{\frac{1}{n}} = \frac{1}{k_1} \ln \frac{1}{1-y} = \frac{1}{k_1} \ln \frac{1}{1-\frac{1}{n}}$$

(2) 对 1 级反应，$t_{\frac{1}{2}}=\dfrac{\ln 2}{k_1}$，$t=\dfrac{1}{k_1}\ln\dfrac{1}{1-y}$.

当 $y=50\%$ 时，$t=\dfrac{1}{k_1}\ln\dfrac{1}{1-0.5}=\dfrac{\ln 2}{k_1}=t_{\frac{1}{2}}$；

当 $y=75\%$ 时，$t=\dfrac{1}{k_1}\ln\dfrac{1}{1-0.75}=\dfrac{2\ln 2}{k_1}=2t_{\frac{1}{2}}$；

当 $y=87.5\%$ 时，$t=\dfrac{1}{k_1}\ln\dfrac{1}{1-0.875}=\dfrac{3\ln 2}{k_1}=3t_{\frac{1}{2}}$.

40. 在恒温恒压下，测定化学反应速率常数的方法分为物理法及化学法两类，请你以做过的实验为例，简述这两类方法的主要区别及优缺点.

答　物理法：如电导法测乙酸乙酯皂化速率常数，旋光法测蔗糖水解反应速率常数，分光光度法测量丙酮碘化反应速率常数等，其优点是不需要直接取样，不需要中止反应，测量过程快，测得的数据多，数据误差小，所测的物理量容易转化为电信号或光信号，实现测定、记录、数据处理的自动化. 缺点是对不同反应体系要用不同物理量，有的反应体系找不到合适的物理量，物理量与浓度关系不规则，易引入体系误差，另外需要使用比较特殊、昂贵的仪器，花钱较多.

化学法：如用 $KMnO_4$ 滴定法测定 H_2O_2 分解反应速率常数，其优点是使用通常的化学分析方法，如容量法分析测定浓度，取得的数据直接引入动力学方程即可求出速率常数. 缺点是取样需要中止反应，取样计时及反应条件控制容易引入误差，化学分析慢，取得数据少，增加了数据处理误差，不易实现自动化操作.

41. 在用旋光仪测量蔗糖水解反应的速率常数时，配制蔗糖溶液时称量不够准确或实验所用蔗糖纯度不够对实验结果有什么影响？

答　此反应对蔗糖为 1 级反应，利用实验数据求 k 时不需要知道蔗糖的初始浓度. 所以配溶液时可以用粗天平称量，称量不够准确，或蔗糖纯度不够，对反应本身没有影响，对实验结果也无影响，只是在反应不同时刻测量出的旋光度不同而已.

42. 在用旋光仪测量蔗糖水解反应的速率常数时，为什么旋光度逐渐减小？为什么 α_∞ 为负值？

答　20 ℃时，蔗糖的比旋光度$[\alpha]=66.6°$；葡萄糖的比旋光度$[\alpha]=52.5°$；果糖的比旋光度$[\alpha]=-91.9°$. 蔗糖水解反应时，开始时体系中只有蔗糖，体系是右旋的，角度比较大，随着反应进行，生成葡萄糖与果糖，而果糖的左旋光度比葡萄糖的右旋光度要大得多，因此体系旋光角度逐渐减小，到反应进行到底时变成左旋，所以 α_∞ 为负值.

43. 乙酸乙酯皂化反应如下：$CH_3COOC_2H_5+NaOH═CH_3COONa+C_2H_5OH$. 当用实验确定该反应速率常数时，需要测定不同时刻反应物的浓度. 根据该反应的特点，采用何种物理方法测定为好？并简单说明理由.

答　采用电导法比较好. 因为 $CH_3COOC_2H_5$ 与 C_2H_5OH 都是非电解质，反应前，体系的电导率等于 NaOH 溶液的电导率；完全反应后体系的电导率等于 CH_3COONa 溶液的电导率；反应进行过程中体系的电导率等于 NaOH 与 CH_3COONa 电导率之和，并且 OH^- 被 CH_3COO^- 代替，体系的电导率逐渐减少. 稀溶液范围内，电导率与浓度成正比关系，因此可通过测量体系电导率的变化，得出反应过程中反应物浓度与时间的关系数据，从而得出该反应的速率常数.

44. 什么是准级数反应？请举一例说明. 在一定温度下，准级反应的速率常数 k 是常数吗？

答　在化学反应中，某反应物的浓度在反应过程中不改变（如催化剂），或改变极小（如初始浓度大大过量），因此将此反应物浓度视为常数并入速率常数中，这样表观级数与实际级数不一样的反应叫准级数反应.

例如蔗糖(A)的酸催化水解反应，

$$r=k[H^+]^{\alpha}[H_2O]^{\beta}[A]=k'[A]$$

该反应的级数为 $1+\alpha+\beta$，但由于 H^+ 是催化剂，浓度不变，H_2O 是大大过量的，改变极小，因此将两者视为常数并入速率常数 k 中，则反应表现为1级，称为准1级反应.

在一定温度下，准级数反应的 k 值还与并入其中的反应物浓度有关，因此，k 在一定温度下，不一定是常数.

7.3　几种简单的复杂反应

45. 由纯A开始的对峙反应，在定温下进行，下述说法中哪些是正确的？哪些是不正确的？

(1) 开始时，A的消耗速率最大.

(2) 反应进行的净速率是正逆两方向反应速率之差.

(3) 正逆两方向的速率常数之比是定值.

(4) 达平衡时，正逆两方向速率常数相等.

答　(1)～(3)的说法是正确的，在反应刚开始时，反应物A的浓度大，因此A的消耗速率最大；由于这是对峙反应，正逆两方向都能进行，因此反应进行的净速率是正逆两方向反应速率之差；温度一定时，正逆两方向的速率常数是确定的，它们的比值也是定值，等于平衡常数.

(4)是不正确的，因为达平衡时，是正逆两方向速率相等，而不是速率常数相等.

46. 对于平行反应 $A\begin{matrix}\xrightarrow{k_1} B\\ \xrightarrow[k_2]{} D\end{matrix}$，下列描述中，哪些是正确的？哪些是不正确的？

(1) k_1 和 k_2 的比值不随温度而改变.

(2) 反应物的总速率等于两个平行的反应速率之和.

(3) 反应产物B和D的量之比等于两个平行反应的速率之比.

(4) 反应物消耗的速率主要决定于反应速率较大的一个反应.

答　(1) 不正确. 由于 k_1 和 k_2 随温度的变化率是不同的(两者的活化能不同)，温度变化时它们的变化不同步，因此它们的比值会改变.

(2) 正确. 因为两个平行反应的进行方向是一致的，所以反应物的总速率等于两个平行的反应速率之和.

(3) 不一定正确. 只有两个分反应的级数相同,并且产物的起始浓度为零,才正确. 因为 B 和 D 的生成速率分别为 $\frac{d[B]}{dt}=k_1[A]$ 与 $\frac{d[D]}{dt}=k_2[A]$,两式相除,可得出 B 和 D 的量之比等于两个平行反应的速率之比,也等于两个速率常数之比. 若两个分反应的级数不相同,或产物的起始浓度不是零,则不正确.

(4) 正确. 因为平行反应不同于连串反应,平行反应的进行方向是一致的,反应速率较大的一个反应使反应物消耗得快,占的比例多,因此反应物消耗的速率主要决定于反应速率较大的一个反应.

47. 对于平行反应,各种产物的浓度之比等于各分反应速率常数之比. 该说法正确吗?

答　不完全正确. 只有级数相同的平行反应,各种产物的浓度之比才等于各反应速率常数之比. 若几个平行反应的级数不相同,则各种产物的浓度之比不等于各反应速率常数之比.

48. 对峙反应、平行反应和连串反应各自有哪些主要特点? 它们的总反应速率与各基元步骤的速率有何关系?

答　对峙反应的主要特点:对峙反应经过一定时间后达到平衡,即正逆反应速率相等,反应组分的浓度都不随时间而改变;正逆反应速率常数之比等于平衡常数;对峙反应进行的净速率是正逆两方向反应速率之差.

平行反应的主要特点:若反应物同时进行的不同反应的级数相同,一定温度下,各种产物的浓度的增加值之比(例如 $\Delta B/\Delta D$)是一个常数,等于各个分反应的速率常数之比;平行反应的总速率是各个同时平行进行的反应速率之和.

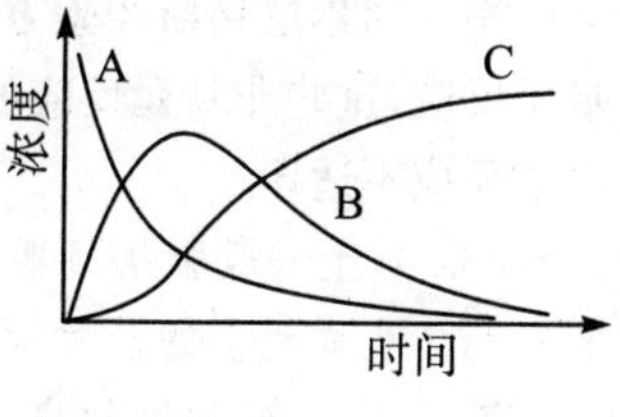

图 7.2

连串反应 $A\xrightarrow{k_1}B\xrightarrow{k_2}C$ 的主要特点(图 7.2):前一步反应的生成物就是后一步反应的反应物,中间产物 B 的浓度随时间的变化是开始升高,随后降低,存在着极大值;连串反应的总速率由其中速率最慢的一个步骤决定,该步骤称速率决定步骤.

49. 甲苯的硝化是平行反应,邻位、间位、对位产物的生成速率的速率方程分别为

$$\frac{dc_{邻}}{dt}=k_{邻}\,c_{甲苯}c_{硝酸},\quad \frac{dc_{间}}{dt}=k_{间}\,c_{甲苯}c_{硝酸},\quad \frac{dc_{对}}{dt}=k_{对}\,c_{甲苯}c_{硝酸}$$

为什么在反应过程中三种产物二硝基甲苯的浓度比例保持不变?

答　由甲苯的硝化得出邻位、间位、对位二硝基甲苯是平行反应,并且三个平行反应的级数相同,因此三种产物浓度之比等于其速率常数之比:$c_{邻}:c_{间}:c_{对}=k_{邻}:k_{间}:k_{对}$. 若温度恒定,则平行反应的速率常数不变,因此在反应过程中三种产物二硝基甲苯的浓度比例保持不变.

50. 设有连续反应 $A\xrightarrow{k_1}B\xrightarrow{k_2}C$,其中 $k_1=0.1\ \text{min}^{-1}$,$k_2=0.2\ \text{min}^{-1}$,假定反应开始时只有反应物 A,且浓度为 $1\ \text{mol}\cdot\text{dm}^{-3}$,则 B 的浓度达最大值时需要多长时间?

答　B 的浓度达到最大值的时间为

$$t_{\max}=\frac{\ln(k_2/k_1)}{k_2-k_1}=\frac{\ln(0.2/0.1)}{0.2-0.1}=6.93\ (\text{min})$$

7.4 温度对反应速率的影响与活化能

51. 温度对反应速率的影响,即室温下范霍夫规则是:温度每升高 10 K,反应速率增加 2～4 倍.那么该反应的活化能大小应在什么范围内?

答 按阿累尼乌斯经验式,

$$\ln\frac{k_2}{k_1}=\frac{E_a(T_2-T_1)}{RT_2T_1},\quad E_a=\frac{RT_2T_1}{(T_2-T_1)}\ln\frac{k_2}{k_1}$$

若温度每升高 10 K,反应速率增加 2 倍,

$$E_a=\frac{RT_2T_1}{10}\ln 2=\frac{R\times298\times308}{10}\ln 2=52.9\ (\text{kJ}\cdot\text{mol}^{-1})$$

若温度每升高 10 K,反应速率增加 4 倍,

$$E_a=\frac{R\times298\times308}{10}\ln 4=105.8\ (\text{kJ}\cdot\text{mol}^{-1})$$

因此该反应的活化能大小在 50～110 $\text{kJ}\cdot\text{mol}^{-1}$ 范围内.

52. 阿累尼乌斯经验方程式是不是适用于一切化学反应?

答 阿累尼乌斯经验方程式不适用于一切化学反应,它适用于基元反应和大部分非基元反应,这些非基元反应的速率方程式是如下形式才可以:$r=kc_A^{\alpha}c_B^{\beta}\cdots$.对爆炸反应和光化学反应不适用.

53. 对于一般服从阿累尼乌斯方程的化学反应,温度越高,反应速率越快,因此升高温度有利于生成更多的产物.你认为该说法正确吗?

答 不正确.温度越高,反应速率越快,但不一定生成更多的产物.例如可逆的放热反应,温度升高则正逆反应速率常数都增加,但平衡常数减少,反应物转化率减少,生成的产物不是增加而是减少.

54. 阿累尼乌斯方程的定积分式为 $\ln\frac{k_2}{k_1}=\frac{E_a(T_2-T_1)}{RT_2T_1}$,类似于这种形式的公式,在你学过的物理化学中,你还能写出几个吗?各在什么地方解决什么问题?

答 这种定积分形式,在化学热力学中出现过几次:

其一是研究稀溶液依数性中,冰点下降公式:

$$\ln\frac{p_A}{p_A^*}=\ln x_A=\frac{\Delta_{\text{fus}}H_{m,A}^*}{R}\left(\frac{1}{T_f^*}-\frac{1}{T_f}\right)=\frac{\Delta_{\text{fus}}H_{m,A}^*(T_f-T_f^*)}{RT_f^*T_f}$$

沸点升高公式:

$$\ln x_A=\frac{\Delta_{\text{vap}}H_{m,A}^*}{R}\left(\frac{1}{T_b}-\frac{1}{T_b^*}\right)=\frac{\Delta_{\text{vap}}H_{m,A}^*(T_b^*-T_b)}{RT_b^*T_b}$$

其二是研究纯物质饱和蒸汽压与温度关系的克劳修斯-克拉珀龙(Clausius-Clapeyron)方

程式的定积分式 $\ln\frac{p_2}{p_1}=-\frac{\Delta_{vap}H_m}{R}\left(\frac{1}{T_2}-\frac{1}{T_1}\right)=\frac{\Delta_{vap}H_m(T_2-T_1)}{RT_2T_1}$，其中 $\Delta_{vap}H_m$ 是物质的摩尔汽化热，p_2 和 p_1 分别是 T_2 和 T_1 温度时物质的蒸气压.

其三是研究化学平衡常数与温度关系的范霍夫等压方程式的积分式：

$$\ln\frac{K^{\ominus}(T_2)}{K^{\ominus}(T_1)}=-\frac{\Delta_r H_m^{\ominus}}{R}\left(\frac{1}{T_2}-\frac{1}{T_1}\right)=\frac{\Delta_r H_m^{\ominus}(T_2-T_1)}{RT_2T_1}$$

其中 $\Delta_r H_m^{\ominus}$ 是反应的标准生热效应，$K^{\ominus}(T_2)$和 $K^{\ominus}(T_1)$分别是 T_2和 T_1温度下反应的标准平衡常数.

克劳修斯-克拉珀龙方程定积分式、范霍夫等压方程式定积分式与阿累尼乌斯方程的定积分式形式类似，但研究的对象不同，$\Delta_{vap}H_m$，$\Delta_r H_m^{\ominus}$，E_a是不同概念，注意它们之间的区别，不要混为一谈.

55. 若反应(1) 的活化能为 E_1，反应(2) 的活化能为 E_2，且 $E_1> E_2$，则在同一温度下 k_1一定小于 k_2. 该判断正确吗？

答　不正确. $k=A\exp[-E_a/(RT)]$，k 除了与 E_a 有关外，还与指前因子 A 有关，若 $A_2\gg A_1$，就可能出现 $k_1>k_2$的情况.

56. 若某化学反应的 $\Delta_r U_m<0$，则该化学反应活化能小于零. 该判断对吗？

答　不对. 恒容热效应与活化能之间没有直接关系，恒容热效应小于零，$\Delta_r U_m<0$，只能说明这是一个放热反应，而不能说明反应活化能小于零，对于基元反应活化能是不会小于零的.

57. 请将下列基元反应的活化能按从小到大的顺序排列起来，并说明排列的理由.

(1) $Cl+Cl+M \longrightarrow Cl_2+M$；　(2) $HI+C_2H_4 \longrightarrow C_2H_5I$；

(3) $H+CH_4 \longrightarrow H_2+CH_4$；　(4) $N_2+M \longrightarrow N+N+M$.

答　基元反应的活化能可以用键焓来估算.

(1) 反应是自由原子之间的反应，$E_a\approx 0$，活化能最小；

(2) 反应是两个分子之间的反应，活化能是两个化学键能的 30%；

(3) 反应是自由原子与分子之间的反应，活化能是分子中断裂键能的 5%；

(4) 反应是分子离解成自由原子，活化能是键能，活化能比较大. 因此这四个反应的活化能从小到大次序为 (1)，(3)，(2)，(4) .

58. 对于对峙反应(可逆反应)，当温度升高时，正逆反应的速率常数都会增大，那为什么平衡常数仍会随温度而改变？在什么情况下，平衡常数不随温度而改变？

答　对于对峙反应 $A+B\underset{k_{-1}}{\overset{k_1}{\rightleftharpoons}}C$，其正逆反应的活化能 E_1 和 E_{-1} 都是大于零的，因此温度升高时，正逆反应的速率系数都会增大. 而平衡常数 $K=\frac{k_1}{k_{-1}}$，$\frac{d\left(\ln\frac{k_1}{k_{-1}}\right)}{dT}=\frac{E_1-E_{-1}}{RT^2}$，$\frac{d\ln K}{dT}=\frac{E_1-E_{-1}}{RT^2}$. 若正逆反应的活化能 E_1 和 E_{-1} 不相等，则平衡常数仍会随温度的改变而改变. 只有在正逆反应的活化能 E_1 和 E_{-1} 相等情况下，平衡常数才不随温度改变而

改变.

59. 温度对活化能有无影响?使用阿累尼乌斯方程式处理速率系数 k 与温度的关系时,怎样做才能更精确?

答 温度对活化能是有影响的,不同温度下活化能是有差别的,因为不同温度下分子的动能是不同的. 对于阿累尼乌斯方程式,实验证明在较宽温度范围内时作 $\ln k$-$(1/T)$图,所得结果不是直线而是曲线. 要想得出更精确的直线,需利用三参量方程公式 $k=AT^m\exp\left(-\frac{E}{RT}\right)$, $\frac{k}{T^m}=A\exp\left(-\frac{E}{RT}\right)$, $\ln\frac{k}{T^m}=\ln A-\frac{E}{RT}$,作 $\ln(k/T^m)$-$(1/T)$图,所得结果是一条直线,这样才能更精确.

60. 用阿累尼乌斯公式的不定积分式,当作 $\ln k$-$(1/T)$图时,所得直线发生弯折,可能是由什么原因造成的?

答 阿累尼乌斯公式的不定积分式,假定活化能是与温度无关的常数,所以作 $\ln k$-$(1/T)$图,应该得到一条直线. 现在直线发生弯折,可能由如下三种原因造成:

(1) 温度区间太大,E_a不再与温度 T 无关,而是与温度有关,线性关系发生变化.

(2) 反应是一个总包反应,由若干个基元反应组成,各基元反应的活化能差别较大. 在不同的温度区间内,占主导地位的反应不同,使直线发生弯折.

(3) 温度的变化导致反应机理的改变,使表观活化能也改变.

61. 阿累尼乌斯经验方程式的适用条件是什么? 实验活化能 E_a对于基元反应和复杂反应含义有何不同?

答 阿累尼乌斯经验方程式的适用条件是基元反应与速率方程为 $r=kc_A^{\alpha}c_B^{\beta}\cdots$形式的复杂反应.

活化能的意义:$E_a=\langle E^*\rangle-\langle E\rangle$是活化分子(即发生反应的分子)的平均能量与反应物分子的平均能量之差. 对于基元反应,活化能看成是反应分子要克服的能垒,如图 7.3 所示. 对于复杂反应,活化能没有明确的物理意义,只有表观意义,其活化能是反应机理中各步骤基元反应活化能的复杂组合.

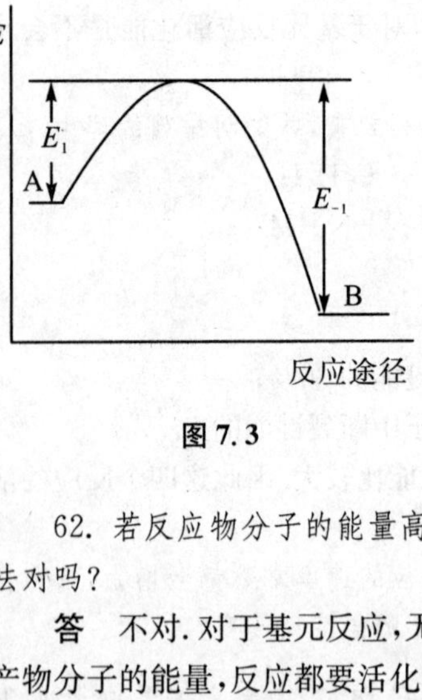

图 7.3

62. 若反应物分子的能量高于产物分子的能量,则此反应就不需要活化能了. 这种说法对吗?

答 不对. 对于基元反应,无论是反应物分子的能量高于产物分子的能量,还是低于产物分子的能量,反应都要活化能,反应分子必须翻越能垒才能变成产物分子,因此必须要活化能. 反应物分子的能量高于产物分子的能量,只是说明该反应是一个放热反应而已,不能说明不要活化能,如图 7.3 所示.

63. 对于1级反应,如果室温下半衰期 $t_{\frac{1}{2}}$ 小于0.01 s,则称之为快速反应,那么它的 k 值应为多大? 活化能为多大?

答 $t_{\frac{1}{2}}=0.01$ s,$k=0.693\times0.01=6.93\times10^{-3}(\mathrm{s}^{-1})$.

对符合范霍夫规则的化学反应,温度每升高 10 K,反应速率增加 2~4 倍. 我们按 3 倍计算.

$$T_1=298\ \mathrm{K},\quad k_1=6.93\times10^{-3}$$
$$T_2=308\ \mathrm{K},\quad k_2=3\times6.93\times10^{-3}$$

那么活化能

$$E_a=\frac{RT_2T_1}{T_2-T_1}\ln\frac{k_2}{k_1}=\frac{8.314\times308\times298}{10}\ln\frac{20.79\times10^{-3}}{6.93\times10^{-3}}=83.83\ (\mathrm{kJ\cdot mol^{-1}})$$

64. 对于气相中的简单级数反应,反应速率可用气体浓度或用气体分压变化表示,相应地速率常数也有 k_c 与 k_p 之分. 在计算活化能时,用 k_c 和用 k_p 计算的结果一样吗? 为什么?

答　对于 1 级反应,用 k_c 和 k_p 计算活化能的结果是一样的,因为 $k_c=k_p$. 对于非 1 级反应,用 k_c 和用 k_p 计算活化能的结果是不一样的.

用 k_c 和 k_p 表示的速率常数关系式:

$$k_c=k_p(RT)^{n-1}\quad 或\quad k_p=k_c(RT)^{1-n}$$
$$k_p=k_c(RT)^{1-n},\quad \ln k_p=\ln k_c+(1-n)\ln RT$$

取对数,再微分,

$$\frac{\mathrm{d}\ln k_p}{\mathrm{d}T}=\frac{\mathrm{d}\ln k_c}{\mathrm{d}T}+\frac{1-n}{T}$$
$$\frac{E_a(p)}{RT^2}=\frac{E_a(c)}{RT^2}+\frac{1-n}{T}=\frac{E_a(c)-(n-1)RT}{RT^2}$$
$$E_a(p)=E_a(c)-(n-1)RT\quad 或\quad E_a(c)=E_a(p)+(n-1)RT$$

可见两者计算的活化能的结果是不一样的,只有对 1 级反应,当 $n=1$ 时,两者才相等.

65. 实验表明,对于平行反应或连串反应,在一定温度范围内 $\lg k-\frac{1}{T}$ 图上直线的斜率都可能发生突变. 对某平行反应

$$\mathrm{A}\begin{array}{l}\xrightarrow{k_1}\mathrm{B}\\ \xrightarrow[k_2]{}\mathrm{D}\end{array}$$

若以 L_1 直线表示 $\lg k_1-\frac{1}{T}$ 的关系,以 L_2 直线表示 $\lg k_2-\frac{1}{T}$ 的关系,而以实线表示整个反应的 $\lg k-\frac{1}{T}$ 的关系,试从图 7.4 中分析该平行反应活化能 E_1 与 E_2、指前因子 A_1 与 A_2 的大小,并解释整个反应直线斜率发生突变的原因.

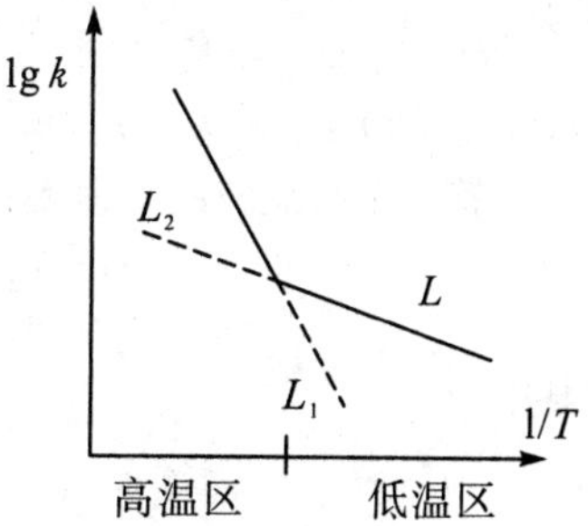

图 7.4

答　由图 7.4 可知,直线 L_1 的斜率、截距都比较大,因此反应 1 的活化能 E_1 大于反应 2 的活化能 E_2. 由直线的截距可知,反应 1 的指前因子 A_1 也大于反应 2 的指前因子 A_2.

由于 $E_1>E_2$,高温下,反应 1 占主导地位,总反应以直线 L_1 为主;在低温区,反应 2 占主导地位,总反应以直线 L_2 为主. 因此在温度由高温变到低温时,整个反应直线斜率发生突变.

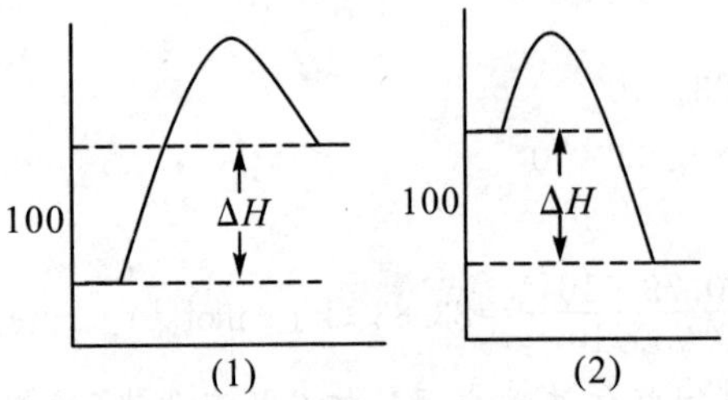

图 7.5

66. 某基元反应的热效应为 100 kJ · mol^{-1}，则该正反应的实验活化能 E_a 的数值是大于、等于还是小于 100 kJ · mol^{-1}？或是不能确定？如果反应热效应为 −100 kJ · mol^{-1}，则 E_a 的数值又将如何？

答 参考图 7.5，可得：

(1) 正反应的实验活化能 $E_a > 100$ kJ · mol^{-1}；

(2) E_a 的数值无法确定.

67. 某反应的 E_a 值为 190 kJ · mol^{-1}，加入催化剂后活化能为 136 kJ · mol^{-1}. 设加入催化剂前后指前因子 A 值保持不变，则在 773 K 时，加入催化剂后的反应速率常数是原来的多少倍？

答 因为

$$k = A\exp\left(\frac{-E_a}{RT}\right), \quad k' = A\exp\left(\frac{-E_a'}{RT}\right)$$

$$\frac{k'}{k} = \frac{\exp\left(\frac{-E_a'}{RT}\right)}{\exp\left(\frac{-E_a}{RT}\right)} = \exp\left(\frac{E_a - E_a'}{RT}\right) = \exp\left[\frac{(190-136)\times 10^3}{8.314\times 773}\right] = 4\,457.8$$

所以在 773 K 时，加入催化剂后的反应速率常数是原来的 4 457.8 倍.

68. 已知平行反应 $A \xrightarrow{k_1, E_{a,1}} B$ 和 $A \xrightarrow{k_2, E_{a,2}} C$，且 $E_{a,1} > E_{a,2}$，为提高 B 的产量，可以采取什么措施？

答 措施之一：选择合适的催化剂，只减小活化能 $E_{a,1}$，提高生成 B 反应的速率系数 k_1.

措施之二：由于 $E_{a,1} > E_{a,2}$，提高反应温度，使 k_1 的增加率大于 k_2 的.

69. 已知平行反应 $A \xrightarrow{k_1, E_1} B$ 和 $A \xrightarrow{k_2, E_2} C$，那么反应总活化能 E_a 与 E_1，E_2 以及 k_1，k_2 的关系如何？若 $k_1 = k_2$，那么总活化能 E_a 与 E_1，E_2 的关系又如何？

答 平行反应的总速率：

$$\frac{-\mathrm{d}[\mathrm{A}]}{\mathrm{d}t} = k_1[\mathrm{A}] + k_2[\mathrm{A}] = (k_1 + k_2)[\mathrm{A}] = k[\mathrm{A}]$$

其中

$$k = k_1 + k_2 = A\exp[-E_a/(RT)]$$

因为 $\frac{\mathrm{d}\ln k}{\mathrm{d}T} = \frac{E_a}{RT^2}$，又

$$\begin{aligned}\frac{\mathrm{d}\ln k}{\mathrm{d}T} &= \frac{\mathrm{d}\ln(k_1+k_2)}{\mathrm{d}T} \\ &= \frac{1}{k_1+k_2}\cdot\frac{\mathrm{d}(k_1+k_2)}{\mathrm{d}T} = \frac{1}{k_1+k_2}\times\left(\frac{\mathrm{d}k_1}{\mathrm{d}T} + \frac{\mathrm{d}k_2}{\mathrm{d}T}\right) \\ &= \frac{1}{k_1+k_2}\times\left(\frac{k_1\mathrm{d}k_1}{k_1\mathrm{d}T} + \frac{k_2\mathrm{d}k_2}{k_2\mathrm{d}T}\right) = \frac{1}{k_1+k_2}\times\left(k_1\frac{\mathrm{d}\ln k_1}{\mathrm{d}T} + k_2\frac{\mathrm{d}\ln k_2}{\mathrm{d}T}\right)\end{aligned}$$

$$=\frac{1}{k_1+k_2}\times\left(\frac{k_1E_1}{RT^2}+\frac{k_2E_2}{RT^2}\right)=\frac{1}{RT^2}\times\frac{k_1E_1+k_2E_2}{k_1+k_2}$$

所以 $E_a=\dfrac{k_1E_1+k_2E_2}{k_1+k_2}$.

当 $k_1=k_2$ 时, $E_a=\dfrac{k_1E_1+k_2E_2}{k_1+k_2}=\dfrac{k_1E_1+k_1E_2}{k_1+k_1}=\dfrac{E_1+E_2}{2}$.

70. 有一平行反应:

$$A\xrightarrow{k_1}B+C \tag{1}$$

$$A\xrightarrow{k_2}D+E \tag{2}$$

其中 B 和 C 为所需产物,而 D 和 E 为不需要的副产物.若这两个反应的指前因子相同,并与温度无关,但反应(1)的活化能大于反应(2)的活化能.试按 $\ln k-1/T$ 作图,以图说明:改变反应温度能否使反应(1)的速率超过反应(2)的速率.

答　两个反应的指前因子 A 相同,按 $\ln k-1/T$ 作图(图 7.6).两条直线的截距相同, $\ln A_1=\ln A_2$.因此在任何温度下, $\ln k_1$ 都小于 $\ln k_2$,即 $k_1<k_2$.所以改变温度不可能使反应(1)的速率超过反应(2)的速率.

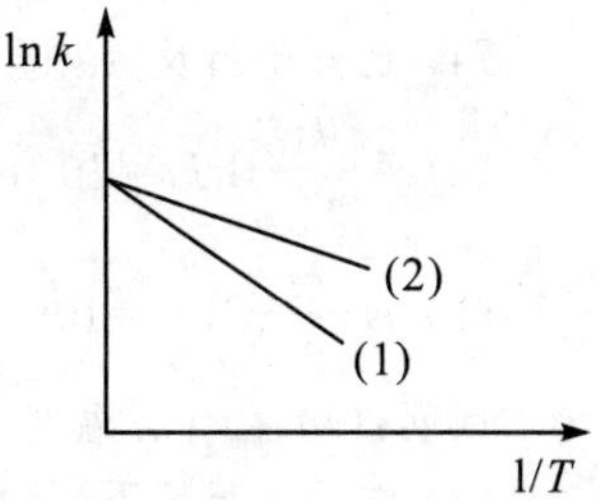

图 7.6

71. $H_2+2I\cdot$ ══ $2HI$, HI 生成反应的 ΔU_m(生成) <0,而 HI 分解反应的 ΔU_m(分解) >0.若 HI 分解反应的活化能为 E,那么 ΔU_m(生成)与 ΔU_m(分解), E 与 ΔU_m(分解)的大小关系如何?说明道理.

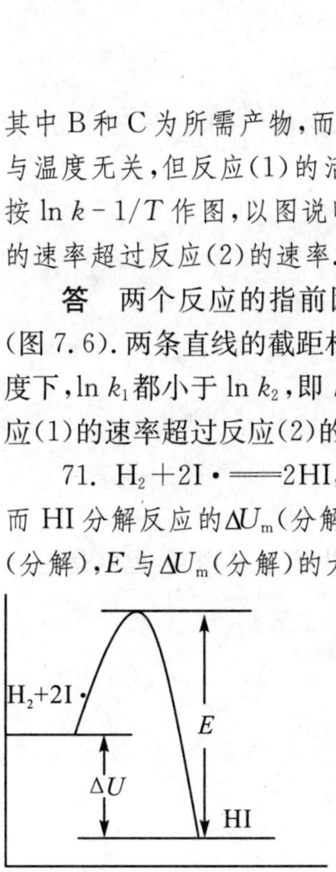

图 7.7

答　ΔU_m(生成)与 ΔU_m(分解)数值相等,符号相反.分解是吸热的.

$E>\Delta U_m$(分解);理由见反应 $H_2+2I\cdot$ ══ $2HI$ 的活化能图(图 7.7).

72. 活化能愈大表示反应分子愈易活化还是不易活化?活化能愈大的反应受温度的影响愈大还是愈小?为什么?

答　因为活化能愈大,由普通分子变为活化分子所要吸收的能量愈大,即能峰愈高,因而反应分子不易活化;活化能愈大的反应,对温度更灵敏,受温度的影响愈大,由阿累尼乌斯公式 $\dfrac{d\ln k}{dT}=\dfrac{E_a}{RT^2}$ 可知,活化能 E_a 愈大,反应速率常数 k 随温度 T 的变化率愈大.

73. 某气相 1-1 级平行反应为 $M\xrightarrow{k_1}R$, $M\xrightarrow{k_2}S$.其指前因子相同,但活化能不同,设活化能不受温度影响.今测得 298 K 时, $k_1/k_2=100$,那么 754 K 时, k_1/k_2 是多少?

答　由阿累尼乌斯公式 $\ln k=\ln A-\dfrac{E_a}{RT}$,有

$$\ln k_1=\ln A-\frac{E_1}{RT} \tag{1}$$

$$\ln k_2 = \ln A - \frac{E_2}{RT} \tag{2}$$

从而得

$$\ln \frac{k_1}{k_2} = \frac{E_2 - E_1}{RT}, \quad T\ln \frac{k_1}{k_2} = \frac{E_2 - E_1}{R}$$

当 $T=298$ K 时，$298 \ln \left(\frac{k_1}{k_2}\right)_{298} = \frac{E_2-E_1}{R}$；当 $T=754$ K 时，$754 \ln \left(\frac{k_1}{k_2}\right)_{754} = \frac{E_2-E_1}{R}$.

所以

$$298 \ln \left(\frac{k_1}{k_2}\right)_{298} = 754 \ln \left(\frac{k_1}{k_2}\right)_{754}$$

已知$(k_1/k_2)_{298}=100$，代入，得 $298 \ln 100 = 754 \ln \left(\frac{k_1}{k_2}\right)_{754}$，解得$\left(\frac{k_1}{k_2}\right)_{754}=6.17$.

74. 已知平行反应：

(a) $A \xrightarrow{k_1} B, k_1 = 10^{15} \exp\left(\frac{-125\,520 \text{J}}{RT}\right) \text{s}^{-1}$；

(b) $A \xrightarrow{k_2} C, k_2 = 10^{13} \exp\left(\frac{-83\,680 \text{J}}{RT}\right) \text{s}^{-1}$.

试问：(1) 在什么温度下，两种产物的生成速率相同？

(2) 在什么温度下，生成物 B 等于生成物 C 的 10 倍？

(3) 在什么温度下，生成物 C 等于生成物 B 的 10 倍？

(4) 升高温度对哪个反应有利？

答 (1) 对应两个都为 1 级反应的平行反应，两种产物的生成速率相同，也就是它们的速率常数相同. 则 $\ln k_1 = \ln k_2$，

$$\ln \frac{k_1}{k_2} = 2\ln 10 - \frac{125\,520 - 83\,680}{8.314T}$$

当$\frac{k_1}{k_2}=1$，即 $k_1=k_2$ 时，

$$\ln 1 = \ln 100 - \frac{125\,520 - 83\,680}{8.314T}$$

解得 $T=1\,092.8$ K.

(2) 当$\frac{k_1}{k_2}=10$ 时，

$$\ln 10 = \ln 100 - \frac{125\,520 - 83\,680}{8.314T}$$

解得 $T=2\,185.6$ K.

(3) 当$\frac{k_1}{k_2}=\frac{1}{10}$时，

$$\ln 0.1 = \ln 100 - \frac{125\,520 - 83\,680}{8.314T}$$

解得 $T=728.52$ K.

(4) 升高温度对活化能大的反应更有利，对反应(a)更有利.

7.5 链反应与反应机理

75. 什么是链反应？它有几种类型？其主要特征是什么？

答 链反应是一类具有特殊规律的复杂反应，用光、热、辐射等引发. 一经引发，反应就像链锁一样一环扣一环地自动持续下去. 这种反应称链反应.

链反应分为直链反应与支链反应两种类型.

链反应的主要特征：开始反应速率慢，后来反应速率快，甚至会发生爆炸，反应过程中有自由基、自由原子等参加.

76. 链反应有哪些特点？

答 链反应一般分为三个阶段：链引发、链传递、链终止. 链反应中有自由基或自由原子参加反应，某些链反应会发生爆炸，并且存在明显的爆炸界限. 链反应与非链反应两者的反应速率随时间具有不同的变化情况. 非链反应的速率在反应开始时最大，后随时间延长而下降；链反应由于链引发比较困难，所以最初阶段速率比较小，后来速率急剧增加，有的引起爆炸；另一些链反应，开始速率慢，后来速率增加到一定范围就稳定下来，在反应物消耗殆尽后逐渐下降. 大多数链反应对添加物(杂质)异常敏感，痕量的添加物就可能对反应速率有显著影响. 链反应对反应器的形状和器皿表面性质也很敏感. 链反应的速率方程通常具有很复杂的形式，大多数是分数级反应.

77. 为什么半整数级反应常常出现在链反应中？

答 半整数级，即$\frac{1}{2}$级、$\frac{3}{2}$级等，出现的原因是反应历程的起始步骤中包含了分子的离解或裂解的反应. 例如反应

$$H_2+Cl_2 = 2HCl,\quad \frac{d[HCl]}{dt}=k[H_2][Cl]^{\frac{1}{2}}$$

因为反应历程的第一步，即链的引发中 $Cl_2+M\xrightarrow{k_1}2Cl\cdot+M$，$Cl_2$发生裂解反应.

又如：

$$H_2+Br_2 = 2HBr,\quad r=\frac{k[H_2][Br_2]^{\frac{1}{2}}}{1+k'[HBr]/[Br_2]}$$

其链的引发步骤是 $Br_2+M\xrightarrow{k_1}2Br\cdot+M$，$Br_2$分子离解.

除了链反应外，一般的连串反应，如果速控步前存在一个分子发生离解或裂解的反应，也可能会有分数级出现.

78. 以下关于链反应的描述是否正确？为什么？

(1) 链反应常常需要诱导期，链引发步骤活化能最大.

(2) 链反应都可以导致爆炸.

(3) 链反应速率与反应器的大小、形状、痕量添加物有关.

(4) 链反应步骤复杂，不可能表现出简单反应级数.

答 (1) 正确.链反应需要诱导期,链引发步骤最困难,活化能最大.

(2) 不正确.很多链反应并不导致爆炸,是否导致爆炸取决于自由基增长速率与自由基消失速率大小,增长速率大于消失速率才会导致爆炸.

(3) 正确.链的终止主要有两种形式:一是与器壁碰撞终止;二是气相中碰撞终止.因此反应器的大小、形状、痕量添加物会影响链终止速率.

(4) 不正确.许多链反应,如聚合反应、有机物热裂解反应都具有简单的反应级数.

79. 连串反应与链反应的不同之处有哪些?

答 连串反应速率开始大,后来减少,一般连串反应有决定速率步骤,在反应过程中中间产物浓度有极大值.链反应速率开始小,后来增大,有自由基或自由原子参加,没有决定速率步骤.

80. 复杂反应的速率取决于其中最慢的一步.该判断正确吗?

答 不正确.复杂反应中只有连串反应的速率才决定于其中最慢的一步,对于平行反应则不然,总反应速率由其中最快的一步决定.

81. 从反应机理推导速率过程,通常有几种近似方法?其内容如何?反应 $A_2+B_2 = 2AB$ 可能有以下几种反应机理,试分别用适当的近似方法,导出其速率方程的表示式:

(1) $A_2 = 2A$(慢);$B_2 = 2B$(快);$A+B \longrightarrow AB$(快).

(2) $A_2 = 2A$ (快);$B_2 = 2B$(快);$A+B \longrightarrow AB$(慢).

(3) $A_2+B_2 = A_2B_2$;$A_2B_2 = 2AB$.

答 有三种近似方法:决速步近似法、稳态近似法、平衡近似法.

决速步近似法:在连续反应中,如果其中某一步的反应速率很慢,它控制了总反应速率,使总反应速率近似等于该最慢步的速率,在该决速步后面的反应都是快反应,则可用最慢步速率代替总反应速率.该方法称为决速步近似法.稳态近似法:在反应中中间产物自由基、自由原子极活泼、浓度低,寿命短,在反应进行一段时间后,体系基本上处于稳态,认为这些活泼的中间产物的浓度不随时间变化.这种近似处理的方法称为稳态近似法.复杂反应的机理由一系列基元反应组成,如果在决定速率步骤前有快速的可逆反应,则使用平衡近似法.如果在含有对峙反应的连续反应中存在决速步,则总反应仅仅决定于决速步以及它以前的平衡过程,与决速步后的各快反应无关,则可以认为对峙反应在反应过程中一直处于平衡状态,这种近似处理的方法称为平衡近似法,又叫平衡态假设.

(1) 对该反应机理,可采用决速步近似法.总反应速率由第一步决定,后面的两个快反应对总速率的影响可以忽略.所以总的反应速率:$r=-\dfrac{d[A_2]}{dt}=\dfrac{d[A]}{2dt}=k_1[A_2]$.有人把[A]作为中间产物,用稳态近似处理.对反应 $B_2 = 2B$(快)用平衡态假设处理,最后得出的结果与此一样.

(2) 对该反应机理采用平衡近似法.

$$k_1=\frac{[A]^2}{[A_2]},\quad [A]=\sqrt{k_1[A_2]},\quad k_2=\frac{[B]^2}{[B_2]},\quad [B]=\sqrt{k_2[B_2]}$$

总反应速率:

$$r=\frac{d[AB]}{dt}=k_3[A][B]=k_3\sqrt{k_1k_2}[A_2]^{\frac{1}{2}}[B_2]^{\frac{1}{2}}$$

(3) 对该反应机理用稳态近似法处理

$$\frac{d[A_2B_2]}{dt}=k_1[A_2][B_2]-k_2[A_2B_2]=0$$

$$[A_2B_2]=\frac{k_1}{k_2}[A_2][B_2]$$

总反应速率:

$$r=\frac{[AB]}{dt}=2k_2[A_2B_2]=2k_2\frac{k_1}{k_2}[A_2][B_2]=2k_1[A_2][B_2]$$

82. 设 H^+ 催化的某反应历程(产物为 P)为

$$A+H^+\xrightarrow{k_1}AH^+,\quad AH^+\xrightarrow{k_2}A+H^+,\quad AH^++B\xrightarrow{k_3}P+H^+$$

(1) 设 AH^+ 为活性中间体,用稳态近似法求反应速率方程.

(2) 讨论 B 的浓度很大或很小时的反应动力学特征.

(3) 在什么条件下,(1)得出的速率方程与平衡近似法的结果一样?

答　(1) 由

$$r=\frac{d[P]}{dt}=k_3[AH^+][B] \tag{1}$$

$$\frac{d[AH^+]}{dt}=k_1[A][H^+]-k_2[AH^+]-k_3[AH^+][B]=0$$

得出$[AH^+]=\frac{k_1[A][H^+]}{k_2+k_3[B]}$,代入(1)式,

$$r=\frac{d[P]}{dt}=\frac{k_3k_1[A][H^+][B]}{k_2+k_3[B]}$$

(2) 若 B 的浓度很大,则

$$r=\frac{d[P]}{dt}\approx\frac{k_3k_1[A][H^+][B]}{k_3[B]}=k_1[A][H^+]=k[A]$$

催化剂 H^+ 的浓度不变,因此是 1 级反应.

若 B 的浓度很小,则

$$r=\frac{d[P]}{dt}=\frac{k_3k_1[A][H^+][B]}{k_2}=\frac{k_1k_3}{k_2}[A][H^+][B]=k[A][B]$$

催化剂 H^+ 的浓度不变,因此是 2 级反应.

(3) 若前两个基元反应是快速正逆反应,由平衡近似法,

$$A+H^+\underset{k_2}{\overset{k_1}{\rightleftharpoons}}AH^+,\quad [AH^+]=\frac{k_1}{k_2}[A][H^+]$$

将上式代入式(1),得

$$r=\frac{d[P]}{dt}=k_3\frac{k_1}{k_2}[A][H^+][B]=k[A][B]$$

在 B 的浓度很小时,稳态近似法与平衡近似法的结果一样.

83. 基元反应的速率常数 k 总是随温度的升高而增大. 该说法正确吗?

答 不完全正确. 例如自由基之间的基元反应 $A\cdot + B\cdot \longrightarrow AB$, 其活化能为 0, 速率常数就不随温度的升高而增大.

84. 实验室中将 H_2 和 Cl_2 混合, 在强光照射下或点燃时都会发生爆炸, 但工厂中用 H_2 和 Cl_2 合成 HCl, 采用两条管子分别引出 H_2 和 Cl_2, 可以让 Cl_2 在 H_2 中"安静地燃烧"而不发生爆炸, 为什么? 如何解释这一现象?

答 将 H_2 和 Cl_2 混合, 在强光照射下或点燃时都会发生爆炸, 其原因是 H_2 和 Cl_2 是充分混合、充分接触, 以链式发生反应, 很短时间内有大量分子参加反应, 放出的大量热能来不及向外传递而发生爆炸. 工厂中采用两条管子分别引出 H_2 和 Cl_2, H_2 和 Cl_2 不是充分混合, 只有在管子出口处才相互混合, 起反应的分子数有限, 反应放出的热能不是很多, 可以及时向外传出, 因此 Cl_2 在 H_2 中能"安静地燃烧"而不发生爆炸.

85. 乙醛的热分解反应 $CH_3CHO \longrightarrow CH_4 + CO$ 的机理如下:

$$CH_3CHO \xrightarrow{k_1} CH_3\cdot + CHO \qquad \text{链引发} \tag{1}$$

$$CH_3\cdot + CH_3CHO \xrightarrow{k_2} CH_4 + CH_3CO\cdot \qquad \text{链传递} \tag{2}$$

$$CH_3CO\cdot \xrightarrow{k_3} CO + CH_3\cdot \tag{3}$$

$$CH_3\cdot + CH_3\cdot \xrightarrow{k_4} CH_3CH_3 \qquad \text{链终止} \tag{4}$$

请写出甲烷的生成速率方程以及甲烷的生成速率常数与各基元反应速率常数关系式.

答 由稳态法, $d[CH_3\cdot]/dt=0$, $d[CH_3CO\cdot]/dt=0$. 甲烷的生成速率方程为

$$\frac{d[CH_4]}{dt}=k_2[CH_3\cdot][CH_3CHO] \tag{5}$$

$$\begin{aligned}\frac{d[CH_3\cdot]}{dt}&=k_1[CH_3CHO]-k_2[CH_3\cdot][CH_3CHO]+k_3[CH_3CO\cdot]-k_4[CH_3\cdot]^2\\&=0\end{aligned} \tag{6}$$

$$\frac{d[CH_3CO\cdot]}{dt}=k_2[CH_3\cdot][CH_3CHO]-k_3[CH_3CO\cdot]=0$$

即

$$[CH_3CO\cdot]=\frac{k_2}{k_3}[CH_3\cdot][CH_3CHO] \tag{7}$$

将式(7)代入式(6),

$$k_1[CH_3CHO]+k_3\frac{k_2}{k_3}[CH_3\cdot][CH_3CHO]=k_2[CH_3\cdot][CH_3CHO]+k_4[CH_3\cdot]^2$$

则

$$k_1[CH_3CHO]=k_4[CH_3\cdot]^2, \quad [CH_3\cdot]=\left(\frac{k_1}{k_4}\right)^{\frac{1}{2}}[CH_3CHO]^{\frac{1}{2}}$$

将上式代入式(5),

$$\frac{d[CH_4]}{dt}=k_2\left(\frac{k_1}{k_4}\right)^{\frac{1}{2}}[CH_3CHO]^{\frac{3}{2}}$$

即$\dfrac{\mathrm{d}c_{\mathrm{CH_4}}}{\mathrm{d}t}=kc_{\mathrm{CH_3CHO}}^{\frac{3}{2}}$，其中$k=k_2\left(\dfrac{k_1}{k_4}\right)^{\frac{1}{2}}$.

86. 某总包反应速率常数k与各基元反应速率常数的关系为$k=k_2\left(\dfrac{k_1}{2k_4}\right)^{\frac{1}{2}}$，则该反应的表观活化能$E_a$、指前因子$A$与各基元反应活化能、指前因子的关系如何?

答　由$k=A\mathrm{e}^{-E_a/(RT)}$，$\ln k=\ln A-\dfrac{E_a}{RT}$，

$$k=k_2\left(\frac{k_1}{2k_4}\right)^{\frac{1}{2}},\quad \ln k=\ln k_2+\frac{1}{2}(\ln k_1-\ln 2-\ln k_4)$$

$$\ln A-\frac{Ea}{RT}=\ln A_2-\frac{E_{a,2}}{RT}+\frac{1}{2}\left[\left(\ln A_1-\frac{E_{a,1}}{RT}\right)-\ln 2-\left(\ln A_4-\frac{E_{a,4}}{RT}\right)\right]$$

$$\ln A=\ln A_2+\frac{1}{2}(\ln A_1-\ln 2-\ln A_4)=\ln A_2\left(\frac{A_1}{2A_4}\right)^{\frac{1}{2}}$$

即$A=A_2\left(\dfrac{A_1}{2A_4}\right)^{\frac{1}{2}}$，$E_a=E_{a,2}+\dfrac{1}{2}E_{a,1}-\dfrac{1}{2}E_{a,4}$.

87. 化学反应的机理由一系列基元反应组成，则该反应的总速率是各基元反应速率的代数和.该判断正确吗?

答　不正确.总反应速率与其基元反应速率的关系和反应机理有关，不一定是代数和关系.

88. 如图 7.8 所示，H_2和O_2反应在 773 K (500 ℃)时，在爆炸的压力第一界限以下，为什么不能发生爆炸?

答　在爆炸的压力第一界限以下，压力很低，气体稀薄，气体分子的自由程很大，气体分子之间发生碰撞的机会很小，作为链传递物的气态自由基碰不到其他气体分子，但却很容易碰到器壁而销毁，活性粒子(气态自由基)碰撞在器壁销毁速率比产生速率占优势，就不能引起更多分子反应，因此不发生爆炸.

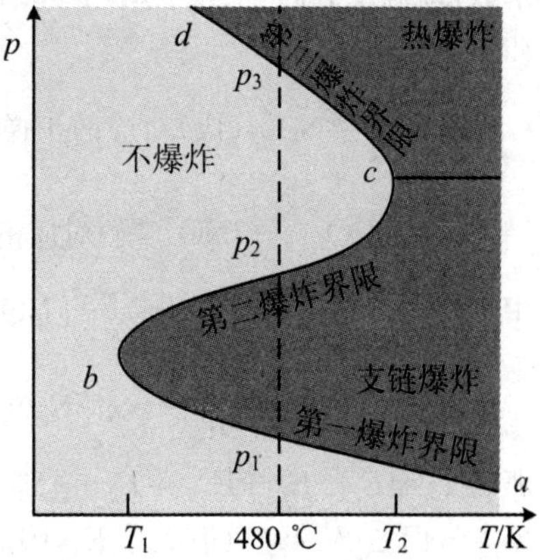

图 7.8

89. 氢气和空气混合点燃会发生爆炸，但是我们在实验室中，点燃氢气启普发生器的导管，只要正常操作是安全的，反应就能够平静，为什么?

答　氢气与空气(氧气)的反应是支链反应，常温常压下，氢气在空气中的爆炸界限为4%～74%.对于一个氢气和空气的混合体系，一旦引发就将在瞬间扩展到整个体系，引起爆炸.当我们点燃氢气启普发生器的导管时，不会发生更多的链反应，因为链反应只能在同时具备氢气和氧气的空间传递条件下才能发生，而在导管口的很小区域中不具备该条件，不能发生更多的链反应，所以氢气能够平静地燃烧.

90. 对于链反应引起的爆炸反应，其反应速率变化规律如何？

答 链反应引起的爆炸反应的反应速率规律是：起始反应速率比较小，后来增大，最后特别大，发生爆炸.

91. 同一体系 $A_2+B_2 \longrightarrow 2AB$，可以发生链反应历程与非链反应历程，竞争的决定因素是什么？

答 对于复杂反应 $A_2+B_2 \longrightarrow 2AB$，链反应机理如下：

链引发 $A_2 \longrightarrow 2A\cdot$

$$\text{链传递}\begin{cases} A\cdot + B_2 \longrightarrow AB + B\cdot \\ B\cdot + A_2 \longrightarrow AB + A\cdot \end{cases} \tag{a}$$

非链反应的机理为

$$\begin{aligned} &A_2 \longrightarrow 2A\cdot \\ &2A\cdot + B_2 \longrightarrow 2AB \end{aligned} \tag{b}$$

若反应(a)的活化能大于反应(b)的活化能，$E(\mathrm{a})>E(\mathrm{b})$，则链反应不发生，发生非链反应；若 $E(a)<E(b)$，则发生链反应.

因此进行链反应或与非链反应历程竞争的决定因素是活化能大小.

92. 为什么有的化学反应速率具有负的温度系数，即温度升高，反应速率反而下降？

答 这类反应一定是复杂反应，其反应机理由多个基元反应组成，总的表观活化能由这些基元反应的活化能组合起来. 若总的活化能是负值，就会出现反应速率具有负的温度系数，即温度升高，反应速率下降. 例如NO氧化反应：$2NO+O_2 = 2NO_2$，其反应机理如下：

$2NO \underset{k_{-1}}{\overset{k_1}{\rightleftharpoons}} N_2O_2$(快)对应的正逆活化能分别为 E_1，E_{-1}，并且 $E_1<E_{-1}$；

$N_2O_2+O_2 \xrightarrow{k_2} 2NO_2$(慢)对应的活化能为 E_2.

用平衡态近似法：$[N_2O_2]=\dfrac{k_1}{k_{-1}}[NO]^2$，

$$r=\frac{d[NO_2]}{2dt}=k_2[N_2O_2][O_2]=\frac{k_1k_2}{k_{-1}}[NO]^2[O_2]=k[NO]^2[O_2]$$

那么 $E_a=E_2+E_1-E_{-1}=E_2+(E_1-E_{-1})=E_2+\Delta U$. 由于 $E_1<E_{-1}$，因此 $\Delta U<0$. 虽然 $E_2>0$，但 ΔU 的绝对值大于 E_2，因此总的表观活化能 E_a 为负值.

93. 在气相复合反应中，为什么有的仅仅是2分子反应，而有的却要有第三物种M参加才行？例如，$2A \longrightarrow A_2$，$2Cl+M \longrightarrow Cl_2+M$.

答 在原子或原子团复合形成化学键时，就会释放能量，这种能量如果以光能放出，或者能量分散到若干个其他键上，就不需要第三物种M参与；如果复合形成一个或两个化学键，释放能量没有以光能放出，也没有更多的键来分散，就需要第三种物质M参加把释放的能量带走，否则，这个能量会转化为键的振动能，有可能导致生成物的分子解离.

94. 怎样理解复杂反应的速率方程中某些物质的反应级数出现负值的现象？

答　这里说的负反应级数，指的是某物质的反应级数为负值. 负反应级数的出现主要有以下几种情况：

(1) 若产物对反应有阻碍作用，则该产物的反应级数就为负值. 例如

$$Hg_2^{2+}+Tl^{3+}\longrightarrow 2Hg^{2+}+Tl^{+}$$

Hg^{2+}对反应有阻碍，速率方程为

$$r=k[Hg_2^{2+}][Tl^{3+}][Hg^{2+}]^{-1}$$

Hg^{2+}的反应级数为负值.

(2) 在多相催化反应中，若某反应物被强吸附，几乎覆盖了催化剂的全部表面，阻碍了反应的进一步发生，则该反应物的反应级数会为负值. 例如，乙烯在铜催化剂上的加氢反应：

$$C_2H_4+H_2\xrightarrow{Cu}C_2H_6$$

由于乙烯在铜表面上是强吸附，故 $r=kp_{H_2}p_{C_2H_4}^{-1}$.

(3) 某些在化学反应式中不出现但实际上参与反应的中间物质，对生成最终产物有阻碍作用，因此这类物质在动力学方程中出现的级数是负值.

95. 已知构成复杂反应的各基元步骤的速率方程，如何由这些基元反应速率方程来求得复杂反应的总速率方程?

答　除了比较简单的几种典型复杂反应(对峙反应、平行反应、连串反应)之外，由于数学上的困难，对于绝大多数复杂反应，一般不可能由机理中各步基元反应的速率方程精确导出总速率方程. 但某些复杂反应可以用近似方法得出总的速率方程，通常的近似方法可细分成三种：决速步近似法、平衡态近似法和稳态近似法. 决速步近似法适用于下述反应机理：开始是一个决定速率步骤的慢反应，后面是几个快速反应，总的反应速率由第一步决定，后面的快反应对总速率没有影响，例如酸碱催化反应. 平衡近似法适用于下述反应历程：先由一个或几个快速可逆反应组成，随后有一个速控步骤的慢反应，认为前面的为快速可逆反应，它们在大部分时间内接近平衡状态. 稳态近似法又称为稳态法，它假设在诱导期(出现可觉察量的最后产物之前的一段反应时间)之后，反应中间物，例如自由基、自由原子，活性大，一经生成就立即反应掉，生成速率基本上等于它的消耗速率，以至在整个反应过程中保持了几乎不变的稳定浓度. 可以用这三种近似方法求得一些复杂反应的总速率方程.

96. 举例说明，在什么条件下稳态近似法与平衡近似法的结果相同，在什么条件下稳态近似法与决速步近似法的结果相同.

答　例如反应 $A\underset{k_{-1}}{\overset{k_1}{\rightleftharpoons}}B\xrightarrow{k_2}C$，对中间产物 B 采用稳态近似法，即

$$\frac{dc_B}{dt}=k_1c_A-k_{-1}c_B-k_2c_B=k_1c_A-(k_{-1}+k_2)c_B=0,\quad k_1c_A=(k_{-1}+k_2)c_B$$

解得

$$r=k_2c_B=\frac{k_2k_1}{(k_{-1}+k_2)}c_A \tag{1}$$

(1) 如果用平衡近似法,则

$$c_B=\frac{k_1}{k_{-1}}c_A,\quad r=k_2c_B=\frac{k_2k_1}{k_{-1}}c_A$$

在 $k_{-1}\gg k_2$ 时,(1)式变为 $r=k_2c_B=\frac{k_2k_1}{(k_{-1}+k_2)}c_A=\frac{k_2k_1}{k_{-1}}c_A$, 与平衡近似法的结果相同.

(2) 如果用决速步近似法,则

$$r=k_1c_A\quad (k_1\text{为决速步的速率常数})$$

在 $k_{-1}\ll k_2$ 时,(1)式变为 $r=k_2c_B=\frac{k_2k_1}{(k_{-1}+k_2)}c_A=\frac{k_2k_1}{k_2}c_A=k_1c_A$,与决速步近似法的结果相同.

97. 设有反应 $2A\longrightarrow B+P$,测量出其速率方程为 $r=k[A]^{1.5}[B]^{-1}$. 有人提出如下反应机理:

$$A\underset{k_{-1}}{\overset{k_1}{\rightleftharpoons}}2Y\cdot,\quad A+Y\cdot\underset{k_{-2}}{\overset{k_2}{\rightleftharpoons}}B+Z\cdot,\quad Z\cdot\xrightarrow{k_3}P$$

Y· 与 Z· 是中间不稳定产物,你认为这个机理是否合理?

答　首先看由该机理能否推导出与实验一致的速率方程.

第三步是决速步:

$$r=k_3[Z\cdot]\tag{1}$$

对前两步用平衡态近似法:

$$\frac{k_1}{k_{-1}}=\frac{[Y\cdot]^2}{[A]}$$
$$[Y\cdot]=\left(\frac{k_1}{k_{-1}}\right)^{\frac{1}{2}}[A]^{\frac{1}{2}}\tag{2}$$

$$\frac{k_2}{k_{-2}}=\frac{[B][Z\cdot]}{[A][Y\cdot]}$$
$$[Z\cdot]=\frac{k_2}{k_{-2}}\frac{[A][Y\cdot]}{[B]}\tag{3}$$

把(2)式、(3)式代入(1)式,

$$r=k_3\frac{k_2}{k_{-2}}\left(\frac{k_1}{k_{-1}}\right)^{\frac{1}{2}}\frac{[A]}{[B]}[A]^{\frac{1}{2}}=k[A]^{1.5}[B]^{-1}$$

与实验结果相符.

虽然用平衡态近似法推导出的速率方程与实验测量值符合,但还不能认为该机理就是合理的. 这个机理是有问题的:其一,把机理的第一步、第二步加起来:

$$2A\underset{k}{\overset{k}{\rightleftharpoons}}B+Y\cdot+Z\cdot$$

A 物质同时生产出两种自由基,这不太可能. 其二,第三步是自由基异构化,Z· 是自由基,那么 P 也应该是自由基,而产物不可能是自由基,因此这个机理不太合理. 确定一个机理不能仅看速率方程,还要用更多的实验方法来确定.

98. 测定快速化学反应速率的松弛法的原理与基本方法是什么? 它有什么主要特点?

答　松弛法又叫作弛豫法.松弛(relaxation)法的原理是平衡的分子体系受到微扰之后,经过体系的自动调节趋向新平衡点时,跟踪向新平衡点移动的过程,测量松弛时间 τ.松弛法的基本方法有温度突升法、压力突升法、电场脉冲法,由此给反应体系一个微扰(小的扰动),例如,在 1 μs 时间内使体系温度升高 3～10 ℃.在微扰下,体系会向新的平衡点移动,微扰的同时触发示波器扫描,显示光吸收或其他与浓度有关的某项物理量与时间的函数关系.测得松弛时间 τ,τ 与速率常数 k 有定量关系,故可求得 k 值.我们中国古已有"弛豫法",例如小说《三侠五义》中的"投石问路"法就是弛豫法:锦毛鼠白玉堂要在晚上去开封府盗三宝,但他不知道三宝藏在哪个房哪个柜里.他用石头包上一张纸投到院子中,家人包兴看到纸上写"三宝已被我拿走".包兴立即奔去库房,打开橱柜查看,看到三宝犹在并没有被偷走,把橱柜锁好后来向大家报告:"三宝没有被盗走."南侠一听,说:"坏了,三宝被盗走了."包兴再去查看,果然三宝不见了.白玉堂就是使用微扰法,投纸条让包兴动起来,在他去查看三宝时,白玉堂就跟在他后边,他查看后回去,白玉堂就知道三宝藏在何处,立即就把三宝盗走了.

化学松弛法主要的特点有:① 由于扰动很小,偏离平衡态不大,达到新平衡点的速度(松弛速度)可用1级反应动力学公式来处理,也就是说,不论是多少级的反应,在受到微搅后松弛过程中动力学规律都是线性关系,从而使数学处理得以简化.② 这种方法是对已达反应平衡的体系给以微扰,免除了连续流动技术中反应物混合需要一定时间的局限,从而能够测定比连续流动法测定范围快 10^7 倍的快速反应.③ 松弛法不仅是测量快速反应的好方法,它也适用于较慢的反应.这种方法适用于反应的半寿期范围是 10^{-10}～1 s,是测定反应速率中应用范围最广泛的一种.

99. (1) 常用的测试快速反应的方法有哪些?(2) 用弛豫法测定快速反应的速率常数,实验中主要测定什么数据?(3) 弛豫时间的含义是什么?(4) 请推导对峙反应 $A(g)+B(g)\underset{k_{-2}}{\overset{k_2}{\rightleftharpoons}}G(g)+H(g)$ 的弛豫时间 τ 与 k_2,k_{-2} 之间的关系.

答　(1) 快速反应的实验测量方法有:连续流动法、弛豫法、场脉冲法、示波管法、动力学波谱法、闪光光解法等.

(2) 主要测定弛豫时间.

(3) 弛豫时间 τ 为当 Δx(组分的浓度与平衡浓度之差)达到 $(\Delta x)_0$(起始时的最大偏离值)的 36.79%时所需的时间.

(4)

	A(g) +	B(g) $\underset{k_{-2}}{\overset{k_2}{\rightleftharpoons}}$	G(g) +	H(g)
$t=0$	a	b	g	h
$t=t$	$a-x$	$b-x$	$g+x$	$h+x$
$t=t_e$	$a-x_e=[A]_e$	$b-x_e=[B]_e$	$g+x_e=[G]_e$	$h+x_e=[H]_e$

在时间 t 时的速率公式为

$$\frac{dx}{dt}=k_2(a-x)(b-x)-k_{-2}(g+x)(h+x) \tag{1}$$

平衡时

$$k_2(a-x_e)(b-x_e)=k_{-2}(g+x_e)(h+x_e) \tag{2}$$

体系在未发生突变前，产物的浓度 x 与新的平衡浓度 x_e 之差为 Δx，即

$$\Delta x=x-x_e \quad 或 \quad x=\Delta x+x_e \tag{3}$$

根据(1)式、(3)式可得

$$\begin{aligned}\frac{d(\Delta x)}{dt}=\frac{dx}{dt}&=k_2(a-x)(b-x)-k_{-2}(g+x)(h+x)\\&=k_2[(a-x_e)-\Delta x][(b-x_e)-\Delta x]-k_{-2}[(g+x_e)+\Delta x][(h+x_e)+\Delta x]\\&=k_2([A]_e-\Delta x)([B]_e-\Delta x)-k_{-2}([G]_e+\Delta x)([H]_e+\Delta x)\\&=k_2[A]_e[B]_e-k_2([A]_e+[B]_e)\Delta x+k_2(\Delta x)^2-k_{-2}[G]_e[H]_e\\&\quad -k_{-2}([G]_e+[H]_e)\Delta x-k_{-2}(\Delta x)^2\end{aligned} \tag{4}$$

将(2)式代入(4)式中，并忽略(4)式中的二次项，整理后得

$$-\frac{d(\Delta x)}{dt}=k_2([A]_e+[B]_e)\Delta x+k_{-2}([G]_e+[H]_e)\Delta x$$

积分后，得

$$\tau=\frac{1}{k_2([A]_e+[B]_e)+k_{-2}([G]_e+[H]_e)}$$

第 8 章　化学反应动力学(2)

8.1　简单碰撞理论

1. 简单碰撞理论的要点有哪些?

答　(1) 两个分子要发生反应,必须首先要进行碰撞.

(2) 不是所有分子碰撞就能发生反应,只有活化分子碰撞才能发生反应. 能量高于某个数值的分子,叫活化分子,活化分子的碰撞叫有效碰撞.

(3) 反应速率等于单位时间、单位体积中有效碰撞的次数. $r=Zq$(Z 是单位体积、单位时间内分子碰撞次数,q 是有效碰撞所占的分数).

2. 碰撞参数 b 与碰撞散射角 θ 的意义是什么? 两者的关系如何? 用它们如何表明碰撞状况?

答　碰撞参数是描述分子碰撞状况的参数,通常用字母 b 表示,其意义是一个分子的质心到另一个分子运动轨迹的直线距离,如图 8.1(a)所示. 散射角 θ 也是描述分子碰撞状况的参数,其意义是两个分子运动轨迹之间的夹角,如图 8.1(b)所示.

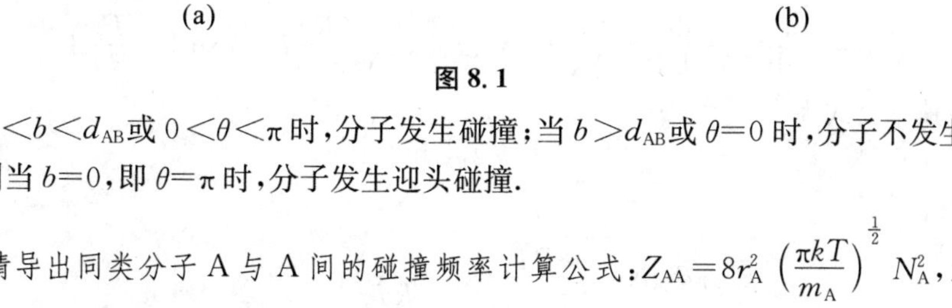

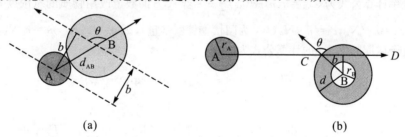

图 8.1

当 $0<b<d_{AB}$ 或 $0<\theta<\pi$ 时,分子发生碰撞;当 $b>d_{AB}$ 或 $\theta=0$ 时,分子不发生碰撞. 特别当 $b=0$,即 $\theta=\pi$ 时,分子发生迎头碰撞.

3. 请导出同类分子 A 与 A 间的碰撞频率计算公式:$Z_{AA}=8r_A^2\left(\frac{\pi kT}{m_A}\right)^{\frac{1}{2}}N_A^2$,式中 m_A 和 r_A 分别为分子 A 的质量和半径,N_A 为单位体积中 A 的分子数.

答　分子运动的平均速率为

$$\bar{u}=\sqrt{\frac{8kT}{\pi\mu}},\quad \mu=\frac{m_1 m_2}{m_1+m_2}$$

对于同种分子，$\mu=\frac{m_1\times m_2}{m_1+m_2}=\frac{m}{2}$，因此同种分子的平均速率为 $\bar{u}_i=4\sqrt{\frac{kT}{\pi m}}$. 同种分子 A 的碰撞直径为 $2r_A$. 按碰撞理论，一个 A 分子与其他 A 分子的碰撞频率为

$$\pi(2r_A)^2\cdot 4\sqrt{\frac{kT}{\pi m}}\cdot N_A$$

同种分子碰撞与异种分子碰撞次数计算不同，A 与 B 碰撞，B 与 A 碰撞是 2 次，但一个 A 与另一个 A 碰撞，另一个 A 与这个 A 碰撞是一回事，只能计算为 1 次，因此同种分子之间碰撞频率为

$$Z_{AA}=\frac{1}{2}\cdot\pi(2r_A)^2\cdot 4\sqrt{\frac{kT}{\pi m}}\cdot N_A\cdot N_A=8r_A^2\left(\frac{\pi kT}{m_A}\right)^{\frac{1}{2}}N_A^2$$

4. 有人说，碰撞理论成功处之一，是从微观上揭示了质量作用定律的本质. 你认为正确吗？

答 正确. 由碰撞理论基本假设，要计算单位时间、单位体积内分子的有效碰撞次数，计算出反应速率方程即可，不需要特别的假设，就能顺利得出质量作用定律. 因此碰撞理论成功处之一是从微观上揭示了质量作用定律的本质.

5. 温度升高，反应速率增大. 这一现象的最佳解释是什么？

答 应该是温度升高，活化分子占的比例增大，反应速率也增大.

6. 用碰撞理论计算双 2 子反应的速率常数 k 时，指前因子又称频率因子 A，是不是就是 A 与 B 分子的碰撞频率？

答 指前因子 A 不是 A 与 B 分子的碰撞频率 Z_{AB}，但它们有一定的关系：A 与 B 分子的碰撞频率计算公式为 $Z_{AB}=n_An_B\pi d_{AB}^2\sqrt{\frac{8RT}{\pi\mu_M}}$. 若 A，B 的数量改用物质的量浓度 c_A，c_B 表示，那么 $c_A=n_A/N_A$，$c_B=n_B/N_A$（N_A 为阿伏伽德罗常量），则 $n_A=c_AN_A$，$n_B=c_BN_A$，代入得不同种分子碰撞频率 Z_{AB} 的计算公式为

$$Z_{AB}=\pi d_{AB}^2N_A^2\sqrt{\frac{8RT}{\pi\mu_M}}c_Ac_B,\quad q=\exp\left(-\frac{E_c}{RT}\right)$$

速率方程为

$$r=-\frac{dc_A}{dt}=-\frac{dn_A}{Ldt}=\frac{Z_{AB}}{N_A}\cdot q=\pi d_{AB}^2N_A\sqrt{\frac{8RT}{\pi\mu_M}}c_Ac_B\exp\left(-\frac{E_c}{RT}\right)$$

2 级反应速率公式为

$$r=kc_Ac_B$$

比较后得

$$k=\pi d_{AB}^2N_A\sqrt{\frac{8RT}{\pi\mu_M}}\exp\left(-\frac{E_c}{RT}\right)$$

$$A=\pi d_{AB}^2N_A\sqrt{\frac{8RT}{\pi\mu_M}}\quad\text{或}\quad A=\frac{1}{N_Ac_Ac_B}\cdot Z_{AB}$$

可见 $A\neq Z_{AB}$.

7. 碰撞理论中的阈能 E_c 的物理含义是什么？引入阈能 E_c 有什么意义？阈能 E_c 与阿

累尼乌斯活化能 E_a 在数值上有什么关系?

答　碰撞理论中的阈能 E_c 是指碰撞分子的相对平动能,在质心连心线上的分量必须大于某个数值(E_c),碰撞才是有效的. 所以 E_c 称为阈能,也称为临界能. 阈能(E_c)是微观量,与温度无关. 引入阈能的意义是可计算出活化分子所占的分数,$q=e^{-E_c/(RT)}$,从而计算出 2 分子反应的速率方程.

阈能与阿累尼乌斯活化能 E_a 在数值上的关系为 $E_c=E_a-\frac{1}{2}RT$. 阈能 E_c 数值大小不能由碰撞理论给出,还要依赖实验活化能才能得到,所以碰撞理论是半经验的.

8. 单分子反应都是 1 级反应吗? 如何用碰撞理论解释单分子反应的动力学特征?

答　单分子反应不一定都是 1 级反应,也可能是 2 级反应.

用碰撞理论解释单分子反应动力学行为,要用林德曼反应机理:

$$A+M \xrightarrow{k_1} A^* + M \tag{1}$$

$$A^* + M \xrightarrow{k_{-1}} A+M \tag{2}$$

$$A^* \xrightarrow{k_2} P \tag{3}$$

活化分子 A^* 极不稳定,对以上机理应用稳态近似法处理:

$$\frac{dc_{A^*}}{dt}=k_1c_Ac_M-k_{-1}c_{A^*}c_M-k_2c_{A^*}=0$$

解出

$$c_{A^*}=\frac{k_1c_M}{k_{-1}c_M+k_2}c_A$$

因此单分子反应 $A \longrightarrow P$ 的速率为

$$r=\frac{dc_P}{dt}=k_2c_{A^*}=\frac{k_2k_1c_M}{k_{-1}c_M+k_2}c_A$$

讨论该速率方程如下:

(1) 高压时,由于频繁的碰撞使去活化速率 $k_{-1}c_Mc_{A^*}$ 比活化分子分解速率 $k_2c_{A^*}$ 大得多,即

$$k_{-1}c_M \gg k_2,\quad \frac{dc_P}{dt}=\frac{k_2k_1}{k_{-1}}c_A=k'c_A$$

所以反应为 1 级反应.

(2) 低压时,由于碰撞而失活的分子少,活化分子在第二次碰撞前有足够的时间分解或异构化,即分解速率 $k_2c_{A^*}$ 极大,即 $k_{-1}c_M \ll k_2$,$\frac{dc_P}{dt}=k_1c_Mc_A$,所以反应为 2 级.

例如,乙醚在 500 ℃左右,压力为 100 kPa 时的热分解反应是单分子反应,当乙醚的压力低于 20 kPa 时反应就表现为二级反应.

9. 根据林德曼提出的单分子反应碰撞理论,从反应物到产物要经过不止一步的历程. 那么该反应还算是基元反应吗? 还能称为单分子反应吗?

答　对于单分子反应 $A \longrightarrow P$,林德曼提出下列反应机理来解释:

$$A+M \underset{k_{-1}}{\overset{k_1}{\rightleftharpoons}} A^* + M \quad (1)$$

$$A^* \xrightarrow{k_2} P \quad (2)$$

式中 M 可以是另一个 A 分子，也可是其他分子，但不出现在总的反应式当中.

第一步是快速反应，第二步是决速步：

$$r=\frac{d[P]}{dt}=k_2[A^*]$$

用稳态近似法处理活性分子浓度：

$$\frac{d[A^*]}{dt}=k_1[A][M]-k_{-1}[A^*][M]-k_2[A^*]=0$$

$$[A^*]=\frac{k_1[A][M]}{k_{-1}[M]+k_2}$$

代入得速率方程：

$$r=\frac{d[P]}{dt}=k_2[A^*]=\frac{k_1k_2[A][M]}{k_{-1}[M]+k_2}$$

从表面上看，反应 A ⟶ P 的机理由(1)式正逆反应和(2)式决速步所组成，像是复杂反应. 然而请注意：步骤(1)不产生新的化学物质，因此不是基元化学反应，仅仅是基元物理过程. 步骤(2)才是生成产物 P 的反应，因此机理只包含一个基元化学反应(2)，反应物是单分子，因此反应 A ⟶ P 算基元反应，是单分子反应.

10. 碰撞理论中为什么要引入概率因子(方位因子)P? P 小于 1 的主要原因是什么?

答 碰撞理论以硬球为模型，忽略分子的内部结构和内部运动，使得计算值与实验值间存在偏差，有的偏差很大，为了减少偏差引入概率因子 P 来进行校正.

P 小于 1 的主要原因有三个：(1) 分子间的能量传递需要一定延续时间，若碰撞时停留的时间太短，能量传递来不及，分子达不到活化，造成无效碰撞. (2) 从理论上计算分子已被活化，但对有的反应，反应物分子只有在某一定方向上相撞才能发生反应，在其他方位碰撞无效，也就是活化的分子碰撞的方向不对也不发生反应. (3) 若在要起反应的化学键附近有较大的原子团，产生位阻效应，减少了这个键与其他分子相撞的机会.

11. 碰撞理论中引入方位因子 P，P 一定都小于 1 吗?

答 不都是，有少数化学反应的方位因子 P 值是大于 1 的. 例如反应 $K+Br_2 \longrightarrow KBr+Br$，$P=4.8>1$. 其原因是 K 原子的一个最外层价电子特别活泼，没有等到 Br_2 碰撞到 K 原子，价电子就飞到 Br 原子那里去了，扩大了碰撞截面，该反应机理称为鱼叉机理.

12. 有一双分子气相反应 $A(g)+B(g) \longrightarrow P(g)$，如用简单碰撞理论计算其指前因子 A，所得的数量级约为多少?

答 对于简单碰撞理论，若单位为 $mol^{-1}\cdot m^3\cdot s^{-1}$，则 A 的计算公式为

$$A=\pi d_{AB}^2 N_A \sqrt{\frac{8RT}{\pi\mu}}$$

其数量级约为 10^7.

举例：在 300 K 时，O_2 与 H_2 发生碰撞，它们的分子直径分别是 0.339 nm 与 0.247 nm，

$d_{AB}=(0.339+0.247)/2\ \mathrm{nm}=0.293\ \mathrm{nm}=2.93\times10^{-10}\ \mathrm{m}$

$$\mu=\frac{M_A M_B}{M_A+M_B}=\frac{32\times2.016}{32+2.016}\ \mathrm{kg\cdot mol^{-1}}=1.897\times10^{-3}\ \mathrm{kg\cdot mol^{-1}}$$

$$A=\pi d_{AB}^2 N_A\sqrt{\frac{8RT}{\pi\mu}}$$

$$=3.14\times(2.93\times10^{-10})^2\times6.022\times10^{23}\sqrt{\frac{8\times8.314\times300}{3.14\times1.987\times10^{-3}}}\ \mathrm{mol^{-1}\cdot m^3\cdot s^{-1}}$$

$$=2.902\times10^8\ \mathrm{mol^{-1}\cdot m^3\cdot s^{-1}}\quad(与\ 10^7\ 相近)$$

若单位为 $\mathrm{mol^{-1}\cdot dm^3\cdot s^{-1}}$,则 A 的计算公式为 $A=10^3\pi d_{AB}^2 N_A\sqrt{\frac{8RT}{\pi\mu}}$,其数量级约为 10^{10}.

13. 对碰撞理论应该如何评价?

答　碰撞理论的成功之处:

(1) 描述出一幅虽然粗糙但十分明确的反应图像,图像清晰、直观易懂,像一幅油画,远看清楚近看粗糙模糊.

(2) 定量地解释了基元反应质量作用定律.

(3) 对阿累尼乌斯方程式中的 A,E_a 给出了明确的物理意义.

碰撞理论的不足之处:

(1) 计算值与实验值相差较大,引入方位因子 P 来修正,但 P 的物理意义不明确.

(2) 公式中的 P,E_c 无法计算,还要靠实验来测量,因此该理论是半经验的理论.

碰撞理论的不足之处的产生原因:把分子看成没有结构的刚球,把分子之间的作用力当成简单的碰撞,用经典力学处理分子间作用力.

8.2　过渡状态理论

14. 化学反应的过渡状态理论的要点是什么?

答　过渡状态理论既考虑了分子内部的结构,也考虑了粒子的运动状态.它的基本要点为:反应物到产物的反应过程中,反应物分子必须经过一个过渡状态,故把这种有一定构型的过渡态又称为活化络合物,但形成这种过渡态需要活化能,活化络合物与反应物分子之间的势能之差就是反应的活化能,即为反应物分子要跨越的能垒.活化络合物与反应物分子之间建立化学平衡,是快反应步骤,总的反应速率由活化络合物转化为产物步骤的速率决定.

15. 分子碰撞理论和过渡态理论的出发点有何异同?两种理论是如何解释化学反应所需要的活化能的?

答　碰撞理论的出发点是:要发生反应,分子必须发生碰撞,只有相互碰撞的分子对的动能在质心连线上的分量大于某一临界值的分子碰撞(有效碰撞)才会发生反应,即活化分子碰撞才能发生反应.过渡态理论的出发点是:两个具有足够能量的分子相互接近,化学键重新组合，经过一个过渡状态，形成活化络合物，活化络合物再分解成产物. 相同点：两个理论都要求具有一定能量的分子才能发生反应. 不同点：碰撞理论把分子看成无结构的刚球，过渡态理论考虑分子的微观结构.

碰撞理论认为活化能是分子在质心连线上，动能必须超过的最小数值，碰撞理论的活化能是临界能的概念，过渡态理论认为活化能是活化络合物与反应物势能的差值，是一个能垒的概念.

16. (1) 过渡态理论中的活化焓 $\Delta_r^{\neq} H_m^{\ominus}$ 与阿累尼乌斯活化能 E_a，在物理意义和数值上有何不同？

(2) 对某气相反应 $A(g)+BC(g) \longrightarrow AB(g)+C(g)$，$\Delta_r^{\neq} H_m^{\ominus}$ 与 E_a 之间的关系如何？

(3) 若反应为 $A(g)+B(l) \longrightarrow P(g)$，则 $\Delta_r^{\neq} H_m^{\ominus}$ 与 E_a 之间的关系又将如何？

答　(1) 活化焓 $\Delta_r^{\neq} H_m^{\ominus}$ 是反应物变成活化络合物的过程中状态函数焓(H)的变化值；阿累尼乌斯活化能 E_a 对基元反应有能峰的概念，是活化分子平均能量与反应物全部分子平均能量的差值，两者的关系为 $E_a = RT + \Delta_r^{\neq} H_m^{\ominus} - (1 - \sum_i \nu_i^{\neq})RT = \Delta_r^{\neq} H_m^{\ominus} + nRT$，$\sum_i \nu_i^{\neq}$ 是反应物形成活化络合物时，参与反应的气态物质的计量系数的代数和，n 为气相反应物的系数之和.

(2) $E_a = \Delta_r^{\neq} H_m^{\ominus} + 2RT$.

(3) $E_a = \Delta_r^{\neq} H_m^{\ominus} + RT$.

17. 常温下，过渡态理论中的普适因子 $k_B T/h$ 的单位是什么？数量级约为多少？

答　在常温下，普适因子 $k_B T/h$ 的单位是 s^{-1}，数量级约为 10^{13}.

18. 请你用过渡状态理论推导出气相基元反应 $A(g)+B(g) \longrightarrow C(g)$ 的指前因子 A 为

$$A = \frac{k_B T}{h} e^2 (c^{\ominus})^{-1} \exp\left[\frac{\Delta_r^{\neq} S_m^{\ominus}(c^{\ominus})}{R}\right]$$

若气相基元反应为 $A(g) \longrightarrow C(g)$ 或 $A(g)+2B(g) \longrightarrow 2\,C(g)$，指前因子 A 的表示式又将如何？

答

$$k = \frac{k_B T}{h} K_c^{\neq} = \frac{k_B T}{h} (c^{\ominus})^{1-n} \exp\left[\frac{-\Delta_r^{\neq} G_m^{\ominus}(c^{\ominus})}{RT}\right]$$

因为等温时 $\Delta G = \Delta H - T\Delta S$，所以

$$k = \frac{k_B T}{h} (c^{\ominus})^{1-n} \exp\left[\frac{\Delta_r^{\neq} S_m^{\ominus}(c^{\ominus})}{R}\right] \exp\left[\frac{-\Delta_r^{\neq} H_m^{\ominus}(c^{\ominus})}{RT}\right]$$

因为 $E_a = \Delta_r^{\neq} H_m^{\ominus}(c^{\ominus}) + nRT$，所以

$$k = \frac{k_B T}{h} (c^{\ominus})^{1-n} e^n \exp\left[\frac{\Delta_r^{\neq} S_m^{\ominus}(c^{\ominus})}{R}\right] \exp\left(\frac{-E_a}{RT}\right)$$

对照阿累尼乌斯公式

$$k = A\exp\left(\frac{-E_a}{RT}\right)$$

$$A = \frac{k_B T}{h} (c^{\ominus})^{1-n} e^n \exp\left[\frac{\Delta_r^{\neq} S_m^{\ominus}(c^{\ominus})}{R}\right]$$

其中 n 为气相反应物的系数之和.

对于反应 $A(g)+B(g)\longrightarrow C(g)$，$n=2$，$A=\dfrac{k_B T}{h}e^2(c^\ominus)^{-1}\exp\left[\dfrac{\Delta_r^{\neq}S_m^\ominus(c^\ominus)}{R}\right]$；

对于反应 $A(g)\longrightarrow C(g)$，$n=1$，$A=\dfrac{k_B Te}{h}\exp\left[\dfrac{\Delta_r^{\neq}S_m^\ominus(c^\ominus)}{R}\right]$；

对于反应 $A(g)+2B(g)\longrightarrow 2C(g)$，$n=3$，$A=\dfrac{k_B T}{h}e^3(c^\ominus)^{-2}\exp\left[\dfrac{\Delta_r^{\neq}S_m^\ominus(c^\ominus)}{R}\right]$.

19. 对于过渡状态理论，有人说艾林方程 $k=\nu^{\neq}K_c^{\neq}=\dfrac{k_B T}{h}K_c^{\neq}$ 是基本公式，也有人把方程

$$k=\frac{k_B T}{h}(c^\ominus)^{1-n}\exp\left[\frac{\Delta_r^{\neq}S_m^\ominus(c^\ominus)}{R}\right]\exp\left[\frac{-\Delta_r^{\neq}H_m^\ominus(c^\ominus)}{RT}\right]$$

称为基本公式. 你怎么认为？

答　艾林方程为过渡状态理论的最基本方程，方程

$$k=\frac{k_B T}{h}(c^\ominus)^{1-n}\exp\left[\frac{\Delta_r^{\neq}S_m^\ominus(c^\ominus)}{R}\right]\exp\left[\frac{-\Delta_r^{\neq}H_m^\ominus(c^\ominus)}{RT}\right]$$

不是基本方程，它是一个计算方程.

艾林方程 $k=\nu^{\neq}K_c^{\neq}=\dfrac{k_B T}{h}K_c^{\neq}$，对其中的平衡常数 $K_c^{\neq}$ 的处理，可以用热力学方法，也可以用统计热力学方法，可以得出不同的计算公式，因此它是基本公式. 用热力学方法处理，是通过标准态化学势来计算标准平衡常数，而化学势的标准态(参考点)可以有不同的选择，选择不同，得出的计算公式也不同.

若选择温度 T，浓度 $c^\ominus=1\ \mathrm{mol\cdot m^{-3}}$，并且符合亨利定律的假想态为标准态，得出速率常数 k 的计算式为

$$k=\frac{k_B T}{h}(c^\ominus)^{1-n}\exp\left[\frac{\Delta_r^{\neq}S_m^\ominus(c^\ominus)}{R}\right]\exp\left[\frac{-\Delta_r^{\neq}H_m^\ominus(c^\ominus)}{RT}\right]$$

与

$$k=\frac{k_B T}{h}e^n(c^\ominus)^{1-n}\exp\left[\frac{\Delta_r^{\neq}S_m^\ominus(c^\ominus)}{R}\right]\exp\left[\frac{-E_a(c^\ominus)}{RT}\right]$$

$$E_a=\Delta_r^{\neq}H_m^\ominus+nRT$$

若选择温度 T，压力 $p^\ominus=101.325\ \mathrm{kPa}$，符合理想气体行为的状态为标准态，得出速率常数 k 的计算式为

$$k=\frac{k_B T}{h}\left(\frac{p^\ominus}{RT}\right)^{1-n}\exp\left[\frac{\Delta_r^{\neq}S_m^\ominus(p^\ominus)}{R}\right]\exp\left[\frac{-\Delta_r^{\neq}H_m^\ominus(p^\ominus)}{RT}\right]$$

与

$$k=\frac{k_B T}{h}e^n\left(\frac{p^\ominus}{RT}\right)^{1-n}\exp\left[\frac{\Delta_r^{\neq}S_m^\ominus(p^\ominus)}{R}\right]\exp\left[\frac{-E_a(p^\ominus)}{RT}\right]$$

这些都是在艾林方程基础上导出的计算式，不是过渡状态理论的基本公式.

20. 对过渡状态理论中艾林方程 $k=\dfrac{k_B T}{h}K_c^{\neq}$ 中反应物与活化络合物之间平衡常数

$K_c^{\neq}$，用热力学处理时，由于选取两个不同的标准态（$c^{\ominus}=1\ \mathrm{mol\cdot m^{-3}}$，并且符合亨利定律的假想态为标准态或压力 $p^{\ominus}=101.325\ \mathrm{kPa}$，符合理想气体行为的状态为标准态），得出两种活化焓 $\Delta_r^{\neq}H_m^{\ominus}(c^{\ominus})$ 与 $\Delta_r^{\neq}H_m^{\ominus}(p^{\ominus})$，两种活化熵 $\Delta_r^{\neq}S_m^{\ominus}(c^{\ominus})$ 与 $\Delta_r^{\neq}S_m^{\ominus}(p^{\ominus})$，那么两种活化焓、两种活化熵是否相等？它们之间是否有一定关系？

答　两种活化焓 $\Delta_r^{\neq}H_m^{\ominus}(c^{\ominus})$ 与 $\Delta_r^{\neq}H_m^{\ominus}(p^{\ominus})$，对于固、液、非理想气体的反应，是不相等的；而对于理想气体的反应，因为理想气体的焓只是温度的函数，无论是恒容还是恒压，只要温度一样，焓值就一样，因此 $\Delta_r^{\neq}H_m^{\ominus}(c^{\ominus})=\Delta_r^{\neq}H_m^{\ominus}(p^{\ominus})$.

两个活化熵 $\Delta_r^{\neq}S_m^{\ominus}(c^{\ominus})$ 与 $\Delta_r^{\neq}S_m^{\ominus}(p^{\ominus})$，无论是固、液、非理想气体的反应，还是理想气体反应，都是不相等的. 但对于理想气体反应，两种活化熵有一定关系：由计算式

$$k=\frac{k_B T}{h}(c^{\ominus})^{1-n}\exp\left[\frac{\Delta_r^{\neq}S_m^{\ominus}(c^{\ominus})}{R}\right]\exp\left[\frac{-\Delta_r^{\neq}H_m^{\ominus}(c^{\ominus})}{RT}\right]$$

与

$$k=\frac{k_B T}{h}\left(\frac{p^{\ominus}}{RT}\right)^{1-n}\exp\left[\frac{\Delta_r^{\neq}S_m^{\ominus}(p^{\ominus})}{R}\right]\exp\left[\frac{-\Delta_r^{\neq}H_m^{\ominus}(p^{\ominus})}{RT}\right]$$

可以得出

$$\Delta_r^{\neq}S_m^{\ominus}(p^{\ominus})=\Delta_r^{\neq}S_m^{\ominus}(c^{\ominus})+(n-1)R\ln\frac{p^{\ominus}}{RTc^{\ominus}}$$

若反应温度 $T=298.15\ \mathrm{K}$，$c^{\ominus}=1\ \mathrm{mol\cdot m^{-3}}$，$p^{\ominus}=101\,325\ \mathrm{Pa}$，那么

$$\Delta_r^{\neq}S_m^{\ominus}(p^{\ominus})-\Delta_r^{\neq}S_m^{\ominus}(c^{\ominus})=3.711(n-1)R=30.85(n-1)\ (\mathrm{J\cdot K^{-1}\cdot mol^{-1}})$$

若是理想气体的 2 分子反应，则

$$\Delta_r^{\neq}S_m^{\ominus}(p^{\ominus})-\Delta_r^{\neq}S_m^{\ominus}(c^{\ominus})=30.85\ (\mathrm{J\cdot K^{-1}\cdot mol^{-1}})$$

若是理想气体的单分子反应，则两者相等：$\Delta_r^{\neq}S_m^{\ominus}(p^{\ominus})=\Delta_r^{\neq}S_m^{\ominus}(c^{\ominus})$.

21. 有人说过渡状态理论就是绝对反应速率理论，它的成功之处是，只要知道活化络合物的结构，就可以从理论上计算出速率常数 k. 你认为该说法正确吗？

答　正确. 只要知道活化络合物的结构，运用过渡状态理论计算公式就可以计算出速率常数 k，因此又叫绝对速率理论.

22. 说明阿累尼乌斯活化能、碰撞理论的阈能、过渡状态的能垒与活化焓、统计热力学中 E_0 这些物理量之间的共同点、不同点及相互关系.

答　(1) 阿累尼乌斯活化能 E_a 是可以通过动力学实验得到的，是与温度有关的宏观量.

(2) 碰撞理论的阈能是微观量、理论量，有最小临界能意义，是与温度无关的量.

(3) 能垒 E_b 是反应物形成活化络合物时所必须翻越的势能垒高度，它是势能面中活化络合物最低能级与反应物分子最低能级之间的差值，是势能的相对差值，是一个微观量. 标准活化焓 $\Delta_r^{\neq}H_m^{\ominus}$ 可近似看成是活化络合物与反应物之间的标准摩尔焓变，是宏观热力学量，其数值上与能垒 E_b 相等，$\Delta_r^{\neq}H_m^{\ominus}=E_b$，因此在计算公式中往往用活化焓代替能垒.

(4) E_0（或 ΔE_0）是活化络合物的零点能与反应物的零点能之间的差值，这是用统计热力学处理过渡态理论时引出的物理量，它也是一个微观量. $E_0=E_b+L\left(\frac{1}{2}h\nu^{\neq}-\frac{1}{2}h\nu_{BC}\right)$.

它们之间的关系为 $E_a=E_c+\frac{1}{2}RT$, $E_a=E_b+nRT=\Delta_r^{\neq}H_m^{\ominus}+nRT$,其中 n 为参加反应的气体分子数,$E_a=E_0+mRT$,m 包括了指数前普适常数项及配分函数项中所有与 T 有关的因子,对确定的反应系统 m 有定值.

23. 由过渡状态理论的艾林方程 $k=\frac{k_BT}{h}K_c^{\neq}$ 及化学平衡的等容方程,请导出 $E_a=\Delta_r^{\neq}U_m^{\ominus}+RT$,对于双分子气相反应,$E_a=\Delta_r^{\neq}H_m^{\ominus}+2RT$.

答　由于 $k=\frac{k_BT}{h}K_c^{\neq}$,所以

$$\ln k=\ln\frac{k_B}{h}+\ln T+\ln K_c^{\neq}$$

$$\frac{\mathrm{d}\ln k}{\mathrm{d}T}=\frac{1}{T}+\frac{\Delta_r^{\neq}U_m^{\ominus}}{RT^2}=\frac{\Delta_r^{\neq}U_m^{\ominus}+RT}{RT^2}$$

与阿累尼乌斯公式 $\frac{\mathrm{d}\ln k}{\mathrm{d}T}=\frac{E_a}{RT^2}$ 比较,有 $E_a=\Delta_r^{\neq}U_m^{\ominus}+RT$.

对于双分子气相反应,

$$\Delta_r^{\neq}U_m^{\ominus}=\Delta_r^{\neq}H_m^{\ominus}-\Delta(pV)=\Delta_r^{\neq}H_m^{\ominus}-(1-2)RT=\Delta_r^{\neq}H_m^{\ominus}+RT$$

所以 $E_a=\Delta_r^{\neq}H_m^{\ominus}+2RT$.

24. 碰撞理论和过渡态理论是否对所有反应都适用?

答　不是.化学反应速率理论只适用于基元反应,基元反应就是一步完成的反应,对非基元反应不适用.

25. 请证明对于单分子理想气体反应 $\mathrm{A}\longrightarrow\mathrm{B}$,指前因子为 $A=\frac{\mathrm{e}kT}{h}\exp\left(\frac{\Delta_r^{\neq}S_m^{\ominus}}{R}\right)$.

答　用过渡状态理论. $\mathrm{A}\longrightarrow\mathrm{A}^{\neq}\longrightarrow\mathrm{B}$,对于单分子理想气体反应,

$$\Delta_r^{\neq}H_m^{\ominus}(p^{\ominus})=\Delta_r^{\neq}H_m^{\ominus}(c^{\ominus})=\Delta_r^{\neq}H_m^{\ominus}$$

$$\Delta_r^{\neq}S_m^{\ominus}(p^{\ominus})=\Delta_r^{\neq}S_m^{\ominus}(c^{\ominus})=\Delta_r^{\neq}S_m^{\ominus}$$

所以

$$k=\frac{k_BT}{h}\left(\frac{RT}{p^{\ominus}}\right)^{n-1}\exp\left(\frac{\Delta_r^{\neq}S_m^{\ominus}}{R}\right)\exp\left(-\frac{\Delta_r^{\neq}H_m^{\ominus}}{RT}\right)$$

对于单分子反应,

$$n=1,\quad k=\frac{k_BT}{h}\exp\left(\frac{\Delta_r^{\neq}S_m^{\ominus}}{R}\right)\exp\left(-\frac{\Delta_r^{\neq}H_m^{\ominus}}{RT}\right)$$

又因为 $E_a=\Delta_r^{\neq}H_m^{\ominus}+nRT=\Delta_r^{\neq}H_m^{\ominus}+RT$,所以

$$\exp\left(-\frac{\Delta_r^{\neq}H_m^{\ominus}}{RT}\right)=\exp\left(-\frac{E_a-RT}{RT}\right)=\mathrm{e}\exp\left(-\frac{E_a}{RT}\right)$$

$$k=\frac{\mathrm{e}k_BT}{h}\exp\left(\frac{\Delta_r^{\neq}S_m^{\ominus}}{R}\right)\exp\left(-\frac{E_a}{RT}\right)$$

与阿累尼乌斯经验方程式比较,得 $A=\frac{\mathrm{e}kT}{h}\exp\left(\frac{\Delta_r^{\neq}S_m^{\ominus}}{R}\right)$.

26. 过渡状态理论与碰撞理论比较，有哪些进步？还有哪些不足？

答　进步方面：(1) 过渡状态理论形象地描绘了基元反应进展的过程，原则上可以从分子结构的光谱数据和势能面计算出宏观反应的速率常数，因此该理论不是半经验的，是比较先进的反应速率理论，又称为绝对速率理论．(2) 过渡态理论一方面与物质结构相关联，另一方面也与热力学相关，该理论形象地说明了反应为什么需要活化能以及反应遵循的能量最低原理．(3) 对阿累尼乌斯经验方程式的指前因子作了理论说明，认为它不但与温度有关，还与反应的活化熵有关，计算时不需引入校正因子 P 等．

不足之处：引进的平衡假设和速决步假设并不符合所有的反应实验事实；对复杂的多原子反应，由于量子力学对多原子体系计算的不精确性，绘制不出精确的势能面，使过渡状态理论的应用受到较大的限制．

8.3　液相反应

27. 何为液相反应的分子笼和偶遇对？据此设想的溶液反应模型怎样？

答　和气态相比，液相中分子是紧密排列的，反应物分子在液态溶剂里，必然处于周围溶剂分子的紧密包围中．大量的溶剂分子环绕在反应物分子周围，好像一个笼把反应物分子围在中间，人们把这种状态形象地比喻为分子笼．

反应物分子从溶剂分子笼中“逃”出，经扩散又掉落到另一个分子笼中，这种扩散跳动完全是随机的．如某一反应物分子A和另一种反应物分子B刚好通过扩散进入同一个分子笼中，那么A分子和B分子在同一个笼中会发生多次反复碰撞．两个反应物分子在一个分子笼中反复多次碰撞称为一次偶遇，A和B反复碰撞状态称为形成一个偶遇对[A∶B]．

溶液中反应的模型为 $A+B \rightleftharpoons A:B \longrightarrow P$，A与B形成偶遇对（相当于过渡状态理论中的活化络合物），该步骤快速达到平衡，偶遇对再分解成产物分子，该步骤是慢步骤，是决速步．

28. 溶剂对反应速率的影响包括溶剂的介电常数、溶剂的极性、溶剂化作用、离子强度等，那么哪些属于物理效应？哪些属于化学效应？

答　溶剂介电常数、溶剂的极性的影响属于物理效应，溶剂化作用影响属于化学效应，离子强度的影响既有化学效应也有物理效应．

29. 溶剂的极性是如何影响化学反应速率的？

答　溶剂的极性的影响属于物理效应，极性溶剂与极性物质作用力强，极性溶剂与非极性物质作用力弱．如果产物的极性比反应物大，那么在极性溶剂中能加快反应速率，因为中间产物与产物结构性质相近．若溶剂与中间产物形成较稳定的溶剂化物，则降低了活化能．如果产物的极性比反应物小，那么在极性溶剂中会降低反应速率；反之，在非极性溶剂中能加快反应速率．

30. 液相反应中溶剂化作用是如何影响反应速率的？为什么是这样的？

答　物质在溶剂中都有一定程度的溶剂化作用，依据溶液中反应的模型 $A+B \rightleftharpoons A:B \rightarrow P$，中间产物(偶遇对)与产物的构型相近. 溶剂化的影响是这样的：若反应物与溶剂发生强烈溶剂化，则反应速率减小；若产物与溶剂发生强烈溶剂化，则反应速率增大.

其原因是：反应物与溶剂发生强烈溶剂化，与溶剂生成较稳定的溶剂化物，使反应物的能量降低(图 8.2(a))，导致活化能增大，反应速率减小；若中间产物(或产物)与溶剂发生强烈溶剂化，生成较稳定的溶剂化物，使能量降低(图 8.2(b))，导致活化能降低，反应速率增大.

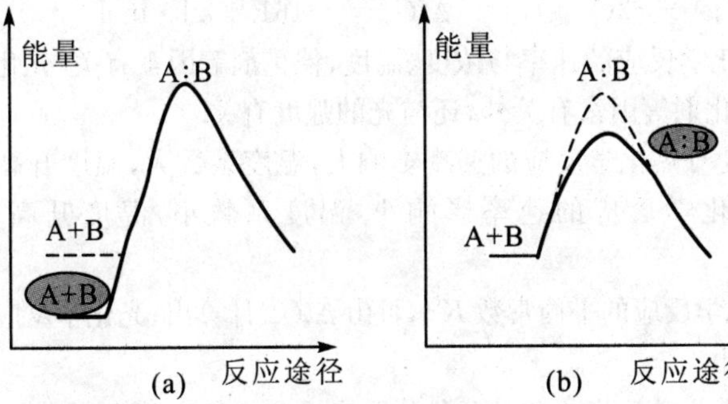

图 8.2

31. 什么是原盐效应? 离子所带电荷及离子强度与速率速率常数的关系如何? 对下述几个反应，若增加溶液中的离子强度，其反应速率如何变化?

(1) $NH_4^+ + CNO^- = CO(NH_2)_2$.

(2) $CH_3COOC_3H_5 + OH^- \longrightarrow P$.

(3) $S_2O_3^{2-} + I^- \longrightarrow P$.

答　在稀溶液中，如果反应物是电解质，则反应速率与溶液的离子强度有关，即加入惰性电解质物质改变溶液中离子强度，就能改变离子反应的速率，这种影响称为原盐效应，或叫离子强度对反应速率的影响.

离子所带电荷及离子强度 I 与速率常数的关系式：

$$\lg \frac{k}{k_0} = 2z_A z_B A\sqrt{I} \quad (z_A, z_B \text{ 是反应离子带的电荷})$$

若 $z_A z_B > 0$，产生正的原盐效应，即反应的速率随离子强度 I 的增加而增加；若 $z_A z_B < 0$，产生负的原盐效应，即反应的速率随离子强度 I 的增加而减小.

(1) $z_A z_B < 0$，随着离子强度增加其反应速率减小；

(2) $z_A z_B = 0$，随着离子强度增加其反应速率不变；

(3) $z_A z_B > 0$，随着离子强度增加其反应速率增大.

8.4　光化学反应

32. 试从活化能来源、吉布斯能的变化、反应速率、温度系数及平衡常数这五个方面比较光化学反应与热化学反应有什么不同之处,并举例说明之.

答 活化能来源:热化学反应的活化能来源于热能,即分子的碰撞能;光化学反应的活化能来源于光能,光是有序能.

吉布斯能的变化:等温等压下,能自发进行的热化学反应的 $\Delta_r G_m \leqslant 0$; 能自发进行的光化学反应的 $\Delta_r G_m \leqslant 0$,也可以是 $\Delta_r G_m > 0$. 例如,对于自发进行的光化学反应,

$$H_2(g)+Cl(g)\xrightarrow{h\nu}2HCl(g),\quad \Delta_r G_m^\ominus=-190.54\ kJ\cdot mol^{-1}$$

$$3O_2(g)\xrightarrow{h\nu}2O_3(g),\quad \Delta_r G_m^\ominus=+161.4\ kJ\cdot mol^{-1}$$

反应速率:热化学反应的速率与浓度、温度、催化剂等因素有关,光化学反应的速率除了与浓度、温度、催化剂等因素有关外,还与光的强度有关.

温度系数:温度对热化学反应的速率影响大,温度系数大,温度升高 10 K,速率增加 2～4倍;温度对光化学反应的速率影响小,温度系数小,温度升高 10 K 速率增加 10%～100%.

平衡常数:热化学反应的平衡常数 $K^\ominus$,可由 $\Delta_r G_m^\ominus$ 计算出;光化学反应的平衡常数 $K^\ominus$,不能由 $\Delta_r G_m^\ominus$ 计算出.

33. 为什么说光化学反应的初级阶段的速率通常只等于吸收光子的速率,而与反应物的浓度无关?

答 因为在光化学反应的初级阶段的反应速率就是反应物活化的速率,在初级阶段,一个光子只能活化一个反应物分子. 对于一般过量的反应物,吸收光子的速率(单位时间、单位体积内吸收光子的物质的量)就等于初级阶段的反应物活化的速率,因此初级阶段的速率等于光子的吸收速率,而与反应物的浓度无关.

34. 什么是光敏化作用? 什么叫荧光猝灭? 两者有何异同?

答 对于光化学反应:

$$A^*+Q\longrightarrow A+Q^*$$

这里分两种情况讨论. 第一种:Q 是主要反应物,但 Q 不能直接吸收光子,A 物质能直接吸收光子而被活化为 A^*,活化后 A^* 把能量传给 Q,使 Q 活化而发生反应,那么物质 A 叫光敏剂,A 的这种作用叫光敏化作用. 第二种:A 是主要反应物,Q 是杂质,Q 使已经活化的反应物分子 A^* 失去活化,那么 Q 叫猝灭剂,Q 的作用就叫荧光猝灭.

两者的相同点是:都能吸收能量;不同点是:光敏剂的作用是吸收光能,再把能量传给反应物,猝灭剂的作用是吸收已活化的反应物分子能量使其失活.

35. 已知 HI 在光的作用下分解为 H_2 和 I_2 的机理如下:

$$HI+h\nu\longrightarrow H+I$$

$$H+HI\longrightarrow H_2+I$$

$$I+I+M\longrightarrow I_2+M$$

那么量子效率 Φ 与量子产率 Φ' 各为多少?

答 量子效率是对反应物而言的,由上面的反应机理可知,吸收一个光子引起两个 HI 分子反应,因此量子效率 $\Phi=2$. 量子产率是对产物而言的,吸收一个光子生成一个 H_2

或一个 I_2 分子，因此无论对产物 H_2 还是产物 I_2，量子产率 Φ' 都为1. 有些教材上把量子效率与量子产率混为一谈，这是不对的.

36. 现在已有科学家成功地用光来分解水制备氢气和氧气，那么为什么阳光照在水面上看不到有丝毫氢气和氧气生成?

答　因为水不能直接吸收太阳光的能量，所以阳光照在水面上看不到有氢气和氧气生成. 要想用阳光来分解水，必须要有合适的光敏剂才可以，光敏剂能直接吸收太阳光的能量，再把能量传给水，才能使水分解成氢气和氧气. 现在已有科学家成功地在实验室中试制这种光敏剂，将来就可以利用太阳能来分解水制取氢气作燃料了.

37. 何谓受激单重态和三重态? 电子激发态的能量衰减通常有多少种方式?

答　当分子中的电子被激发时，如果一对电子是自旋反平行(方向相反)的，电子的总自旋角动量在 z 轴方向上只有一种分量，这种状态称为单重态；如果一对电子是自旋平行(方向相同)的，电子总自旋角动量在磁场 z 方向上可以有三个不同的分量，这种状态称为激发三重态.

电子激发态的能量衰减通常有辐射跃迁、无辐射跃迁和分子间传能三种.

38. 绿色植物的光合作用反应为 $6CO_2+6H_2O \Longrightarrow C_6H_{12}O_6+6O_2$，每生成一个 $C_6H_{12}O_6$ 分子，需要吸收多少个光子? 为什么?

答　需要吸收48个光子. 根据光合作用反应 $6\overset{+4}{C}\overset{-2}{O_2}+6H_2O \Longrightarrow \overset{0}{C_6}H_{12}O_6+6\overset{0}{O_2}$，每生成一个 $C_6H_{12}O_6$ 分子，需要转移的电子数目是 $6\times4+12\times2=48$，也就是需要吸收的光子数.

39. 比较荧光和磷光有何异同之处.

答　荧光和磷光都是冷光. 当激发态分子从激发单重态 S^* 跃迁到基态 S_0($S^*\rightarrow S_0$)上时所发射的辐射称为荧光；其特征为波长短，强度大，辐射光寿命短；当激发态分子从三重态 T^* 跃迁到基态($T^*\rightarrow S_0$)上时所发射的辐射称为磷光，其特征为波长长，强度弱，辐射光寿命长.

40. 链反应和光反应有何特征?

答　链反应的特征是，反应一旦开始，如不加控制，就会好像链锁一样，一环套一环自动地发展下去. 链的引发可以通过光照、加热、加电场、加磁场或加入引发剂等. 光化反应特征：在可见光的作用下激活反应物分子而发生化学反应，有一些光化反应的机理是链式反应方式，这样链式光化学反应，其光的量子效率特别大，例如用紫外光引发的 $H_2+Cl_2 \Longrightarrow 2HCl$ 反应. 但多数光化反应不是链式反应，光的量子效率 Φ 较小.

41. 什么是激光? 激光产生的条件是什么? 为什么说红外激光是化学反应的"分子手术刀"?

答　分子、原子中的电子被激发到高能级上，在高能级上的平均寿命为 10^{-8} s. 如果它自发地从高能级上跃迁到低能级上，放出光子，则称之为自发辐射；如果它在自发跃迁之前，受到适当频率的光照射而提前跃迁，辐射放出光子，并且放出光的频率与照射光相同，则称之为受激辐射，放出的光叫激光(laser).

在一般情况下，不会产生激光，因为分子中的电子大多数处在低能级上，要想产生激光必须使“粒子反转”，即高能级上电子数多于低能级上的，一般用加电场等手段可以把低能级上大量电子激发到高能级上，这个过程称为泵运，然后再光照发生受激辐射，高能级上电子跃迁像雪崩一样，就产生激光. 因此激光产生要两个条件：粒子反转与受激辐射.

激光具有高强度和高单色的特点. 由于波长范围不同，在化学反应中的作用也不同，可见光与紫外光波段的激光对化学反应只起高强度光源的作用. 但红外波段激光则不同，它不仅为反应提供能量，还能激发一些特殊的光化反应，因为红外波段激光的振动频率范围正好与分子中化学键的振动频率范围大体相符，产生共振使化学键活化. 可选择适当频率的红外激光使反应物分子中某些特定的化学键或官能团活化，使反应根据人们的需要定向进行，实现所谓的“分子剪裁”的作用.

例如 N_2F_4 和 NO 的混合，用加热的办法只能发生 N_2F_4 的分解反应，而不发生相互反应：

$$3N_2F_4 + NO \xrightarrow{573\ K} 4NF_3 + N_2 + NO$$

N－N 键能为 84 kJ/mol，N－F 键能为 290 kJ/mol. 加热方法只能使键能低的 N－N 键断裂. 但用 CO_2 红外激光照射则不同，键能低的 N－N 键不断裂，键能高的 N－F 键断裂. 因为 N－F 键的对称热振动频率为 934.9 cm^{-1}，不对称热振动频率为 959 cm^{-1}，而 CO_2 红外激光振动频率是 943 cm^{-1}，与 N－F 键振动频率相近，就能引起 N－F 键共振而被活化，因此发生下列反应：

$$N_2F_4 + NO \xrightarrow{\text{激光}} N_2F_3\cdot + NOF$$

$$N_2F_4 + 4NO \xrightarrow{\text{激光}} N_2 + 4NOF$$

反应过程可表示为

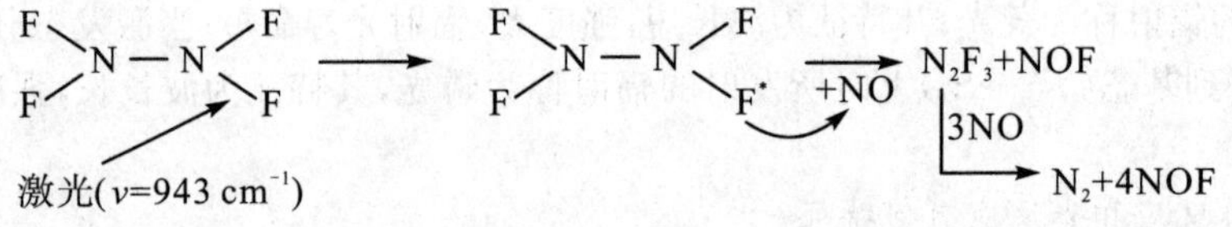

由此可见，红外激光可以使指定的化学键断裂，生成指定的化合物，因此红外激光被称为化学反应的“分子手术刀”.

42. 用光化学知识说明什么是“温室效应”和当前地球变暖的原因.

答　大气中对流层的气体密度较大，80％的大气和几乎全部的水蒸气分布在这里. 它是地球外的一道屏障，其中的 CO_2 和水蒸气等允许太阳的部分短波辐射透过而到达地面，使地球表面温度升高，同时，又能吸收由太阳光发出的长波辐射和地球表面发出的长波辐射，然后反射到地球上，只让很少一部分热辐射散失到宇宙空间去. 这样就使地球表面能维持相对稳定的气温，是一切生命得以维持的保证，这种现象称为温室效应.

温室效应的产生主要归功于 CO_2 吸收红外线的光化学过程：$CO_2 + h\nu$(红外线)$\longrightarrow CO_2^*$. 处于激发态的 CO_2^* 不稳定，会自发放出能量而跃迁到基态：$CO_2^* \longrightarrow CO_2 +$ 热. 这个过程把太阳和地球发出的辐射热保留下来，对地球起到保温的作用，故 CO_2 被称为温室气体. 在正常情况下，人类燃烧燃料产生的 CO_2 可溶解在雨水、江河、湖泊和海洋中，一部分则被植物的光合作用所吸收，产生的和消失的 CO_2 维持平衡，大气中 CO_2 总量不变，正常的温室效应得以维持.

当前地球变暖的原因：现在人类的生产活动已经导致 CO_2 的过量排放，大气中 CO_2 的浓度正以年增长率 0.5%的速度增加，这就意味着温室效应在恶化、不正常，导致地球变暖，当然这只是地球变暖的原因之一，还有洋流等因素的影响、极地冰山融化、海平面升高、气候反常.

43. 光化学反应的平衡与热化学反应的平衡有什么不同之处？光化学反应的平衡常数与纯热化学反应的平衡常数有什么不同之处？

答　光化学反应的平衡态与热化学反应的平衡态不同，光化学反应的平衡态是一个定态，必须在某一强度光照射下才能维持，一旦去掉光照，光化学平衡立即就被破坏，也就是说光化学的平衡态是在外界干扰下维持的；热化学的平衡态是没有外界干扰下就能达到的平衡态，是热力学平衡态.

光化学的平衡常数与热化学的平衡常数不同，它只在一定强度光照射下才为一常数，光强改变它也随之而变，光化学反应的平衡常数不能通过热力学数据 $\Delta_r G_m^{\ominus}$ 来计算.

44. 保护臭氧层维也纳公约缔约国第一次会议(1989 年 4 月)呼吁各国最迟到 2000 年时停止全部可释放氯氟烃类物质的生产活动. 请问臭氧层的自然平衡是如何维持的？氯氟烃的危害有哪些？

答　臭氧层主要位于 15～35 km 的高空，即平流层的中下部. 在这个区间里，与臭氧有关的主要光化学反应是

$$O_2 + h\nu \longrightarrow O + O \tag{1}$$

$$O_2 + O + M \longrightarrow O_3 + M \tag{2}$$

$$O_3 + M \xrightarrow{h\nu} O_2 + O + M \tag{3}$$

$$O_3 + O \longrightarrow 2O_2 \tag{4}$$

以上反应使臭氧 O_3 维持在一个近似稳定的浓度，这个浓度虽然很低，但对地球上的生命至关重要，因为它不仅给地球上的生物提供了一种防护波长在 180～330 nm 的紫外线的屏障，而且通过吸收这种辐射贮存了能量，成为调节气候的一个重要因素.

然而，氯氟烃类物质，例如用作制冷剂或烟雾剂的 $CFCl_3$，CF_2Cl_2 等，对臭氧的平衡有很大威胁. 这些物质释放后绝大部分先进入低层大气，然后逸入高空，虽然它们本身化学性质稳定，但在高空紫外线作用下会发生光解作用产生氯原子，光解碎片又会进一步跟原子氧作用而产生 Cl 或 ClO·.

氯原子破坏臭氧的主要反应是

$$Cl + O_3 \longrightarrow ClO\cdot + O_2 \tag{5}$$

$$ClO\cdot + O \longrightarrow Cl + O_2 \tag{6}$$

反应(5)和(6)的净结果是臭氧被催化分解：

$$O_3 + O\cdot \xrightarrow{\quad Cl \quad} 2O_2 \tag{7}$$

另外，ClO·还能与 NO 发生反应：

$$ClO\cdot + NO \longrightarrow Cl + NO_2 \quad (8)$$

结果是又生成了 Cl 原子，NO 也和 Cl 一样，对臭氧有催化分解作用.

臭氧每减少 1%，紫外辐射就会增强 2%以上，结果将导致皮肤癌发病率上升，对地球气候与植物生长也有不利影响. 虽然 NO 和 Cl 一样可能使臭氧逐渐枯竭，但 Cl 的影响更为严重，因为地面上的氯氟烃源终止排放以后，它还会逐渐向平流层转移而继续存在相当长时间，有人估计，10～25 年之后才积累得使其影响最大. 因此及早停止生产和使用这类物质，对保护全球环境是十分必要的.

45. 什么是光化学烟雾？它是如何形成的？如何防止？

答 在阳光的强烈照射下，大气中产生的氮氧化物和碳氢化合物称为一次污染物，一次污染物又经过一系列光化学反应，生成臭氧、过氧乙酰硝酸酯(PAN)及醛类等二次污染物，一次与二次污染物的混合物所形成的光污染现象称为光化学烟雾. 1946 年光化学烟雾首次出现在美国洛杉矶市，因此也称洛杉矶烟雾. 它具有很强的氧化性、刺激性，对人类及动植物危害性极大. 经过研究表明，在 60° N(北纬)～60° S(南纬)之间的一些大城市，都可能发生光化学烟雾. 光化学烟雾主要发生在阳光强烈的夏、秋季节. 随着光化学反应的不断进行，反应生成物不断蓄积，光化学烟雾的浓度不断升高，3～4 h 后达到最大值. 这种光化学烟雾可随气流飘移数百千米，使远离城市的农村庄稼也受到损害. 20 世纪 40 年代之后，随着全球工业和汽车业的迅猛发展，光化学烟雾污染在世界各地不断出现，除了美国的洛杉矶，以后日本东京、大阪，英国伦敦，澳大利亚、德国等国家的大城市及中国北京、南宁、兰州均发生过光化学烟雾现象. 鉴于光化学烟雾的频繁发生及其造成危害巨大，如何控制其形成已成为令人注目的研究课题.

光化学烟雾形成机理是一系列光化学反应，主要是 NO_2 在光照射下分解出原子 O，原子 O 与 O_2 反应生成 O_3，O_3 与碳氢化合物发生一连串链反应，生成过氧乙酰硝酸酯等物质. 氮氧化物和碳氢化合物是光化学烟雾形成过程中必不可少的重要组分，它主要来自汽车的尾气. 因此要防止光化学烟雾发生，主要是改善汽车发动机，降低燃料消耗，减少有害气体排放. 另一个措施是安装尾气转换器，使汽车尾气无害. 尾气转换器的主要作用物质是铂钯催化剂，而金属铅会使铂钯催化剂中毒，所以要求汽车使用无铅汽油. 目前，使用电动汽车、氢能汽车，更是从源头上消除汽车尾气的污染.

8.5 催化作用与分子反应动态学

46. 催化剂为什么不会改变化学平衡位置？

答 因为根据热力学原理，反应物是体系的始态，产物是终态，始终态已经确定，其反应过程状态函数改变值 $\Delta_r G_m$ 和 $\Delta_r G_m^{\ominus}$ 为定值，催化剂不能改变反应的始终态，也就不改变改变 $\Delta_r G_m^{\ominus}$，$\Delta_r G_m^{\ominus} = -RT \ln K^{\ominus}$，因此不改变平衡常数与平衡位置.

47. 催化剂有哪些基本特征？某一反应在一定条件下的平衡转化率为 25.3%，当使用某种催化剂时，反应速率增加了 20 倍，若保持其他条件不变，问转化率为多少？催化剂能加速反应速率的本质是什么？

答　催化剂具有以下基本特征：① 催化剂在反应前后，常有物理性质的改变，但其化学性质和数量不发生变化，形状可能变化. ② 催化剂能改变反应途径，降低反应活化能，从而加快反应到达平衡的时间. ③ 催化剂只能缩短到达平衡所需的时间，而不能改变化学反应的方向和限度. ④ 催化剂对体系中存在的某些少量杂质极其敏感. ⑤ 催化剂具有特殊的选择性.

虽然反应速率增加了 20 倍，但平衡转化率不变，仍为 25.3%.

催化剂能加速反应的本质是催化剂参与了反应，改变了反应的历程，降低了反应活化能. 加快了反应速率.

48. 为什么说化学反应正方向催化剂也是逆方向的催化剂？这一规律有何意义？

答　因为催化反应中催化剂参与反应，形成中间产物，改变了原来的反应历程(机理)，对于决定速率步骤的基元反应，催化剂降低正方向反应的活化能，依据基元反应微观可逆性原理，逆反应的历程是正反应的逆过程，因此若一种催化剂降低了正方向反应的活化能也必降低逆方向反应的活化能，加快了逆方向反应，那么它也就是逆方向反应的催化剂.

这一规律很有意义，是寻找催化剂一种好方法. 例如由 CO 和 H_2 合成甲醇必须在高温高压下进行，直接在高温高压条件下研究催化剂比较困难，但对于逆方向反应，甲醇的分解却可在常压下反应，条件较简单，人们正是通过甲醇的催化分解研究，找到了有效的 Cu，ZnO，MnO 等催化剂，用于 CO 和 H_2 合成甲醇的工业生产. 当然，在研究中还是要注意高压与低压是不同的.

49. 溴和丙酮在水溶液中发生如下反应：

$$CH_3COCH_3(aq)+Br_2(aq)=\!=\!=CH_3COCH_2Br(aq)+HBr(aq)$$

实验得出的速率方程对于 Br_2 为 0 级，有人说反应中 Br_2 起了催化剂作用. 这种说法对不对？如何解释这样的实验事实？

答　这种说法不一定对，因为不能仅从反应级数上判断它是催化剂. 催化剂在反应前后，化学性质不变，在反应过程中与反应物生成某种不稳定的中间化合物. 本题中 Br_2 参与了反应，化学性质也发生了变化，因此它不是催化剂，是反应物.

实验得出的速率学方程对于 Br_2 为 0 级，说明该反应历程中，决定速率的那一步中没有 Br_2 参加.

50. 催化剂是不是一定都能加快化学反应速率？

答　这里涉及催化剂概念范畴问题. 若把催化剂分为正催化剂与负催化剂，那么催化剂就不一定都能加快化学反应，因为负催化剂阻碍反应速率. 若把加快反应的正催化剂称为催化剂，把阻碍反应速率的物质称为阻化剂或防老剂，那么催化剂一定能加快反应速率. 我们目前一般使用后一个概念，负催化剂叫阻化剂，不叫催化剂，这样说催化剂一定都能加快化学反应速率是正确的.

51. 催化剂的选择性的含义是什么？

答　催化剂的选择性有两个方面的含义：① 不同的反应需要选择不同的催化剂. 例

如,乙烯的氧化用银作催化剂,二氧化硫的氧化用钒作催化剂,合成氨用铁作催化剂.又如某一物质只能在指定反应中才可作为催化剂,这一点在酶催化中表现得最为突出,脲酶仅能催化尿素转化为氨及 CO_2,而对其他反应并无催化活性. ② 对于同一个反应物选择不同的催化剂可以获得不同的产物,这一点对生产实际有重要意义.例如,采用不同的催化剂可以利用乙醇得到多达 25 种化工基本原料:

$$C_2H_5OH\begin{cases}\xrightarrow[200\sim250\ ℃]{Cu} CH_3CHO+H_2\\ \xrightarrow[350\sim360\ ℃]{Al_2O_3} C_2H_4+H_2O\\ \xrightarrow[140\ ℃]{Al_2O_3} C_2H_5OC_2H_5+H_2O\\ \xrightarrow[400\sim450\ ℃]{ZnO\text{-}Cr_2O_3} CH_2{=}CH{-}CH{=}CH_2+H_2O+H_2\end{cases}$$

52. 设有一反应,其反应历程如下:

(1) $A+B \longrightarrow C+D$; (2) $2C \longrightarrow F$; (3) $F+B \longrightarrow 2A+G$.

写出其总反应的化学方程式,并指出该历程中各类物质分别属于反应物、产物、中间物、催化剂中哪一类.

答 对反应机理中反应进行计量系数调整:

$$2A+2B \longrightarrow 2C+2D \qquad (1)$$

$$2C \longrightarrow F \qquad (2)$$

$$F+B \longrightarrow 2A+G \qquad (3)$$

以上三式相加,得 $3B \longrightarrow 2D+G$.

由此可知:B 是反应物;C,F 是中间物;D,G 是产物;A 是催化剂.

53. 均相催化与多相催化的区别是什么?络合催化和酶催化是均相催化还是多相催化?

答 均相催化与多相催化的区别:均相催化反应是指反应组分与催化剂处于同一相中,包括气相催化和液相催化.多相催化是指反应组分与催化剂不是处于同一相中,例如气固相催化反应与液固相催化反应.

络合催化既有均相络合催化也有多相络合催化,看具体反应而定;酶是动植物和微生物产生的具有催化能力的蛋白质大分子,是由氨基酸按一定顺序聚合起来的大分子,质点大小为 3~100 nm,因此酶催化介于均相催化与多相催化之间.

54. 酸碱催化反应机理的主要特征(或本质)是什么?酸碱催化反应动力学的特点是什么?

答 酸碱催化反应机理的主要特征(或本质)是质子转移.酸催化时,反应物(X)从酸(BH)中接受质子,生成中间物 HX^+ 后,再进一步反应;碱催化时,质子从反应物(XH)转移到催化剂碱(B)上,生成中间物 X^- 后,再进一步反应.

酸碱催化反应动力学特点是机理的第一步速率最慢,是决定速率步骤.

酸催化：$X+BH \xrightarrow{\text{决速步}} HX^{+}+B^{-}$；$r=k_a[X][BH]$.

碱催化：$XH+B \xrightarrow{\text{决速步}} X^{-}+HB^{+}$；$r=k_b[XH][B]$.

其酸碱催化反应的特点是反应速率与酸碱的浓度成正比，也就是说反应速率与催化剂的浓度有关.

55. 与一般催化反应相比，酶催化的特点是什么？

答　(1) 高度选择性. 有些酶甚至只对某个特定的反应有催化作用. 例如从酵母中分离的脱氢酶，只催化 L-乳酸脱氢而不影响 d-乳酸；某种脱氢酶只能在硬脂酸的第 8,9 两个碳原子间引入双键. 这样选择性已达到分子水平. 例如，1 mol 醇脱氢酶在室温下，1 秒内可使 720 mol 乙醇转变为乙醛，而同样的工业过程，用铜催化剂，在 200 ℃下，每秒每摩尔催化剂仅能转变 0.1～1.0 mol 乙醇.

(2) 高催化效率. 酶的催化活性极高，为一般酸碱催化剂的 10^8～10^{11} 倍.

(3) 酶催化的条件比较温和(一般常温常压下). 例如，工业上合成氨需在高温(约 770 K)、高压(约 30 MPa)及在特殊设备中进行，且转化率低(7%～10%)，而豆类植物体中的固氮酶，可在常温常压下固定空气中的氮，将它还原成氨，并且转化率比较高.

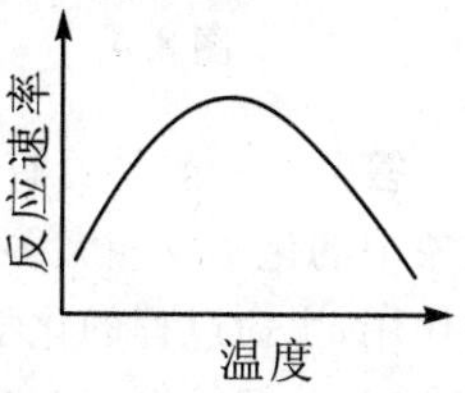

图 8.3

(4) 有特殊的温度效应. 温度对酶催化速率的影响如图 8.3 所示，随温度的上升，催化反应速率先是上升，然后下降，有极大值. 这是由于酶是蛋白质，高温下蛋白质变性，酶被破坏所致.

56. 酶催化反应一般认为按米歇尔斯-门顿(Michaelis-Menten)机理进行，那么米歇尔斯常数 K_M 的意义是什么？可以用哪些方法得出米歇尔斯常数 K_M？

答　米歇尔斯-门顿机理一般表示如下：

$$S+E \underset{k_{-1}}{\overset{k_1}{\rightleftharpoons}} [ES]$$

$$[ES] \xrightarrow{k_2} P+E$$

应用稳态近似法可以得到中间产物[ES]的浓度：

$$\frac{dc_{ES}}{dt}=k_1c_Ec_S-k_{-1}c_{ES}-k_2c_{ES}=0$$

$$c_{ES}=\frac{k_1c_Ec_S}{k_{-1}+k_2}=\frac{c_Ec_S}{K_M}$$

式中 $K_M=\dfrac{k_{-1}+k_2}{k_1}$，称为米歇尔斯常数. 米歇尔斯常数 K_M 可以看成是中间络合物[ES]的离解常数.

用酶的起始浓度$[E]_0$来表示速率方程：$r=\dfrac{dc_P}{dt}=k_2c_{ES}=\dfrac{k_2c_{E,0}c_S}{K_M+c_S}$. 当基质浓度很大时，$c_S \gg K_M$，酶几乎都变成络合物，反应速率达到最大值而与基质的浓度 c_S 无关，$r_{max}=k_2c_{E,0}$，r_{max}称为最大反应速率. 代入得

$$r=\frac{\mathrm{d}c_P}{\mathrm{d}t}=\frac{r_{max}c_S}{K_M+c_S},\quad \frac{r}{r_{max}}=\frac{c_S}{K_M+c_S}$$

用下列两种方法可得出米歇尔斯常数：

(1) 半最大速率法. 由上式，$r=\frac{1}{2}r_{max}$ $K_M=c_S$，即说明：米歇尔斯常数 K_M 等于反应速率达到最大速率一半时的基质浓度.

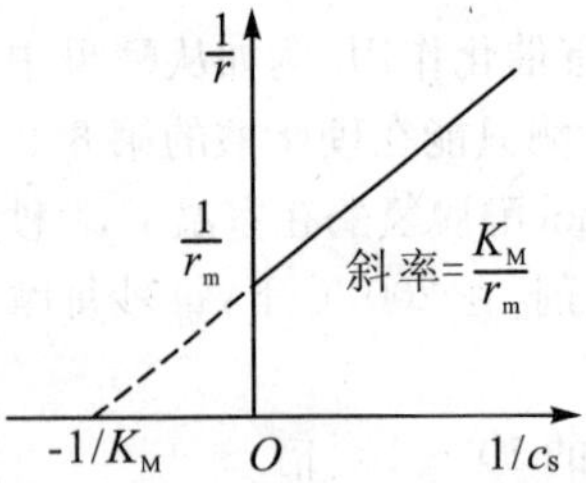

图 8.4

(2) 倒数法，见图 8.4. 由 $r=\frac{r_{max}c_S}{K_M+c_S}$，知

$$\frac{1}{r}=\frac{K_M}{r_{max}}\frac{1}{c_S}+\frac{1}{r_{max}}$$

以$\frac{1}{r}$对$\frac{1}{c_S}$作图，从直线的斜率$\left(\frac{K_M}{r_{max}}\right)$和直线的截距$\left(\frac{1}{r_{max}}\right)$，可以求出 K_M.

57. 为什么说人的生命过程离不开酶催化过程？

答 酶一般是具有复杂结构的蛋白质大分子(相对分子质量在 $10^4\sim10^6$ 之间)，生命现象中的化学反应大多由酶催化，人体中有 2 000 多种酶，这些酶在人的生命过程起重要的作用，生命过程的化学反应、生物过程都离不开酶催化，例如蛋白质、脂肪、碳水化合物的合成、分解等等都在酶催化下作用，因此说人的生命过程离不开酶催化过程.

58. 固体对气体的吸附分为物理吸附和化学吸附. 两者的主要区别是什么？在什么情况下，两者可以相互转换？吸附和表面催化反应有什么关系？

答 两者的区别：化学吸附吸热大，物理吸附吸热小；化学吸附有选择性，物理吸附没有选择性；化学吸附是单分子层的，物理吸附可以是单分子层的，也可以是多分子层的；化学吸附的活化能较大，因此在较高温度下才能发生，物理吸附的活化能较小，因此在较低温度下也能发生.

两者的关系：随着吸附条件的改变，特别是温度升高，有些物理吸附会转变为化学吸附，但化学吸附总是伴随着物理吸附.

气固相催化是在表面上进行的，首先气体要在固体表面吸附，然后才能发生反应，因此吸附是表面催化反应的必要条件.

59. 为什么说恒温恒压下，气体在固体表面吸附一定是放热过程？

答 恒温恒压下，气体在固体表面吸附是一个自发过程，因而 $\Delta G<0$，该过程中，气体分子从原来的空间自由运动变成限制在固体表面上的二维运动，运动自由度减少，$\Delta S<0$. 依照公式 $\Delta G=\Delta H-T\Delta S$，可推知 $\Delta H<0$，因此气体在固体表面吸附一定是放热过程.

60. 朗缪尔(Langmuir)单分子层吸附模型，在等温方程推导作了哪些假设？

答 朗缪尔吸附又称为理想吸附，基本假设如下：

(1) 固体表面是均匀的，因此它对所有气体分子吸附的机会都相等.

(2) 每个吸附位置只能吸附一个气体分子，也就是吸附是单分子层的，吸附分子之间没有相互作用.

(3) 吸附平衡是动态平衡，即达到平衡时吸附速率和脱附速率相等.

61. 合成氨的生产条件为什么要选择高温 723～823 K 之间？为什么要选择 300 atm 的高压？

答　合成氨 $N_2+3H_2 \longrightarrow 2NH_3$ 是分子数减少的放热反应，从热力学角度化学平衡移动原理上看，升高温度对转化率不利，应该降低温度；但从化学动力学角度上看，升高温度加快化学反应速率，缩短达到平衡的时间，提高单位时间内的产率. 虽然升高温度降低转化率，但原料气可以循环使用，不会浪费原料气，因此综合两方面因素，升高温度对合成氨生产有利. 温度在 723～823 K 之间，这是因为合成氨用的是 Fe 催化剂，Fe 催化剂在 723～823 K之间活性最大.

该反应是分子数减少的反应，增加压力可以提高转化率，因此要增加压力，考虑到能量的消耗与反应器的耐压情况，目前一般采用 300 atm(约 30 MPa).

62. 硫酸工业中，用钒催化二氧化硫氧化反应，其催化转化塔为什么要采用四段转化？

答　因为二氧化硫的氧化反应 $SO_2+O_2 \xlongequal{} SO_3$ 是一个放热反应，$\Delta H<0$. 根据化学平衡移动原理，降低温度有利于平衡向右移动，提高 SO_2 的转化率，但温度低又会减慢反应速率，延迟达到平衡的时间. 所以工业生产中采用塔顶第一段催化反应在高温下进行，以便使反应快速达到平衡，然后进入温度渐次减低的第二段、第三段、第四段催化反应，逐渐降低温度，使平衡位置逐渐向右移动，提高 SO_2 的转化率，这种方法能达到反应时间短，转化率又高的目的.

63. 用 1-丁烯来生产丁二烯(合成橡胶的主要原料)，可以有两个方案：

(1) $CH_2{=}CHCH_2CH_3(g) \longrightarrow CH_2{=}CH-CH{=}CH_2(g)+H_2(g)$；

(2) $CH_2{=}CHCH_2CH_3(g)+\frac{1}{2}O_2(g) \longrightarrow CH_2{=}CH-CH{=}CH_2(g)+H_2O(g)$.

试从热力学角度分析，选用哪一个方案来做实验寻找催化剂较为合理.

答　查南京大学《物理化学》(上册)，1-丁烯：$\Delta_f G_m^\ominus(298\ K)=71.40\ kJ \cdot mol^{-1}$.

丁二烯：$\Delta_f G_m^\ominus(298\ K)=150.74\ kJ \cdot mol^{-1}$，$H_2O(g)$：$\Delta_f G_m^\ominus(298\ K)=-228.572\ kJ \cdot mol^{-1}$.

(1) $\Delta_r G_m^\ominus(1)=150.74-71.40=79.34\ kJ \cdot mol^{-1}$.

(2) $\Delta_r G_m^\ominus(2)=150.74-228.572-71.40=-149.232\ kJ \cdot mol^{-1}$.

反应(1)的反应自由能 $\Delta_r G_m>0$，在常温常压不能自发进行，反应(2)的反应自由能 $\Delta_r G_m<0$，在常温常压能自发进行，因此选用第二个方案来做实验寻找催化剂较为合理.

64. 为什么催化剂不能使 $\Delta_r G_m>0$ 的反应自发进行，而光化学反应却可以？

答　催化剂的作用是改变反应途径，降低反应活化能，从而提高反应速率，但由于加不加催化剂反应始终态是相同的，也就是催化剂不能改变反应始终态，所以催化剂不能改变反应的吉布斯自由能变化值，故不能改变反应的方向，从而不能使 $\Delta_r G_m>0$ 的反应自发进行. 而对于光化学反应，由于体系中的反应分子吸收光能，即环境对体系做了非体积功，当 $\Delta_r G_m<W'$ 时，吸收的光能大于自由能改变值，因此反应在光照条件下可以自发进行.

65. 有人说催化剂能以相同倍数改变可逆反应的正、逆反应速率，那么催化剂为什么又能加快总反应的速率呢？

答 对于正逆都是基元反应的可逆反应，恒温下催化剂是以相同倍数改变可逆反应的正、逆反应速率常数的，因此催化剂不改变平衡常数，但可以缩短可逆反应达到平衡的时间，表现出加快总反应速率. 对于不是可逆的基元反应或复杂反应，催化剂可以改变反应历程，降低决定速率步骤的活化能，因此可以加快总的反应速率.

66. 为什么用 BET 吸附法测定固体比表面时，被吸附气体的压力与其蒸气压的比压要控制在 0.05～0.35 之间？BET 吸附假设与朗缪尔吸附假设有什么不同点？试证明 BET 公式在压力很小($p \ll p_s$)时，BET 公式可以还原为朗缪尔吸附公式.

答 (1) 当比压小于 0.05 时，压力太小，建立不起多分子层物理吸附平衡，甚至连单分子层物理吸附也远没有完全形成，表面的不均匀性就会突显出来；当比压大于 0.35 时，由于固体表面有许多毛细管，在毛细管中气体会凝聚成液体，造成吸附计算有较大误差.

(2) 两种吸附假设的不同点：朗缪尔认为吸附是单分子层的，BET 认为表面吸附了一层分子之后，依靠气体分子的作用力，还可以继续发生多分子层的吸附.

(3) BET 公式为

$$\frac{p}{V(p_s-p)}=\frac{1}{V_m C}+\frac{C-1}{V_m C}\times\frac{p}{p_s}$$

当 $p \ll p_s$ 时，$p_s-p\approx p_s$，将上式两边同时乘以 p_s，得

$$\frac{p}{V}=\frac{p_s}{V_m C}+\frac{(C-1)p}{V_m C}$$

p_s 和 C 都为常数. 设 $a=C/p_s$，当 $C\gg 1$ 时，$C-1\approx C$，得 $\frac{p}{V}=\frac{1}{V_m a}+\frac{p}{V_m}$，即为朗缪尔吸附公式.

67. 试说明同一个气-固相催化反应，为何在不同的压力下表现出不同的反应级数？请在符合朗缪尔吸附假设的前提下，从反应物和产物分子的吸附性质，解释下列实验事实：

① NH_3(g)在金属钨表面的分解呈 0 级反应的特点.

② N_2O(g)在金表面的分解是 1 级反应.

③ H 原子在金表面上的复合反应是 2 级反应.

④ NH_3(g)在金属钼上的分解速率由于 N_2(g)的吸附而显著降低.

答 (1) 因为气-固相催化反应在不同的压力下，历程不同，并且速率控制步骤不同使反应速率方程的表达式不同，因此反应级数也会不同.

(2) 多相催化反应中，吸附着的分子在进行反应时有不同的历程，分为单分子反应、2 分子反应等不同情况，题中所述实验事实分属于不同的反应历程，因此宏观上表现不同.

① 可归为单分子反应，采用朗缪尔一种物质吸附方程式，可以求出表面反应的速率方程为 $r=\frac{k_2 a_A p_A}{1+a_A p_A}$. 由于 NH_3(g)在 W 上的吸附很强，$a_A p_A \gg 1$，所以

$$r=-\frac{dp_A}{dt}=k_2$$

表面完全为吸附 NH_3 分子所覆盖，总的反应速率与气相中 NH_3(g)的压力无关，只与被吸

附着的 NH_3 分子有关,所以表现为 0 级反应.

② 也是单分子反应,速率方程为 $r=\dfrac{k_2 a_A p_A}{1+a_A p_A}$,但 N_2O 在金表面吸附很弱,

$$a_A p_A \ll 1,\quad r=\frac{k_2 a_A p_A}{1+a_A p_A}=k_2 a_A p_A=k p_A$$

所以是 1 级反应.

③ H 原子在金表面上的复合反应生成氢,两个氢原子吸附在金表面后再反应,速率方程为 $r=k_H\theta_H^2=k_H\left(\dfrac{a_A p_A}{1+a_A p_A}\right)^2$,而 H 原子在金表面上是弱吸附,$a_A p_A \ll 1$,速率方程则为

$$r=k_H\theta_H^2=k_H(a_A p_A)^2=k p_A^2$$

所以为 2 级反应.

④ 反应物 $NH_3(g)$(用 A 表示)与产物 N_2(用 D 表示)都在钼表面上吸附,它们成为竞争吸附,

$$\theta_A=\frac{a_A p_A}{1+a_A p_A+a_D p_D},\quad \theta_D=\frac{a_D p_D}{1+a_A p_A+a_D p_D}$$

吸附的 $NH_3(g)$ 在钼表面上反应,而产物 N_2 也在钼表面上吸附.

$$r=k_A\theta_A=k_A\frac{a_A p_A}{1+a_A p_A+a_D p_D}$$

而 $NH_3(g)$ 是弱吸附,N_2 是强吸附,$a_D p_D \gg 1+a_A p_A$. 速率方程为

$$r=k_A\frac{a_A p_A}{1+a_A p_A+a_D p_D}=k_A\frac{a_A p_A}{a_D p_D}=k\frac{p_A}{p_D}$$

对反应物 $NH_3(g)$ 是 +1 级反应,对产物 N_2 是 −1 级反应,因此 $N_2(g)$ 的吸附显著降低 $NH_3(g)$ 在钼上的分解速率. 从吸附活性中心上看,N_2 是强吸附,占据了许多活性中心,阻碍了 $NH_3(g)$ 吸附,因此分解速率降低.

68. (1) 如何从吸附的角度来衡量催化剂的好坏? (2) 为什么金属镍既是好的加氢催化剂,又是好的脱氢催化剂?

答　(1) 反应物在催化剂表面吸附后才能发生反应生成产物. 若催化剂对反应物吸附太弱,吸附的反应物分子太少,反应速率慢,反应效果差;若催化剂对反应物吸附太强,反应物分子占据活化中心不脱附,对表面反应不利,会阻碍反应进行. 因此从吸附的角度来衡量,催化剂对反应物吸附既不能太弱,也不能太强,中等吸附比较好.

(2) 在催化剂表面上的反应是表面基元反应,正向反应和逆向反应要经过同一个过渡状态,同样条件下一个催化剂既能加快正反应也能加快逆反应,因此,能比较好催化加氢反应的金属镍,也能较好催化脱氢反应.

69. 气-固表面反应有两种历程,即朗缪尔-欣谢伍德(Langmuir - Hinshelwood)机理与雷迪尔(Radial)机理,试分别说明这两个历程的区别. 请用表面反应质量作用定律写出其速率方程,并讨论其动力学特征.

答　这两种历程都是对表面 2 分子反应而言的,朗缪尔-欣谢伍德机理是两种反应物分子都吸附在固体表面,再相互发生反应;雷迪尔机理是一种反应物分子吸附在固体表

面，另一种反应物分子不吸附，在气相中与吸附在固体表面的那种反应物分子相互反应.

朗缪尔-欣谢伍德机理：

$$r=k_2\theta_A\theta_B=\frac{k_2K_AK_Bp_Ap_B}{(1+K_Ap_A+K_Bp_B)^2}=\frac{kp_Ap_B}{(1+K_Ap_A+K_Bp_B)^2}$$

讨论：(1) 若A，B都是弱吸附，$r=kp_Ap_B$，为2级反应.

(2) 若A是弱吸附，B是强吸附，

$$r=\frac{k_2K_AK_Bp_Ap_B}{(K_Bp_B)^2}=\frac{k_2K_Ap_A}{K_Bp_B}=k\frac{p_A}{p_B}$$

对A是1级，对B是−1级.

(3) 若A是强吸附，B是弱吸附，也类似处理.

雷迪尔历程：

$$r=k_2\theta_Ap_B=\frac{k_2K_Ap_Ap_B}{1+K_Ap_A}$$

讨论：(1) 若A是弱吸附，$r=kp_Ap_B$，为2级反应；

(2) 若A是强吸附，$r=k_2p_B$，为1级反应.

70. 试用反应物和产物在催化剂表面的吸附性能及吸附规律来解释下列事实：

(1) PH_3在W丝上的分解反应，低压下为1级反应，高压下为0级反应.

(2) NH_3在Pt上的分解速率与$\frac{p(NH_3)}{p(H_2)}$的比值成正比.

(3) 在Pt上反应$SO_2+\frac{1}{2}O_2 \longrightarrow SO_3$的反应速率与$p(SO_3)$成反比.

(4) 在Pt上，反应$CO_2+H_2 = CO+H_2O$在$p(CO_2)$较低时，反应速率与$p(CO_2)$成正比；在$p(CO_2)$较高时，反应速率与$p(CO_2)$成反比.

答 (1)

$$r=k_2\theta=\frac{k_2K_Ap}{1+K_Ap}$$

低压下，$1+Kp\approx 1$，$r=k_2K_Ap=kp$，为1级反应.

高压下，$1+K_Ap\approx K_Ap$，$r=k_2$，为0级反应.

(2) NH_3在Pt上的分解，NH_3(A)和H_2(B)都吸附.

$$r=k_2\theta_A\theta_B=\frac{k_2K_AK_Bp_Ap_B}{(1+K_Ap_A+K_Bp_B)^2}$$

当H_2是强吸附，NH_3是弱吸附时，

$$r=\frac{k_2K_AK_Bp_Ap_B}{(K_Bp_B)^2}=\frac{k_2K_Ap_A}{K_Bp_B}=k\frac{p_A}{p_B}=k\frac{p(NH_3)}{p(H_2)}$$

分解反应速率与$p(NH_3)/p(H_2)$的比值成正比.

(3) $SO_2+0.5O_2 \longrightarrow SO_3$，$SO_2$(A)和$SO_3$(B)都吸附，$O_2$不吸附.

$$r=k_2\theta_Ap(O_2)=\frac{k_2K_Ap_Ap(O_2)}{1+K_Ap_A+K_Bp_B}$$

由于SO_2(A)是弱吸附，SO_3(B)是强吸附，

$$r=\frac{k_2K_Ap_Ap(O_2)}{K_Bp_B}=k\frac{p(SO_2)p(O_2)}{p(SO_3)}$$

因此速率与 $p(SO_3)$成反比.

(4) CO_2+H_2══$CO+H_2O$,CO_2(A)和 H_2(B) 都吸附,

$$r=k_2\theta_A\theta_B=\frac{k_2K_AK_Bp_Ap_B}{(1+K_Ap_A+K_Bp_B)^2}$$

H_2(B)是弱吸附.

当 $p(CO_2)$较低时,$r=k_2K_AK_Bp_Ap_B=kp(CO_2)p_B$,所以速率与 $p(CO_2)$成正比.

当 $p(CO_2)$较高时,$r=\frac{k_2K_AK_Bp_Ap_B}{(K_Ap_A)^2}=\frac{k_2K_Bp_B}{K_Ap_A}=k\frac{p_B}{p(CO_2)}$,所以速率与 $p(CO_2)$成反比.

71. 对于何谓自催化反应和化学振荡?化学振荡反应的发生有哪几个必要条件?振荡反应有何特点?

答　给定条件下的化学反应系统,若反应开始后逐渐形成并积累了某种产物或中间体,这些产物或中间体具有催化功能,使反应经过一段诱导期后出现反应大大加速的现象,这种作用称为自催化作用.有些自催化反应可能使反应系统中某些物质的浓度随时间(或空间)发生周期性的变化,这样的现象称为化学振荡.

化学振荡的发生有以下几个必要条件:① 反应必须是敞开系统,且远离平衡态;② 反应历程中应包含有自催化的步骤;③ 体系必须能有两个稳态存在,即有双稳定性态.

振荡反应的特点是化学中某些物质的浓度随时间(或空间)发生周期性的变化,其终态不是平衡态.

72. 化学反应动力学分为总包反应、基元反应和态-态反应三个层次.何谓态-态反应?它与宏观反应动力学的主要区别是什么?当前研究分子反应动态学的主要实验方法有哪几种?

答　(1) 态-态反应指的是从指定能态的反应物转变为指定能态的产物的化学反应,其中包括一个能态到另一个能态的分子碰撞传能过程.

(2) 与宏观反应动力学的主要差别:态-态反应是从微观层次上认识基元反应的基本规律,分子能量属于非玻尔兹曼分布.而一般宏观反应动力学的分子体系属于玻尔兹曼分布(个别例外),所测的反应速率是统计平均结果.

(3) 当前研究分子反应动态学的主要实验方法有交叉分子束、红外化学发光和激光诱导荧光三种.

73. 通过交叉分子束实验可研究态-态反应,其装置主要由哪几部分组成?何谓红外化学发光和激光诱导荧光?它们在化学反应动力学的研究中有何作用?

答　(1) 常用的交叉分子束实验装置由束源、速度选择器、散射室、检测器和产物速度分析器等几个主要部分组成.

(2) 红外化学发光是处于振动、转动激发态的化学反应产物向低能态跃迁时所发出的辐射,记录分析这些光谱,可以得到初生产物在振动、转动态上的分布.激光诱导荧光方法是用一束可调激光,将初生产物分子电子从处于某振动、转动态的基态激发到高电子态的

某一振动、转动能级，并检测高电子态发出的荧光.

(3) 由红外化学发光技术可以得到产物转动能、振动能以及平动能之间的相对分布，由激光诱导荧光法可以确定产物分子在振动能级上的初始分布情况.

74. 试论述化学反应中分子碰撞与分子散射两个概念的异同点.

答 分子碰撞：指把分子当作无内部结构，具有不变直径的硬球，未接触前无相互作用，只有直接接触即碰撞才能发生能量交换和化学反应，一般应用弹性碰撞即碰撞前后能量守恒、动量守恒来描述.

分子散射：把分子当作核和电子的集合体，分子内、分子间均存在相互作用力，且动能和势能可相互转化，相互作用由不同形式的势函数所决定，如L-J势函数，分为弹性散射、非弹性散射和反应性散射.

散射与碰撞的最大区别在于：碰撞一定相互接触，而散射只需粒子进入作用力范围，如分子轨道发生某种重叠.

75. 活化能的概念始终是化学动力学中十分重要的概念，分子反应动态学(态-态反应)的研究对活化能的认识取得了哪些主要的新进展?

答 认识上的新进展有：(1) 反应所需能量不仅要求数量上足够高，更需要能量的形式合适，如需要振动激发的反应，即使平动能再高对反应也不一定有促进作用.

(2) 根据托尔曼(Tolman)对活化能的定义，过渡态的能态可能低于反应物的能态，即存在负活化能的反应.

76. 试从总包反应、基元反应、态-态反应三个层次论述活化能的概念及其意义.

答 (1) 总包反应. 阿累尼乌斯活化能 E_a 的定义是 $\ln k-\dfrac{1}{T}$ 直线的斜率 $-E_a/R$，即 $k=A\exp[-E_a/(RT)]$，其中 E_a 仅是动力学的一个参数，无任何明确的物理意义，只说明温度对其的影响程度.

(2) 基元反应. 活化能，根据托尔曼的定义，$E_a=\langle E^*\rangle-\langle E\rangle$，是活化分子的平均能量与反应物分子平均能量的差值.

(3) 态-态反应的活化能，在数量上是过渡态的平均能与反应物的平均能量的差值，可大于零也可小于零，而且在能量形式上对不同反应有不同的要求，负活化能具有超催化的作用.

第 9 章　电解质溶液

9.1　电解定律与离子迁移

1. 电子导体(金属)和离子导体(电解质溶液)的导电本质有何不同? 电解质溶液导电的特点是什么?

答　电子导体导电的本质是导体中自由电子定向移动,电解质溶液导电的本质是溶液中的离子定向移动.

电解质溶液导电的特点是:① 在电场作用下正、负离子向相反方向移动而导电,导电总量分别由正、负离子分担;② 在导电过程中电极上发生化学反应;③ 温度升高,溶液电阻下降,导电能力增大.

2. 电池中正极、负极、阴极、阳极是如何命名的? 为什么在原电池中负极就是阳极,正极就是阴极? 对电解池来说,为什么负极就是阴极,正极就是阳极?

答　电极的命名有两种方法:一种是按电势高低来命名,电势高的电极称为正极,电势低的电极称为负极. 外电路中电流总是从电势高的正极流向电势低的负极,电子的流向与电流的流向刚好相反,是从负极流向正极. 另一种是按电极反应类型来命名,发生氧化反应的电极称为阳极,发生还原反应的电极称为阴极.

对原电池来说,负极电势低,正极电势高. 电池放电时,电池反应是自动发生的,化学能转化为电能,负极上发生氧化反应,正极上发生还原反应,按电极命名方法,因此负极就是阳极,正极就是阴极. 对电解池来说,与外电源负极相接的电极电势低,并且发生的是还原反应,按电极两种命名方法,是负极也是阴极,与外电源正极相接的电极电势高,并且发生的是氧化反应,是正极也是阳极.

目前也有一些电化学书上采用公认的约定:无论是电解池,还是原电池,在讨论单个电极时,把发生氧化反应作用的电极称为阳极,把发生还原作用的电极称为阴极.

3. 用 Pt 电极电解一定浓度的 $CuSO_4$ 溶液,试分析阴极部、中部和阳极部溶液的颜色在电解过程中有何变化. 若都改用 Cu 电极,三个部分溶液颜色变化又将如何?

答　Pt 是惰性电极,电解时阴极部溶液中 Cu^{2+} 被还原生成 Cu,溶液中 Cu^{2+} 的浓度变小,蓝色变淡;阳极部溶液中 Cu^{2+} 向中部迁移,Cu^{2+} 浓度降低,蓝色变淡,中部的颜色在短时间内基本保持不变.

用 Cu 做电极电解时,阴极部溶液中 Cu^{2+} 的浓度变小,蓝色变淡,中部基本不变,阳极部的电极金属 Cu 被氧化成 Cu^{2+},Cu^{2+} 浓度增加,蓝色变深.

4. 对于确定的电解质溶液，通直流电电解得到的产物是确定的吗？以电解$CuSO_4$溶液为例来说明之.

答 不是确定的产物，用不同的电极来电解可以得出不同的产物.例如用惰性电极(Pt)电解$CuSO_4$溶液，阳极上发生反应：

$$H_2O(l) \longrightarrow \frac{1}{2}O_2(g) + 2H^+ + 2e^-$$

阴极上发生反应：

$$Cu^{2+}(aq) + 2e^- \longrightarrow Cu(s)$$

阴极上析出Cu(s)，阳极上放出氧气，并且溶液的pH值降低.如果用Cu电极来电解$CuSO_4$溶液，阳极上发生反应：

$$Cu(s) \longrightarrow Cu^{2+} + 2e^-$$

阴极上发生反应：

$$Cu^{2+}(aq) + 2e^- \longrightarrow Cu(s)$$

阴极上析出Cu(s)，阳极上Cu电极被氧化，溶液浓度不改变.

5. 法拉第电解定律的基本内容是什么？该定律在电化学中有何用处？

答 法拉第电解定律的基本内容是：电解质溶液通电之后，① 在电极上(两相界面)，发生化学变化的物质的量与通入电荷量成正比；② 若将几个电解池串联，通入一定的电荷量后，在各个电解池的电极上发生化学变化的物质的量都相等.

法拉第定律数学表达式：$Q = n_B z_B eL = n_B z_B F$，$F$是法拉第常数.

根据法拉第定律作用，通过分析电解过程中反应物在电极上物质的量的变化，就可求出电荷量的数值，或者，知道通过的电荷量计算出电解产物的数量，在电化学的定量研究和电解工业上有重要的应用.法拉第定律是电化学上最早的定量基本定律，不受温度、压力、地理环境、电解质浓度等影响.

6. 在温度、浓度和电场梯度都相同的情况下，氯化氢、氯化钾、氯化钠三种溶液中，氯离子的运动速度是否相同？氯离子的迁移数是否相同？

答 因为温度、浓度和电场梯度都相同，所以三种溶液中氯离子的运动速度是相同的，但氯离子的迁移数不相同.因为迁移数是指离子迁移电量的分数，氢离子、钾离子、钠离子的运动速度不同，迁移电量的多少不同，所以相应的溶液中氯离子的迁移数也是不同的.

7. 为什么正离子中的氢离子和负离子中的氢氧根离子的电迁移率的数值最大？

答 因为氢离子和氢氧根离子传递电荷的方式与其他离子不同，它们传导电荷时离子本身并没有迁移，而是依靠氢键断裂与生成以及水分子的翻转，像接力赛跑那样来传导电荷的，所以特别快.不过若在非水溶液中，氢离子和氢氧根离子就没有这个优势了.

8. 离子的迁移速率、离子淌度(有的书上称为电迁速率)和离子迁移数有何关系？

答 离子的迁移速率与离子淌度关系为$r = U\dfrac{dE}{dl}$(E是外加电压)，即除电势梯度外其他影响因素都包含在离子淌度中.

电解质溶液中某离子 i 的迁移数 t_i 与迁移速率、离子淌度的关系为 $t_i=\dfrac{r_i}{\sum r_i}=\dfrac{U_i}{\sum U_i}$. 对于只有一种电解质的溶液,正、负离子的迁移数与迁移速率、离子淌度的关系为

$$t_+ + t^- = 1,\quad t_+=\frac{r_+}{r_+ + r_-}=\frac{U_+}{U_+ + U_-}.$$

9. 为什么要提出离子迁移数概念?

答　某种离子的迁移数表示该种离子所传递的电量占通过溶液总电量的分数. 这一数值对研究电解过程、减少电化学测量中的液接电势等很有意义,因为由迁移数的大小可以判断正负离子所输送的电量、电极附近浓度发生变化的情况等.

另外,离子迁移数是可以测量的,因为某种离子迁移数也可看成该种离子的导电能力占电解质总导电能力的百分数,所以根据测得的迁移数,可以求出离子的极限摩尔电导率.

10. 请说明离子的迁移数与浓度、温度的关系如何.

答　(1) 离子的迁移数与浓度的关系:对正、负离子价态相同的溶液,浓度增大时,对正、负离子的迁移数影响基本相同;对正、负离子价态不同的溶液,浓度增大,对正、负离子的迁移数影响不同,价态高的离子迁移数减少比较明显.

(2) 离子的迁移数与温度的关系:温度升高,电解质电阻降低,离子迁移速率增大,对于只有一种电解质的溶液,正、负离子的迁移数趋于相等,都等于 0.5.

11. 既然离子迁移数与离子的迁移速率成正比,那么当温度、浓度一定时,某离子的运动速率若为一定值,其迁移数也是一定的. 这个推论是否合理?

答　这个推论不合理,因为某种离子的迁移数不仅与它输送的电量多少有关,还与溶液中其他离子输送的电量多少有关. 例如 Na^+ 离子,虽然当温度、浓度一定时(如无限稀释时),它的运动速率为一定值,但与它相关联的负离子若改变,例如 NaCl 溶液改成 NaAc 溶液,它的迁移数就改变,不是一成不变的. 另外,对于有多种电解质的溶液,其他离子浓度等改变,输送的电量改变,也对该离子的迁移数有影响,即迁移数不是定值.

12. 已知在阳离子中,H^+ 的电迁移速率(淌度)最大. 有一个 HCl 浓度为 $10^{-3}\,mol\cdot L^{-1}$ 和 KCl 浓度为 $1.0\,mol\cdot L^{-1}$ 的混合溶液,那么 H^+ 与 K^+ 的迁移数哪个大?

答　离子的迁移数大小与下列因素有关:离子浓度(参加输送电量的离子数目)、离子迁移速率、离子的荷电量,例如 Cu^{2+},K^+ 的荷电量不同.

H^+ 与 K^+ 的荷电量相同;查表知 K^+ 与 H^+ 的淌度分别为 6.0×10^{-8},$30.0\times10^{-8}\,m^2\cdot s^{-1}\cdot V^{-1}$,虽然 H^+ 的淌度是 K^+ 的 5 倍,但 K^+ 的浓度是 H^+ 的 1000 倍,因此综合考虑,H^+ 的迁移数小于 K^+ 的迁移数,$t(H^+)<t(K^+)$.

13. 电化学中测量离子的迁移数有哪些方法? 它们的优缺点是什么?

答　目前一般电化学中测量离子迁移数有三种方法:希托夫(Hittorf)法、界面移动法、电池电动势法.

希托夫法的优点是测量原理比较简单,好理解,缺点是测量结果不很准确,实验中很

难避免由于扩散、对流、振动等引起的溶液混合，计算中也没有考虑水分子会随离子一起移动. 界面移动法的优点是测量的结果比较精确，计算简单，缺点是只能测量两种电解质溶液有明显颜色界面时某种离子的迁移数，因此测量范围比较小. 电池电动势法的优点是结果比较精确，缺点是测量范围有限，因为能设计成符合要求的电池并不多.

14. 界面移动法测量离子迁移数的应用条件是什么？

答 应用条件：① 要测量一种电解质中某种离子的迁移数，必须找到一种与该电解质溶液有明显颜色界面的一种辅助电解质溶液；② 两种溶液必须要有共同阴离子或共同阳离子，并且两电解质浓度相同；③ 在通电方向上，迁移速率大的离子要在前面，这样才能保持界面清晰；④ 只能测量出移动时前面离子的迁移数.

15. 要用界面移动法测量 0.1 mol·L^{-1}的 KCl 溶液中 K^+ 的迁移数，实验室有下列电解质溶液：HCl(0.1 mol·L^{-1})，NaCl(0.1 mol·L^{-1})，$CuCl_2$(0.1 mol·L^{-1})，$CuSO_4$(0.1 mol·L^{-1})，$CuSO_4$(0.05 mol·L^{-1})，$Ni(NO_3)_2$(0.1 mol·L^{-1})，$NiCl_2$(0.05 mol·L^{-1})等溶液. 你认为可以选用哪些电解质溶液作为测量的辅助电解质溶液？为什么？

答 选用的辅助电解质溶液要求与 KCl 有明显颜色界面. HCl(0.1 mol·L^{-1})，NaCl(0.1 mol·L^{-1})溶液无颜色，不能选；$CuSO_4$(0.1 mol·L^{-1})，$CuSO_4$(0.05 mol·L^{-1})，$Ni(NO_3)_2$溶液虽然有颜色但与 KCl 没有共同的离子，不能选；$CuCl_2$(0.1 mol·L^{-1})与 $NiCl_2$(0.05 mol·L^{-1})在颜色、共同离子上符合要求，但浓度上要求与 KCl 浓度一样，$CuCl_2$(0.1 mol·L^{-1})不合要求，$NiCl_2$(0.05 mol·L^{-1})的基元单位电荷浓度与 KCl 浓度一样，因此只能选用 $NiCl_2$(0.05 mol·L^{-1})作为测量的辅助电解质溶液.

9.2 电解质溶液电导

16. 电导率与摩尔电导概念有何不同？它们各与哪些因素有关？

答 电导率 κ 的概念是：两极面积各为 1 m^2，并相距 1 m 时，其间溶液所呈的电导，也可以看成是 1 m^3溶液的电导. 摩尔电导 Λ_m的概念是：在相距 1 m 的两电极间含有 1 mol 溶质的溶液所呈的电导. 摩尔电导与电导率的关系为 $\Lambda_m = \kappa / c$.

电导率 κ 与电解质本性有关，与温度和电解质浓度有关；摩尔电导与电解质本性有关，与温度和电解质浓度有关.

17. 在不同的电导池对同一电解质溶液进行测量，所得的电导、电导率、摩尔电导率是否都相同？电导率和摩尔电导率在表示溶液导电能力方面有何不同？

答 不完全相同，用不同的电导池中对同一电解质溶液进行测量，测量出的电导可能不同，但电导率与摩尔电导率并不因电导池变换而变化. 因为不同的电导池的电阻是不同的，测量出的电导当然不同，但同一电解质溶液的电导率、摩尔电导率是确定的，并不因电导池的不同而改变.

电导率是单位体积(1 m^3)溶液的电导，摩尔电导率是在相距 1 m 的两电极间含1 mol 电解质溶液的电导. 电导率不能反映不同电解质溶液的导电能力，摩尔电导率可以反映相同价态不同电解质溶液的导电能力，对不同价态不同电解质溶液的导电能力不好比较，但若以基元单位电荷表示的摩尔电导率(即当量电导率)为标准，就可以比较不同价态不同电解质溶液的导电能力.

18. 在电解质的水溶液中，作为溶剂的水电离为 H^+ 和 OH^-，虽然 H^+ 和 OH^- 的摩尔电导率或电迁移率都远大于其他离子，但为什么一般不考虑它们对导电的贡献？在什么情况下必须考虑？

答　在一般的电解质的水溶液中，水中 H^+ 和 OH^- 的浓度很小，约 $10^{-7}\,mol \cdot L^{-1}$ 左右，虽然 H^+ 和 OH^- 的摩尔电导率或电迁移率都远大于其他离子，但由于它们的浓度太小，与电解质的其他离子导电量相比较是微乎其微的，因此一般不考虑它们对导电的贡献.

在测量难溶盐的溶解度(浓度)时必须考虑，因为难溶盐在水中溶解度很小，难溶盐的离子浓度很小，水溶液中 H^+ 和 OH^- 的导电量与难溶盐离子的导电量比较起来就不是微乎其微的，所以不能忽略.

19. 测量电解质溶液的电导的方法与测量固体导体的电导的方法有何不同？为什么不直接用伏特表和电流表根据欧姆定律进行溶液电导的测量？

答　测量电解质溶液的电导，实质就是测量电解质溶液的电阻. 测量固体导体的电阻(电导)用直流惠斯顿电桥，而测量电解质溶液电导要用交流电惠斯顿电桥，指示电桥平衡的检流装置，不能用电流表，改用耳机或示波器，还要增加一个可变电容器，抵消容抗.

因为直接用伏特表和电流表，根据欧姆定律进行溶液电导(电阻)测量时，直流电会使电解质溶液发生电解，改变电极附近溶液浓度，并可能在电极上析出物质而改变电极的本质，因此不能用直流电，一般要用 1 000 Hz 的交流电.

20. 下列说法是否正确？为什么？

(1) 对无限稀释的电解质溶液，$c \to 0$，所以溶液近似于纯溶剂，即 Λ_m^∞ 就是纯溶剂的摩尔电导率.

(2) 电解质溶液的电导率就是体积为 1 m^3 的电解质溶液的电导.

(3) 摩尔电导率就是溶液中正离子和负离子均为 1 mol 时的电导.

答　(1) 不正确. 电解质的摩尔电导率的定义是：在相距 1 m 的两电极间含有 1 mol 电解质溶液所呈的电导，也就是电解质溶液摩尔体积的电导率. 尽管溶液无限稀释，摩尔体积无限大，仍含有 1 mol 电解质，故 Λ_m^∞ 不是纯溶剂的摩尔电导率.

(2) 正确. 电导率的一般概念是：两极面积各为 1 m^2，并相距 1 m 时，其间溶液所呈的电导，也可以看成是 1 m^3 体积电解质溶液的电导.

(3) 不准确. 该说法只对 1-1 价电解质溶液的摩尔电导率成立，对其他的电解质溶液不正确，例如 $BaCl_2$ 溶液.

21. 电解质溶液的导电能力与哪些因素有关？在表示溶液的导电能力方面，已经有了电导率的概念，为什么还要引入摩尔电导率的概念？

答　电解质溶液的导电能力与温度、电解质溶液中离子数目、一个离子荷电多少、离子迁移速率等因素有关.

电导率是单位截面积 1 m^2 的平行板电极，相距单位长度 1 m 溶液的电导，也可看成是

1 m^3溶液的电导. 电导率不能客观地比较不同电解质溶液的电导能力的大小,因为1 m^3电解质溶液含有的离子数多少可能不同,这样比较不公平(不合适). 为了更合理地比较不同电解质溶液的导电能力,才要引入摩尔电导率. 摩尔电导率是在相距为1 m的两个平行电极之间,放置含有1 mol电解质的溶液的电导,即1 mol溶质的电导率. 然而1 mol电解质电离后,离子数可能不同,一个离子带的电荷可能不同. 例如1 mol HCl与1 mol $ZnCl_2$. 要真正公平地比较电解质溶液的电导能力,应采用带电基元电荷的摩尔电导率(当量电导率),如1 mol KCl,1 mol$\left(\frac{1}{2}H_2SO_4\right)$,1 mol$\left[\frac{1}{3}La(NO)_3\right]$等溶液的摩尔电导率来比较才比较合适(公平). 为了更公平地比较不同电解质溶液导电能力才引入摩尔电导率.

22. 为什么说用极限摩尔电导率来比较电解质溶液的导电能力更合理?

答 因为极限摩尔电导率是指无限稀释时的基元电荷的摩尔电导率,在无限稀释时,所有电解质全部电离,离子之间的相互作用都可忽略,离子在电场中的迁移速率只取决于该离子的本性,这样条件下比较电解质溶液的导电能力更合理.

23. 如何求电解质溶液的极限摩尔电导率?

答 对于强电解质溶液,可用科尔劳施方程$\lambda_m=\lambda_m^\infty-A\sqrt{c}$时,作$\lambda_m$-$\sqrt{c}$图,得一条直线,外推到$c\to0$,可以得到该电解质溶液的极限摩尔电导率.

对于弱电解质溶液,依据离子独立移动定律,可以由相关的三个强电解质溶液的极限摩尔电导率用代数和求出,也可由正、负离子的极限摩尔电导率求出.

24. 离子的极限摩尔电导率是如何计算的?它和离子的电迁移率(淌度)之间有何关系?

答 有两种方法计算:(1) 由离子迁移数计算:$\lambda_{m,+}^\infty=t_+\lambda_m^\infty$,$\lambda_{m,-}^\infty=t_-\lambda_m^\infty$;

(2) 由电迁移率(离子淌度)计算:$\lambda_{m,+}^\infty=u_+^\infty F$,$\lambda_{m,-}^\infty=u_-^\infty F$.

它和离子的电迁移率之间的关系:$\lambda_{m,+}^\infty=u_+^\infty F$,$\lambda_{m,-}^\infty=u_-^\infty F$.

25. 在进行电导滴定过程中,常常要注意防止溶液体积变化过大,为什么?

答 如果滴定液的浓度较低,滴入的滴定液的体积较大,使体系体积变化过大,会产生稀释效应,即体系的电导会发生变化,影响滴定的准确度,所以要注意防止溶液体积变化过大,该方法选择滴定液的浓度要大,一般使用被滴溶液10倍浓度的滴定液.

26. 在水溶液中,带有相同电荷数的离子如Li^+,Na^+,K^+等,其离子半径依次增大. 离子半径越大,迁移速度应越小,离子的极限摩尔电导率$\lambda_{m,+}^\infty$也应越小,因此,按这个道理其极限摩尔电导率的关系应为$\lambda_m^\infty(Li^+)>\lambda_m^\infty(Na^+)>\lambda_m^\infty(K^+)>\cdots$,但实验得到的却是$\lambda_m^\infty(Li^+)<\lambda_m^\infty(Na^+)<\lambda_m^\infty(K^+)<\cdots$,正好相反,为什么?

答 其原因是离子水化作用,离子半径越小水化作用越强烈,离子水合的水分子越多. 这样,Li^+水合的水分子数$>Na^+$水合的水分子数$>K^+$水合的水分子数,在电场中,水合离子移动时要携带这些水合的水分子一起移动,这样造成Li^+的迁移速度比Na^+小,Na^+又比K^+的迁移速度慢,离子极限摩尔电导率的关系是$\lambda_m^\infty(Li^+)<\lambda_m^\infty(Na^+)<\lambda_m^\infty(K^+)<\cdots$.

27. 从科尔劳施经验公式和离子独立移动定律说明,如何由强电解质AB,CD,AD的

摩尔极限电导率 λ_m^∞ 来计算相关的弱电解质 BC 的摩尔极限电导率 λ_m^∞.

答 从科尔劳施经验公式,测出不同浓度强电解质 AB,CD,AD 的摩尔电导率,作图外推得出它们的摩尔极限电导率 Λ_m^∞. 再由离子独立移动定律,认为在无限稀释时,所有电解质全部电离,而且离子间一切相互作用力均可忽略. 因此,离子在一定电场作用下的离子迁移速率只取决于离子的本性而与共存的其他离子的性质无关. 即在无限稀释条件下,每种离子的电迁速率(淌度)有确定数值,那么弱电解质摩尔极限电导率 Λ_m^∞ 也就是相关离子摩尔极限电导率之和,因此弱电解质 BC 的摩尔极限电导率可以由上述三个强电解质的摩尔极限电导率求得:$\Lambda_m^\infty(\mathrm{BC})=\Lambda_m^\infty(\mathrm{AB})+\Lambda_m^\infty(\mathrm{CD})-\Lambda_m^\infty(\mathrm{AD})$.

28. 摩尔电导率的定义为 $\lambda_m(\mathrm{S\cdot m^2\cdot mol^{-1}})=\dfrac{\kappa}{c}$,式中的 c 是电解质摩尔浓度吗?对于弱电解质是用总电解质浓度还是用离解部分的离子浓度?

答 c 应该是电解质摩尔浓度,单位是 $\mathrm{mol\cdot m^{-3}}$. 但一定要注意,要用基元单位电荷浓度(过去称克当量浓度),相当于 1-1 价电解质浓度,例如 $CuSO_4$ 的浓度为 c,用$\dfrac{1}{2}CuSO_4$ 的浓度,是 $2c$. 对于弱电解质,计算中用总电解质浓度,不是用离解出来的离子浓度. 因为摩尔电导率的定义是指相距 1 m 的平行电极之间含有 1 mol 溶质所具有的电导,这 1 mol 溶质可以是全部离解的,也可以是部分离解的. 若是无限稀释,c 就是离子的浓度,因为无限稀释时,无论是强电解质还是弱电解质溶液,都是完全离解的,这时总电解质浓度与离子浓度是相等的.

29. 下列等式中,其中 $c(\mathrm{mol\cdot m^{-3}})$是什么物质的浓度?

(1) 某弱电解质溶液的电导率为 κ,则 $\Lambda_m=\kappa/c$.

(2) 某难溶电解质溶液的电导率为 κ,则 $\Lambda_m=\kappa/c$.

(3) 某强电解质溶液的电导率为 κ,则 $\Lambda_m=\kappa/c$.

答 (1) c 是弱电解质在溶液中的总浓度.

(2) c 是难溶电解质溶解部分在溶液中的浓度.

(3) c 是强电解质在溶液中的浓度.

30. 在 298 K 时纯水的电导率 $\kappa=5.5\times10^{-6}\ \mathrm{S\cdot m^{-1}}$,那么该温度下纯水的离子积常数如何得出?其值是多少?H^+,OH^- 的极限摩尔电导率一般分别为 3.498×10^{-2} 与 $1.980\times10^{-2}\mathrm{S\cdot m^2\cdot mol^{-1}}$.

答 解决该问题有两种方法:

(1) 求出 298 K 时纯水的 Λ_m 和 Λ_m^∞,得出纯水的电离度 α,计算出 H^+ 与 OH^- 的浓度,得出离子积常数 K_w. 把水看成弱电解质,以 1 $\mathrm{m^3}$ 水计算,其质量为 1000 kg,则水的摩尔质量为 18 g,故水的浓度

$$c=\frac{w/18}{V}=\frac{1000\,000/18}{1}=5.55\times10^4(\mathrm{mol\cdot m^{-3}})$$

计算纯水的 Λ_m:

$$\Lambda_m=\frac{\kappa}{c}=\frac{5.5\times10^{-6}}{5.55\times10^4}=9.91\times10^{-11}(\mathrm{S\cdot m^2\cdot mol^{-1}})$$

纯水的极限摩尔电导率Λ_m^∞：

$$\Lambda_m^\infty=\Lambda_m^\infty(H^+)+\Lambda_m^\infty(OH^-)=5.484\times10^{-2}(S\cdot m^2\cdot mol^{-1})$$

纯水的电离度

$$\alpha=\frac{\Lambda_m}{\Lambda_m^\infty}=\frac{9.91\times10^{-11}}{5.484\times10^{-2}}=1.81\times10^{-9}$$

$$c(H^+)=c(OH^-)=\alpha c(H_2O)=1.81\times10^{-9}\times5.55\times10^4=1.01\times10^{-4}(mol\cdot m^{-3})$$

$$K_w=c(H^+)\times c(OH^-)=1.01\times10^{-4}\times1.01\times10^{-4}=1.02\times10^{-8}(mol^2\cdot m^{-6})$$

$$K_w=1.02\times10^{-14}\ mol^2\cdot dm^{-6}$$

(2) 用纯水的极限摩尔电导率Λ_m^∞与电导率κ，计算出无限稀时纯水的离子浓度：

$$c(H^+)=c(OH^-)=\frac{\kappa}{\Lambda_m^\infty}=\frac{5.5\times10^{-6}}{5.484\times10^{-2}}=1.02\times10^{-4}(mol\cdot m^{-3})$$

$$K_w=c(H^+)\times c(OH^-)=1.01\times10^{-4}\times1.01\times10^{-4}=1.02\times10^{-8}(mol^2\cdot m^{-6})$$

$$K_w=1.02\times10^{-14}\ mol^2\cdot dm^{-6}$$

31. 下列四种电解质溶液的浓度都是0.01 mol·dm^{-3}：NaCl，KCl，KOH与HCl. 请你按其摩尔电导率λ_m值由大到小顺次排列出来.

答 要比较电解质摩尔电导率λ_m的大小，由于浓度很低，λ_m可以近似为λ_m^∞，实际上就是比较电解质的正负离子的电迁移速率(淌度)的大小. H^+与OH^-是正负离子中淌度最大的，H^+还大于OH^-的；而由盐桥的原理可知，K^+与Cl^-的淌度差不多大；K^+与Na^+离子的淌度相比，Na^+半径小，水合作用大，水合数多，淌度比K^+的小一些. 综合这三条理由，四种电解质溶液的摩尔电导率λ_m值由大到小顺次排列是HCl，KOH，KCl，NaCl.

32. 如何解释电解质溶液的电导率和摩尔电导率与溶液浓度之间的关系？强电解质的Λ_m^∞都一定大于弱电解质的Λ_m^∞吗？为什么？

答 电导率表示单位体积(1 m^3)溶液的电导，摩尔电导率是在相距1 m的两电极间含1 mol电解质溶液的电导，而含1 mol电解质溶液的体积为$1/c$(c的单位为mol·m^{-3})，因此摩尔电导率又可以理解成体积为$1/c$的溶液电导，那么$\Lambda_m=\kappa/c$.

强电解质的Λ_m^∞不一定大于弱电解质的Λ_m^∞，例如强电解质NaAc的Λ_m^∞就小于弱电解质HAc的Λ_m^∞. 因为无限稀释时，Λ_m^∞等于正、负离子极限摩尔电导率的和(依据独立移动定律)，而无限稀释时，各种离子的极限摩尔电导率是一个定值，NaAc和HAc在无限稀释时，H^+的摩尔电导率比Na^+要大得多，因此，NaAc的Λ_m^∞就小于HAc的Λ_m^∞.

33. 科尔劳施经验公式的适用条件和范围是什么？科尔劳施离子独立运动定律的重要性何在？

答 科尔劳乌施经验公式为$\Lambda_m=\Lambda_m^\infty-Ac^{\frac{1}{2}}$，适用于强电解质稀溶液，范围是浓度低于0.01 mol·dm^{-3}.

根据离子独立移动定律，可以从相关的强电解质的Λ_m^∞来计算弱电解质的Λ_m^∞，或者由离子摩尔电导数值计算出电解质的无限稀释时的摩尔电导Λ_m^∞.

34. 电解质溶液的电导率随着电解质浓度的增加有什么变化？

答 分强电解质和弱电解质两种情况来讨论. 电解质溶液的电导率是指两电极相距

1 m、面积 1 m^2 电极之间电解质溶液的电导,也可看成单位体积(1 m^3)溶液的电导.对于强电解质(如 HCl, H_2SO_4, NaOH 等),随着溶液浓度的增加,参与导电的离子越多,则其电导率会随着浓度的增加而升高.但是,在浓度增加到一定程度后,由于正、负离子之间的距离减少,相互作用力增大,离子的迁移速率降低,所以电导率在达到一个最大值后,会随着浓度的升高反而下降.对于中性盐(如 KCl 等),由于其受饱和溶解度的限制,在到达饱和浓度之前,电导率随着浓度的增加而升高,不会出现极大值.

对于弱电解质溶液,因为在一定温度下,弱电解质的解离常数是定值,当弱电解质的浓度增加时,电离度减少,电离出来的离子浓度基本保持不变,所以弱电解质溶液的电导率随浓度的变化不显著,一直处于比较低的状态.

35. 弱电解质的极限摩尔电导为什么不能用外推法求得,而可用计算的方法求得?强电解质溶液的极限摩尔电导为什么可以用外推法求得?

答　由于弱电解质的摩尔电导与浓度的关系式不服从科尔劳施经验公式,在稀溶液中不呈线性关系,因此不能用外推法求得极限摩尔电导,但可以根据离子独立移动定律,由相关的强电解质溶液的极限摩尔电导计算求得.而强电解质稀溶液摩尔电导与浓度的关系式服从科尔劳施公式,呈线性关系,可以用外推法求出极限摩尔电导.

36. 电解质溶液的摩尔电导率随着电解质浓度的降低有什么变化?

答　分强电解质和弱电解质两种情况来讨论.电解质溶液的摩尔电导率是指,将含有 1 mol 电解质的溶液置于相距单位距离的两个电极之间所具有的电导.由于溶液中导电物质的量是确定的 1 mol,对于强电解质,当浓度降低时溶液体积增大,正、负离子之间距离增大,相互作用减弱,正、负离子的迁移速率增大,因此溶液的摩尔电导率会随着浓度降低而升高.但对于不同的电解质,摩尔电导率随着浓度的降低而升高的程度不同.当浓度降到足够低时,摩尔电导率与浓度之间呈线性关系,可用公式表示为 $\Lambda_m = \Lambda_m^\infty(1-\beta\sqrt{c})$.作 Λ_m-$\sqrt{c}$ 图,由外推法可以得出强电解质无限稀释时的极限摩尔电导率.

对于弱电解质溶液,因为在一定温度下,其解离平衡常数是定值,在浓度下降时,电离度增加,但其电离出来的离子浓度基本不变,所以弱电解质溶液的摩尔电导率随浓度的降低变化不显著,一直处于比较低的状态.但到溶液的浓度降低到很稀时,溶液体积较大,正、负离子之间的相互作用减弱,摩尔电导率随着浓度的降低开始升高,不呈线性关系,当溶液很稀很稀时,摩尔电导率随着浓度的降低迅速升高,到 $c\to 0$ 时,弱电解质溶液的无限稀释的摩尔电导率与强电解质的一样,有确定数值.所以弱电解质的无限稀释的摩尔电导率可以用离子的无限稀释的极限摩尔电导率的加和来得到,即 $\Lambda_m = \Lambda_{m,+}^\infty + \Lambda_{m,-}^\infty$.

37. 怎样分别求强电解质和弱电解质无限稀释时的摩尔电导率?为什么要用不同的方法?

答　对于强电解溶液,在低浓度下,其摩尔电导率与$\sqrt{c}$呈线性关系:$\Lambda_m = \Lambda_m^\infty(1-\beta\sqrt{c})$.在一定温度下,对一定电解质溶液来说,$\beta$ 是定值,测量摩尔电导率与浓度数值后,作 Λ_m-$\sqrt{c}$ 图得一条直线,外推到 $c\to 0$ 时,由直线的截距可以求得强电解质溶液无限稀释时的摩尔电导率 Λ_m^∞.

弱电解质的无限稀释时的摩尔电导率为 Λ_m^∞，不能用外推法求得，由于弱电解质的稀溶液在很低浓度下，Λ_m与$\sqrt{c}$不呈直线关系，并且浓度的变化对Λ_m的值影响很大，实验测量值误差很大，因此不能由实验值直接求弱电解质的 Λ_m^∞，但根据离子独立移动定律，弱电解质无限稀释时的极限摩尔电导率可由相关强电解质溶液无限稀释时的极限摩尔电导率 Λ_m^∞ 求出来，或者由相关离子的摩尔电导率计算出.

38. 离子的摩尔电导率、离子的迁移速率、离子的电迁移率(离子淌度)和离子迁移数之间有哪些定量关系式?

答　离子的迁移速率与离子的电迁移率(离子淌度)的关系：$r_+=u_+\dfrac{dE}{dl}$，$r_-=u_-\dfrac{dE}{dl}$，其中 r_+和 r_-为离子迁移速率，u_+和 u_-为离子的电迁移率(离子淌度). 离子迁移数与离子的迁移速率和离子的电迁移率的关系：

$$t_B=\frac{I_B}{I}$$

$$t_+=\frac{I_+}{I}=\frac{r_+}{r_++r_-}=\frac{u_+}{u_++u_-}$$

$$t_-=\frac{I_-}{I}=\frac{r_-}{r_++r_-}=\frac{u_-}{u_++u_-}$$

$$\sum t_++\sum t_-=1$$

无限稀释时电解质溶液离子的摩尔电导率关系：

$$\Lambda_m^\infty=\Lambda_{m,+}^\infty+\Lambda_{m,-}^\infty$$

$$t_+=\frac{\Lambda_{m,+}^\infty}{\Lambda_m^\infty},\quad t_-=\frac{\Lambda_{m,-}^\infty}{\Lambda_m^\infty}$$

$$\Lambda_m^\infty=(u_+^\infty+u_-^\infty)F$$

$$\Lambda_{m,+}^\infty=u_+^\infty F,\quad \Lambda_{m,-}^\infty=u_-^\infty F$$

39. 在某电解质溶液中，若有 i 种离子存在，则溶液的总电导应该用下列哪个公式表示? 为什么?

(1) $G=\dfrac{1}{R_1}+\dfrac{1}{R_2}+\cdots$；　(2) $G=\dfrac{1}{\sum_i R_i}$.

答　应该用(1)计算. 因为溶液的总电导等于各个离子电导的加和，即

$$G=\sum_i G_i=\frac{1}{R_1}+\frac{1}{R_2}+\cdots+=\sum_i\frac{1}{R_i}$$

在溶液中，离子是以并联形式存在的，而不是以串联形式存在的，总的电阻不可能等于所有离子电阻的加和.

40. 强电解质(如 $CuSO_4$，$MgCl_2$等)在其溶液的浓度比较低的情况下，其摩尔电导率与它的离子摩尔电导率之间有什么关系? 计算式如何?

答　在溶液浓度比较低的情况下，可以近似认为强电解质是完全解离的，其摩尔电导率就等于离子摩尔电导率的和. 但在组成离子的价数大于 1，特别在正、负离子的电价不对称时，当选取基本单元时要注意使粒子的荷电量相同，如果粒子的荷电量不同，要在前面乘

以因子，使等式两边相等，才能得出正确的计算式. 现用以下例子来表明它们之间的关系.

对于 AB 型的对称电解质，它们之间的关系比较简单，如

$$\Lambda_m(CuSO_4)=\Lambda_m(Cu^{2+})+\Lambda_m(SO_4^{2-})$$

$$或\quad \Lambda_m\left(\frac{1}{2}CuSO_4\right)=\Lambda_m\left(\frac{1}{2}Cu^{2+}\right)+\Lambda_m\left(\frac{1}{2}SO_4^{2-}\right)$$

对于 AB_2 型的不对称电解质，由于正、负离子的电价数不同，要注意选取荷电量相同的粒子作为基本单元. 若荷电量不同，要在前面乘以因子，如

$$\Lambda_m(MgCl_2)=\Lambda_m(Mg^{2+})+2\Lambda_m(Cl^-)$$

$$或\quad \Lambda_m\left(\frac{1}{2}MgCl_2\right)=\Lambda_m\left(\frac{1}{2}Mg^{2+}\right)+\Lambda_m(Cl^-)$$

41. 说蒸馏水是纯水，对吗？如何确定水的纯度？

答 说水纯不纯是一个模糊概念，没有一个定量的标准. 目前确定水的纯度的标准是水的电导率. 理论上最纯水的电导率为

$$\kappa=\lambda_m\times1\,000c=[\lambda_m^\infty(H^+)+\lambda_m^\infty(OH^-)]\times1\,000c=5.5\times10^{-6}\ S\cdot m^{-1}$$

普通蒸馏水的电导率约为 $1\times10^{-3}\ S\cdot m^{-1}$；重蒸馏水的电导率为 $\kappa=1\times10^{-4}\ S\cdot m^{-1}$.

用石英玻璃器，蒸馏 28 次的超纯水的电导率为 $\kappa=6.3\times10^{-6}\ S\cdot m^{-1}$，所以说蒸馏水是纯水不完全对. 电导率小于 $10^{-4} S\cdot m^{-1}$ 的水就认为是很纯的了.

42. 电导滴定与分析化学的容量滴定比较有哪些优点？电导滴定是如何来确定滴定终点的？电导滴定时要注意什么？

答 电导滴定的优点：不要指示剂，不怕超过等当点即滴过头（实际操作一定要滴过头的），可以自动化操作，结果精确度高.

电导滴定利用滴定终点前后溶液电导的较大变化，有色溶液也不影响滴定结果，通过作图来确定终点.

电导滴定时要注意防止溶液体积变化过大，滴定液的浓度要大些，一般要求是被滴溶液浓度的 10 倍.

9.3 电解质溶液的活度和活度系数

43. 为什么很稀的电解质溶液还会与理想稀溶液的热力学规律发生偏差？

答 电解质溶液中离子之间静电作用力是远程力，即使在很稀的电解质溶液，其离子间的作用力也不能忽略，所以必然引起与理想稀溶液的热力学规律发生偏差.

44. 既然有了离子活度和活度系数，为什么还要定义离子平均活度和平均活度系数？

答 由于不可能制备出只含正离子或负离子的电解质溶液，电解质溶液中正负离子总是共同存在的，因此实验上不可能单独测定正离子或负离子的活度和活度系数，而只能测定它们的平均值，所以要定义离子平均活度和平均活度系数（都是几何平均数）.

45. 电解质（溶质）的化学势与电解质溶液中离子的化学势是不是同一个概念？它们两者的关系如何？它们的化学势标准态的关系如何？

答 不是同一个概念,电解质的化学势是指溶液中溶质B的化学势,电解质溶液中离子的化学势是指溶液中正、负离子的化学势.

电解质的化学势:$\mu_B=\mu_B^\ominus(T)+RT\ln a_B$.

设强电解质在溶液中完全电离:$M_{\nu_+}^{Z_+}A_{\nu_-}^{Z_-}=\nu_+M^{Z_+}+\nu_-A^{Z_-}$.

正离子的化学势:$\mu_+=\mu_+^\ominus+RT\ln a_+=\mu_+^\ominus+RT\ln\dfrac{\gamma_+m_+}{m^\ominus}$.

负离子的化学势:$\mu_-=\mu_-^\ominus+RT\ln a_-=\mu_-^\ominus+RT\ln\dfrac{\gamma_-m_-}{m^\ominus}$.

溶液中电解质B的化学势与正、负离子的化学势的关系:

$$\begin{aligned}\mu_B&=\nu_+\mu_++\nu_-\mu_-\\&=\nu_+(\mu_+^\ominus+RT\ln a_+)+\nu_-(\mu_-^\ominus+RT\ln a_-)\\&=(\nu_+\mu_+^\ominus+\nu_-\mu_-^\ominus)+RT\ln(a_+^{\nu_+}a_-^{\nu_-})\end{aligned}$$

比较可知:$\mu_B^\ominus=\nu_+\mu_+^\ominus+\nu_-\mu_-^\ominus$,电解质B的化学势标准态是离子化学势标准态的组合之和.

46. 电解质(溶质B)的活度与电解质溶液中离子的活度是不是同一个概念?离子的活度、离子的平均活度与电解质的活度关系如何?

答 不是同一个概念,电解质的活度是在溶质B的化学势表示式中引入的物理量,离子的活度是在正、负离子化学势的表示式中引入的物理量.两者关系:$a_B=a_+^{\nu_+}a_-^{\nu_-}$.

离子平均活度定义:$a_\pm=\sqrt[\nu]{a_+^{\nu_+}a_-^{\nu_-}}=(a_+^{\nu_+}a_-^{\nu_-})^{\frac{1}{\nu}}$,$\nu=\nu_++\nu_-$;$a_B=a_+^{\nu_+}a_-^{\nu_-}=a_\pm^\nu$.

47. 在电解质溶液中,存在下述关系:$\mu_B=\nu_+\mu_++\nu_-\mu_-$.说明电解质的化学势为电解后正负离子化学势的加和值,但化学势为强度性质,不具有加和性质,如何解释上述关系式?

答 所谓加和性是指体系的某种广度性质(如内能U、吉布斯自由能G等)是体系中各部分物质的该种性质的加和,如$U=\sum n_BU_{B,m}$,$G=\sum n_BG_{B,m}$,等式$\mu_B=\nu_+\mu_++\nu_-\mu_-$中的化学计量数$\nu_+$和$\nu_-$并不是溶液中全体正离子或负离子的数量,而是电解质分子式中正负离子的数目,所以此式虽然用的是加法形式,但不属于体系广度性质的加和性.

48. 电解质与非电解质的化学势表示形式有何不同?为什么电化学只用质量摩尔浓度表示浓度?电解质活度系数的表示式与非电解质有何不同?

答 非电解质(溶质B)的化学势的表示形式,由于浓度可以用摩尔分数、体积摩尔浓度、质量摩尔浓度等表示,因此化学势的表示形式也不相同.下面是采用质量摩尔浓度m(或b)表示的化学势表示式:

非电解质溶液(溶质B):$\mu_B=\mu_B^\ominus(T)+RT\ln\gamma_{m,B}\dfrac{m_B}{m^\ominus}=\mu_B^\ominus(T)+RT\ln a_{m,B}$.

电解质溶液(溶质B):$\mu_B=\mu_B^\ominus(T)+RT\ln a_B=\mu_B^\ominus(T)+RT\ln a_+^{\nu_+}a_-^{\nu_-}$.

因为质量摩尔浓度m(或b)不受温度变化而改变,所以电化学用它表示浓度(组成).

活度系数表示式:非电解质$a_{m,B}=\gamma_{m,B}\dfrac{m_B}{m_B^\ominus}$.

电解质活度因子表示式:$a_B=a_+^{\nu_+}a_-^{\nu_-}=a_\pm^\nu$,$a_\pm=\gamma_\pm\dfrac{m_\pm}{m^\ominus}$.

49. 影响电解质溶液平均活度系数大小的主要决定因素有哪些?

答　在一定温度的稀电解质溶液中,影响离子平均活度系数 $\gamma_{\pm}$ 的主要因素是溶液中离子的浓度和价数,而且离子价数的影响比浓度影响更大些,离子的价型愈高,影响也愈大.

50. 影响难溶盐溶解度的主要因素有哪些?

答　(1) 温度.一般是温度升高,难溶盐溶解度增加.

(2) 离子强度.也叫盐效应,溶液中其他电解质的离子浓度越大,离子强度越大,活度系数就小,使难溶盐溶解度增加.

(3) 同离子效应.若溶液中有与难溶盐相同的离子,则难溶盐溶解度减少.

51. 如何理解强电解质溶液和弱电解质溶液的活度?

答　强电解质溶液一般是完全电离的,溶液中存在大量的正、负离子,正、负离子之间有静电吸引作用,因此强电解质溶液在浓度很稀时就偏离理想溶液行为.要研究强电解质的热力学性质,确定其化学势数值,就必须引入活度,以活度系数来表示与理想溶液的偏差.对于弱电解质溶液,是部分电离的,溶液中存在正负离子与未电离的分子,正负离子之间有作用,离子与分子之间也有作用,使之偏离理想溶液,研究弱电解质的化学势也就必须引入活度,以活度系数来表示与理想溶液的偏差.

52. 引进电解质溶液离子平均活度系数的意义是什么?平均活度系数与离子活度系数的关系式如何?非电解质溶液的活度系数能用该公式计算吗?

答　由于在电解质溶液中正、负离子是相伴存在的,不能单独测出单种离子的活度和活度系数,引进平均活度系数的概念后,便可计算整个强电解质的化学势与活度.

平均活度系数与离子活度系数关系式:

$$\gamma_{\pm}^{\nu_{+}+\nu_{-}}=\gamma_{+}^{\nu_{+}}\gamma_{-}^{\nu_{-}},\quad 或\ \gamma_{\pm}^{\nu}=\gamma_{+}^{\nu_{+}}\gamma_{-}^{\nu_{-}},\quad 或\ \gamma_{\pm}=(\gamma_{+}^{\nu_{+}}\gamma_{-}^{\nu_{-}})^{1/\nu}=\sqrt[\nu]{\gamma_{+}^{\nu_{+}}\gamma_{-}^{\nu_{-}}}$$

若关系式 $\gamma_{\pm}^{\nu_{+}+\nu_{-}}=\gamma_{+}^{\nu_{+}}\gamma_{-}^{\nu_{-}}$ 用于非电解质,则 ν_{+},ν_{-} 均为零,$\gamma_{\pm}=1$,故非电解质溶质活度系数不能用该式求出,但可用稀溶液依数性来确定.

53. 为什么要引进离子强度的概念?离子强度的物理意义是什么?离子强度对电解质的平均活度系数有什么影响?

答　在稀溶液中,影响离子平均活度系数 $\gamma_{\pm}$ 的主要因素是离子的浓度和价数,并且离子价数比浓度影响还要更大一些.且价型愈高,影响愈大,因此提出离子强度的概念,离子强度定义:$I=\frac{1}{2}\sum_{i}m_{i}z_{i}^{2}$.离子强度的物理意义:离子强度是离子电荷所形成静电场强度的量度,是离子之间静电作用大小的量度.离子强度对平均活度系数的影响:根据 $\lg\gamma_{\pm}=-A|z_{+}z_{-}|\sqrt{I}$,可知离子强度越大,平均活度系数就比 1 更小.

54. 用德拜-休克尔(Debye-Huckel)极限公式计算离子平均活度系数时有何限制条件?

答　德拜-休克尔极限公式:$\lg\gamma_{\pm}=-A|z_{+}z_{-}|\sqrt{I}$.其限制条件为:

① 离子在静电引力下的分布遵从玻尔兹曼分布公式,并且电荷密度与电势之间的关系遵从静电学中的泊松(Poisson)方程.

② 离子是带电荷的圆球,离子电场是球形对称的,离子不极化,可看成点电荷.

③ 离子之间的作用力是库仑引力,其相互吸引而产生的吸引能小于它的热运动的

能量.

④ 在稀溶液中,溶液的介电常数与溶剂的介电常数相差不大,可以忽略加入电解质后的介电常数的变化.

55. 影响难溶盐的溶解度主要有哪些因素? 试讨论 AgCl 在下列电解质溶液中的溶解度大小,按由小到大的次序排列出来(除水外,所有的电解质的浓度都是 0.1 $mol \cdot dm^{-3}$).

(1) $NaNO_3$; (2) NaCl; (3) H_2O; (4) $CuSO_4$; (5) NaBr.

答　影响难溶盐的溶解度的主要因素有:

① 相同离子影响,称为同离子效应. 如 AgCl 在 NaCl 中的溶解度远小于水中的溶解度.

② 盐效应,即其他电解质离子的影响. 其他电解质离子是通过增加离子强度来影响难溶盐的活度系数,从而影响溶解度.

③ 难溶盐的转移. AgBr 的溶解度小于 AgCl,在溶液中,AgCl 会全部转移为 AgBr,在这个意义上可以说 AgCl 全部溶解.

④ 温度. 在相同温度时,综合上面三个理由,AgCl 在上述五种溶液的溶解度由小到大的次序为:(2),(3),(1),(4),(5).

9.4　强电解质溶液理论

56. 是否可以说,强电解质在水溶液中全部解离,电离度 $\alpha=1$,而弱电解质只能部分解离,电离度 $\alpha<1$?

答　不可以这样说,强电解质在水溶液中,在浓度较大时,由于离子之间静电吸引作用,也不全部解离,电离度 $\alpha<1$. 而弱电解质也不是只能部分电离,在无限稀释时,弱电解质是全部解离的,电离度 $\alpha=1$.

57. 什么是离子氛模型? 它是由带同一种电荷的离子组成的集团吗?

答　在强电解质溶液中,由于存在着离子之间的静电吸引作用和离子、分子的热运动,离子分布是不均匀的,在某一正离子周围,距正离子越近,正电荷越少,负电荷越多. 在中心正电荷周围,正负电荷大部分相互抵消,小部分不能完全抵消,其净结果是负电荷多于正电荷,好像在该正电荷中心周围分布着一层由负离子组成的总电荷数与中心离子符号相反、数量相等的离子集团,该离子集团称为离子氛.

离子氛不是由带同一种电荷的离子组成的集团,而是由带不同电荷的离子组成的集团.

58. 德拜-休克尔强电解质理论的基本假设有哪几条? 该理论解决了什么问题?

答　德拜-休克尔强电解理论的基本假设有五条:① 任何浓度的强电解质溶液都是完全离解的(这一假设限于非缔合式电解质溶液). ② 离子是带电的小圆球,电荷不会极化,离子电场是球形对称的,离子可以看成点电荷. ③ 在离子间的相互作用力中,只有库仑力起主要作用,其他分子间的作用力可忽略不计. ④ 离子间的相互吸引能小于热运动能.

⑤ 溶液的介电常数和纯溶剂的介电常数无区别.

该理论解决了离子氛半径的计算问题和离子之间静电吸引库仑力计算问题，把离子之间无规律的静电作用归结为中心离子与离子氛之间的作用，用静电学方程可以计算出来，进一步解决了强电解质溶液中活度系数的计算问题.

59. 德拜-休克尔理论和翁萨格理论各自解决了什么问题？两个理论的中心思想是什么？两者的关系是什么？

答　德拜-休克尔理论解决了如何计算强电解质溶液中离子和电解质的活度与活度系数问题，而翁萨格理论从理论上解决了强电解质的摩尔电导计算问题；两个理论的中心思想都是强电解质是完全电离的，能形成离子氛. 但前者是假定离子氛只存在热运动中，是球形对称的，而后者认为离子氛在电场中定向移动时，不再是球形对称，从而产生电泳力与松弛力. 翁萨格理论是在德拜-休克尔理论基础上发展起来的，两者都仅适用于强电解质稀溶液.

60. 1927 年，翁萨格如何在德拜-休克尔理论的基础上推导出了溶液的摩尔电导率 Λ_m 与浓度的平方根间的线性关系？请你说出翁萨格的主要理论观点与主要步骤.

答　翁萨格接受德拜-休克尔的强电解质理论，离子看成点电荷，在中心离子周围有异性电荷形成的离子氛，并且认为每个离子都是溶剂化的. 在有外加电场作用下的强电解质溶液中，当中心阳离子在外加电场作用下向阴极移动时，其外围的离子氛的球形对称状态受到了破坏，形成了不对称的离子氛. 这种不对称的离子氛对中心阳离子在外加电场中的前进有阻碍作用，使迁移速率下降. 这种阻力通常称为弛豫力. 另外，电解质溶液中的离子都是溶剂化的，这样，在外加电场的作用下，中心阳离子带着其溶剂化分子一起向阴极移动，其周围的阴离子形成的离子氛带着更多溶剂分子朝反方向移动，这样中心离子犹如逆流泳进，迁移速率下降，这样的效应称为电泳力.

在考虑了上述两种因素的影响后，利用静电理论可导出某一浓度的强电解质溶液的摩尔电导率 Λ_m 与浓度的平方根 $\sqrt{c}$ 间的线性关系，即德拜-休克尔-翁萨格电导公式. 该公式为 $\Lambda_m=\Lambda_m^\infty-(p+q\Lambda_m^\infty)\sqrt{c}$. 在稀溶液中，当温度、溶剂确定时，$p$，$q$ 为定值，这样，公式为 $\Lambda_m=\Lambda_m^\infty-\beta\sqrt{c}$，式中 β 为常数，即为科尔劳施的经验关系式，从而对科尔劳施经验方程式作出了理论阐述.

61. 有哪些数据可以表征离子是水化的？研究离子水化有什么具体意义？

答　由 ΔH(溶)$=-\Delta H$(晶)$+\Delta H$(水化)的数据，当 ΔH(水化)$=\Delta H$(溶)$+\Delta H$(晶)$\neq 0$ 时，有些水化离子有颜色；离子有确定的水化数. 这些事实表征离子是水化的.

用离子水化的概念可以解释一些实际问题，如：晶体物质的溶解度与温度的关系，同一种电解质在不同的溶剂中表现出的强弱不同.

水化电子的发现，将对无机化学的某些机理有新的认识.

62. 在电镀工业上一般都用钾盐，而不用钠盐，你知道为什么吗？

答　因为 Na^+ 的半径小于 K^+ 的半径，所以 Na^+ 的水合作用比 K^+ 的强烈，水合的水分子多，迁移时带动的水分子多，因此迁移的速率比 K^+ 慢. 电镀工业上为了减少电解质的电阻，一般都选用钾盐而不用钠盐.

第10章　可逆电池

10.1　可逆电池及可逆电极

1. 把化学反应能转变成电能的条件是什么？电化学中依能量来源不同把电池分为几种？

答　把化学反应能转变成电能的条件是：① 该化学反应是氧化还原反应，或者是可以通过氧化还原的步骤来完成的反应，该化学反应在常温常压下能自发进行；② 要有两个电极等装置，使该化学反应能够分别通过正负电极来完成；③ 要有与两个电子电极（导体）建立电化学平衡的电解质溶液；④ 要有其他必要的附属设备，组成一个完整的电路.

依能量来源不同把电池分为两种：化学电池与浓差电池. 电池的能量来源于化学反应的，称为化学电池；能量来源于物质从高浓度向低浓度扩散的，称为浓差电池. 化学电池与浓差电池都称原电池，简称为电池.

2. 电池由哪些部分组成？单独把电极的金属部分称作"电极"有何不妥？

答　电池由两个电子导体的电极、与电极能交换物质的电解质溶液等装置组成. 单独把电极的金属部分称作"电极"是不妥的、不全面的，电极应包括金属部分与电解质溶液.

3. 可逆电极有哪些主要类型？对每种类型试举一例，并写出该电极的还原反应. 对于气体电极和氧化还原电极在书写电极表达式时应注意什么问题？

答　可逆电极主要有以下三种类型.

① 第一类电极，包括金属电极与气体电极，金属电极是由金属浸在含有该金属离子的溶液构成的. 例如，Zn(s)插在 $ZnSO_4$ 溶液中，电极反应：$Zn^{2+}+2e^- \longrightarrow Zn(s)$；气体电极是气体吸附在 Pt 上，与含气体相关离子溶液组成的. 例如 $Pt|H_2(g)|OH^-$，电极反应：$2H_2O+2e^- \longrightarrow H_2(g)+2OH^-$.

② 第二类电极，由金属-金属难溶盐及其阴离子组成，或由金属-金属氧化物及其酸、碱性溶液组成. 例如银-氯化银电极 $Cl^-(aq)|AgCl(s)|Ag(s)$，电极反应：$AgCl(s)+e^- \longrightarrow Ag(s)+Cl^-(aq)$；银-氧化银电极 $Ag(s)|Ag_2O(s)|OH^-$，电极反应：$Ag_2O(s)+H_2O+2e^- \longrightarrow 2Ag(s)+2OH^-(aq)$.

③ 第三类电极，指氧化-还原电极，由电子导体插在含有不同价态同种离子溶液中组成. 例如 $Fe^{3+}(a_1),Fe^{2+}(a_2)|Pt(s)$，电极反应：$Fe^{3+}(a_1)+e^- \longrightarrow Fe^{2+}(a_2)$.

对气体电极和氧化还原电极来说，在书写电极表达式时应注意，气体要注明压力及吸附的不活泼金属，对氧化还原电极注明电解质中两种离子的活度和其他影响电极电势大小的条件.

4. 书面表示电池时有哪些规定？为什么电池电动势有正有负？用实验能测到负的电动势吗？

答 电池在书面上的表示有以下规定：

① 在左边起氧化作用的电极为负极，在右边起还原作用的电极为正极.

② 用"|"或","表示物质的相界面，用"‖"表示盐桥，"¦"表示半透膜.

③ 要注明反应的温度、压力，不注明的就是指 298.15 K，标准压力 $p^{\ominus}$；要注明物态；对气体要注明压力和吸附的惰性金属；对溶液要注明浓度或活度.

因为根据 $(\Delta_r G_m)_{T,p}=-nEF$，$\Delta_r G_m$ 的值是可正可负的，故电池电动势有相应的正负值. 实验中使用电位差计测得可逆电池电动势 E，读数总是正值，不能测出负的电动势.

5. 试判断电池(a)和(b)中，哪个电池的电动势与 KCl 的浓度有关.

(a) $Ag(s), AgCl(s)|KCl(aq)|Hg_2Cl_2(s)|Hg$.

(b) $Hg(l), Hg_2Cl_2(s)|KCl(aq)|AgNO_3(aq)|Ag$.

解 (a) 负极：$2Ag(s)-2e^-+2Cl^- \longrightarrow 2AgCl(s)$.

正极：$Hg_2Cl_2(s)+2e^- \longrightarrow 2Hg(l)+2Cl^-$.

电池反应：$2Ag(s)+Hg_2Cl_2(s) = 2AgCl(s)+2Hg(l)$. 电池的电动势与 Cl^- 无关.

(b) 负极：$2Hg(l)+2Cl^- -2e^- \longrightarrow Hg_2Cl_2(s)$.

正极：$2Ag^+ +2e^- \longrightarrow 2Ag(s)$.

电池反应：$2Hg(l)+2Ag^+ +2Cl^- = Hg_2Cl_2(s)+2Ag(s)$. 电池的电动势与 Cl^- 有关.

6. 下列化学反应可以设计成几个可逆电池？请把它们设计出来.

(1) $H_2(g)+0.5O_2(g) = H_2O(l)$.

(2) $H^+ + OH^- = H_2O(l)$.

(3) $2Cu^+ = Cu^{2+} + Cu$.

答 (1) 可以设计成两个可逆电池.

$$H_2-2e^- \longrightarrow 2H^+ \text{ (作负极)}$$

$$0.5O_2+2e^-+2H^+ \longrightarrow H_2O(l) \text{ (作正极)}$$

设计的可逆电池 1：$Pt, H_2(g)|H^+, H_2O|O_2(g), Pt$.

另解：

$$H_2+2OH^- -2e^- \longrightarrow 2H_2O(l) \text{ (作负极)}$$

$$0.5O_2(g)+2e^-+H_2O(l) \longrightarrow 2OH^- \text{ (作正极)}$$

设计的可逆电池 2：$Pt, H_2(g)|OH^-, H_2O|O_2(g), Pt$.

(2) 可以设计成两个可逆电池.

$$\frac{1}{2}H_2(g)-e^-+OH^- \longrightarrow H_2O(l) \text{ (作负极)}$$

$$H^+ +e^- \longrightarrow \frac{1}{2}H_2(l) \text{ (作正极)}$$

设计的可逆电池 1：$Pt, H_2(g)|KOH(b_1) \| HCl(b_2)|H_2(g), Pt$.

另解：

$$2OH^- - 2e^- \longrightarrow H_2O + 0.5O_2 \text{（负极）}$$
$$0.5O_2 + 2e^- + 2H^+ \longrightarrow H_2O \text{（正极）}$$

设计的可逆电池 2：$Pt, O_2(g)|KOH(b_1) \| HCl(b_2)|O_2(g), Pt$.

(3) 可以设计成三个可逆电池.

$$Cu^+ - e^- \longrightarrow Cu^{2+} \text{（作负极）}$$
$$Cu^+ + e^- \longrightarrow Cu(s) \text{（作正极）}$$

设计的可逆电池 1：$Pt|Cu^+, Cu^{2+} \| Cu^+|Cu(s)$.

另解：

$$Cu - 2e^- \longrightarrow Cu^{2+} \text{（作负极）}$$
$$2Cu^+ + 2e^- \longrightarrow 2Cu(s) \text{（作正极）}$$

设计的可逆电池 2：$Cu(s)|Cu^{2+} \| Cu^+|Cu(s)$.

又解：

$$2Cu^+ - 2e^- \longrightarrow 2Cu^{2+} \text{（作负极）}$$
$$Cu^{2+} + 2e^- \longrightarrow Cu(s) \text{（作正极）}$$

设计的可逆电池 3：$Pt|Cu^+, Cu^{2+} \| Cu^{2+}|Cu(s)$.

7. 如何把一个化学反应设计成可逆电池中的反应？

答 设计电池可按照下列步骤：① 写出两个半电池反应（氧化、还原）；② 确定电极和电解质溶液；③ 写出电池表示符号；④ 最后做检验.

若反应是一个氧化还原反应，把反应拆分成氧化、还原两个反应，再配上适当的电解质，氧化反应电极在左，还原反应电极在右，写出电池表示. 若反应不是一个氧化还原反应，先根据反应的反应物与生成物种类，确定一个电极，写出该电极反应；用给出的反应式减去该电极反应式，可以得出另一个电极反应式，进而确定出另一个电极，进而可以写出电池表示.

8.

电池(a)：$Ag(s), AgCl(s)|KCl(aq)|Hg_2Cl_2(s), Hg(l)$

电池(b)：$Hg(l), Hg_2Cl_2(s)|KCl(aq)|AgNO_3(aq)|Ag(s)$

这两个电池的反应是不是相互可逆反应？

答 不是相互可逆反应. 电池(a)的负极是 $Ag(s), AgCl(s)|Cl^-$ 电极，是金属-金属难溶盐电极，而电池(b)的正极是 $Ag(s)|Ag^+$ 电极，是金属电极，两者是不同的. 因此这两个电池反应不可能是相互可逆反应.

9. 对于电池 $Pt|H_2(g)|H_2SO_4(aq)|O_2(g)|Pt$，其电池反应可表示为

$$H_2(g) + \frac{1}{2}O_2(g) = H_2O(l), \quad E_1^\ominus, \quad \Delta_r G_m^\ominus(1)$$

或

$$2H_2(g) + O_2(g) = 2H_2O(l), \quad E_2^\ominus, \quad \Delta_r G_m^\ominus(2)$$

因为 $2\Delta_r G_m^\ominus(1) = \Delta_r G_m^\ominus(2)$，所以 $2E_1^\ominus = E_2^\ominus$. 你认为结果正确吗？

答　不正确. $E^{\ominus}$为强度量,$E_1^{\ominus}=E_2^{\ominus}$,与发生反应的物质的量无关.

另一种解释:

$$\Delta_r G_m^{\ominus}(1) = -2E_1^{\ominus}F,\quad \Delta_r G_m^{\ominus}(2) = -4E_2^{\ominus}F$$

从 $2\Delta_r G_m^{\ominus}(1) = \Delta_r G_m^{\ominus}(2)$,得出 $E_1^{\ominus}=E_2^{\ominus}$.

10. 电池(1):$Ag(s)|AgBr(s)|KBr(aq)|Br_2,H_2O|Pt$;电池(2):$Ag(s)|AgNO_3(aq)\|KBr(aq)|AgBr(s)|Ag$. 它们的电池电动势分别为 E_1,E_2,它们是否都与 Br^- 浓度无关?

答　电池(1)的反应:$2Ag(s)+Br_2 \!=\!=\!=\! 2AgBr(s)$;电池(1)的电动势与 Br^- 浓度无关.电池(2)的反应:$AgBr(s) \!=\!=\!=\! Ag^+ + Br^-$,电池(2)的电动势与 Br^- 浓度有关.

10.2　可逆电池的热力学

11. 联系电化学与热力学的主要桥梁是什么? 并据此说明为什么要引入可逆电池概念.

答　联系电化学与热力学的主要桥梁是 $\Delta_r G_m=-zFE$,其中 $\Delta_r G_m$ 是热力学中化学反应自由能变化,E 是电池电动势.

由于热力学中 $\Delta S,\Delta G$ 是通过可逆过程计算的,研究热力学需要的是可逆过程,用电化学研究热力学必须要引入可逆电池概念,可逆电池也是一个热力学概念.

12. 电池电动势(E)的物理意义是什么? 它的大小与哪些因素有关?

答　电池电动势(E)的物理意义是指电流趋于零,两电极之间的最大电势差,在物理学中称为开路电压. 它与电极的性质以及参加反应的各物质的性质、浓度、温度、压力等因素有关.

13. 可逆电池反应的热效应与一般化学反应的热效应是否为同一概念? 可逆电池的反应热就是电池反应的热效应吗?

答　可逆电池反应的热效应与一般化学反应的热效应是同一概念,都是指等温等压或等温等容下,无非体积功时化学反应热 $\Delta_r H_m$;但是可逆电池的热与电池反应的热效应是不同概念,数值也不相等. 可逆电池的反应热是 Q_R,

$$Q_R = T\Delta_r S_m = zFT\left(\frac{\partial E}{\partial T}\right)_p$$

电池反应的热效应是 $\Delta_r H_m$. 需要注意的是,有一些物理化学教材中把电池反应热也叫作电池反应热效应是不确切的,因为热力学中热效应是有不做非体积功的条件.

14. 电池可能在这样三种情况下放电:① 电流趋于零;② 有一定大小的工作电流;③ 短路. 试问在上述三种情况下:(1) 电池电动势相同吗? 在放电过程中会变吗? (2) 电池的工作电压(即端电压)相同吗? 怎么计算? (3) 如果电池的温度系数为正值,能判断电池放电时是吸热还是放热吗?

解　(1) 电池电动势是指电流趋于零,两电极之间的最大电势差与电池工作状况无关,因此三种情况下电池电动势是相同的,在不同放电过程中不会改变.

(2) 电池的工作电压V(即端电压)在三种情况下不相同,计算方法:V(工作)$=E-IR$.

(3) $Q_R=T\Delta_r S_m=zFT\left(\frac{\partial E}{\partial T}\right)_p$,温度系数为正值,则$Q_R$也是正值,因此电池是吸热的.

15. E和$E^\ominus$是强度性质的量还是容量性质的量?它们与什么因素有关?$E^\ominus$值必须是一标准压力下,各物质的活度为1时的电动势吗?

答 E与$E^\ominus$都是强度性质的量,不是容量性质的量.E和$E^\ominus$与电池反应的物质数量无关,E与温度、压力、各物质的活度有关,$E^\ominus$只与温度有关.

$E^\ominus$称为标准电池电动势,是各反应物质都处于标准态下的电池电动势.认为"必须是一标准压力下,各物质的活度为1时的电动势",这句话不一定全对,若电池反应中不全是凝聚物质,或不止一种气体,因为各物质处于标准态,各气体都在标准压力下,若有两种以上气体,"一标准压力下"就不能满足各气体的压力都是标准压力,另外"各物质的活度为1",还不是标准态,还要求活度系数都等于1.但有一种特殊情况:如果各物质的活度不一定是1,而各反应物质的活度商Q_a值刚巧等于1,由公式

$$E=E^\ominus-\frac{RT}{zF}\ln\frac{a_G^g a_H^h}{a_A^a a_B^b}$$

则该电池的电动势也等于该温度下的$E^\ominus$值.

16. 一个化学反应在可逆电池中进行,此反应的ΔS等于Q_R/T,还是等于$\Delta_r H_m/T$?为什么?

答 此反应的$\Delta S=Q_R/T$,而不是$\Delta S=\Delta_r H_m/T$,因为熵变等于可逆过程的热温商,可逆电池中发生的反应是以可逆方式进行的,这个可逆方式反应的热是Q_R而不是$\Delta_r H_m$,在有非体积功(这里是电功)时,$Q_R\neq\Delta_r H_m$.

17. 电极反应的气体为非理想气体时,公式$\Delta_r G_m=-zEF$是否还成立?在公式$\Delta_r G_m^\ominus=-zE^\ominus F$中,$\Delta_r G_m^\ominus$的意义是什么?

答 电极反应的气体为非理想气体时,仍能使用$\Delta_r G_m=-zEF$公式,能斯特公式依然能使用,在计算其电动势时,气体的分压要用逸度f代替;$\Delta_r G_m^\ominus$表示该电池中各反应物质在标准态下,反应进度$\xi=1$ mol时的电池反应的吉布斯反应自由能变化.

18. 说出有哪些能求算标准电动势$E^\ominus$的方法.在公式$E^\ominus=\frac{RT}{zF}\ln K^\ominus$中,$E^\ominus$是否是电池反应达平衡时的电动势?$K^\ominus$是否是电池中各物质都处于标准态时的平衡常数?

答 求$E^\ominus$的方法有三种:

$$E^\ominus=\varphi_+^\ominus-\varphi_-^\ominus,\quad E^\ominus=\frac{RT}{zF}\ln K^\ominus,\quad E^\ominus=\frac{-\Delta_r G_m^\ominus}{zF}$$

在公式$E^\ominus=\frac{RT}{zF}\ln K^\ominus$中,$E^\ominus$是电池中各物质都处于标准态时的电池电动势,不是平衡时的电动势,在平衡态时,电池电动势为零;$K^\ominus$是一定温度下反应的标准平衡常数,一般情况下是各物质都处于标准态时的平衡常数,但也可以是反应各物质的活度商等于1时的平衡常数.

19. 298.2 K时,标准压力下某化学反应的热效应是负值.其数值为该反应放入相应

可逆电池工作时吸入热量的43倍，该电池的温度系数为 $0.14\times10^{-3}\ \mathrm{V\cdot K^{-1}}$，那么该电池的电动势是多少？

答 $\Delta_r H_m = -43Q_R$

$$Q_R = T\Delta_r S_m = zTF\left(\frac{\partial E}{\partial T}\right)_p$$

$$\Delta_r H_m = -zFE + zTF\left(\frac{\partial E}{\partial T}\right)_p = -43zTF\left(\frac{\partial E}{\partial T}\right)_p$$

$$\Delta_r G_m = \Delta_r H_m - T\Delta_r S_m = \Delta_r H_m - Q_R$$

$$= -43zTF\left(\frac{\partial E}{\partial T}\right)_p - zTF\left(\frac{\partial E}{\partial T}\right)_p = -44\ zTF\left(\frac{\partial E}{\partial T}\right)_p$$

$$\Delta_r G_m = -zEF$$

$$-44\ zTF = -zEF\ \left(\frac{\partial E}{\partial T}\right)_p$$

$$E = 44T\left(\frac{\partial E}{\partial T}\right)_p = 44\times298.2\times0.14\times10^{-3}\ \mathrm{V} = 1.836\ \mathrm{V}$$

20. 在恒温(300 K)、恒压条件下某可逆电池放电时对外做电功1 200 J，电池与环境的总熵变是多少？在同样温度、压力条件下，电池发生短路(即不做电功)，但电池中发生的化学变化与可逆放电时相同，电池与环境的总熵变又是多少？

答 (1) 可逆放电时，可以将电池与环境一起视为一个孤立体系，放电过程为孤立体系中发生的可逆变化，因此电池与环境的总熵变等于0.

(2) 不可逆放电时，总熵大于0.

$$\Delta S_{环} = \frac{-Q_p}{T} = \frac{-\Delta H}{T},\quad \Delta G_{T,p} = W(电) = -1\ 200\ \mathrm{J}$$

因此

$$\Delta S_{总} = \Delta S + \Delta S_{环} = \Delta S + \frac{-\Delta H}{T} = \frac{T\Delta S - \Delta H}{T} = \frac{-\Delta G}{T} = 4\ \mathrm{J\cdot K^{-1}}$$

21. 根据公式 $\Delta_r H_m = -zFE + zFT\left(\frac{\partial E}{\partial T}\right)_p$，如果 $\left(\frac{\partial E}{\partial T}\right)_p$ 为负值，$Q_R = zTF\left(\frac{\partial E}{\partial T}\right)_p < 0$，那么表示化学反应的等压热效应中一部分转变成电功($-zEF$)，而余下部分仍以热的形式放出.这就表明在相同的始终态条件下，在不可逆电池反应中的 $\Delta_r H_m$ 比在可逆电池反应中的 $\Delta_r H_m$ 要大一些.这种说法对不对？为什么？

答 不对，H 是状态函数，$\Delta_r H_m$ 的值只与反应的始终态有关，无论反应是不是在可逆电池中进行，$\Delta_r H_m$ 值都是相同的，但两种情况下的热是不一样多的，电池反应热 Q_R 与电池反应热效应是不一样的.

22. 某电池反应可以写成如下两种形式，则所计算出的电动势 E、标准摩尔反应自由能和标准平衡常数的数值是否相同？

$$H_2(p_{H_2}) + Cl_2(p_{Cl_2}) = 2HCl(a) \qquad (1)$$

$$\frac{1}{2}H_2(p_{H_2}) + \frac{1}{2}Cl_2(p_{Cl_2}) = HCl(a) \qquad (2)$$

答　电动势 E 是强度性质的量，无论电池反应物计量系数是多少，电动势 E 总是相同的. 如果从计算电池电动势的能斯特方程看，则

$$E = E^{\ominus} - \frac{RT}{zF}\ln\prod_i a_i^{\nu_i}$$

$\frac{RT}{zF}$ 项分母中的 Z 与 $\prod_i a_i^{\nu_i}$ 项中的指数 ν_i 之间有固定的比例关系，所以电动势 E 与计量系数无关，即两种形式反应中 $E_1 = E_2$.

但是摩尔反应自由能和标准平衡常数值却不同，$\Delta_r G_m$ 中的下标"m"是指反应进度为 1 mol 时的自由能变化值，若化学方程式中的计量系数成倍数的关系，则当反应进度都等于 1 mol 时，$\Delta_r G_m$ 的值也成倍数的关系，即 $\Delta_r G_{m,1} = 2\Delta_r G_{m,2}$. 如果电池都处于标准状态，则标准摩尔反应自由能变化值的关系也是 $\Delta_r G^{\ominus}_{m,1} = 2\Delta_r G^{\ominus}_{m,2}$.

若标准平衡常数与标准反应自由能之间的关系为 $\Delta_r G^{\ominus}_m = -RT\ln K^{\ominus}$，$\Delta_r G^{\ominus}_m$ 的数值成倍数的关系，则 $K^{\ominus}$ 的数值就成指数的关系，即 $K^{\ominus}_1 = (K^{\ominus}_2)^2$.

23. 氧化还原反应在电池中进行与在普通反应器中进行有什么不同之处?

答　不同之处有几点：① 从反应方式看，氧化还原反应在普通反应器中进行时，电子得失通过反应物直接接触进行，在电池中进行，电子得失通过电极和外电路间接进行. ② 从能量转换看，氧化还原反应在普通反应器中自发进行时，化学能转化成热能，而在电池中自发进行时，化学能转化成电能. ③ 从热力学看，在电池中充电，环境做电功可使 $\Delta_r G_m > 0$ 的氧化还原反应进行，而在普通反应器中却不能. ④ 从动力学看，在电池中反应，可以通过调节输出电压或外加电压大小来改变电池中氧化还原反应速率或方向，而在普通反应器中却不能.

10.3　电极电势与电池电动势

24. 金属电极表面与电解质溶液之间的电势差和两种金属接触电势差的形成的原因有什么区别?

答　金属电极表面与电解质溶液之间的电势差是由于金属表面的离子溶解或吸附，金属电极表面上电荷密度与电极表面附近溶液电荷密度不同. 而两种金属接触电势差是由于两种金属中的电子逸出功不同，自由电子在两种金属接触面处扩散，接触面两边电子密度不同.

25. 电极电势是否就是电极表面与电解质溶液之间界面的电势差? 单个电极的电极电势能否测量? 电极的电极电势数值是如何确定的? 用电极能斯特公式计算出的是电极的还原电势还是氧化电势?

答　电极电势不是电极表面与电解质溶液之间界面的电势差，它是人为规定值，选择标准氢电极为参考点的相对数据，也就是电极表面与电解质溶液之间界面的电势差与标准氢电极电势之间的差值.

单个电极的电极电势无法测量，因为实验只能测量两个电极组成的电池电动势.

把指定电极与标准氢电极组成电池，测量出该电池的电动势，由于已经定义标准氢电极的电势为零，测量出来的电池电动势就是该电极的电极电势. 正负号是这样确定的：若在测量过程中，标准氢电极发生氧化反应(是负极)，那么该电极的电极电势高于标准氢电极的，取正值；若在测量过程中，标准氢电极发生还原反应(是正极)，那么该电极的电极电势低于标准氢电极的，取负号. 该规定是国际上大多数国家采用的还原电极电势.

因此用电极能斯特公式 $\varphi=\varphi^{\ominus}-\dfrac{RT}{zF}\ln\dfrac{a_{还原}}{a_{氧化}}$，计算出的是电极的还原电势.

26. 电极电势 φ 与标准电极电势 $\varphi^{\ominus}$ 的意义有何不同？它们与哪些因素有关？

答　电极电势 φ 是电极的相对电极电势，它是相对于标准氢电极而得出的相对电极电势. 它与电极本性、温度、压力、电解质中离子浓度等因素有关.

标准电极电势 $\varphi^{\ominus}$，是电极在标准状态下的电极电势，它也是相对于标准氢电极的电势而得出的相对值. 它只与电极本性、温度有关，而与压力、电解质中离子浓度无关.

说明：关于电极电势的表示符号，大多数物理化学教材用 φ，也有些物理化学教材用 E，我们认为使用 φ 表示比较好，不要用 E 表示，因为 E 与电池电动势符号 E 相同而不便区别.

27. 如果规定标准氢电极的电势为 1.0 V，则各电极的还原电势将如何变化？电池的电动势将如何变化？

答　如果规定标准氢电极的电势为 1.0 V，则各电极的还原电势都相应增加 1.0 V，而 $E=\varphi_{右}-\varphi_{左}$，因此电池的电动势不受影响.

28. 随便取一块金属片插入电解质溶液中形成一个电极，是否可以测量出该电极的电极电势？

答　不一定. 如果金属片插入电解质溶液形成可逆电极，如锌片插入硫酸锌溶液形成 $Zn|ZnSO_4(a)$ 电极，或铜片插入硫酸铜溶液形成 $Cu|CuSO_4(a)$ 电极，是可以测量出电极电势的. 如果金属片插入电解质溶液形成的不是可逆电极，则无法测量出电极电势. 如锌片插入稀硫酸溶液形成的电极，由于锌在稀硫酸中不断溶解，锌离子在溶液中不断扩散，不能建立稳定的电极电势，故不能测量出它的电极电势.

29. 金属表面带正电还是带负电荷由什么因素决定？在硫酸铜溶液中插入铜电极时，金属铜表面带什么电荷？

答　金属表面带正电荷还是带负电荷主要由金属与金属离子的化学势(电化学势)来决定. 若正离子在溶液中的化学势高于它在金属表面上的原子电化学势，离子自发在金属表面上析出，金属表面带正电荷. 相反，若正离子在溶液中的化学势低于它在金属表面上的原子电化学势，原子就会自发溶解到溶液中成为离子，金属表面带负电荷.

在硫酸铜溶液中插入铜电极时，由于溶液中 Cu^{2+} 的化学势高于铜原子的化学势，Cu^{2+} 在金属 Cu 表面上析出，因此金属铜表面带正电荷.

30. $\varphi(s)$，$\varphi(M)$ 表示什么电势？$\Delta\varphi$ 和 φ 又表示什么电势？$\Delta\varphi$ 和 φ 有何不同？

答　$\varphi(s)$ 即 $\varphi(sln)$，表示物质在溶液中的电势，$\varphi(M)$ 表示金属表面上的电势；$\Delta\varphi$ 表示物质在两个不同相界面上的电势差，φ 表示电极电势的相对值，规定标准氢电极的电势为零，把某电极与标准氢电极组成电池，测出其电动势，那么该电动势数值即为该电极的电势 φ，并且按规定选取正负号. $\Delta\varphi$ 是相界面电势差的绝对值，无法测量，φ 是电极电势，是相对值，可以测量.

31. 标准电极电势表中给出的数据一般指 298 K，对于其他温度下的标准电极电势 $\varphi^{\ominus}$ 能否从电极电势的能斯特公式来计算出？

答　可以. 只要知道该电极电势的温度系数 $\left(\dfrac{\partial\varphi}{\partial T}\right)_p$ 就可以计算出：

$$\varphi(T)=\varphi(298\ \mathrm{K})+\int_{298}^{T}\left(\frac{\partial\varphi}{\partial T}\right)_p \mathrm{d}T\approx\varphi(298\ \mathrm{K})+\left(\frac{\partial\varphi}{\partial T}\right)_p(T-298\ \mathrm{K})$$

32. 金属钠和钠汞齐两个电极反应的电极电势公式如何表示？这两个电极的 φ 和 $\varphi^{\ominus}$ 是否相同？

答　Na 电极的反应为

$$Na^{+}+e^{-}\longrightarrow Na(s)$$

$$\varphi_{Na^{+}/Na}=\varphi^{\ominus}_{Na^{+}/Na}+\frac{RT}{F}\ln\frac{a_{Na^{+}}}{a_{Na}}$$

固体 Na 的活度为 1，$\varphi_{Na^{+}/Na}=\varphi^{\ominus}_{Na^{+}/Na}+\dfrac{RT}{F}\ln a_{Na^{+}}$.

当 $a_{Na^{+}}=1$ 时，$\varphi_{Na^{+}/Na}=\varphi^{\ominus}_{Na^{+}/Na}$ 是钠电极的标准电极电势.

对于钠汞齐电极，反应为

$$Na^{+}+e^{-}\longrightarrow Na(Hg)$$

$$\varphi_{Na^{+}/Na(Hg)}=\varphi^{\ominus}_{Na^{+}/Na(Hg)}+\frac{RT}{F}\ln\frac{a_{Na^{+}}}{a_{Na}(Hg)}$$

其中 $a_{Na}(Hg)$ 是 Na 在固态 Hg（汞齐）中的活度. 当 $a_{Na^{+}}=1$，$a_{Na}(Hg)=1$ 时，$\varphi_{Na^{+}/Na(Hg)}=\varphi^{\ominus}_{Na^{+}/Na(Hg)}$ 是钠汞齐电极的标准电极电势.

可见这两个电极的 φ 和 $\varphi^{\ominus}$ 一般不相同. 只有 Na 在汞齐中溶解达到饱和时，$\varphi^{\ominus}_{Na^{+}/Na}$ 与 $\varphi^{\ominus}_{Na^{+}/Na(Hg)}$ 数值才相等.

33. 为什么金属-金属难溶盐电极都是对阴离子可逆的电极？

答　对于金属-金属难溶盐电极，金属难溶盐为固相，被还原后的金属也是固相，而未还原的阴离子进入溶液，又因为金属难溶盐在溶液中溶解度极小，所以溶液与电极反应相关的离子主要是阴离子，故金属-金属难溶盐电极都是对阴离子可逆的电极. 例如 Ag/AgCl电极，电极反应为 $AgCl(s)+e^{-}=\!=\!=Ag(s)+Cl^{-}$，由于 AgCl(s)是难溶盐，因此该溶液中 Ag^{+} 浓度极小，而 Cl^{-} 浓度较大，它可能由 NaCl 或 KCl 等盐提供，Na^{+} 或 K^{+} 与电极反应无关，因此该电极是对 Cl^{-} 离子可逆的电极.

34. 对氧化还原电极为 $Pt|Fe^{2+},Fe^{3+}$；$Pt|Sn^{2+},Sn^{4+}$. 它们可作为电池负极，若将 Pt 换为 Fe 和 Sn 是否也可以？为什么？

答　若将电极 $Pt|Fe^{2+},Fe^{3+}$ 中的 Pt 换成 Fe，则 Fe 极表面可有三个反应：

$$Fe^{3+}+3e^{-}\longrightarrow Fe,\quad \varphi^{\ominus}=0.036\ \mathrm{V}$$

$$Fe^{2+}+2e^{-}\longrightarrow Fe,\quad \varphi^{\ominus}=-0.447\ \mathrm{V}$$

$$Fe^{3+}+e^{-}\longrightarrow Fe^{2+},\quad \varphi^{\ominus}=0.770\ \mathrm{V}$$

其中以 $Fe^{2+} \longrightarrow Fe$ 的电势最低. 若把该电极作电池负极,最可能的电极反应为 $Fe \longrightarrow Fe^{2+} + 2e^-$,标准电极电势为 -0.447 V,而不是原来反应 $Fe^{2+} \longrightarrow Fe^{3+} + e^-$ 的 0.770 V. 因此不可以把 Pt 换成 Fe.

若将电极 $Pt|Sn^{2+}, Sn^{4+}$ 中的 Pt 换成 Sn,则 Sn 电极表面会发生下列两个反应:

$$Sn^{2+} + 2e^- \longrightarrow Sn, \quad \varphi^\ominus = -0.1364\ V$$

$$Sn^{4+} + 2e^- \longrightarrow Sn^{2+}, \quad \varphi^\ominus = 0.151\ V$$

若把该电极作电池负极,最可能发生的是第一个反应而不是后一个反应,这时的标准电极电势是 -0.1364 V,而不是原来的 0.151 V. 因此不可以把 Pt 换成 Sn.

35. 有三个电极反应:

(1) $Fe^{2+} + 2e^- \longrightarrow Fe, \varphi_1^\ominus, \Delta_r G_m^\ominus(1)$;

(2) $Fe^{3+} + e^- \longrightarrow Fe^{2+}, \varphi_2^\ominus, \Delta_r G_m^\ominus(2)$;

(3) $Fe^{3+} + 3e^- \longrightarrow Fe, \varphi_3^\ominus, \Delta_r G_m^\ominus(3)$.

其中反应(1)+(2)══(3),则 $\Delta_r G_m^\ominus(3) = \Delta_r G_m^\ominus(1) + \Delta_r G_m^\ominus(2), \varphi_3^\ominus = \varphi_1^\ominus + \varphi_2^\ominus$. 你认为得出的结果正确吗?

答 不正确. 这些电极反应是耦合的,因此

$$\Delta_r G_m^\ominus(1) = -2\varphi_1^\ominus F, \quad \Delta_r G_m^\ominus(2) = -\varphi_2^\ominus F, \quad \Delta_r G_m^\ominus(3) = -3\varphi_3^\ominus F$$

当 $\Delta_r G_m^\ominus(3) = \Delta_r G_m^\ominus(1) + \Delta_r G_m^\ominus(2)$ 时,应有 $3\varphi_3^\ominus = 2\varphi_1^\ominus + \varphi_2^\ominus$.

36. 电极反应为 $2H^+ + 2e^- \longrightarrow H_2$,标准电极电势为 $\varphi_1^\ominus$;电极反应为 $2H_2O + 2e^- \longrightarrow H_2 + 2OH^-$,标准电极电势为 $\varphi_2^\ominus$.

因为它们都是氢电极的反应,所以 $\varphi_1^\ominus = \varphi_2^\ominus$. 该结论正确吗?

答 不正确. 电极反应不同,电极电势就不同. 电极(1)的标准态是 $a(H^+) = 1, \varphi_1^\ominus = 0$;电极(2) 的标准态是 $a(OH^-) = 1, \varphi_2^\ominus = -0.828$ V.

37. 为什么说单个电极的电极电势绝对值无法测量? 而在处理电化学问题时只需要知道相对电极电势? 标准氢电极的电极电势确实为零吗?

答 单个电极的电势绝对值就是其金属与电解质溶液界面的电势差的绝对值.

以丹尼尔电池为例:

$$(-)Cu(s) \mid Zn(s) \mid ZnSO_4(a_1) | CuSO_4(a_2) | Cu(s)(+)$$

$$\varepsilon_{接触} \qquad \varepsilon_- \qquad \varepsilon_{扩散} \qquad \varepsilon_+$$

$$E = \varepsilon_+ + \varepsilon_{扩散} + \varepsilon_- + \varepsilon_{接触}$$

式中 ε_+ 表示金属铜与硫酸铜溶液之间的电势差,简称正极电势差;ε_- 表示金属锌与硫酸锌溶液之间的电势差,简称负极电势差;$\varepsilon_{接触}$ 是金属 Cu 与金属 Zn 的接触电势差;$\varepsilon_{扩散}$ 是硫酸铜溶液与硫酸锌溶液的液接电势差. 这些都是它们的电极电势的绝对值. 目前实验只能测量 $E = \varepsilon_+ + \varepsilon_{扩散} + \varepsilon_- + \varepsilon_{接触}$,对单个电极的绝对电极电势无法测量. 但这不影响电化学中用电极电势计算电池的电动势,由于绝对值不知道,我们可以用相对数值方法,像物质标准生成热、标准熵值那样,选定一个参考点,确定电极电势的相对值,有了电极电势的相对值,就可以计算电池电动势,所以说处理电化学问题时只需要知道相对电极电势就可以了.

标准氢电极的电极电势不是确实为零,以它作为参考点,是人为规定为零的.

38. 标准电极电势是否就是电极与周围活度为1的电解质溶液之间的电势差?

答 不是.由于电极表面性质比较复杂,电极与周围电解质溶液之间的真实电势差的绝对值无法测量出来.现在规定标准氢电极的电势为零,把处于标准状态下的电极(待测电极)与标准氢电极组成电池,测量出电池电动势,就是该电极的电势,再规定其正负号的选取方法.若在测量过程中,标准氢电极发生氧化反应(是负极),则取正值;若在测量过程中,标准氢电极发生还原反应(是正极),则取负号.该数值称为标准氢电极的还原电极电势,简称为标准电极电势,用符号 $\varphi^{\ominus}_{O_z/R_t}$ 表示.所以标准电极电势不是电极与活度为1的电解质溶液之间的电势差.

39. 为什么称 $\varphi^{\ominus}$(电极) 为标准还原电极电势? 其数值大小的意义是什么?

答 因为按目前国际上的统一规定,一律采用标准氢电极作为比较任一电极的电极电势大小的基准.比较时,将标准氢电极作为负极,给定电极作为正极,组成电池:

$$\mathrm{Pt}|\mathrm{H_2(g,100\ kPa)}|\ \mathrm{H^+}[a(\mathrm{H^+})=1]\ \|\ \text{给定电极}$$

通过测量该电池的电动势,从而确定给定电极的电势.这样确定任一电极的标准电动势 $\varphi^{\ominus}$(电极)为标准还原电极电势.

$\varphi^{\ominus}$(电极)的值越正,说明该电极氧化态物质被还原的趋势越大,即氧化态易得到电子被还原;$\varphi^{\ominus}$(电极)的值越负,说明该电极氧化态物质被还原的趋势越小,即还原态就容易失去电子被氧化.$\varphi^{\ominus}$(电极)值的大小是对电极氧化态物质被还原趋势大小的一种量度.

40. 为什么标准电极电势的值有正有负?

答 因为规定标准氢电极的电势为零,采用还原电极电势,把待测电极与氢电极组成电池时,若该电极是比氢还活泼的金属电极,与氢电极组成电池时,实际的电池反应是金属氧化,氢离子还原,在测量时确定出标准氢电极上发生还原反应,或待测电极上发生氧化反应,说明该电极的电势比标准氢电极低,因此该电极的电势是负值;若该电极是不如氢活泼的金属电极,与氢电极组成电池时,在测量时确定出标准氢电极上发生氧化反应,氢气氧化成氢离子,或待测电极上发生还原反应,金属离子被还成原子,说明该电极的电势比标准氢电极高,因此该电极的电势是正值,所以就出现标准电极电势的值有正有负的情况.

41. 国际规定的一级参比电极、二级参比电极是哪些? 如何表示? 各有什么特点?

答 一级参比电极是标准氢电极,表示为 $(\mathrm{Pt})\mathrm{H_2}(\mathrm{g},p^{\ominus})|\mathrm{H^+}(a=1)$,特点是在任何温度下其标准电极电势都是零,$\varphi^{\ominus}_{\mathrm{H^+/H_2}}=0$.二级参比电极有甘汞电极与银-氯化银电极,表示为

$$\mathrm{Hg(l),Hg_2Cl_2(s)|KCl(m)}\quad \text{与} \quad \mathrm{Ag(s),AgCl(s)|HCl}(a)$$

甘汞电极的特点是在一定温度下电极电势取决于 Cl^- 活度,目前实验室使用的有三种甘汞电极(298.2 K):0.1 mol 甘汞电极,电势为 0.333 7 V;1 mol 甘汞电极,电势为0.280 1 V;饱和甘汞电极,电势为 0.241 2 V.甘汞电极抗极化能力特别大,也称为不极化电极,甘汞电极制作简单方便.银-氯化银电极的特点是电极电势在一定温度下取决于 Cl^- 活度,与甘汞电极一样,制作简单方便,电势稳定,考虑到环保和对汞的严格控制,提倡使用银-氯化银电极作二级参比电极.

42. 金属电极与金属-金属难溶盐电极的标准电极电势意义有什么不同？它们之间有什么关系？以标准银电势的 $\varphi^{\ominus}_{Ag^+/Ag}$ 与银-氯化银电极的 $\varphi^{\ominus}_{AgCl/Ag,Cl^-}$ 来说明.

答　金属电极的标准电极电势，如银电极，电极反应为 $Ag^+ + e^- \longrightarrow Ag(s)$，$\varphi^{\ominus}_{Ag^+/Ag}$ 的意义是一定温度下，Ag^+ 活度等于1时的电极电势；金属-金属难溶盐电极，如银-氯化银电极，电极反应为 $AgCl(s) + e^- \longrightarrow Ag(s) + Cl^-$，$\varphi^{\ominus}_{AgCl/Ag,Cl^-}$ 的意义是一定温度下，Cl^- 活度等于1时的电极电势.

两者的关系：由于 AgCl 是难溶的盐，在溶液中溶解度很小，并且 $a_{Ag^+}\ a_{Cl^-} = K_{sp}$，从电极电势数值上看，$\varphi^{\ominus}_{AgCl/Ag,Cl^-}$ 的电势也可以看成金属银电极在 Cl^- 活度等于1时，溶液 Ag^+ 极小时银电极电势，这时 Ag^+ 活度为 $a_{Ag^+} = \dfrac{K_{sp}}{a_{Cl^-}} = K_{sp}$，因此两者的关系为

$$\varphi^{\ominus}_{AgCl/Ag,Cl^-} = \varphi^{\ominus}_{Ag^+/Ag} + \frac{RT}{F}\ln a_{Ag^+} = \varphi^{\ominus}_{Ag^+/Ag} + \frac{RT}{F}\ln K_{sp}$$

$$\varphi^{\ominus}_{AgCl/Ag,Cl^-} = \varphi^{\ominus}_{Ag^+/Ag} + 0.059\,15\lg K_{sp},\quad T = 298\ \text{K}$$

其他电极之间也有同样关系，例如金属 Pb 电极标准电极电势与铅-硫酸铅电极.

$Pb|PbSO_4(s)|H_2SO_4$ 的标准电极电势关系为

$$\varphi^{\ominus}_{PbSO_4/Pb,SO_4^{2-}} = \varphi^{\ominus}_{Pb^{2+}/Pb} + \frac{RT}{2F}\ln a_{Pb^{2+}} = \varphi^{\ominus}_{Pb^{2+}/Pb} + \frac{RT}{2F}\ln K_{sp}$$

43. 我们学习了哪两个能斯特方程？如何用这两个能斯特方程计算电池电动势？

答　学习了电池电动势能斯特方程：

$$E = E^{\ominus} - \frac{RT}{zF}\ln\frac{a_G^g a_H^h}{a_A^a a_B^b}$$

电极电势能斯特方程：

$$\varphi_{O_x/Re_d} = \varphi^{\ominus}_{O_x/Re_d} - \frac{RT}{zF}\ln\frac{a_R^{\nu_R}}{a_O^{\nu_O}}$$

计算电池的电动势. 如果容易写出电池反应，直接用电动势能斯特方程计算电池电动势. 也可以由电池反应知道正、负电极反应，用电极电势能斯特方程计算：

$$E = \varphi_+ - \varphi_- = \left(\varphi^{\ominus}_+ + \frac{RT}{zF}\ln\frac{a_{O,+}}{a_{R,+}}\right) - \left(\varphi^{\ominus}_- + \frac{RT}{zF}\ln\frac{a_{O,-}}{a_{R,-}}\right)$$

说明：两种计算方法没有本质区别，用电池能斯特方程计算要能写出电池反应式；用电极电势能斯特方程计算要熟知电极反应式. 有的情况下只能用电极电势能斯特方程来计算，例如一个电极与甘汞电极组成的电池、一个电极与玻璃电极组成的电池，电池反应就不好写出.

44. 标准电极电势都是与温度无关的常数吗？

答　标准电极电势 $\varphi^{\ominus}$，又称作氢标准电势，它在数值上等于标准状态下的给定电极与氢标准电极组合成的原电池的电动势 $E^{\ominus}$，因此，恒压下 $\varphi^{\ominus}$ 的温度系数为

$$\frac{d\varphi^{\ominus}}{dT} = \frac{dE^{\ominus}}{dT} = \frac{\Delta_r S^{\ominus}_m}{zF}$$

一般电池反应的 $\Delta_r S^{\ominus}_m \neq 0$，因此 $\varphi^{\ominus}$ 的温度系数是不等于零的. 但若由两个同样的标准氢

电极组成电池，当然不会发生反应，$E^{\ominus}=0$，$\Delta_r S_m^{\ominus}=0$ 故 $\frac{d\varphi^{\ominus}}{dT}=0$，这就是人为规定标准氢电极的温度系数为零的结果.

总之，除标准氢电极以外的所有电极的 $\varphi^{\ominus}$ 值都是温度的函数，都与温度有关.

45. 为了确定电极电势，需要采用相对的参比标准. 参比电极的选择是不是随意的？有什么限制条件？

答 参比电极不能随意选. 首先，它必须是一种具有稳定电势的电极；其次，它应当易纯化不易极化，制备也较简单；此外，参比电极最好能适应较广的介质条件.

具有稳定电势的电极至少应具备以下两个条件：

(1) 必须是可逆电极，不可逆电极不可取. 例如锌片插入硫酸溶液构成的电极，其电极反应不可逆，电极电势随时间变化，因此不能做参比电极. 有些电极，虽然反应是可逆的，但容易发生极化，也不能做参比电极.

(2) 电极电势的温度系数应比较小，以保证在温度有微小变化时，仍有较稳定的电极电势.

对于水溶液，国际上采用的参比电极是标准氢电极，将其电势在所有温度下均取值为零. 从实用角度看，用得较多的参比电极是 Hg/Hg_2Cl_2 电极，Ag/AgCl 电极等，它们是所谓的二级参比电极.

为了测量电极的相对电极电势，理论上可把任一种电极的电极电势当作参比零点；但是，若进行与热力学函数有关的计算，就必须使用氢标准电极，因为涉及氢电极反应的几种物质标准态的规定，电化学和热力学必须是一致的. 由于热力学中规定了 H^+ 的标准生成焓、标准生成自由能都是零，因此必须规定 $\varphi^{\ominus}_{H^+/H_2}=0$ 才能一致. 因此标准氢电极反应的 $\Delta_r G_m^{\ominus}=0$；有这个要求，就不能选其他参比电极的 $\varphi^{\ominus}$ 为零值了.

10.4 浓差电池与液接电势

46. 浓差电池分为几类？各有什么特点？

答 浓差电池分为三类：① 第一类浓差为单液浓差电池，又称电极浓差电池，由化学性质相同而活度不同的两个电极插入同一个与电极有关的电解质溶液中构成. ② 第二类浓差电池为双液浓差电池，又称为电解质浓差电池. 两个相同的金属电极分别浸入两个成分相同而浓度不同的电解质溶液中，两电解质溶液之间插入盐桥. ③ 第三类浓差电池为复合浓差电池，又称双联浓差电池，由两个电池正负极反向连接，串联而成.

特点：单液浓差电池的电动势只与电极的浓度或压力有关，与电解质浓度无关，例如浓差电池：

$$Pt(s)\,|\,H_2(p_1)\,|\,HCl(a_1)\,|\,H_2(p_2)\,|\,Pt(s)$$

$$E=E^{\ominus}-\frac{RT}{2F}\ln\frac{p_2/p^{\ominus}}{p_1/p^{\ominus}}=\frac{RT}{2F}\ln\frac{p_1}{p_2}$$

双液浓差电池的电动势只与两个电解质活度有关，两个电解质之间要放盐桥消除液接电势，例如浓差电池：

$$Ag(s)|AgNO_3(a_1)\parallel AgNO_3(a_2)|Ag(s)$$

$$E=E^{\ominus}-\frac{RT}{F}\ln\frac{a_{1,+}}{a_{2,+}}=\frac{RT}{F}\ln\frac{a_{2,+}}{a_{1,+}}$$

复合浓差电池，是最好的完全消除液接电势的浓差电池，电动势与电解质的正负离子活度都有关系，例如

$Pt,H_2(p^{\ominus})(a)|HCl(a_1)|AgCl(s)|Ag(s)-Ag(s)|AgCl(s)|HCl(a_2)|\ H_2(p^{\ominus}),Pt$，

电极总反应为

$$HCl(a_2)=HCl(a_1),\quad E=E^{\ominus}-\frac{RT}{F}\ln\frac{a_1}{a_2}=\frac{2RT}{F}\ln\frac{\gamma_{\pm,2}m_2}{\gamma_{\pm,1}m_1}$$

47. 下列电池属于哪一种类型浓差电池？

(1) $Ag,AgCl|HCl(m_1)|H_2(p^{\ominus}),Pt-Pt,H_2(p^{\ominus})|HCl(m_2)|AgCl,Ag(s)$.

(2) $Hg-Zn(a_1)|ZnSO_4(a)|Zn(a_2)-Hg;a_1>a_2$.

(3) Na(汞齐)(0.206%)|NaI(在 C_2H_5OH 中)|Na(s).

答　(1) 双联浓差电池或复合浓差电池，也属于电解质浓差电池.

(2) 第一类浓差电池，又称电极浓差电池.

(3) 第一类浓差电池，即电极浓差电池.

48. 试举例说明什么是有离子迁移的浓差电池，什么是无离子迁移的浓差电池.

答　第二类浓差电池，即电解质浓差电池中，若两种电解质溶液之间没有插入盐桥消除液接电势，则有离子通过扩散穿过液体接界面，形成液体接界电势，这样的浓差电池叫有离子迁移的浓差电池，如 $Ag\ (s)|AgNO_3(a_1)|AgNO_3(a_2)|Ag\ (s)$.

第一类浓差电池，即单液浓差电池(电极浓差电池)，或在两种电解质溶液之间放入盐桥消除液接电势的第二类浓差电池，即电解质浓差电池，或第三类复合浓差电池，在液体接界面处没有离子扩散形成液接电势，这样的浓差电池叫无离子迁移的浓差电池，如下列三个电池：

$Pt(s)|H_2(p_1)|HCl(aq)|H_2(p_2)|Pt\ (s)$

$Ag(s)|AgNO_3(a_1)\parallel AgNO_3(a_2)|Ag(s)$

$Pt,H_2(p^{\ominus})(a)|HCl(a_1)|AgCl(s)|Ag(s)-Ag(s)|AgCl(s)|HCl(a_2)|\ H_2(p^{\ominus}),Pt$

49. 什么叫液接电势？它产生的原因是什么？为何要消除它？

答　两种不同电解质，或者两种相同电解质但浓度不同，在它们液体接界面上出现双电层结构，产生电势差，这种电势差称液体接界电势. 产生的原因是在液体接界面处，离子的迁移速度不同，两边离子扩散速率就不同，造成两边同种离子数量不等，电荷密度不同，电势不同，从而造成在界面两边存在电势差.

由于液体接界电势是离子扩散造成的，而扩散是不可逆过程，属于热力学不可逆范畴，要保持电池可逆性必须尽量设法消除它.

50. 什么叫盐桥？为什么说它能消除液接电势？能消除到什么程度？

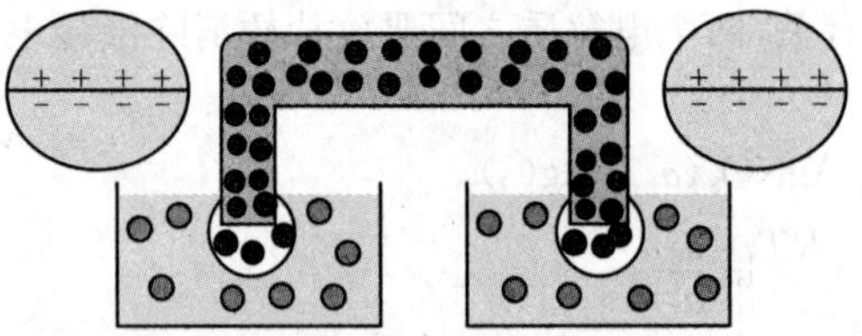

图 10.1

答　盐桥是用来消除或降低液接电势的一种装置，常见的盐桥如图 10.1 所示，一般是在 U 形管中装有用 KCl 或 NH_4NO_3 饱和的 3%的琼脂. 琼脂是一种固体状态的凝胶，目的是起固定溶液的作用，但不妨碍电解质溶液的导电性.

当盐桥与两个浓度不太大（通常远小于盐桥中饱和 KCl 浓度）的溶液接触时，KCl 将以压倒的优势向两边电极溶液中扩散. 由于 K^+ 与 Cl^- 的迁移数及运动速率非常接近，在单位时间内，通过 U 形管的两个端面向外扩散的 K^+ 与 Cl^- 的数目几乎相等，因此在两个接触面上所产生的液接电势大小几乎相等，而符号（方向）相反，其代数和一般约为 2 mV，从而明显地降低了由于两个不同浓度或不同性质的电解质溶液直接接触时所产生的液接电势.

用盐桥可降低液接电势，但并不能完全消除，一般能降至 1～2 mV，可忽略不计.

51. 用电解质溶液制作盐桥时，电解质溶液应具备哪些必要条件？

答　电解质溶液制作盐桥的必要条件是：① 正、负离子的迁移数几近相同；② 电解质溶液浓度要高；③ 电解质不与电池中其他物质发生反应.

52. 在有液体接界电势的浓差电池中，当电池放电时，在液体接界处，离子是不是总从高浓度向低浓度扩散？

答　不是. 电池放电时，化学能转化成电能，在化学力推动下，电池内正离子向正极移动，负离子向负极移动，在液体接界处也是这样. 离子不是总从高浓度向低浓度自由扩散.

53. 下列电池属于哪一种类型的电池？所表达的正、负极对吗？为什么？

$$(-)\text{Na(汞齐)}[w(\text{Na})=0.206\%]\,|\,\text{NaI(在 } C_2H_5OH \text{ 中)}\,|\,\text{Na(s)}\ (+)$$

答　该电池反应为 Na(汞齐)$[w(\text{Na})=0.206\%]$══Na(s)，是第一类浓差电池，即单液浓度电池.

所表达的正、负极不对，因为上面的反应不是自发的，逆方向才能自发进行，因此上面电池的正、负极搞反了，应该倒过来.

54. 一个有液体接界电势的浓差电池如下：

$$\text{Ag(s)}\,|\,\text{AgCl(s)}\,|\,\text{HCl}(0.1\ \text{mol}\cdot\text{kg}^{-1},\gamma_{\pm,1}=0.795)\,|$$
$$\text{HCl}(0.01\ \text{mol}\cdot\text{kg}^{-1},\gamma_{\pm,2}=0.904)\,|\,\text{AgCl(s)}\,|\,\text{Ag(s)}$$

其电动势在 298.2 K 时是 0.092 53 V. 求 HCl 溶液中在此浓度范围内 H^+ 离子和 Cl^- 离子的迁移数，并计算浓度分别为 0.1mol · kg^{-1} 和 0.01 mol · kg^{-1} 的 HCl 溶液的液体接界电势.

答　这是一个有液接电势的浓差电池，

负极反应：$\text{Ag(s)}-e^-+Cl^-(0.1\ \text{mol}\cdot\text{kg}^{-1},\gamma_{\pm,1}=0.795)\longrightarrow\text{AgCl(s)}$

正极反应：$\text{AgCl(s)}+e^-\longrightarrow\text{Ag(s)}+Cl^-(0.01\ \text{mol}\cdot\text{kg}^{-1},\gamma_{\pm,2}=0.904)$

电池反应为

$$Cl^-(0.1,\gamma_{\pm,1}=0.795)═══Cl^-(0.01,\gamma_{\pm,2}=0.904)$$

电动势计算：

$$E=2t_+\frac{RT}{F}\ln\frac{a_{\pm,1}}{a_{\pm,2}}$$

$$0.09253=2t_+\times\frac{0.05915}{1}\times\lg\frac{0.1\times0.795}{0.01\times0.904}$$

解得

$$t_+=0.828,\quad t_-=1-t_+=0.172$$

液接电势计算：

$$\begin{aligned}E_l&=(t_+-t_-)\frac{RT}{F}\ln\frac{a_{\pm,1}}{a_{\pm,2}}\\&=(0.828-0.172)\times\lg\frac{0.1\times0.795}{0.01\times0.904}\ \text{V}\\&=0.03665\ \text{V}\\&=36.65\ \text{mV}\end{aligned}$$

55. 下列两种电池的电动势之间有何关系？

甲：$H_2(p_1)|HCl(0.001\ mol\cdot kg^{-1})\|HCl(0.01\ mol\cdot kg^{-1})|H_2(p_1)$；

乙：$H_2(p_1)|HCl(0.001\ mol\cdot kg^{-1})|Cl_2(p_2)-Cl_2(p_2)HCl(0.01\ mol\cdot kg_{-1})H_2(p_1)$.

答　电池甲的两电极反应如下：

负极：$\frac{1}{2}H_2(p_1)\longrightarrow H^+(0.001\ mol\cdot kg^{-1})+e^-$；

正极：$H^+(0.01\ mol\cdot kg^{-1})+e^-\longrightarrow\frac{1}{2}H_2(p_1)$.

电池反应：$H^+(0.01\ mol\cdot kg^{-1})=\!=\!=H^+(0.001\ mol\cdot kg^{-1})$.

由于溶液浓度较小，以浓度代替活度，有

$$\Delta_r G_m=RT\ln\frac{0.001}{0.01}=RT\ln 10^{-1}$$

$$\Delta_r G_m=-EF$$

在 25 ℃时，$E(\text{甲})=-\frac{RT}{F}\ln 10^{-1}=0.059\ \text{V}$.

电池乙实际上是由两个电解液浓度不同的同种电池反向联成的双联浓差电池，按题示顺序，电池反应分别如下：

左电池：$\frac{1}{2}H_2(p_1)+\frac{1}{2}Cl_2(p_2)=\!=\!=HCl(0.001\ mol\cdot kg^{-1})$；

右电池：$HCl\ (0.01\ mol\cdot kg^{-1})=\!=\!=\frac{1}{2}H_2(p_1)+\frac{1}{2}Cl_2(p_2)$.

串联后整个电池的反应为

$$HCl(0.01\ mol\cdot kg^{-1})=\!=\!=HCl(0.001\ mol\cdot kg^{-1})$$

$$\Delta_r G_m=RT\ln\frac{m_{+,2}}{m_{+,1}}+RT\ln\frac{m_{-,2}}{m_{-,1}}=2RT\ln\frac{0.001}{0.01}=2RT\ln 10^{-1}$$

可得 $E(乙)=-\frac{2RT}{F}\ln 10^{-1}=2\times 0.059\ \text{V}$.

甲电池是用盐桥消除液接电势的电解质浓差电池，乙是无液体接界电势的双联浓差电池.两者电动势关系为 $E(乙)=2E(甲)$

56. 对于同一种有液接电势的浓差电池，(甲) 未消除液接电势，(乙) 已消除液接电势，哪一个电池的电动势数值大?

答　让我们先来看一个例子(一个浓差电池(正离子浓差电池))：

(1) $\text{Pt},H_2(p_1)|\text{HCl}(0.001\ \text{mol}\cdot\text{kg}^{-1})\|\text{HCl}(0.01\ \text{mol}\cdot\text{kg}^{-1})|H_2(p_1),\text{Pt}$(已消除液接电势).

(2) $\text{Pt},H_2(p_1)|\text{HCl}(0.001\ \text{mol}\cdot\text{kg}^{-1})|\ \text{HCl}(0.01\ \text{mol}\cdot\text{kg}^{-1})|H_2(p_1),\text{Pt}$(未消除液接电势).

设 H^+ 的迁移数 $t_+=0.82$，Cl^- 的迁移数 $t_-=0.18$.已消除液接电势的电池，反应为

$$H^+(0.01\ \text{mol}\cdot\text{kg}^{-1})=\!=\!=H^+(0.001\ \text{mol}\cdot\text{kg}^{-1})$$

电动势

$$E_1=-\frac{RT}{F}\ln 10^{-1}=0.059\ \text{V}$$

未消除液接电势的电动势

$$E_2=2t_-\frac{RT}{F}\ln\frac{a_{\pm,1}}{a_{\pm,2}}=2\times 0.18\times\ln\frac{0.01}{0.001}=0.021\ (\text{V})$$

可见，未消除液接电势的电池电动势小于已消除液接电势的电池电动势.

再看另一个例子(负离子浓差电池)：

(3) $\text{Pt},Cl_2(p_1)|\text{HCl}(0.01\ \text{mol}\cdot\text{kg}^{-1})\|\text{HCl}(0.001\ \text{mol}\cdot\text{kg}^{-1})|Cl_2(p_1),\text{Pt}$(已消除液接电势).

(4) $\text{Pt},Cl_2(p_1)|\text{HCl}(0.001\ \text{mol}\cdot\text{kg}^{-1})|\ \text{HCl}(0.01\ \text{mol}\cdot\text{kg}^{-1})|Cl_2(p_1),\text{Pt}$(未消除液接电势).

设 H^+ 的迁移数 $t_+=0.82$，Cl^- 的迁移数 $t_-=0.18$.已消除液接电势的电池，电池反应为

$$Cl^-(0.01\ \text{mol}\cdot\text{kg}^{-1})=\!=\!=Cl^-(0.001\ \text{mol}\cdot\text{kg}^{-1})$$

电动势

$$E_3=-\frac{RT}{F}\ln 10^{-1}=0.059\ (\text{V})$$

未消除液接电势的电动势

$$E_4=2t_+\frac{RT}{F}\ln\frac{a_{\pm,1}}{a_{\pm,2}}=2\times 0.82\times\ln\frac{0.01}{0.001}=0.097\ (\text{V})$$

可见，未消除液接电势的电池电动势大于已消除液接电势的电池电动势.

由此可见，对于同一种有液接电势的浓差电池，未消除液接电势与已消除液接电势比较，哪个大，要具体分析.若电极对正离子可逆，则未消除液接电势的电池电动势小于已消除液接电势的电池电动势；若电极对负离子可逆，则未消除液接电势的电池电动势大于已消除液接电势的电池电动势.

10.5　电池电动势测定及应用

57. 为什么不能使用伏特计测定电池的电动势？

答　因为用伏特计测量，总不免或多或少有电流通过电池，势必有一部分电动势消耗在极化和克服内电阻上，所以测出的电压总小于电池的电动势. 另外，电流通过电池时会发生化学反应使溶液的浓度不断变化，导致电动势不断改变，从而破坏电池的可逆性. 因此测量电池的电动势时不能用伏特计，要用电位差计或高阻抗的电子伏特计. 实验室常用UJ-25型电位差计.

58. 什么叫电池的电动势？用伏特表测得的电池的端电压与电池的电动势是否相同？为何在测量电池的电动势时要用对消法？

答　电池的电动势是指在没有电流通过的条件下，电池两极的金属引线为同一金属时，两个电极两端的电势差. 用伏特表测得的电池的端电压与电池的电动势不同，伏特表与电池接通后，有电流通过，电池中会发生化学反应，溶液的浓度会改变. 另外，电池本身具有内电阻，所以两者不同，伏特表测得的端电压小于电池的电动势.

对消法就是在电池两极之间外加一个反向电压，大小与电池电动势相等，与电池电动势抵消，测定过程中线路中没有净电流通过，在这样条件下测量出的端电压与电池的电动势才相等.

59. 为什么选用韦斯登电池作为标准电池？韦斯登标准电池的电动势为什么稳定？

答　因为韦斯登电池有如下优点：① 电动势稳定；② 温度系数小；③ 可逆性高，并且制作比较容易，寿命比较长. 因此选它作为标准电池.

韦斯登电池表示如下：

$$10\%\mathrm{Cd(Hg)}\,|\,\mathrm{CdSO_4}\cdot\frac{8}{3}\mathrm{H_2O(s)}饱和溶液\,|\,\mathrm{Hg_2SO_4(s)},\mathrm{Hg(l)}$$

负极是镉汞齐电极，正极是金属-金属难溶盐电极，它们都是抗极化很强的电极，正极电势稳定. 负极不是金属Cd，而是Cd-Hg齐，Cd的浓度在5%～14%范围. 在常温下，由图10.2的Hg-Cd相图可知，体系处于两相平衡区. 若电池中Cd的量增加或减少一点，物系点S左右移动，两个相点P,Q不变，即两个相点的活度不变，因此负极电势稳定不变.

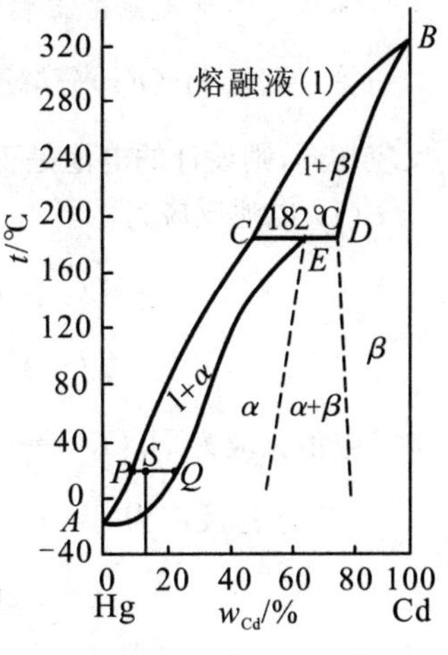

图 10.2

60. 对消法测量电池电动势的主要原理是什么？

答　依据欧姆定律，输出电压$V=IR_e$，I是电流，R_e是外线路电阻.

依据全电路欧姆定律，电池的电动势$E=I(R_e+R_i)$，R_i是电池内部电阻，对于确定的电池，内电阻是一定存在的.

$$E=IR_e+IR_i$$

$$V=IR_e,\quad \frac{V}{E}=\frac{R_e}{R_e+R_i}$$

当 R_e 无限大时，R_i 可忽略：$\frac{V}{E}=\frac{R_e}{R_e+0}=1$. 这时的电池输出电压即路端电压才等于电池的电动势. 当 R_e 无限大时，电流 $I\to 0$.

依据该原理，在电池两极之间外加一个反方向电压，使其与电池的电动势大小相等，方向相反，则线路中电流为零，相当于外电阻无限大，这种条件下测量电池输出端电压即为电池电动势.

61. 用电位差计测定电池电动势时，若检流计的指针始终偏向一方，可能是什么原因？若检流计的指针始终不动，又可能是什么原因？

答 若检流计的指针始终偏向一方，其原因可能是电池的两个电极接反了，或者工作电源的电压太低，小于要测量的电池电动势.

若检流计的指针始终不动，可能是电路不通，或检流计坏了.

62. 为了测定 HgO(s) 分解压，有人设计了下列三种电池：

(1) $Pt(s)|O_2(g)|H_2SO_4(aq)|HgO(s)|Hg(l)$.

(2) $Pt(s)|O_2(g)|NaOH(aq)|HgO(s)|Hg(l)$.

(3) $Pt(s)|O_2(g)|H_2O(l)|HgO(s)|Hg(l)$.

你认为哪个电池是正确的？为什么？

答 测量 HgO(s) 分解压的反应为 $HgO(s)=\!=\!=Hg(l)+\frac{1}{2}O_2(g)$. 如果电池反应与此反应相同，则设计的电池是正确的.

(1) 电池反应为

$$(-)\ H_2O-2e^-\longrightarrow 2H^++\frac{1}{2}O_2(g)$$

$$(+)\ HgO(s)+2H^++2e^-\longrightarrow Hg(l)+H_2O$$

电池反应为 $HgO(s)=\!=\!=Hg(l)+\frac{1}{2}O_2(g)$，符合要求.

(2) 电池反应为

$$(-)\ 2OH^--2e^-\longrightarrow H_2O+\frac{1}{2}O_2(g)$$

$$(+)\ HgO(s)+H_2O+2e^-\longrightarrow Hg(l)+2OH^-$$

电池反应为 $HgO(s)=\!=\!=Hg(l)+\frac{1}{2}O_2(g)$，符合要求.

(3) 电池反应为

$$(-)\ H_2O(l)-2e^-\longrightarrow 2H^++\frac{1}{2}O_2(g)$$

$$(+)\ HgO(s)+2H^++2e^-\longrightarrow Hg(l)+H_2O$$

电池反应为 $HgO(s) = Hg(l) + \frac{1}{2}O_2(g)$，符合要求.

因此这三个电池都是正确的.

63. 根据同一个化学反应能否设计出不同的电池？若两个不同的可逆电池中发生的是同一个化学反应，试问：

(1) 两个电池所做的电功是否一定相同？

(2) 两个电池的电池电动势是否一定相同？

(3) 两个电池放的电量是否一定相同？

答　根据同一个化学反应可以设计出不同的电池. 例如反应 $H_2(g) + 0.5O_2(g) = H_2O(l)$ 与反应 $H^+ + OH^- = H_2O(l)$ 等，都可设计成两个可逆电池，反应 $2Cu^+ = Cu^{2+} + Cu$ 可设计成三个可逆电池.

以反应 $2Cu^+ = Cu^{2+} + Cu(s)$ 设计成两个可逆电池来回答上面问题：

$$Cu^+ - e^- \longrightarrow Cu^{2+} \quad (作负极)$$

$$Cu^+ + e^- \longrightarrow Cu \quad (作正极)$$

设计电池 1：$Pt | Cu^+, Cu^{2+} \| Cu^+ | Cu$.

另解：

$$Cu - 2e^- \longrightarrow Cu^{2+} \quad (作负极)$$

$$2Cu^+ + 2e^- \longrightarrow 2Cu \quad (作正极)$$

设计电池 2：$Cu | Cu^{2+} \| Cu^+ | Cu$，

(1) 两个电池所做的电功是相同的，因为反应的 $\Delta_r G_m$ 是一定的，而 $\Delta_r G_m = W(电)$.

(2) 两个电池的电池电动势不一定相同，例如上面的两个电池，电池 1 得失电子数 $z=1$，电池 2 得失电子数 $z=2$，依据公式 $\Delta_r G_m = -zFE$，两电池得失电子数 z 不同，电池的电动势不同.

(3) 两个电池放的电量不一定相同，例如上面的两电池，一个放电量为 1 F，另一个是 2 F.

64. 下列三种电极中，H_2 的压力、H^+ 的活度都相同. 其电极电势有无区别？

(1) $Cu(s) | Pt(s) | H_2(g) | H^+$.

(2) $Cu(s) | Hg(l) | Pt(s) | H_2(g) | H^+$.

(3) $Cu(s) | KCl(aq) | Pt(s) | H_2(g) | H^+$.

答　这三个电极的构造是有区别的，电极电势也是不同的.

(1) 电极中接触界面：$Cu(s) | Pt(s)$.

(2) 电极中接触界面两个：$Cu(s) | Hg(l) | Pt$.

(3) 电极中接触界面两个：$Cu(s) | KCl(aq) | Pt(s)$. 接触的界面不同，界面电势差就不同. 因此这三种电极的电势有区别，是不相等的.

65. 电动势测定在哪些方面有应用？请至少举出五种以上应用的例子.

答　通过测量指定的电池电动势，可以测定溶液的 pH 值、难溶盐的活度积（溶度积）常数、电解质的离子平均活度系数、电解质溶液中离子的迁移数、一些电极的标准电极电势、一些物质的分解压力、化学反应平衡常数和一些物质的热力学数据，如标准生成热等.

66. 为什么说玻璃电极也是一种离子选择电极？使用玻璃电极时应注意什么问题？用玻璃电极作指示电极，组成电池能否测定 HCl 溶液中 H^+ 离子的活度系数？

答 由于玻璃电极具有特殊构造，并且内部有内参比电极，因此玻璃电极的电势大小与待测溶液的 pH 值的关系为 φ(玻璃)$=\varphi^{\ominus}$(玻璃)$-0.059\,15\cdot$pH，其中 $\varphi^{\ominus}$(玻璃)是常数，数值大小与电极玻璃膜性质有关，与 H^+ 浓度无关，可见定温下 φ(玻璃)大小仅与待测液中 H^+ 浓度有关，因此它是氢离子选择电极，也是一种离子选择电极.

使用玻璃电极，要注意避免受较强的机械震动，不要把玻璃膜与硬物相接触；新买的玻璃电极使用前，要用蒸馏水浸泡 24 小时以上，玻璃电极在强碱中使用，要尽快操作，测量完毕后立即用蒸馏水清洗.

用玻璃电极作指示电极，组成电池不能测定 HCl 溶液的活度系数，因为单离子的活度是不能测定的. 对稀溶液的 pH 值的测定，人们给了一个操作定义，也就是以国际上统一规定五个标准缓冲溶液的 pH 值为参考点，确定待测溶液的 pH 值，即 $\mathrm{pH}(x)=\mathrm{pH}(\mathrm{s})+(E_s-E_x)F/(2.303RT)$，因为标准缓冲溶液中，pH(s)不是正好等于 $-\lg a_s(H^+)$，同样，pH(x)也不是正好为 $-\lg a(H^+)$，所以用玻璃电极测出的 HCl 的 pH 值，即 $-\lg a(H^+)$ 是相对于标准缓冲溶液的相对数值，不能以此计算出 HCl 的活度系数.

67. 当 $m\to0$ 时用作图法可求 $E^{\ominus}$ 值，和前面所讲的各物质的活度为 1 时，则 $E=E^{\ominus}$ 的概念是否矛盾？图 10.3 中以 $E+0.118\,3\lg\frac{m}{m^{\ominus}}$ 对 $\sqrt{m/m^{\ominus}}$ 作图应得一条直线，而实际并非直线，为什么？在此情况下如何准确地测得 $E^{\ominus}$？

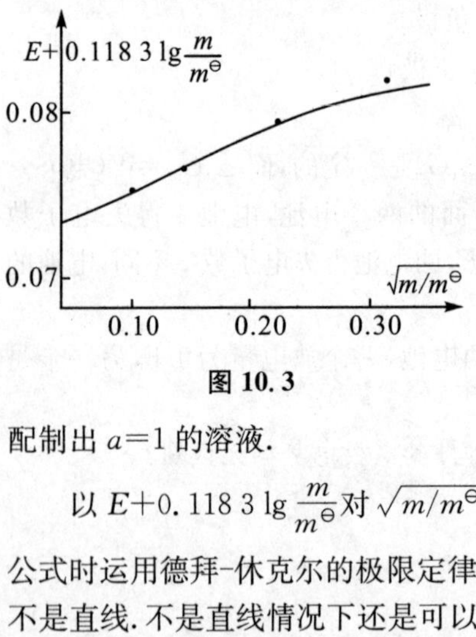

图 10.3

答 两者概念不矛盾，作图法是求得 $E^{\ominus}$ 值的实验方法；标准压力下，当各物质的活度 $a=1$ 时 $E=E^{\ominus}$，是对 $E^{\ominus}$ 物理意义的解释，因用实验手段不可能配制出 $a=1$ 的溶液.

以 $E+0.118\,3\lg\frac{m}{m^{\ominus}}$ 对 $\sqrt{m/m^{\ominus}}$ 作图(图 10.3)，在 m 较大范围内不是直线，因在推导公式时运用德拜-休克尔的极限定律，而该定律只适用于稀溶液，浓度大了就不适用，因此不是直线. 不是直线情况下还是可以准确地测得 $E^{\ominus}$ 的，可应用外推法，外推到 $m\to0$.

68. 如何用电化学的方法测定 $H_2O(l)$ 的标准摩尔生成吉布斯自由能 $\Delta_f G_m^{\ominus}(H_2O,l)$？

答 $H_2O(l)$ 的生成反应为 $H_2(p^{\ominus})+\frac{1}{2}O_2(p^{\ominus})=\!=\!=H_2O(l,p^{\ominus})$. 要设计一个电池，使电池反应与之相同. 方程式中，显然 $H_2(g)$ 是被氧化的，因此将氢电极放在电池的左边作负极. $O_2(g)$ 是被还原的，将氧电极放在电池右边作正极. 这是一个氢-氧燃料电池. 由于氢-氧燃料电池的电动势与电解质溶液的 pH 值没有关系，所以两个电极中间介质的 pH 值为1～14都可以，只要保持 $H_2(g)$ 和 $O_2(g)$ 的压力都是标准压力即可. 所以设计的电池为

$$\mathrm{Pt}|H_2(p^{\ominus})|H_2O\text{ 溶液}(\mathrm{pH}=1\sim14)|O_2(p^{\ominus})|\mathrm{Pt}$$

测定该电池的标准电动势 $E^{\ominus}$，就可以计算 $H_2O(l)$ 的标准摩尔生成自由能：

$$\Delta_f G_m^{\ominus}(H_2O,l)=\Delta_r G_m^{\ominus}=-zE^{\ominus}F$$

69. 设计合适的电池，计算 $Hg_2SO_4(s)$ 的溶度(活度)积常数 $K_{sp}^{\ominus}$.

答 $Hg_2SO_4(s)$ 的解离反应为

$$Hg_2SO_4(s)=\!=\!=Hg_2^{2+}(a_{Hg_2^{2+}})+SO_4^{2-}(a_{SO_4^{2-}})$$

$$K_{sp}^{\ominus}=a_{Hg_2^{2+}}a_{SO_4^{2-}}$$

这个反应不是氧化还原反应，但 $Hg_2^{2+}(a_{Hg_2^{2+}})$ 是从第一类电极中来的，是由 $Hg(l)$ 氧化而来的，所以先确定 $Hg(l)\mid Hg_2^{2+}$ 电极作电池负极，发生的氧化反应为

$$2Hg(l)-2e^-=\!=\!=Hg_2^{2+}$$

再用电池反应减去该负极反应，得出正极反应：

$$Hg_2^{2+}+SO_4^{2-}+2e^-=\!=\!=Hg_2SO_4(s)$$

可见电池的正极为

$$SO_4^{2-}\mid(a_{SO_4^{2-}})\mid Hg_2SO_4(s)\mid Hg(l)$$

因为 $Hg_2SO_4(s)$ 在还原时会放出 SO_4^{2-}，$Hg_2^{2+}(a_{Hg_2^{2+}})$ 和 SO_4^{2-} 不能共存在一个溶液中，两个溶液中间要用盐桥隔开，设计的电池为

$$Hg(l)\mid Hg_2(NO_3)_2\parallel H_2SO_4\mid Hg_2SO_4(s)\mid Hg(l)$$

该电池的净反应与 $Hg_2SO_4(s)$ 的解离反应比较，反应一样但方向相反.

用实验测定该电池的标准电动势 $E^{\ominus}$，就可以计算难溶盐的活度积常数(平衡常数中的一种)：$K_{sp}^{\ominus}=\exp\left(-\dfrac{zE^{\ominus}F}{RT}\right)$.

70. 可逆电池中能够用实验测定哪些有用数据？如何用电动势法测定下述反应各热力学数据？试写出所设计的电池、应测的数据及计算公式.

(1) $H_2O(l)$ 的离子积常数 $K_w^{\ominus}$.

(2) 反应 $Ag(s)+\frac{1}{2}Hg_2Cl_2(s)=\!=\!=AgCl(s)+Hg(l)$ 的标准摩尔反应焓变 $\Delta_r H_m^{\ominus}$.

(3) 稀的 HCl 水溶液中，HCl 的平均活度因子 $\gamma_{\pm}$.

(4) $Ag_2O(s)$ 的标准摩尔生成焓 $\Delta_f H_m^{\ominus}$ 和分解压.

(5) 反应 $Hg_2Cl_2(s)+H_2(g)\longrightarrow 2HCl(aq)+2Hg(l)$ 的标准平衡常数 $K^{\ominus}$.

(6) 醋酸的解离平衡常数 $K_a^{\ominus}$.

答 可逆电池中能够用实验测定电池的 E，$E^{\ominus}$ 和 $\left(\dfrac{\partial E}{\partial T}\right)_p$ 等.

用电动势法测定上述各热力学数据，根据下列公式计算出热力学数据：

$$E^{\ominus}=\frac{RT}{zF}\ln K^{\ominus}$$

$$E=E^{\ominus}-\frac{RT}{zF}\ln\frac{a_G^g a_H^h}{a_C^c a_D^d}$$

$$\Delta_r S_m=zF\left(\frac{\partial E}{\partial T}\right)_p$$

$$\Delta_r H_m = -zFE + zFT\left(\frac{\partial E}{\partial T}\right)_p$$

$$Q = T\Delta_r S_m = zFT\left(\frac{\partial E}{\partial T}\right)_p$$

(1) 测量 $H_2O(l)$的离子积常数 $K_w^\ominus$ 的电池反应为 $H_2O(l) \! = \! H^+ + OH^-$,$K_w^\ominus$ 就是该反应平衡常数.设计的电池为

$$Pt|H_2(p^\ominus)|\ H^+(a_{H^+})\|OH^-(a_{OH^-})|\ H_2(p^\ominus)|\ Pt$$

应测的电池电动势为

$$E^\ominus = \frac{RT}{zF}\ln K^\ominus = \frac{RT}{zF}\ln K_w^\ominus$$

(2) 测量反应为 $Ag(s) + \frac{1}{2}Hg_2Cl_2(s) \! = \! AgCl(s) + Hg(l)$ 的标准摩尔反应焓变 $\Delta_r H_m^\ominus$.设计的电池为

$$Ag(s), AgCl(s)|NaCl(m)|\ Hg_2Cl_2(s), Hg(l)$$

应测标准压力下电池电动势 $E^\ominus$ 与电动势温度系数$\left(\frac{\partial E^\ominus}{\partial T}\right)_p$:

$$\Delta_r G_m^\ominus = -zE^\ominus F$$

$$\Delta_r H_m^\ominus = \Delta_r G_m^\ominus + zFT\left(\frac{\partial E^\ominus}{\partial T}\right)_p$$

(3) 测量 HCl 的平均活度因子 $\gamma_\pm$,电池反应为$\frac{1}{2}H_2(p) + AgCl(s) \! = \! H^+ + Cl^- + Ag(s)$,设计的电池为

$$Pt|\ H_2(p^\ominus)|HCl(m)|\ AgCl(s), Ag(s)$$

应测的电池电动势为 $E, E^\ominus$:

$$E = E^\ominus - \frac{RT}{zF}\ln(a_{H^+}a_{Cl^-}) = \varphi^\ominus_{AgCl/Ag} - \frac{RT}{zF}\ln\left(\gamma_\pm\frac{m}{m^\ominus}\right)^2$$

从而可以求出 $\gamma_\pm$.

(4) 测量 $Ag_2O(s)$的标准摩尔生成焓 $\Delta_f H_m^\ominus$的电池反应为 $2Ag(s) + \frac{1}{2}O_2(g) \! = \! Ag_2O(s)$,$Ag_2O(s)$分解压反应是该电池反应的逆反应.设计的电池为

$$Ag(s), Ag_2O(s)|NaOH(m)|O_2(p^\ominus)|Pt$$

应测标准压力下电池电动势 $E^\ominus$ 与温度系数$\left(\frac{\partial E^\ominus}{\partial T}\right)_p$:

$$\Delta_f H_m^\ominus(Ag_2O) = \Delta_r H_m^\ominus = -zFE^\ominus + zFT\left(\frac{\partial E^\ominus}{\partial T}\right)_p$$

电池逆向反应的电动势为

$$E_-^\ominus = -E^\ominus$$

$$E_-^\ominus = \frac{RT}{zF}\ln K^\ominus = \frac{RT}{zF}\ln\left(\frac{p_{O_2}}{p^\ominus}\right)^{1/2}$$

求出 p 即可得 $Ag_2O(s)$的分解压力(平衡时的压力).

(5) 测量反应为 $Hg_2Cl_2(s)+H_2(g)\longrightarrow 2HCl(aq)+2Hg(l)$ 的标准平衡常数 $K^{\ominus}$. 设计的电池为

$$Pt|\ H_2(p^{\ominus})|\ HCl(aq)|\ Hg_2Cl_2(s),Hg(l)$$

测定的标准电池电动势为

$$E^{\ominus}=\frac{RT}{zF}\ln K^{\ominus},\quad K^{\ominus}=\exp\left(\frac{zE^{\ominus}F}{RT}\right)$$

(6) 测量醋酸的解离平衡常数 $K_a^{\ominus}$ 的电池反应为 $HAc(aq)$ ══ H^++Ac^-.

负极反应：$\frac{1}{2}H_2(g)-e^-\longrightarrow H^+$；

正极反应：$HAc+e^-\longrightarrow\frac{1}{2}H_2(g)+Ac^-$.

设计的电池为

$$Pt|\ H_2(p^{\ominus})|\ HCl(m_1)\ \|\ HAc(m_2),Ac^-(m_3)|\ H_2(p^{\ominus})|Pt$$

应测的电池电动势为

$$K_a^{\ominus}=K^{\ominus}=\exp\left(\frac{zE^{\ominus}F}{RT}\right)$$

71. 要测量溶液的 pH 值，必须要用与氢离子 H^+ 可逆的电极，目前实验室有几种与 H^+ 可逆的电极？它们的电极电势如何表示？用它们测量 pH 值时，主要应注意什么？

答 与氢离子 H^+ 可逆的电极有三种：氢电极、醌氢醌电极、玻璃电极.

(1) 氢电极反应：

$$H^++e^-═══\frac{1}{2}H_2(p^{\ominus})$$

$$\varphi_{H^+/H_2}=\varphi^{\ominus}_{H^+/H_2}+\frac{RT}{F}\ln a_{H^+}=\varphi^{\ominus}_{H^+/H_2}-\frac{2.303RT}{F}\cdot pH$$

氢电极对 pH 是 0～14 的溶液都可适用，但实际应用起来有很多不便之处. 要求氢气很纯且要维持恒定标准压力，溶液中不能有氧化剂、还原剂或不饱和的有机物质，有些物质如蛋白质、胶体物质等易于吸附在铂电极上会使电极不灵敏、不稳定，因而产生误差.

(2) 醌氢醌电极反应：

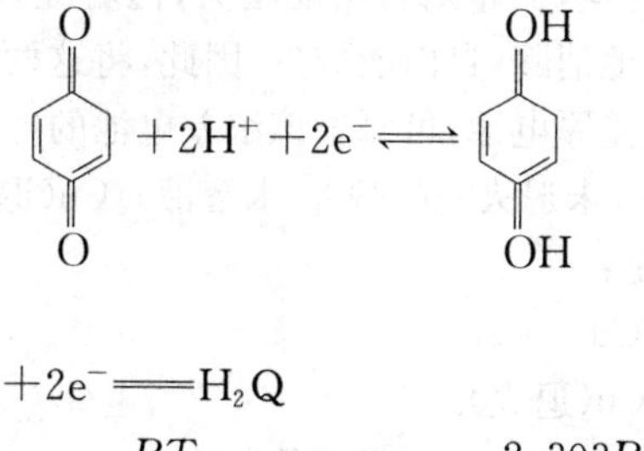

简写为

$$Q+2H^++2e^-═══H_2Q$$

$$\varphi_{Q/H_2Q}=\varphi^{\ominus}_{Q/H_2Q}+\frac{RT}{F}\ln a_{H^+}=\varphi^{\ominus}_{Q/H_2Q}-\frac{2.303RT}{F}\cdot pH$$

醌氢醌电极的制备和使用都极为方便，且不易中毒. 但它不能用于碱性溶液中，当 pH＞8.5 时，由于大量氢醌分子的酸式解离，$a_Q=a_{H_2Q}$ 的假定不能成立，这样在计算待测溶液的 pH 值时就会产生误差. 此外，在碱性溶液中氢醌容易氧化，也会影响测定的结果.

(3) 玻璃电极：

$$玻璃膜\ Ag|AgCl(s)|HCl(0.1\ mol \cdot kg^{-1}) \mid 待测\ pH\ 溶液$$

$$\varphi_{玻}=\varphi_{玻}^{\ominus}+\frac{RT}{F}\ln a_{H^+}=\varphi_{玻}^{\ominus}-\frac{2.303RT}{F}\cdot pH$$

因为玻璃膜电阻很大，一般可达 10～100 MΩ，这样大的内阻要求通过电池的电流必须很小；否则由于 IR 电势降就会产生不能忽略的误差. 因此测量 E 时不能用普通的电位差计，而要用电子管或晶体管伏特计. 此种配有玻璃电极专门用来测量溶液 pH 值的仪器叫作 pH 计. 实际使用时，是先用已知 pH 值的标准缓冲溶液，在 pH 计上进行调整使 E 和 pH 的关系能满足上述关系式，然后再来测定未知液的 pH 值，而不需要算出 $\varphi_{玻璃}^{\ominus}$ 的具体数值. 由于玻璃电极不受溶液中存在的氧化剂、还原剂的干扰，也不受各种杂质的影响，使用方便，故应用广泛.

72. 实验室中常用的测定溶液 pH 值的方法有哪几种？

答 ① 氢电极法；② 醌氢醌电极法；③ 玻璃电极法；④ pH 计；⑤ pH 试纸.

73. 用醌氢醌电极测定溶液的 pH 值时，电极反应为

$$C_6H_4O_2+2H^++2e^- \longrightarrow C_6H_4(OH)_2$$

在电极电势的计算公式中为什么仍可以将醌和氢醌的活度看作相等而消除？

答 用醌氢醌电极测定溶液的 pH 值时，醌氢醌是醌和氢醌等摩尔比的复合物，微溶于水，溶解部分则全部离解成醌和氢醌，因此醌与氢醌的浓度相等，在稀溶液的情况下(醌氢醌的溶解度很小)活度系数均近于 1，而电动势测量用的是对消法，电池中几乎没有电流通过，因此两者的活度可看作相等.

74. 将一铜块进行冷加工，压延成薄片，再分割成两块，其中一块置于惰性气体中做退火处理. 试问能否设计一种电化学方法，用之判明哪块铜片是经过退火处理的？

答 在一定温度下，若将两块金属片置于同一电解质溶液中，则形成两个电极. 若两块金属片的化学组成以及物理状态都完全相同，这两个电极的电极电势就相等，即组成的电池电动势为零. 但若两者的物理状态有异，组成的电池电动势就不为零.

铜块经冷加工被压延成薄片的过程中，铜的晶面发生滑移，晶格发生扭曲并出现缺陷，产生了内应力，蓄积了能量，吉布斯自由能增大；但若经过退火处理，由于晶格重排的结果，内应力可全部或部分地消除，自由能减少. 因此，将这两块铜片浸入同一个硫酸铜溶液，就会形成一种特殊的浓差原电池，可测量该浓差电池的电动势.

$$Cu(未退火)|CuSO_4(水溶液)|Cu(退火)$$

两个电极的反应分别是：

负极：$Cu(未退火) \longrightarrow Cu^{2+}+2e^-$；

正极：$Cu^{2+}+2e^- \longrightarrow Cu(退火)$.

该电池的总反应是 $Cu(未退火) = Cu(退火)$.

如前所述，应有 $\Delta G<0, E=-\Delta G/(nF)>0$. 依据外电路中电流的方向，可以确定哪块铜片是正极，正极就是经过退火处理的；或者在测量时发生氧化反应的那块铜片是没有经过退火处理的.

第11章 电解与电极极化

11.1 分解电压与电极极化

1. 何谓分解电压和理论分解电压？两者在数值上有何差别？

答 分解电压是指对电解质溶液进行实际电解时，电解质溶液开始显著发生电解时所必需的外加最小电压. 理论分解电压是在可逆条件下进行电解时外加的电压，其数值等于电解产物构成的可逆电池的反向电动势. 例如，用 Pt 电解 H_2SO_4 溶液的理论分解电压是 1.229 V，实际分解电压是 1.69 V，两者在数值上是不同的，实际分解电压大于理论分解电压.

2. 为什么实际分解电压总要比理论分解电压大一些？

答 实际分解电压要克服以下阻力：① 电解产物与电极组成的原电池的可逆电动势，该数值通常称为理论分解电压，其绝对值用 $|E_R|$ 表示；② 由于两个电极上发生极化而产生的超电势 η_a 和 η_c，通常称为不可逆电动势；③ 克服电池内电阻必须消耗的电势降. 所以实际分解电压为 $E_{分解}=|E_R|+\eta_a+\eta_c+IR$，这样，实际分解电压一定大于理论分解电压.

3. 为什么可以说电流-电压曲线并没有十分确切的理论意义，所得的分解电压也常不能重复，但它却很有实用价值？

答 见图 11.1，电流-电压曲线中外推得出分解电压的位置. 在测量过程中分解电压重复性比较差，不同的人用实验作图得出的分解电压不完全一样，不能精确确定. 分解电压除了由电极极化造成外，其他因素影响的机理不很清楚，因此说电流-电压曲线没有十分确切的理论意义. 但是它有实用意义，例如，用 Pt 电极电解 H_2SO_4，HNO_3，H_3PO_4，NaOH，KOH 等溶液的分解电压都是 1.69 V 左右，说明电解时电解反应是相同的.

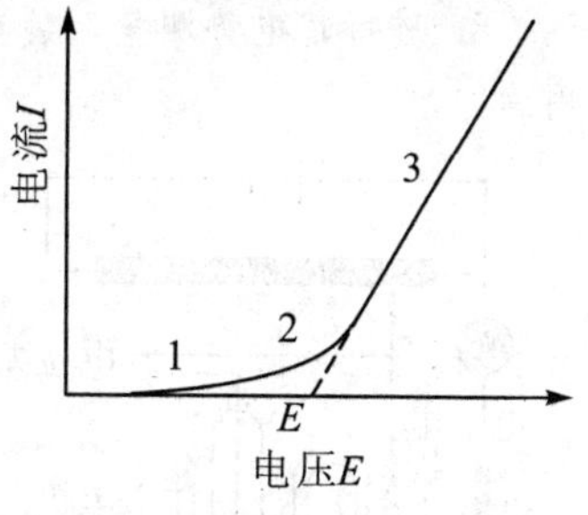

图 11.1

4. 有人说，分解电压就是能够使电解质在两极上持续不断进行分解所需要的最小外加电压. 你认为正确吗？

答 不正确. 分解电压是能够使电解质在两极上持续不断进行电解所需要的最小外加电压，电解反应不一定就是物质分解反应，因此不能说成"持续不断进行分解所需要的最小外加电压".

5. 什么是极化作用？什么叫超电势？两者关系如何？电极极化分为哪几种？极化作

用带来哪些结果?

答　电极上有(净)电流通过时,电极电势偏离平衡电极电势的现象称为电极极化.超电势是指某一电流密度下的电极电势与其平衡电极电势之差的绝对值,超电位也叫过电位.两者的关系:有极化作用才产生超电势,没有极化作用就没有超电势.

电极极化分为浓差极化、电化学极化、电阻极化三种.

电极极化的结果使电极电势偏离可逆时(平衡态)电极电势,使电解池电解外加电压大于理论分解电压,使原电池输出电压小于电池电动势.

6. 原电池和电解池的极化现象有什么不同?说明放电和充电过程的阳极、阴极、正极和负极的各自极化情况,能否归纳出一些共同的规律?

答　原电池发生极化,负极电势升高,正极电势降低,正负电极之间的电势差减小,即输出电压降低,小于电池电动势.电解池极化,阳极电势升高,阴极电势降低,加在电解池的外电压增加,大于电池的电动势.由于原电池的正极发生还原反应,也可称为阴极,负极发生氧化反应,也可称为阳极.这样电极极化的共同规律为:无论是原电池还是电解池,发生极化时,都是阳极电势升高,阴极电势降低.

7. 为什么说只要是在不可逆情况下,不论电化学反应的方向如何,阴极极化的电极电势总是向负(减小)的方向移动,而阳极极化的电极电势总是向正(增加)的方向移动?

答　因为在不可逆情况下即电极极化时,阴极上还原反应的活化能增加,反应比未发生极化时减慢,或参加反应的阳离子浓度降低,$M^+ + e^- \longrightarrow M(s)$,流到阴极的负电荷来不及消耗掉,造成阴极的负电荷积聚,使电极电势降低(向负方向移动);而阳极极化时,阳极上氧化反应的活化能降低,反应比未极化时加快,$M - e^- \longrightarrow M^+$,或参加反应的阳离子来不及迁移出去,造成阳极的正电荷积聚,使电极电势升高(向正方向移动).这些原因造成发生极化时,都是阳极电势升高,阴极电势降低.

8. 进行超电势测量时装置如图11.2所示,为什么要用三个电极?电流计A有什么用途?

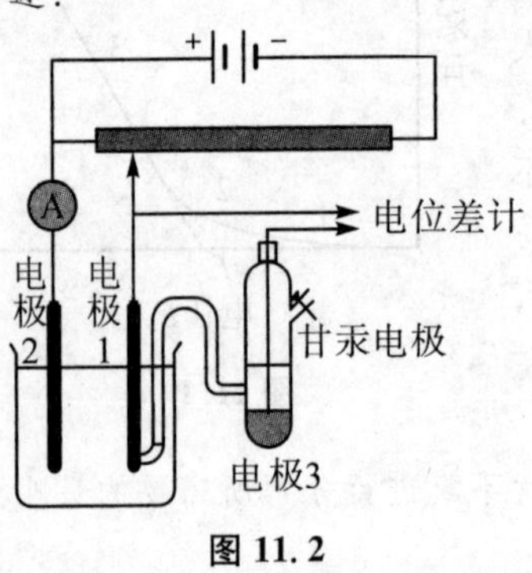

图11.2

答　因为测量超电势就是测量有电流通过电极时的电极电势,要使研究电极(被测量电极)上有电流通过,必须用一个辅助电极与研究电极组成一个电解池,形成一个回路,用直流电源给这个电解池通电,才能使研究电极上有一定电流通过,产生极化,这个回路称作极化回路.如图11.2所示,电极1是研究电极,电极2是辅助电极,它们与电源组成一个极化回路.而要测量研究电极的电极电势,必须要用电势差计测量研究电极与参比电极组成的原电池的电动势,研究电极与参比电极组成一个回路,这个回路称为测量回路.如图11.2所示,电极3是参比电极(甘汞电极),电极电势是已知的,电极1、电极3与电势差计组成一个测量回路,用对消法测量这个原电池的电动势,因为参比电极的电势是已知的,可计算出研究电极在通电条件下的电极电势.由此可知,进行超电势测量时,要用三个电极,即研究电极、辅助电极、参比电极,研究电极与辅助电极组成的电解池，研究电极与参比电极组成的原电池.

由于超电势与电流密度有关，电流计A的用途就是显示测量中一系列不同电流密度.

9. 在测定极化曲线时，为什么要使用一个参考电极？对参考电极应该有什么要求？

答　使用一个参考电极的目的是采用对消法，测量出待测电极（研究电极）在有电流通过时的电极电势. 测定方法：先测出无电流通过时待测电极与参比电极组成的电池的平衡电动势，由于参比电极的电极电势是已知的，可得出平衡条件下待测电极的电极电势；再测量有电流通过待测电极时，待测电极与参比电极组成的电池的非平衡态下的电池电动势，由于参比电极是不极化的，可以得出非平衡态下待测电极的电势. 不断改变外加电流，可以测量出不同电流密度时待测电极的电势，绘制出电极极化曲线.

对参考电极的要求：电极电势稳定，数值已知，可逆性大，不发生极化，例如饱和甘汞电极.

10. 测量电极极化曲线，有恒电势法与恒电流法，它们各自的特征是什么？

答　恒电势法，就是控制电势，每次调整一个确定的电势（等电压），测出线路中相应的电流，可以依据实验结果画出电流 i 与电势 φ 的极化曲线；恒电流法，就是控制电流，每次调整一个确定的电流，测出相应的电极电势. 可以依据实验结果画出电势 φ 与电流 i 的极化曲线.

对阴极极化曲线测量，用恒电势法、恒电流法都可以，但对阳极极化曲线测量，一般用恒电势法，因为恒电流法有时测量不出完整的曲线，例如碳钢阳极在碳酸铵溶液的极化曲线.

在用电解方法制备或合成物质时，恒电势法相当于使用一种还原剂，能得出比较纯的一种产物，而恒电流法相当于使用多种还原剂，能得出多种混合产物.

11. 当电池 $Zn(s)|Zn^{2+}(a=1)\|Cu^{2+}(a=1)|Cu(s)$ 以有限电流放电时，阴极（正极）电势 $\varphi_{Cu^{2+}|Cu}$ 由于极化而降低. 若把电池表示为 $Cu(s)|Cu^{2+}(a=1)\|Zn^{2+}(a=1)|Zn(s)$，则极化后铜电极的电势 $\varphi_{Cu^{2+}|Cu}$ 将升高. 你认为这种说法正确吗？

答　不正确. 不管电池怎么书写，只要该电池实际上向外输出电能，那么电池反应是自发进行的，铜电极总是阴极（或称正极），发生的是还原反应，极化后电极电势 $\varphi_{Cu^{2+}|Cu}$ 都是降低的，不会升高.

12. 图11.3是电解池和原电池的电极极化曲线图，指出极化曲线有何异同点.

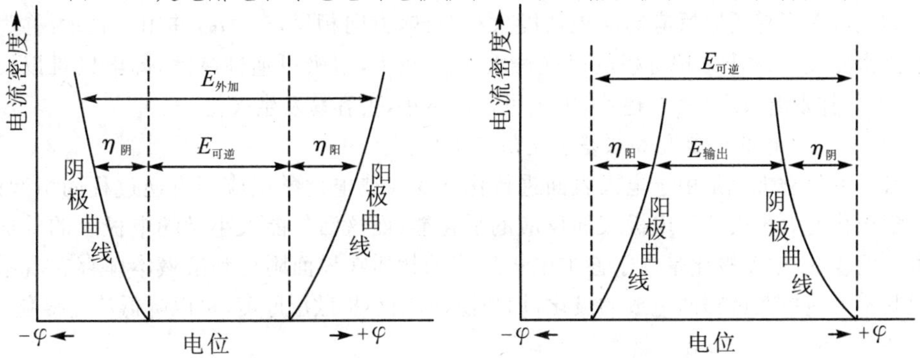

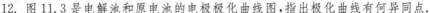

(a) 电解池中两电极的极化曲线　(b) 原电池中两电极的极化曲线

图11.3

答 相同点：无论是在原电池还是电解池中，随着电流密度的增加，阳极的电极电势都不断变大，即阳极的极化曲线总是向电势升高的方向变化；阴极的电极电势都不断变小，即阴极的极化曲线总是向电势降低的方向变化.

不同点：在电解池中阳极电势高于阴极，随着电流密度的增加，阴、阳极上超电势不断增大，实际外加电压不断变大，消耗的电能也不断增多. 在原电池中阳极（负极）的电势小于阴极（正极），随着电流密度的增加，阴、阳极上超电势不断增大，使电池的输出电压越来越小于电池电动势，电池输出的电压不断减少.

13. 什么叫超电势？它是怎样产生的？如何降低超电势的数值？

答 把某一电流密度下的电极电势 $\varphi_{不可逆}$ 与可逆条件下电极电势 $\varphi_{可逆}$ 之间的差值称为超电势. 超电势是由于电极的极化而产生的，是电极极化程度的一种量度. 超电势是由于发生电化学极化、浓差极化和电阻极化作用产生的.

降低电化学极化产生的超电势方法有：改变电极材料、改变电极表面状态、降低极化电流、改变溶液组成、选择催化剂、加入去极化剂等；降低浓差极化产生超电势的方法有：升高温度、加强电极附近搅拌、使用旋转电极等；降低电阻极化产生超电势的方法有：改变电极材料、改变溶液组成等.

14. 阴极电流和阳极电流的含义是什么？

答 阴极电流是电极上净反应为还原反应时产生的电流，方向是电子从外电路流向电极-溶液界面；阳极电流是电极上净反应为氧化反应时产生的电流，方向是电子从电极-溶液界面流向外电路.

15. 电化学中为什么常用电流密度 i 表示电极反应速率？

答 由于电流密度 i 与电极表面反应速率 r（单位时间内单位电极表面上产物的增加量）之间的关系为 $i=zFr$，成正比例关系，电极表面反应速率大，则电流密度就大，并且电流密度好测量，所以电化学中常用电流密度表示电极反应速率，更为便捷.

16. 交换电流密度 i_0 的物理意义是什么？说明其数值大小与极化的关系如何.

答 交换电流密度 i_0 是指在平衡状态（即可逆状态）下，线路中没有净电流时，电极上进行的氧化或还原反应时的电流密度，即界面间的双向电流密度. 由于是平衡状态，氧化反应的电流密度与还原反应的电流密度大小一样，方向相反，$i_{O}=i_{R}$，并用 i_0 表示，称为交换电流密度，i_0 的大小体现电极的可逆性大小. i_0 越大，电极可逆性越大，即电极难以发生极化，例如甘汞电极. 反之，i_0 越小，电极可逆性越小，很容易发生极化.

17. 试比较电化学极化和浓差极化的基本特征.

答 电化学极化是由于电极表面进行化学反应或电化学反应不可逆过程而引起的，电化学极化的大小决定于电极表面反应的活化能，而这活化能大小又随电极上的外加电压大小而改变. 浓差极化是由于参加电极反应的物质在界面附近和溶液本体存在着浓度差引起不可逆扩散过程而造成的极化，加强搅拌，减小扩散层厚度，可以降低浓差极化.

18. 试讨论旋转圆盘电极的特点和优点.

答 旋转圆盘电极是将搅拌与电极结合在一起，使电极环绕中心轴高速旋转，从而使圆盘上各点的扩散层厚度均匀，圆盘电极上各点的液相传质速度相等，电流密度分布均匀，充分利用电极表面的反应潜力，也就提高了电流密度，相当于完全消除了扩散引起的浓度差，从而基本消除浓差超电势.

19. 什么叫氢超电势？影响氢超电势的因素有哪些？氢超电势的存在对电解过程有何利弊？

答　氢超电势是指氢气在作为阴极的各种电极材料上析出电势与它的可逆电极电势之间的差值.

它与电极材料、溶液组成、电流密度和温度等因素有关. 在铂、钯等贵金属材料上氢超电势最小，其次为铁、镍、钴、铜、银、钨等，而在锡、锌、镉、汞、铅等金属上氢超电势最大. 相同电极材料上，电流密度越大，氢超电势越大，塔菲尔总结出经验公式，表示氢超电势与电流密度的定量关系：$\eta=a+b\ln i$（i 是电流密度）.

氢超电势不利的地方：用电解水方法制备 H_2 时，由于氢超电势的存在，电解时外加电压增大，需要消耗更多能量，电流效率降低. 有利的地方：在某些生产过程中，如湿法冶金、电解、电镀时，应用对氢有高超电势的金属作阴极可以抑制产生氢气的副反应，即利用氢高超电势，使得金属元素活动顺序表中在 H 之前的金属离子也能顺利地在阴极还原出来.

20. 电解时氢离子 H^+ 在阴极上放电反应要经过哪些步骤？氢离子 H^+ 的放电机理如何？

答　电解时氢离子 H^+ 在阴极上放电反应要经过下列五个步骤：

(1) H^+ 从本体溶液扩散到电极附近.

(2) H^+ 从电极附近的溶液中迁移到电极上（或吸附到电极表面上）.

(3) H^+ 在电极上发生电化学反应放电（即电化学步骤）：

$$H^+ + M + e^- \longrightarrow M-H \qquad \text{(酸中)}$$

$$H_2O + M + e^- \longrightarrow M-H + OH^- \qquad \text{(碱中)}$$

(4) 吸附在电极上的 H 原子化合为 H_2（脱附步骤）：

① $M-H + M-H \longrightarrow 2M + H_2$（复合脱附步骤）；

② $H^+ + M-H + e^- \longrightarrow M + H_2$（电化学脱附步骤）.

(5) H_2 从电极表面扩散到溶液内或形成气泡逸出.

目前氢离子 H^+ 的放电机理有两种：

① 迟缓放电机理：对氢吸附力比较弱的金属，如 Hg，Zn 等，上面步骤(3)化学反应是慢步骤，决定反应速率，由于反应又称为放电，因此叫迟缓放电机理.

② 复合机理：对氢吸附力较强的金属，如 Pt，Pd 等，上面步骤(4)是慢步骤，决定反应速率. 因为步骤(4)是氢原子复合成氢气，因此叫复合机理. 在复合机理中，若步骤(4)中①反应过程是决速步，则称为化学复合脱附机理；若步骤(4)中②反应过程是决速步，则称为电化学复合脱附机理.

21. 298.15 K、$p^\ominus$ 下电解 H_2SO_4 水溶液，并不断搅拌. 用 Pt 作电极，面积是 $10^{-4}\ m^2$，电流强度为 10^{-3} A，两电极以多孔膜隔开，电解池的电阻为 100 Ω，并有如下的塔菲尔关系：

$$\frac{\eta(H_2)}{V}=0.472+0.118\lg\frac{i}{A\cdot cm^{-2}},\quad \frac{\eta(O_2)}{V}=1.062+0.118\lg\frac{i}{A\cdot cm^{-2}}$$

试计算电解时的电解槽的最低外加电压.

答 阳极反应：$H_2O-2e^- \longrightarrow 2H^+ + \frac{1}{2}O_2$；

阴极反应：$2H^+ + 2e^- \rightarrow H_2$.

$$S=10^{-4}\ m^2=1\ cm^2$$

$$i=I/S=10^{-3}/1\ A/cm^2=10^{-3}\ A/cm^2$$

$$\eta(H_2)=(0.472+0.118\lg 10^{-3})\ V=0.118\ V$$

$$\eta(O_2)=(1.062+0.118\lg 10^{-3})\ V=0.708\ V$$

已知该可逆电池电动势为 1.229 V，

$$\begin{aligned} V &= 1.229\ V+\eta(H_2)+\eta(O_2)+IR \\ &= (1.229+0.6876+0.118+100\times 10^{-3})\ V \\ &= 2.155\ V \end{aligned}$$

11.2 电解时电极反应

22. 离子析出电势与离子平衡电势有何不同？由于超电势的存在，电解池阴、阳极上的析出电势如何变化？超电势的存在有何不利和有利之处？

答 电解时离子在电极放电时电极电势称为离子析出电势，它是不可逆电势. 离子析出电势与离子平衡电势的关系为

$$\varphi_{阳,析出}=\varphi_{阳,可逆}+\eta_{阳},\quad \varphi_{阴,析出}=\varphi_{阴,可逆}-\eta_{阴}$$

一定电流密度下，每个电极的实际析出电势等于可逆电势加上或减去其超电势.

超电势使得电解池的阴阳两极随电流密度的增大，阳极更正，阴极更负. 外加电压增大，消耗电能增多，从能量消耗上讲，超电势的存在都是不利的. 但超电势也可以利用，例如，由于氢超电势存在，电解时金属元素活动顺序表中在 H 之前的金属离子在阴极析出而不放出氢气，再如极谱分析，就是利用浓差极化（浓差超电势）来分析的一种方法.

23. 在电解时，正、负离子分别在阴、阳电极上放电，其放电先后次序有何规律？

答 电解时，在阴极上发生还原反应，当电极电势逐渐降低时，各离子按析出电势由高到低顺序先后放电. 在阳极上发生氧化反应，当阳极电势逐渐升高时，各离子按析出电势由低到高顺序先后放电.

24. 什么情况下可以用电解法有效分离溶液中的金属离子？用电解法分离溶液中金属离子的电极电势大小条件是什么？

答 若溶液中有多种金属离子，用电解法使它们在阴极上放电析出，当先放电的离子浓度降低到 $10^{-7}\ mol\cdot kg^{-1}$ 以下时，后放电的离子才开始放电，表示两种离子可以有效分离.

分离金属离子的电极电势条件为：① 若两种都是 1 价金属离子，两种金属离子的析出电势相差在 0.42 V 以上，就可以进行有效分离. 例如，298 K 时，Ag^+ 离子，浓度由

1.0 mol · kg^{-1}降到10^{-7} mol · kg^{-1}，

$$\varphi_{Ag^+/Ag}=\varphi^{\ominus}+(0.05916\lg 1.0)\ V=0.7991\ V$$

$$\varphi_{Ag^+/Ag}=\varphi^{\ominus}+(0.05916\lg 1.0\times10^{-7})\ V=(0.7791-0.414)\ V$$

$$\Delta\varphi_{Ag^+/Ag}=0.414\ V\approx0.42\ V$$

② 若两种都是2价金属离子，两种金属离子的析出电势相差在0.21 V以上，就可以进行有效分离.

③ 若两种金属离子中一个是1价，另一个是2价，1价与2价离子的析出电势相差0.31 V以上，就可以进行有效分离.

25. 若两种金属离子的可逆电极电势相差较大，要调整哪些因素才可使它们共同析出？

答　若两种金属离子的可逆电极电势相差较大，首先要加入适当的络合剂或其他电解质，改变金属离子的存在形式，使两种金属离子的电极电势接近；再依据两者的超电势与电流密度的关系，选择适当的电流密度，使两种金属离子的析出电势基本相同，才能实现共同析出. 例如锌离子和铜离子，$\varphi^{\ominus}_{Zn^{2+}/Zn}=-0.763$ V，$\varphi^{\ominus}_{Cu^{2+}/Cu}=0.337$ V，可逆电极电势相差甚远，在它们的简单盐溶液中，即使Cu^{2+}沉积殆尽也不会有Zn^{2+}开始析出. 因此首先在溶液中加入CN^-离子(加入NaCN)，使它们形成配合离子$Cu(CN)_3^-$，$Zn(CN)_4^{2-}$，改变锌离子与铜离子的存在状态，配合铜离子、配合锌离子的电势是$\varphi^{\ominus}_{Cu,r}=-0.763$ V，$\varphi^{\ominus}_{Zn,r}=-1.108$ V，两者仅差0.345 V；再考虑两者的超电势与电流密度的关系，例如，当电流密度$i=0.005$ A · cm^{-2}时，Cu，Zn在石墨电极上的超电势分别是$\eta_{Cu,c}=0.685$ V，$\eta_{Zn,c}=0.316$ V. 铜离子、锌离子的析出电势分别是

$$\varphi_{Cu}=\varphi^{\ominus}_{Cu,r}-\eta_{Cu,c}=-1.448\ V$$

$$\varphi_{Zn}=\varphi^{\ominus}_{Zn,r}-\eta_{Zn,c}=-1.424\ V$$

这样就能使两种离子共同析出.

26. 用铂作电极，电解$ZnCl_2$水溶液，在阴极上可能发生哪些电极反应？实际上阴极上进行了什么阴极反应？在下列情况下，结果如何？

(1) 以锌代替铂.

(2) 用$CuCl_2$溶液代替$ZnCl_2$溶液.

(3) 以铜代替铂，用$CuCl_2$代替$ZnCl_2$.

答　用铂作电极，电解$ZnCl_2$水溶液，在阴极上可能有金属Zn，H_2析出，电极反应为

$$Zn^{2+}+2e^-=\!=\!=Zn(s),\quad \varphi^{\ominus}_{Zn^{2+}/Zn}=-0.763\ V$$

$$2H^++2e^-=\!=\!=H_2(g),\quad \varphi^{\ominus}_{H^+/H_2}=0\ V$$

由于用Pt作电极，氢在Pt上的过电势很小，可忽略，锌在Pt上几乎没有过电势，因此氢的析出电势比锌的析出电势高，实际电解时阴极发生的是氢析出反应，放出氢气.

(1) 以金属锌代替铂作电极，因为氢在Zn上的过电势很大，使氢的析出电势比锌的析出电势低，因此实际上阴极发生的是锌析出反应.

(2) 用$CuCl_2$溶液代替$ZnCl_2$溶液，无论用Pt或Zn作电极，铜的析出电势都高于氢的析出电势，因此实际上阴极都发生铜析出反应：$Cu^{2+}+2e^-=\!=\!=Cu(s)$.

(3) 以金属铜代替铂电极，用$CuCl_2$代替$ZnCl_2$，因为氢在Cu上过电势是中等的，这时氢的析出电势比铜的析出电势低，因此阴极发生的是铜析出反应：$Cu^{2+}+2e^- = Cu(s)$.

27. 在氯碱工业中，电解NaCl的浓溶液，以获得氢气、氯气和氢氧化钠等化工原料. 为什么电解时要用石墨作阳极(过去都用石墨作阳极，现在改用钛电极)?

答　根据离子在电极上的放电顺序，在阳极上首先放电的是析出电势较低的离子. 若没有超电势的影响，在电解NaCl水溶液时，由于氧气的析出电势比氯气的析出电势低，因此在阳极上首先析出的是氧气，而不是氯气. 但氯气的工业价值比氧气高，我们要求电解时阳极上放出氯气而不是氧气，因为氧气在石墨上有很大的超电势，而氯气在石墨上的超电势很小，这样用石墨作阳极，氯气的析出电势就小于氧气的析出电势，在阳极上首先析出的是氯气，而不是氧气，所以电解食盐水时用石墨作阳极.

28. 电解HCl或NaCl水溶液时，阳极上析出O_2还是Cl_2? 为什么?

答　要看用什么电极才能确定电解产物. 若用Pt作电极，则阳极上析出O_2. 由于O_2在Pt上的过电势很小，可以忽略，而O_2的析出电势(近似为可逆电势)小于Cl_2的析出电势，因此O_2首先在阳极上放电. 若用Pb,Zn,石墨等作电极，则阳极上析出Cl_2. 因为O_2在Pb,Zn,石墨等上的过电势较大，而Cl_2在Pb,Zn,石墨等电极上过电势较小，使O_2的析出电势大于Cl_2的析出电势，所以电解时Cl_2首先在阳极上放电.

29. 举例说明超电势在电解工业中的作用.

答　在工业电解食盐水制备Cl_2生产中，用石墨或金属Ti作阳极，由于O_2在石墨或Ti上的过电势较大，阳极析出Cl_2，而不析出O_2. 另外，在工业上电渡Zn,Cr,Pb等生产中，由于H_2在Zn,Cr,Pb等上有较大的过电势，电镀中不会析出H_2而浪费电能.

30. 试举例说明电解方法在工业上有哪些应用.

答　① 电解制备金属(如湿法炼铜等).

② 电解法分离金属.

③ 电镀(包括金属表面电镀与非金属表面电镀).

④ 污水处理.

⑤ 铝的制取及其合金的电化学氧化和表面着色.

31. 以金属铂(Pt)为电极，电解Na_2SO_4水溶液，在阴阳两个电极附近的溶液中，各滴加数滴石蕊试液，观察在电解过程中，两极附近溶液颜色有何变化. 为什么?

答　电解Na_2SO_4水溶液实际是一个电解水过程，Na^+,SO_4^{2-}离子只起导电作用. 电解时，在阳极上放出氧气，阳极反应为

$$H_2O-2e^- \longrightarrow 2H^+ + \frac{1}{2}O_2$$

阳极附近H^+离子浓度增大，酸性增加，使石蕊试液呈红色；在阴极上析出氢气，阴极反应为

$$2H_2O+2e^- \longrightarrow H_2+2OH^-$$

阴极附近OH^-离子浓度变大，碱性增大，使石蕊试液呈蓝色.

32. 试讨论电解过程中，对流作用存在对电极反应速率有什么影响.

答　对流的存在减小了扩散层的厚度，从而也就增大了电极表面的离子浓度梯度，也就加快了在电极表面附近离子的扩散速度，增大了电流密度，增大了电极反应的速率.

33. 某溶液中含 Ag^+ (a=0.05)，Fe^{2+} (a=0.01)，Cd^{2+} (a=0.001)，Ni^{2+} (a=0.1)，H^+ (a=0.001)离子. 又知 H_2 在 Ag，Ni，Fe，Cd 金属上的超电势分别为 0.20，0.21，0.18，0.30 V. 金属在金属电极上的过电势可忽略. 用一个 Cu 棒作阴极，阴极外加电压从 1.0 V 开始逐渐降低时，在阴极上发生哪些电化学反应？是如何发生的？

答　计算离子的析出电势：

$$\varphi(Ag)=0.7996+0.05915\lg 0.05=0.7226\ (V)$$

$$\varphi(Fe)=-0.447+(0.05915/2)\lg 0.01=-0.5062\ (V)$$

$$\varphi(Ni)=-0.257+(0.05915/2)\lg 0.1=-0.2866\ (V)$$

$$\varphi(Cd)=-0.4030+(0.05915/2)\lg 0.001=-0.4918\ (V)$$

计算氢在几种金属上有过电势时的析出电势：

$$\varphi(H_2/Ag)=0+0.05915\lg 0.001-0.20=-0.3775\ (V)<\varphi(Ag)$$

$$\varphi(H_2/Ni)=0+0.05915\lg 0.001-0.21=-0.3875\ (V)<\varphi(Ni)$$

$$\varphi(H_2/Fe)=0+0.05915\lg 0.001-0.18=-0.3872\ (V)>\varphi(Fe)$$

$$\varphi(H_2/Cd)=0+0.05915\lg 0.001-0.30=-0.3575\ (V)>\varphi(Cd)$$

因此，当阴极上外加电压从 1.0 V 开始逐渐降低时，若阴极电势降低到 0.7226 V，首先是 Ag^+ 反应放电，在 Cu 电极表面上析出金属银，金属银逐渐覆盖 Cu 电极表面；若阴极电势降低到 −0.2866 V，Ni^{2+} 离子开始放电，在金属银表面上析出金属镍，金属镍逐渐覆盖金属银；若阴极电势降低到 −0.3875 V，H^+ 开始在金属镍表面反应放电，阴极上逸出 H_2，由于水是溶剂，是大量的，因此以后阴极上一直放出氢气，Fe^{2+}，Cd^{2+} 离子不会放电析出.

34. 电解池和原电池的路端电压与电池的可逆电动势有何不同？为什么电解池的路端电压总大于电池的可逆电动势？原电池的路端电压总小于电池的可逆电动势？

答　电解池和原电池的路端电压是电池有净电流通过时的电压，电解池的路端电压是外界输入电压（充电电压），原电池的路端电压是电池工作时的输出电压（放电电压），电池的可逆电动势是指电流趋向零，没有净电流通过时的正负极之间的最大电位差.

电解池的路端电压是输入电压，输入电压不仅要克服电池的可逆电动势，而且要克服电池的欧姆阻力以及电极极化造成的影响（即阴、阳两极的超电势），因此电解池的路端电压总大于电池的可逆电动势.

原电池的路端电压是电池工作时的输出电压，电池的电动势要克服电池的欧姆阻力以及阴、阳两极超电势后才能对外输出的电压，因此原电池的端电压总小于电池的可逆电动势.

11.3　电化学腐蚀与防腐

35. 试说明化学腐蚀和电化学腐蚀有什么不同的特征？

答　化学腐蚀的特征是：在金属表面直接发生化学反应使金属氧化、溶解，即氧化成离子或高价化合物，从而使金属腐蚀．电化学腐蚀的特征是：主要发生在非均匀的金属表面上，在金属表面构成腐蚀电池（局部电池），产生腐蚀电流，发生电化学反应，使金属氧化、溶解，从而使金属腐蚀．化学腐蚀和电化学腐蚀的不同特征是：化学腐蚀发生时没有构成腐蚀电池，不产生腐蚀电流，电化学腐蚀发生时构成腐蚀电池，产生腐蚀电流，电化学腐蚀比化学腐蚀速率快，危害性更大．例如，金属锌在稀 H_2SO_4 中发生的是化学腐蚀，而含Cu，Fe杂质的锌在空气、水中除发生化学腐蚀外，还要发生电化学腐蚀，比在稀 H_2SO_4 中锌腐蚀速率更快．

36．金属电化学腐蚀的机理是什么？什么是析氢腐蚀与吸氧腐蚀？为什么铁的吸氧腐蚀比析氢腐蚀要严重得多？

答　引起电化学腐蚀的机理是：由于金属器件的各组成部分之间形成腐蚀电池（原电池），产生了电化学反应，使金属被氧化而腐蚀．例如，一个铜制器件上面打了铁的铆钉，长期暴露在潮湿空气中，在铆钉的部位就特别易生锈，这是因为在器件表面会凝结一层薄薄的水膜，空气中的 CO_2、工厂区的 SO_2、沿海地区潮湿空气中的 NaCl 都能溶解到水膜中形成薄层电解质溶液，形成原电池，铁是负极，铜是正极．负极（也称阳极）发生的一般是金属（如钢铁）的溶解过程（即金属被氧化），这里 Fe 发生氧化：$Fe(s) \longrightarrow Fe^{2+} + 2e^-$．

金属在发生电化学腐蚀时，形成腐蚀电池，负极（也称阳极）金属被氧化，正极（也称阴极）依据不同环境会发生不同的反应，依据不同的阴极反应，把电化学腐蚀又分为析氢腐蚀与吸氧腐蚀．若阴极附近缺少 O_2，水溶液中 H^+ 被还原成 H_2 从溶液中析出：$2H^+ + 2e^- \longrightarrow H_2$，称为析氢腐蚀；若阴极附近有 O_2，发生还原反应：$O_2 + 4H^+ + 4e^- \longrightarrow 2H_2O$，由于要消耗氧气，称为吸氧腐蚀，或耗氧腐蚀．

从腐蚀电池的电动势大小上看，发生金属（Fe）腐蚀时，金属是负极：

$$Fe(s) \longrightarrow Fe^{2+} + 2e^-$$

标准电极电势为

$$\varphi^{\ominus}_{Fe^{2+}/Fe} = -0.414\ \mathrm{V}$$

发生析氢腐蚀时，正极反应为

$$2H^+ + 2e^- \longrightarrow H_2$$

标准电极电势为

$$\varphi^{\ominus}_{H^+/H_2} = 0$$

腐蚀电池的标准电动势为

$$E^{\ominus} = 0 - (-0.414) = 0.414\ (\mathrm{V})$$

发生吸氧腐蚀时，正极反应为

$$O_2 + 4H^+ + 4e^- \longrightarrow 2H_2O$$

标准电极电势为

$$\varphi^{\ominus}_{O_2/H^+/H_2O} = 1.229\ \mathrm{V}$$

腐蚀电池的标准电动势为

$$E^{\ominus} = 1.229 - (-0.414) = 1.67\ (\mathrm{V})$$

可见吸氧腐蚀的腐蚀电池电动势比析氢腐蚀的腐蚀电池电动势大得多,在电阻相同条件下,腐蚀电流就大得多,因此腐蚀速率快,腐蚀更严重.

37. 什么是腐蚀电池？腐蚀电池有何特点？腐蚀电池有几种？

答　发生电化学腐蚀时,金属 Fe、电解质溶液与其他物质构成一个自发放电的原电池,金属 Fe 为阳极(负极),其他物质为阴极,该电池称为腐蚀电池. 腐蚀电池的特点是正负极直接连接,电池是短路的,电流较大,腐蚀速率快,如图 11.4 所示.

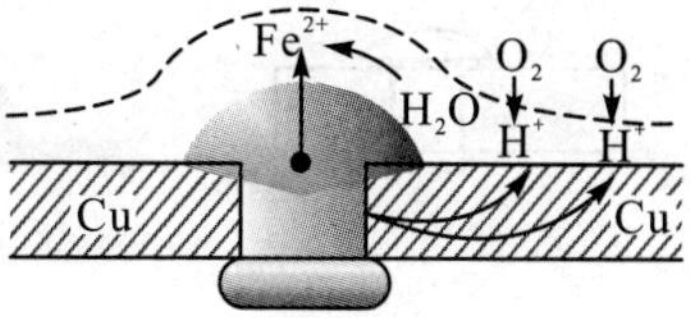

图 11.4

腐蚀电池有两种:

(1) 不同金属(电极)在同一电解质中组成的腐蚀电池. 例如,铜块上有 Fe 铆钉,暴露在潮湿空气(酸性)中,Cu 与 Fe 在酸性的水溶液中组成腐蚀电池,Fe 是阳极(负极),发生氧化反应:

$$Fe(s) \longrightarrow Fe^{2+} + 2e^-$$

Cu 作正极(阴极),发生还原反应:

$$O_2 + 4H^+ + 4e^- \longrightarrow 2H_2O$$

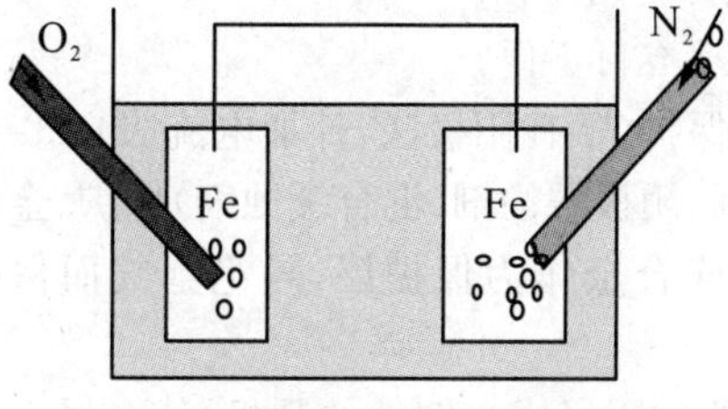

图 11.5

(2) 氧气浓差腐蚀电池. 例如两铁块放入 NaCl 溶液中,一铁块附近通入 O_2,另一铁块附近通入 N_2,形成第一类单液浓差电池,如图 11.5 所示. 缺氧的铁块为阳极(负极),发生氧化反应:

$$Fe - 2e^- \longrightarrow Fe^{2+}$$

富氧的铁块为阴极(正极),发生还原反应:

$$O_2 + 2H_2O + 4e^- \longrightarrow 4OH^- \text{(中性溶液)}$$

氧气浓差腐蚀电池是最常见的.

38. 将一根均匀的铁棒,部分插入水中,部分露在空气中(图 11.6). 经一段时间后,哪一个部分腐蚀最严重？为什么？

答　靠近水面下面的地方腐蚀最严重,因为空气中 $CO_2(g)$ 和 $SO_2(g)$ 等酸性氧化物溶于水中,使水略带酸性. 铁棒靠近水面部分,有较多的氧气,而在水面下面的地方缺少氧气,因此形成氧气浓差腐蚀电池. 水面下面缺氧处的 Fe 是阳极,发生氧化反应:

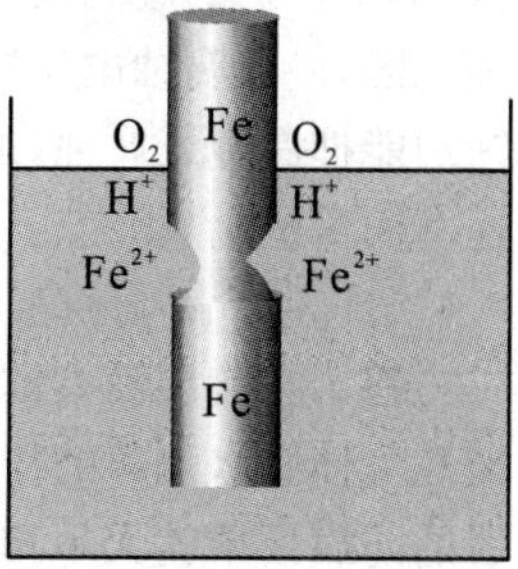

图 11.6

$$Fe(s) \longrightarrow Fe^{2+} + 2e^-$$

水面富氧处的 Fe 是阴极,上面发生吸氧还原反应:

$$O_2 + 4H^+ + 4e^- \longrightarrow 2H_2O$$

所以水面下面的地方腐蚀最严重.

39. 金属发生电化学腐蚀的根本原因是什么？为什么金属的裂缝和螺纹连接处以及埋在地下的钢管更容易腐蚀？在盛水的铁锅中,为什么水面下面地方比水面上面地方更易生锈？

答　金属发生电化学腐蚀的根本原因是金属与环境物质形成了腐蚀电池(即原电池),金属作为负极(阳极),被氧化腐蚀(图11.7).

图11.7

金属的裂缝和螺纹连接处以及埋在地下的钢管,在自然环境下,形成氧气浓差腐蚀电池,金属裂缝和螺纹连接处以及埋在地下的钢管处缺少氧气,是腐蚀电池的负极(阳极),金属在此处被氧化而腐蚀,其他处氧气不缺的地方是腐蚀电池的正极(阴极),发生吸氧还原反应.

由于形成腐蚀电池发生电化学腐蚀,因此很容易被腐蚀.

盛水的铁锅的水面处,即水面下面地方,缺少氧气,与水面上方氧气富有地方形成氧气浓差腐蚀电池,产生电化学腐蚀,因此水面下面地方更易生锈.

40. 金属防腐有哪些方法?这些防腐方法的原理有何不同?

答　金属防腐的方法有:① 金属镀层;② 阴极保护(牺牲阳极法、外加电流法);③ 阳极保护(有钝化区的金属);④ 缓蚀剂(有阳极缓蚀剂、阴极缓蚀剂、混合缓蚀剂)保护.金属镀层方法,在金属的表面涂一层非金属、其他金属或合金作为保护层,隔绝空气而保护金属.

阴极保护方法,是把要保护的金属设计成原电池的阴极或电解池的阴极,使金属上发生还原反应而不发生氧化反应得到保护.对于阳极保护方法,保护的金属必须有钝化区才行,把要保护的金属设计成电解池的阳极,先通电使其氧化后发生钝化,再把电势控制在钝化区,使其腐蚀电流极小,腐蚀速率极慢而保护金属.对于缓蚀剂保护方法,加入少量缓蚀剂能抑制金属腐蚀,加入缓蚀剂能提高电极极化程度,降低腐蚀电流,即降低金属腐蚀速率而保护金属.

41. 为了防止铁生锈,分别电镀上一层锌或一层锡,两者防腐蚀的效果是否一样?

答　在镀层没有被破坏之前,两种防腐的效果是一样的,镀层都起了将铁与环境中的酸性气体和水隔离的作用,防止形成腐蚀电池,发生电化腐蚀.但是镀层一旦有破损,则两者的防腐效果就大不相同.镀锡保护层的铁俗称马口铁,锡不如铁活泼,若镀层破坏,锡与铁在介质中形成腐蚀电池(化学电池),则锡是阴极,而铁是阳极,这样发生电化学腐蚀,铁就比没有镀层时腐蚀得更快.镀锌保护层的铁俗称白铁,由于锌比铁活泼,若镀层破坏,锌与铁组成原电池,锌是阳极,发生氧化反应被腐蚀,而铁是阴极,发生还原反应而不会被腐蚀.

42. 什么是阳极保护法与阴极保护法?各有什么特点?

答　阳极保护法是把要保护的金属作电解池的阳极,使之发生氧化反应后产生钝化,钝化可形成一层致密的氧化膜,阻碍电流通过,大大降低腐蚀电流,从而降低金属的腐蚀速率而达到保护金属的目的. 阳极保护法的特点是要保护的金属必须有较宽的钝化区，保护时阳极电势必须控制在钝化区.

阴极保护法有牺牲阳极法与外加电流法. 牺牲阳极法是指要保护的金属(如 Fe)作为原电池的阴极(正极)，把另一个更活泼的金属(如 Zn)作阳极，在保护时阳极金属被氧化消耗掉，即牺牲掉. 要保护的金属是阴极，其上面发生还原反应，金属不会被氧化而得到保护，例如在海船的外壳上镶上许多锌块. 该法的特点是要消耗比较活泼的金属(如 Zn). 外加电流法是指把要保护的金属与一个辅助电极在介质中组成一个电解池，外加电源的阴极接在要保护的金属上，阳极接在辅助电极上，外加一个适当大小电压(电流)，使辅助电极上发生氧化反应，要保护的金属上发生还原反应，外加电压(电流)不要大，能维持要保护的金属是阴极即可. 外加电流法的特点是最经济，保护中只消耗一点直流电.

43. 是否任何金属都可采用阳极保护法来防腐?

答　不是. 没有钝化区或钝化区很窄的金属不能使用阳极保护法，因为阳极保护法是指把要保护的金属放在电解池的阳极，让其发生氧化反应，没有钝化区的金属就会一直氧化下去，不但不能起保护作用，反而加快金属腐蚀，钝化区很窄的金属很难控制，搞不好就起不到保护作用而加快腐蚀.

44. 加入不同缓蚀剂能降低金属的腐蚀速率的原理是什么?

答　加入到一定介质中能明显抑制金属腐蚀的少量物质称为缓蚀剂，缓蚀剂分为阳极型缓蚀剂、阴极型缓蚀剂与混合型缓蚀剂. 缓蚀剂降低金属的腐蚀速率的机理可分为促进钝化、形成沉淀膜、形成吸附膜等. 促进钝化作用可以使钢铁材料钝化，从而抑制腐蚀；形成沉淀膜，能抑制腐蚀；形成吸附膜，可以将金属表面与腐蚀环境隔开，防止腐蚀. 另一方面，缓蚀剂能提高电极极化程度，降低腐蚀电流，即降低金属腐蚀速率，从而保护金属. 如图 11.8 所示.

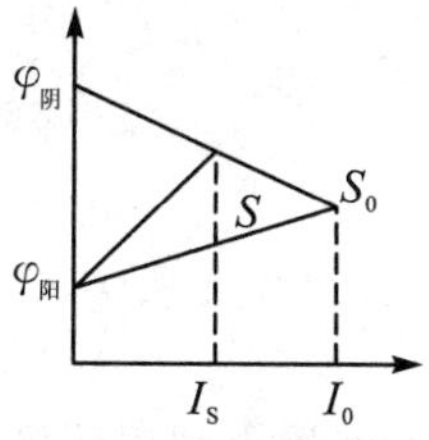

(a) 阳极型缓蚀剂

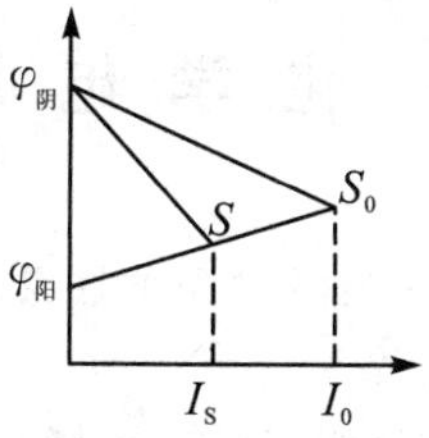

(b) 阴极型缓蚀剂

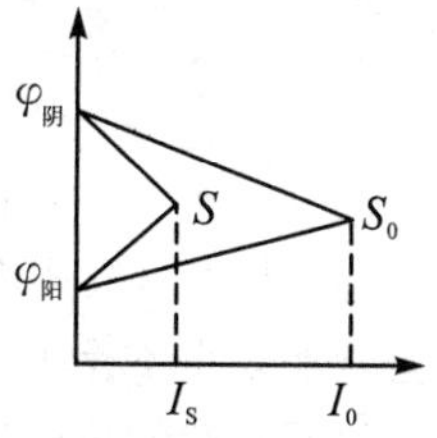

(c) 混合型缓蚀剂

图 11.8

图 11.8 中 I_0 是原来的腐蚀电流，加了缓蚀剂后，极化程度提高了，极化曲线的斜率改变了，腐蚀电流由原来的 I_0 下降到 I_s，I_s 比 I_0 小多了，腐蚀速率就小多了.

45. 金属发生电化学腐蚀的热力学条件是什么? 当金属发生电化学腐蚀时，可否认为阴极可逆电极电势与金属(阳极)可逆电极电势相差越大腐蚀速率就越快?

答　金属发生电化学腐蚀的热力学条件是金属(阳极)电势低于阴极电势，阴极与阳极组成短路的腐蚀电池.

不能认为阴极可逆电极电势与金属(阳极)可逆电极电势相差越大腐蚀速率越快，因

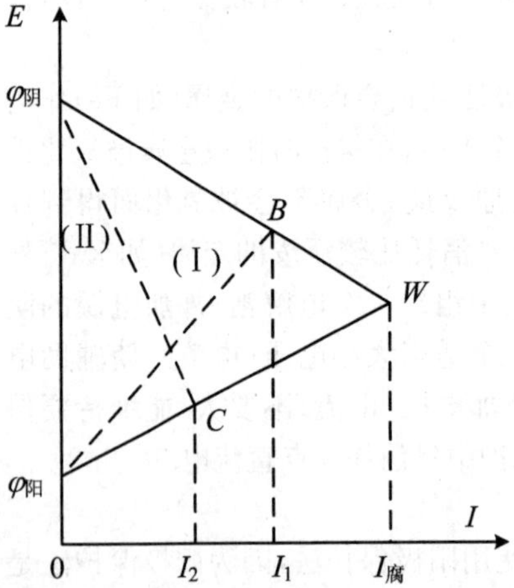

图 11.9

为腐蚀速率不仅受到阴极可逆电极电势与金属(阳极)可逆电极电势之差大小影响,还要受到电极极化影响. 图 11.9 是腐蚀电池的放电过程的电极极化曲线(近似为直线)示意图,一般情况下,阴极极化曲线与阳极极化曲线的交点 W,对应的腐蚀电流为 $I_腐$,电流 I 的大小代表金属腐蚀速度大小. 在阴极可逆电极电势与金属(阳极)可逆电极电势相差保持不变情况下,若阳极极化曲线发生改变,如图中(Ⅰ)所示,与阴极极化曲线交于 B 点,对应的腐蚀电流为 I_1,而 I_1 小于 $I_腐$,腐蚀速率降低;同样,若阴极极化曲线发生改变,如图中(Ⅱ)所示,与阳极极化曲线交于 C 点,对应的腐蚀电流为 I_2,I_2 小于 $I_腐$,腐蚀速率也降低. 因此金属电化学腐蚀速率不仅与阴极可逆电极电势和金属(阳极)可逆电极电势差值有关,还与阳极极化程度和阴极极化程度有关,不能认为阴极可逆电极电势与金属(阳极)可逆电极电势相差越大腐蚀速率越快.

46. 超电位的存在是否都有害? 为什么?

答　超电位的存在不都是有害的. 有害的一面是由于电极极化产生超电位,电解池外加电压增大,多消耗电能;电池工作(放电)时输出电压降低,做功减少. 有利的一面是可利用超电位的存在实现金属离子电解分离,例如利用 H_2 在不同金属上的超电位差异,控制 H_2 与金属离子的析出顺序,也可在分析化学中用于极谱分析.

11.4　化学电源

47. 试对影响热机效率和燃料电池理论效率的因素进行比较. 为什么可以说"燃料电池的能量转换效率不受卡诺循环限制"?

答　目前一般的热电厂,通过燃料(煤、油等)燃烧获得热能,然后再利用热机把热能转换为机械能,机械能再带动发电机变成电能. 由于热机的效率(受卡诺循环限制)比较低,燃料的利用率很低,一般效率不到 20%.

而燃料电池是一种把燃料和氧化剂储存在电池的外部,以后可以连续加入,产物则随时排出,可以连续工作,能把燃料燃烧氧化的化学能直接转化为电能的电化学装置. 由于燃料电池把化学能直接变成电能,因此不受卡诺循环限制,燃料利用率比较高.

48. 化学电源主要有哪几类? 各有何优缺点? 如何看待发展化学电源的意义及其应用前景?

答　化学电源主要包括一次电池、二次电池、燃料电池(连续电池)等.

一次电池电能比较高,可以在较大电流下工作,电压平稳,价格低廉,例如常用的锌锰干电池，缺点是一次用完就报废，不能循环利用；二次电池可以提供充、放电，反复使用，价格不算太贵，例如酸铅蓄电池，缺点是质量大，保养要求高，易损坏；燃料电池是把化学能直接转换成电能的装置，能量转换率高，减少大气污染，比能量高，稳定性好，缺点是电极材料贵重，电解液的腐蚀性比较强等.

发展化学电源有重要的理论意义和实际应用意义，化学电源体积小，噪声小，质量小，随着航天航空、电子产品、电子计算机等的发展，各种新型的化学电源需求增加，化学电源的研制与应用有广阔的天地.

49. 氢氧燃料电池在酸、碱性不同的介质中，电池反应是否相同？在气体压力相同时，电池的电动势是否相同？氢氧燃料电池有何优点？

答　氢氧燃料电池的电解质溶液可以是酸性的，也可以是碱性的，pH 值可为 1～14，它们的电极反应虽不相同，但电池的净反应相同. 在气体压力都等于标准压力时，其标准电动势都等于 1.229 V. 具体反应式和计算式如下：

(1) 假定是在 pH<7 的酸性溶液中，

$$\mathrm{Pt}|\mathrm{H_2}(p_{\mathrm{H_2}})|\mathrm{H^+}(\mathrm{pH}<7)|\mathrm{O_2}(p_{\mathrm{O_2}})|\mathrm{Pt}$$

负极发生氧化反应：

$$\mathrm{H_2}(p_{\mathrm{H_2}})\longrightarrow 2\mathrm{H^+}(a_{\mathrm{H^+}})+2\mathrm{e^-}$$

$$\varphi^{\ominus}_{\mathrm{H^+/H_2}}=0\ \mathrm{V}$$

正极发生还原反应：

$$\frac{1}{2}\mathrm{O_2}(p_{\mathrm{O_2}})+2\mathrm{H^+}(a_{\mathrm{H^+}})+2\mathrm{e^-}\longrightarrow \mathrm{H_2O(l)}$$

$$\varphi^{\ominus}_{\mathrm{O_2/H_2O,H^+}}=1.229\ \mathrm{V}$$

电池净反应为

$$\mathrm{H_2}(p_{\mathrm{H_2}})+\frac{1}{2}\mathrm{O_2}(p_{\mathrm{O_2}})\longrightarrow \mathrm{H_2O(l)}$$

当 $p_{\mathrm{H_2}}=p_{\mathrm{O_2}}=p^{\ominus}$ 时，$E_1=E^{\ominus}=\varphi^{\ominus}_{\mathrm{O_2/H_2O,H^+}}-\varphi^{\ominus}_{\mathrm{H^+/H_2}}=1.229\ \mathrm{V}$

(2) 假定是在 pH>7 的碱性溶液中，

$$\mathrm{Pt}|\mathrm{H_2}(p_{\mathrm{H_2}})|\ \mathrm{OH^-}(\mathrm{pH}>7)|\ \mathrm{O_2}(p_{\mathrm{O_2}})|\mathrm{Pt}$$

负极发生氧化反应：

$$\mathrm{H_2}(p_{\mathrm{H_2}})+2\mathrm{OH^-}(a_{\mathrm{OH^-}})\longrightarrow 2\mathrm{H_2O(l)}+2\mathrm{e^-},\quad \varphi^{\ominus}_{\mathrm{OH^-/H_2}}=-0.828\ \mathrm{V}$$

正极发生还原反应：

$$\frac{1}{2}\mathrm{O_2}(p_{\mathrm{O_2}})+\mathrm{H_2O(l)}+2\mathrm{e^-}\longrightarrow 2\mathrm{OH^-}$$

$$\varphi^{\ominus}_{\mathrm{O_2/OH^-}}=0.401\ \mathrm{V}$$

电池净反应为

$$\mathrm{H_2}(p_{\mathrm{H_2}})+\frac{1}{2}\mathrm{O_2}(p_{\mathrm{O_2}})\longrightarrow \mathrm{H_2O(l)}$$

当 $p_{\mathrm{H_2}}=p_{\mathrm{O_2}}=p^{\ominus}$ 时，$E_2=E^{\ominus}=\varphi^{\ominus}_{\mathrm{O_2/OH^-}}-\varphi^{\ominus}_{\mathrm{OH^-/H_2}}=[0.401-(-0.828)]\ \mathrm{V}=1.229\ \mathrm{V}$.

氢氧燃料电池的主要优点：能量转换效率高，环境友好，质量轻，比能量高，稳定性好，可以连续工作,可移动.

50. 为什么燃料电池的效率可以大于1?

答 燃料电池的效率为$\eta=\dfrac{\Delta_r G_m}{\Delta_r H_m}=\dfrac{\Delta_r H_m-T\Delta_r S_m}{\Delta_r H_m}=1-\dfrac{T\Delta_r S_m}{\Delta_r H_m}=1-\dfrac{Q_R}{\Delta_r H_m}$.一般燃料燃烧反应时是放热的,反应热效应小于0,$\Delta_r H_m<0$,如果电池反应的$\Delta_r S_m>0$,即电池是吸热的,$Q>0$,那么电池的效率$\eta$就可能大于1.其物理意义是电池在工作时,除了把全部化学能转变成电能,还能从环境中吸热转变为电能.

51. 如果在铅酸蓄电池的电解液中含有微量杂质Mn^{2+},Au^{3+},Cd^{2+},Fe^{2+},试指出何种杂质是有害物质,为什么?

答 其中Au^{3+}是有害杂质.铅酸蓄电池的负极标准电极电势为

$$\varphi^{\ominus}(PbSO_4/Pb)=-0.358\,8\ V$$

正极标准电极电势为

$$\varphi^{\ominus}(PbO_2/PbSO_4)=1.681\,3\ V$$

电动势

$$E^{\ominus}=(1.681\,3+0.358\,8)\ V=2.040\,1\ V$$

查表知道,杂质的标准电极电势:

$$\varphi^{\ominus}(Fe^{2+}/Fe)=-0.447\ V$$
$$\varphi^{\ominus}(Cd^{2+}/Cd)=-0.407\ V$$
$$\varphi^{\ominus}(Mn^{2+}/Mn)=-1.102\,9\ V$$
$$\varphi^{\ominus}(Au^{3+}/Au)=1.40\ V$$

因为Au电极的电势大于蓄电池的负极电势$-0.358\,8$ V,而Fe,Cd,Mn电极的电势都小于蓄电池的负极电势$-0.358\,5$ V,因而在蓄电池充电时,阴极会发生反应$Au^{3+}+3e^-\longrightarrow Au$,妨碍蓄电池的负极$PbSO_4\longrightarrow Pb$复原,因此$Au^{3+}$是有害物质.

52. 什么是铅酸蓄电池的自放电?它有什么害处?如何防止?

答 自放电是指在存放过程中负极自动放出氢气,也就是铅在硫酸溶液中自发性溶解:

$$Pb(s)+H_2SO_4 = PbSO_4(s)+H_2(g)$$

自放电的害处是消耗了活性物质H_2SO_4,降低了电池的容量,同时放出的H_2积累后有发生爆炸的危险.防止的措施:要使用纯度高的硫酸与蒸馏水,溶液中没有有害的金属离子.

第12章　表面现象

12.1　表面张力与表面自由能

1. 举例说明纯液体、溶液和固体分别以什么方式自发地降低表面能以达到稳定态?

答　表面积的缩小和降低表面张力是自发地降低表面能的两种方式.纯液体自发地降低表面能只有一种方式,就是尽量缩小表面积.例如,空气中小水滴、草叶上的露水呈球形来缩小表面积.

溶液自发地降低表面能有两种方式:一种是收缩减少表面积;另一种是调节表面层的浓度来降低比表面自由能(即表面张力).例如,丙醇、乙酸乙酯、烷基硫酸酯盐、烷基苯磺酸盐的水溶液发生表面正吸附,即表面浓度大于本体浓度,而 H_2SO_4、KOH、蔗糖、甘露醇等水溶液发生表面负吸附,即表面浓度小于本体浓度.

固体通过表面吸附气体、液体来降低表面能以达到稳定态,例如,CO_2 在硅胶上、水蒸气在粗孔硅胶上吸附;制糖中用活性炭吸附糖液中杂质而得到白糖.

2. 什么是表面功、表面能、表面自由能、比表面自由能、表面张力?

答　在一定温度下,表面层分子受到一个指向内部的拉力,因此要把内部分子移到表面上,就必须克服这个拉力对体系做的功,这个功叫表面功.表面功转化为能量,使表面层分子势能增加,因此表面层分子比内部分子的能量多,物质表面上分子比内部分子多出来的能量称为表面能.在等温等压、组成不变时,可逆使表面积增加 dA 所需要对体系做的非体积功,与体系自由能增加值相等,这样对体系做的功转变成表面能,称之为表面自由能.单位表面积上的自由能称为比表面自由能,用 σ 或 γ 表示,$\sigma=\left(\frac{\partial G}{\partial A}\right)_{T,p}$.垂直作用于单位长度相表面上沿着相表面的切面方向的收缩力,称为表面张力,也用 σ 或 γ 表示.

3. 比表面有哪几种表示方法?表面张力与比表面自由能有哪些异同点?

答　(1) 比表面可以用单位质量物质的表面积表示,$A_0=A_s/m$,单位通常以 $m^2\cdot g^{-1}$ 表示;还可以用单位体积物质的表面积表示,$A_0=A_s/V$,单位为 m^{-1}.

(2) 表面张力是在相表面的切面上,垂直作用于表面上任意单位长度切线的表面收缩力,比表面自由能是指在等温等压和组成不变时,每增加单位表面积时体系吉布斯自由能的增加值.表面张力与比表面自由能物理意义的不同点:单位不同,表面张力是矢量,比表面吉布斯自由能是标量.共同点:都反映了表面层分子(或原子)受力不均匀的情况;两者的量纲相同,数值相同,通常用同一个符号表示.

4. 影响纯液体的表面张力的因素有哪些?

答 由于纯液体表面层分子受力不平衡,受到一个指向内部的拉力,表面层分子有进入液体内部的趋势的.因此纯液体的表面张力首先与液体本性有关;其次与表面相接触的另一相的本性有关,液-气表面张力与液-固表面张力就不同;再者,液体的温度不同,分子运动激烈程度不同,分子之间的作用力不同,因此纯液体的表面张力还与温度有关,温度升高表面张力减小,当温度达到临界温度时,纯液体的表面张力为零.

5. 在自然界中,为什么气泡、小液滴都呈球形?举例说明这种现象在实际生活中有什么应用.

答 液膜和液体的表面都存在表面自由能,在等温等压的条件下,表面自由能越低,系统越稳定.所以,为了降低表面自由能,液体表面都有自动收缩到最小的趋势.而相同体积的物体中球形表面积最小,所以气泡和小液滴都呈球形.

利用这种现象可以制备固体小球体,例如制备小玻璃珠,可以首先将玻璃加热成熔融状态,然后用一定孔径的喷头,将熔融状态的玻璃喷入冷却液(一般用重油)中,小玻璃液滴在降落的过程中会自动收缩成球状.制备球形硅胶,也是用这种方法,将熔融状态的硅酸凝胶喷入水中.

6. 表面性质与哪些因素有关?服用相同质量和相同成分的药丸和药粉,哪一种的药效快?为什么?

答 表面性质与相邻两体相的性质有关,但又与两体相性质有所不同.对于处于表面层的分子,由于它们的受力情况与体相中分子的受力情况不相同,因此表面层的分子总是具有较高的能量.此外,表面性质还与表面积密切相关,表面积越大,则表面能越高,表面能越高表面就越不稳定.这将导致表面层会自发地减少表面能(采用减少表面积或表面吸附方法).

服用相同质量和相同成分的药丸和药粉,药粉的药效比药丸快,因为药粉的比表面积比药丸大得多,表面能较高,活性强.

7. 若在容器内只是油与水在一起,虽然用力震荡,但静止后仍自动分层,这是为什么?

答 油与水是互不相溶的,当两者剧烈震荡时,可以相互分散成小液滴,这样一来,表面积增大,表面能增高,这时又没有能降低表面能的第三种物质存在,因此体系是处于高能量的不稳定体系,体系有自动降低能量的倾向,因此小液滴就会聚集成大液滴来减少表面积,由此来降低表面能,所以油与水会自动聚集分层.

8. 为什么多数液体的表面张力都随温度升高而降低?

答 因为温度升高,分子之间的作用力降低,所以表面张力减少.

9. 在装有部分液体的毛细管中,当一端加热时(图12.1).

(1) 润湿性液体向毛细管哪一端移动?

(2) 不润湿液体向毛细管哪一端移动?为什么?

答 (1) 液体柱向着远离加热点(即向左)移动.因为两端液面呈凹形,在凹面上,附加压力指向曲面圆心,指向液体外部,如图12.1(a)所示.表面张力随温度的升高而降低,加热处表面张力降低,右端的附加压力减少,未加热的左端表面张力不变,附加压力不变,因此在附加压力作用下液柱向左移动.

(2) 液体柱面向着加热点(即向右)移动.因为两端液面呈凸形,在凸面上附加压力指向曲面圆心,指向液体内部,如图 12.1(b)所示.表面张力随温度的升高而降低,加热处表面张力降低,右端的附加压力减少,左端未加热处表面张力不变,附加压力不变.因此在附加压力作用下液柱右移动.

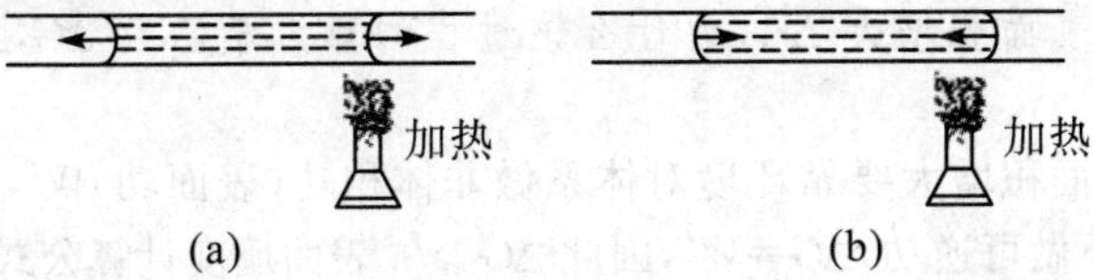

图 12.1

10. 一支玻璃毛细管分别插入 25 ℃和 75 ℃的水中,则毛细管中的水面哪个高一些?为什么?

答　插入 25 ℃的水中,水面上升得高一些.因为水的表面张力随温度升高而降低,25 ℃的水表面张力比 75 ℃的要大一些,水表面张力大,水在毛细管中上升得高一些.

11. 铅酸蓄电池的两个电极,一个是活性铅电极,另一个是活性二氧化铅电极,你是怎样理解"活性"两字的?

答　这里"活性"是指铅或二氧化铅处于多孔性,即具有很大的比表面积,具有较高比表面自由能,处于化学活性状态.这是在制备电极时经过特殊活化工序而形成的高分散状态,根据热力学理论及表面性质,若铅蓄电池长期使用或者长期放置而未能及时充电,电极的高分散状态会逐渐减低,这种活性也将消失.

12. 在化工生产中,常把固体燃料加工成固体小颗粒再采用沸腾焙烧,依表面现象理论来分析这样的做法有哪些优点.

答　将固体燃料碎成小颗粒进行沸腾焙烧时,通入预热的空气或其他气体,使炉内固体小颗粒在气体中悬浮,状如沸腾,这样就增大了固体与气体分子间的接触界面,使体系处于较高的化学活性状态,增强了传质与传热,使燃烧充分,提高燃料利用率.

13. 为什么毛细管插入液体时,在毛细管中有的会出现凹液面,有的会出现凸液面?

解　如果毛细管插入的液体与毛细管润湿,在表面张力作用下,液面会上升,液面就呈凹液面,例如把玻璃毛细管插入水中;如果毛细管插入的液体与毛细管不润湿,在表面张力作用下,液面会下降,液面就呈凸液面,例如把玻璃毛细管插入汞中.

14. 两块光滑的玻璃板在干燥条件下叠放在一起时,很容易将其分开.若在两板之间放些水,则很难使之分开,这是为什么?

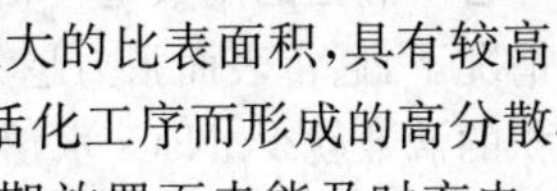

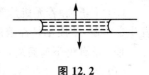

图 12.2

答　两块玻璃板之间放些水,由于水对玻璃是润湿的,如图 12.2 所示,凹面内的液体压力小于大气压,要分开玻璃(上下拉开),就要克服额外的附加压力,因此很难使之分开.

15. 为什么气泡、小液滴、肥皂泡等都呈球形?玻璃管口加热后为什么会变得光滑并缩小(俗称圆口)?

答 只有在球面上各点的曲率相同，各处的附加压力才相同，气泡、小液滴、肥皂泡等要达到稳定的状态，都要呈球形. 另一方面，相同体积的物质，球形的表面积最小，表面总的吉布斯自由能最低，所以变成球形最稳定.

玻璃管口刚切断后参差不齐，加热时融化成液体，要降低体系能量，表面就会缩小成圆形(俗称圆口).

16. 若物质的表面积增大 ΔA，为什么该过程的热力学函数 $\Delta G, \Delta H, \Delta S$ 都是大于零的？

答 物质的表面积增大要靠环境对体系做非体积功(表面功)W'，环境向体系做功，$W'>0$，等温等压下做可逆功，$\Delta G=W'$，因此 $\Delta G>0$. 表面熵变计算公式为

$$\Delta S=-\left(\frac{\partial\gamma}{\partial T}\right)_{A,p}\Delta A$$

而$\left(\frac{\partial\gamma}{\partial T}\right)_{A,p}$是表面张力温度系数，温度升高表面张力降低，因此$\left(\frac{\partial\gamma}{\partial T}\right)_{A,p}$是负值，可见 $\Delta S>0$. 由热力学关系 $\Delta H=\Delta G+T\Delta S$，知 $\Delta H>0$.

17. 用同一支滴管缓慢滴出相同体积的苯、纯水和 NaCl 水溶液，滴出的滴数是否相同？哪种液体滴数最多？哪种液体滴数最少？

答 滴出的滴数是不相同的. 因为液滴的大小与表面张力有关，在相对密度相差不大的情况下，通常表面张力越大的液体，在滴管下端能悬挂的液滴的体积也越大，滴出相同体积的滴数就少. NaCl 水溶液表面张力最大，苯的表面张力最小，所以苯滴出的滴数最多，NaCl 水溶液滴出的滴数最少. 若液体相对密度相差很大，则还要考虑相对密度的影响.

18. 下列说法是否正确？为什么？

(1) 只有在比表面积很大时才能看到明显的表面现象，所以体系表面积增大是表面张力产生的原因.

(2) 液体在毛细管内上升或下降取决于该液体的表面张力的大小.

(3) 由于溶质在溶液的表面上产生吸附，所以溶质在溶液表面层发生富集.

答 (1) 不正确. 表面张力产生的原因是处于表面层的分子与处于内部的分子受力情况不同，不是表面积增大.

(2) 不正确. 液体在毛细管内上升或下降取决于该液体能否对毛细管壁润湿，润湿就上升，不润湿就下降，上升或下降的高度才与表面张力大小有关.

(3) 不正确. 若无机盐等非表面活性剂溶于水，则水溶液表面张力升高，它们在表面层发生负吸附，溶质不是在溶液表面层富集，而是表面层浓度低于内部浓度.

19. 请讨论下列问题：

(1) 图 12.3(a)中 A,B,C 是内径相同的三支玻璃毛细管，插入同一水中，A 中液面升高 h. 若在 B 管的上端涂上一段石蜡，问液面升高到何处？液面形状如何？如果在 C 管中先将水吸至比 h 高后再让其自由下降，结果又如何？如果直接把 C 管插入水中，则液面上升到何处？

(2) 有人设计了如图 12.3(b)所示的"永动机"，认为液体能沿玻璃毛细管 A 自动上

升，然后自 B 管端口滴下，推动涡轮 C 转动，如此可以往复不停就造成了一部“永动机”. 试说明该“永动机”不能成功的原因.

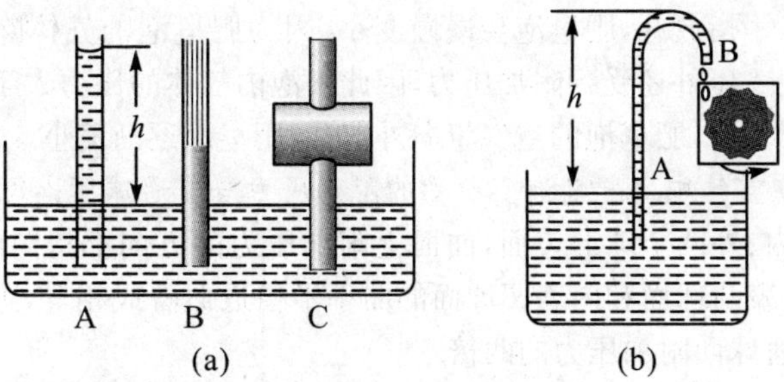

图 12.3

答　(1) 图 12.3(a)中 B 管上端涂上石蜡，水对石蜡是不润湿的，因此水从液面上升到涂石蜡地方就不能再上升，并且液面由凹面变成凸面，所以 B 管液柱比 A 管中低；如果在 C 管中先将水吸至比 h 高后再让其自由下降，C 管中水柱将下降到与 A 管相同处. 若直接把 C 管插入水中，C 管中水面只能上升到变粗的地方.

(2) B 管端口的水不会滴下，B 管端口处的液面呈凹形，向上凸，不会滴下，因此该“永动机”是不能成功的.

20. 测量表面张力有哪些方法？一般实验室用什么方法测量表面张力，主要使用什么仪器？

答　测量表面张力的方法有：毛细管上升法、滴重法、吊环法、最大压力气泡法、吊片法和静液法等等.

一般实验室用最大压力气泡法测量表面张力，主要使用数字压力计和毛细管表面张力测定仪.

12.2　弯曲表面的附加压力与蒸气压

21. 在滴管口的液体为什么必须给橡胶乳头加压液体才能滴出，并且液滴呈球形？

答　因为液体对滴管是润湿的，在滴管下端的液面呈凹形，即液面的附加压力是向上的，液体不易自动从滴管滴出. 要使液滴从管端滴下，必须要对橡胶乳头加以压力，这压力要大于附加压力，此压力通过液柱而传至管下端液面而超过凹形表面的附加压力，使凹形表面变成凸形表面，最终使液滴滴下，刚滴下的一瞬间，液滴不呈球形，上端呈尖形(图 12.4)，这时液面各部位的曲率半径都不一样，不同部位的曲面上所产生的附加压力也不同，这种不平衡的压力迫使液滴自动调整成球形，减少表面积降低能量，所以液滴呈球形.

图 12.4

22. 如图 12.5 所示，用一支细管吹起一个肥皂泡. 若立即用手指按住吹气口，肥皂泡

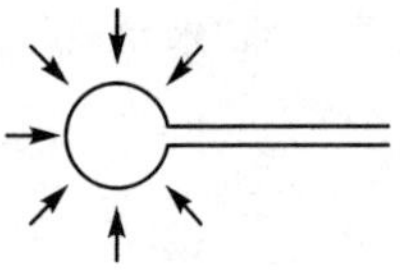

图 12.5

有无变化？若将手指放开，又会有什么变化？为什么？

答　若立即用手指按住吹气口，肥皂泡大小没有变化. 若将手指放开，肥皂泡会慢慢变小. 因为肥皂泡的气体除了受到外界大气压外还受到附加压力，因此气泡内气体的压力大于外界空气的大气压，肥皂泡的空气将向外泄漏，肥皂泡逐渐缩小.

23. 一个飘荡在空气中的肥皂泡上所受的附加压力与普通球面比较，大小如何？

答　肥皂泡有内、外两个球形表面，曲面上附加压力的方向都指向曲面的球心. 若忽略肥皂膜的厚度，外表凸球面和内表凹球面的曲率半径近似看成相等，则肥皂泡上所受的总的附加压力是普通球面附加压力的两倍.

24. 什么是毛细管现象？研究毛细管现象有什么作用？

答　把毛细管插入液体中，液体在毛细管内上升或下降的现象称作毛细管现象. 研究毛细管现象可以测量液体的表面张力，可以解释早上露珠在植物叶面上呈现的道理，解释多孔固体表面吸附气体与溶液的道理，说明农民锄地保墒的道理，等等.

25. 水在玻璃管中呈凹形液面，但水银在玻璃管中则呈凸形. 为什么？

答　因水与玻璃是润湿的，接触角小于 90°，水表面的附加压力为负值(与大气压方向相反)，这样就使水在玻璃管中呈凹形. 因为水银与玻璃是不润湿的，接触角大于 90°，水银表面的附加压力为正值(与大气压方向相同)，因而水银在玻璃管内呈凸形.

26. (1) 设有内径相同的 a,b,c,d,e,f 玻璃毛细管和内径较大的 g 管一起插入水中(图 12.6)，除了 f 管内壁涂有石蜡外，其余全是洁净的玻璃管. 若水在 a 管内液面上升的高度为 h，试估计其余管内的水面高度.

(2) 如果将水在各管(c,d 管除外)内预先都灌到 h 的高度，再让其自动下降，结果又如何？

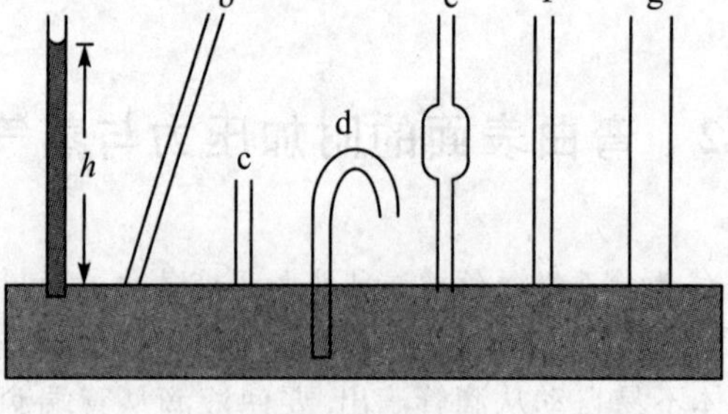

图 12.6

答　(1) 各管的情况如下：b 管与 a 管的液面一样高(h)，c 管的液面到管口，管口液面是凹面，但曲率小于 a 管凹面的. d 管的液面也到管口，还是凹面，但方向是向下的，与 a 管相反，水不可能在 d 管中滴下. e 管中的液面到管径变粗处，凹面形状近似平面. f 管内壁涂有石蜡，水不能润湿有石蜡的内壁，液面会下降至水平面以下，液面呈凸面. g 管内径大，管内液面可能上升一点，比 h 小得多，若内径很大，液面基本不上升.

(2) 将水灌满后让其自动下降时，a,b,f,g 管中液面高度与液面形状与(1) 相同，只有 e 管有变化，e 管的液面与 a 管一样高(h)，液面也是凹面，与 a 管一样.

27. 将一毛细管插入水中时，液柱上升了 2.0 cm. 若将毛细管插入至仅露出液面 1 cm，试问水能自管中溢出吗？为什么？

答　水不能溢出. 因为若要水溢出，液面必须从凹面变成凸面才行，这不但需要曲率方向发生变化，也需要曲率半径从大变小再变大，而当曲率半径从小变大时，附加压力也随之变小，即与之维持平衡的液柱高度随之下降. 因此，当露出水面的毛细管高度减少时，水不会溢出；否则，可以造成第一类永动机.

28. 试用表面化学原理解释下列问题：(1) 用 AgI 和干冰进行人工降雨有何异同点？(2) 为什么在进行蒸馏实验时要在蒸馏烧瓶中投入一些沸石？(3) 定量分析中的"陈化"过程的目的是什么？

答　(1) 相同点：由于微小水珠的蒸气压很大，高空中水蒸气达到相当高的过饱和程度时还不会凝结成水滴. 这时向其中喷洒干冰或 AgI 固体小颗粒，它们都可以成为水的凝结中心，其半径比较大，水蒸气可以迅速在其表面上凝结成水滴. 水珠大了就落下来成降雨.

不同点：AgI 是极性固体，水又是极性分子，水很容易吸附在 AgI 的表面上，而干冰(CO_2)是非极性固体，水不易吸附在其表面上. 另外，干冰又会部分升华成气体，因此干冰的人工降雨效果不如 AgI，目前人工降雨都用 AgI 晶体.

(2) 有机物蒸馏时投入沸石是为了防止液体过热发生爆沸，因为沸石是多孔性物质，在孔中贮存有气体，加热时这些气体逸出成为小气泡，是新相(气相)的种子，绕过液体产生微小气泡的困难阶段，降低了液体的过热程度，避免发生爆沸现象.

(3) 定量分析中"陈化"的目的是降低溶液的过饱和程度，因为新产生的固体是小晶体，而小晶体的溶解度很大，这样新生的小晶体在溶液中往往呈现过饱和状态，"陈化"过程中，小晶体变成大晶体，溶解度降低，溶液中细小的晶体颗粒会凝结成晶体，降低溶液的过饱和程度.

29. 为什么城市中的雾比农村的雾更难以消失？

答　由于城市的空气中有大量的尘埃存在，不少尘埃溶于水后使水表面张力增大，因此城市中的雾的液滴半径比农村的雾的液滴半径大，半径大的液滴，其饱和蒸气压比较低，半径小的液滴的饱和蒸气压比较高. 太阳出来后温度升高，半径小的液滴的饱和蒸气压高的雾就容易挥发掉，半径大的液滴的饱和蒸气压低的雾不易挥发掉，所以城市中的雾比农村中的雾更难以消失.

30. 如果在一杯含有极微小蔗糖晶粒的蔗糖饱和溶液中，投入一块较大的蔗糖晶体，在恒温密闭的条件下，放置一段时间，这杯溶液有什么变化？为什么？

答　投入一块较大的蔗糖晶体后，微小蔗糖晶粒会逐渐消失，较大的蔗糖晶体会逐渐增大. 因为大小不同的同种晶态物质的溶解度是不同的，由开尔文公式 $RT\ln(c_r/c^*)=2M_r\sigma_{(S)}/(r\rho_{(S)})$ 可知，晶体的半径 r 越小，即晶粒越小，其溶解度 c_r 越大，溶解度大于大块晶体的溶解度 c^*. 投入一块较大的蔗糖晶体后破坏了原来的小蔗糖晶粒饱和的平衡状态，溶液的小蔗糖晶粒就会不断凝结在大晶体表面，放置一段时间，小晶体便逐渐消失，而大块晶体却逐渐增大.

31. 如图12.7所示，在一个抽成真空的玻璃容器中，放有大小不等的球形汞滴，试问经长时间的恒温放置后，将会出现什么现象？

图 12.7

答 发生的现象是小的汞滴消失，大的汞滴变得更大. 因为小汞滴的蒸气压比大汞滴的蒸气压大，当玻璃容器中的汞蒸气压力对大汞滴已达到饱和时，但对小汞滴还没有达到饱和，小汞滴就要挥发成汞蒸气，汞蒸气会在大汞滴表面上凝聚. 这样小汞滴不断挥发成汞蒸气，汞蒸气又在大汞滴表面上不断凝结，因此小汞滴逐渐变小，大汞滴逐渐变大，直到小汞滴消失.

32. 如图12.8所示，在三通活塞的两端各吹一个大肥皂泡与一个肥皂小泡. 若打开中间活塞让左右两端相通，两个肥皂泡的大小有何变化？说出变化的原因及平衡时两肥皂泡的曲率半径的大小.

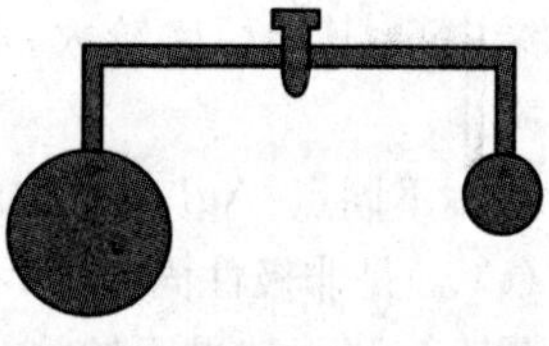

图 12.8

答 小肥皂泡变小，大肥皂泡变大，直到两边肥皂泡的曲率相等，达到平衡. 其原因是肥皂泡是曲面，表面上存在指向曲面球心的附加压力，半径越小曲率越大，附加压力越大. 小肥皂泡的半径小，受的附加压力比大肥皂泡的大，则小肥皂泡内部的平衡压力也比大肥皂泡内部的平衡压力大. 在活塞打开后，小肥皂泡内的空气向大肥皂泡内转移，所以小肥皂泡变小，大肥皂泡变大. 直到小肥皂泡收缩至细管口，其液面的曲率变大，达到与大肥皂泡曲率相等时才停止变化而达到平衡，这时两肥皂的曲率半径相等.

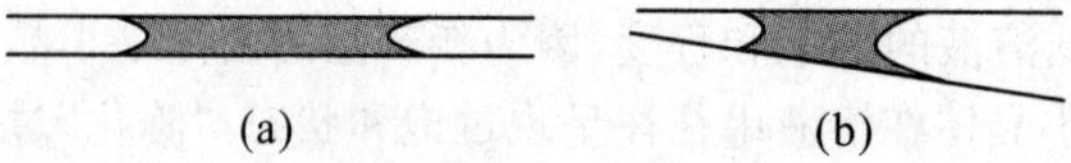

图 12.9

33. 如图12.9(a)与(b)所示，在玻璃毛细管中有一段水柱，如果都在右侧液体中加入少量 NaCl 水溶液，液柱将如何移动？为什么？

答 加入 NaCl 溶液后，图(a)中液柱向右移动，因为加入 NaCl 水溶液后水的表面张力增大，右端表面张力大，左端表面张力小，液柱向右移动. 图(b)中毛细管粗细不均匀，本来左侧细端的附加压力大，右侧粗端附加压力小，凹面附加压力方向与大气压相反，因此液柱会向左端自动移动. 加入 NaCl 水溶液后，右端表面张力增大，阻止液柱向左移动，若加入 NaCl 水溶液多，浓度大，液柱就向右移动.

34. 为什么小晶粒的熔点比大块固体的熔点略低，而溶解度却比大块固体的大？

答 因为在体积相同的情况下，分割得越细比表面积就越大，致使微小晶粒的表面效应突出，小晶粒的表面能比大块固体的大得多. 因此把小晶粒与大块固体同时加热升温融化时，小晶粒吸收的热量比大块固体的少，所以小晶粒的熔点比大块固体的熔点略低. 同样，由于小晶粒的表面能比大块固体的大得多，小晶粒的蒸气压比大块固体的大得多，因此小晶粒的溶解度比大块固体的大.

35. 请你对多孔固体吸附蒸气时发生毛细凝聚现象作出解释.

答 可以用开尔文公式解释. 多孔固体表面上有许多毛细管，水在毛细管的液面是凹面，附加压力是负值，即凹面的曲面半径越小曲率越大，附加压力越大，凹面上面饱和蒸气压越低，固体外面的蒸气压还没有达到饱和，固体表面的毛细管内蒸气压已经达到饱和，蒸气就开始在毛细管内凝结成液体.

36. 若对 $CaCO_3(s)$ 进行加热分解，问细粒 $CaCO_3(s)$ 的分解压力 (p_1) 与大块 $CaCO_3(s)$ 的分解压力 (p_2) 相比，两者大小如何？为什么？

答　细粒的 $CaCO_3(s)$ 的分解压力大. 反应

$$CaCO_3(s) \xlongequal{} CaO(s) + CO_2(g)$$

$$\Delta_r G_m^\ominus = \Delta_f G_m^\ominus(CaO) + \Delta_f G_m^\ominus(CO_2) - \Delta_f G_m^\ominus(CaCO_3)$$

细粒的 $CaCO_3$ 比大块 $CaCO_3(s)$ 有较大的表面能，即细粒的生成自由能 $\Delta_f G_m^\ominus$ 比大块的生成自由能 $\Delta_f G_m^\ominus$ 要大一些. 由上式计算可知，细粒 $CaCO_3(s)$ 的反应 $\Delta_r G_m^\ominus$ 比大块的要小，即负值更小. 又因为 $\Delta_r G_m^\ominus = -RT\ln K^\ominus$，所以细粒的 $CaCO_3(s)$ 的反应平衡常数 $K^\ominus$ 更大些，而分解压力正比于平衡常数 $K^\ominus$，细粒的分解压力 (p_1) 大于大块固体的分解压力 (p_2)，即细粒的 $CaCO_3$ 的分解压力大一些.

37. 农民锄地保墒的依据是什么？

答　农民锄地是在淮河以北的旱粮地区，是植物保护的一种方法. 旱粮地区种植玉米、高粱、大豆、棉花等农作物，农民在春夏之交要锄地. 锄地的作用有两个：其一是除去杂草、剔除多余的禾苗；其二是保墒，即保持水分. 旱田的土壤中有许多毛细管并彼此连接，直通地面. 毛细管中水面呈凹形，附加压力与大气压方向相反，因此凹面上水的饱和蒸气压比平面低. 例如，初夏的气温白天是 28 ℃，28 ℃时水的饱和蒸气压是 28.34 mmHg，空气的湿度是 75%，那么空气中水的蒸气压是 21.25 mmHg，到夜晚气温降低到 24 ℃，24 ℃时水的饱和蒸气压是 21.37 mmHg. 空气的水蒸气压小于水的饱和蒸气压(21.25<21.37)，因此在地面上水蒸气不能凝结成水，但在土壤的毛细管中情况就不同了，由于毛细管的凹面上水的饱和蒸气压比平面低，平面是 21.37 mmHg，毛细管的凹面饱和蒸气压只有 20.92 mmHg，这样在夜晚 24 ℃时，毛细管的凹面饱和蒸气压(20.92 mmHg)低于空气中水蒸气压(21.25 mmHg)，因此空气中水蒸气在毛细管中开始凝结成水. 到白天，气温上升后毛细管中的液态水由于蒸气压低，蒸发速率比平面上快. 若在早上，气温还没有升高多少的时候就锄地，切断土壤中的毛细管，那么毛细管中凝结的水就能保留下来不被蒸发掉. 因此农民一般在晴天早上八九点钟锄地，一个作用是锄掉杂草，让其被中午的太阳晒死；另一个重要的作用就是保持水分，使庄稼茂盛生长，即锄地保墒.

38. 设白天温度为 35 ℃，夜间温度为 25 ℃. 若白天空气的相对湿度为 56%，问空气中水蒸气在夜间能否在石头表面上凝结成露珠？若土壤中有直径为 10^{-7} m 的毛细管，那么夜间空气中水蒸气能否在毛细管中凝结成水？已知 35 ℃与 25 ℃时水的饱和蒸气压分别为 5.62×10^3 kPa 与 3.17×10^3 kPa；25 ℃时水的表面张力为 $\sigma=0.07197\ \mathrm{N\cdot m^{-1}}$，水的密度 $\rho=1\,000\ \mathrm{kg\cdot m^{-3}}$，设水对土壤完全润湿.

答　(1) 由相对湿度的概念得知：空气中水蒸气压 $p_{水}=5.62\times10^3\ \mathrm{kPa}\times56\%\approx3.15\times10^3$ kPa. 夜间温度为 25 ℃，水的饱和蒸气压为 3.17×10^3 kPa，空气中水蒸气压小于水的饱和蒸气压，因此水蒸气在夜间不可能在石头表面上凝结成露珠.

(2) 由于水对土壤完全润湿，在毛细管中水面呈凹形，用开尔文方程计算 25 ℃时毛细管中水的饱和蒸气压：$\ln\frac{p_r^*}{p^*}=-\frac{2\sigma M}{RTr\rho}$，曲率半径为负值，$r=0.5\times10^{-7}$ m，p^* 是 25 ℃时水的饱和蒸气压，p_r^* 是 25 ℃时毛细管中水的饱和蒸气压.

$$\ln\frac{p_r^*}{3.17\times10^3}=-\frac{2\times0.07197\times18.02\times10^{-3}}{8.314\times298.2\times0.5\times10^{-7}\times1000}=-0.02094$$

$$p_r^*=0.9793\times3.17\times10^3\ \text{kPa}=3.10\times10^3\ \text{kPa}$$

那么毛细管中水的饱和蒸气压小于空气中水的蒸气压，$3.10\times10^3<3.15\times10^3$，因此夜间空气中水蒸气能在毛细管中凝结成水.

39. 一般煮开水时为什么不会出现暴沸现象，而在有机液体蒸馏时却会发生暴沸？如何防止暴沸的发生？

答　沸点是指液体的饱和蒸气压等于外压时的温度. 一般煮开水时，由于水中通常溶解了一些空气，在加热过程中溶解的空气以气泡形式逸出，水蒸气可以蒸发到空气泡中. 由于空气泡较大，曲面上的附加压力不明显，所以在空气泡中的水蒸气压力与平面上的差不多. 空气泡在上升的过程中，起了搅动作用，使上下的水温基本相同，空气泡升到液体表面后爆裂，温度到达正常沸点时，液体蒸气压力等于外压，水就很平稳地沸腾，不会产生暴沸现象.

因为有机液体中溶解的空气一般都很少，在加热过程中没有空气泡产生，而要使有机物本身的蒸气形成气泡，这个新的气相的产生是十分困难的. 因为处于液体内部的蒸气泡的内表面是凹面，凹面上所产生的附加压力是负值，根据开尔文公式，气泡越小，曲面半径越小曲率越大，附加压力负值越小，气泡内的蒸气压力也就越小. 当升温至正常沸点温度时，由于气泡内蒸气的压力仍小于外压(大气压与液体静压之和)，所以有机液体不会沸腾. 于是就会继续升温，温度就会超过它的正常沸点，出现过热现象，就可能产生暴沸. 发生暴沸的原因：随着温度升高蒸气压增大，液相的气泡变大，小气泡变大，曲率变小，凹面上的附加压力变小，小气泡内的蒸气压增加，使小气泡迅速涨大成气泡，气泡上升得更快并向液面冲去. 因为这时有机液体的温度已超过了它的正常沸点，几乎所有的液体都在瞬间变成蒸气冲出，这就形成了暴沸.

发生暴沸的后果是很严重的，既浪费了产品，又可能引发烫伤、损坏仪器和造成事故. 防止暴沸，实际就是防止过热液体的生成，则必须给有机液体提供成泡中心. 沸石是多孔固体，储存在小孔中的空气在加热过程中逸出，可以提供成泡中心，使得开始形成的蒸气泡不太小，气泡内的蒸气压与平面上的蒸气压相差不太大，到达沸点时气泡上升到表面，搅动溶液，保持正常的沸腾状态. 所以，在有机物蒸馏时，加入沸石或插入玻璃毛细管，提供成泡中心，都可以防止暴沸.

12.3　溶液的表面吸附

40. 什么是溶液表面吸附？表面吸附量、表面浓度、表面过剩量是否是同一个概念？

答 在溶剂中加入溶质后，溶液通过调节溶液的表面层浓度来降低表面张力，这样使溶液表面层的浓度与本体溶液内部的浓度不相同，这种现象称为溶液的表面吸附. 若溶质在表面层的浓度大于它在本体溶液中的浓度，则称为正吸附；反之，则称为负吸附.

表面吸附量、表面浓度、表面过剩量是三个不同的概念. 表面浓度是表面上每单位体积中所含溶质的物质的量. 表面吸附量与表面过剩量不是同一个概念，表面吸附量是指溶液单位表面积上与溶液内部相应部分所含溶质的过剩量，即表面浓度与本体浓度之差. 对于由表面活性剂形成的溶液，由于体相浓度与表面浓度相比，其值甚小，因此可以近似认为表面浓度与表面吸附量相同.

41. 在恒定的温度与压力下，油酸钠水溶液的表面张力 σ 与浓度 c 呈线性关系，$\sigma=\sigma_0-bc$，其中 σ_0 为纯水的表面张力，b 是常数. 在 298.2 K 时，$\sigma_0=72.0\times10^{-3}\,\mathrm{N\cdot m^{-1}}$. 若溶液表面吸附量为 $4.33\times10^{-6}\,\mathrm{mol\cdot m^{-2}}$，计算该溶液的表面张力.

答 吉布斯等温吸附方程式为

$$\Gamma=-\frac{c}{RT}\left(\frac{\partial\sigma}{\partial c}\right)_T$$

由于

$$\sigma=\sigma_0-bc,\quad \left(\frac{\partial\sigma}{\partial c}\right)_T=-b,\quad \Gamma=-\frac{c}{RT}\left(\frac{\partial\sigma}{\partial c}\right)_T=\frac{bc}{RT}$$

所以 $\frac{bc}{RT}=4.33\times10^{-6}$. 从而有

$$bc=4.33\times10^{-6}\times RT=10.735\times10^{-3}$$

$$\sigma=\sigma_0-bc=72.0\times10^{-3}-10.735\times10^{-3}=61.3\times10^{-3}(\mathrm{N\cdot m^{-1}})$$

42. 溶液的表面吸附与气体在固体表面上的吸附有什么不同?

解 溶液的表面吸附是指溶质在表面层的浓度与在体相中的浓度之差，是由于溶液通过调节表面层浓度来降低表面张力而造成的. 气体在固体表面上的吸附是由于固体表面分子有剩余力，与气体分子之间的作用(物理作用或化学作用)造成的，使气体分子停留在固体表面，或者说富集在固体表面. 因此这两类吸附的发生原因不同，吸附量计算不同.

43. 什么叫表面压? 如何测定它? 它与通常的气体压力有何不同?

答 把不溶性液体铺展在水面上形成不溶性膜，不溶膜的区域对无膜区域存在一种压力，把表面上对单位长度的浮片施加的力称为表面压. 其数值等于铺膜前后表面张力之差，即 $\pi=\sigma_0-\sigma$，其中 σ_0 是纯水的表面张力，σ 是铺膜后的表面张力，表面压可以用表面压测定仪(朗缪尔膜天平)进行测定. 它与通常的气体压力不同之处在于，表面压是二维压力，气体压力是三维的.

44. 在等温等压下，气体在固体表面上的吸附一定是放热过程吗?

答 一定是. 在等温等压下，由于固体表面层分子受力不均匀，有剩余力，固体表面有吸附气体的能力，也就是气体可以自发被吸附在固体表面，因此 $\Delta G<0$. 该过程中，气体分子从原来的三维空间运动变成限制在固体表面上的二维运动，气体熵 $\Delta S<0$. 又公式 $\Delta G=\Delta H-T\Delta S$，$\Delta H=\Delta G+T\Delta S<0$，所以气体在固体表面上的吸附一定是放热过程.

12.4　液-固界面——润湿

45. 当玻璃容器中盛放润湿液体时，附在管壁上的气泡应是什么形状？换成不润湿液体时气泡形状又如何？

答　若玻璃容器盛放润湿液体，附在管壁上的气泡应呈球形，如图 12.10(a)所示，因为这时气泡对玻璃是不润湿的；若玻璃容器中盛放不润湿液体，附在管壁上的气泡应是铺展的，如图 12.10(b)所示，因为气泡对玻璃是润湿的.

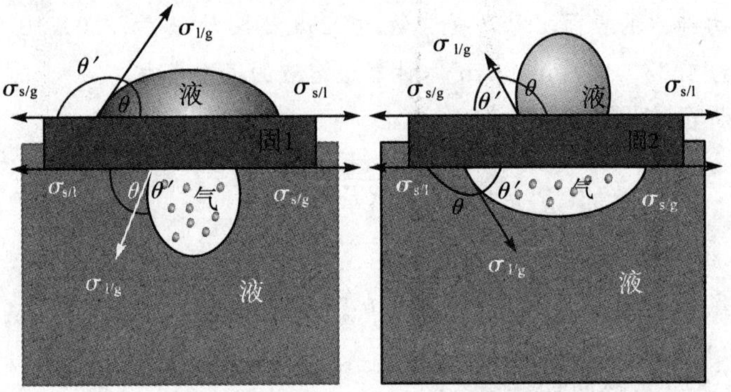

$\theta<90°$　$\theta'>90°$　　　$\theta>90°$　$\theta'<90°$

(a)　　　　　(b)

图 12.10

46. 接触角的定义是什么？它的大小受哪些因素影响？如何用接触角的大小来判断液体对固体的润湿情况？

答　(1) 当系统达平衡时，在气、液、固三相交界处，气-液界面与固-液界面之间的夹角(要把液体包含在内)称为接触角，用 θ 表示，它实际是液体表面张力 $\sigma_{l/g}$ 与液-固界面张力 $\sigma_{s/l}$ 之间的夹角(图 12.11).

(2) 接触角的大小是由在气、液、固三相交界处的三种界面张力的相对大小所决定的，见图 12.12.

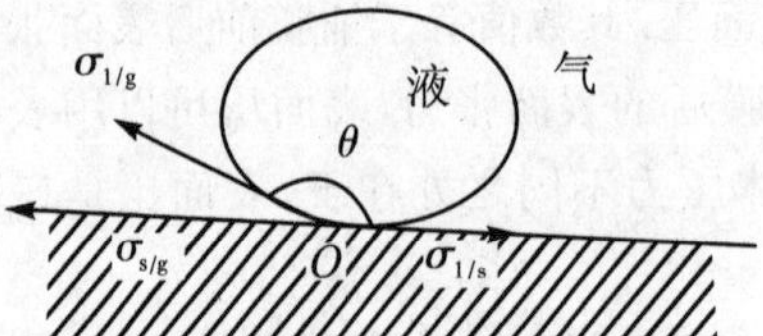

图 12.11

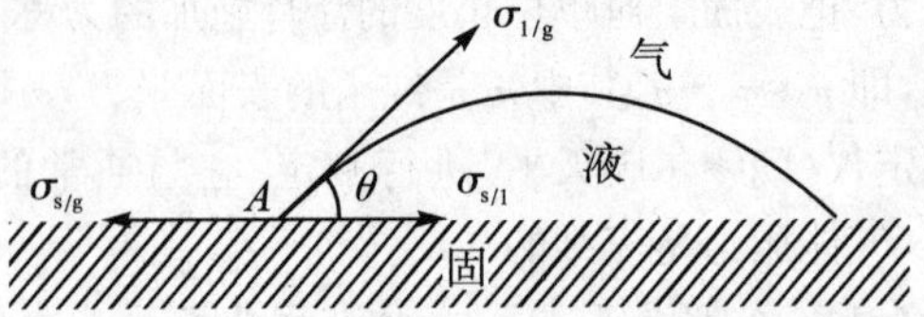

固-液间的接触角

图 12.12

(3) 根据杨氏润湿方程 $\cos\theta=\dfrac{\sigma_{s/g}-\sigma_{l/g}}{\sigma_{l/g}}$，

如果 $\sigma_{s/g}-\sigma_{l/s}=\sigma_{l/g}$，则 $\cos\theta=1$，$\theta=0°$，这是完全润湿的情况；

如果 $\sigma_{s/g}-\sigma_{l/s}<\sigma_{l/g}$，则 $1>\cos\theta>0$，$\theta<90°$，固体能被液体润湿；

如果 $\sigma_{s/g}<\sigma_{l/s}$，则 $\cos\theta<0$，$\theta>90°$，固体不被液体所润湿.

47. 液体总有自动缩小其表面积，以降低体系表面能的趋势，但是将水滴在洁净的玻璃上，水会自动铺展开来，水的表面积不是变小而是变大，为什么？此时体系的能量是否升高了？

答 液体总有自动缩小其表面积，以降低体系表面能的趋势，在液体独立存在情况下，或只与空气接触情况下才会自动发生.当液体与固体接触时，液体能否在固体表面铺展开来，要看铺展前后体系能量是否降低.铺展过程是形成的液-固界面和液-气界面代替原来的固-气界面，若等温等压下，

$$\Delta G=(\sigma_{l/s}+\sigma_{l/q})-\sigma_{s/g}<0$$

体系表面能降低，铺展过程自动发生，例如水滴在玻璃表面自动铺展，虽然水的表面积变大，但总的铺展过程体系的能量降低了.

48. 一把小麦，用火柴点燃并不易着火.可将它磨成细面粉并分散在一定空气中，却很容易着火，甚至会引起爆炸，如何解释？

答 这里有热力学原因，也有动力学原因.热力学原因：小麦磨成细面粉后，比表面积大大增加，表面能增加很多，磨得越细，表面能越高，面粉的状态越不稳定，化学活性越大，因此很容易着火.动力学原因：由于面粉比表面积很大，而且分散在一定空气中，与空气充分接触，着火后燃烧反应速率很快，体系温度上升快，反应速率更快，从而容易引起爆炸.

49. 多孔固体表面为什么容易吸附水蒸气，而不容易吸附氧气、氮气？

答 主要原因是：水蒸气的凝聚温度比 O_2 和 N_2 高，即水的沸点比 O_2 和 N_2 高得多.在相同温度下，水的饱和蒸气压低于 O_2 和 N_2，因此水蒸气容易被固体吸附.

50. 矿石浮游选矿法的原理是什么？

答 浮游选矿法的原理是，把含有金属的矿石粉碎成小颗粒，小颗粒中有的含有金属，有的不含金属，把矿石小颗粒放入水池中，在水中加入适当的表面活性剂，搅拌后，表面活性剂亲水基团就会吸附在含有金属的小颗粒表面，把小颗粒包裹起来，憎水基团朝外，使矿粉粒子不被水润湿.这时从池底下鼓入空气，在空气泡的带动下，被表面活性剂包裹的含有金属的小颗粒就浮起来漂到水面上，用刮取器把它们从液面上刮下来，这样就可把含有金属与不含金属的矿石分开，这就是浮游选矿法的原理.

12.5 表面活性剂

51. 为什么矿泉水和井水都有较大的表面张力？当将泉水小心注入干燥杯子时，水面会高出杯口，这是为什么？如果在液面上滴一滴肥皂液，会出现什么现象？

答 因为矿泉水和井水中含有较多的无机盐离子，这些离子都是非表面活性物质，所以矿泉水和井水的表面张力大，较大的表面张力会使水面高出杯口.如果在液面上滴一滴

肥皂液，肥皂是表面活性剂，能降低溶液表面张力，溶液表面张力降低后，高出杯口的溶液就不能维持，水就会沿杯口淌下，凸面又变成平面.

52. 为什么在相同的风力下，海面的浪会比湖面的浪大？用泡沫护海堤的原理是什么？

答　海水中含有大量的无机盐离子，使水溶液的表面张力增大，海水涌起成海浪时呈凸面，附加压力向内，这样在相同风力下海面的浪要比湖面的浪大.

用泡沫护海堤的原理是，泡沫是由表面活性剂溶于水形成的，使用泡沫就是在海水中溶入表面活性剂，而表面活性剂可以使海水表面张力降低，降低海浪高度，保护海堤.

53. 表面活性剂的效率与能力有何不同？表面活性剂有哪些主要作用？

答　表面活性剂的效率是指使水的表面张力降低到一定值时所需要的表面活性剂浓度，表面活性剂的能力有时也称为有效值，是指该表面活性剂能够把水的表面张力可能降低的程度.

表面活性剂的主要作用有：润湿作用、起泡作用、增溶作用、乳化作用、洗涤作用.

54. 农民喷洒农药时，为什么要在农药中加入表面活性剂？

答　植物自身有保护功能，在叶子表面上有一层蜡质物，可防止被雨水润湿，避免茎叶在下雨天因淋湿变重而折断. 如果农药是普通水溶液，与植物叶子表面不湿润，即接触角大于 90°，药液喷在植物叶子上就会凝结成水滴滚下，达不到杀虫效果. 加入表面活性剂以后，农药表面张力下降，与植物叶子表面的接触角小于 90°，就能润湿植物叶子，药液喷在植物叶子表面铺展开来，害虫吃植物叶子后就会被杀死，提高了杀虫效果.

55. 在亲水固体表面，经用适当表面活性剂（如防水剂）处理后，为什么可以改变其表面性质，使其具有憎水性？

答　因为表面活性剂分子有双亲基团，当表面活性剂亲水基团与固体表面接触时，亲水基团与亲水固体表面相互作用，亲水基团紧密吸附在固体表面上，定向排列，而憎水基团向外，使固体表面上形成一层憎水层，从而改变了固体表面结构与性质，使其具有憎水性.

56. 在一盆清水的表面平行放两根火柴棍，水面静止后，在火柴棍之间滴一滴肥皂水，两根火柴棍之间的距离是加大还是缩小？

答　纯水的表面张力为 σ_0，在纯水表面上，由于棍的周围的表面张力都是 σ_0，两根火柴棍之间水表面张力与火柴棍外面水的表面张力大小相等，方向相反，所以火柴棍能在水面上静止不动. 在两火柴棍之间滴入肥皂水后，肥皂能迅速降低水的表面张力，因此两根火柴棍之间的水表面张力降为 σ，这样使得火柴棍两边的表面张力不等. 因为 $\sigma_0>\sigma$，在表面张力作用下，两根火柴棍向两边移动，两根火柴棍之间的距离增大. 在火柴棍两边的表面张力的差值为 $\pi=\sigma_0-\sigma$，通常将 π 称为表面压，好像处于两火柴棍之间的表面活性剂将两根火柴棍撑开一样.

57. 在纯水的液面上放一纸船，纸船显然不会移动. 若在船尾处涂抹一点肥皂，再放入水中，情况又将如何？

答　纸船放到静止的水面，以船底为边界，作用在边界周围水的表面张力大小相等，方向相反，纸船当然静止不动. 在船尾涂了肥皂后，由于肥皂是表面活性剂，降低水表面张力，船尾部的水表面张力变小，头部表面张力不变，所以小船在前后不相等的表面张力作用下，会自动向前方移动.

58. 有一油水混合物，水的质量分数为75%，柴油的为25%，明显地分为两层. 如果将混合物强力搅拌，得到一均匀液体，但是静置后又会分层，这是为什么？如果在混合溶液中加入适量的表面活性剂(乳化剂)，再强力搅拌后，得到的均匀液体就不再分层，这又是为什么？

答　水与柴油的混合物在被强力搅拌后，水和柴油都被分散成微小的液滴，表面积增加很大，表面能变得很高，是热力学不稳定系统. 所以在静置的时候，各自的小液滴自动聚合起来缩小表面积，降低表面能，从而又恢复到原来的分层状态.

如果在混合溶液中加入适量的表面活性剂(乳化剂)，这种乳化剂的功能就是降低两种液体之间的界面张力，适当的乳化剂可以使界面张力降到接近于零，这时强力搅拌后，得到的均匀液体，就能以微小液滴的形式相互混合存在，系统总的表面能比混合之前还要低，就不会再聚集分层.

59. 常用的洗涤剂中为什么含有磷？有什么害处？

答　洗涤剂中要加多种成分，其中含有的磷是以三聚磷酸钠的形式加入的，含量可达20%以上，其主要作用是提高洗涤剂的润湿效果、增大洗涤剂的碱度、促进油污乳化、减少不溶性物质在织物表面再沉积等，所以常用的洗涤剂中会含有磷.

含有磷的洗涤废水排入江河以后，含磷成分会促进藻类疯长，影响鱼虾繁殖. 江苏省的太湖曾经被磷化合物严重污染，以至于湖水被蓝藻污染而无法饮用. 国家规定自2000年1月1日起，禁止使用含磷洗涤剂，使用新型的无磷洗涤剂，以保护人类生存的环境.

60. 表面活性剂在水溶液中是采取定向排列吸附在溶液表面上，还是以胶束的形式存在于溶液中？为什么？

答　表面活性剂在溶液表面形成定向排列，以降低水的表面张力，使体系趋向稳定，但在溶液内部，表面活性剂也能把憎水基团靠在一起，形成胶束. 一般来说，表面活性剂浓度较稀时以定向排列吸附在表面为主，在溶液内部也可能有简单的胶束形成；随着表面活性剂的浓度增加，在表面定向排列增加的同时，内部胶束数量也增多，一旦表面形成单分子膜，达到临界胶束浓度以后，再增加表面活性剂浓度，就只增加内部胶束数量，表面定向排列的量不再增加.

61. 两性离子型与非离子型表面活性剂有何不同？

答　两性离子型表面活性剂在某一定的pH值时，在溶液中呈现等电点，当溶液酸碱度低于这个pH值时，即在酸性溶液中，它呈阳离子表面活性剂，而在大于该pH值的溶液中，即在碱性溶液中，它呈阴离子表面活性剂. 非离子型表面活性剂在溶液中不能电离，不能成为离子型表面活性剂，非离子型表面活性剂大多含有在水中不电离的羟基(—OH)和含氧基团(—O—)，并以这类基团为亲水基团.

62. 由表面活性剂的基本性质，说明为什么在纤维表面吸附适当表面活性剂(如纺纱油剂)后，可以使纤维变得柔软平滑？

答 由于纤维表面具有亲水性，表面活性剂的亲水基团吸附在纤维表面且定向排列，而表面活性剂的憎水基团在外头也定向排列，使纤维的表面形成一个新的憎水层，而憎水基团一般都是近乎直链的脂肪基团，这样便在纤维表面形成一层薄薄的油层，就能使纤维显示出柔软而平滑的手感.

63. 好的洗涤剂（一种表面活性剂）必须具有哪些主要性能？

答 必须具有的主要性能：① 要有良好的对固体润湿性能；② 要能有效地降低被清洗固体与水、固体与污垢、污垢与水的界面张力，降低沾湿功；③ 有一定的起泡或增溶作用；④ 能在洁净固体表面形成保护膜而防止污物重新沉积.

第 13 章　胶体与大分子溶液

13.1　胶体分散系统及其制备

1. 胶体化学研究对象的基本特点是什么？

答　胶体不是一类特殊的物质，它只是物质在一定分散范围内存在的形态，是介于粗分散体系与小分子分散体系（溶液）之间的高度分散体系．人们对其尺度定义如下：下限为 10^{-9} m（即 1 nm）．上限有两种说法：一为 10^{-7} m（即 0.1 μm）；另一为 10^{-6} m（即 1 μm）．乳状液和泡沫的尺度常常大于 0.1 μm，它们也属于胶体化学的研究对象．从 20 世纪初，人们把这研究对象分为两类：亲液胶体和疏液（憎液）胶体．前者指大分子溶液，是热力学稳定体系；后者则属于热力学不稳定的非均相体系，比表面积大，界面能高．主要靠动力稳定性和界面电荷维持体系的相对稳定．胶体化学主要研究后一类体系，因此胶体化学研究对象的基本特点是热力学不稳定的非均相体系，比表面积大，界面能高．

2. 憎液溶胶有哪些特征？

答　主要有以下三个特征：

(1) 特有的分散程度．胶粒的大小一般为 1～100 nm，具有不能通过半透膜，扩散慢和对光的散射作用明显等特点．

(2) 多相不均匀性．胶团结构复杂，胶粒是大小不等的超微不均匀质点，胶粒与介质之间存在着相界面．

(3) 热力学不稳定性．由于胶粒小、比表面积大、表面能高，所以有自动聚结以降低表面能的趋势．在制备溶胶时要加适量的稳定剂，这样在胶粒外面就会形成带电的溶剂化层；利用相同电荷相斥的性质，保护胶粒不聚沉．

3. 有稳定剂存在时胶粒优先吸附哪种离子？

答　制备溶胶时，一般是将略过量的那个反应物作为稳定剂．胶核优先吸附与晶核相同离子或性质相似的离子．例如，在制备 AgI 溶胶时，若用略过量的 KI 作为稳定剂，则 AgI 胶核优先吸附 I^-；若用略过量的 $AgNO_3$ 作为稳定剂，则 AgI 胶核优先吸附 Ag^+．若稳定剂是另外的电解质，胶核将优先吸附与晶核中性质相似的离子．例如，用 KBr 作 AgI 溶胶的稳定剂，AgI 胶核优先吸附 Br^-，因为 Br^- 与 I^- 的性质相似．如果胶粒是非离子晶体，胶核优先吸附水化作用较弱的阴离子，所以自然界中的天然溶胶，如泥浆水、豆浆和天然橡胶等都吸附阴离子，其胶粒都带负电．

4. 新制备的溶胶为什么要进行净化？在溶胶净化的方法中，常用的渗析法或电渗析法是如何操作的？

答 新制备的溶胶中往往含有过多的电解质或其他杂质，不利于溶胶的稳定存在，故需要除去多余的电解质与其他杂质，以使溶胶稳定存在，这就是溶胶的净化.

因为胶粒不能透过半透膜，而一般小分子杂质、电解质的离子可通过半透膜，将待净化的溶胶与溶剂用半透膜隔开，溶胶一侧的杂质及离子就穿过半透膜进入溶剂一侧，不断更换新溶剂，即可达到净化目的，这种方法称为"渗析法". 为了加快渗析速度，可在半透膜两侧施加电场，在电场作用下，电解质的正负离子加快迁移，这就是"电渗析法".

5. 如何做才能使 NaCl 晶体在乙醚中形成胶体溶液？

答 如果将 NaCl 晶体直接投入乙醚中，只能得到粗分散体系，得不到胶体. 可以采用这种办法：NaCl 晶体易溶于水，也可以溶于乙醇，先将 NaCl 晶体溶于乙醇，再将此乙醇溶液滴入乙醚中，乙醇与乙醚是可以相互溶解的，这样就可以形成 NaCl 与乙醚的胶体溶液. 该方法叫更换溶剂法.

6. 人工培育的珍珠长期储藏在干燥箱内，为什么会失去原有的光泽？能否再将其恢复？应如何保存珍珠？

答 珍珠是一种胶体分散系统，其分散相为液体水，分散介质为蛋白质固体. 珍珠长期在干燥箱中存放，作为分散相的水在干燥箱中会逐渐蒸发，胶体分散系统就会被破坏，故失去光泽. 这种变化是不可逆的，因为蒸发的水没有方法再回到蛋白质固体中，因此珍珠的光泽不可能再恢复. 保存珍珠时应在表面覆盖一层保护膜，保护水分不被蒸发，保护蛋白质不因被氧化而发黄.

7. 用 $AgNO_3$ 与略过量的 H_2S 制成 As_2S_3 溶胶；用 $FeCl_3$ 在热水中水解制备 $Fe(OH)_3$ 溶胶. 试写出这两种胶团的结构式，并指出胶核吸附了哪种离子. 胶粒带什么电荷？

答 $[(As_2S_3)_m \cdot nHS^- \cdot (n-x)H^+]^{x-} \cdot xH^+$，胶核吸附 HS^- 离子，胶粒带负电荷.

$[Fe(OH)_3]_m \cdot nFeO^+ \cdot (n-x)Cl^-]^{x+} \cdot xCl^-$，胶核吸附 FeO^+ 离子，胶粒带正电荷.

8. 以 KI 和 $AgNO_3$ 为原料制备 AgI 溶胶. 若 KI 过量，或者 $AgNO_3$ 过量，两种情况下所制得的 AgI 溶胶的胶团结构有何不同？胶核吸附稳定离子有何规律？

答 (1) KI 过量时，胶核表面优先吸附 I^-，制得的 AgI 溶胶的胶团结构式为

$$[(AgI)_m \cdot nI^- \cdot (n-x)K^+]^{x-} \cdot xK^+$$

$AgNO_3$ 过量时，胶核表面优先吸附 Ag^+，制得 AgI 溶胶的胶团结构式为

$$[(AgI)_m \cdot nAg^+ \cdot (n-x)NO_3^-]^{x+} \cdot xNO_3^-$$

两种情况下所制得的 AgI 溶胶的胶团结构的不同点是：胶核吸附的离子不同，胶粒带电荷性质不同.

(2) 胶核吸附离子时，首先吸附使胶核不易溶解的离子(即与胶核组成相同或相似的离子)或吸附水化作用较弱的离子.

9. 亚铁氰化铜溶胶的稳定剂是亚铁氰化钾，试写出该胶团的结构式，胶核吸附何种离子？胶粒电荷符号如何？

答 以亚铁氰化钾 $K_4Fe(CN)_6$ 为亚铁氰化铜溶胶的稳定剂时，胶团的结构式为

$$\{[Cu_2Fe(CN)_6]_m \cdot nFe(CN)_6^{4-} \cdot (4n-q)K^+\}^{q-} \cdot qK^+$$

胶核吸附 $Fe(CN)_6^{4-}$ 离子,胶粒带负电荷.

10. 金溶胶是用什么化学方法制备的？写出反应式与胶团结构式.胶粒带哪种电荷？

答　用氧化还原反应制备金溶胶,反应式为

$$KAuO_2 + 3HCHO + K_2CO_3 \longrightarrow Au(溶液) + 3HCOOK + H_2O + KHCO_3$$

胶团结构式为 $[(Au)_m \cdot nAuO_2^- \cdot (n-x)K^+]^{x-} \cdot xK^+$,胶粒吸附 AuO_2^-,带负电荷.

11. 什么是 PM2.5？为什么要将它列入空气质量的检测指标？

答　PM 是颗粒物的英文名称 particulate matter 的缩写. PM2.5 是指大气中直径小于或等于 2.5 μm 的颗粒物,也称为可入肺颗粒物.科学家用 PM2.5 表示每立方米空气中这种颗粒的含量,这个值越高,就代表空气污染越严重.其实 PM2.5 也是一种气溶胶.

WHO 过渡期第一阶段目标值如下:PM2.5 年平均浓度和 24 小时平均浓度限值分别定为 0.035 $mg \cdot m^{-3}$ 和 0.075 $mg \cdot m^{-3}$. PM2.5 主要来自化石燃料的燃烧、挥发性有机物等.虽然 PM2.5 只是地球大气成分中含量很少的组分,但它对空气质量和能见度等有重要的影响.与较粗的大气颗粒物相比,PM2.5 粒径小,富含大量的有毒、有害物质,且在大气中的停留时间长、输送距离远,因而对人体健康和大气环境质量的影响更大.它可以直接进入肺泡甚至融入血液,和人体内的细胞"搏斗"并伤害这些细胞.从某种程度上说,叫它"凶手"并不为过.因此要把它列入空气质量的检测指标.

13.2　胶体的动力、光学、电学性质

12. 如何理解溶胶是动力学上稳定而热力学上不稳定的体系,从而聚沉不稳定的特性？

答　溶胶具有布朗运动以及扩散运动,而且胶粒表面带电荷形成双电层结构及离子溶剂化膜,造成溶胶的动力学稳定性.溶胶是高度分散的非均相体系,具有很大的比表面自由能,有自发聚沉以降低体系能量的趋势,因此是热力学的不稳定体系,有聚沉不稳定的特性.

13. 溶胶的动力性质表现为哪几种形式？它们之间有何联系？

答　溶胶的动力性质主要表示形式有:布朗运动、扩散和渗透、沉降与沉降平衡.

胶体质点首先具有热运动,表现为布朗运动与扩散;其次是在外力场中做定向运动,例如在重力场或离心力场中会沉降.

14. 胶粒发生布朗运动的本质是什么？这对溶胶的稳定性有何影响？

答　胶粒发生布朗运动的本质是分子的热运动,布朗运动是分散介质分子以不同大小和不同方向的力对胶体粒子不断撞击而产生的现象,由于胶体粒子受到的力不平衡,所以连续以不同方向、不同速度做不规则运动.若粒子的半径大于 5 μm,则溶剂分子就推不动了,布朗运动就消失了.

由于胶粒的布朗运动,溶胶在重力场中不易沉降,具有稳定溶胶的作用,称为动力学稳定性.

15. 为何说我们观察到的布朗运动不是胶粒本身真实的运动情况?

答 一方面,布朗运动是由于分散介质的分子热运动不断地从各个方向同时冲击胶粒,其合力未被抵消,短时间内向某一方向有一显著作用力,而导致胶粒运动,因此布朗运动不是胶粒本身的真实运动情况.另一方面,因胶粒受不平衡的冲击而振动,周期约为 10^{-8} s,而人们的肉眼能分辨的周期最低为 0.1 s,因此我们所观察到的胶粒平均位移是胶粒在 0.1 s 内受各个方向冲击百万次运动变化的宏观平均结果,也不是胶粒本身的真实微观运动.

16. 用布朗运动扩散方程式 $\bar{x}=\left(\frac{RT}{L}\cdot\frac{t}{3\pi\eta r}\right)^{\frac{1}{2}}$ 可以解决哪些问题?

答 可以解决下列一些问题:

(1) 证实原子、分子存在的真实性.

(2) 分子运动学说的可靠性.

(3) 测算阿伏伽德罗常量的实验手段.

(4) 可研究分散体系的动力性质,如胶粒扩散系数以及粒子大小等.

17. 丁铎尔(Tyndall)效应是由光的什么作用引起的?其强度与入射光波长有什么关系?粒子大小范围落在什么区间内可以观察到丁铎尔效应?

答 丁铎尔效应是由光的散射作用引起的,散射光越强,丁铎尔效应越明显.丁铎尔效应强度与入射光波长的四次方成反比,入射光的波长越短,散射越强,入射光的波长越长,散射光越弱.粒子的直径小于入射光波长,在 1～100 nm 之间时可观察到明显的丁铎尔效应.

18. 丁铎尔效应的实质是什么?是否任何分散系统都能产生明显的丁铎尔效应?

答 丁铎尔效应的实质是胶体粒子对光的散射现象,散射出来的光称为散射光或乳光.

不是任何分散系统都能产生明显的丁铎尔效应,只有当分散相粒子直径小于入射光波长时,才会产生明显的丁铎尔效应,溶胶粒子的直径是 1～100 nm,可见光波长为 400～700 nm,因此溶胶粒子直径小于可见光波长,散射比较明显,产生丁铎尔效应或乳光.小分子真溶液或纯溶剂因质点太小,光散射微弱,看不到丁铎尔效应.

19. 纯液体有无散射光?一般真溶液有无散射光?溶胶具有乳光现象,但为什么还是透明的?

答 纯液体或纯气体本应无散射现象,但实际上它们也都有微弱的散射乳光,这是由于密度的涨落致使其折射率发生变化.

一般真溶液的散射光是很微弱的,一般小分子溶液的分子体积很小,乳光很微弱,远不如溶胶明显,因此丁铎尔效应是判别溶胶与真溶液的最简单方法.

溶胶的胶粒较大,散射光较强,具有乳光,因为溶胶是均匀的分散体系,所以是透明的.

20. 超显微镜为何要用强的光源?

答 根据瑞利散射公式,溶胶的散射光的强度与入射光的强度成正比.超显微镜观察的是胶粒的散射光,超显微镜使用强光源才能更有效地提高超显微镜的观测能力.

21. 为什么晴朗的白天,天空呈蔚蓝色,而日出和日落时的天空呈橘红色?

答　太阳光是由七色光组成的,而地球周围的空气中有灰尘微粒和小水滴,当太阳光照到地球上时,波长较短的蓝光、紫光容易被空气中的微粒散射,并且散射光较强,在晴朗的白天,人们从太阳光线的侧面观察到的是被灰尘微粒散射出来的光,因此天空呈蔚蓝色. 而在日出、日落时,太阳光接近地平线,太阳光要穿过大气层才能被人们看到,人们看到的是经散射后的透射光,因为波长较短的青光、蓝光、紫光几乎都被灰尘微粒散射掉,透射光是波长较长的红光、橙光,所以看到天空呈橘红色.

22. 当一束白色聚光通过溶胶时,站在与入射光线垂直的方向看到光柱的颜色是淡蓝色,而站在入射光 180°的方向(迎对光)看到的是橙红色,为什么?

答　因为站在与入射光线垂直方向(侧面)看到的是胶粒的散射光. 根据瑞利散射公式,入射光的波长越短,其散射光就越强. 所以蓝色、紫色等短波长的光容易被散射,其散射光呈淡蓝色. 而迎着入射光方向看到的是经散射后的透射光. 在白光中,波长较短的蓝色、紫色光已大部分被散射掉了,剩下的透射光主要是以波长较长的黄光和红光为主,所以看到的透射光是橙红色的.

23. 为什么有的烟囱冒出的是黑烟,有的却是青烟?

答　在燃烧不完全时,烟囱冒出的烟是黑色的,因为烟灰是较大的固体粒子,属于粗分散系统,对入射光主要发生光的吸收和反射,人们看到的黑色是从大的烟灰固体粒子上反射出来的光,这种大的烟灰固体粒子在空气中会很快沉降. 当燃烧完全时,从烟囱冒出的烟灰固体粒子极小,分散度在胶体的范围内,灰粒的直径小于可见光的波长,反射不是主要的,散射是主要的. 而散射对可见光中波长短的蓝光、紫光的散射作用强,散射光是蓝青色,所以人们看到的是青烟.

24. 为什么表示危险的信号灯用红色? 为什么车辆在雾天行驶时,装在车尾的雾灯一般采用黄色?

答　因为红色光的波长很长,不容易被空气的微粒散射掉,能够传得较远,可以让人在很远的地方就能看到危险的信号.

在雾天,白光中短波长的蓝光会被空气中微小的雾滴散射掉,使光线变弱,不可能传得很远,所以用白色灯作防雾灯是不合适的. 红色的灯光虽然能传得很远,但容易与停车信号混淆,而黄色光的波长较长,不容易被散射掉,并且不会与停车信号红色相混淆,所以用黄色灯来作防雾灯比较合适. 雾天在高速公路上开车,除了要减速以外,还必须把雾灯打开,让黄色的雾灯在很远的地方就能被后面的驾驶员看见,可以防止汽车追尾.

25. 为什么在做测定蔗糖水解速率的实验时,旋光仪的光源采用的是钠光灯?

答　因为在测定蔗糖水解的速率时,主要是用旋光仪测定溶液旋光度的变化,而测量溶液旋光度主要利用溶液的透过光,因此不希望有光的散射等其他因素来干扰. 钠光灯是波长单一、波长较长的黄色光,不容易被溶液的微粒散射掉,光线就比较强,能使实验测定更精确. 因此旋光仪的光源采用钠光灯.

26. 说明溶胶系统的四种电动现象及它们的区别与联系.

答 溶胶系统的四种电动现象：电泳、电渗、流动电势和沉降电势.

电泳和电渗是在外加电场作用下发生的分散相与分散介质之间的相对运动. 电泳是分散介质不动，分散相胶粒定向移动的现象；电渗是分散相不动、分散介质（溶剂）定向流动的现象. 流动电势和沉降电势是由于分散相与分散介质之间，在非电场作用力下发生相对运动而产生的电势. 流动电势是分散相不动、分散介质在非电场力作用下定向移动而产生的电势，因此流动电势又叫反电渗；沉降电势是分散介质不动、分散相在非电场力作用下定向移动而产生的电势，因此沉降电势又叫反电泳.

27. 电泳和电渗有何异同点？流动电势和沉降电势有何不同？这些现象有什么应用？

答 电泳是在外电场的作用下，带有电荷的胶粒在溶液中做定向移动的现象；电渗是在外加电场下，分散介质通过多孔性物质（如素瓷片或固体粉末压制成的多孔塞）做定向移动的现象，即固相不动而液相流动.

在外力（例如压力）作用下使液体在毛细管中经毛细管或多孔塞时（后者是由多种形式的毛细管所构成的管束）而产生的电势差，称为流动电势，又称为反电渗现象. 在外力作用下（主要是重力）分散相粒子在分散介质中迅速沉降，则在溶胶的表面层与下部内层之间产生的电势，称为沉降电势，又称为反电泳现象.

这些电动现象可应用于电镀橡胶、电泳涂漆、静电除尘、泥土和泥炭的脱水等方面.

28. 电泳速率的快慢与哪些因素有关？

答 电泳速率与外加电场强度、溶胶的电导率、两极间距离、温度、ζ 电势等均有关. 外加电场强度越大，电泳速率越快；胶体净化后所测溶胶的电导值越大，电泳速率越快；两极间距离越短，电位梯度越大，电泳速率越快；温度升高，介质黏度降低，有利于电泳速率的提高.

29. 通过测量电泳与电渗的速率计算出电动电势 ζ，为什么物理化学教材中有两种不同的计算公式？一种是 $\zeta=\frac{4\pi\eta u}{DE}\times300^2$，另一种是 $\zeta=\frac{\eta u}{D\varepsilon_0 E}$. 举例说明计算的结果是否一样.

答 电泳时，若胶粒呈方形或板形，则与电渗时的计算公式一样. 公式

$$\zeta=\frac{4\pi\eta u}{DE}\times300^2$$

是用 cm·g·s 单位制的计算公式，因为 1 静电系电压＝300 V，因此转化成常用单位要乘上 300. 另外，这里的 D 是相对介电常数.

公式 $\zeta=\frac{\eta u}{D\varepsilon_0 E}$ 用 SI 单位制，公式中 ε_0 是真空介电常数，$D\varepsilon_0$ 是绝对介电常数. 两个公式计算的结果一样.

例如，已知水与玻璃界面的电势 ζ 为 -0.05 V，试问 25 ℃时，在直径为 1 mm、长为 1 m 的毛细管两端加 40 V 电压，水通过毛细管的电渗速率为多少？（已知 $\eta=0.001$ Pa·s，$D=80$，真空介电常数 $\varepsilon_0=8.85\times10^{-12}$ F·m^{-1}.）

解 (1) 用 cm·g·s 制计算：

$$\zeta=\frac{4\pi\eta u}{DE}\times300^2$$

$$u=\frac{DE\zeta}{\eta\times4\pi\times300^2}=\frac{80\times0.05\times40}{100\times4\pi\times0.01}\ \mathrm{cm\cdot s^{-1}}$$
$$=1.414\times10^{-4}\ \mathrm{cm\cdot s^{-1}}=1.414\times10^{-6}\ \mathrm{m\cdot s^{-1}}$$

(2) 用 SI 单位制计算：

$$\zeta=\frac{\eta u}{D\varepsilon_0E}$$
$$u=\frac{D\varepsilon_0E\zeta}{\eta}$$
$$=\frac{80\times8.85\times10^{-12}\times40\times0.05}{0.001}\ \mathrm{m\cdot s^{-1}}$$
$$=1.414\times10^{-6}\ \mathrm{m\cdot s^{-1}}$$

两公式计算结果一样.

30. 下列说法是否正确？为什么？

(1) 能产生明显的丁铎尔效应的分散体系就是溶胶.

(2) 借助超显微镜可以观察到胶粒的形状与大小.

答　(1) 正确. 小分子溶液或大分子溶液是真溶液，虽然由于密度涨落也能有丁铎尔效应，但太微弱，一般肉眼很难看到，因此只有溶胶才有明显的丁铎尔效应，可用丁铎尔效应来辨别是否为溶胶.

(2) 不正确. 超显微镜观察到的是胶粒的散射光，而不是胶粒本身，因此不能说观察到胶粒的形状与大小.

31. 电泳、电渗、流动电势和沉降电势现象之间有何区别与联系？

答　四种电动现象的起因是分散相与分散介质、固相与液相之间发生相对运动时，由于表面电荷分离而使两相分别带电. 电泳和沉降电势是分散相(固态)相对于分散介质(液相)运动，电渗和流动电势是液相相对于固相运动；电泳和电渗是电能转变为机械能的过程，流动电势和沉降电势是机械能转变为电能的过程.

13.3　胶体的稳定与聚沉

32. 试比较胶粒表面热力学电势、Stern 层(即紧密层)电势及 ζ 电势的大小？

答　胶粒表面热力学电势是指固相表面由于电离或吸附离子等原因而带电，固体表面与溶液深处的电势差，是热力学的平衡电势差，如图 13.1 中用 φ_a 表示.

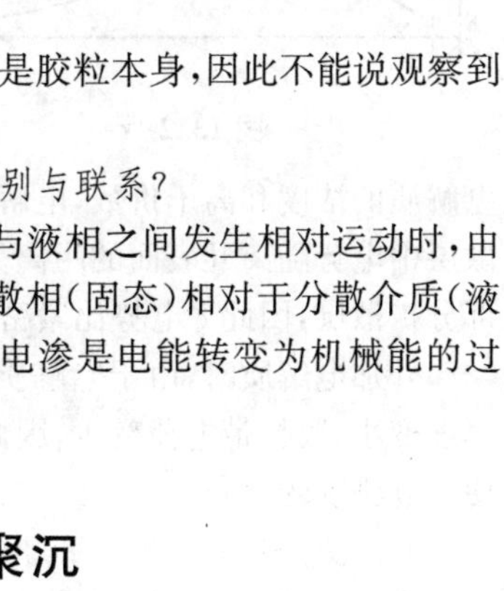

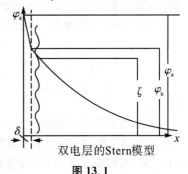

双电层的Stern模型

图 13.1

溶胶粒子表面由于静电吸引或分子间的相互作用，反号离子形成紧密层与扩散层的双电层结构，Stern 层电势是紧密层与溶液深处的电势差，如图用 φ_b 表示. 显然这个电势小于胶粒表面热力学电势.

ζ 电势(滑动面电势)是指当胶粒在液相中运动时，在上述紧密层之外有一个滑动面，滑动面包括一点扩散层在内，滑动面与溶液深处的电势差，称为滑动面电势、电动电势或称 ζ 电势. 如图所示，可见 ζ 比紧密层电势 φ_b 小一点.

33. 什么是 ζ 电势？ζ 电势的正、负号是如何确定的？

答 胶粒表面的电荷分布与电极表面一样，是双电层结构. 胶粒在介质中移动时会带着它吸附的紧密层和紧密层中离子的水化层一起移动，移动时会产生一个滑移界面，该滑移界面与本体溶液之间的电势差称为 ζ 电势. 因为只有在固相与液相相对移动时才会出现滑移界面，所以 ζ 电势也称为滑移界面电势或电动电势.

ζ 电势的正、负号与胶核吸附的离子符号相同，即与紧密层所带电荷的符号相同.

34. ζ 电势是双电层结构中哪一位置的电势差？外加电解质如何影响 ζ 电势？

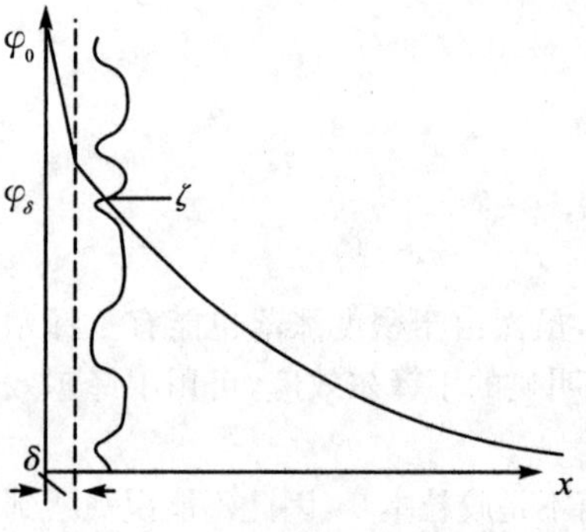

图 13.2

答 在外电场作用下发生电动现象，在固液两相发生相对移动时存在一个滑动面. 滑动面的电势用 ζ 表示，称为电动电势或 ζ 电势. 如图 13.2 所示：胶粒表面的电荷分布与电极表面一样，是双电层结构——紧密层与扩散层. 在固体表面因静电引力和范德瓦耳斯力作用吸附了一层反号离子，紧靠固体表面形成一个固定的吸附层，称紧密层，也称为 Stern 层. 紧密层中热力学电势 φ_a 直线下降，Stern 层的厚度由被吸附离子的大小决定. Stern 层以外，反号离子呈扩散分布，构成双电层结构的扩散层. 扩散层的厚度主要取决于电解质的浓度和离子价数，电解质浓度和离子价数越高，扩散层越薄，反之扩散层越厚. 扩散层中电势随离开表面的距离呈指数下降. 电动时的滑动面在紧密层外面一点，包括一小部分扩散层，因此 ζ 电势比紧密层电势要低一点.

外加电解质时，由于电解质中更多反号离子进入紧密层，双电层的扩散层受到压缩，厚度变小，胶粒带电荷变少，因此 ζ 电势降低，甚至会降到零，有时加入过量电解质还可能使 ζ 电势改变符号.

35. 胶粒表面带电的原因有哪些？

答 主要有四种原因：(1) 吸附作用. 胶粒在形成过程中，胶核会选择性地吸附某种离子，使胶粒带电. 例如，在 AgI 溶胶的制备过程中，如果 $AgNO_3$ 过量，则胶核优先吸附 Ag^+ 离子，胶粒带正电；如果 KI 过量，则优先吸附 I^- 离子，胶粒带负电.

(2) 电离作用. 例如，硅酸溶胶：

$$SiO_2 + H_2O \longrightarrow H_2SiO_3$$

$$H_2SiO_3 \xrightarrow{\text{离解}} HSiO_3^- + H^+$$

$$H_2SiO_3 \xrightarrow{\text{离解}} SiO_3^{2-} + 2H^+$$

(3) 摩擦带电. 固液两相接触时，由于电子的亲和力不同，电子从一相流入另一相，导致质点带电. 通常认为介电常数大的一相带正电，另一相带负电. 例如玻璃(D=5～6)在水(D=81)及丙酮(D=21)中带负电，但在苯(D=2)中带正电.

(4) 同晶置换. 这是土壤胶体带电的一种特殊情况. 晶质黏土矿物晶格由铝氧八面体和硅氧四面体堆集而成,若晶格中的 Al^{3+} 或 Si^{4+} 有一部分被 Mg^{2+} 或 Ca^{2+} 取代,则黏土晶格就带负电荷.

36. 溶胶是热力学不稳定系统,但为什么能在相当长的时间里稳定存在?

答　一是因为胶粒的布朗运动,胶粒由浓度大的地方向浓度小的地方扩散;二是因为胶粒表面带电,有双电层结构,当两个胶粒质点接近时它们的双电层发生重叠,同种电荷之间产生排斥作用,使胶粒不易聚沉而能稳定存在.

37. 少量电解质可作为溶胶的稳定剂,但过多的电解质反而容易引起溶胶聚沉,为什么?

答　少量电解质可使胶粒表面带电,胶粒之间因静电斥力而不利于聚沉,但有利于溶胶的稳定. 但过多的电解质可使扩散层变薄,使 ζ 电势降低,胶粒间静电斥力减弱,反而不利于溶胶稳定,容易引起溶胶聚沉.

38. 破坏溶胶使胶粒沉淀的主要方法有哪两种? 它们的作用机理及规律如何?

答　两种方法是:加入无机电解质溶液,加入带相反电荷的溶胶.

加入无机电解质溶液引起溶胶聚沉的机理是:电解质中反号离子进入紧密层,双电层的扩散层受到压缩,厚度变小,ζ 电势降低,甚至会降低到零. ζ 电势减小了,就降低了胶粒之间的静电排斥作用,两个胶粒就容易发生碰撞而聚沉. 电解质聚沉能力主要决定于反号离子的价态,价态越高聚沉能力越强,同价态离子的聚沉能力遵守感胶离子序;加入带相反电荷的溶胶引起聚沉的机理是:两种带相反电荷的胶粒相互发生电中和,破坏了双电层结构,使胶粒不带电荷,导致胶粒碰撞聚沉. 不过要注意,加入的反号溶胶的量要恰好使正负电荷大致相等.

39. 在一个 U 形玻璃管中间放一个由 AgCl 固体构成的多孔塞,管中放浓度为 $0.001\ mol \cdot dm^{-3}$ 的 KCl 溶液. 在多孔塞的两边插入与直流电源相接的电极,接通电源后,管中的介质将向哪一极移动? 如果将 KCl 溶液的浓度增加到 10 倍,浓度为 $0.01\ mol \cdot dm^{-3}$,则介质迁移的速率变慢还是变快? 如果管中放的是浓度为 $0.001\ mol \cdot dm^{-3}$ 的 $AgNO_3$ 溶液,电渗的方向会改变吗?

答　由 AgCl 固体构成的多孔塞首先吸附 KCl 溶液中的 Cl^-,使固体多孔塞表面带负电荷,扩散层中反号离子是 K^+,即分散介质带正电荷,因此通直流电后,介质向阴极移动.

将 KCl 的浓度增加到 10 倍,更多的反号离子 K^+ 进入紧密层,扩散层中反号离子 K^+ 减少,ζ 电势降低,因此电渗速率变慢.

当用 $AgNO_3$ 溶液代替 KCl 溶液时,由 AgCl 固体组成的多孔塞优先吸附溶液中的 Ag^+,使多孔塞表面带正电荷,则介质带负电荷,电渗的方向指向阳极,使电渗的方向改变.

40. 为什么输油管或运送有机液体的管道都要接地?

答　输油管固体表面通常会吸附一些电荷,形成双电层结构,石油的介质带反号电荷. 在油泵作用下石油或其他有机碳氢化合物液体流动,在输油管的不同部分之间会产生电势差,这就是流动电势. 由于石油或有机液体的电导率比水小得多,产生的流动电势大得惊人,在这样高电压下有产生电火花的危险,以至于引发爆炸. 为了防止这类事故发生,就要将这种管道、油泵接地或加入有机电解质,增大它的电导率,降低流动电势,以保证安全.

41. 为什么明矾能使浑浊的水很快澄清?

答 明矾是硫酸钾铝复盐,溶于水后产生 K^+,Al^{3+} 等离子,Al^{3+} 在水中容易发生水解,形成 $Al(OH)_3$ 絮状溶胶,这种胶粒带正电,浑浊的水中含有大量带负电的泥沙胶粒,带正电荷的 $Al(OH)_3$ 溶胶与带负电荷的泥沙溶胶电荷相互中和,发生混凝而迅速聚集下沉,所以明矾能使浑浊的水很快澄清.

42. 用电解质将豆浆点成豆腐,如果有三种电解质——$NaCl$,$MgCl_2$ 和 $CaSO_4 \cdot 2H_2O$,哪种电解质点豆腐最好?

答 点豆腐的作用是用合适的电解质溶液(俗称卤水)将豆浆中胶粒凝聚下沉变成凝胶. 天然的豆浆胶粒是带负电荷的,因此电解质中的正离子主要起聚沉作用. 对于负溶胶,$NaCl$ 的聚沉能力最弱,Mg^{2+} 和 Ca^{2+} 的聚沉能力差不多,但由于 $MgCl_2$ 中 Cl^- 是 -1 价的,而 $CaSO_4 \cdot 2H_2O$ 中 SO_4^{2-} 是 -2 价的,相对而言,聚沉能力最强的应该是 $MgCl_2$. 但是豆腐中 Mg^{2+} 加多了会有苦味,所以目前用 $CaSO_4 \cdot 2H_2O$(生石膏)来点豆腐比较好.

43. 试从胶体化学的观点解释,在进行重量分析时为了使沉淀完全,为什么通常要加入相当数量的惰性电解质或将溶液适当加热.

答 因为有些新产生的沉淀会在溶剂中形成溶胶,加入相当数量的惰性电解质能降低电动电势,使溶胶易于聚沉下来. 适当加热可加快胶粒的热运动,增加胶粒互相碰撞的频率,使溶胶聚沉机会增加.

44. 在三个烧杯中各装有 20 cm^3 同种溶胶,加入电解质溶液使其开始显著聚沉时,在第一个烧杯中需加 2.1 cm^3 的 1 $mol \cdot dm^{-3}$ KCl 溶液 ,第二个烧杯中需加 12.5 cm^3 的 0.005 $mol \cdot dm^{-3}$ Na_2SO_4 溶液,第三个烧杯中需加 7.5 cm^3 的 3.3×10^{-4} $mol \cdot dm^{-3}$ Na_3PO_4 溶液. 试确定三种电解质的聚沉值及该溶胶电荷符号.

答 在溶胶中加入电解质溶液,当溶胶开始明显聚沉时,每升(1 000 cm^3)溶胶中加入电解质的最小体积摩尔浓度称为这种电解质的聚沉值(CFC).

浓度 1 $mol \cdot dm^{-3}$ KCl 的聚沉值:

$$1\times2.1\times1\,000/(20+2.1)\ mmol \cdot dm^{-3}=95.02\ mmol \cdot dm^{-3}$$

浓度 0.005 $mol \cdot dm^{-3}$ Na_2SO_4 的聚沉值:

$$0.005\times12.5\times1\,000/(20+12.5)\ mmol \cdot dm^{-3}=1.923\ mmol \cdot dm^{-3}$$

浓度 3.3×10^{-4} $mol \cdot dm^{-3}$ Na_3PO_4 的聚沉值:

$$0.000\,33\times7.5\times1\,000/(20+7.5)\ mmol \cdot dm^{-3}=0.091\ mmol \cdot dm^{-3}$$

由计算可知负离子价态增加,聚沉值减少,Na_3PO_4 溶液对该溶胶的聚沉值最小,因此该溶胶是带正电荷的.

45. 由等体积的 0.08 $mol \cdot dm^{-3}$ 的 KI 和 0.10 $mol \cdot dm^{-3}$ 的 $AgNO_3$ 溶液制成的 AgI 溶胶中,分别加入浓度相同的下述电解质溶液,请由大到小排出其聚沉能力的次序,并说明道理.

(1) NaCl；　(2) Na_2SO_4；　(3) $MgSO_4$；　(4) $K_3[Fe(CN)_6]$.

答　聚沉能力由大到小的次序为(4),(2),(3),(1).

从 AgI 溶胶制备过程可知，$AgNO_3$ 是过量的，胶核首先吸附 Ag^+，因此胶粒是带正电荷的. 对正电荷溶胶聚沉主要看负离子，$[Fe(CN)_6]^{3-}$ 的聚沉能力最强，Cl^- 的聚沉能力最弱，SO_4^{2-} 的聚沉能力中等. 如何比较 Na_2SO_4 与 $MgSO_4$ 的聚沉能力？一个经验规律是"与胶粒电荷同号的离子，价态越高溶胶聚沉能力越弱"，Mg^{2+} 比 Na^+ 价态高，因此 $MgSO_4$ 的聚沉能力比 Na_2SO_4 弱.

46. 江河入海口为什么会形成三角洲？

答　这有两种原因：一是由于上游的水土流失，江水中常夹带大量的泥沙，到入海口时，河道变宽，水的流速变慢，悬浮的泥沙沉积；二是江水中的泥沙微粒是带负电荷的胶粒，碰到含有大量电解质的海水，海水中电解质对其有聚沉作用，使泥沙微粒凝聚下沉. 所以，江水一般是浑浊的而海水都是澄清的. 这两种因素加在一起，由于泥沙不断的沉积，就在江河入海口地方慢慢形成了三角洲.

47. 为什么说大分子溶液对溶胶既可能有聚沉作用又可能有稳定作用？

答　溶胶中若加入少量的可溶性大分子化合物，少量是指浓度小于某个指定值，可导致溶胶迅速沉淀，沉淀呈疏松的棉絮状，这类沉淀称为絮凝物，这种现象称为絮凝(或桥联)作用，早期称为敏化作用. 絮凝的机理，目前比较一致的看法是大分子的"桥联作用"，即在大分子浓度较稀时，大分子可同时吸附在多个胶粒上，通过"搭桥"的方式将两个或更多个的胶粒拉在一起而导致絮凝. 这是大分子溶液的聚沉作用.

在溶胶中，加入一定量的大分子物质，浓度要超过某个数值，往往能使胶体的稳定性大大提高. 大分子对溶胶的稳定作用的机理：人们普遍认为，大分子在胶粒表面的吸附所形成的大分子吸附层阻止了胶粒的聚结，并将这一类稳定作用称为空间稳定作用. 例如，我国古代制造墨汁就掺入树胶，以保护炭粉不致聚结，现代工业上制造油漆等也都利用大分子作为稳定剂.

13.4　乳　状　液

48. 乳状液不稳定性的表现有哪些？形成稳定乳状液应具备什么条件？

答　乳状液是粗分散体系，是多相系统，有很大的界面积，是热力学不稳定系统，其不稳定性的表现有：分层、絮凝、聚结.

形成稳定乳状液具备的条件：在制备时必须加入第三种物质作为稳定剂，分别称为乳化剂和起泡剂. 稳定剂能显著降低界面的吉布斯自由能，并在界面上定向排列形成保护膜而使系统趋于稳定.

49. 在能见度很低的雾天飞机要急于起飞，地勤人员就搬来一个很大的高音喇叭，喇叭一开，很长一段跑道上的雾就能消失，这是为什么？

答　这叫高音消雾，声音是有能量的，喇叭的声波能促使雾粒相互碰撞，使小水滴凝结成大水滴而下降，部分更小的水滴获得能量后会汽化，所以在声波作用的较近的范围内，雾会很快消失.

据报道已研制出大喇叭，输出功率为 20 000 W. 喇叭长 5 m，直径为 2.86 m. 在雾天，这种喇叭朝飞机跑道上大吼一声，可以开出 500～1 000 m 的清亮大道.

50. 何谓乳状液？乳状液有哪些类型？乳化剂为何能使乳状液稳定地存在？

答　乳状液是由两种液体所构成的分散系统，它是一种液体以极小的液滴形式分散在另一种与其不相混溶的液体中所构成的.

乳状液有两类型：① 水包油型(O/W)型：内相为油，外相为水，如人乳、牛奶；② 油包水型(W/O)型：内相为水，外相为油，如油状化妆品.

乳化剂能显著降低界面吉布斯自由能，并在界面上定向排列形成保护膜而使系统趋于稳定，使分散所得的液滴不能相互聚结.

51. 乳状液有哪些类型？通常鉴别乳状液的类型有哪些方法？其根据是什么？

答　乳状液分为水包油型(O/W 型)和油包水型(W/O 型)两种.

鉴别乳状液类型的方法有：

稀释法：乳状液能为其外相液体所稀释，所以凡是其性质与乳状液相同的液体就能稀释乳状液. 能被水稀释的乳状液应为 O/W 型，能被有机液体稀释的乳状液应为 W/O 型.

染色法：将少量水溶性染料(如亚甲基蓝)加到乳状液中，若只有小液滴被染上颜色，则为 W/O 型乳状液；若整个乳状液被染上颜色，则为 O/W 型乳状液. 使用油溶性染料则结果恰好相反.

电导法：以水为外相的 O/W 型乳状液有较好的电导性能，而 W/O 型乳状液的电导性能很差. 所以电导率大的乳状液应为 O/W 型，电导率小的乳状液则为 W/O 型.

52. K，Na 等碱金属的皂类作乳化剂，易形成 O/W 型乳状液，而 Zn，Mg 等金属的皂类作乳化剂，易形成 W/O 型乳状液，为什么？

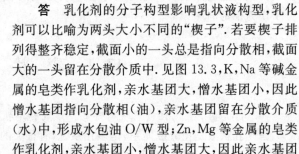

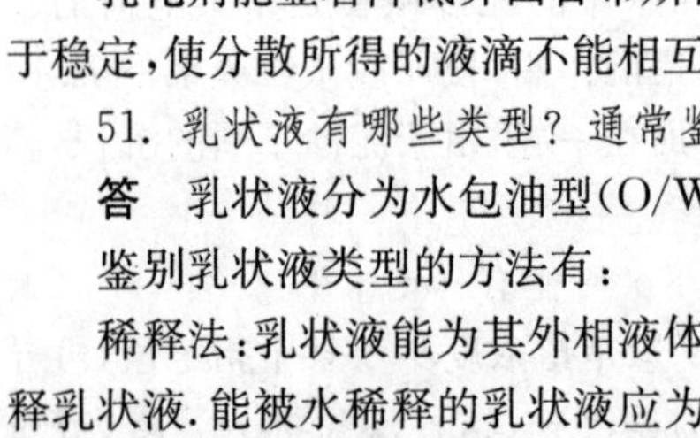

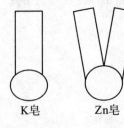

图 13.3

答　乳化剂的分子构型影响乳状液构型，乳化剂可以比喻为两头大小不同的“楔子”. 若要楔子排列得整齐稳定，截面小的一头总是指向分散相，截面大的一头留在分散介质中. 见图 13.3，K，Na 等碱金属的皂类作乳化剂，亲水基团大，憎水基团小，因此憎水基团指向分散相(油)，亲水基团留在分散介质(水)中，形成水包油 O/W 型；Zn，Mg 等金属的皂类作乳化剂，亲水基团小，憎水基团大，因此亲水基团指向分散相(水)，憎水基团留在分散介质(油)中，形成油包水 W/O 型.

53. 何谓破乳？何谓破乳剂？有哪些常用的破乳方法？

答　破乳是使乳状液中油、水两种液体完全分离的过程. 原油脱水、自牛奶中提取奶油等都是破乳过程.

破乳剂也是一种表面活性剂，它具有相当高的表面活性，能将界面上的乳化剂顶替掉，这样在界面上就没有紧密排列成牢固的界面膜，而使乳状液的稳定性大大降低. 常用的原油破乳剂是环氧乙烷与环氧丙烷聚合而成的聚醚表面活性剂.

常用的破乳方法有物理破乳法与化学破乳法,物理破乳法有加热破乳、高压电破乳、过滤破乳,化学破乳法主要是加入破乳剂,破坏乳化剂的吸附膜.

13.5　大分子溶液

54. 大分子溶液与溶胶有哪些区别?大分子溶液的最主要特征是什么?它们对外加电解质的敏感度有何不同?

答　大分子溶液是热力学稳定体系,溶胶是热力学不稳定体系;大分子溶液是均相,溶胶是多相;大分子溶液的丁铎尔效应很弱,溶胶的丁铎尔效应明显;大分子溶液的黏度大,溶胶的黏度小;大分子溶液的形成是可逆的,溶胶的形成是不可逆的.

大分子溶液的最主要特征是:大分子溶液是热力学稳定的均相系统,不能透过半透膜,黏度大.

溶胶对外加电解质的影响非常敏感,而大分子溶液对外加电解质不敏感.

55. 大分子化合物有哪几种常用的平均分子量?这些平均分子量之间的大小关系如何?

答　(1) 常见的有数均分子量 M_n、质均分子量 M_W、黏均分子量 M_η.

(2) 一般的大分子化合物分子大小是不均匀的,这三种平均摩尔质量的大小关系为 $M_W > M_\eta > M_n$,分子大小愈不均匀,这三种平均值的差别就愈大.

56. 大(高)分子溶液的黏度为什么会比普通溶液的黏度大得多?

答　大分子溶液的黏度比普通溶液的黏度大得多的主要原因是:① 溶液中大分子的柔软性使无规则团状的大分子占有较大的体积,对介质的流动产生阻碍;② 大分子的溶剂化作用,使大量溶剂被束缚在大分子无规则线团中,流动性变差;③ 大分子链段间因相互作用而形成一定的结构,流动时内摩擦阻力增大.这种由于在溶液中形成某种结构而产生的黏度称为结构黏度.因此大分子溶液除了普通溶液的黏度(即牛顿黏度)外,又增加了结构黏度,因此它的黏度很大.

57. 用渗透压法测量的是大分子的哪种平均分子量?如何用渗透压法较准确地测定蛋白质(不在等电点时)的平均分子量?

答　渗透压是溶液的依数性之一,因此渗透压法测量的是大分子的数均分子量 M_n.

准确测量的方法:渗透压与浓度的关系可以近似为 $\pi/c = RT/M_n + A_2 c$.在低浓度范围,测量不同浓度 c(一般单位是 $g \cdot cm^{-3}$)下渗透压 π,以 π/c 对 c 作图(图 13.4),在低浓度范围内为一直线,外推到 $c \to 0$ 可得截距 RT/M_n,从而可求得数均分子量 M_n.

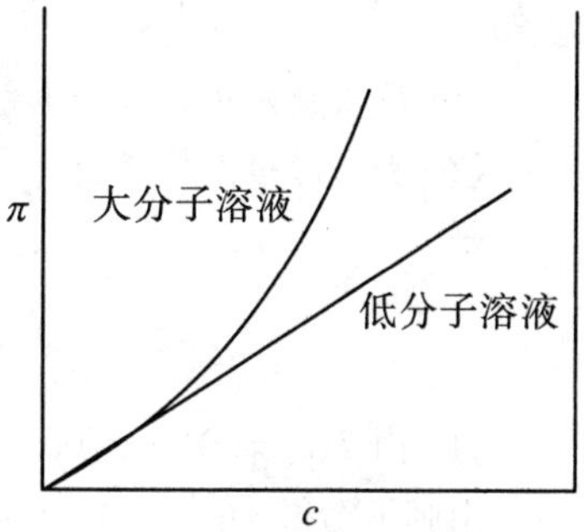

图 13.4

58. 将大分子电解质 NaR 的水溶液与纯水用半透膜隔开，达到唐南平衡后，膜外水是呈酸性还是呈碱性？

答 膜内 Na^+ 可进到膜外，R^- 不能进到膜外，膜外的 H^+，OH^- 可进入膜内，为了保持膜内、膜外电中性，进入膜内的 H^+ 比 OH^- 多，即膜外的 OH^- 浓度比 H^+ 浓度大，因此膜外溶液显碱性，pH 值大于 7.

59. 对于电解质型的大分子溶液，用半透膜来测量大分子溶液的渗透压，用这个渗透压来计算大分子的平均分子量，结果是否准确？如何做才能准确测量？

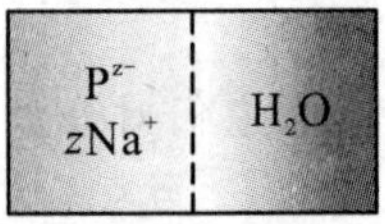

图 13.5

答 以蛋白质的钠盐 Na_zP 为例来说明. 设它的浓度为 c_2，它在水中发生如下离解：

$$Na_zP \longrightarrow z\,Na^+ + P^{z-}$$

蛋白质分子 P^{z-} 不能透过半透膜，而 Na^+ 可以，但为了保持溶液的电中性，Na^+ 也必须留在 P^{z-} 同一侧，如图 13.5 所示. 这种 Na^+ 在膜两边浓度不等的状态就是唐南平衡. 因为渗透压只与粒子的数量有关，计算渗透压，$\pi_2=(z+1)c_2RT$，利用该渗透压计算的大分子的分子量就偏低，因为这个渗透压比不电离的大分子溶液渗透压大多了，而用渗透压计算分子量的计算公式是按非电解质即不电离溶质计算的，所以用这个渗透压计算出的分子量有较大误差.

要想用渗透压法准确测量电解质型的大分子的分子量，就必须在半透膜外水里加入足够量的小分子电解质（如 NaCl）. 达到唐南平衡时膜两边浓度表示如图 13.6 所示，渗透压计算：

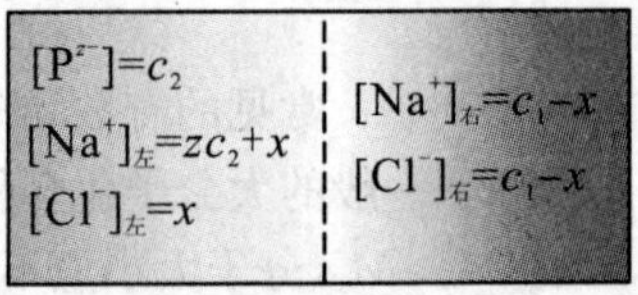

图 13.6

$$\pi_3=\frac{zc_2^2+2c_2c_1+z^2c_2^2}{zc_2+2c_1}RT$$

当加入的电解质足够多，即 $c_1 \gg c_2$ 时，计算公式为

$$\pi_3 \approx c_2RT$$

在这样条件下用这个渗透压计算出的大分子的分子量才准确.

60. 298 K 时，在半透膜右边放入浓度为 0.5 $mol \cdot dm^{-3}$ 的 NaCl 水溶液，使其与膜左边的大分子电解质 NaR 达到唐南平衡，测得右边离子的总浓度为 0.505 0 $mol \cdot dm^{-3}$，试求：

(1) 原来膜左边大分子电解质 NaR 的浓度；

(2) 平衡时溶液的渗透压.

答

Na^+,	R^-,	Cl^-	Na^+,	Cl^-
c_1+x	c_1	x	c_2-x,	c_2-x

(1) 由 $2(c_2-x)=0.505\,0$，解得 $x=0.247\,5$.

由膜平衡得 $x(c_1+x)=(c_2-x)^2$，解得 $c_1=0.010\,1\ mol \cdot dm^{-3}$（大分子电解质浓度）.

(2) 测量的渗透压是膜两边渗透压的差：

$$\pi=\Delta cRT$$

$=2[(c_2-x)-(c_1+x)]RT$

$=2\times[(0.5-0.2475)-(0.0101+0.2475)]\times10^3\times298\times8.314$

$=25.27\ (\mathrm{kPa})$

61. 大分子化合物溶液的黏度很大，黏度有不同的表示方法，如相对黏度、增比黏度、比浓黏度、特性黏度，哪种黏度最能反映大分子溶质的本性？它有什么特性？

答　几种黏度中最能反映溶质分子本性的是特性黏度. 其特性是：由于它是外推到无限稀释时溶液的黏度，已消除了大分子之间相互作用的影响，直接体现了溶质与溶剂之间的作用，而且代表了无限稀释溶液中单位浓度大分子溶液黏度. 特性黏度与大分子化合物的黏均分子量有一个经验方程——$[\eta]=KM_\eta^\alpha$，可以由实验外推出的特性黏度，求出大分子化合物的黏均分子量 M_η.

62. 试解释下列现象：

(1) 使用不同型号的墨水，为什么有时会使钢笔堵塞而写不出字来？

(2) 重金属离子中毒的病人，为什么喝了牛奶可使症状减轻？

答　(1) 墨水属于胶体分散溶液，不同型号的墨水由于使用的原料不同会带有不同类型的电荷，混合使用时可能发生聚沉，使钢笔堵塞而写不出字来.

(2) 重金属离子中毒的病人体内有过多的重金属离子的溶胶. 病人喝了牛奶后，牛奶可以使重金属离子的溶胶聚沉，从而使症状减轻.

63. 什么是凝胶？凝胶有哪些主要作用？

答　在一定条件下，大分子溶液或溶胶中的分散相颗粒在某些部位上互相联结，形成空间网架结构，而分散介质充满网架结构的空隙，整个系统失去流动性，称这种特殊的分散系统为凝胶.

凝胶的主要作用：① 凝胶的膨胀作用；② 凝胶的脱液收缩作用；③ 触变作用；④ 凝胶中的扩散和化学反应.

64. 为什么高分子化合物对溶胶有时能起稳定作用，有时又能起絮凝(破坏稳定)作用？

答　溶胶中加入一定量的高分子化合物，能显著提高溶胶的稳定性，例如制造墨汁时加入动物胶使炭黑稳定地悬浮在水中. 其原因是高分子化合物吸附在胶粒表面，形成高分子保护膜，把亲液性基团伸向水中，降低界面张力，而且保护膜有一定厚度，因而增加了溶胶的稳定性，这种稳定作用称为空间稳定作用. 注意加入的高分子化合物要达到一定的浓度，高分子化合物量不少于胶粒表面的饱和吸附量，这样才能起稳定作用. 若加入的高分子化合物量较少，当高分子化合物的量少于胶粒表面的饱和吸附量的一半时，高分子化合物非但不能使溶胶稳定，反而使溶胶容易发生絮凝沉淀，主要原因是高分子化合物的“桥联作用”，同一个高分子化合物分子吸附在多个胶粒表面，把多个胶粒聚集在一起而产生絮凝、沉淀.

65. 什么是大分子溶液盐析？生理学上是如何用盐析方法分离血液中球蛋白与血清蛋白的？

答　在电解质作用下，使大分子化合物从溶液中析出的过程，称为盐析. 盐析的机理包括电荷的中和与去水(去溶剂)作用两个方面,但去水作用更显得重要.

对于水溶液大分子,$(NH_4)_2SO_4$是很好的盐析剂.血液是水溶液,加入$(NH_4)_2SO_4$,浓度达到2.0 $mol \cdot dm^{-3}$,则血液中球蛋白就盐析出来;当浓度达到3.0～3.5 $mol \cdot dm^{-3}$时,血清蛋白就盐析出来,这样就可以把血液中球蛋白与血清蛋白分离开来.

66. 何谓纳米材料?纳米材料通常可分为哪些类型?目前有哪些常用的制备方法?纳米材料有何特性?有哪些应用前景?

答 (1) 纳米材料是晶粒(或组成相)在任一维上尺寸小于100 nm的材料,是由粒径尺寸为1～100 nm的超细微粒组成的固体材料.

(2) 纳米材料按宏观结构可分为由纳米粒子组成的纳米块、纳米膜和多层纳米膜及纳米纤维等;按材料结构分为纳米晶体、纳米非晶体和纳米准晶体;按空间形态可分为一维纳米线(或丝)、二维纳米膜和三维纳米粒.

(3) 制备纳米粒子的物理方法有:球磨法、超声分散法、真空镀膜法、激光溅射法、共沉法等;化学方法有:沉淀法、水热法、溶胶-凝胶法、还原法、电沉淀法、相转移法、纳米粒子自组织合成法、模板法等.

(4) 纳米材料具有小尺寸效应、表面效应、量子尺寸效应和宏观量子隧道效应.

(5) 纳米材料可用于光学材料、催化材料、储氢材料、电功能材料、磁功能材料、超微电极等很多领域,并且纳米技术的微型化在化学、物理、电子工程及生命科学等学科的交叉领域中发挥着重要作用.

参考文献

[1] 上海师范大学,河北师范大学,华中师范大学,等.物理化学[M].3版.北京:高等教育出版社,1991.

[2] 朱传征,许海涵.物理化学[M].北京:科学出版社,2000.

[3] 万洪文,詹正坤.物理化学[M].北京:高等教育出版社,2002.

[4] 傅献彩,沈文霞,姚天扬,等.物理化学[M].5版.北京:高等教育出版社,2006.

[5] 孙德坤,沈文霞,姚天扬,等.物理化学学习指导[M].北京:高等教育出版社,2007.

[6] 范崇正,杭瑚,蒋淮渭.物理化学:概念辨析·解题方法[M].2版.合肥:中国科学技术大学出版社,2004.

[7] 潘国新,孙仁义.物理化学思考题解[M].开封:河南大学出版社,1985.

[8] 陈平初,詹正坤,万洪文.物理化学解题指导[M].北京:高等教育出版社,2002.

[9] 沈文霞.物理化学核心教程[M].北京:科学出版社,2004.

[10] 于文静,王智强,张志丽.物理化学全程导学及习题全解[M].5版.北京:中国时代经济出版社,2006.

[11] 李东生,史振民.物理化学进阶导引[M].西安:陕西科学技术出版社,2005.

[12] 傅玉普.物理化学考研重点热点导引与综合能力训练[M].2版.大连:大连理工大学出版社,2004.

[13] 胡小玲,苏克和,张新丽.物理化学典型题解析及自测试题[M].西安:西北工业大学出版社,2002.

[14] 李友斌.物理化学解题指南[M].天津:天津大学出版社,1993.

[15] 高丕英,李江波.物理化学习题精解与考研指导[M].上海:上海交通大学出版社,2009.

[16] 张德生,郭畅.物理化学分章练习题[M].合肥:安徽大学出版社,2002.

[17] 梁玉华,白守礼.物理化学[M].北京:化学工业出版社,1996.

[18] 肖衍繁,李文斌.物理化学[M].天津:天津大学出版社,1997.

[19] 王艳芝.物理化学试题精选与答题技巧[M].哈尔滨:哈尔滨工业大学出版社,2005.

[20] 张海.物理化学学习指导[M].北京:化学工业出版社,2003.

[21] 金继红,何明中,王君霞.物理化学学习指导与题解:上册;下册[M].武汉:华中科技大学出版社,2011.

[22] 范崇正,杭瑚,蒋淮渭.物理化学概念辨析·解题方法[M].4版.合肥:中国科学技术大学出版社,2010.

[23] 傅玉普,林青松. 物理化学教程[M]. 大连:大连理工大学出版社,2007.
[24] 孙仁义,孙茜. 物理化学[M]. 北京:化学工业出版社,2014.
[25] 陈良坦,方智敏. 物理化学学习指导[M]. 厦门:厦门大学出版社,2010.
[26] 蔡炳新. 基础物理化学[M]. 2 版. 北京:科学出版社,2006.
[27] 桑希勤,马淑清. 物理化学知识要点与习题解析[M]. 哈尔滨:哈尔滨工程大学出版社,2005.
[28] 吕德义,张庆轩,张忠诚,等. 物理化学考研方略[M]. 北京:化学工业出版社,2007.